Inhaltsverzeichnis

Prüftechnik, Qualitätsmanagement

Fertigungstechnik

Werkstofftechnik

Maschinen- und Gerätetechnik

Informationstechnik

Grundlagen der CNC-Technik

Steuerungs- und Regelungstechnik

Elektrotechnik

Fachübergreifende mathematische Übungen

Prüftechnik, Qualitätsmanagement

1 Grundbegriffe

1/1 In einer Fabrik werden bei der Endkontrolle verschiedene Prüfungen am Produkt Schraubstock vorgenommen.

a) Der parallele Abstand zwischen den Spannbacken wird durch ein Messgerät geprüft.
b) Der Farbanstrich wird vom Kontrolleur auf Bläschenbildung geprüft.
c) Durch Öffnen und Schließen des Schraubstockes wird geprüft, ob das Gewinde zu locker oder zu stramm ist.
d) Mit einer Feile wird geprüft, ob die Schraubstockbacken gehärtet sind.

Schreiben Sie aus den angegebenen Prüfungen die subjektiven und objektiven Prüfungen getrennt heraus.

Teile und Vielfache von Einheiten im metrischen Maßsystem

	Zahl	Bedeutung	Zehnerpotenz	Vorsatz-Silbe	Vorsatz-Zeichen
Vielfache	1 000 000	Million	10^6	Mega	M
	1 000	Tausend	10^3	Kilo	k
	100	Hundert	10^2	Hekto	h
	10	Zehn	10^1	Deka	da
	1	Eins	10^0		
Teile	0,1	Zehntel	10^{-1}	Dezi	d
	0,01	Hundertstel	10^{-2}	Zenti	c
	0,001	Tausendstel	10^{-3}	Milli	m
	0,000 001	Millionstel	10^{-6}	Mikro	µ

1/2 Lösen Sie folgende Aufgaben zum metrischen Maßsystem.

1. Üben Sie sich in den Umrechnungen von Einheiten. Zeichnen Sie dazu folgende Tabelle ab, und vervollständigen Sie diese.

	m	dm	cm	mm	µm
a)	0,1	1	?	?	?
b)	0,01	?	1	?	?
c)	0,001	?	?	1	?

2. Geben Sie die folgenden Längen jeweils in mm an.

a) 33,8 cm
b) 0,084 dm
c) 720 µm
d) $0{,}8 \cdot 10^{-2}$ m
e) $2{,}19 \cdot 10^{-2}$ m
f) $1{,}24 \cdot 10^{-5}$ dm

3. Schreiben Sie die folgenden Größen in der Einheit m in Normal- und in Potenzschreibweise. In der Potenzschreibweise soll der Faktor jeweils nur eine Stelle vor dem Komma haben.

a) 134 mm
b) 738 cm
c) 19 800 dm
d) $2{,}7 \cdot 10^{-2}$ km
e) 0,034 km
f) 17,38 mm

4. Wandeln Sie die folgenden Angaben in Zehnerpotenzen der Basiseinheit um.

a) 1 500 m
b) 450 mm
c) 0,5 kg
d) 3 500 A
e) 0,02 s
f) 0,3 h

5. Schreiben Sie als Dezimalzahlen.

a) 1/10 m	**c)** 6/20 kg	**e)** 50/10g
b) 1/2 s	**d)** 1 1/5 km	**f)** 1/5 h

6. Geben Sie als Brüche an.

a) 0,05 kg	**c)** 0,04 s	**e)** 0,0550 m
b) 2,25 m	**d)** 0,0050 A	**f)** 0,8 h

1/3 Rechnen Sie die gegebene Einheit jeweils in die gesuchten Einheiten um.

1. $\varrho = 15 \frac{\text{g}}{\text{cm}^3}$	$? \frac{\text{kg}}{\text{dm}^3}$	$? \frac{\text{kg}}{\text{m}^3}$	$? \frac{\text{mg}}{\text{mm}^3}$
2. $v = 96 \frac{\text{km}}{\text{h}}$	$? \frac{\text{m}}{\text{s}}$	$? \frac{\text{cm}}{\text{s}}$	$? \frac{\text{m}}{\text{min}}$
3. $V = 4\,320\ \text{mm}^3$	$?\ \text{cm}^3$	$?\ \text{dm}^3$	$?\ \text{m}^3$
4. $p = 200 \frac{\text{N}}{\text{cm}^2}$	$? \frac{\text{N}}{\text{m}^2}$	$? \frac{\text{mN}}{\text{mm}^2}$	$? \frac{\text{da N}}{\text{cm}^2}$

Messen und Lehren

1/4 Ein Auszubildender erhält für seinen Arbeitsplatz folgende Teile: Stahlstabmaß, Messschieber, Zirkel, Anschlagwinkel, Meißel, Flachwinkel, Anreißnadel.
Mit welchen der genannten Werkzeuge kann man messen, und mit welchen lehren?

1/5 Bilden Sie jeweils einen Satz über Messen und Lehren unter Zuhilfenahme der gegebenen Begriffe: Messgeräte, Maßverkörperung, Maßeinheit, Vergleichen, Messen, Prüfgröße, Lehren, Formverkörperung.

1/6 Das Gewinde für eine Spindel soll auf einer Drehmaschine geschnitten werden. Der Dreher benötigt dazu folgende Prüfgeräte: Messschieber, Messschraube, Gewindeprofilschablone, Gewindeprüfmutter.
Schreiben Sie die Prüfgeräte für das Messen und für das Lehren getrennt heraus.

2 Prüfen von Längen

Maßsysteme und Einheiten

2/1 Berechnen Sie die Gesamtlängen von Stäben mit folgenden Teillängen:
a) 1585 m + 1,25 dm + 88,4 cm = ? m
b) 0,62 dm + 0,05 m + 85 cm + 580 μm = ? mm
c) 2,12 m + 345 mm + 87,4 cm = ? dm
d) 0,45 m + 48,8 cm + 3,2 dm + 240 μm = ? cm

Prüfmaße, Teilungen, Lochabstände

Ermittlung des Mittenabstands l_m von Bohrungen aus Prüfmaßen:

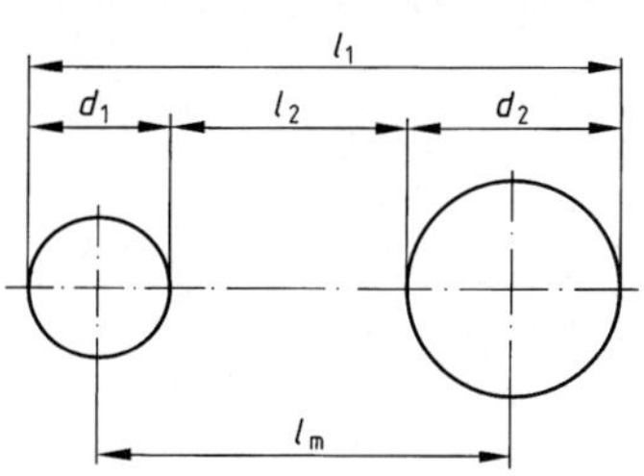

$$l_m = l_1 - \frac{d_1}{2} - \frac{d_2}{2}$$

oder

$$l_m = l_2 + \frac{d_1}{2} + \frac{d_2}{2}$$

oder

$$l_m = \frac{l_1 + l_2}{2}$$

Teilungen
Lochzahlen z
Abstände a

$a = z - 1$
$z = a + 1$

2/2 Lösen Sie folgende Aufgaben zu Prüfmaßen, Teilungen und Lochabständen.

1. An einer Lasche sollen die Mittenabstände a_1 bis a_4 überprüft werden. Gemessen wurden mit einem Messschieber die Maße gemäß Skizze.
Berechnen Sie die Mittenabstände.

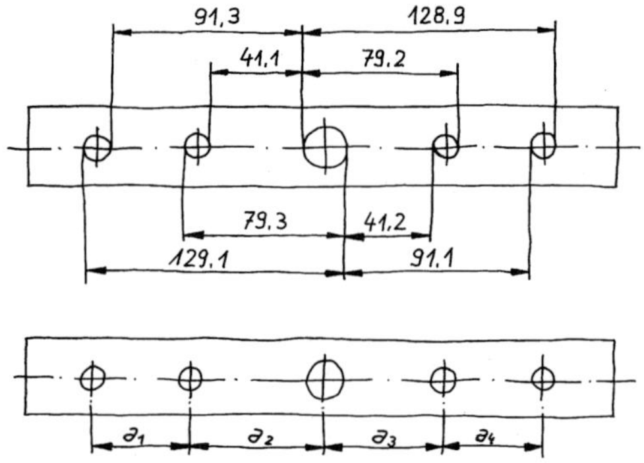

2. Bei der Maßkontrolle wurde der Außendurchmesser mit 120,12 mm bestimmt. Die Bohrung hat einen Durchmesser von 20,1 mm. Zur Überprüfung der Exzentrizität wurde das Maß x gemessen. Es beträgt 4,95 mm. Wurde die Exzentrizität mit $45^{+0,05}_{-0,12}$ eingehalten?

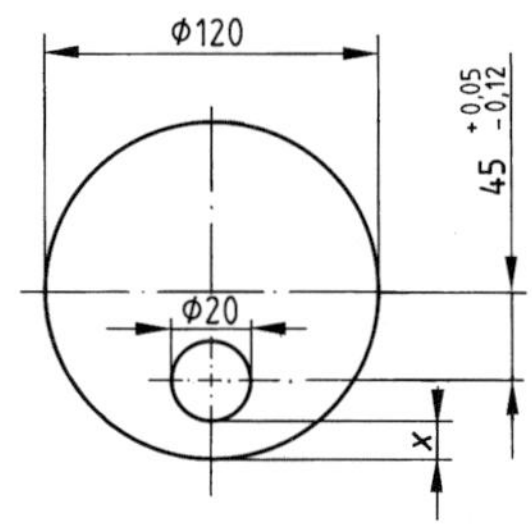

3. In Flachmaterial 0,6 m lang, 60 mm breit und 20 mm dick sollen 10 Löcher mit je 10 mm Durchmesser gebohrt werden. An beiden Enden sollen die Randabstände 30 mm betragen.
   a) Berechnen Sie die Mittenabstände für das Anreißen der Bohrungen.
   b) Fertigen Sie eine Zeichnung im Maßstab 1 : 5 an.

4. Bei einem Werkstück sollen die Maße für zwei Bohrungen gemäß Zeichnung eingehalten werden.
Berechnen Sie die Kontrollmaße a und b.
Istmaße der Bohrung:
15,1 mm und 25,2 mm.

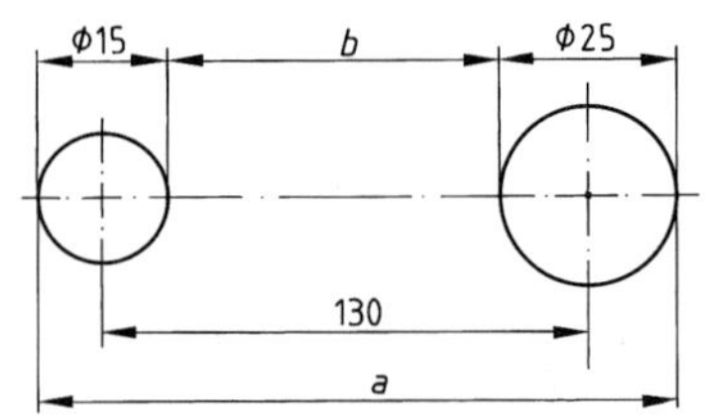

5. Berechnen Sie für das Maß x den größten und kleinsten zulässigen Wert, wenn die Bohrungen ±0,05 mm Abweichung haben dürfen.

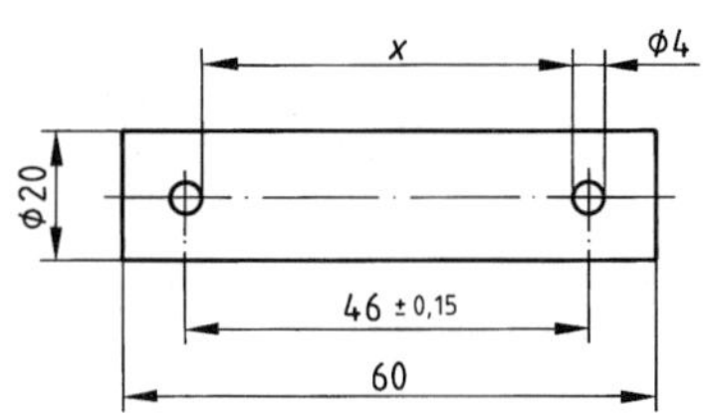

2/3 1. Berechnen Sie mit Hilfe des Lehrsatzes des Pythagoras den Mittenabstand m und die Kontrollmaße a und b für die Bohrungen in dem dargestellten Flansch. Der Teilkreisdurchmesser beträgt 120 mm (340 mm) und die Bohrungen haben einen Durchmesser von 14 mm (22 mm).

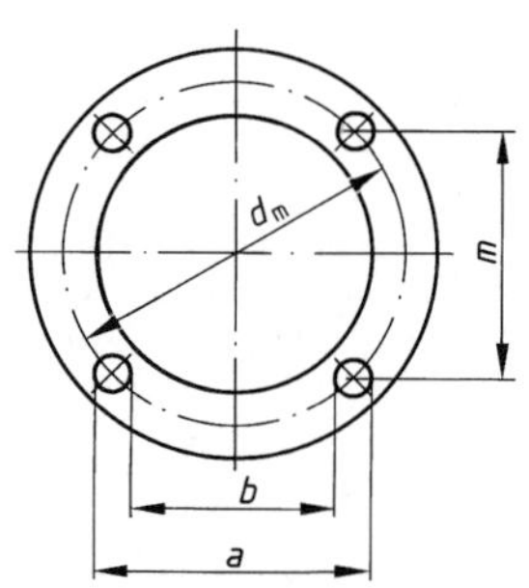

2. Ermitteln Sie mit Hilfe des Lehrsatzes des Pythagoras das Prüfmaß x für das nebenstehende Werkstück.

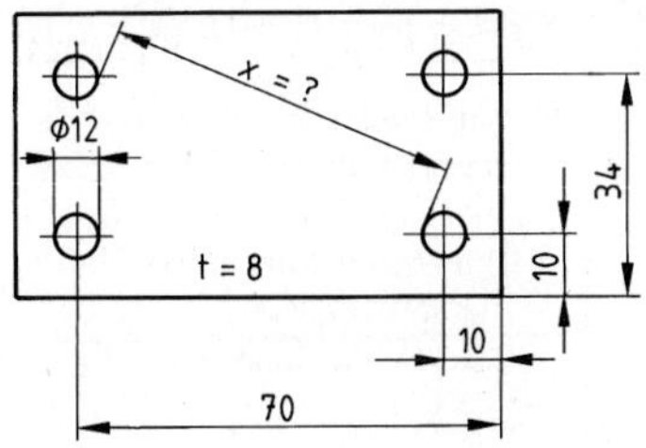

2/4

1. Ein Flachstahl von 215 mm Länge soll 4 Bohrungen mit dem Abstandsverhältnis 2 : 3 : 4 erhalten. Die Randabstände der ersten und letzten Bohrung sollen 40 mm betragen.
Berechnen Sie die Mittenabstände.

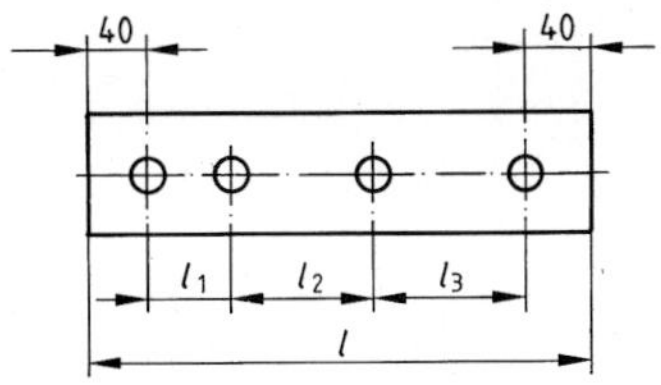

2. Ein Winkelstahl von l = 2,5 m wird im Verhältnis $l_1 : l_2 = 3{,}1 : 1{,}9$ geteilt.
Berechnen Sie l_1 und l_2.

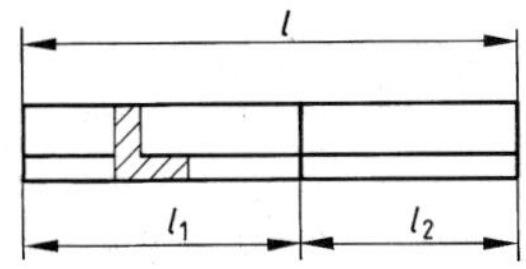

Einheit Zoll

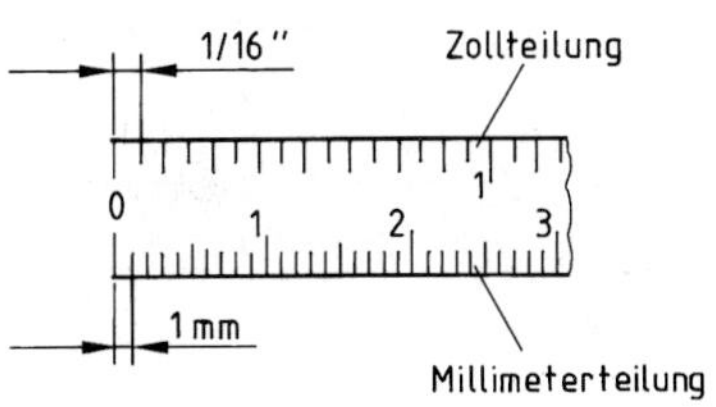

1 Zoll (1″) ≙ 25,4 mm

Teile eines Zolls werden immer als Brüche angegeben.

Beispiele: $\frac{1}{4}''$; $\frac{1}{8}''$

Die Nenner der Brüche sind stets Potenzen von 2.

Beispiele: $\frac{1}{2^2}'' = \frac{1}{4}''$; $\frac{1}{2^3}'' = \frac{1}{8}''$

2/5 Ein Rohr für eine Wasserleitung hat einen Innendurchmesser von $1\frac{1}{2}''$ und ist 20,3 dm lang. Berechnen Sie den Innendurchmesser in mm und die Länge in m.

2/6 Lösen Sie die folgenden Aufgaben zu Zollmaßen.

1. Vervollständigen Sie die vorgegebenen Reihen der Teile von Zollmaßen.

   a) $\frac{1}{2^1}''$; $\frac{1}{2^2}''$; … $\frac{1}{2^8}''$ **b)** $\frac{1}{2}''$; $\frac{1}{4}''$; … $\frac{1}{256}''$

2. Rechnen Sie die folgenden Maße in mm um.

   a) 1/4″ **b)** 1 1/2″ **c)** 3/4″ **d)** 5/8″ **e)** 2 5/16″

3. Nach einer alten Zeichnung aus Großbritannien, in der Zollmaße eingetragen sind, ist ein Ersatzteil zu fertigen.
Skizzieren Sie das Werkstück ab, und tragen Sie die Maße in mm ein. Runden Sie die Maße auf 1/100 mm.

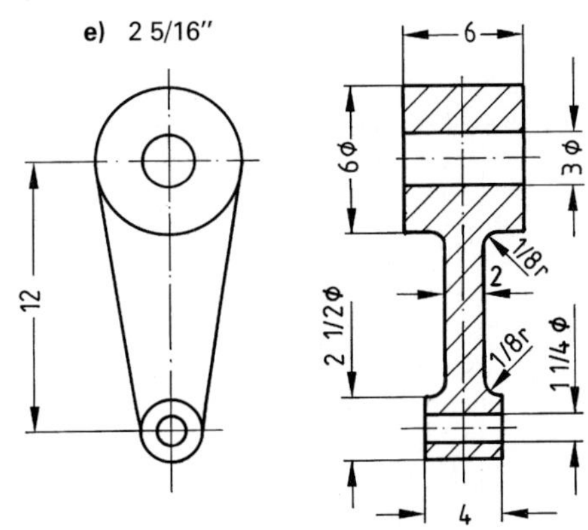

Höchstmaß – Mindestmaß – Toleranz

Maße, Grenzabmaße, Toleranzen

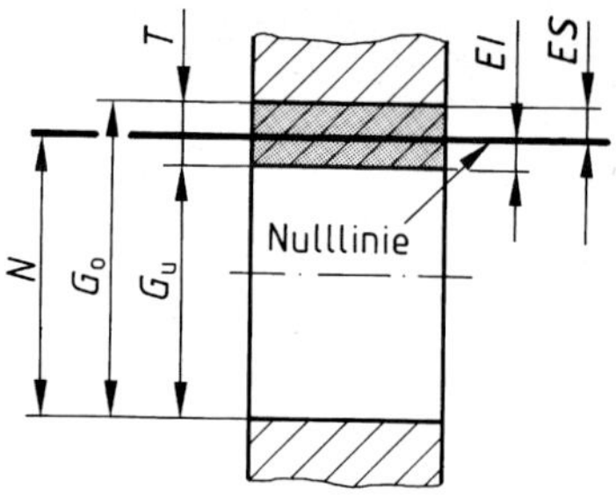

Formeln

Bohrungen:

$G_o = N + ES$
$G_u = N + EI$
$T = G_o - G_u$

Wellen:

$G_o = N + es$
$G_u = N + ei$
$T = G_o - G_u$

Bezeichnungen

N	Nennmaß
G_u	Mindestmaß
G_o	Höchstmaß
T	Toleranz
$EI; ei$	unteres Abmaß
$ES; es$	oberes Abmaß

2/7 Übernehmen Sie die nachstehende Tabelle, und berechnen Sie die fehlenden Maße.

Maßangabe	N	$ES; es$	$EI; ei$	G_o	G_u	T
120 ± 0,5	?	?	?	?	?	?
$35^{+0,3}_{+0,1}$	?	?	?	?	?	?
$8^{+0,07}_{-0,02}$	?	?	?	?	?	?
?	70	+ 0,2	?	?	?	0,3
?	?	?	– 0,06	21,43	21,34	?

2/8 Zeichnen Sie die nebenstehende Tabelle ab und vervollständigen Sie diese, indem Sie die Allgemeintoleranzen nach DIN ISO 2768 benutzen.

Nennmaß mit Genauigkeit	Passmaß	Höchstmaß	Mindestmaß	Toleranz
320 m	?	?	?	?
53 f	?	?	?	?
2500 c	?	?	?	?
3 f	?	?	?	?
17,8 m	?	?	?	?

2/9 Bei der Zwischenkontrolle eines Werkstückes wurden folgende Istmaße (siehe Tabelle) festgestellt. Vergleichen Sie die Istmaße mit den gegebenen Zeichnungsmaßen, unter der Voraussetzung, dass alle Maße des Werkstückes mit Allgemeintoleranzen nach DIN ISO 2768 (fein) zu fertigen waren.
Treffen Sie die Entscheidung „Gut" – „Ausschuss".

Istmaß	Zeichnungsmaß	Höchstmaß	Mindestmaß	Entscheidung
125,5	125	?	?	?
45,07	45	?	?	?
7,98	8	?	?	?

Begriffe der Längenmesstechnik

2/10 Zur Prüfung eines Messschiebers im Bereich von 12 bis 15 mm wurden drei Endmaße (10 mm, 2 mm und 1,5 mm) zusammengeschoben.
Der Messschieber zeigte die abgebildete Anzeige.
Bestimmen Sie
a) Messwert,
b) Wert der Messgröße
c) Skaleneinteilungswert und
d) Messabweichung

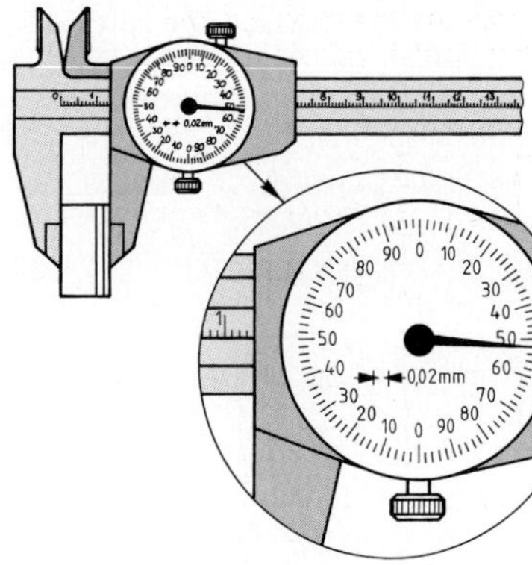

2/11 Geben Sie an, in welchen Fällen direkt und in welchen Fällen indirekt gemessen wird.
a) Ein Automobilmechaniker prüft mit einer Fühlerlehre den Abstand der Zündkerzenkontakte.
b) Im Walzwerk wird die Bleckdicke fortlaufend mit Ultraschall gemessen.
c) Ein Bankbeamter kontrolliert eine Rolle mit 5-EUR-Stücken durch Wiegen.
d) Mit einem Messschieber wird der Durchmesser einer Welle gemessen.
e) Die Außentemperatur wird mit einem Quecksilberthermometer ermittelt.

Direkte Längenmessung

2/12 Der Nonius ist eine Ablesehilfe für Bruchteile von Millimetern. Welche Aussage ist richtig über den Zehntel-Nonius?

a) 9 mm sind in 10 Teile eingeteilt.
b) 10 mm sind in 9 Teile eingeteilt.
c) 10 mm sind in 10 Teile eingeteilt.

2/13 Ermitteln Sie den Abstand von Teilstrich zu Teilstrich bei einem Nonius

a) für 1/10 mm Ablesegenauigkeit, **b)** für 1/20 mm Ablesegenauigkeit.

2/14 Erklären Sie, warum es keine Nonien für 1/100 mm Ablesegenauigkeit bei Messschiebern gibt.

2/15 Messschieber gibt es mit verschiedenen Nonien.
Lesen Sie bei den skizzierten Beispielen jeweils den Messwert ab und stellen Sie fest, um welchen Nonius es sich jeweils handelt.

a)
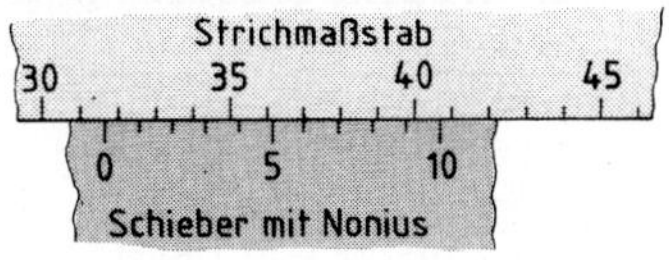

b)
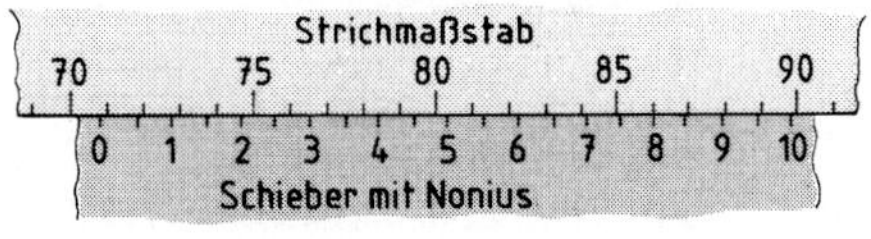

2/16 Vergleichen Sie einen herkömmlichen Universalmessschieber mit einem optoelektronischen Messschieber im Hinblick auf:

a) die Ablesemöglichkeit, **b)** die Maßverkörperung, **c)** die Kosten.

2/17 Die Maße des gezeichneten Werkstückes sollen geprüft werden. Welche Maße lassen sich durch Außenmessung, Innenmessung oder Tiefenmessung mit dem Universalmessschieber bestimmen?

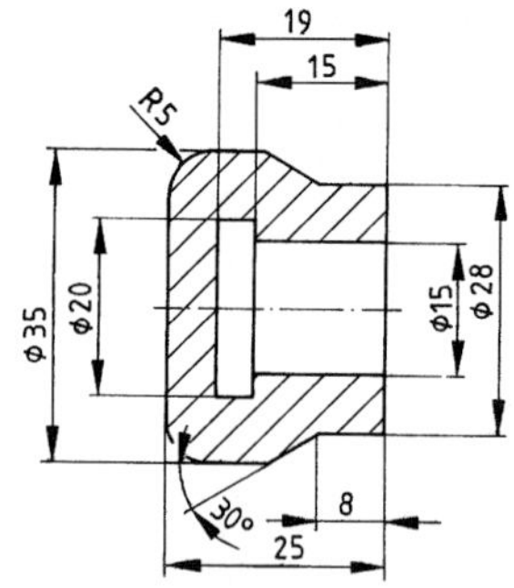

2/18 Bestimmen Sie das Maß x.

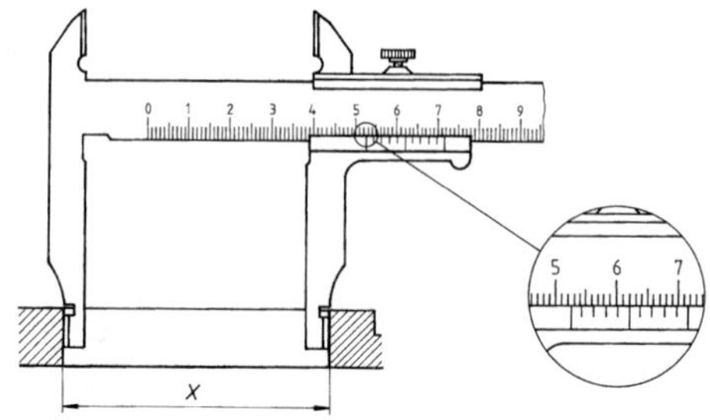

2/19 Alle Bohrungen haben 8 mm Durchmesser. Auf welches Maß ist die Nullstellung eines digital anzeigenden Messschiebers einzustellen, damit bei der Messung zwischen A und B_1; A und B_2; usw. der Zahlenwert der Mittenabstände am Messschieber abzulesen ist?

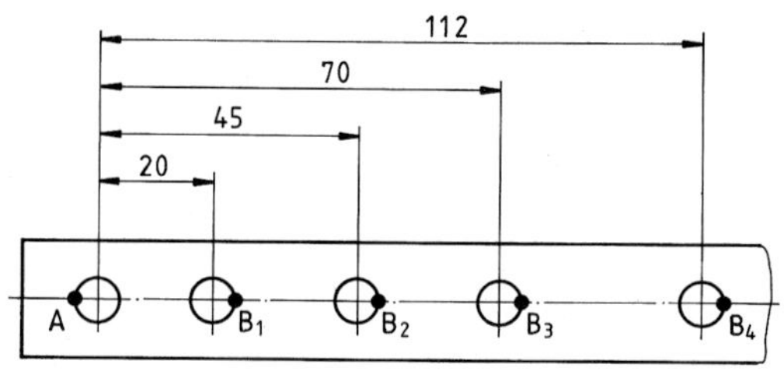

2/20
a) Die Messspindel einer Messschraube hat eine Steigung von 0,5 mm und die Messtrommel am Umfang eine Skala mit 50 Skalenteilen.
Weisen Sie durch Rechnung nach, dass bei dieser Messschraube eine Drehbewegung um ein Skalenteil zu einer Längsbewegung von 1/100 mm führt.

b) Wie groß sind die Messwerte bei den skizzierten Beispielen? Die Messspindel hat jeweils die Steigung von 0,5 mm.

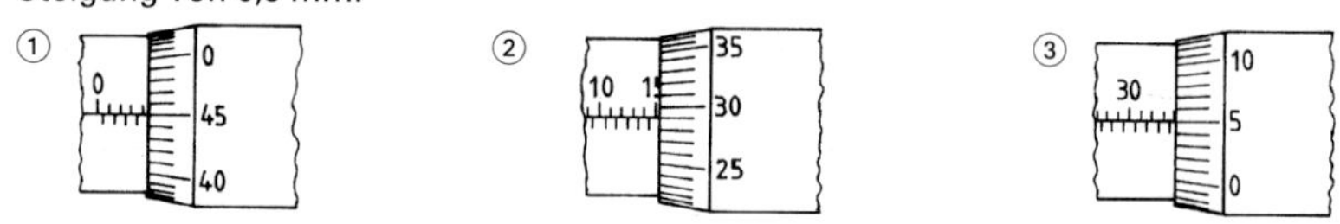

2/21 Messschrauben müssen von Zeit zu Zeit auf ihre Genauigkeit überprüft werden.
a) Mit welchem Messgerät kann die Überprüfung vorgenommen werden?
b) Beschreiben Sie, wie man diese Überprüfung durchführt.

2/22
a) Erklären Sie den Begriff Messbereich.
b) Geben Sie an, wie der Messbereich bei Messschrauben verändert werden kann.

2/23 In einer Kleinserie werden Bolzen mit dem Durchmesser $19{,}6^{+0{,}04}_{-0{,}02}$ mm gefertigt. Für die Endkontrolle sollen zwei fest eingestellte Messschrauben wie Lehren eingesetzt werden.
a) Auf welche Maße sind die Messschrauben einzustellen?
b) Beschreiben Sie die Handhabung beim Prüfen. Geben Sie dabei an, unter welchen Umständen die Nichteinhaltung der Maße erkannt werden kann.

2/24 Welche Arbeitsregeln muss man beim Messen von Bohrungen mit einer Innenmessschraube beachten?

2/25 Bei korrekter Messung wird das Maß 100 mm festgestellt. Wie groß ist der Fehler, wenn die Innenmessschraube um 3 mm außerhalb der Senkrechten angesetzt wird? (siehe Zeichnung mit unmaßstäblicher Darstellung)

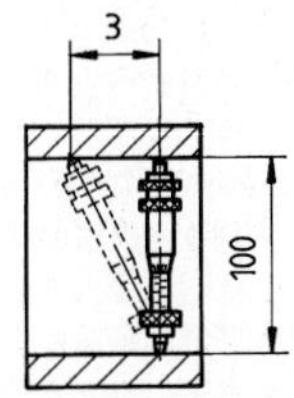

2/26 „Digitalanzeigende Messschieber zeigen auch 1/100 mm an – wozu dann noch Messschrauben?" So sagte ein Kollege.
Was werden Sie ihm antworten? Betrachten Sie die Skizzen zur Verdeutlichung der Messprinzipien beider Messgeräte und analysieren Sie mögliche Fehlerquellen.

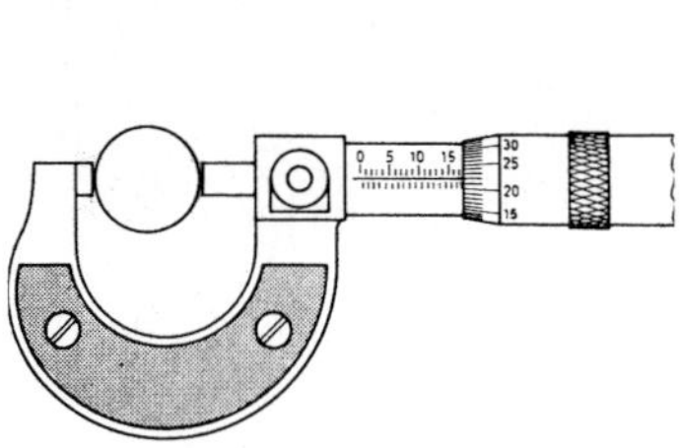

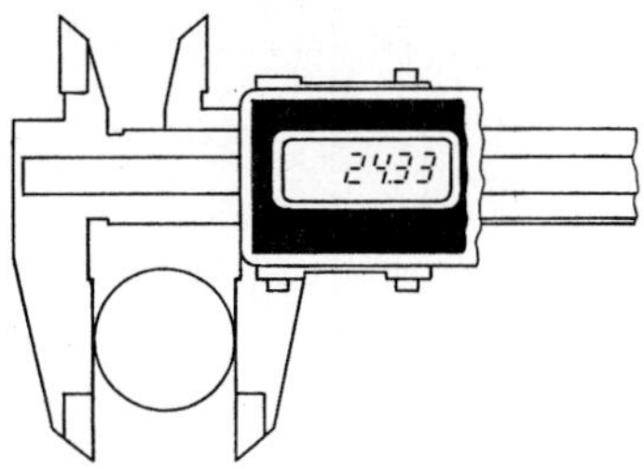

2/27 Für eine Fräsarbeit auf einer Senkrechtfräsmaschine muss der Rundtisch so unter die Frässpindel gefahren werden, dass die Mittelachse des Frästisches mit der Spindelachse übereinstimmt.
Erklären und skizzieren Sie, wie Sie das Ausrichten mit Hilfe einer Messuhr vornehmen würden.

2/28 Das Maß 14,6 ± 0,02 mm soll mit Hilfe der Messuhr an einer Serie von Werkstücken geprüft werden. Wie ist bei der Prüfung vorzugehen?

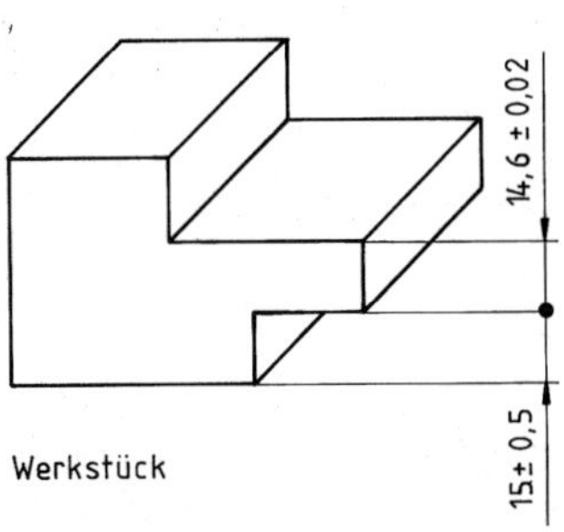

Werkstück

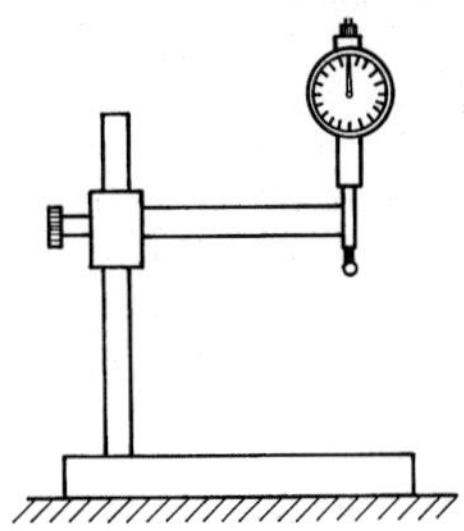
Meßeinrichtung (Schema)

2/29 Die Messuhr ist mit Endmaßen bei 35,00 mm auf Null gestellt worden. Bei der Messung eines Werkstückes weist der Zeiger auf den 16. Skalenteil. Ein Skalenteil entspricht bei dieser Uhr 0,01 mm.

a) Berechnen Sie den Messwert.
b) Wie bezeichnet man das angewandte Messverfahren?
c) Mit welchen weiteren Längenmeßgeräten lässt sich das Werkstück messen?

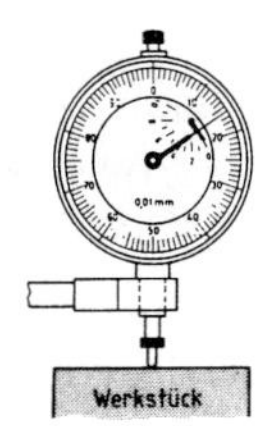

2/30 Für welche Aufgaben werden Endmaße verwendet?

2/31 Ermitteln Sie, welche Endmaße für folgende Maße aneinandergeschoben werden müssen. (Normalsatz von Endmaßen gemäß Angaben im Buch zugrunde legen)

a) 100,637 mm **b)** 50,021 mm **c)** 32,101 mm

Indirekte Längenmessung

2/32 Mit Hilfe welcher physikalischen Größen werden Längen pneumatisch gemessen?

2/33 Begründen Sie, warum pneumatische Messgeräte für automatisches Messen während der Fertigung besonders geeignet sind.

2/34 In einer Automobilfabrik sind die beiden dargestellten Messdorne in Messvorrichtungen im Einsatz. Als Anzeigegeräte werden Säulengeräte verwendet.

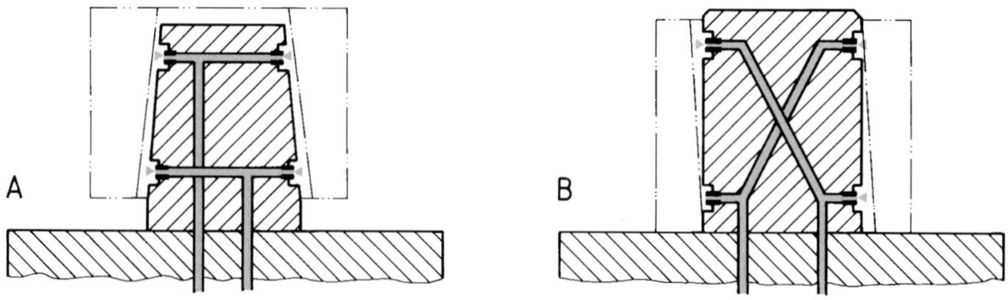

a) Welches Messverfahren wird eingesetzt?
b) Bis zu welcher Rauheit kann dieses Verfahren eingesetzt werden? Welche Änderungen müssten bei größerer Rauheit vorgenommen werden?
c) Was wird jeweils in A und B gemessen?

2/35 Überlegen Sie, wie man mit Hilfe eines Schiebewiderstands ein elektrisches Längenmessgerät aufbauen kann.
Fertigen Sie eine Skizze an und zeichnen Sie den Schaltplan.

2/36 Erklären Sie die Längenmessung mit Hilfe von Strichgittern (geteilte Glaslineale).

2/37 In der Endkontrolle sollen Werkstücke auf ihre Höhe von 53 ± 0,01 mm mit einem induktiven Messtaster gemessen werden.
Beschreiben Sie, wie man vorgeht.

2/38 Beschreiben Sie den Weg einer Messgröße, wenn diese von einem elektrischen Längenmessgerät ermittelt wurde.

Lehren

2/39 **a)** Weshalb bezeichnet man eine Doppellehre auch als Grenzlehre?
b) Warum kann man mit einer Grenzlehre das Istmaß eines Werkstückes nicht feststellen?

2/40 Zum Prüfen des dargestellten Profils ist eine Formlehre herzustellen.
Entwerfen Sie die Lehre im Maßstab 1:1.
Bemaßen Sie die Lehre, damit sie nach Ihrer Zeichnung gefertigt werden kann.

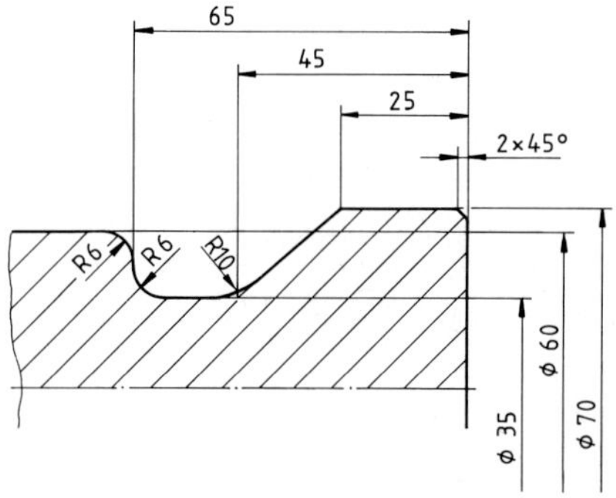

3 Prüfen von Winkeln

Winkelmaße

Vollkreis = 360°
1° = 60′
1′ = 60″

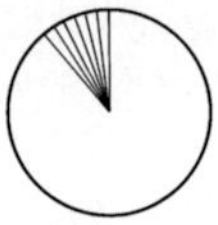

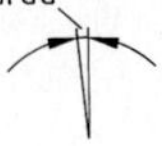

3/1 Lösen Sie die folgenden Aufgaben zu Winkelmaßen.

1. Berechnen Sie x.

a) $x + 27°15'56'' = 90°$ **c)** $90° - x = 66°15'30''$
b) $x + 59°28'57'' = 180°$ **d)** $180° - x = 126°28'2''$

2. Berechnen Sie die Winkel.

a) $227° : 3 = ?$ **c)** $27°40' \cdot 4 = ?$
b) $115°40'24'' : 4 = ?$ **d)** $38°5'35'' \cdot 5 = ?$

3. Schreiben Sie als Dezimalzahl.

a) 25°36′ **b)** 40°12′45″ **c)** 40°30′30″ **d)** 22°24′40″

4. Schreiben Sie in Minuten und Sekunden.

a) 41,5° **b)** 24,25° **c)** 37,36° **d)** 40,41°

5. Berechnen Sie den Gesamtwinkel.

a) $21{,}5° + 45°10' - 0{,}05° = ?$ **b)** $0{,}5' + 30°10'40'' - 12{,}2° = ?$

6. Übernehmen Sie die Tabelle, und führen Sie die entsprechenden Berechnungen aus.

Winkelwert in °; ′; ″	35°7′18″	?	?	?	?
Winkelwert nur in °	?	?	4,485°	?	?
Winkelwert nur in ′	?	428′	?	?	114,8′
Winkelwert nur in ″	?	?	?	$(3{,}4 \cdot 10^6)''$	?

7. Reibahlen werden mit gerader Schneidezahl und ungleicher Teilung gefertigt.
Wie groß ist der Winkel α?

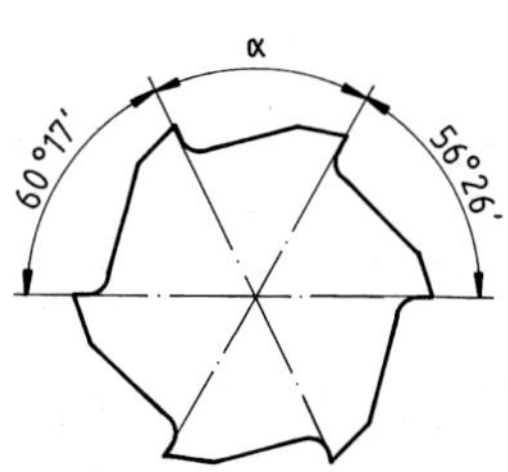

8. Berechnen Sie den Freiwinkel α der Feilen.

a)

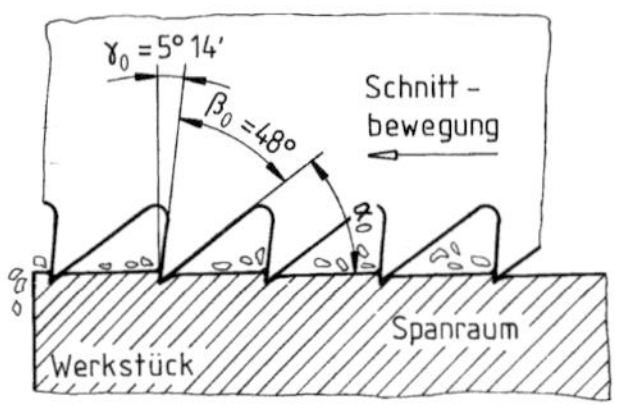

b)

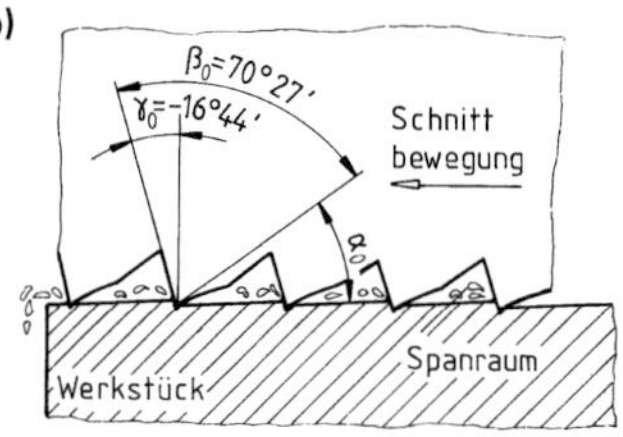

9. An den dargestellten Blechen wurde mit einem Winkelmesser der Winkel α gemessen. Berechnen Sie jeweils den Winkel α_1.

a)

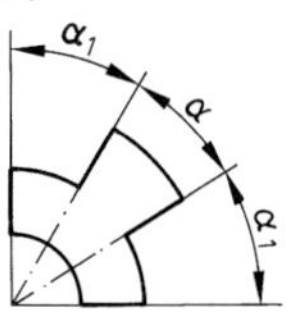

$\alpha = 28°30'$

b)

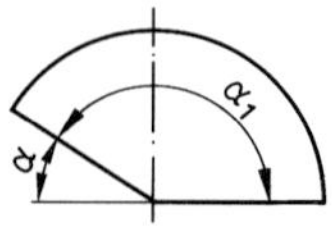

$\alpha = 32°15'$

c)

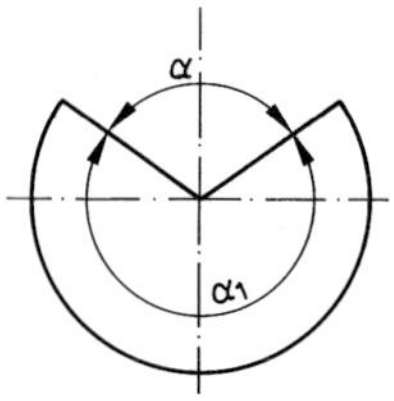

$\alpha = 110°40'$

d)

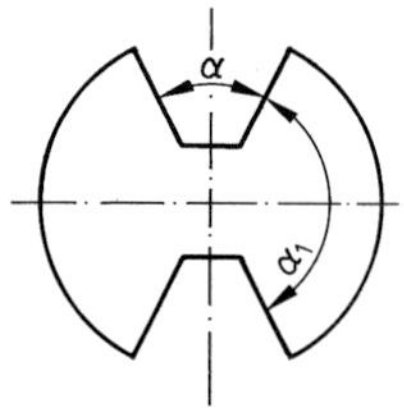

$\alpha = 54°10'$

10. In einer Zeichnung ist der Winkel von 43°25′ vermaßt. Am Werkstück selbst kann man jedoch nur den Winkel messen, der den geforderten Winkel zu 180° ergänzt.
Berechnen Sie diesen Ergänzungswinkel.

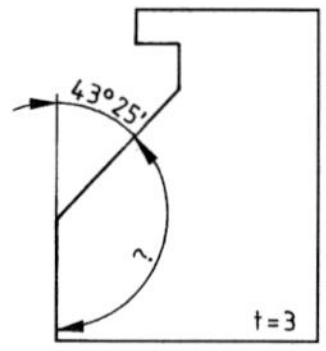

3/2 An einem Werkstück wird der Winkel α gemessen.

a) Wie groß ist der Winkel α?

b) Wie heißt das benutzte Messgerät?

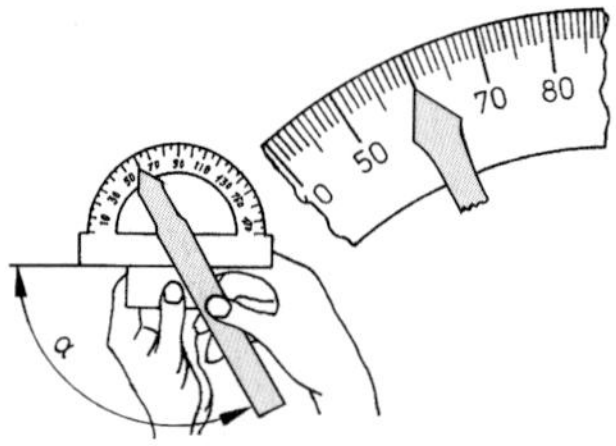

3/3 Mit einem Universalwinkelmesser wurde eine Führungsnut ausgemessen. Gemessen wurden die Winkel β mit 130° und γ mit 129°55′. Der Öffnungswinkel α soll 80° ± 10′ betragen.

a) Ermitteln Sie das Istmaß des Winkels α.

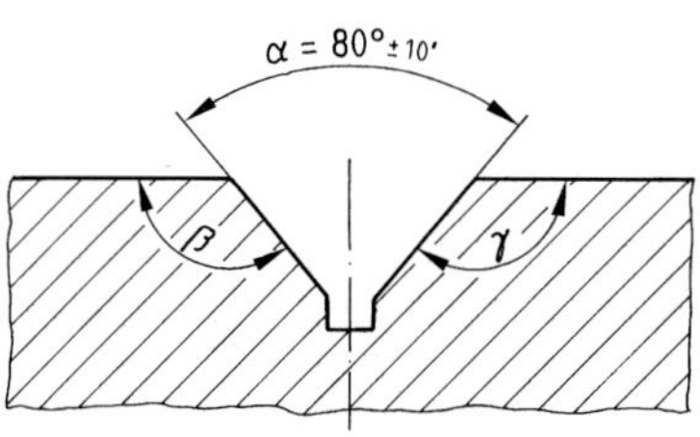

b) Entscheiden Sie, ob bei einer Messunsicherheit von ± 5′ bei der Messung mit dem Universalwinkelmesser das Istmaß des Öffnungswinkels dem Sollmaß entspricht.

3/4 Mit einem Universalwinkelmesser werden die dargestellten Werkstücke entsprechend der Zeichnung gemessen.
Ermitteln Sie jeweils die Winkelgröße.

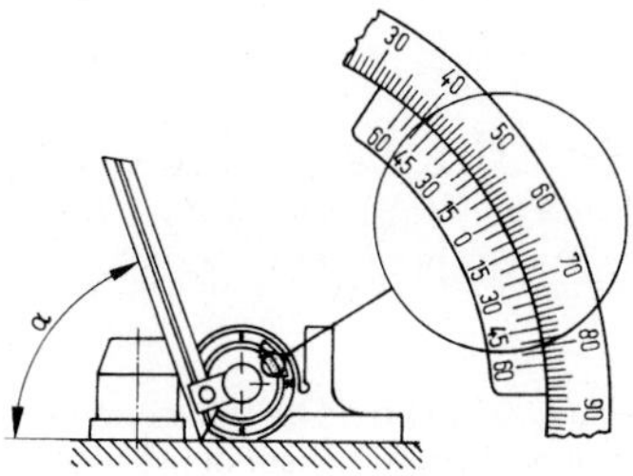

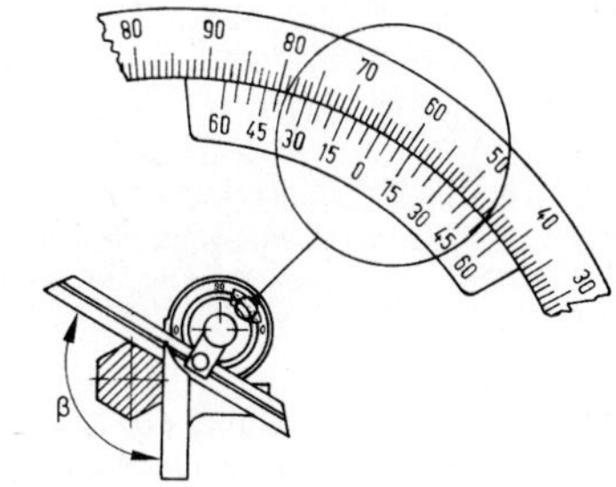

3/5 An einer Führung ist das angegebene Maß zu messen. Der Symmetriefehler darf ± 10′ nicht überschreiten. Erläutern Sie die Durchführung der Prüfung, und geben Sie die Prüfwinkel an.

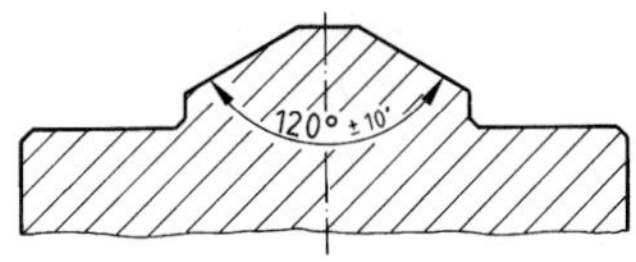

3/6 Ein Werkzeugstempel mit regelmäßigem Achtkant-Profil ist zu überprüfen. Es sollen Längen, Winkel und Symmetrie kontrolliert werden.

Stellen Sie einen Prüfplan mit Angabe der Prüfwerte auf.

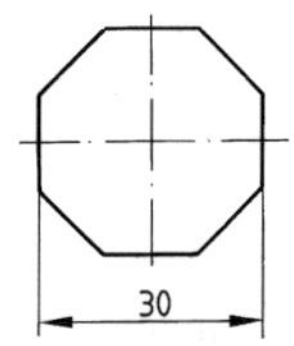

3/7 Stellen Sie Endmaße für die folgenden Winkel zusammen.

a) 27°23′ **b)** 47°40″ **c)** 25,4°

3/8 Das dargestellte Werkstück ist zu messen.

a) Legen Sie eine Tabelle an, in der Sie für die Maße 4; 9; 12 und 14 folgendes angeben: Nennmaß, Abmaße, Prüfmittel.

b) Beschreiben Sie die Messung der Maße 4; 9; 12 und 14.

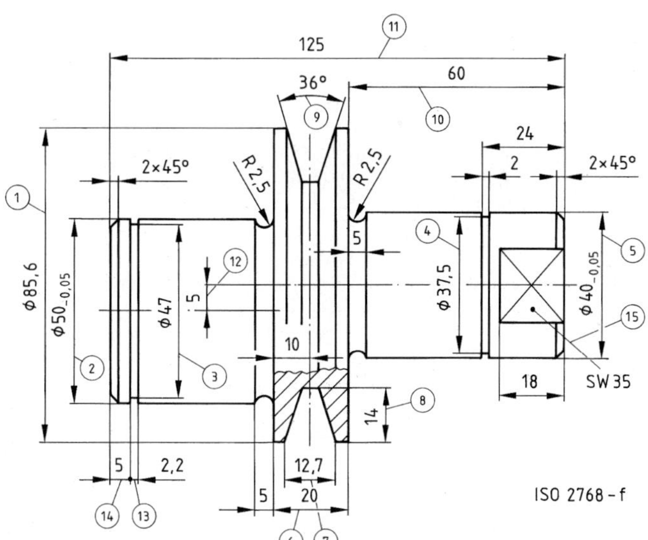

4 Prüfen der Rauheit von Oberflächen

4/1 Welchen Einfluss hat die Rauheit der Oberfläche auf die Auswahl der Taster für pneumatisches Längenmessen?

4/2 Jemand behauptet, geringe Rauheit von Klebeflächen verbessere die Haftung. Stimmt die Aussage?

4/3 Zur Bestimmung der Oberflächenbeschaffenheit wurde ein Oberflächenprofil abgetastet und auf einem Papierstreifen stark vergrößert dargestellt. Bestimmen Sie den R_z-Wert.

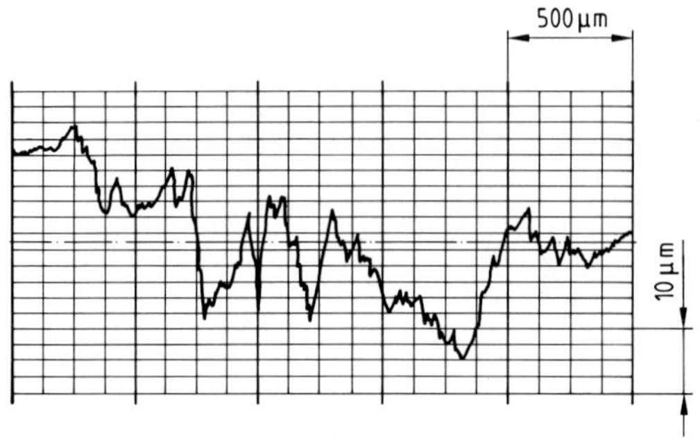

4/4 Beschreiben Sie, wie folgende Rauheitswerte festgelegt wurden:

a) gemittelte Rautiefe R_z **b)** maximale Rautiefe R_{max} **c)** Mittenrauwert R_a

4/5 Entschlüsseln Sie die folgenden Oberflächenzeichen.

a)

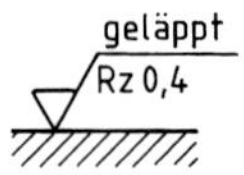

b)

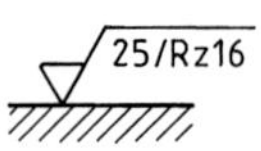

c)

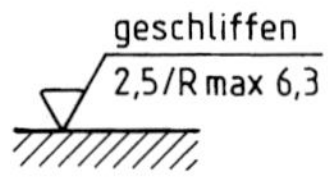

d)

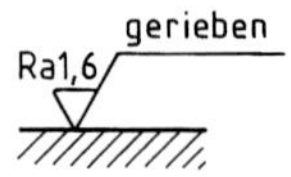

4/6 In welchen gemittelten Rautiefenbereichen können die Oberflächenbeschaffenheiten bei folgenden Fertigungsverfahren liegen:

a) Kokillengießen **b)** Bohren **c)** Längsdrehen

5 Prüfen von Gewinden

5/1 Welche Kenngrößen eines Gewindes lassen sich mit Gewindeschablonen überprüfen?

5/2 Woran erkennt man die Ausschussseite bei einem Gewindegrenzlehrdorn?

5/3 Warum soll man Gewindelehrringe nur zum Prüfen von kurzen Außengewinden benutzen?

5/4 Bei einer Gewinderollenlehre liegt das Rollenpaar für die Ausschusslehrung hinter dem Rollenpaar für die Gutlehrung.
Begründen Sie diese Anordnung.

5/5 Warum genügt es nicht, genaue Gewinde nur mit Lehren zu prüfen?

5/6 Auf einer Drehmaschine wurde ein Außengewinde gefertigt. Mit einem Steigungsmessgerät (Endmaße mit Steigungsschnäbeln) stellt man das Maß 24,2 mm für 8 Gewindegänge fest.

a) Wie groß ist die Steigung?
b) Welchen Fehler weist die Steigung auf, wenn metrische Gewinde nach Norm folgende Steigungen haben: ... 2,5 mm; 3 mm; 3,5 mm ...?
c) Wodurch kann der Fehler bedingt sein?

5/7 Den Flankendurchmesser eines Außengewindes kann man mit Hilfe einer Messschraube und drei gleich dicken Drähten messen.

a) Beschreiben Sie das Messverfahren.
b) Begründen Sie, warum bei diesem Messverfahren der Flankendurchmesser nicht unmittelbar gemessen wird.

5/8 Welche Bestimmungsgrößen eines Außengewindes lassen sich mit einem Messschieber ermitteln?

6 Messabweichungen

6/1 Eine Messschraube wird mit Endmaßen auf Genauigkeit überprüft (siehe Tabelle).

a) Wie groß ist jeweils die Messabweichung?
b) Beurteilen Sie, ob bei der Messung eine systematische oder eine zufällige Messabweichung vorliegt?
c) Welche Ursachen kann die Messabweichung haben?

Endmaß	gemessener Wert mit Messschraube
20,00 mm	20,01 mm
30,00 mm	30,01 mm
40,00 mm	40,01 mm

6/2 Eine Messschraube weist einen Nullpunktfehler von + 0,02 mm auf.

a) Wie kann man diese Messabweichung berücksichtigen?
b) Welchen Durchmesser hat ein Bolzen tatsächlich, wenn auf der Messschraube der Wert 30,09 mm abgelesen wurde?

6/3 Der Durchmesser eines Bolzens wurde mit einer Messschraube direkt nach der Fertigung auf der Drehmaschine gemessen. Das Istmaß betrug 136,04 mm. In der Zeichnung war das Nennmaß $136^{+0,06}_{+0,02}$ mm angegeben.

Als der Bolzen nach einigen Tagen eingebaut wurde, saß er in der Bohrung zu locker. Man überprüfte den Bolzendurchmesser nochmals und stellte ein Istmaß von 135,98 mm fest.
Welche Ursachen von Messabweichungen können bei der ersten Messung vorgelegen haben?

6/4 Die Messflächen von Messschiebern und Messschrauben können durch unsachgemäße Behandlung abnutzen.
Wie kann man diese Messabweichung feststellen?

6/5 Eine gedrehte Welle wurde im erwärmten Zustand gemessen. Der Messwert betrug 120,02 mm.
Wie groß ist das Werkstück bei einer Temperatur von 20 °C, wenn die durch die Erwärmung hervorgerufene Messabweichung 0,05 mm beträgt?

6/6 Welche Messabweichungen, die durch die Person des Prüfers bedingt sind, können auftreten:

a) beim Bedienen einer Messschraube, **b)** beim Ablesen einer Messuhr?

6/7 Genaue Messungen müssen bei einer bestimmten Temperatur durchgeführt werden.

a) Wie nennt man diese Temperatur?
b) Welche Höhe hat diese Temperatur?
c) Warum müssen Werkstück und Messzeug diese Temperatur aufweisen?

7 Auswahl von Prüfverfahren und Prüfgeräten

7/1 Das gezeichnete Werkstück soll geprüft werden.

a) Erfassen Sie alle Maße (außer Radienmaßen) und ordnen Sie diese tabellarisch nach kleiner werdender Maßtoleranz.
b) Geben Sie zu jedem Maß das Prüfverfahren und das Prüfgerät an.

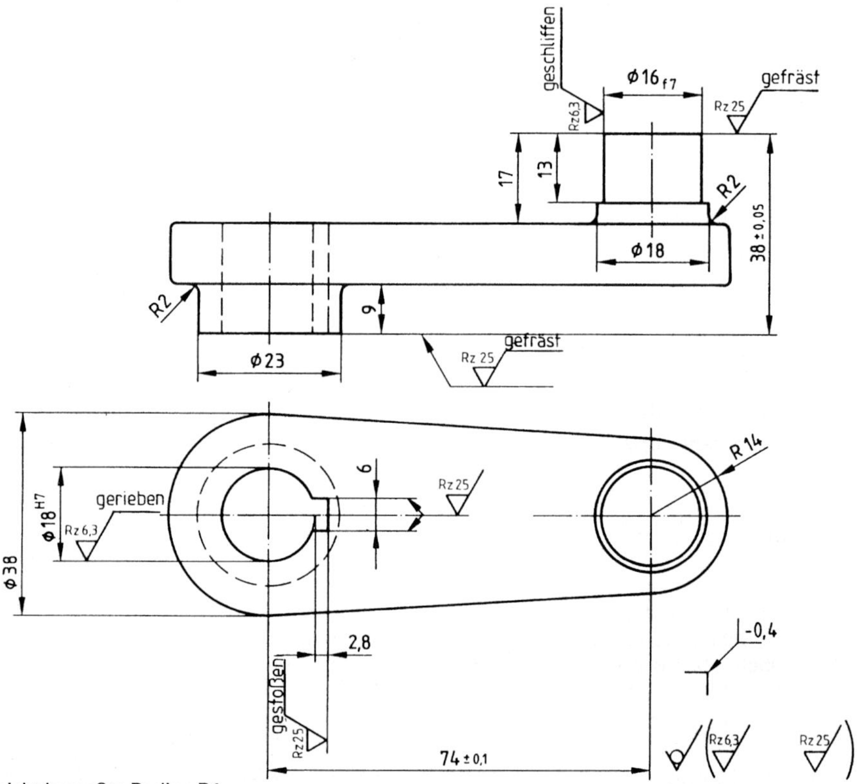

nicht bemaßte Radien R1

Allgemeintoleranzen
DIN ISO 2768-m

8 Passungen

Begriffe und Maße bei Passungen

8/1 Beim Zusammenbau von Werkstücken müssen die Teile an den Berührungsflächen zusammenpassen.

a) Wie nennt man in der Passungslehre diese Berührungsflächen?
b) Welche Formen können solche Berührungsflächen haben?
c) Wie nennt man die Paarung von Bohrung und Welle?

8/2 Ein Bolzen hat das Passmaß $24^{+0,06}_{+0,04}$. Dieser Bolzen soll in eine Bohrung mit dem Passmaß $24^{-0,08}_{-0,11}$ eingebaut werden.
Ermitteln Sie jeweils für den Bolzen und für die Bohrung die in der Tabelle aufgeführten Maße in mm.

	Passmaß	Nenn-maß	oberes Abmaß	unteres Abmaß	Höchst-maß	Mindest-maß
Welle	$24^{+0,06}_{+0,04}$	?	?	?	?	?
Bohrung	$24^{-0,08}_{-0,11}$	?	?	?	?	?

8/3 Für den Durchmesser einer Bohrung müssen folgende Grenzmaße eingehalten werden: 120,03 mm und 119,92 mm.
Wie lauten das Nennmaß und die Abmaße?

8/4 Ein Werkstück mit den nebenstehenden Abmessungen soll hergestellt werden. Zeichnen Sie die Tabelle ab, und ermitteln Sie die gesuchten Größen.

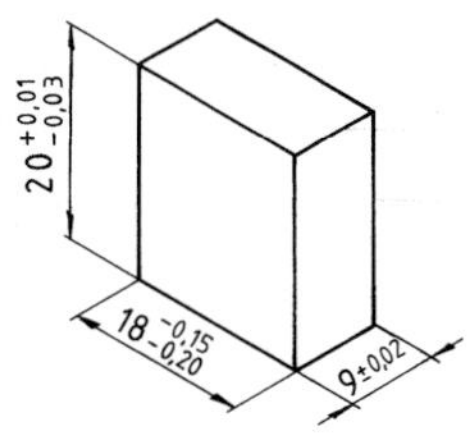

Passmaß	$9 \pm 0,02$	$18^{-0,15}_{-0,20}$	$20^{+0,01}_{-0,03}$
Höchst-maß	?	?	?
Mindest-maß	?	?	?
Toleranz	?	?	?

8/5 Zeichnen Sie die Toleranzfelder für folgende Passmaße:
$20^{+0,25}_{+0,10}$; $20^{+0,10}_{-0,05}$; $20^{-0,10}_{-0,25}$

Lösungsanleitung:
Waagerechte Achse entspricht der Null-Linie, senkrechte Achse entspricht den Abmaßen. Wählen Sie dazu den Maßstab 0,1 mm Abmaß ≙ 10 mm.

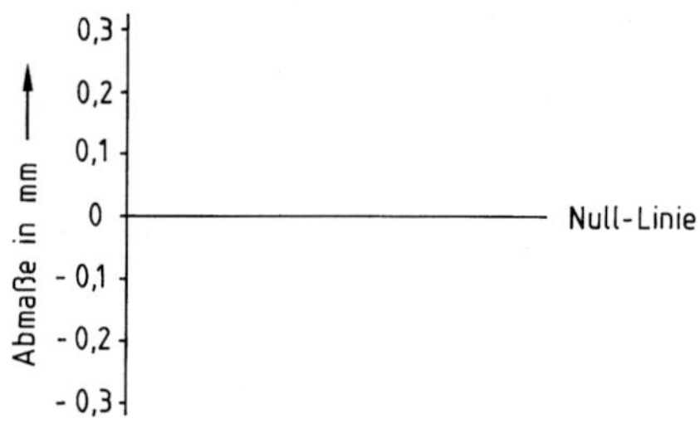

8/6 Entschlüsseln Sie Passmaße nach der ISO-Schreibweise. Zeichnen Sie dazu die Tabelle ab, und ermitteln Sie die gesuchten Werte mit Hilfe der Tabelle ISO-Paßmaße.

Pass-maß	Höchst-maß	Mindest-maß	Toleranz
35^{R7}	?	?	?
40^{H7}	?	?	?
45_{r6}	?	?	?

ISO-Normen für Maß- und Passungsangaben

8/7 Suchen Sie aus folgenden Passmaßen 10^{H8}; 8^{K7}; 10_{h6}; 20^{R8}; 16^{H7}; 8_{m6}; 10_{h7}

a) alle Passmaße für Wellen heraus,

b) alle Passmaße für Bohrungen heraus, die Toleranzfelder mit gleicher Lage zur Null-Linie haben.

8/8 Welche Information kann dem Maß 30_{k6} entnommen werden?

Passung, Spiel und Übermaß

8/9 Erläutern Sie, unter welchen Bedingungen bei einer Paarung von Bohrung und Welle

a) Spiel entsteht,

b) Übermaß entsteht.

8/10 Die Istmaße von drei Bohrungen und drei einzubauenden Wellen sind in einer Tabelle festgehalten worden. Übernehmen Sie die Tabelle. Tragen Sie die Begriffe „Spiel oder Übermaß" für alle neun möglichen Paarungsfälle sowie die entsprechenden Zahlenwerte ein.

Istmaß der Welle / Istmaß der Bohrung	39,850	39,976	40,032
40,085	?	?	?
39,942	?	?	?
39,814	?	?	?

8/11 Für die Passstellen an einer Baugruppe sind die in der Tabelle angegebenen Passmaße vorgesehen.

a) Welche Passung liegt jeweils vor?

b) Berechnen Sie die jeweilige Passtoleranz.

Stelle	Bohrung	Welle
①	$30 \pm 0{,}04$	$30 \pm 0{,}03$
②	$80^{+0{,}05}_{-0{,}02}$	$80^{-0{,}06}_{-0{,}11}$
③	$120^{+0{,}035}_{0}$	$120^{+0{,}076}_{+0{,}054}$

Passungssysteme

8/12 **a)** Ermitteln Sie von der Passung $50\frac{F8}{h6}$

- Abmaße für Bohrung und Welle,
- Passtoleranz.

b) Zeichnen Sie maßstäblich die Lage der Toleranzfelder zur Null-Linie.

8/13 Ermitteln Sie von der Passung $60\frac{H7}{r6}$

a) Abmaße für Bohrung und Welle,

b) Passtoleranz

8/14 Warum beschränkt man sich in der Fertigung auf eine begrenzte Zahl von Passungen?

8/15 **a)** Wie ist beim Passsystem Einheitsbohrung die Lage der Bohrungstoleranz festgelegt?

b) Wie ist beim Passsystem Einheitswelle die Lage der Wellentoleranz festgelegt?

8/16 **a)** Welches Abmaß liegt bei dem Passsystem Einheitsbohrung für alle Nennmaße – z. B. 80^{H7}, 70^{H11} – genau fest? Wie groß ist es?

b) Welches Abmaß liegt beim Passsystem Einheitswelle für alle Nennmaße – z. B. 12_{h5}, 100_{h6} – genau fest? Wie groß ist es?

8/17 Warum findet das Passsystem Einheitsbohrung vor allem dort Anwendung, wo Wellen mit Absätzen und verschiedenen Durchmessern eingebaut werden?

Auswahl von Passungen

8/18 Eine einfache Säulenführung soll 20 mm Durchmesser haben. Sie soll sehr leichtgängig sein. Die Säule aus gezogenem Material hat 20_{h6}.
Bestimmen Sie das Passmaß für die Bohrung.
Ermitteln Sie Höchst- und Mindestspiel.

8/19 Wälzlager werden entsprechend der Lagerbelastung eingepasst. Der Außenring eines Lagers soll fester in der Bohrung sitzen als der Innenring auf der Welle. Für ein Lager mit dem Innendurchmesser 20 mm und Außendurchmesser 52 mm sind die Passmaße für Bohrung und Welle festzulegen. Siehe dazu im Lehrbuch, Kapitel „Wälzlager".
Ermitteln Sie die Maßtoleranz für Bohrung und Welle.

Lehren von Passmaßen

8/20 Übernehmen Sie die vorgegebene Tabelle, und ordnen Sie die folgenden Begriffe ein: Gutseite, Ausschussseite.

	Grenzlehrdorn	Grenzrachenlehre
Seite mit Mindestmaß	?	?
Seite mit Höchstmaß	?	?

8/21 An welchen Merkmalen erkennt man die Ausschussseite

a) bei einem Grenzlehrdorn,
b) bei einer Grenzrachenlehre?

9 Form- und Lagetoleranzen und ihre Prüfung

9/1 An der Messfläche eines Endmaßes befindet sich nebenstehende Zeichnungsangabe.

a) Welche Eigenschaft wird toleriert?
b) Wie breit ist die Toleranzzone?

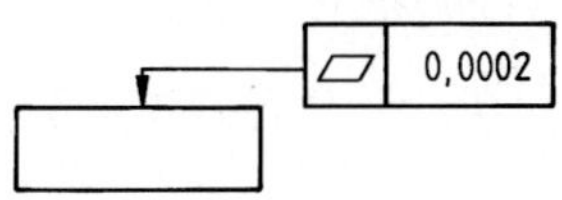

9/2 Bei der Herstellung eines Flachwinkels ist nebenstehende Zeichnungsangabe zu berücksichtigen.
Entschlüsseln Sie die dargestellten Symbole.

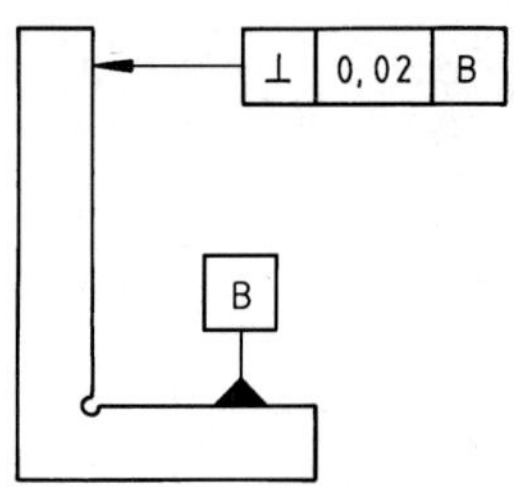

9/3 Ein Kurbelzapfen ist entsprechend der Skizze bemaßt.
Was bedeutet das Symbol?

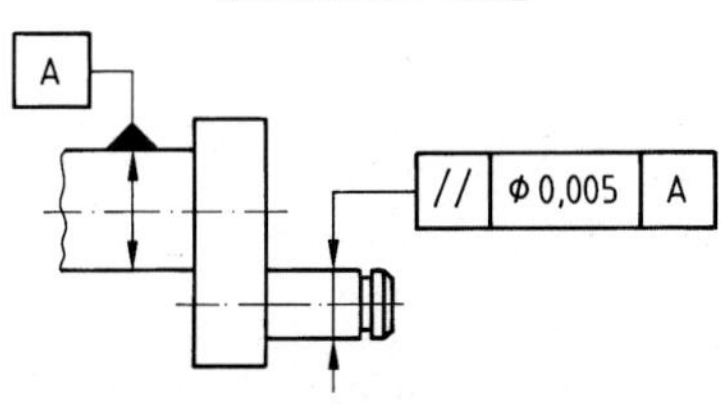

9/4 Bei der Herstellung von Messgeräten müssen an den Messflächen Formtoleranzen und Lagetoleranzen beachtet werden.
Übernehmen Sie die Tabelle, und füllen Sie diese entsprechend dem vorgegebenen Beispiel aus.

Prüfgerät	zu tolerierende Form der einzelnen Messfläche		eventuell zu tolerierende Lage mehrerer Messflächen	
	Begriff	Symbol	Begriff	Symbol
Winkelendmaß	Ebenheit	⏥	Neigung	∠
Parallelendmaß	?	?	?	?
Tiefenmessschieber	?	?	?	?
Innenmessschraube	?	?	?	?
Grenzlehrdorn	?	?	?	?
Grenzrachenlehre	?	?	?	?
Radienlehre	?	?	?	?
Haarwinkel	?	?	?	?

9/5 Die Ebenheit einer Fläche soll gemessen werden.
Machen Sie einen Vorschlag zur Messung der Ebenheit der gekennzeichneten Fläche.
Skizzieren Sie das Messverfahren.

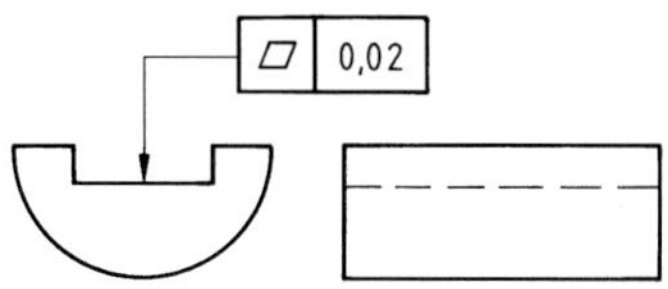

9/6 Wie würden Sie die Geradheit der Bohrung prüfen?
Skizzieren Sie das Messverfahren.

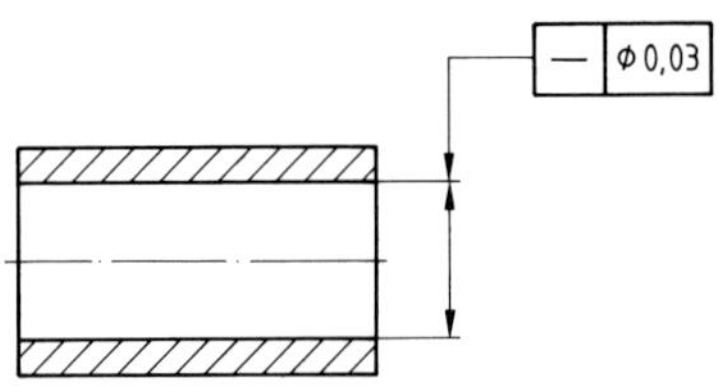

9/7 Zur Prüfung der Neigung wurde der dargestellte Messaufbau verwendet.

Es wurden gemessen:
M_1 = 6,88 mm;
M_2 = 6,86 mm;
l_1 = 10,8 mm;
l_2 = 40,0 mm;

Ermitteln Sie die Neigungsabweichung der Bohrungsachse von der Senkrechten.

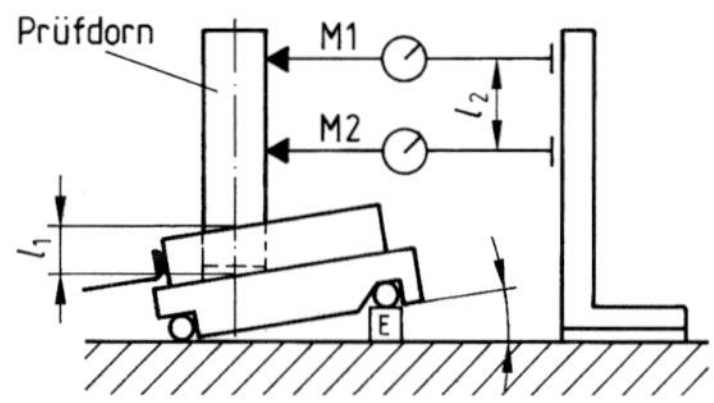

9/8 Welche Eigenschaften werden mit den skizzierten pneumatischen Messvorrichtungen geprüft?

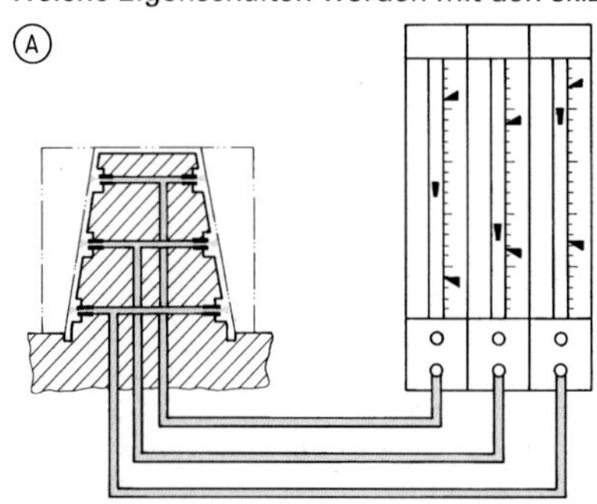

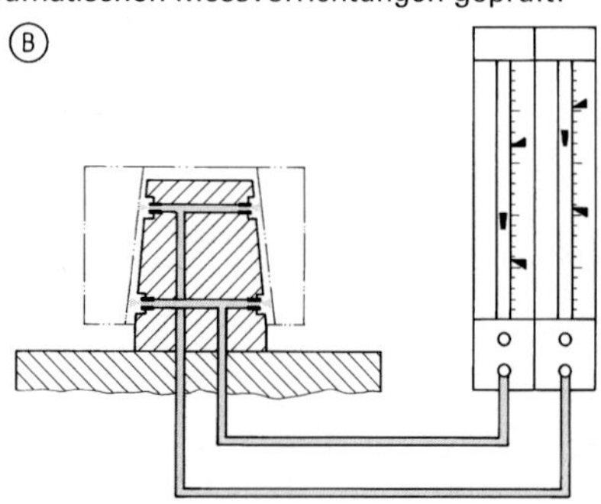

10 Einsatz nummerisch gesteuerter Messmaschinen

Aufbau und Funktion von CNC-Messmaschinen

10/1 Das Funktionsprinzip einer CNC-Messmaschine zeigt vereinfacht das Zusammenwirken der Baueinheiten.

Übernehmen Sie das „Funktionsprinzip einer CNC-Messmaschine" und ergänzen Sie die Lücken mit den folgenden Begriffen:

- Messwerte,
- Istprofil,
- Datenverarbeitungsanlage,
- CNC-Messprogramme,
- Querschlitten.

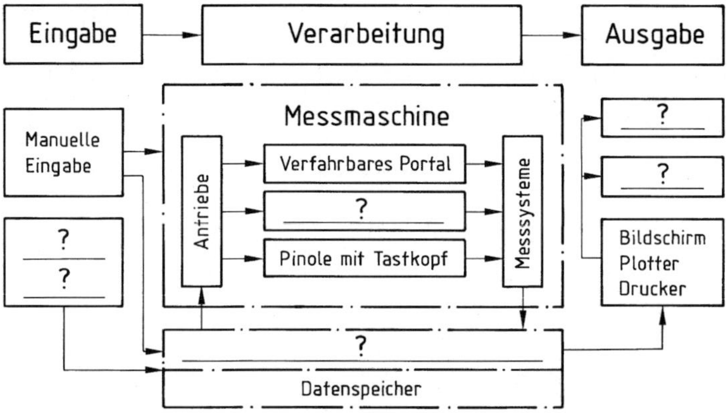

10/2 Die Abbildung zeigt die Draufsicht einer Koordinatenmessmaschine mit einer positionierten Spannvorrichtung und einem eingespannten Werkstück mit vier Bohrungen. Das Werkstück ist zur Längsachse symmetrisch. Wie groß sind die Koordinatenwerte X_0; Y_0 des Bezugspunktes der Spannvorrichtung (BPS genannt) innerhalb des Maschinenkoordinatensystems?

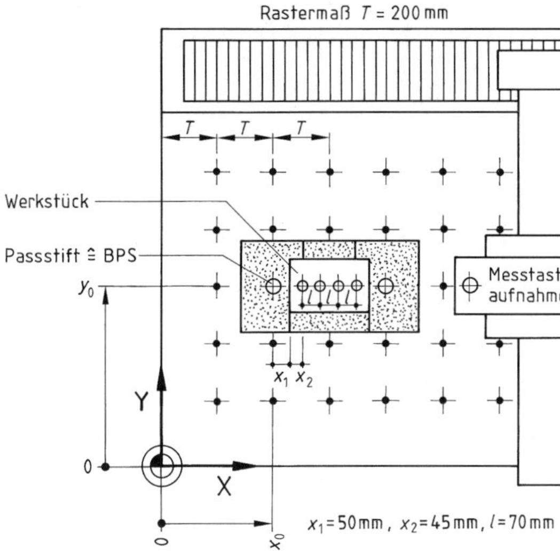

10/3 Nennen Sie die Vorteile, welche der Einsatz einer genau positionierten Werkstückaufspannung, z. B. mit Paletten, für Serienmessungen hat.

10/4 **a)** Welches der Bilder zeigt die statische und welches Bild die dynamische Messwerterfassung?

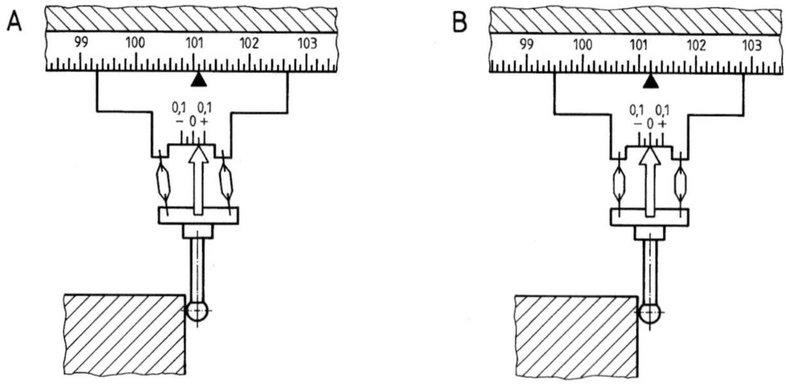

b) Lesen Sie in den Bildern die Messwerte ab.

c) Was versteht man in der Messtechnik unter „Scannen"?

d) Mit welcher der beiden Möglichkeiten zur Messwerterfassung kann nur ein Scannen erfolgen?

10/5 Über eine Tasterwechseleinrichtung ist in einer Informationsschrift zu lesen:
„Durch vorbereitete, kalibrierte Taster und Tasterkombinationen entfällt die Zeit für das Einschrauben, Ausrichten und Vermessen der Taster direkt vor dem Messvorgang."

a) Was versteht man an Messmaschinen unter „Kalibrieren"?

b) Welche Größe des Tasters werden beim Kalibrieren erfasst?

c) Wie werden diese während des Messvorgangs berücksichtigt?

10/6 Eine Messmaschine soll manuell gesteuert werden. Welche Größen muss der Benutzer über das Steuerpult zur Steuerung des Messvorgangs eingeben?

10/7 **a)** Beschreiben Sie, welche Vereinfachung das „teach-in-Verfahren" für die Programmierung der Messmaschinen bietet.

b) Begründen Sie, weshalb man für dieses Verfahren den Begriff „Lernprogrammierung" geprägt hat.

11 Qualitätsmanagement

11/1 Im Beispiel des Lehrbuches – dem schematisch dargestellten Lebensweg des Produktes Motorrad – ist auch das Recycling einbezogen.
Warum muss sich ein Produzent von Motorrädern auch über die Entsorgung Gedanken machen?

11/2 Die Zehnerregel ist sicherlich nicht in jedem Falle mathematisch zutreffend. Sie macht aber deutlich, wie sich Kosten sprunghaft erhöhen, wenn ein Fehler zu spät aufgedeckt wird.
Was würde nach dieser Regel ein verspannter Deckel auf einem Getriebegehäuse, der nicht mit einem Drehmomentschlüssel angezogen wurde – was etwa 2,00 DM mehr in der Montage gekostet hätte – bei einer Rückrufaktion wegen austretenden Öls an Kosten verursachen?

11/3 Nehmen Sie Stellung zu der Ansicht:
„Für Stückzahlen ist die Fertigung zuständig – für Qualität die Endkontrolle!"

11/4 „Qualitätsmanagement ist Sache der Firmenleitung. Dafür werden die Bosse auch besser bezahlt. Ich mach' meine Arbeit so, wie mir gesagt wird. Für Mitdenken werd' ich nicht bezahlt."
In dieser Weise äußerte sich ein Kollege. Was halten Sie davon?

11/5 Die dargestellten Gehäusedeckel sollen verschraubt werden.
Stellen Sie mit der Klasse ein Ishikawa-Diagramm zur Fehlerquellenanalyse auf. Es sollen möglichst viele Ideen festgehalten werden.

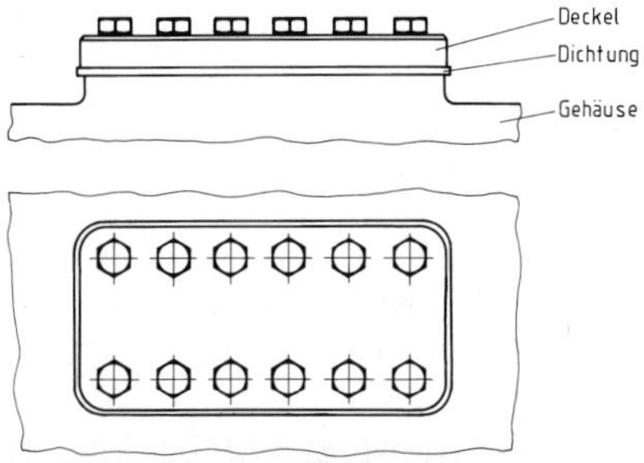

11/6 Die Firma H. hat ein sehr gut organisiertes System der Qualitätssicherung. Sie stellt für die Automobilindustrie Beleuchtungsanlagen her.
Welche Qualitätssicherungsnorm aus DIN ISO 9000 bis 9004 kann bei künftigen Lieferverträgen mit dieser Firma Grundlage der Vereinbarungen sein?
Geben Sie eine kurze Begründung.

11/7 Was stellen Sie als Kunde für Anforderungen an das Produkt Fahrrad? Stellen Sie zusammen mit Klassenkameraden eine entsprechende Liste auf.

11/8 Ergänzen Sie die Konstruktions-FMEA des Fahrradherstellers, die im Buch mit einer Zeile begonnen wurde, um den Fehler „Spannungen im Sattelrohr und in der Aufnahme".
Ergänzen Sie die übrigen Felder.

11/9 Sie haben Kfz-Naben zu montieren. Es werden Kegelrollenlager eingebaut und eingestellt.
a) Welche Fehler sind möglich?
b) Welche Folgen hat jeder Fehler?
c) Wo sind die Ursachen eines jeden der möglichen Fehler zu suchen?
d) Schlagen Sie Maßnahmen zur Fehlervermeidung vor.
Beantworten Sie die Fragen tabellarisch.

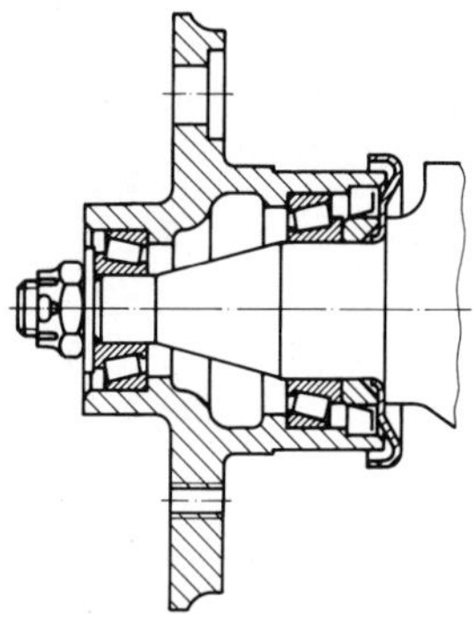

11/10 Die Einhaltung der vorgegebenen Technologiedaten ist zur Erzeugung von Qualität bei spanender Bearbeitung besonders wichtig. Der Werkzeughersteller H. gibt für die Zerspanung mit Cermets das nebenstehende Schaubild an.

a) Erklären Sie möglichst umfassend, welche Zusammenhänge hier dargestellt werden.

b) Welchen Vorschub würden Sie wählen, damit Sie mit einem Schneidenradius von 1,2 mm einen Mittenrauwert von R_a = 1,6 erzielen?

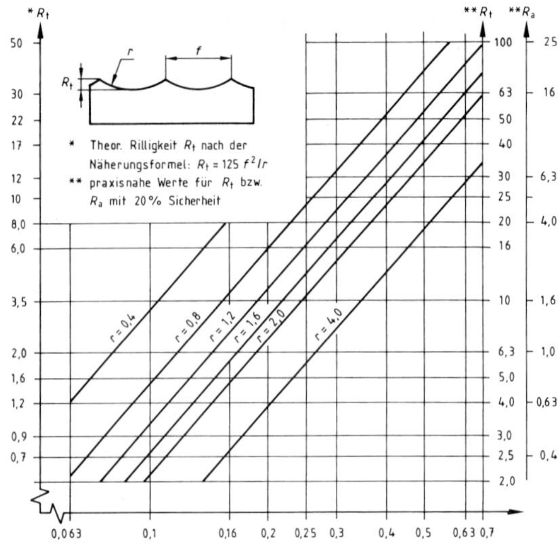

Beziehung Eckenrundung – Rautiefe

11/11 Schreiben Sie für das Beispiel „Messermontage" eine präzise Montageanweisung.

11/12 Eine Maschine gilt als fähig, wenn mit ihr mindestens 99,7 % aller Teile fehlerfrei gefertigt werden können.
Kann man sich in allen Fällen mit der Fehlerquote von 0,3 % zufrieden geben?
Prüfen Sie dies vor einer Antwort, indem Sie die mögliche Fehlerzahl – die in der Praxis aber auf keinen Fall vorkommen darf – in folgenden Fällen berechnen:

- Täglich werden in Deutschland etwa 8 000 größere chirurgische Operationen durchgeführt.
- Täglich werden in Deutschland etwa 30 Millionen Geldüberweisungen von einem Konto zu einem anderen getätigt.

11/13 Auf einem Schleifautomaten werden Wellenenden auf Durchmesser 40f7 geschliffen. Bei Stichproben von je 10 Stück, die im Abstand von einer halben Stunde genommen wurden, wurden die in der Tabelle angegebenen Werte gemessen. Die erste Stichprobennahme war um 14.30 Uhr.

	Stichprobe 1		Stichprobe 2		Stichprobe 3		Stichprobe 4		Stichprobe 5	
	Anzahl	Maß	Anzahl	Maß	Anzahl	Maß	Anzahl	Maß	Anzahl	Maß
39, ...	1	967	1	968	1	973	1	973	1	977
	2	965	2	966	2	971	3	971	2	976
	3	963	4	964	3	969	3	969	4	974
	2	959	2	963	3	967	2	966	2	972
	2	958	1	959	1	966	1	965	1	971

a) Berechnen Sie den Mittelwert jeder Stichprobe.

b) Bestimmen Sie Höchst- und Mindestmaß, das nicht überschritten werden darf.

c) Zeichnen Sie eine einfache Kontrollkarte entsprechend der Abbildung und tragen Sie die Ergebnisse ein. Kennzeichnen Sie farbig den Verlauf des Mittelwertes.

d) Erläutern Sie die Aussagen Ihrer Eintragung in die Kontrollkarte.

e) Wodurch unterscheidet sich die von Ihnen bearbeitete Kontrollkarte von einer Qualitätsregelkarte?

11/14 Setzen Sie sich mit 4 Kollegen zusammen und lassen Sie jeden aufzählen, welche Ursachen Verkehrsunfälle hatten, an denen sie oder Mitglieder ihrer Familie beteiligt waren.
Schreiben Sie die Ursachen und ihre Häufigkeit auf. Bilden Sie dabei sinnvolle Gruppen, z. B. zu dichtes Auffahren, technischer Defekt am Fahrzeug, Vorfahrtverletzung, zu hohe Geschwindigkeit.
Prüfen Sie anhand der Aufstellung, ob die Regel, dass 80 % aller Fehler von nur 20 % aller Ursachen erzeugt werden, etwa richtig ist.

Fertigungstechnik

1 Einteilung der Fertigungsverfahren

1/1 Nach DIN 8580 werden die Fertigungsverfahren in folgende Hauptgruppen eingeteilt: Urformen, Umformen, Trennen, Fügen, Beschichten, Stoffeigenschaftändern.
Schreiben Sie diese Hauptgruppen ab, und ordnen Sie die folgenden Fertigungsvorgänge entsprechend zu:

a) Biegen eines Fahrradlenkers,
b) Fräsen eines Zahnrades,
c) Verchromen einer Autostoßstange,
d) Löten einer Dachrinne,
e) Härten einer Reißnadel,
f) Schmieden eines Garderobenhakens,
g) Verschrauben eines Türschlosses,
h) Abscheren eines Blechstreifens,
i) Lackieren eines Pkw,
j) Walzen eines U-Profils,
k) Einsetzen und Befestigen eines Mopedrades,
l) Grundieren eines Gitters mit Rostschutzfarbe,
m) Gießen eines Motorblockes,
n) Feilen eines Vierkantes an einer Welle.

1/2 Ein Maschinenständer wird hergestellt, indem man mit einer Metallschmelze einen Formhohlraum füllt.

a) Wie heißt das Fertigungsverfahren?
b) Zu welcher Hauptgruppe gehört dieses Verfahren?

1/3 Werkstücke werden häufig beschichtet.

a) Nennen Sie mindestens drei verschiedene Stoffe, die beim Beschichten auf Werkstückoberflächen aufgetragen werden.
b) Nennen Sie zwei Gründe, weshalb Bauteile beschichtet werden.

1/4 Die Schneide eines geschmiedeten Meißels muss die notwendige Gebrauchshärte erhalten.

a) Durch welche Verfahren erhält die Meißelschneide ihre geeignete Härte?
b) Wie bezeichnet man alle Verfahren dieser Hauptgruppe?

2 Vorbereitende Arbeiten zur Fertigung von Werkstücken

2/1 Die dargestellten Werkstücke sollen aus den angegebenen Rohlingen hergestellt werden. Skizzieren Sie die Rohlinge ab, und kennzeichnen Sie jeweils die Maßbezugskanten bzw. Maßbezugsebenen durch eine farbige Linie.
Geben Sie an, wie Sie diese Kanten bzw. Ebenen bearbeiten würden.

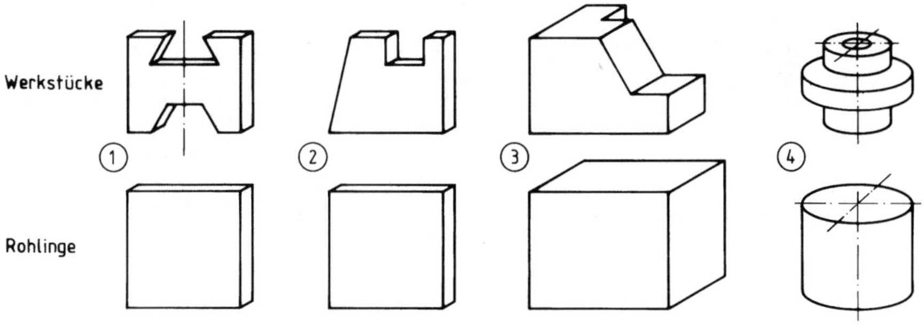

2/2 Mit welchen Hilfsstoffen können folgende Werkstücke vor dem Anreißen beschichtet werden?

a) Eine Schablone soll auf 4 mm dickem Blech angerissen werden.
b) An einem leicht angerosteten Behälter aus Stahlblech soll die Position eines anzuschweißenden Stutzens angerissen werden.
c) An einem gegossenen Hebel sind die Mitten von Bohrungen anzureißen.

2/3 Auf vorgearbeiteten Werkstücken sollen Bohrungen und Langlöcher entsprechend den Abbildungen angerissen werden.
Wählen Sie für jedes Werkstück Hilfsmittel zum Stützen und Halten aus, und beschreiben Sie den Vorgang des Ausrichtens und Spannens.

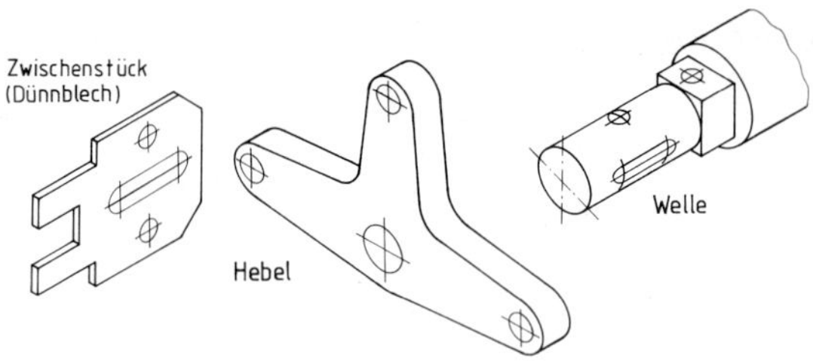

2/4 Warum erreicht man beim Anreißen auf der Anreißplatte mit einem Parallelreißer mit Nonius eine höhere Genauigkeit als mit dem Parallelreißer, der an einem Standmaß eingestellt wird?

2/5 Für das nebenstehende U-Profil soll eine Bohrlehre mit einem Längs- und einem Queranschlag gefertigt werden.

a) Skizzieren Sie die Bohrlehre.
b) Berechnen Sie dafür die Anreißmaße, wenn die Bohrungen mit einem Parallelreißer auf einer Anreißplatte angerissen werden. Als Bezugsebenen dienen die beiden Anschlagflächen der Lehre.
c) Bemaßen Sie die Bohrungsmitten mit einer Bezugskantenbemaßung.

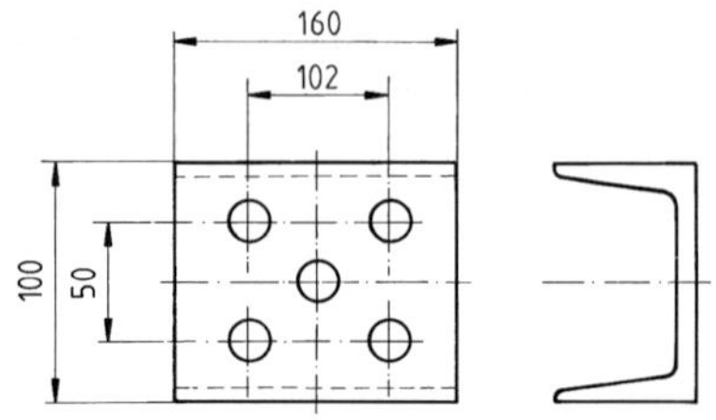

2/6 Mit welchem Anreißwerkzeug können an einem 4 m langen U-Profil kantenparallele Längsrisse erzeugt werden?

2/7 Mit welchem Anreißwerkzeug reißt man auf Wellenenden oder anderen runden Werkstücken Kreismittelpunkte an?

2/8 Das dargestellte Werkstück ist anzufertigen.
Wie kann man mit einer einfachen Schablone das Anreißen erleichtern?
Fertigen Sie sich eine Schablone aus Zeichenpapier an und demonstrieren Sie damit den Anreißvorgang.

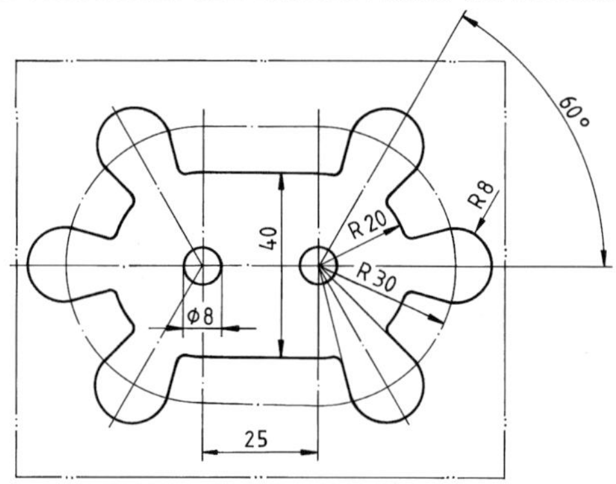

3 Fertigungsverfahren des Trennens

3/1 **a)** Ordnen Sie die folgenden Fertigungsverfahren als Beispiele in eine Tabelle nach dem Muster ein:
- Flachstahl winklig feilen,
- Bandstahl mit Blechschere auf Maß ablängen,
- Welle für Elektromotor drehen,
- Durchbruch durch ein Blech durch Brennschneiden herstellen,
- Oberfläche eines verrosteten Bleches blank schmirgeln.

b) Suchen Sie zu den Gruppen Zerteilen und Spanen mit geometrisch bestimmten Schneiden noch je zwei weitere Verfahren und tragen Sie diese in die Tabelle ein.

Trennverfahren	Beispiele
Zerteilen	?
Spanen mit geometrisch bestimmten Schneiden	?
Spanen mit geometrisch unbestimmten Schneiden	?
Abtragen	?

Grundbegriffe zum Zerteilen und Spanen

3/2 **a)** Die spanenden Bearbeitungsverfahren können nach der Schneidenform unterteilt werden:
- geometrisch bestimmte Werkzeugschneide,
- geometrisch unbestimmte Werkzeugschneide.

Schreiben Sie mindestens zwei Werkzeuge zu jeder Schneidenform auf.

b) Die Anzahl der Werkzeugschneiden ist ein weiteres Unterscheidungsmerkmal. Man unterscheidet zwischen
– einschnittigen Werkzeugen, – zweischnittigen Werkzeugen, – mehrschnittigen Werkzeugen.
Schreiben Sie mindestens ein Werkzeug zu jeder Schnittigkeit auf.

3/3 Ordnen Sie folgende Beispiele den beiden Kraftwirkungen (Form- und Bewegungsänderung) zu. Berücksichtigen Sie die überwiegende Wirkungsart oder die genutzte Wirkung.

a) Walzkraft beim Walzen eines U-Profils
b) Kraft zum Biegen eines Rohres
c) Umfangskraft am Rad eines Autos
d) Kraft beim Auftreffen eines Fallhammers
e) Trittkraft gegen einen Fußball

Suchen Sie noch jeweils zwei Beispiele und ordnen Sie diese entsprechend den Gruppen zu.

Masse, Gewichtskraft

Masse

Jeder Körper hat eine Masse – sie ist *ortsunabhängig.* Die Masse wird in der Einheit kg angegeben.

Gewichtskraft

Die Gewichtskraft ist die Kraft, mit der eine Masse an einem bestimmten Ort zum Erdmittelpunkt gezogen wird. Die Gewichtskraft ist *ortsabhängig.*

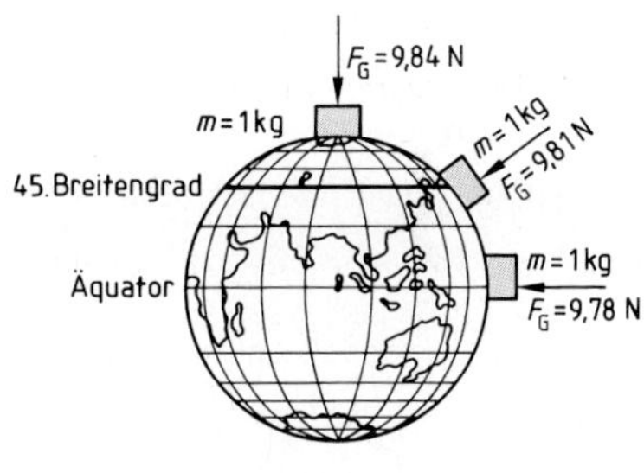

Beispiel

Auf dem 45. Breitengrad bewirkt die Erde in Meereshöhe auf einen frei fallenden Körper die Beschleunigung von 9,81 m/s².
Nach dem Gesetz $F = m \cdot g$ wirkt damit auf einen Körper mit der Masse 1 kg eine Kraft von

$$F_G = \frac{1\ \text{kg} \cdot 9{,}81\ \text{m}}{\text{s}^2} = 9{,}81\ \frac{\text{kg} \cdot \text{m}}{\text{s}^2}$$

Die Kraft von $1\ \frac{\text{kg} \cdot \text{m}}{\text{s}^2}$ ist 1 N (1 Newton).

$$F_G = m \cdot g$$

Formelzeichen

F_G Gewichtskraft
m Masse
g Fallbeschleunigung (g = 9,81 m/s²)

Für Umrechnungen kann man die Fallbeschleunigung in N/kg angeben: $g = 9{,}81\ \frac{\text{m} \cdot \text{kg}}{\text{s}^2 \cdot \text{kg}} = 9{,}81\ \text{N/kg}$

3/4 Auf der Erde üben alle Körper eine Gewichtskraft auf ihre Unterlage aus.
Welche Ursache hat die Gewichtskraft?

3/5 Auf eine Masse von 1 kg wirken an unterschiedlichen Standorten auf der Erde unterschiedliche Gewichtskräfte.
Wovon ist die Größe der Gewichtskraft abhängig?

3/6 Berechnen Sie die fehlenden Werte.

		a)	b)	c)	d)
Volumen	V	500 dm^3	? dm^3	? m^3	365 dm^3
Dichte	ϱ	7,85 kg/dm^3	2,7 g/cm^3	8,9 kg/dm^3	? g/cm^3
Masse	m	? kg	945 kg	? t	2 865,2 kg
Gewichtskraft	F_G	? N	? N	37 380 N	? N

3/7 Berechnen Sie die Gewichtskraft

a) einer Schraube mit der Masse von m = 8,5 g,
b) eines Mannes mit der Masse von 74 kg,
c) einer CNC-Fräsmaschine mit der Masse von 1,85 t.

Darstellung von Kräften

Kräfte gehören zu den physikalischen Größen, die als **gerichtete Größen** oder **Vektoren** bezeichnet werden.
Die Wirkungen von Kräften sind abhängig von
- der *Größe* der Kraft
- der *Richtung* der Kraft
- dem *Angriffspunkt* der Kraft.

Zur Darstellung einer Kraft verwendet man einen Pfeil.

- Die Größe der Kraft wird durch die Pfeillänge dargestellt. Es ist dazu ein geeigneter Kräftemaßstab zu wählen.
- Die Richtung der Kraft wird durch die Pfeilrichtung angegeben.
- Der Angriffspunkt der Kraft ist der Anfangspunkt des Pfeils.

Beispiel für die zeichnerische Darstellung einer Kraft

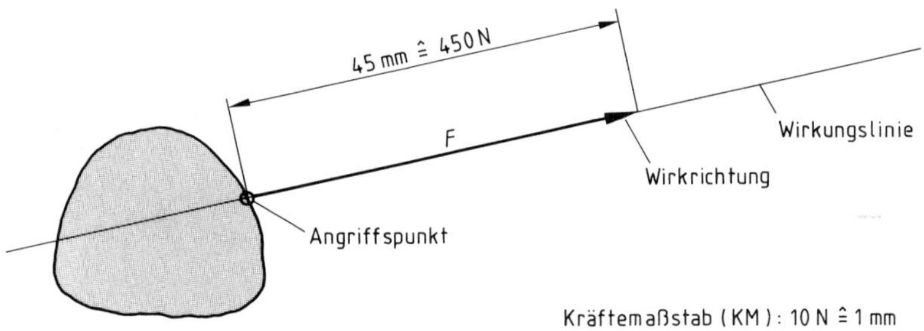

3/8 Stellen Sie folgende Kräfte mit vorgegebenen Kraftmaßstäben zeichnerisch dar.

	Größe	Richtung	Kräftemaßstab
F_1	550 N	waagerecht nach rechts	1 cm ≙ 100 N
F_2	83 N	senkrecht nach unten	1 cm ≙ 20 N
F_3	3,8 kN	45° nach rechts oben	1 cm ≙ 1 kN

3/9 Ein Wagen wird mit einer Kraft F = 100 N gezogen. Ein anderes Mal wird der gleiche Wagen mit der Kraft F = 100 N geschoben.

a) Zeichnen Sie zwei Bilder eines Wagens, und tragen Sie die Kräfte im Kräftemaßstab 1 cm ≙ 100 N an.

b) Ändert sich die Fortbewegung des Wagens, wenn die Kraft F = 100 N einmal als Zugkraft oder als Druckkraft wirkt?
Geben Sie eine physikalische Begründung.

Kräftezerlegung am Keil

Eine Kraft F wird mit Hilfe eines Parallelogramms in zwei Seitenkräfte F_1 und F_2 zerlegt. Die zu zerlegende Kraft bildet die Diagonale und die Seitenkräfte bilden die Seiten des Parallelogramms. Alle drei Kräfte haben einen gemeinsamen Angriffspunkt. Die Seitenkräfte stehen senkrecht auf den Wangen des Keiles.

Beispiele für die Zerlegung einer Kraft F in die Seitenkräfte F_1 und F_2

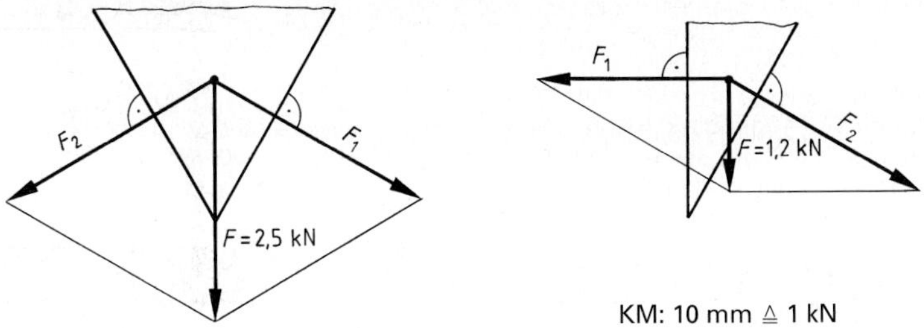

KM: 10 mm ≙ 1 kN

3/10 Wählen Sie einen geeigneten Kräftemaßstab und ermitteln Sie mit Hilfe des Kräfteparallelogramms für die dargestellten Keile die Seitenkräfte.

a)

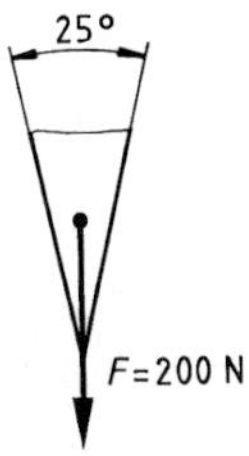

b)

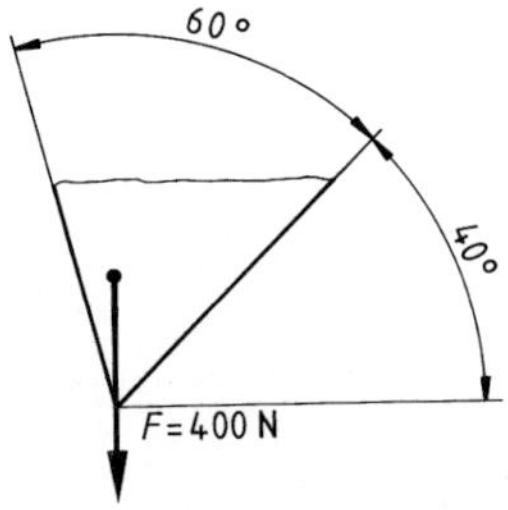

c)

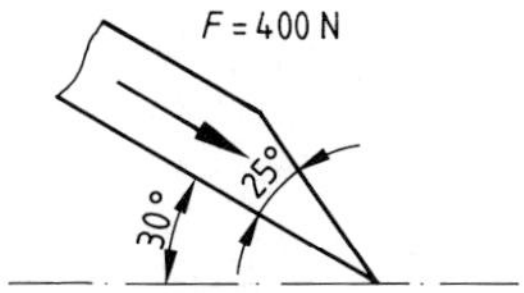

3/11 Ein hydraulisches Spaltgerät für Baumstämme erzeugt 20 000 N.
Wie groß können die Seitenkräfte werden?

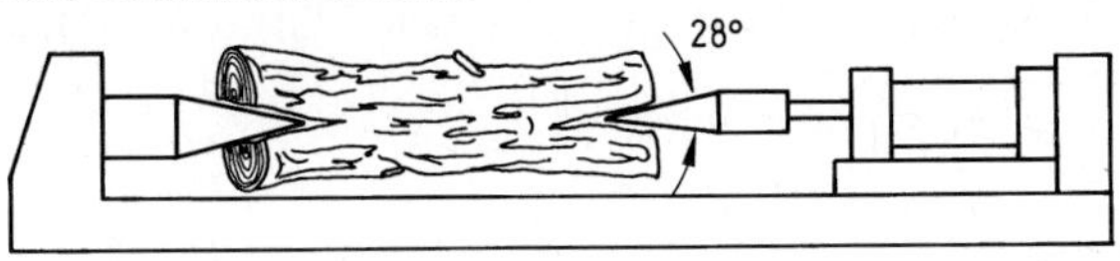

3/12 Zeichnen Sie einen Meißel mit einem Keilwinkel von $\beta_0 = 50°$.

- **a)** Ermitteln Sie mit Hilfe des Kräfteparallelogramms die Seitenkräfte für die Schlagkräfte: $F = 100$ N; $F = 200$ N, $F = 300$ N, $F = 400$ N.
- **b)** In welchem Verhältnis stehen jeweils die Seitenkräfte zur Schlagkraft?
- **c)** Zeichnen Sie ein Schaubild für den Keilwinkel $\beta_0 = 50°$, in dem die Abhängigkeit der Seitenkräfte $F_1 = F_2$ von der Schlagkraft F dargestellt wird.
  Tragen Sie auf der senkrechten Achse die Seitenkräfte und auf der waagerechten Achse die Schlagkraft auf.

3/13 Drei Meißel mit den Keilwinkeln $\beta_{01} = 30°$, $\beta_{02} = 60°$ und $\beta_{03} = 80°$ werden mit der Schlagkraft $F = 400$ N in ein Werkstück getrieben.

- **a)** Ermitteln Sie für jede Werkzeugschneide mit Hilfe des Kräfteparallelogramms die Seitenkräfte F_1 und F_2 beim Zerteilungsvorgang.
- **b)** Formulieren Sie aus den Ergebnissen einen Merksatz, in dem folgende Wortgruppen enthalten sind: *gleicher Kraftaufwand, kleine Keilwinkel, große Keilwinkel, kleine Seitenkräfte, große Seitenkräfte.*

Zerteilen

3/14 Beim Zerteilen zweier Flachstäbe aus verschiedenen Werkstoffen ergeben sich unterschiedlich ausgebildete Trennflächen.

a) Skizzieren Sie die beiden Trennstellen ab.
b) Ordnen Sie die Werkstoffeigenschaften zäh und spröde zu.
c) Schreiben Sie unter jede Skizze die richtigen Begriffe, die Sie aus folgenden Angaben auswählen: *starke Verformung, geringe Verformung, große Bruchfläche, kleine Bruchfläche.*

3/15 **a)** Durch Meißeln wird Flachstahl getrennt. Im Augenblick der Rissbildung ist die Kraft auf dem Meißel 800 N.
Wie groß sind dann die Seitenkräfte?
b) Die Seitenkraft wird wieder zerlegt in eine Kraft, die das Werkstück auf die Unterlage presst und eine Kraft parallel zur Unterlage, welche das Werkstück zerreißt.
Ermitteln Sie diese Kräfte durch Kräftezerlegung der in a) ermittelten Seitenkraft.

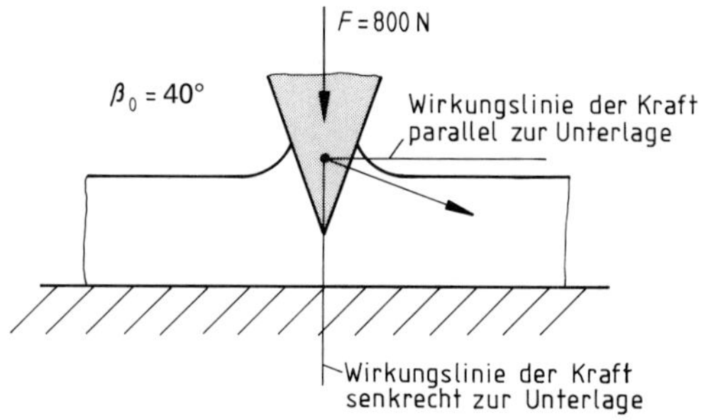

3/16 Flachmaterial aus S 235 (St 37), E 360 (St 70) und Aluminium soll durch Messerschneiden zerteilt werden. Es stehen verschiedene Meißel zur Verfügung. Die Keilwinkel der Schneiden betragen $\beta_{01} = 30°$, $\beta_{02} = 60°$ und $\beta_{03} = 80°$.
Ordnen Sie den Werkstoffen die unterschiedlichen Keilwinkel zu.

3/17 Für eine Verschraubung sollen Dichtungsscheiben aus weichen Kunststoffplatten hergestellt werden.

a) Mit welchen Werkzeugen lassen sich diese Dichtungsscheiben anfertigen?
b) Sollte die Unterlage dabei aus einer Holz- oder Stahlplatte bestehen?

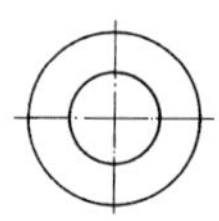

3/18 Der Durchbruch soll mit Meißeln ausgehauen werden.
Welche Meißel werden dazu benötigt?

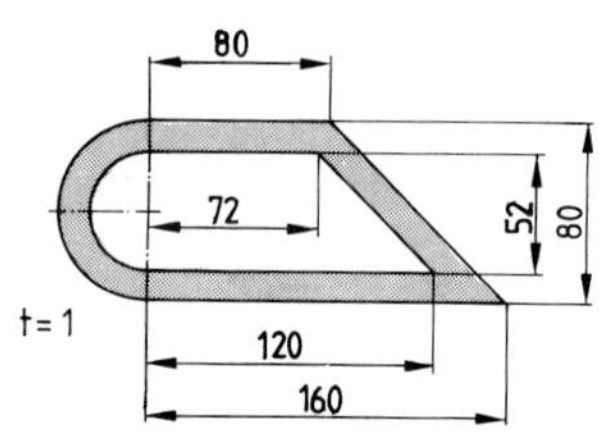

3/19 Vergleichen Sie den Warm- mit dem Kaltschroter.

a) Worin unterscheiden sich beide?
b) Begründen Sie die unterschiedliche Formgebung der Warm- und Kaltschroter.

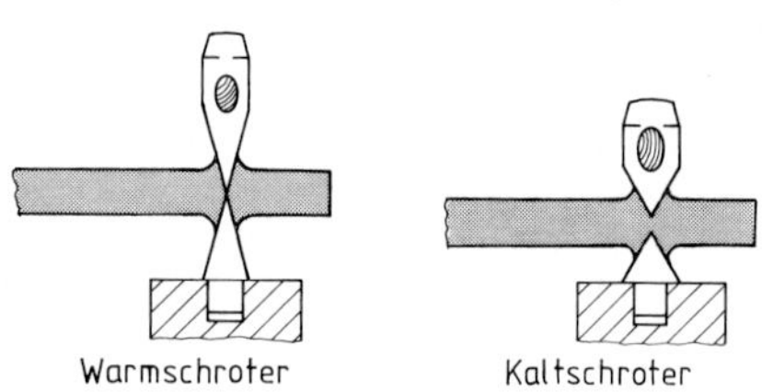

3/20 **a)** Ordnen Sie den Werkzeugen Kneifzange und Blechschere die Verfahren Beißschneiden und Scherschneiden zu.

b) Worin unterscheiden sich die beiden Trennverfahren hinsichtlich
- Anordnung der Schneiden,
- Bewegungsrichtung der Schneiden?

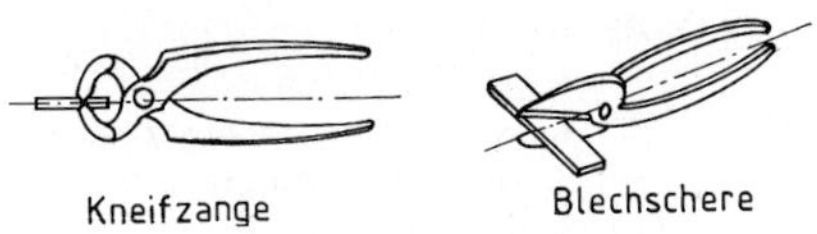

3/21 Skizzieren Sie nach der Vorlage Werkstück und Messer bei einem Schervorgang ab.

a) Markieren Sie durch Pfeile die Kraft- und Bewegungsrichtung der Schermesser.

b) Übernehmen Sie die Abbildung, und tragen Sie an den gekennzeichneten Stellen folgende Angaben ein: Scherebene, Druckfläche, Werkstück, Freiwinkel α_0, Keilwinkel β_0.

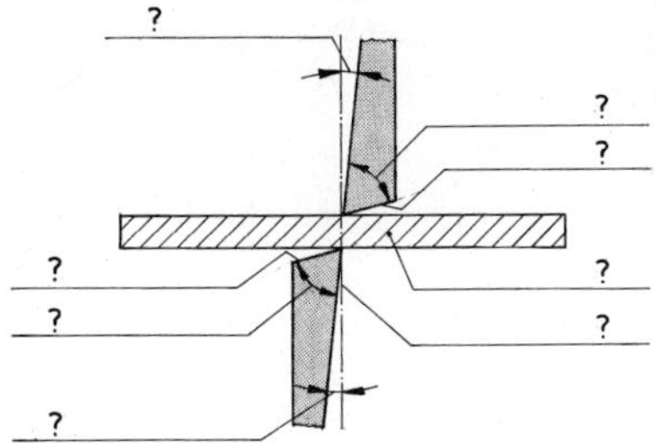

3/22 Die Abbildung zeigt die Trennfläche eines durch Scherschneiden hergestellten Loches. An der Trennstelle sind die Arten der Werkstofftrennung erkennbar.
Schreiben Sie die folgende Aussage ab und ergänzen Sie diese, indem Sie zu jeder Schnittphase die Art der Werkstofftrennung angeben.

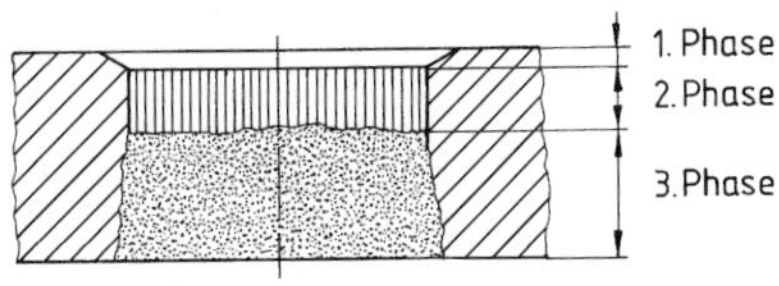

Beim Scherschneiden wird der Werkstoffzusammenhang auf drei verschiedene Arten überwunden:

1. Phase = ______________ ? ______________

2. Phase = ______________ ? ______________

3. Phase = ______________ ? ______________

3/23 Machen Sie stichwortartig Aussagen über vollkantiges und kreuzendes Schneiden hinsichtlich:

a) Scherkraftveränderungen beim Schervorgang,

b) konstruktiver Anforderungen an die Maschine aufgrund der Scherkräfte,

c) der Größe des zum Scheren erforderlichen Hubes.

3/24 **a)** Was versteht man bei einer Schere unter Schneidspalt?

b) Wie wirkt sich ein zu großer Schneidspalt aus?

c) Wie wirkt es sich aus, wenn kein Schneidspalt vorhanden ist?

3/25 Skizzieren Sie die Tabelle über Zerteilverfahren ab.

	Abschneiden 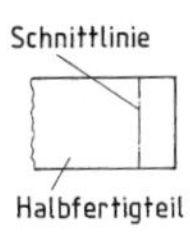	**Einschneiden** 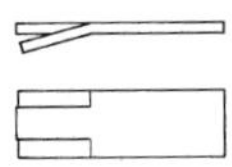	**Ausschneiden** 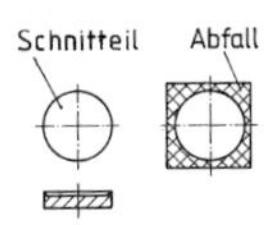	**Lochen** 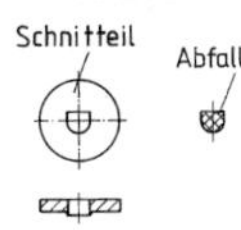	**Ausklinken** 
Verlauf der Schnittlinie	?	?	?	?	?
Lage der Schnittlinie zum Werkstück oder Rohteil	?	?	?	?	?

a) Tragen Sie zum Verlauf der Schnittlinie folgende Aussagen an den entsprechenden Stellen ein:
- gekrümmte, geschlossene Schnittlinie
- teils gekrümmte, teils gerade geschlossene Schnittlinie
- gerade, offene Schnittlinie
- gerade, geknickte offene Schnittlinie

b) Setzen Sie in der Spalte Lage der Schnittlinie folgende Aussagen entsprechend ein:
- Herstellen des ganzen äußeren Werkstückumrisses
- vollständiges Abtrennen eines Teilstückes
- Herstellen eines inneren Werkstückumrisses
- teilweises Trennen am Werkstückinneren oder -äußeren
- Herausschneiden von Flächenteilen an äußeren Werkstückkanten

(*Anmerkung:* Jeder Punkt • enthält Aussagen, die den Verfahren zuzuordnen sind; dabei können Aussagen auch für zwei Verfahren zutreffen.)

3/26 Erklären Sie, weshalb mit einer Durchlaufschere problemlos lange Schnitte ausgeführt werden können.

3/27 Der Schervorgang kann als vollkantiger oder kreuzender Schnitt ausgeführt werden.

a) In welcher Weise trifft bei den meisten Handhebelscheren das Obermesser auf das Werkstück?
b) Wie wirkt sich ein Schneiden nach diesem Verfahren auf das Werkstück aus?

3/28 **a)** Warum müssen Handhebel- und Tafelscheren mit einem Niederhalter ausgestattet sein?
b) Weshalb müssen Niederhalter verstellbar sein?

3/29 Im Betrieb stehen Ihnen folgende Scheren zur Verfügung:
kombinierte Handhebelschere, Handtafelschere, maschinelle Tafelblechschere.
Übernehmen Sie die angegebenen Aufgaben und wählen Sie eine geeignete Schere aus.

Aufgabe	geeignete Schere
Ablängen von L-Profilen	?
lange gerade Schnitte an Dünnblechen, 0,8 mm dick	?
Trennen von Flach- und Rundmaterial	?
lange gerade Schnitte an Mittel- und Grobblechen	?
kurze Blechschnitte an Stahlblech, 1,5 mm dick	?

3/30 In der Massenfertigung werden Formschnitte an Werkstücken aus Blech durch Scherschneiden ausgeführt.

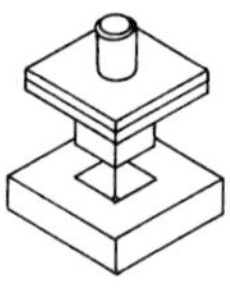

a) Wie werden die Teile eines zweiteiligen Schneidwerkzeuges bezeichnet?
b) Nennen Sie die Sammelbezeichnung für die zum Stanzen von Blechen erforderlichen Maschinen.

3/31 Zum Formschneiden von Blechen werden Schneidwerkzeuge verschiedener Bauformen eingesetzt. Aufgrund der Bauform ergibt sich der Einsatz und die erzielbare Werkstückgüte.

a) Legen Sie eine Tabelle nach vorgegebenem Muster an.
b) Ordnen Sie die folgenden Merkmale und Eigenschaften den Werkzeugbauformen zu.

Freischnitt	Geführte Schnitte	
	Plattenführung	Säulenführung
?	?	?

(1) Stempel und Schneidplatte haben einfachen Aufbau, der Werkzeugträger ist vielfach verwendbar
(2) Stempel und Schneidplatte sind in eine Einheit eingebaut und nur für ein Werkstück verwendbar
(3) großer Schneidspalt
(4) kleiner Schneidspalt
(5) sehr kleiner Schneidspalt
(6) Werkstückgüte gering
(7) Werkstückgüte hoch
(8) Werkstückgüte sehr hoch
(9) Anwendung bei geringen Stückzahlen
(10) Anwendung bei mittleren Stückzahlen
(11) Anwendung bei hohen Stückzahlen
(12) wegen des einfachen Aufbaus bei vielfacher Verwendbarkeit des Werkzeugträgers insgesamt sehr preiswert
(13) die aus mehreren Teilen bestehende Werkzeugeinheit verlangt eine hohe Maßgenauigkeit; da sie nur für ein Werkstück verwendbar ist, sind die Werkzeugkosten hoch
(14) die einfachen Schneidwerkzeuge mit dem vielfach verwendbaren Führungsgestell verursachen insgesamt mittlere Kosten

(*Anmerkung:* Jeder Punkt enthält Aussagen, die den Verfahren zuzuordnen sind; dabei können Aussagen auch für zwei Verfahren zutreffen.)

3/32 Ankerbleche für Elektromotoren werden durch Formschnitte hergestellt.

a) Charakterisieren Sie die Fertigung durch Formschnitte, indem Sie auf Anzahl, Form und Genauigkeit der Werkstücke eingehen.

b) Die Werkzeuge für Formschnitte erfordern häufig hohe Kosten. Wann können Formschnitte wirtschaftlich ausgeführt werden?

Scherkraft

Die erforderliche Scherkraft errechnet man aus der Scherfestigkeit und der Scherfläche.

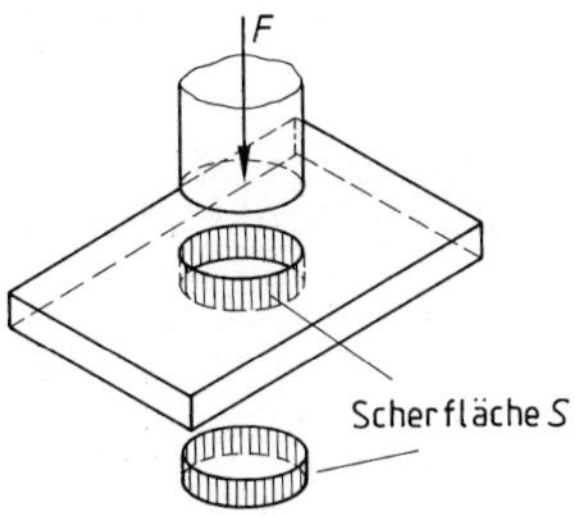

Formel

$$F = \tau_B \cdot S$$

Formelzeichen

τ_B Scherfestigkeit
F Scherkraft
S Scherfläche
R_m Zugfestigkeit

Die Scherfestigkeit von Baustählen kann näherungsweise berechnet werden:

$$\tau_B \approx 0{,}8 \cdot R_m$$

3/33 Die folgenden Profile sollen auf einer Hebelschere abgelängt werden.
Berechnen Sie jeweils die Größe der Scherfläche und die erforderliche Scherkraft.

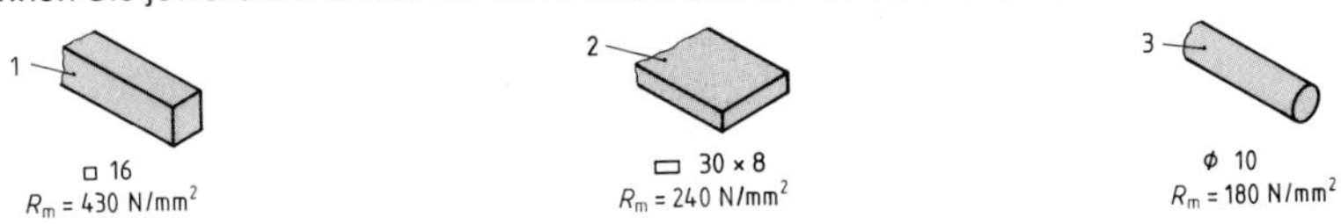

3/34 Aus 1,5 mm dickem Blech werden Schilder entsprechend der Skizze ausgeschnitten.
Berechnen Sie die erforderliche Mindestscherkraft, wenn die Zugfestigkeit R_m = 340 N/mm² beträgt.

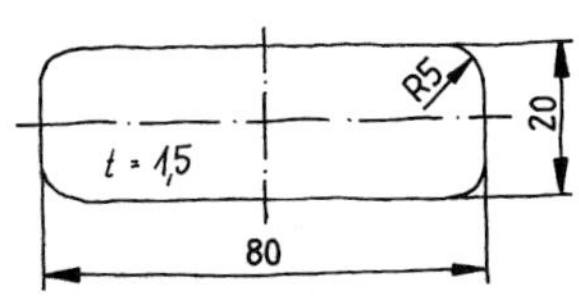

3/35 Das Blech soll durch Scherschneiden einen Durchbruch der angegebenen Form erhalten. Berechnen Sie Scherfläche und Scherkraft.

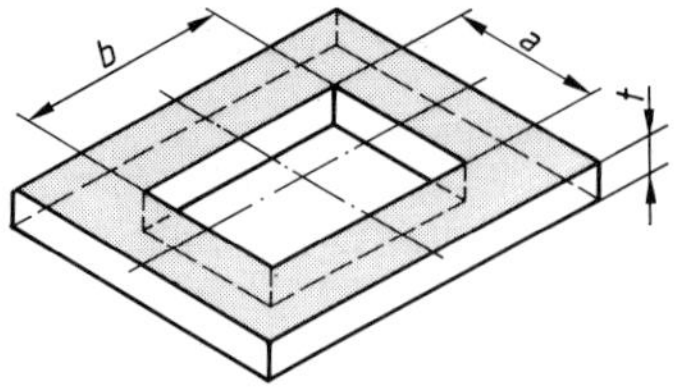

Maße:

$a = 50$ mm
$b = 60$ mm
$t = \;\;4$ mm

Scherfestigkeit:

$\tau_B = 300$ N/mm^2

3/36 Mit einem Folgeschneidwerkzeug werden die dargestellten Scheiben gefertigt.

a) Beschreiben Sie den Ablauf der Fertigung. Achten Sie dabei auf exakte Benennung der Verfahren entsprechend der Schnittlinie.

b) Berechnen Sie die Schnittkraft für jeden Schnitt.

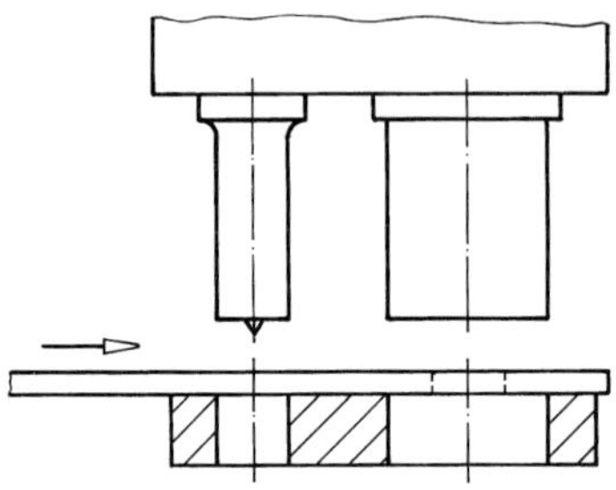

Maße der Scheibe:

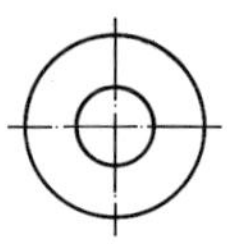

D = 32 mm
d = 23 mm
s = 3 mm

Werkstoff: S185 (St 33)
($R_m = 290 - 510 \frac{N}{mm^2}$)

3/37 Ein Schneidwerkzeug zum Lochen von Blechen bis 5 mm Dicke hat einen Stempel mit quadratischem Querschnitt. Bei der Blechdicke von 5 mm kann die Maschine häufig die notwendige Scherkraft nicht mehr erzeugen.
Wie könnnte man durch Veränderungen am Schneidstempel die Scherkräfte verringern?

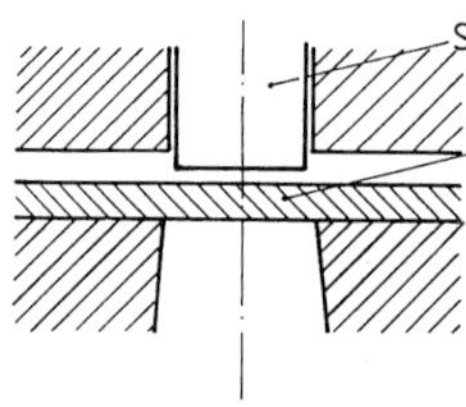

3/38 Eine Scherschneidmaschine mit stufenloser Hublängeneinstellung weist den dargestellten Zusammenhang zwischen dem Hubweg und der dabei zu erreichenden Hubzahl je Minute auf. Die Maschine hat eine maximale Schneidkraft von 200 kN.

a) Berechnen Sie die durchschnittliche Hubgeschwindigkeit bei 30 mm Hubweg.

b) Berechnen Sie die Antriebsleistung, die die Maschine bei einem Wirkungsgrad von 0,6 hat.

c) Berechnen Sie den größten Lochdurchmesser, der in Bleche mit 8 mm Dicke bei R_m = 450 N/mm^2 geschnitten werden kann, wenn
- der Lochstempel vollkantig schneidet,
- ein Lochstempel mit schräggestellter Schneide ($h = s$) eingesetzt wird.

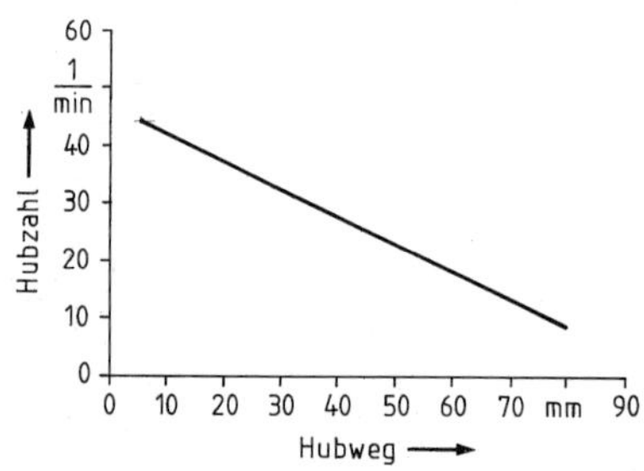

Hubzahlen bei unterschiedlichen Hubwegen

d) Welche Fertigungszeit ist für das Scherschneiden von 2800 Formblechen erforderlich, wenn mit einem Hubweg von 15 mm gearbeitet wird?

Spanen

3/39 Für einen Messzeughalter soll aus Rundstahl eine Tragsäule angefertigt werden. Zur Verfügung steht blank gezogenes Rundmaterial ∅ 30 x 2 000.
Stellen Sie einen Arbeitsplan nach folgendem Muster für die Fertigung der Tragsäule auf. Beginnen Sie mit dem Ablängen des Rohlings, geben Sie dann eine sinnvolle Reihenfolge der weiteren Fertigungsverfahren mit Maschinen und Werkzeugen an.

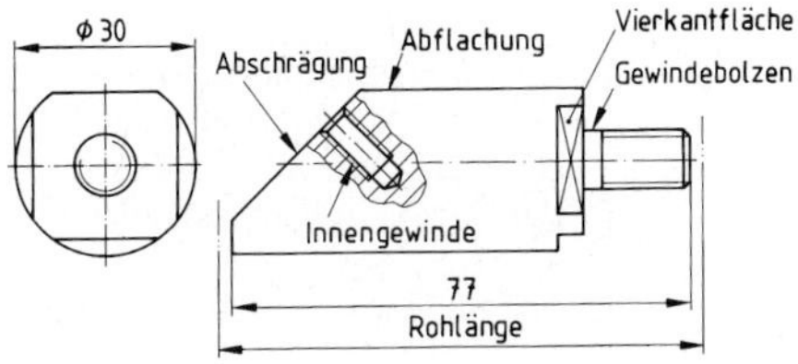

Nr.	Tätigkeit/Schritt	Fertigungs-verfahren	Werkzeug-maschine	Werkzeug	Spann- und Hilfsmittel
1	Rohteil absägen Rohlänge _?_ mm	Sägen	Hubsäge	Sägeblatt	Schraubstock an der Hubsäge

3/40 Die Wirkung eines Keils bei der Spanabnahme lässt sich in drei Phasen erfassen.

a) Übertragen Sie die Abbildungen.

b) Beschreiben Sie die von jeder Abbildung dargestellte Phase der Spanbildung.

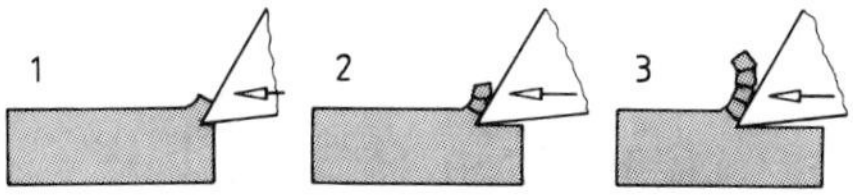

3/41 Mit einem Flachmeißel wird ein Span abgetrennt.

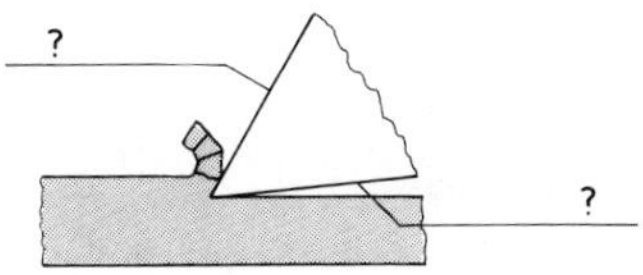

a) Skizzieren Sie den Schneidkeil des Flachmeißels mit einem Werkstück ab.

b) Tragen Sie in die Skizze die Benennung Freifläche und Spanfläche an den gekennzeichneten Stellen richtig ein.

c) Bemaßen Sie in der Skizze Freiwinkel, Keilwinkel und Spanwinkel.

d) Die Summe der Winkel an der spanabnehmenden Werkzeugschneide ergibt immer einen bestimmten Winkel. Übertragen Sie die untenstehende Zeile, und schreiben Sie die Winkelgröße ein.

Freiwinkel + Keilwinkel + Spanwinkel = ___?___

3/42 Übertragen Sie die Zeichnungen und kennzeichnen Sie in den Zeichnungen Freiwinkel, Keilwinkel und Spanwinkel am gekennzeichneten Zahn.

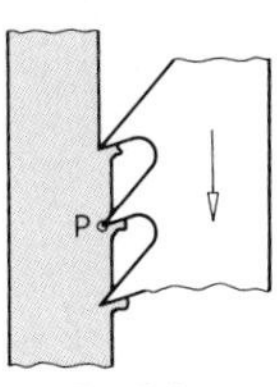

Bandsäge (für Holz)

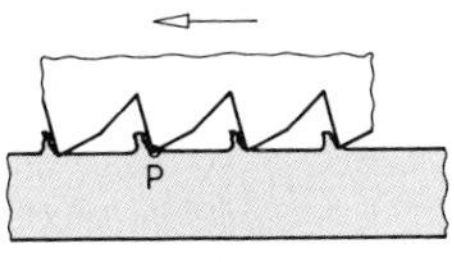

Feilenhieb (gehauen)

3/43 Aus welchen Gründen wird an spanabnehmenden Keilen ein Freiwinkel α_0 angeschliffen?

• Meißeln

3/44 Schreiben Sie den folgenden Satz über Spanen mit dem Meißel ab, lassen Sie dabei die falschen Aussagen weg.

„Durch die Meißelhaltung kann man folgende Winkel verändern:
- *Spanwinkel und Keilwinkel,*
- *Keilwinkel und Freiwinkel,*
- *Spanwinkel und Freiwinkel.“*

3/45 Schreiben Sie folgende Meißelarbeiten auf, und ordnen Sie ihnen jeweils einen der angegebenen Keilwinkel zu: 15°, 40°, 60°, 75°, 85°.

Meißeln von Holz	? °	Meißeln von hochfestem Stahl	? °
Meißeln von weichem Baustahl	? °	Meißeln von Kupfer	? °
Meißeln von Beton	? °		

3/46 **a)** Skizzieren Sie einen Kreuzmeißel, und ordnen Sie der Meißelschneide, dem Meißelschaft und dem Meißelkopf die Werkstoffeigenschaften zäh, zähhart und hart zu.
b) Aus welchem Werkstoff werden Meißel hergestellt?
c) Begründen Sie, warum nicht der ganze Meißel gehärtet wird.

3/47 Welche Meißel sind für folgende Arbeiten zu verwenden?
a) Abtrennen eines Nietkopfes bei einer Demontage.
b) Ablängen eines Flachstahles 20 mm x 2 mm.
c) Einarbeiten einer Schmiernut in ein Gleitlager.

3/48 **a)** Der dargestellte Durchbruch soll vorgebohrt, gesägt, ausgehauen und durch Feilen nachgearbeitet werden.
Stellen Sie einen Arbeitsplan vom Anreißen bis zur Fertigstellung auf. Beziehen Sie dabei die erforderlichen Werkzeuge und Prüfmittel mit ein.
b) Zeichnen Sie maßstäblich die Umrisse für den Durchbruch und den Anriss für das Vorbohren mit einem 6-mm-Bohrer.

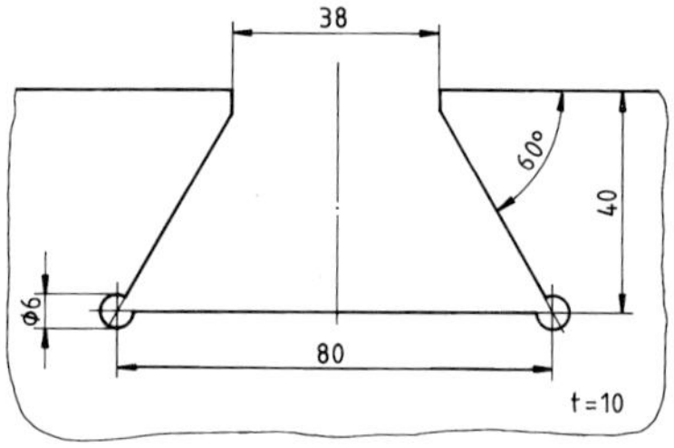

• Sägen

3/49 **a)** Skizzieren Sie die beiden Sägeblätter ab.
b) Benennen Sie die Sägeblätter. Geben Sie die Schnittbewegungsrichtung mit einem Pfeil an.
c) Tragen Sie die Winkel am gekennzeichneten Schneidkeil eines jeden Sägeblattes für die Bearbeitung von Stahl ein. Benutzen Sie dazu Angaben aus der Übersicht: „Schneidenwinkel an Sägeblättern“.

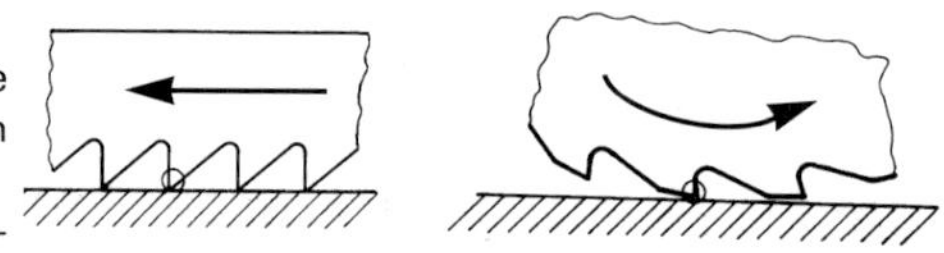

3/50 **a)** Wie kann die Teilung *t* an einem Sägeblatt gemessen werden?
b) Die Zahnteilung *t* wird für die Kennzeichnung eines Sägeblattes nicht direkt angegeben. Beschreiben Sie, wie bei Sägeblättern normgerecht erfasst wird, ob es sich um eine feine, mittlere oder grobe Zahnteilung handelt.

3/51 Für die Bearbeitung von massiven Rohteilen aus Stahl und Kupfer stehen Sägeblätter mit unterschiedlicher Zahnteilung zur Verfügung.
Welche Zahnteilung muss das jeweils geeignete Sägeblatt haben?
Begründen Sie Ihre Auswahl, indem Sie auf Werkstofffestigkeit, Spanform und Spanvolumen eingehen.

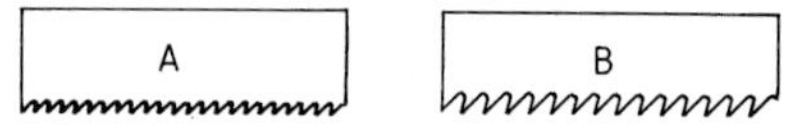

feine Zahnteilung | **grobe Zahnteilung**

3/52 a) Welche Zahnteilung wählt man grundsätzlich zum Sägen dünnwandiger Werkstücke?
b) Beschreiben Sie anhand einer Skizze das richtige Sägeverhalten bei dünnwandigen Rohren.

3/53 Sägeblätter dürfen in der Schnittfuge nicht klemmen, sie müssen freischneiden.
a) Durch welche konstruktiven Maßnahmen verhindert man vorwiegend bei geraden Sägeblättern das Festklemmen?
b) Durch welche Maßnahmen verhindert man das Klemmen von Kreissägeblättern?

- **Feilen**

3/54 Nennen Sie Gründe, weshalb das Feilen von Hand nicht vollständig durch maschinelles Bearbeiten ersetzt werden kann?

3/55 a) Skizzieren Sie vereinfacht eine Feile entsprechend der Vorlage, und benennen Sie die Bestandteile.
b) Bemaßen Sie an Ihrer Skizze die normgerechte Feilenlänge.
c) Welcher Teil der Feile ist gehärtet?

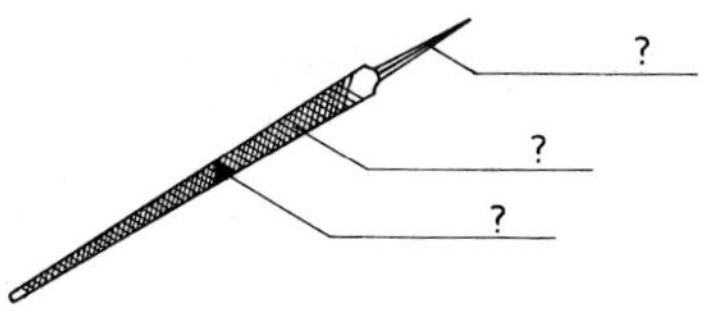

3/56 Der freie Raum zwischen den Feilenzähnen ist bei gefrästen Feilen größer als bei gehauenen Feilen.
a) Wie bezeichnet man den freien Raum zwischen den Feilenzähnen?
b) Begründen Sie, weshalb bei einer gefrästen Feile ein größeres Volumen dieses freien Raumes notwendig ist.

3/57 Zeichnen Sie eine vergrößerte Schneide einer gehauenen und einer gefrästen Feile nach Vorlage.
a) Tragen Sie in jede Skizze den Spanwinkel ein.
b) Berechnen Sie für die beiden folgenden Fälle den Spanwinkel.

① $\alpha_0 = 30°$, $\beta_0 = 74°$, $\gamma_0 = ?$

② $\alpha_0 = 35°$, $\beta_0 = 45°$, $\gamma_0 = ?$

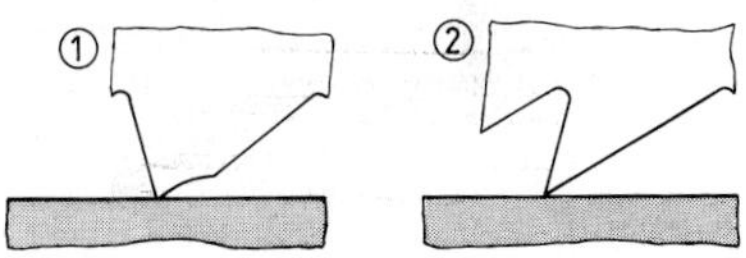

c) Wie unterscheiden sich die beiden Schneidkeile hinsichtlich der Trennwirkung und der Stabilität der Schneide? Für welche Werkstoffe eignen sich diese Feilen besonders?

3/58 Die Hiebanordnung einer Feile beeinflusst den Transport der Späne aus den Spanräumen.
a) Skizzieren Sie die unterschiedlichen Hiebanordnungen ab, bezeichnen Sie diese mit:
- gerader Hieb,
- bogenförmiger Hieb,
- schräger Hieb.

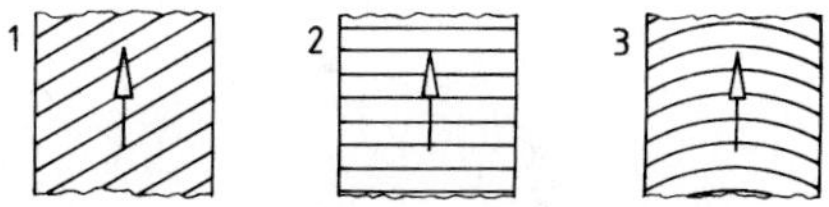

b) Beschreiben und begründen Sie, in welcher Weise bei den drei Hiebarten die entstehenden Späne abgeführt werden.
c) Welche Folgen hat es, wenn sich beim Feilen die Späne im Spanraum stauen?

3/59 Skizzieren Sie die beiden Feilen ab. Messen Sie dazu die Winkel *x* und *y* der hier skizzierten Feilen aus.
a) Markieren Sie in Ihren Skizzen eine Reihe hintereinander stehender Zähne durch Ausmalen in Farbe.
b) Welche der beiden skizzierten Hiebanordnungen wendet man in der Praxis an? Begründen Sie Ihre Antwort.

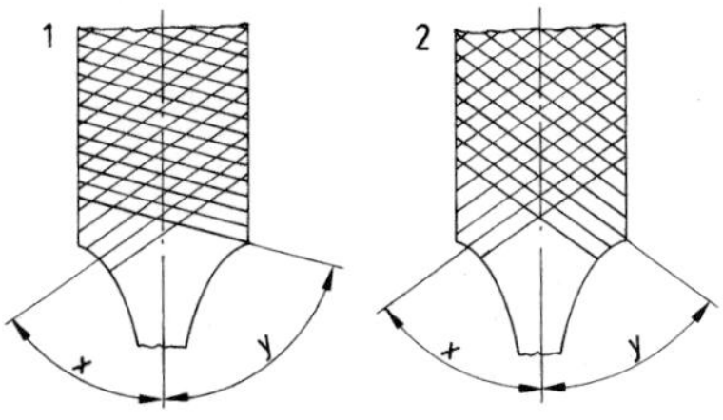

3/60 Übertragen und ergänzen Sie folgende Aussagen durch den richtigen Ausdruck aus der Klammer. Für eine große Spanabnahme benötigt man eine Feile mit *(hoher/niedriger)* Hiebnummer. Zur Erzielung einer fein geschlichteten Werkstückoberfläche benötigt man eine Feile mit *(hoher/niedriger)* Hiebnummer.

3/61 In der Werkzeugausgabe liegen zwei geschlossene Kartons mit Feilen
Sie tragen folgende Beschriftungen:

Karton 1: **Werkstattfeile C 350-1 DIN 7261** Karton 2: **Werkstattfeile E 300-4 DIN 7261**

Welche Feilen befinden sich in den beiden Kartons? Machen Sie präzise Angaben.

• Bohren

3/62 Welche Bewegungen müssen beim Bohren zusammenwirken, damit eine Spanabnahme erfolgt?

3/63 Betrachten Sie den gezeichneten Spiralbohrer, und ordnen Sie den Zahlen die nebenstehenden Benennungen zu.

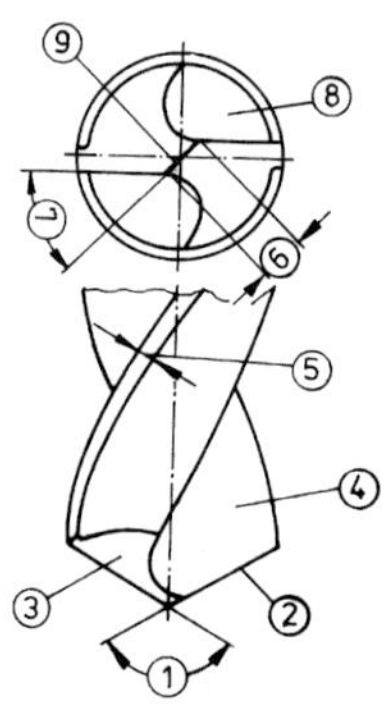

Kerndicke
Fase
Spannut
Spanfläche
Winkel zwischen Quer- und Hauptschneide
Hauptschneide
Freifläche
Spitzenwinkel
Querschneide

3/64 Die Winkel an dem äußersten Punkt der Bohrerschneide sind in der Zeichnung bemaßt.
Wie groß sind der Freiwinkel, der Keilwinkel und der Spanwinkel?

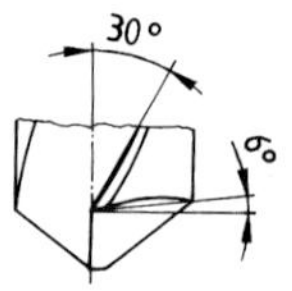

3/65 Neben der Festigkeit beeinflusst auch die Wärmeleitfähigkeit des zu bohrenden Werkstoffs die Größe des Spitzenwinkels. Übernehmen Sie lediglich die Bildunterschriften, und ordnen Sie folgende Aussagen zu.

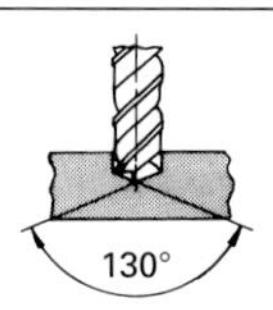	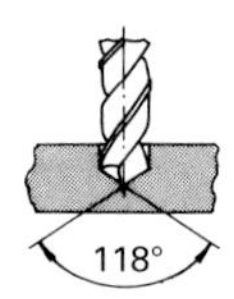	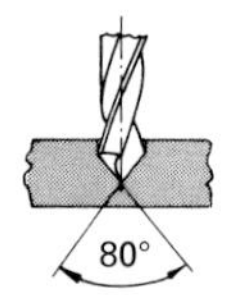
Bohrer mit 130° Spitzenwinkel	Bohrer mit 118° Spitzenwinkel	Bohrer mit 80° Spitzenwinkel

- lange Hauptschneiden
- mittlere Hauptschneiden
- kurze Hauptschneiden
- Werkstoffe mit guter Wärmeleitfähigkeit
- Werkstoffe mit mittlerer Wärmeleitfähigkeit
- Werkstoffe mit schlechter Wärmeleitfähigkeit
- schlechte Wärmeableitung durch Bohrer
- mittlere Wärmeableitung durch Bohrer
- gute Wärmeableitung durch Bohrer
- Aluminium
- Kunststoff
- Stahl

3/66 Wählen Sie für die angegebenen Bohrarbeiten den richtigen Bohrertyp aus, und geben Sie die Größe des notwendigen Spitzenwinkels an.
Übernehmen Sie dazu die folgende Tabelle.

Aufgabe	Bohrertyp	Spitzenwinkel
Bohren eines Stahlträgers aus S235 (St 37)	?	?
Bohren eines Gehäuses aus G-AlSi12	?	?
Bohren einer Dämpfungsunterlage aus Hartgummi	?	?
Bohren eines Flansches aus X10CrNiTi18-8	?	?
Bohren eines Bremssattels aus GGG-40	?	?
Bohren einer Messingbüchse aus G-CuZn28	?	?

3/67 Von Hand angeschliffene Bohrer weisen oft Fehler auf, die man erkennen und vermeiden muss, um die ungünstigen Auswirkungen dieser Fehler auszuschalten.

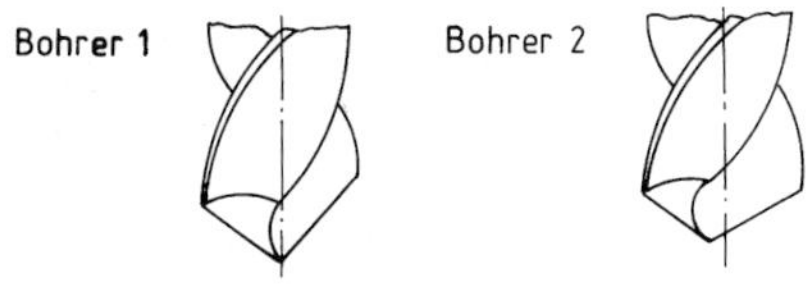

a) Nennen Sie Schleiffehler, welche die beiden dargestellten Bohrer aufweisen.
b) Welche Auswirkungen haben die Schleiffehler auf die Größe der Bohrungsdurchmesser und auf den Verschleiß der Bohrer?

3/68 Nennen Sie Lehren und Messgeräte, mit denen ein Bohreranschliff überprüft werden kann.

3/69 Mit welchen Schaftformen werden Spiralbohrer geliefert?

3/70 Welche Aufgabe hat das abgeflachte Schaftende bei einem Bohrer mit kegeligem Schaft?

3/71 Eine Bohrspindel hat einen Morsekegel 4. Es soll ein Bohrer mit dem Morsekegel 2 eingespannt werden. Mit welchem Hilfsmittel ist das möglich?

3/72 Wird die Drehbewegung der Bohrspindel auf den Bohrer form- oder kraftschlüssig übertragen? Welchen Einfluss hat dabei die Schaftform?

3/73 Begründen Sie, warum der Bohrerschaft nicht geölt werden darf.

3/74 Welche Aufgaben hat die Bohremulsion beim Bohren von Stahl zu erfüllen?

3/75 Welche Möglichkeiten gibt es, um in sehr tiefen Bohrungen das Kühlmittel an die Schneidstelle gelangen zu lassen?

3/76 **a)** Unterscheiden Sie HSS-Bohrer und Hartmetallbohrer nach der Zusammensetzung der Werkstoffe.
b) Wie unterscheiden sich beide Werkstoffe hinsichtlich ihrer Warmstandfestigkeit?
c) Welche Vorteile bietet der Einsatz von Hartmetallbohrern?

3/77 **a)** Welche Bewegung des Bohrers bezeichnet man als Schnittbewegung?
b) Warum berechnet man die Schnittgeschwindigkeit beim Bohren für die äußerste Ecke der Hauptschneide?

Schnittgeschwindigkeit und Vorschubgeschwindigkeit beim Bohren

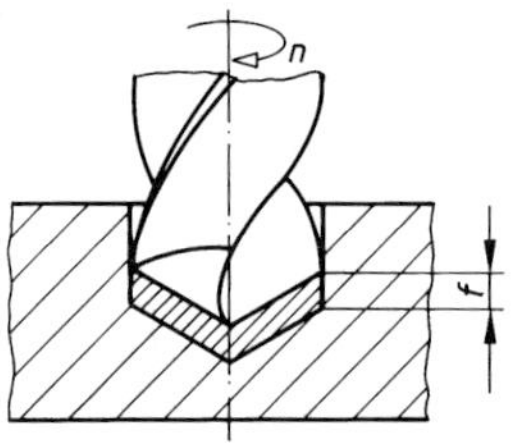

Formeln

$v_c = d \cdot \pi \cdot n$

$v_f = f \cdot n$

Formelzeichen

n Umdrehungsfrequenz (Drehzahl) in $\frac{1}{\text{min}}$

v_c Schnittgeschwindigkeit in $\frac{\text{m}}{\text{min}}$

d Bohrerdurchmesser

f Vorschub in mm

v_f Vorschubgeschwindigkeit in $\frac{\text{mm}}{\text{min}}$

3/78 Welchen Umdrehungsfrequenzbereich müßte eine Bohrmaschine haben, wenn die folgenden Arbeiten zu den angegebenen Bedingungen ausgeführt werden sollen:

- Bohren von 6 mm-Bohrungen in Al mit v_c = 130 m/min.
- Bohren von 18 mm-Bohrungen in St mit v_c = 80 m/min.

3/79 Mit einem HSS-Bohrer Ø 10 mm sollen Bohrungen mit einem Vorschub von 0,2 mm je Umdrehung und einer Schnittgeschwindigkeit von 55 m/min gebohrt werden.
Wie groß sind die einzustellende Umdrehungsfrequenz n und die sich ergebende Vorschubgeschwindigkeit?

3/80 Berechnen Sie die gesuchten Werte der folgenden Aufgaben.

1.

			a)	b)	c)
Bohrerdurchmesser	d	mm	30	12	?
Umdrehungsfrequenz	n	1/min	370	?	424
Schnittgeschwindigkeit	v_c	m/min	?	?	32
Schnittgeschwindigkeit	v_c	m/s	?	0,8	?

2.

			a)	b)	c)	d)
Bohrerdurchmesser	d	mm	5	?	15	8
Umdrehungsfrequenz	n	1/min	?	560	520	?
Vorschub	f	mm	0,1	?	0,3	?
Schnittgeschwindigkeit	v_c	m/min	45	20	?	28
Vorschubgeschwindigkeit	v_f	mm/min	?	84	?	130

3/81

a) Wie groß ist die Standzeit für einen Bohrer, der mit
- einem Vorschub von f = 0,2 mm und
- der Schnittgeschwindigkeit v_{c1} = 80 m/min bzw. v_{c2} = 90 m/min arbeiten soll?

b) Wie groß ist die Standzeit für einen HSS-Bohrer, der mit
- einer Schnittgeschwindigkeit v_c = 53 m/min und
- dem Vorschub f = 0,5 mm arbeiten soll?

c) Fassen Sie die Beeinflussung der Standzeit durch
- die Schnittgeschwindigkeit
- den Vorschub in einem Merksatz zusammen.

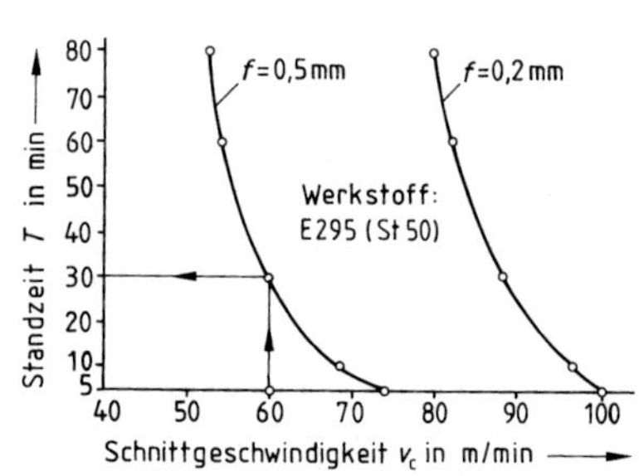

3/82 In die dargestellte Schiene aus Messing sollen 11 Bohrungen mit 8 mm Durchmesser gebohrt werden. Die Mitten der äußeren Bohrungen sollen 25 mm von den Enden liegen. Die übrigen Bohrungen sollen gleiche Mittenabstände erhalten.

a) Planen Sie das Anreißen und Körnen.
b) Wie soll das Werkstück gespannt werden?
c) Ermitteln Sie die Schnittdaten für das Bohren mit einem HSS-Bohrer. (Mittelwerte wählen)
d) Welche Maßnahmen zur Arbeitssicherheit sind zu berücksichtigen?
e) Geben Sie an, wie die Mittenabstände und Durchmesser der fertigen Bohrungen geprüft werden können.
f) Berechnen Sie den Masseverlust der Messingschiene in Gramm und in Prozent bezogen auf die Masse der ungebohrten Schiene. (ϱ = 8,5 g/cm³)

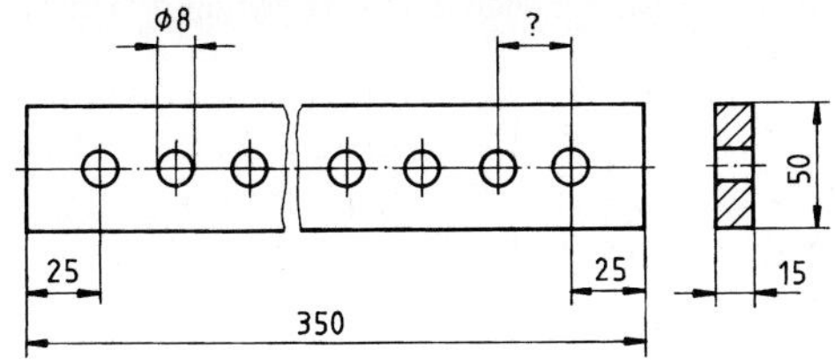

• Senken

3/83 Vergleichen Sie die Fertigungsverfahren Senken und Bohren hinsichtlich der:

a) abzutragenden Spanmenge,
b) Schnittbewegung,
c) Schnittgeschwindigkeit.

3/84 Die nebenstehenden Abbildungen zeigen Beispiele verschiedener Senkungen. Skizzieren Sie die Beispiele ab. Schreiben Sie zu jeder Skizze den Zweck der Senkung und den Namen des Werkzeuges zur Durchführung der Senkung.

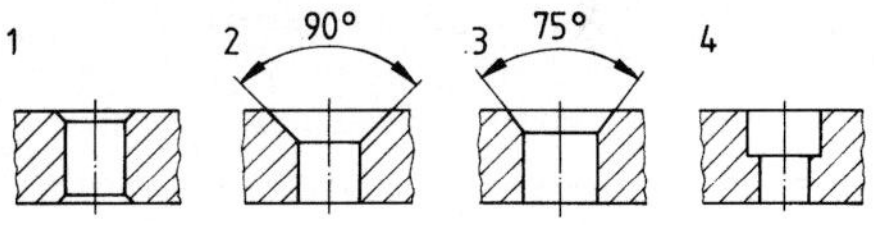

3/85 **a)** Weshalb sind Senker mit Führungszapfen solchen ohne Führungszapfen vorzuziehen?
b) Für welche Senkungen sind Senker mit Führungszapfen unerlässlich?

• Reiben

3/86 Wie groß sollen zylindrische Bohrungen vorgebohrt werden, wenn sie auf Nenndurchmesser von 4 mm, 10 mm und 25 mm aufgerieben werden sollen?

3/87 Skizzieren Sie entsprechend dieser Vorlage eine Schneide einer Reibahle.

a) Tragen Sie den Freiwinkel, den Keilwinkel und den Spanwinkel an.
b) Welcher der Winkel an der Schneide der Reibahle bewirkt, dass an der Schneide nur kleine Späne entstehen?

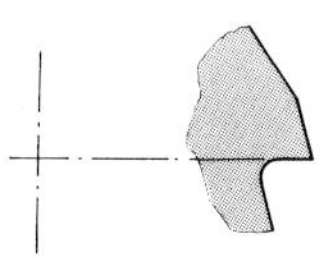

3/88 Reibahlen haben ungleiche Teilung zwischen den Schneiden.
Begründen Sie, in welcher Weise die Schneidenteilung einer Reibahle Einfluss auf die Oberflächengüte einer aufgeriebenen Bohrung hat.

3/89 Welche Reibahle muss zum Reiben von bereits genuteten Bohrungen verwendet werden? Begründen Sie Ihre Antwort.

3/90 Hand- und Maschinenreibahlen unterscheiden sich in ihrem Aufbau. Übernehmen Sie die Tabelle, und ergänzen Sie diese mit den folgenden Aussagen:
- zylindrisch,
- keglig,
- mit Vierkant,
- kurz,
- lang.

	Handreibahle	Maschinenreibahle
Einspannende	?	?
Länge des Anschnitts	?	?
Länge des Führungsteils	?	?

3/91 Geben Sie 4 Vorteile des maschinellen Reibens gegenüber dem Reiben von Hand an.

• Gewindeherstellung

3/92 Entnehmen Sie der normgerecht bemaßten Zeichnung eines Innengewindes die angegebenen Maße, und ordnen Sie diese den folgenden Meßgrößen in der Tabelle zu.

a) Schreiben Sie die Tabelle ab und ergänzen Sie diese.

b) Geben Sie die genormte Gewindebezeichnung an.

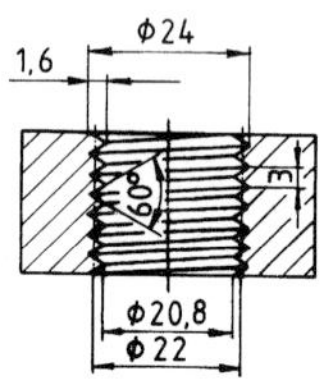

Messgröße	Maß
Nenndurchmesser D	? 24
Kerndurchmesser D_1	? 20,8
Flankendurchmesser D_2	? 22
Steigung P	? 3
Tragtiefe H_1	? 1,6
Flankenwinkel	? 60

3/93 An das gezeigte Drehteil soll ein Gewinde M 12 von Hand geschnitten werden.

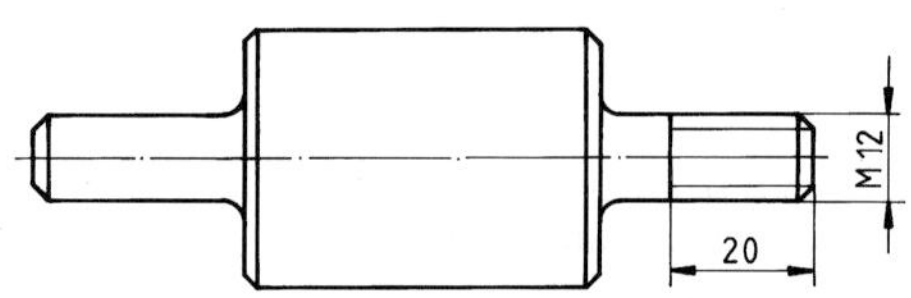

a) Auf welchen Durchmesser muss der Bolzen gedreht werden?

b) Wie ist die Fase am Gewindeanfang zu gestalten?

c) Beschreiben Sie in einem Arbeitsablaufplan die Gewindeherstellung. Geben Sie dazu die Arbeits- und Hilfsmittel an.

d) Wie kann man das fertige Gewinde prüfen?

3/94 Ordnen Sie schematisch die Merkmale der Gewindeherstellung durch Umformen und durch Spanen in einer Übersicht.
Zeichnen Sie die Tabelle ab, und tragen Sie für Bolzengewinde folgende Begriffe ein:
kleiner als Nenndurchmesser, gleich Nenndurchmesser,
Faserverlauf unterbrochen, Faserverlauf zusammenhängend,
Kerbwirkung geringer, Kerbwirkung groß, gut spanbar, gut umformbar, Serienfertigung, Einzel- und Serienfertigung.

	Gewindeherstellung durch Spanen	Umformen
Durchmesser des Rohlings	?	?
Einfluss auf Faserverlauf	?	?
Kerbwirkung	?	?
Anforderung an Werkstoff	?	?
wirtschaftlicher Einsatz bei	?	?

3/95 Mit welchem Werkzeug sind große Außengewinde zu schneiden?

3/96 Ein Bolzen ist mit einem Gewinde M 16 zu versehen.
Auf welchen Durchmesser muß der Bolzen vorgedreht werden?

3/97 Ein Grundlochgewinde M 8 soll 20 mm tief in Gusseisen eingeschnitten werden.

a) Mit welchem Bohrerdurchmesser wird vorgebohrt?

b) Wie tief wird das Kernloch gebohrt?

3/98 Ein Gewindebolzen aus Bronze soll in ein Grundloch einer Armatur aus Bronze eingeschraubt werden.
Wie groß soll die Einschraubtiefe sein, wenn der Nenndurchmesser des Gewindes 12 mm beträgt?

3/99 Skizzieren Sie die obere Schneide des Gewindebohrers ab. Der Spanwinkel soll 15° betragen. Frei- und Keilwinkel sind beliebig.
Tragen Sie Freiwinkel, Keilwinkel und Spanwinkel mit ihren genormten Formelzeichen in die Skizze des Schneidkeils ein.

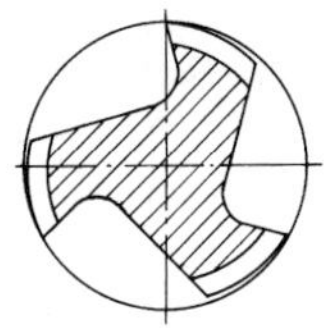

3/100 Schreiben Sie den folgenden Satz ab, und ergänzen Sie ihn durch den zutreffenden Ausdruck aus der Klammer.
Zum Gewindeschneiden harter und spröder Werkstoffe benötigt man Gewindebohrer mit einem *(kleinen/großen)* Spanwinkel. Weiche und zähe Werkstoffe schneidet man mit Gewindebohrern, die *(kleine/große)* Spanwinkel haben.

3/101 **a)** Aus wie viel Gewindebohrern besteht normalerweise ein Handgewindebohrersatz für metrische Regelgewinde?

b) Wie bezeichnet man die einzelnen Gewindebohrer eines Satzes?

c) Wie sind die einzelnen Gewindebohrer gekennzeichnet?

3/102 **a)** In einem Schema sollen die Unterschiede in Aufbau und Wirkung von Vor-, Mittel- und Fertigschneider angegeben werden.
Übernehmen Sie das Schema, und schreiben Sie an die Pfeile die jeweils zutreffende Aussage.

b) Begründen Sie, weshalb der Gewindebohrer, der die größte Spanmenge abnimmt, den längsten Anschnitt hat.

Vorschneider	Mittelschneider	Fertigschneider

Außendurchmesser wird *(größer/kleiner)* →

Anschnittlänge nimmt *(ab/zu)* →

Spananteil nimmt *(ab/zu)* →

3/103 Ein Deckel soll auf ein Gehäuse aufgeschraubt werden.
Der Gehäusewerkstoff ist Stahlguss GS-60. Der Werkstoff der Gewindebolzen ist Stahl E 335 (St 60). Das Grundloch soll 7,5 mm tiefer als das Gewinde sein.

a) Bestimmen Sie den Durchmesser des Kernlochbohrers.

b) Berechnen Sie die mindestens erforderliche Einschraubtiefe.

c) Geben Sie die Tiefe *f* des Kernloches an.

d) Beschreiben Sie den Arbeitsablauf zur Herstellung des Gewindes.

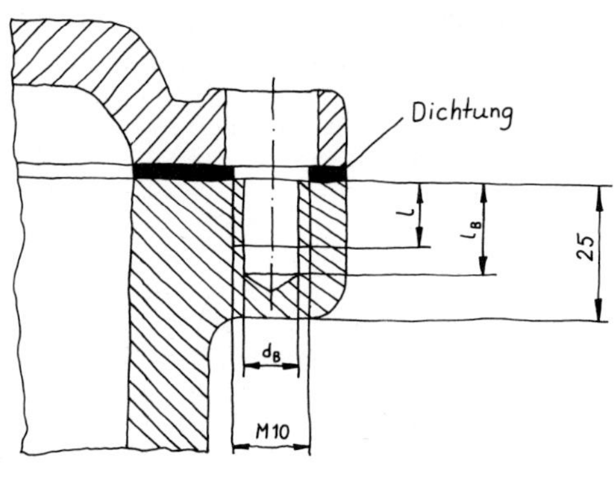

Spanendes Fertigen mit Dreh-, Fräs- und Schleifmaschinen

- **Technologische Grundbegriffe**

3/104 **a)** Für das dargestellte Werkstück sind folgende Eingangsgrößen zu wählen:
- Werkzeugmaschinen,
- Spannmittel,
- Rohteilmaße.

b) Welche Größen müssen an der Werkzeugmaschine eingestellt werden?

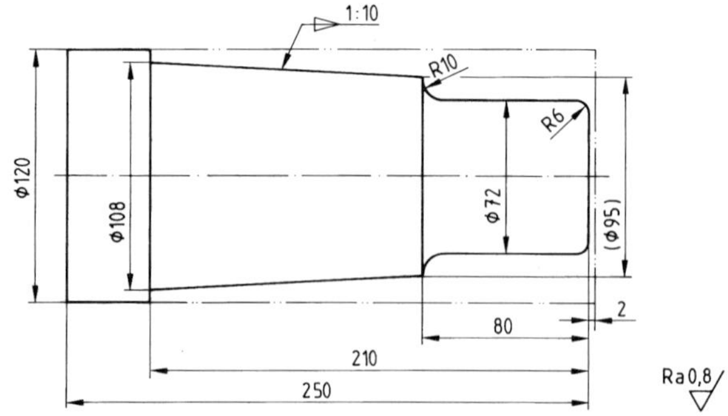

3/105 Legen Sie eine Tabelle nach der Vorlage an, und ergänzen Sie diese durch Angaben über
- das Teil, welches die Schnittbewegung ausführt,
- die Art der Schnittbewegung,
- das Teil, welches die Vorschubbewegung ausführt,
- die Art der Vorschubbewegung.

	Schnittbewegung ausgeführt von	Art der Schnittbewegung	Vorschubbewegung ausgeführt von	Art der Vorschubbewegung
Sägen (auf Bügelsäge)	?	?	?	?
Bohren	?	?	?	?
Sägen (auf Kreissäge)	?	?	?	?
Drehen	?	?	?	?
Fräsen	?	?	?	?

3/106 **a)** Skizzieren Sie das vorgegebene Bild eines Fräsers ab. Tragen Sie in die Skizze durch Pfeile folgende Bewegungen ein:
- Schnittbewegung,
- Vorschubbewegung,
- Zustellbewegung.

b) Welche Größe wird vor Schnittbeginn durch die Zustellbewegung festgelegt?

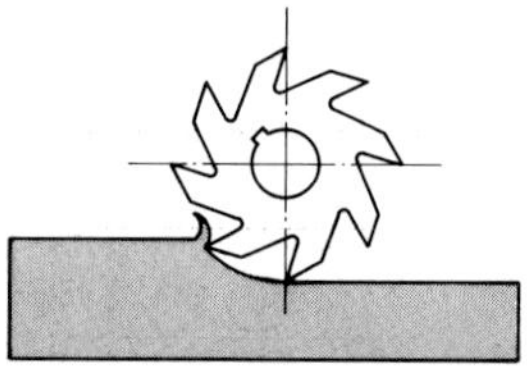

3/107 **a)** Ein Drehmeißel arbeitet mit einem Vorschub von 0,5 mm je Umdrehung. Der Schneidenradius beträgt 0,5 mm.
Zeichnen Sie maßstäblich mit 100facher Vergrößerung drei nebeneinander liegende Riefen. Messen Sie die Rautiefe ab, rechnen Sie diese in mm um, und geben Sie die Rautiefe in Mikrometer an.

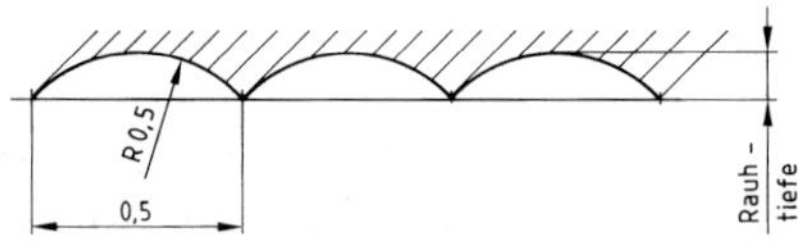

b) Ermitteln Sie zeichnerisch die Rautiefe bei einem Schneidenradius von 1 mm.

c) Vervollständigen Sie den folgenden Satz über die Rautiefe:
Wenn bei gleichem Vorschub ein größerer Schneidenradius verwendet wird, dann ... ? ... .

d) Überprüfen Sie, wie sich die Halbierung des Vorschubes auf die Rautiefe auswirkt.

3/108 Skizzieren Sie das Schema ab, und wählen Sie dabei die richtigen Aussagen für die Ausgangsgrößen aus.

3/109 Beim Spanen entstehen unterschiedliche Spanarten. Aus der Art des Spans kann man unter anderem eine Aussage über den Werkstoff machen.
Übernehmen Sie folgende Tabelle, und füllen Sie diese fachgerecht aus, indem Sie aus den vorgegebenen Antworten auswählen.

Spanarten			
Benennung	?	?	?
Stauchung	gering mittel stark	gering mittel stark	gering mittel stark
Spanwinkel	klein mittel groß	klein mittel groß	klein mittel groß
Werkstoff	spröde zäh und leicht spröde zäh	spröde zäh und leicht spröde zäh	spröde zäh und leicht spröde zäh
Werkstück-oberfläche	glatt nicht so glatt rau	glatt nicht so glatt rau	glatt nicht so glatt rau

3/110 Welche Spanart ist für eine störungsfreie Bearbeitung von Werkstücken anzustreben?

3/111 Legen Sie eine Tabelle nach Vorlage an, und füllen Sie diese stichwortartig aus:

	Schnellarbeits-stahl	Hartmetalle	Schneidkeramik
Zusammensetzung	?	?	?
Herstellungsverfahren	?	?	?
Härte	?	?	?
Zähigkeit	?	?	?
Standzeit	?	?	?
Warmstandfestigkeit	?	?	?
Schnittgeschwindigkeit	?	?	?
Spanungsquerschnitt	?	?	?
zu bearbeitender Werkstoff	?	?	?
Beschaffenheit des Rohteils	?	?	?
Anforderungen an Werkzeugmaschinen	?	?	?

3/112 Warum werden bei der Zerspanung von Stählen keine polykristallinen Diamanten eingesetzt?

3/113 Für die Fertigbearbeitung des dargestellten Werkstückes ist das abgebildete Werkzeug ausgewählt worden.

a) Überprüfen Sie, ob die Kontur mit dem Werkzeug überdreht werden kann, wenn in der Werkzeugbezugsebene zwischen Werkstück und Nebenschneide ein Winkel von mindestens 3° vorhanden sein muss. Erbringen Sie den Nachweis zeichnerisch oder rechnerisch.

b) Geben Sie für die erforderliche Wendeschneidplatte den normgerechten Kennbuchstaben für die Grundform an.

c) Verschlüsseln Sie anhand von Zeichnung und Tabelle alle ablesbaren Kenngrößen mit den normgerechten Kennbuchstaben.

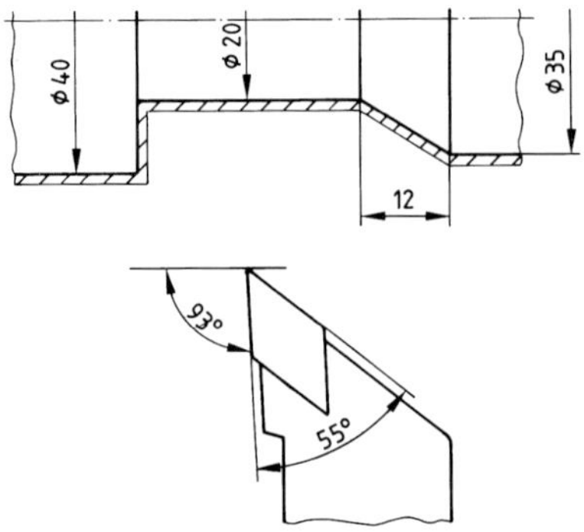

Wendeschneidplatte
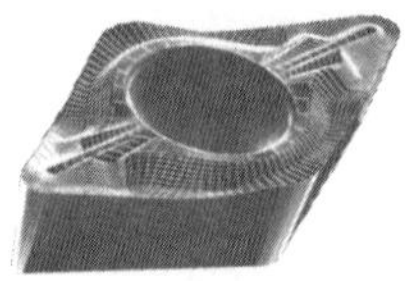 zum Feinschlichten vorgearbeiteter Stahlteile α = 11° f = 0,03 bis 0,2 mm a_p = 0,05 bis 0,5 mm

3/114 **a)** Entschlüsseln Sie die normgerechten Bezeichnungen der Wendeschneidplatten, und fertigen Sie jeweils eine Skizze mit Bemaßung an.
Schneidplatte DIN 4987 – T N M G 16 04 04 E N – K 10
Schneidplatte DIN 1987 – S P H N 15 06 12 T N – M 10

b) Welche Werkstoffe werden mit den angegebenen Hartmetallsorten vorwiegend zerspant?

• Drehen

3/115 Benennen Sie die Arten von Dreharbeiten, mit denen die bezeichneten Teile der Werkstückkontur gefertigt werden, z. B. Bereich 4 = Längsrunddrehen.

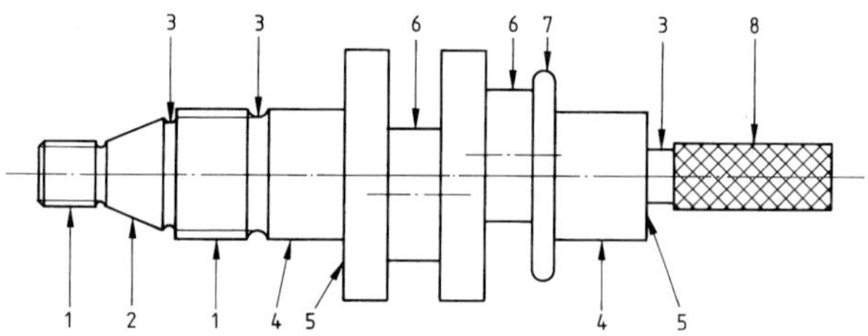

3/116 Geben Sie die Bezeichnungen der nummerierten Flächen und Kanten des Drehmeißels an.

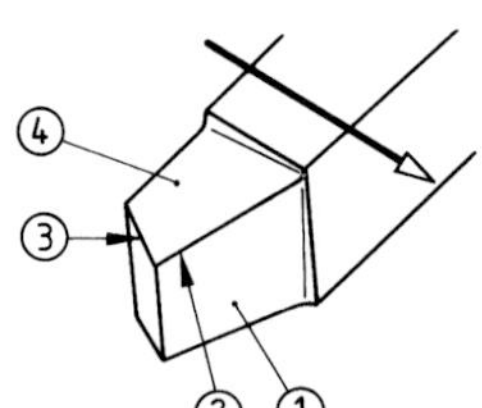

3/117 Geben Sie die Bezeichnungen und das Kurzzeichen der nummerierten Winkel am Drehmeißel an.

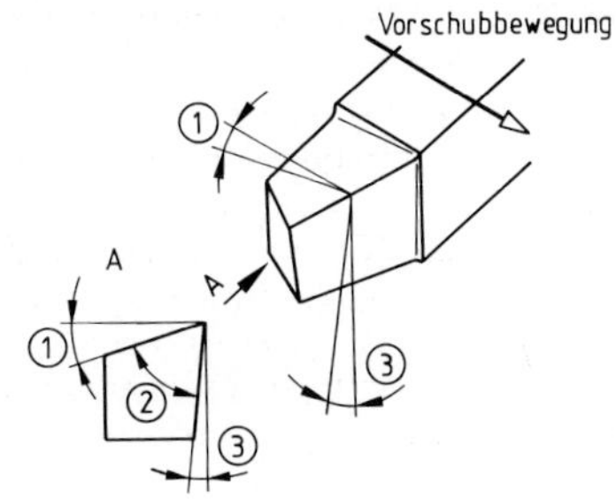

3/118 Geben Sie die Bezeichnungen der nummerierten Winkel am Drehmeißel an.

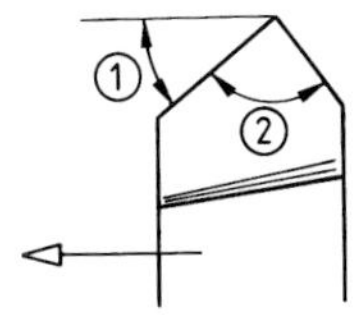

3/119 **a)** Skizzieren Sie je eine Seitenansicht für einen Abstechdrehmeißel mit folgenden Winkeln:
Drehmeißel 1: $\alpha_0 = 3°$, $\gamma_0 = 35°$, Drehmeißel 2: $\alpha_0 = 3°$, $\gamma_0 = 5°$.
b) Berechnen Sie jeweils die Keilwinkel der Drehmeißel.
c) Schreiben Sie zu jeder Skizze eine kurze Aussage über die Eignung zum Drehen von Stahl und Kunststoff.

3/120 **a)** Wie groß ist üblicherweise der Freiwinkel an einem Drehmeißel?
b) Welche Bedeutung hat der Freiwinkel für den Zerspanungsvorgang?

3/121 Skizzieren Sie die Draufsicht folgender Drehmeißel:
Drehmeißel 1: Einstellwinkel $\varkappa_r = 90°$, Drehmeißel 2: Einstellwinkel $\varkappa_r = 30°$.
Begründen Sie anhand der Skizzen, welcher der Drehmeißel für Schrupparbeiten geeignet ist.

3/122 Begründen Sie, weshalb zum Drehen langer, dünner Wellen der Einstellwinkel z. B. $\varkappa_r = 45°$ gewählt wird.

3/123 **a)** Skizzieren Sie die Seitenansicht je eines Drehmeißels mit
I einem positiven Neigungswinkel, **II** einem negativen Neigungswinkel.
b) Geben Sie an, für welche Werkstoffe bzw. Schnittbedingungen diese Drehmeißel eingesetzt werden.

3/124 Skizzieren Sie jeweils die Draufsicht folgender Drehmeißel und benennen Sie diese:
a) rechter gebogener Drehmeißel, **c)** rechter gerader Drehmeißel,
b) linker gebogener Drehmeißel, **d)** rechter abgesetzter Drehmeißel.

3/125 Benennen Sie die dargestellten Drehverfahren und die verwendeten Drehmeißel.

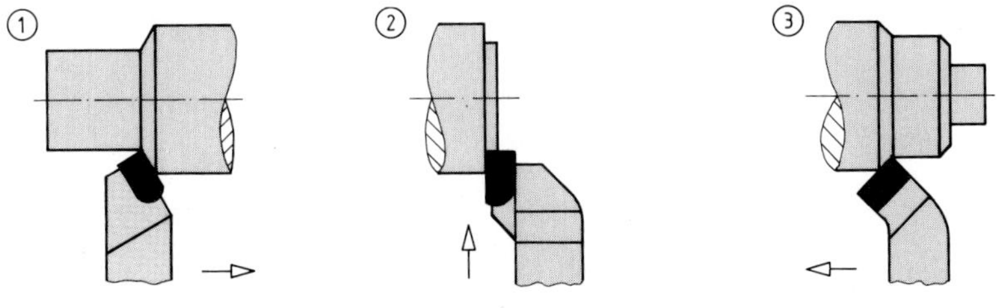

3/126 Ordnen Sie die folgenden Werkstückformen in die Tabelle der Spannmöglichkeiten ein:

Rundstahl:	Rd 30 x 200,	Vierkantstahl:	4kt 40 x 100,
Sechskantstahl:	6kt 24 x 60,	Rundstahl:	Rd 120 x 90.
Achtkantprofil:	8kt 60 x 120.		

Spannen im Dreibackenfutter	Spannen im Vierbackenfutter
?	?
?	?
?	?

3/127 Skizzieren Sie zu den beiden Spannrichtungen mit innengestuften bzw. außengestuften Spannbacken jeweils ein Werkstück. Deuten Sie mit Pfeilen an, wie die Backen das Werkstück halten.

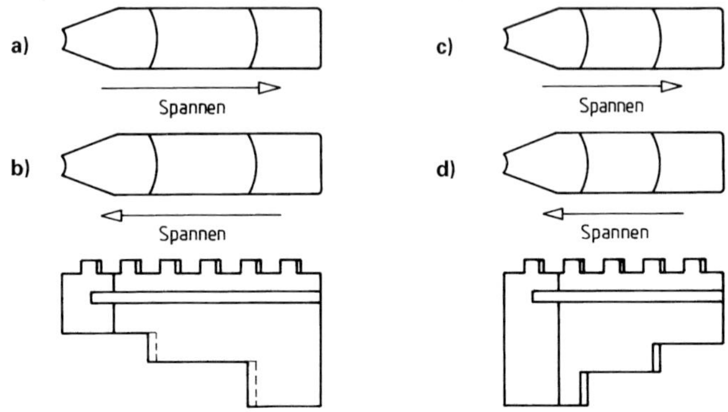

Innengestufte Spannbacke **Außengestufte Spannbacke**

3/128 **a)** Beschreiben Sie die Wirkungsweise des Spannvorganges mit Spannzangen.
b) Charakterisieren Sie Werkstückformen, die zum Spannen mit Spannzangen besonders geeignet sind.

3/129 Nennen Sie Gründe dafür, weshalb lange Wellen, die auf einem großen Teil ihrer Länge zu bearbeiten sind, am freien Ende mit einer Zentrierspitze geführt werden müssen.

3/130 Welche Fehler können beim Längs- Runddrehen auftreten?
a) Ein Werkstück ragt weit aus dem Futter. Es wird nicht durch eine Zentrierspitze gestützt.
b) Eine lange dünne Welle, die am Ende geführt ist, wird mit zu großer Zustellung bearbeitet.
c) Ein hohler und dünnwandiger Zylinder wird mit zu hoher Spannkraft im Futter eingespannt.

3/131 Nennen Sie jeweils einen Vorteil und einen Nachteil für den Einsatz feststehender und mitlaufender Zentrierspitzen.

3/132 **a)** Skizzieren Sie eine Zentrierbohrung mit gerader Lauffläche und eine Zentrierbohrung mit gewölbter Lauffläche.
b) Schreiben Sie die Vorteile der Zentrierbohrung mit gewölbter Lauffläche auf.

3/133 Nennen Sie Beispiele und geben Sie die Bedingungen an, unter denen Werkstücke zum Drehen zwischen zwei Spitzen gespannt werden.

3/134 **a)** Beschreiben Sie die Mitnahme eines zwischen zwei Zentrierspitzen gespannten Werkstückes
– beim Einsatz einer Mitnehmerscheibe, – beim Einsatz eines Stirnseitenmitnehmers.
b) Nennen Sie Vor- und Nachteile beider Spannmethoden.

3/135 **a)** Unter welchen Bedingungen sind Setzstöcke beim Drehen erforderlich?
b) Wo wird ein feststehender Setzstock an der Drehmaschine befestigt?
c) Wo wird ein mitlaufender Setzstock an der Drehmaschine befestigt?
d) Wie ändert sich die Werkstückform, wenn man auf den notwendigen Einsatz eines Setzstockes verzichtet?

3/136 Übertragen Sie den Satz über die Spannbacken der Planscheibe, indem Sie nur die zutreffenden Aussagen übernehmen.

„Die Spannbacken einer Planscheibe
- *können nur gemeinsam und zentrisch verstellt werden,*
- *können einzeln und unabhängig voneinander eingestellt werden,*
- *können nur außen gestuft eingesetzt werden,*
- *können innen und außen gestuft eingesetzt werden."*

3/137 **a)** Wie werden die Werkstücke auf der Planscheibe zum Drehen ausgerichtet?
b) Beschreiben Sie den Aufspannvorgang eines Stehlagerböckchens, dessen Lagerbohrung bearbeitet werden soll. Gehen Sie auch auf die erforderlichen Hilfsteile ein.

Geometrische Berechnungen zum Kegeldrehen

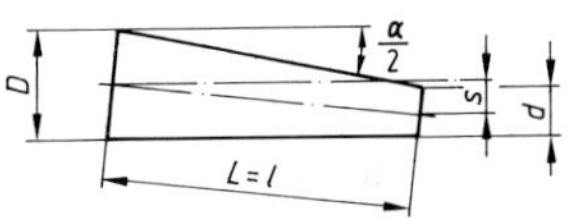

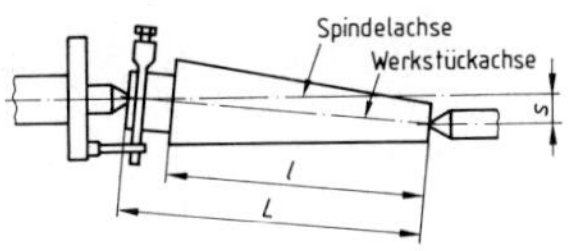

Formeln

Reitstockverstellung
– Kegel ohne Ansatz: $s = \dfrac{D-d}{2}$

– Kegel mit Ansatz: $s = \dfrac{(D-d)\cdot L}{2\cdot l}$

Einstellwinkel: $\tan\dfrac{\alpha}{2} = \dfrac{D-d}{2\cdot l}$

Formelzeichen

s Reitstockverstellung
$s < \dfrac{1}{50}\cdot L$
D großer Kegeldurchmesser
d kleiner Kegeldurchmesser
L Werkstücklänge
l Kegellänge
α Kegelwinkel
$\frac{\alpha}{2}$ Einstellwinkel

3/138 **a)** Nennen Sie drei verschiedene Verfahren zum Drehen von Kegeln.
b) Welche Verfahren eignen sich zum Drehen langer Kegel?
c) Welches Verfahren eignet sich besonders zum Drehen von Kegeln mit großem Kegelwinkel?

3/139 Welche Einschränkungen ergeben sich, wenn beim Kegeldrehen durch Reitstockverstellung das Werkstück zwischen Zentrierspitzen gespannt wird?

3/140 Das dargestellte Teil ist auf einer Drehmaschine herzustellen.
a) Berechnen Sie die Kegelverjüngung.
b) Welchen Einstellwinkel muss der Zerspanungsmechaniker am Oberschlitten einstellen?

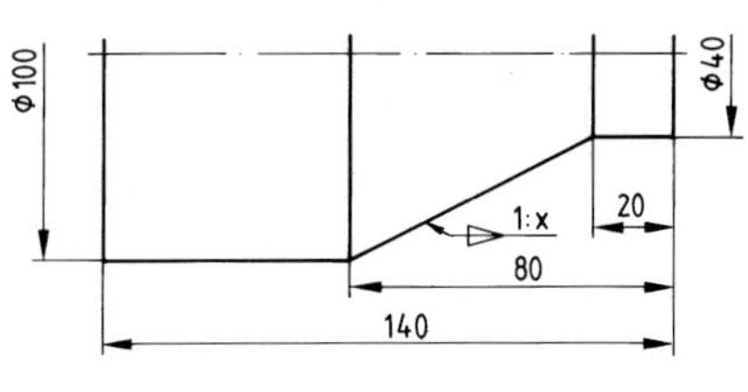

3/141 In einer Zeichnung ist die Kegelverjüngung mit 1:10 angegeben:
a) Bestimmen Sie die Neigung für die Mantellinie des Kegels.
b) Berechnen Sie den Einstellwinkel.

3/142 An einer Welle von 280 mm Länge soll durch Reitstockverstellung ein Kegel von 1:40 hergestellt werden. Der große Durchmesser beträgt 30 mm.

a) Wie groß ist das Verstellmaß für den Reitstock?

b) Überprüfen Sie, ob die maximale Reitstockverstellung von 1:50 der Werkstücklänge unterschritten bleibt.

3/143 Nennen Sie die Bauelemente und Baueinheiten einer Drehmaschine, die beim Gewindedrehen zum Einsatz kommen.

3/144 Beschreiben Sie, in welcher Weise die Koordination von Schnitt- und Vorschubbewegung beim Gewindedrehen auf der Drehmaschine erfolgt.

3/145 **a)** Welche Ursachen können vorliegen, wenn der Flankenwinkel gedrehter Gewindegänge vom Sollwert abweicht?

b) Weshalb erfolgt beim Zustellen des Drehmeißels beim Gewindeschneiden neben der Tiefenzustellung auch eine Längsverstellung?

c) Wie erreicht man eine gute Endform eines gedrehten Gewindeprofils?

3/146 Beim Drehen hängt die erreichbare Rautiefe von den Schnittbedingungen und der Schneidengeometrie ab.

a) Geben Sie 5 Einflussgrößen auf die Rautiefe an.

b) Wie sind die 5 Einflussgrößen zu wählen, um eine möglichst geringe Rautiefe zu erreichen?

c) Erläutern Sie den Zusammenhang zwischen Aufbauschneidenbildung und Rautiefe.

d) Nennen Sie Maßnahmen, die zur Verringerung der Aufbauschneidenbildung führen.

3/147 **a)** Welche Rautiefe ist für einen Lagerbolzen nach dem Drehen zu erwarten, wenn der Vorschub 0,2 mm/Umdrehung beträgt und das Werkzeug einen Schneidenradius von 0,3 mm hat?

b) Ein Drehmeißel ist mit einem Schneidwerkstoff P 20 bestückt. Der Schneidenradius ist mit 0,4 mm vorgegeben. Es soll eine Welle aus E360 (St70) feingedreht werden, so dass die Rautiefe unter 15 μm beträgt.
Welcher Vorschub ist einzustellen? (Der Vorschub ist an der Maschine nur in Stufungen von 0,1 mm/Umdrehung einstellbar.)

3/148 **a)** Geben Sie die Formel zur Berechnung der Schnittgeschwindigkeit bei einer kreisförmigen Schnittbewegung an.

b) Geben Sie die Einheit der Schnittgeschwindigkeit beim Drehen an.

c) Formen Sie die Gleichung so um, dass bei gegebenem Werkstückdurchmesser und festgelegter Schnittgeschwindigkeit die Umdrehungsfrequenz berechnet werden kann.

d) Berechnen Sie für $v_c = 120$ m/min und $d = 80$ mm die Umdrehungsfrequenz n.

3/149 Berechnen Sie die fehlenden Werte:

	Schnittgeschwindigkeit	Durchmesser	Umdrehungsfrequenz
a)	280 m/min	220 mm	?
b)	70 m/min	?	190 1/min
c)	?	140 mm	360 1/min
d)	85 m/min	?	720 1/min
e)	25 m/min	52 mm	?
f)	52 m/min	38 mm	?

3/150 Eine Welle aus niedriglegiertem Stahl wird in zwei Arbeitsgängen überdreht. Die Schnitttiefe beim Schruppen beträgt 5 mm, beim Schlichten 1 mm.

a) Welchen Vorschub müssen Sie einstellen, wenn Sie folgende Regel anwenden:
- Vorschub beim Schruppen soll etwa 1/8 der Schnitttiefe sein,
- Vorschub beim Schlichten soll etwa 1/5 der Schnitttiefe sein?

b) Welche Vorschübe und Schnittgeschwindigkeiten sind hingegen bei Anwendung der Richtwerttabelle für die Schneidstoffe P 10 oder P 25 einzustellen? Geben Sie Mittelwerte an.

3/151 Ermitteln Sie mit Hilfe des Drehzahl-Diagramms die einzustellende Umdrehungsfrequenz.

	Schnittgeschwindigkeit	Durchmesser	Umdrehungsfrequenz
a)	30 m/min	150 mm	?
b)	40 m/min	90 mm	?
c)	50 m/min	50 mm	?
d)	100 m/min	40 mm	?
e)	75 m/min	14 mm	?
f)	42 m/min	30 mm	?

3/152 Bei einem Schruppvorgang auf einer Drehmaschine beträgt der Vorschub $f = 0{,}4$ mm, die Schnitttiefe $a_p = 5$ mm und der Einstellwinkel $\chi_r = 50°$.

a) Berechnen Sie den Spanungsquerschnitt.

b) Ermitteln Sie die Spanungsdicke *h*.

3/153 Eine Kolbenstange für einen Spezialzylinder soll vor dem Honen feinstgedreht werden. Die Rautiefe darf höchstens 12 μm betragen. Die Kolbenstange besteht aus hoch legiertem Stahl, hat einen Durchmesser von 120 mm und ist 950 mm lang.

a) Berechnen Sie für den letzten Schlichtvorgang den Vorschub, wenn das Schnittwerkzeug mit Hartmetall bestückt ist und der Schneidenradius 0,5 mm beträgt. (Vorschubstufungen von 0,1 mm/Umdrehung einhalten.)

b) Berechnen Sie die Hauptnutzungszeit für den Schlichtvorgang.
Anleitung:
— Schnittgeschwindigkeit nach Tabellen bestimmen,
— Umdrehungsfrequenz berechnen,
— Umdrehungsfrequenz aus den möglichen Umdrehungsfrequenzen der Maschine auswählen (Umdrehungsfrequenzdiagramm),
— Hauptnutzungszeit berechnen.

3/154 Ein Lagerzapfen ist vor dem Rundschleifen auf einer Drehmaschine gemäß Abbildung auf das Maß 76,2 mm vorzudrehen. Die zulässige Rautiefe soll höchstens 20 μm betragen. Die Hauptnutzungszeit für das Längsrunddrehen des Zapfens von 220 mm aus Rundmaterial von 90 mm Durchmesser ist zu ermitteln. Die Zeiten für das Einstechen und Anfasen sind nicht zu berechnen.

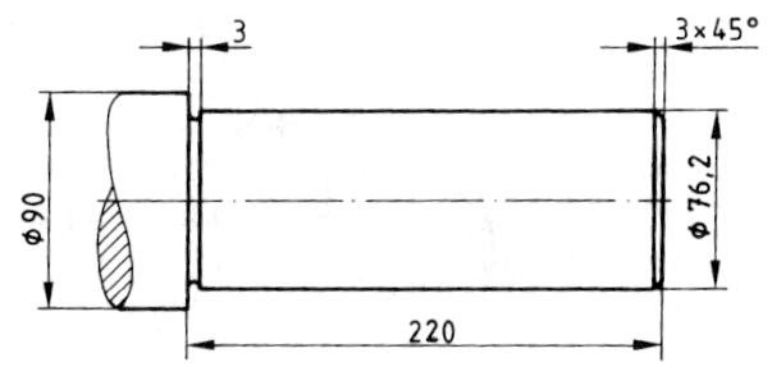

Werkstoff des Werkstücks E335 (St 60)
Drehmeißelschneide P 25 (Schruppen)
P 10 (Schlichten)
Schneidenradius 0,3 mm

3/155 Eine Welle aus E360 (St 70) von 300 mm Durchmesser muss überdreht werden. Der Schruppvorschub beträgt 0,8 mm, die Schnitttiefe 8 mm und der Einstellwinkel $\chi_r = 45°$. Als Schneidwerkstoff steht ein Hartmetall P 25 zur Verfügung.
Ermitteln und berechnen Sie die folgenden Größen:

a) Spanungsquerschnitt,

b) Schnittkraft,

c) Schnittgeschwindigkeit laut Tabelle,

d) notwendige Antriebsleistung der Maschine bei einem Wirkungsgrad von 0,6.

3/156 Es ist die Schnittkraft sowie die erforderliche Leistungsaufnahme der Maschine in kW zu berechnen, wenn Stahl E360 (St 70) mit einer Schnittgeschwindigkeit von 30 m/min bearbeitet wird. Der Wirkungsgrad der Maschine ist 0,6; der Vorschub 0,25 mm je Umdrehung, die Schnitttiefe 3,5 mm, χ_r 55°.

3/157 Eine Drehmaschine hat einen Hauptantriebsmotor mit einer Leistungsaufnahme von 4,5 kW. Der Wirkungsgrad in der Maschine beträgt 0,45.
Berechnen Sie die Schnittkraft bei den folgenden Schnittgeschwindigkeiten.

a) v_c = 40 m/min (Schruppen), **b)** v_c = 120 m/min (Schlichten).

- **Fräsen**

3/158 Benennen Sie die dargestellten Fräsarbeiten nach der zu erzeugenden Fläche. Geben Sie die normgerechte Bezeichnung des Fräsverfahrens an.

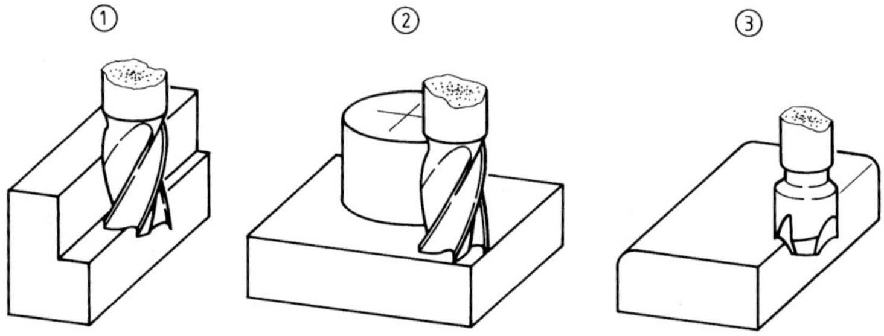

3/159 **a)** Skizzieren Sie die fertigen Werkstücke und tragen Sie die Vorschubrichtung zur Erzeugung der Aussparung ein.

b) Geben Sie jeweils die Lage der Hauptschneiden an. Beschreiben Sie die Lage am Fräser.

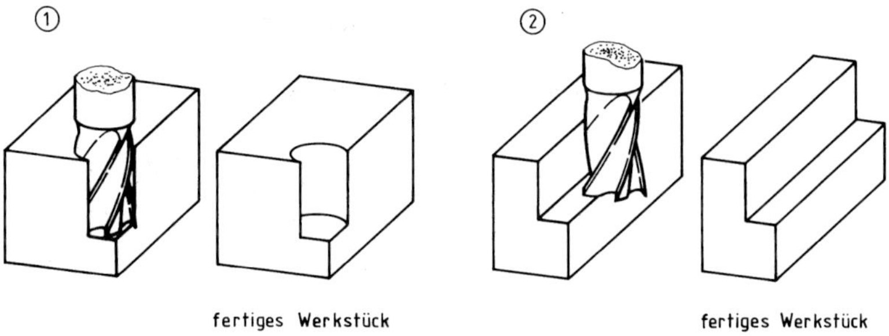

3/160 Übertragen Sie die Merksätze und ergänzen Sie die Lücken durch die zutreffende Antwort.

a) Als Gegenlauffräsen bezeichnet man einen Fräsvorgang, bei dem die Schnittbewegung und die Vorschubbewegung in *(gleicher/entgegengesetzter)* Richtung wirken.
Der kommaförmige Span hat dabei seinen größten Querschnitt am *(Anfang/Ende)* eines jeden Schnittes.

b) Als Gleichlauffräsen bezeichnet man einen Fräsvorgang, bei dem die Schnittbewegung und die Vorschubbewegung in *(gleicher/entgegengesetzter)* Richtung wirken.
Der kommaförmige Span hat dabei seinen größten Querschnitt am *(Anfang/Ende)* eines jeden Schnittes.

3/161 Welches Fräsverfahren liegt vor

a) entsprechend der Form der erzeugten Fläche,
b) nach der Lage der Hauptschneiden,
c) nach dem Zusammenwirken von Schnitt- und Vorschubbewegung?

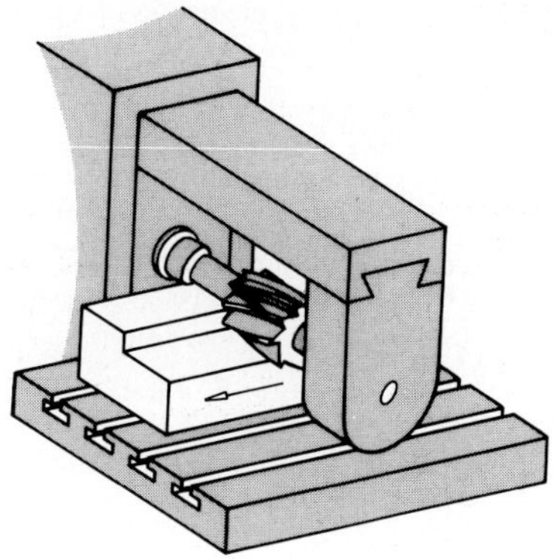

3/162 **a)** Erläutern Sie den Unterschied zwischen Stirn- und Umfangsplanfräsen hinsichtlich der Spanbildung.
b) Geben Sie 3 Vorteile des Stirnplanfräsens gegenüber dem Unfangsplanfräsen an.

3/163 Übertragen Sie die Abbildung eines Fräserzahnes.

a) Zeichnen Sie die beiden Bezugsebenen zur Festlegung der Winkel am Schneidkeil ein.
b) Tragen Sie durch entsprechende Maßpfeile den Keil-, Frei- und Spanwinkel am Punkt P ein, und benennen Sie die Winkel mit ihren Formelzeichen.

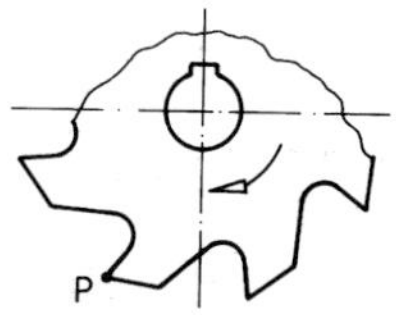

3/164 Gleich große Walzenfräser können mit einer unterschiedlichen Anzahl von Schneiden ausgestattet sein.

a) Legen Sie dar, welcher Zusammenhang zwischen der Schneidenanzahl und der Spanraumgröße besteht.
b) Für welche Werkstoffe sind größere Spanräume erforderlich?
Begründen Sie Ihre Antwort.

3/165 Auf einer Waagerecht-Fräsmaschine sollen Werkstücke aus AlCuMg 2 bzw. aus X 155 CrVMo 12-1 mit Walzenfräsern bearbeitet werden.

a) Wählen Sie für die Bearbeitung geeignete Fräsertypen aus. Begründen Sie die Auswahl.
b) Machen Sie eine allgemeine Aussage über die Größe von Keil- und Spanwinkel der ausgewählten Fräser.

3/166 Bei Fräsern mit Rechts- oder Linksdrall entsteht immer ein Schnittkraftanteil in Richtung der Fräserachse.

a) Ermitteln Sie zeichnerisch mit Hilfe des Kräfteparallelogramms den axialen Schnittkraftanteil.
Die Schneiden verlaufen im Winkel von 25° zur Fräserachse.
Die Gesamtschnittkraft beträgt $F = 600$ N. Kräftemaßstab: 1 cm ≙ 100 N.
b) In welche Richtung soll der axiale Schnittkraftanteil wirken?
Formulieren Sie die Antwort als Merksatz.

3/167 Beim Messerkopffräsen mit Schlichtplatten ist eine wesentlich bessere Oberflächenqualität zu erzielen als mit Radiusplatten.
Begründen Sie diese Tatsache.

3/168 Beschreiben Sie einen Werkzeugaufbau, der es ermöglicht, die Schrupp- und Schlichtbearbeitung mit einem Messerkopf gleichzeitig durchzuführen.

3/169 Ordnen Sie die nachfolgend aufgeführten Merkmale den beiden in der Tabelle angeführten Fräswerkzeugen zu:

- für große ebene Flächen / für kleine ebene Flächen,
- Schneidenzahl: 4–12 / Schneidenzahl: 6–60,
- mittlere Oberflächengüte / hohe Oberflächengüte,
- sehr hohe Zerspanleistung / geringe Zerspanleistung,
- Schneiden aus hoch legiertem Stahl als Bestandteil des Fräsers / auswechselbare Schneiden aus Hartmetall.

Walzenstirnfräser	Messerkopf
?	?
?	?

3/170 Skizzieren Sie die Querschnitte, die mit den abgebildeten Fräsern auf der angegebenen Maschine in eine ebene Werkstückoberfläche gefräst werden können. Geben Sie jeweils die Bezeichnung des verwendeten Fräsers an.

auf einer Waagerecht-Fräsmaschine	auf einer Senkrecht-Fräsmaschine
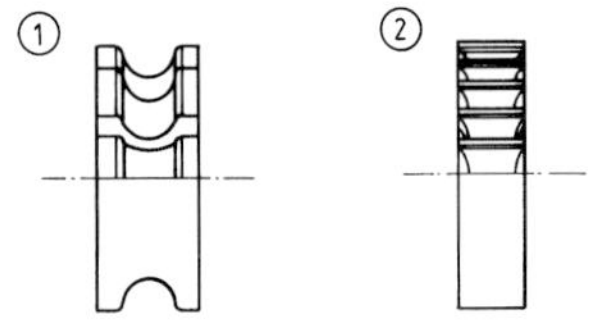	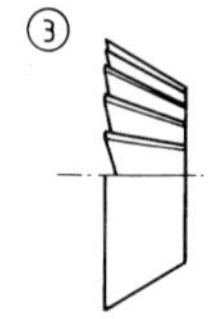

3/171 Die gezeigte Platte aus Werkzeugstahl soll auf der Oberfläche plangefräst werden, und es sollen zwei Nuten von 8 mm Breite, 6 mm Tiefe und 90 mm Länge eingefräst werden.

a) In welcher Reihenfolge sind die Arbeiten durchzuführen?
b) Wählen Sie geeignete Fräsverfahren aus.
c) Wählen Sie geeignete Fräser aus.

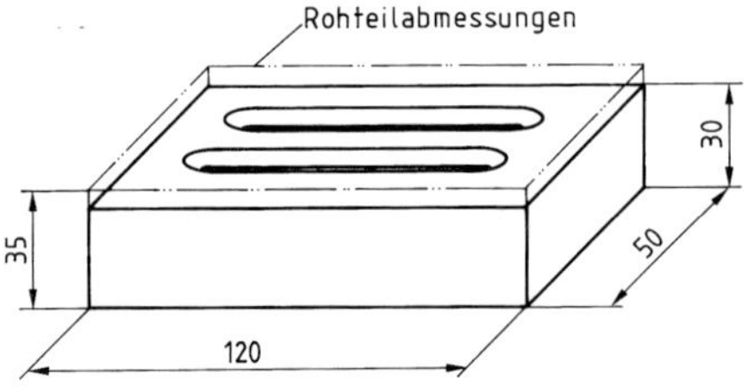

3/172 Das in Aufgabe 3/190 dargestellte Werkstück soll auf einer Waagerecht-Fräsmaschine bzw. einer Senkrecht- Fräsmaschine gefertigt werden.
Geben Sie für beide Bearbeitungen die erforderlichen Arbeitsschritte mit Fräswerkzeugen und Einspannlage des Werkstücks an. Übernehmen Sie dazu die folgende Tabelle in zweifacher Ausführung.

Nr.	Arbeitsschritte	Fräswerkzeug	Einspannlage

3/173 Von dem dargestellten Werkstück sollen auf der gekennzeichneten Seite 2 ± 0,05 mm abgefräst werden.

a) Wie ist das Werkstück zu spannen?
b) Wie kann die korrekte Einspannung kontrolliert werden?
c) Geben Sie die zu verwendenden Hilfsmittel an.

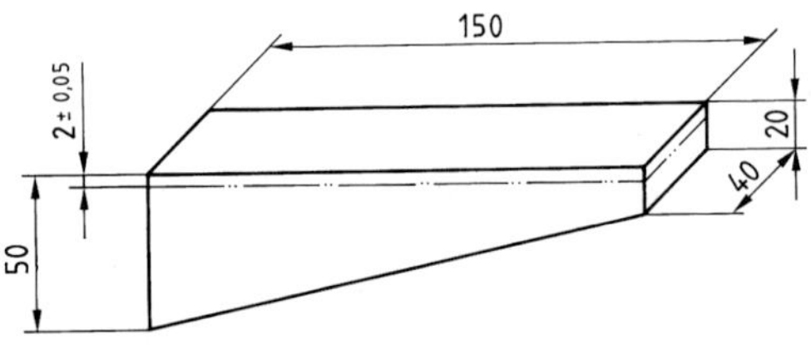

3/174 Gussrohlinge (GGG-40) sollen in einer Aufspannung auf einer Universalfräsmaschine bearbeitet werden. Die Rohlinge sind an der Unterseite bearbeitet. Alle weiteren Veränderungen am Werkstück sind durch entsprechende Arbeitsgänge vorzunehmen.

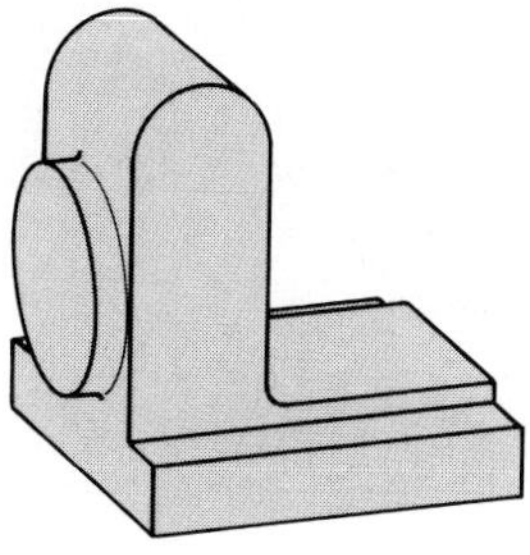

Gussrohling

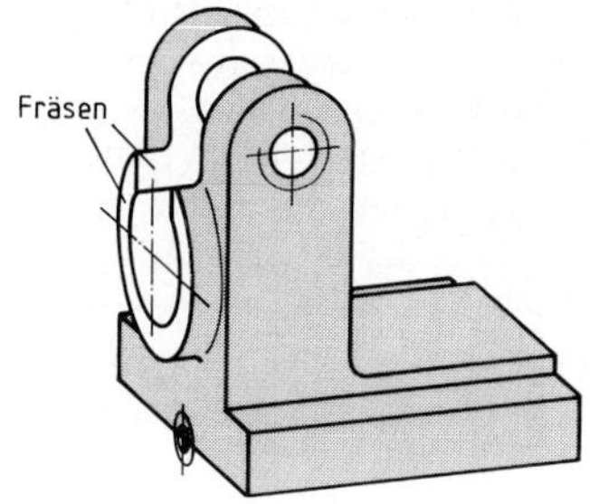

Fertigteil

Beschreiben Sie stichwortartig die von Ihnen geplante Möglichkeit der Aufspannung mit Angabe der Spannelemente.

3/175 Die vorgefertigte Halterung aus S 235 (St 37) ist Bestandteil eines Schraubstocks. Durch Fräsen sollen der Absatz (17 mm x 4 mm) zur Aufnahme einer vergüteten Spannbacke und die Rundung (R = 10 mm) hergestellt werden. Beide Oberflächen sind zu schlichten. Auszuwählen sind:
- Fräsmaschine,
- Fräsverfahren,
- Fräswerkzeug und Spannwerkzeuge.

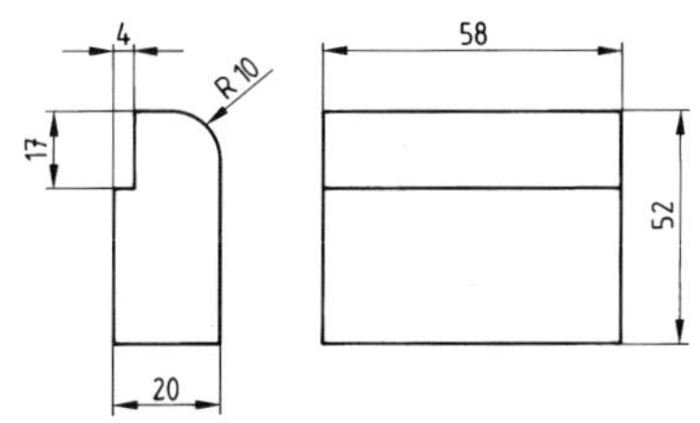

3/176 Von welchen Größen ist die einzustellende Vorschubgeschwindigkeit v_f beim Fräsen abhängig?

Berechnungen zum Fräsen

	Formeln	Formelzeichen
Umdrehungsfrequenz:	$n = \frac{v_c}{d \cdot \pi}$	n Umdrehungsfrequenz (Drehzahl) d Werkzeugdurchmesser v_c Schnittgeschwindigkeit
Vorschub:	$f = z \cdot f_z$	f_z Vorschub pro Fräserzahn z Zähnezahl f Vorschub S Spanungsquerschnitt
Vorschubgeschwindigkeit:	$v_f = z \cdot f_z \cdot n$	v_f Vorschubgeschwindigkeit

3/177 **a)** Für die ausgewählten Fräswerkzeuge nach Aufgabe 3/194 sind folgende Technologiedaten zu bestimmen:
- Zustellung, • Schnittgeschwindigkeit und • Vorschub.

b) Anhand der in **a)** ermittelten Daten sind die Umdrehungsfrequenz und die Vorschubgeschwindigkeit zu berechnen.

3/178 Ein Messerkopf hat 16 Zähne, die mit Hartmetall bestückt sind. Für einen Arbeitsvorgang wählt der Zerspanungsmechaniker einen Vorschub von 0,1 mm je Zahn und eine Schnittgeschwindigkeit von 120 m/min aus.

a) Welche Umdrehungsfrequenz darf die Frässpindel bei einem Messerkopfdurchmesser von 200 mm haben?

b) Wie groß ist die Vorschubgeschwindigkeit in mm/min?

3/179 In eine Welle von 450 mm Länge wird mit einem Scheibenfräser von 125 mm Durchmesser eine 6 mm breite und 8 mm tiefe Nut in einem Schnitt gefräst.
Der Fräser hat 10 Zähne. Der Vorschub je Zahn soll $\mathbf{f}_z = 0{,}1$ mm betragen. Die Schnittgeschwindigkeit soll 30 m/min sein.

a) Berechnen Sie den Mindestanlaufweg l_a

b) Ermitteln Sie die Hauptnutzungszeit. (Der Fräser soll 2 mm aus dem Werkstück herausfahren.)

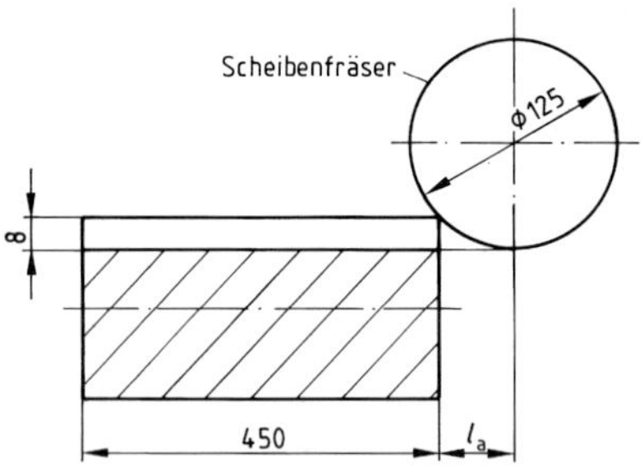

3/180 Eine Führungsleiste aus Gusseisen soll durch einen Schruppvorgang und einen anschließenden Schlichtvorgang um 5 mm mit einem Walzenfräser abgefräst werden. (Sonstige Daten siehe Skizze).

a) Ermitteln Sie jeweils für das Schruppen und das Schlichten aus der entsprechenden Tabelle die Richtwerte für den Vorschub je Zahn und die Schnittgeschwindigkeit. (Mittelwerte)

b) Anhand der ermittelten Daten sind Umdrehungsfrequenz und Vorschubgeschwindigkeit zu berechnen.

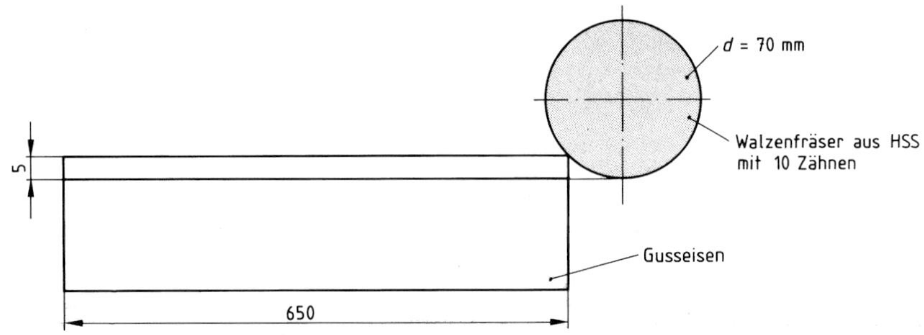

3/181 Die Führungsleiste nach Aufgabe 3/180 soll nun mit einem hartmetallbestückten Messerkopf (Schneidstoff M 10) um 3 mm abgefräst werden. Der mit 8 Zähnen ausgestattete Messerkopf hat einen Durchmesser von 100 mm.

a) Ermitteln Sie aus der entsprechenden Richtwertetabelle die folgenden Technologiedaten:
- Schnittgeschwindigkeit und • Vorschub je Zahn.

b) Berechnen Sie aus den Technologiedaten die Umdrehungsfrequenz und die Vorschubgeschwindigkeit.

- **Teilen**

3/182 Nennen Sie verschiedene Werkstücke, bei denen aufgrund ihrer Form eine Fräsbearbeitung mit Hilfe eines Teilapparates erforderlich ist.

3/183 Ein einfacher Teilapparat für direktes Teilen ist mit einer 36er-Teilscheibe ausgestattet.
Bestimmen Sie alle regelmäßigen Vielecke, die mit Hilfe dieser Teilscheibe gefertigt werden können.

3/184 Welche Getriebeart wird für das indirekte Teilen mit einem Universalteilapparat verwendet?
Welches Übersetzungsverhältnis hat dieses Getriebe in den meisten Fällen?

Indirektes Teilen

Formel

$$N_k = \frac{i}{T}$$

meist $N_k = \frac{40}{T}$

Formelzeichen

N_k	Umdrehungen der Teilkurbel
T	Zahl der Teilungen
i	Übersetzung des Teilkopfes (meist $i = 40:1$)

Teilscheiben-Lochzahlen

I: 15, 16, 17, 18, 19, 20
II: 21, 23, 27, 29, 31, 33
III: 37, 39, 41, 43, 47, 49

Ergibt die Berechnung für die Umdrehungszahl der Teilkurbel keinen ganzzahligen Wert, so müssen Teilumdrehungen ausgeführt werden. Dazu wählt man dann einen Lochkreis, in dessen Lochzahl der Nenner des errechneten Bruches enthalten ist. Der Bruch muss dann mit dem Faktor erweitert werden, der – mit dem Nenner multipliziert – die Lochzahl ergibt.

Beispiel: Wie groß ist N_k für $T = 28$?

$$N_k = \frac{40}{28} = 1\frac{12}{28} = 1\frac{3}{7} \longrightarrow \text{gew. Lochkreis 21}$$

$$N_k = 1\frac{3}{7}\begin{smallmatrix}\xrightarrow{\cdot 3}\\ \xrightarrow{\cdot 3}\end{smallmatrix} = 1\frac{9}{21} \text{ Umdrehungen der Teilkurbel}$$

Ist der Teilungswinkel α bekannt, dann gilt: $N_k = \frac{40 \cdot \alpha}{360°}$

3/185 Ein Flansch erhält auf einem Lochkreis 10 Bohrungen in gleichen Abständen.
Wie viele ganze Umdrehungen müssen beim indirekten Teilen mit der Teilkurbel ausgeführt werden, wenn das Übersetzungsverhältnis 40:1 beträgt?

3/186 Ein Zahnrad mit 34 Zähnen soll durch indirektes Teilen gefräst werden.
a) Berechnen Sie die Anzahl der Teilkurbelumdrehungen.
b) Wählen Sie aus dem Lochscheibensatz einen Kreis mit geeigneter Lochzahl aus.
c) Wie viele Löcher sind mit Hilfe der Teilschere bei jeder Verstellung als Bruchteil einer vollen Umdrehung zusätzlich zu verstellen?

3/187 Bestimmen Sie für die Herstellung von Lochkreisen mit
a) 15 Bohrungen, **b)** 22 Bohrungen, **c)** 33 Bohrungen.
die Teilkurbelumdrehungen, die Lochscheiben und die einzustellenden Lochabstände.

- **Schleifen**

3/188 Die Schleifverfahren können nach ihrem Zweck in der Fertigung unterteilt werden.

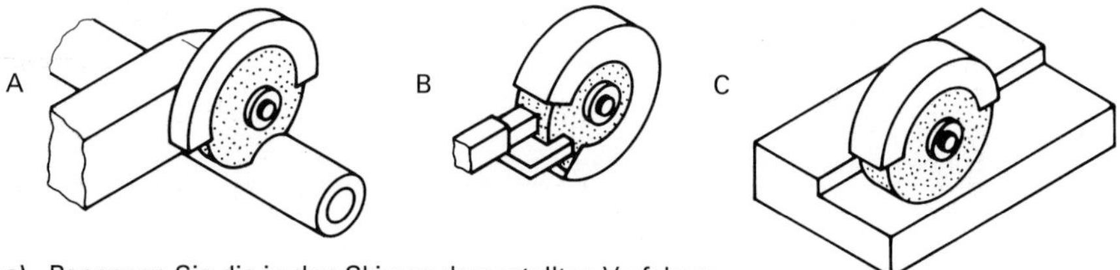

a) Benennen Sie die in den Skizzen dargestellten Verfahren.
b) Geben Sie Beispiele aus Ihrer praktischen Erfahrung zu dem jeweiligen Einsatzzweck an.

3/189 Vergleichen Sie einen Fräser mit einer Schleifscheibe nach folgenden Gesichtspunkten:
- Anzahl der Schneiden,
- Größe von Keilwinkel und Spanwinkel.

3/190 Skizzieren Sie vergrößert einen kleinen Ausschnitt aus einer Schleifscheibe. Benennen Sie die Bestandteile der Schleifscheibe.

3/191 Nennen Sie 4 verschiedene Schleifmittel, und ordnen Sie diese nach der zunehmenden Härte.

3/192 Welche Schleifmittel werden zum Schleifen von
a) Baustählen, **b)** Hartmetallen eingesetzt?

3/193 Die Größe der Schleifkörner wird als Körnung bezeichnet.
a) Wie werden die Körnungen für Schleifmittel festgelegt?
b) Wie wird die Körnung von Diamantkörnern angegeben?

3/194 Führungsleisten aus Stahl sollen auf einer Planschleifmaschine durch Schruppschleifen vorgearbeitet und durch Feinschleifen fertig bearbeitet werden.
a) Welche Korngröße wird zum Schruppschleifen eingesetzt?
b) Welche Korngröße wird zum Feinschleifen eingesetzt?

3/195 Schleifscheiben werden zur Bearbeitung von unterschiedlichen Werkstoffen und für unterschiedliche Fertigungsverfahren durch die Wahl der Schleif- und Bindemittel angepasst.
Übernehmen Sie die Tabelle, und ermitteln Sie die fehlenden Angaben.

Einsatz der Schleifscheibe	Bindung	Kurzzeichen	Eigenschaften der Schleifscheibe
Maschinelles Schleifen für Werkstoffe mit mittlerer Festigkeit	?	?	?
Feinstschleifen harter Werkstoffe	?	?	?
Trennschleifen	?	?	?
Schleifen von Hartmetallen	?	?	?

3/196 Wählen Sie die richtige Ergänzung des begonnenen Merksatzes.
„Unter der Härte einer Schleifscheibe versteht man ...
– die Widerstandskraft des Werkstückes gegenüber dem Eindringen des Schleifkorns."
– die Härte der Schleifkörner."
– die Widerstandskraft, die die Bindung dem Ausbrechen der Schleifkörner entgegensetzt."
– die Widerstandskraft, die die Schleifscheibe dem Eindringen eines Probekörpers entgegensetzt."

3/197 Schreiben Sie den folgenden Merksatz mit den richtigen Aussagen ab.
Bei der Schleifbearbeitung von harten Werkstoffen werden die Schleifkörner *(langsam/schnell)* stumpf. Die Härte der Schleifscheibe muss daher *(gering/groß)* sein, damit die stumpfen Körner *(langsam/schnell)* ausbrechen. Man bezeichnet in diesem Fall die Schleifscheibe als *(weich/hart).* Der große Kennbuchstabe für diese Härte steht mehr am *(Anfang/Ende)* des Alphabets.

3/198 Der innere Aufbau einer Schleifscheibe wird als Gefüge bezeichnet.
Übernehmen Sie die Tabelle, und tragen Sie nur die zutreffenden Antworten ein.

	dichtes Gefüge	offenes Gefüge
Porenanteil	*(hoch/niedrig)*	*(hoch/niedrig)*
abzutragende Spanmenge	*(groß/klein)*	*(groß/klein)*
Arbeitsverfahren	*(Schruppen/Schlichten)*	*(Schruppen/Schlichten)*
Oberflächengüte	*(hoch/niedrig)*	*(hoch/niedrig)*
zu bearbeitender Werkstoff	*(hart/weich)*	*(hart/weich)*
Kennziffer	*(2/6)*	*(2/6)*

3/199 Skizzieren Sie die Tabelle ab, und tragen Sie die Benennung und den Verwendungszweck der Schleifkörper ein.

Schleifkörper	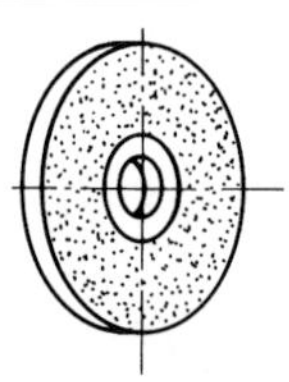	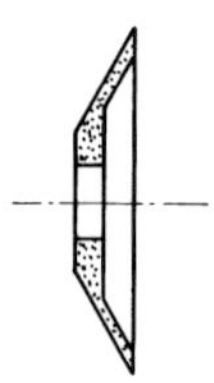	
Benennung	?	?	?
Verwendungszweck	?	?	?

3/200 Berechnen Sie die einzustellende Umdrehungsfrequenz für eine Schleifscheibe beim Außenrundschleifen von Stahlwellen. Entnehmen Sie den niedrigsten Wert aus der Richtwerttabelle für Umfangsgeschwindigkeiten. Die Schleifscheibe hat einen Durchmesser von 200 mm.

3/201 Eine Schleifscheibe für hohe Umfangsgeschwindigkeiten ist mit einem grünen Farbstreifen gekennzeichnet. Ermitteln Sie aus einer Tabelle die höchstzulässige Umfangsgeschwindigkeit.

3/202 Entschlüsseln Sie die genormte Bezeichnung für eine gerade Schleifscheibe:
180 x 15 x 45 DIN 69 120 C 90 M 6 B 45.

3/203 Die Unfallgefahren sind wegen der hohen Umdrehungsfrequenzen bei Schleifscheiben sehr groß. Nennen Sie Unfallverhütungsvorschriften, die beim Einsetzen von neuen Schleifscheiben eingehalten werden müssen.

3/204 Beim Schleifen muss aus Sicherheitsgründen eine Schutzbrille getragen werden. Begründen Sie, warum die Berufsgenossenschaft immer wieder auf diese Unfallverhütungsvorschrift mit vielen Aktionen aufmerksam macht.

3/205 Für kleine Schleifarbeiten von Hand steht in den Werkstätten meist ein Schleifbock zur Verfügung. Durch Verschleiß der Schleifscheibe entsteht ein breiter Spalt zwischen Auflage und Schleifstein.

a) Welche Gefahren bestehen an diesem unfallträchtigen Schleifbock?
b) Wie muss diese Gefahrenstelle beseitigt werden?

3/206 Welche Wirkungen erzielt man durch das Abrichten von Schleifscheiben für den weiteren Einsatz?

3/207 **a)** Mit welchen Vorrichtungen können Schleifscheiben abgerichtet werden?
b) Wie wird das Abrichten durchgeführt?

3/208 Unterscheiden Sie Umfangsplan- und Außenrundschleifen hinsichtlich der Schnittbewegung. Bei beiden Verfahren soll im Gegenlauf geschliffen werden.

a) Übertragen Sie die Skizzen auf ihr Arbeitsblatt.

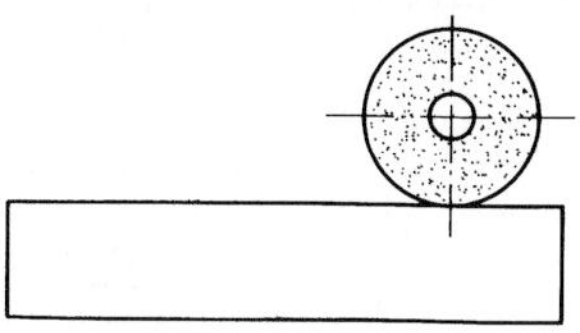

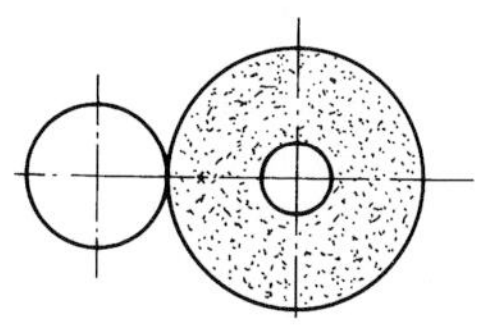

b) Ordnen Sie diesen die Bezeichnung des Schleifverfahrens zu.
c) Zeichnen Sie durch Pfeile die Bewegungen ein, welche die Schnittbewegung erzeugen.
d) Formulieren Sie einen Merksatz über die Schnittbewegung beim Rundschleifen.

3/209 Eine ebene Werkstückoberfläche kann durch zwei Schleifverfahren, die sich durch die Lage der Schleifscheibe zur Werkstückoberfläche unterscheiden, bearbeitet werden.

a) Skizzieren Sie die möglichen Lagen der Schleifscheibe für das Schleifen ebener Oberflächen.
b) Benennen Sie die Verfahren, und vergleichen Sie die Verfahren hinsichtlich Abtragsleistung und erreichbarer Oberflächenbeschaffenheit.

3/210 Skizzieren Sie die Bearbeitung einer Leiste auf einer Flachschleifmaschine ab. Es Es wird im Gleichlaufverfahren geschliffen.

Tragen Sie mit Pfeilen ein:
- Schnittbewegung,
- Längsvorschubbewegung,
- Quervorschubbewegung,
- Zustellbewegung.

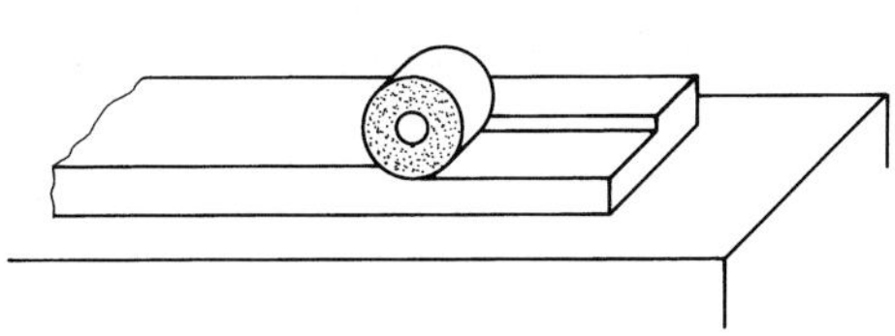

3/211 Mehrere Zwischenlagen 25 x 15 x 4 sollen mit hoher Oberflächenbeschaffenheit auf den Flächen 25 x 15 beidseitig geschliffen werden.

a) Welche Schleifmaschinenart werden Sie bevorzugen?

b) Beschreiben Sie die Schleifmaschine hinsichtlich Werkstücktischausführung und der Lage der Schleifspindel zur Aufspannfläche.

3/212 Skizzieren Sie die Bearbeitung einer Welle auf einer Außenrundschleifmaschine ab. Es wird im Gegenlaufverfahren geschliffen.

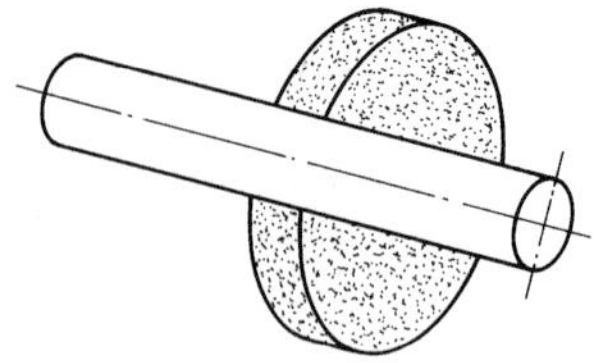

Tragen Sie mit Pfeilen ein:

- Drehbewegung des Schleifsteins,
- Drehbewegung des Werkstücks,
- Längsvorschubbewegung,
- Zustellbewegung.

3/213 Eine Welle mit unterschiedlichen Durchmessern und Radienübergängen wird in der Elektroindustrie in sehr hohen Stückzahlen mit hoher Maßgenauigkeit und Oberfläche benötigt.
Mit welchem Schleifverfahren lässt sich diese hohe Stückzahl rationell fertigen?

3/214 Übertragen Sie den Merksatz, indem Sie nur die zutreffenden Aussagen einsetzen.
„Beim spitzenlosen Außenrundschleifen läuft die Schleifscheibe mit *(größerer/kleinerer)* Geschwindigkeit als die *(größere/kleinere)* Regelscheibe. Die *(härtere Schleifscheibe/weichere Regelscheibe)* bremst die Drehbewegung des Werkstücks und erteilt durch ihre Neigung dem Werkstück die *(Schnittbewegung/Vorschubbewegung).* Dieses Schleifverfahren ist besonders für *(kurze/lange) Werkstücke mit (großem/kleinem)* Durchmesser geeignet."

3/215 a) Geben Sie 4 Faktoren an, welche die Oberflächenbeschaffenheit beim Schleifen beeinflussen.

b) Wie müssen die in **a)** gefundenen Faktoren gewählt werden, um eine möglichst geringe Rautiefe zu erzielen? Treffen Sie Ihre Auswahl zwischen „groß" und „gering".

Einflussfaktor	Auswahl
?	?
?	?
?	?
?	?

Zur Beantwortung der Fragen übernehmen Sie die Tabelle und tragen die gefundenen Lösungen ein.

3/216 Ordnen Sie folgenden Bewegungen an der Rundschleifmaschine die entsprechenden Maschinenteile zu, von denen sie ausgeführt werden:

a) Schnittbewegung, b) Längsvorschubbewegung, c) Zustellbewegung.

3/217 Eine Platte soll durch Umfangs-Planschleifen mit einer Schleifscheibe von 250 mm Durchmesser bearbeitet werden. Die Schnittgeschwindigkeit soll 35 m/s betragen.
Berechnen Sie die einzustellende Umdrehungsfrequenz.

3/218 Die Spindel einer Schleifmaschine hat eine Umdrehungsfrequenz von 2 800 1/min. Die höchste Schleifgeschwindigkeit soll 30 m/s und die geringste 20 m/s betragen.
Berechnen Sie den zulässigen größten und den zulässigen kleinsten Durchmesser der einzusetzenden Schleifscheibe.

3/219 Beim Rundschleifen im Gegenlauf dreht sich eine Schleifscheibe von 200 mm Durchmesser mit 3 000 1/min.
Das Werkstück hat 80 mm Durchmesser, es dreht sich mit 60 1/min.

a) Wie groß ist die Schnittgeschwindigkeit?

b) Wie groß ist die Vorschubgeschwindigkeit?

c) Wie groß ist das Geschwindigkeitsverhältnis?

- **Arbeitsplanung einer Einzelfertigung auf einer Werkzeugmaschine**

3/220 Der Bügel der Schraubzwinge soll durch Fräsen hergestellt werden. Es steht Flachstahl aus S 235(St 37) mit 60 mm Breite und 24 mm Dicke zur Verfügung. Planen Sie die Herstellung und Prüfung, einschließlich der Herstellung der Bohrung des Gewindes für die Spindel.

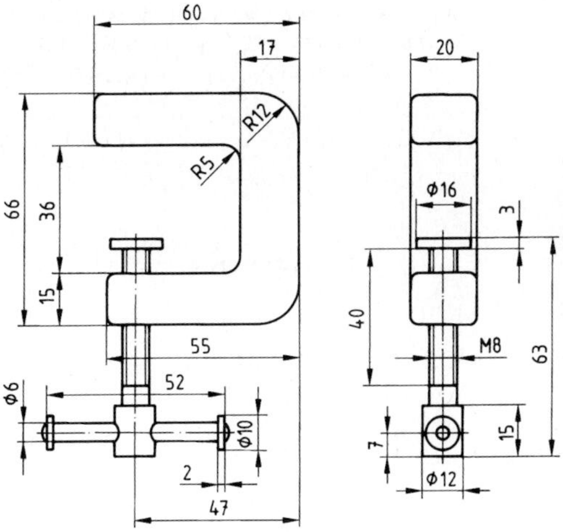

Daten der zur Verfügung stehenden HSS-Werkzeuge:
Bohrer mit den Durchmessern 5; 6; 6,5; 6,8; 8; 10 mm
Zentrierbohrer, Kegelsenker 90°

Schaftfräser:	Ø 10 mm	x 45 mm Schneidenlänge,	4 Schneiden,		
	Ø 20 mm	x 38 mm Schneidenlänge,	4 Schneiden,		
Scheibenfräser:	Ø 63 mm	x 6 mm,	12 Schneiden,	f_z = 0,10 mm,	v_c = 16 m/min
	Ø 160 mm	x 10 mm,	22 Schneiden,	f_z = 0,10 mm,	v_c = 16 mm/min
Walzenfräser:	Ø 50 mm	x 40 mm,	8 Schneiden,	f_z = 0,10 mm,	v_c = 22 m/min
	Ø 100 mm	x 70 mm,	10 Schneiden,	f_z = 0,10 mm,	v_c = 22 m/min
Walzenstirnfräser:	Ø 40 mm	x 40 mm,	8 Schneiden,	f_z = 0,15 mm,	v_c = 22 m/min
	Ø 110 mm	x 35 mm,	12 Schneiden,	f_z = 0,15 mm,	v_c = 22 m/min

Abtragende Fertigungsverfahren

- **Autogenes Brennschneiden**

3/221 Übertragen Sie die nachfolgenden Merksätze über das autogene Brennschneiden, indem Sie nur die zutreffenden Aussagen übernehmen.
Autogenes Brennschneiden ist ein *(thermisches Trennen durch Gas/chemisches Abtragen)*, bei dem die Trennstelle *(durch chemische Einwirkung aufgelöst/durch eine Heizflamme vorgewärmt)* wird, so dass unter *(dem Druck einer Schnittkante/der Einwirkung eines Sauerstoffstrahls)* eine vollständige Werkstofftrennung erfolgt. Der Werkstoff an der Trennstelle *(oxidiert/wird geätzt)*, und er wird durch den Druck *(der Heizflamme/des Sauerstoffstrahls)* aus der Trennfuge entfernt.

3/222 **a)** Skizzieren Sie die Untersicht eines Schneidbrennerkopfes, und benennen Sie die Düsenöffnungen nach ihrer Funktion.
b) Beschreiben Sie, welche unterschiedlichen Aufgaben die aus den Düsen austretenden Gase beim Brennschneidvorgang haben.

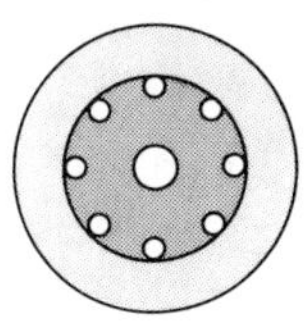

3/223 Formulieren Sie einen Merksatz zur Eignung von Metallen zum autogenen Brennschneiden mit Aussagen über:
Entzündungstemperatur, Schmelztemperatur und Wärmeleitfähigkeit von Metallen.

3/224 Ein Produktionsbetrieb möchte das Ablängen von Rohteilen für die Fertigung hochbeanspruchter Werkstücke möglichst durch autogenes Brennschneiden ausführen lassen.
Die Arbeitsvorbereitung ist beauftragt, zu den aufgelisteten Werkstoffen anzugeben, ob diese zum Brennschneiden – unbegrenzt geeignet, – begrenzt geeignet, – nicht geeignet sind.

Werkstoffe	
1. Einsatzstahl	17 CrNiMo 6
2. Einsatzstahl	20 MnCr 5
3. Vergütungsstahl	C 55
4. Federstahl	60 SiMn 5
5. Unlegierter Baustahl	E 360 (St 70)
6. Warmarbeitsstahl	X 32 CrMoV 3-3
7. Kaltarbeitsstahl	X 40 CrMnMoS 6-8
8. Nicht rostender Stahl	X 6 CrNiMoTi 17-12-2

Ordnen Sie die Werkstoffe in eine Tabelle nach dem nebenstehenden Muster ein.

Geeignet	Begrenzt geeignet (mit Vorwärmen)	Ungeeignet

3/225 Bei der Vorbereitung zur Programmerstellung für 4 Brennschneidaufträge sind in der Arbeitsvorbereitung die nachfolgenden Angaben zu ermitteln und in die Arbeitskarte einzutragen:

- die Größe der Brennschneidedüsen,
- der Brennerabstand zum Werkstück,
- eine eventuelle Werkstückvorwärmung.

Übernehmen Sie die Arbeitskarte und ergänzen Sie die fehlenden Angaben.

Brennschneidmaschine: *CNC* Gasart: *Acetylen*

Auftragsnummer	Werkstoff	Rohteilmaße in mm	Schneiddicke in mm	Düsen Schneiddüse Nr.	Düsen Heizdüse Nr.	Brennerabstand in mm	Vorwärmen Ja	Vorwärmen Nein
1	*S235 (St37)*	*520 · 370 · 15*	*15*	?	?	?	?	?
2	*E295 (St50)*	*□ 100 · 185 lg.*	*100*	?	?	?	?	?
3	*20 MoCr 4*	*600 · 600 · 160*	*160*	?	?	?	?	?
4	*30 CrNiMo 8*	*1200 · 480 · 30*	*30*	?	?	?	?	?

3/226 Auf einer CNC-Brennschneidmaschine sollen aus 10 mm dicken Blechtafeln 24 Ronden geschnitten werden. Diese sollen durch Schleifen des Randes auf 615 mm Durchmesser gebracht werden. Als Werkstoff wird S 235 (St 37) verwendet, die Größe der Blechtafeln ist 2 000 x 4 000.

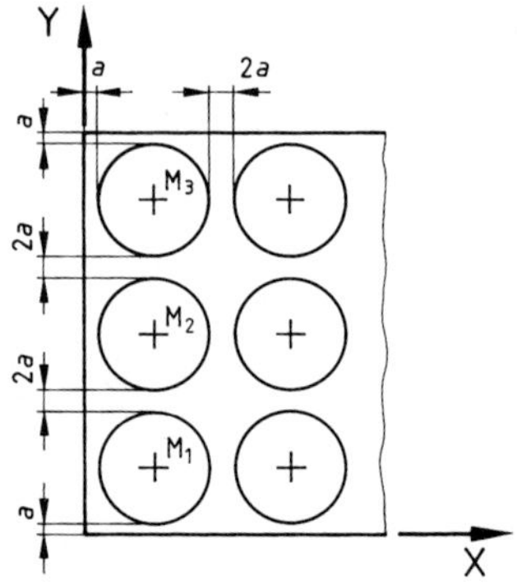

a) Entnehmen Sie den Tabellen des Lehrbuchs die nachfolgenden Einstellwerte für den Brennschnitt:
- Brennschneiddüsen: Schneiddüsen-Nr. und Heizdüse-Nr.
- Brennerabstand zum Werkstück,
- Heizflammeneinstellung: Acetylendruck und Heizsauerstoffdruck,
- Schneidsauerstoffdruck,
- Vorschubgeschwindigkeit.

b) Ermitteln Sie unter Berücksichtigung der Bearbeitungszugabe den Rohdurchmesser der Ronden d_{Roh} und die Schnittfugenbreite b.

c) Berechnen Sie die Brennschnittlänge für 24 Ronden.

d) Berechnen Sie die Schneidzeit für den gesamten Auftrag, wenn der Schnitt gleichzeitig mit 3 Brennern ausgeführt wird.

e) Berechnen Sie den Sauerstoff- und Acetylenverbrauch in m^3 für den gesamten Auftrag.

3/227 Beurteilen Sie die abgebildeten Schnittflächen, indem Sie möglichst detailliert die Ursachen der einzelnen Schnittfehler aufzeigen.

①
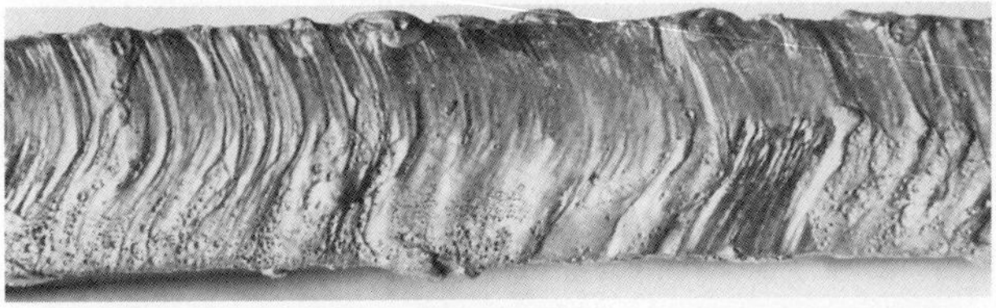

②
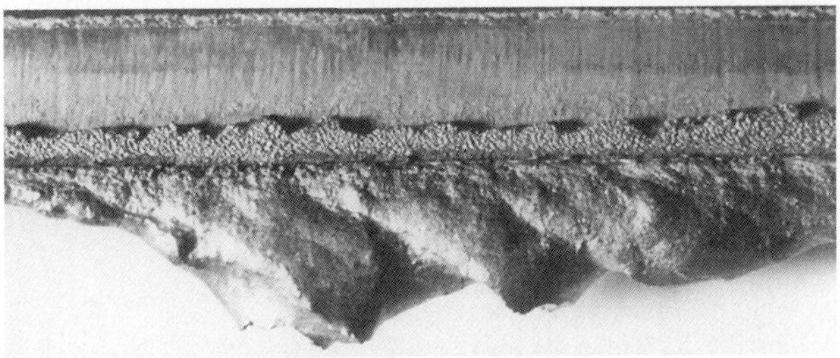

③
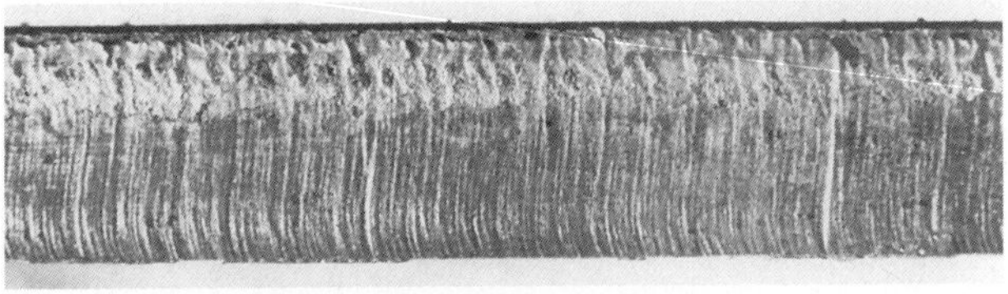

3/228 Die nachfolgende Auflistung enthält richtige und falsche Aussagen über die persönliche Schutzausrüstung des Bedieners und die Sicherheit beim Umgang mit der Brennschneidausrüstung.

a) Suchen Sie die richtigen Aussagen heraus.

b) Berichtigen Sie die falschen Aussagen.

1. Der Transport der Gasflaschen zum Brennschneiden darf auf dem Schrottplatz von einem Kran mit Elektromagnetgreifer durchgeführt werden.
2. Bei Brennschneidarbeiten müssen Sicherheitsschuhe getragen werden.
3. Den Schneidbrenner mit gezündeter Heizflamme hängt man vorübergehend am sichersten an die Gasflaschen.
4. Beim Brennschneiden nimmt die Geräuschbelästigung mit zunehmendem Gasdruck zu und macht Gehörschutz erforderlich.
5. Ein stark mit Fett verschmutzter Arbeitsanzug stellt beim Brennschneiden keinerlei Gefahr dar.
6. Ein Arbeitsanzug aus Perlon ist bei Brennschneidarbeiten gut geeignet, weil er Schmutz und Spritzer abweist.
7. Beim Brennschneiden mit einem Handschneidbrenner kann auf das Tragen von Schutzhandschuhen verzichtet werden.
8. Beim Transport von Gasflaschen müssen die Schutzkappen aufgeschraubt sein.
9. Eine Lederschürze, Lederärmel des Arbeitsanzuges und Gamaschen schützen besonders vor umhersprühenden Materialteilchen.
10. Erhöhte Brand- und Explosionsgefahr durch Ansammlung leicht entzündlicher Gasgemische besteht bei Brennschneidarbeiten in Behältern.

• Plasmaschneiden

3/229 In der Heimwerkerabteilung eines Kaufhauses hörte ich ein Verkaufsgespräch mit. Der Verkäufer nannte die Vorteile eines angebotenen Plasmaschweißgerätes. Als der Kunde jedoch fragte, ob „die Sache mit dem Plasma so wie beim Schutzgasschweißen" sei, sagte der Verkäufer schnell: „Ja, ja", und ging schnell wieder auf Leistungsdaten ein.
Wie würden Sie als Fachmann einem Laien „die Sache mit Plasmastrahl und dem Plasma" erklären?

3/230 Übertragen Sie die Prinzipskizze des Plasmaschneidens. Ordnen Sie der Skizze die unten aufgeführten Begriffe zu.

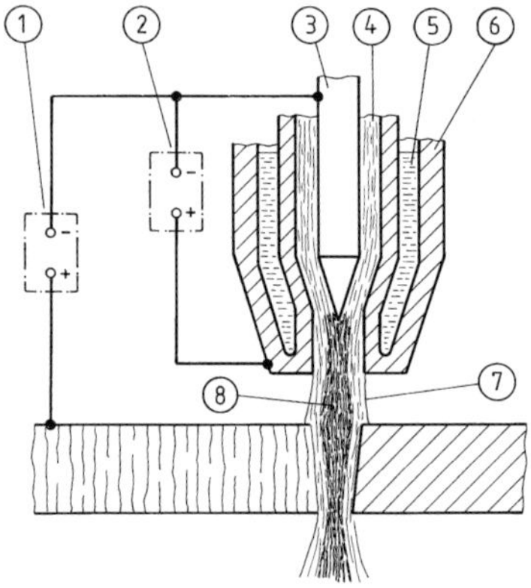

(?) Wolframelektrode
(?) Düse
(?) Arbeitsgas
(?) Kühlwasser
(?) Pilotstromquelle
(?) Schneidstromquelle
(?) Plasmastrahl
(?) Heißgasmantel

3/231 Sie erhalten den Auftrag, ein Übergangsstück für eine Rohrleitung aus nicht rostendem Stahl (X 6 CrNiTi 18-10) herzustellen.
Die Abwicklung soll mit einer Plasmaschneidanlage von Hand ausgeschnitten werden.

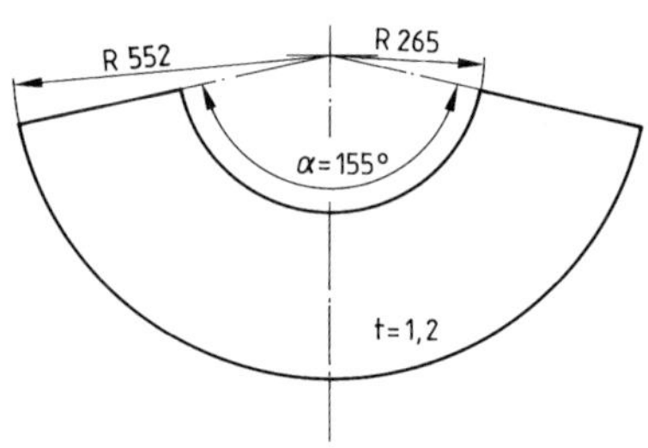

a) Geben Sie für die Verwendung einer Düse mit 1 mm Durchmesser die folgenden Einstellwerte an:
- Druck des Plasmagases (Druckluft),
- Stromstärke,
- Volumenstrom des Plasmagases.

b) Welche Vorschubgeschwindigkeit wird bei der angegebenen Blechdicke etwa zu erreichen sein? (*Hinweis:* Die Vorschubgeschwindigkeit nimmt etwa gleichmäßig mit der Blechdicke ab.)

c) Berechnen Sie die Hauptnutzungszeit für das Ausschneiden von 8 Blechen.

3/232 Bei der Arbeit mit Plasmaschneidanlagen ergeben sich für den Bediener Belastungen, die größer sind als beim Schweißen und beim autogenen Brennschneiden.

a) Durch welche Maßnahmen können Sie sich beim Plasmaschneiden schützen
- gegen herumsprühende, glühende Werkstoffteilchen und
- gegen abgetrennte Werkstückteile?

b) Durch welche Belastungen werden besonders beim Plasmaschneiden Ihre – Augen und Haut, – Atemwege und Lunge und – die Gehörorgane gefährdet?
Nennen Sie die erforderlichen Schutzmaßnahmen.

- **Trennen mit Laserstrahl**

3/233 In einer Unterrichtsstunde zum Thema „Trennen mit Laserstrahlen“ wurde an der Tafel eine Zusammenfassung zu Laserstrahlen entwickelt.

Übernehmen Sie das „verwischte Tafelbild“ und ergänzen Sie die fehlenden Stellen.

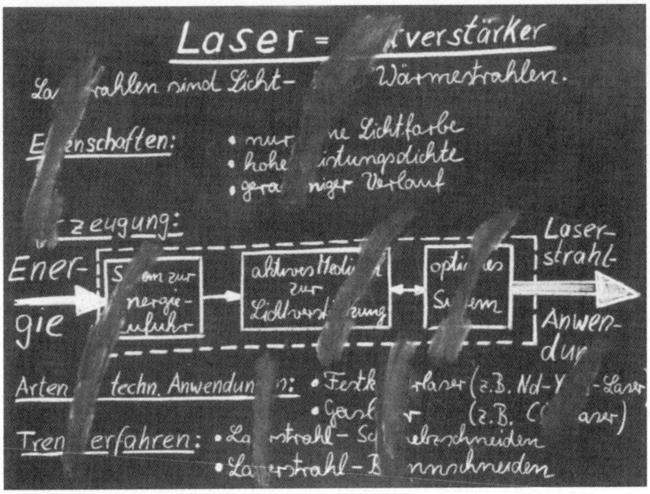

3/234 In unserem Betrieb soll eine Laserstrahl-Brennschneid-Maschine angeschafft werden. Es war auch eine Laserstrahl-Schmelzschneid-Maschine im Gespräch.
Wie würden Sie die Unterschiede in den beiden Verfahren herausstellen? Machen Sie dieses nach dem vorgegebenen Schema tabellarisch.

	Laserstrahl-Schmelzschneiden	Laserstrahl-Brennschneiden
Art des zugeführten Gases	?	?
Aufgabe des zugeführten Gases	?	?
Höhe der Werkstofferwärmung	?	?
Ausgeblasener Stoff	?	?
Trennbare Werkstoffe	?	?

3/235 **a)** Wählen Sie für die dargestellten Teile jeweils ein geeignetes thermisches Trennverfahren aus.
b) Begründen Sie Ihre Wahl, indem Sie die Eignung des Verfahrens bzw. die Vorzüge für die jeweilige Fertigungsaufgabe darlegen.

Ablängen eines Stranggussbarrens	**Ausschneiden** eines Rohres	**Beschneiden** von 1000 Verkleidungsblechen
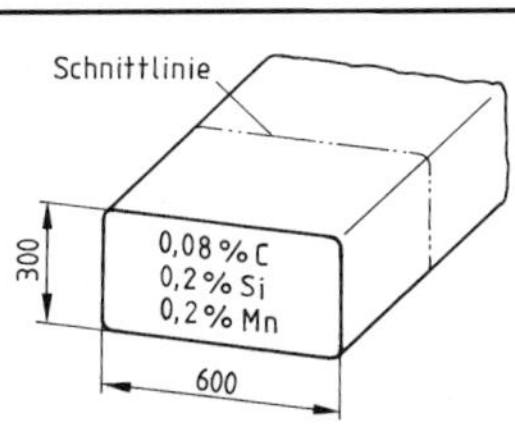	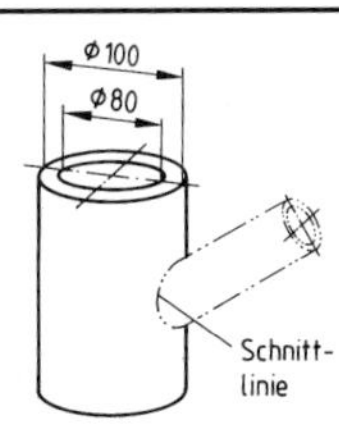	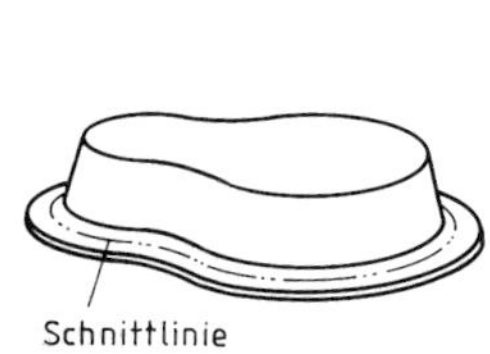

• Funkenerosives Abtragen

3/236 Unter welchen Bearbeitungsbedingungen ist der Einsatz von Abtragverfahren im Vergleich zu den spanenden Verfahren vorteilhaft?

3/237 Erläutern Sie das Funktionsprinzip des funkenerosiven Abtragens.

3/238 Erstellen Sie eine Skizze, die den Bereich um den Arbeitsspalt herum stark vergrößert zeigt. Benennen Sie alle wesentlichen Bestandteile in Ihrer Skizze. Beschreiben Sie nun, wie die Funkenentladung in einer Funkenerosionsanlage erzeugt wird.

3/239 Unterscheiden Sie formabbildende und formerzeugende Verfahren beim funkenerosiven Senken. Erläutern Sie den Unterschied anhand einer Skizze.

3/240 Ergänzen Sie die Bearbeitungsbeispiele aus dem Lehrbuch für die Planetärerosion sowie für die Planetärerosion mit Bearbeitungszyklen um je ein Bearbeitungsbeispiel. Fertigen Sie zu diesem Zweck eine entsprechende Skizze an.

3/241 Skizzieren Sie die Elektrodenformen, die für die nachfolgenden Planetärerosionen eingesetzt werden können. In den Elektrodenskizzen sind die notwendigen Verfahrbewegungen durch Pfeile zu kennzeichnen.

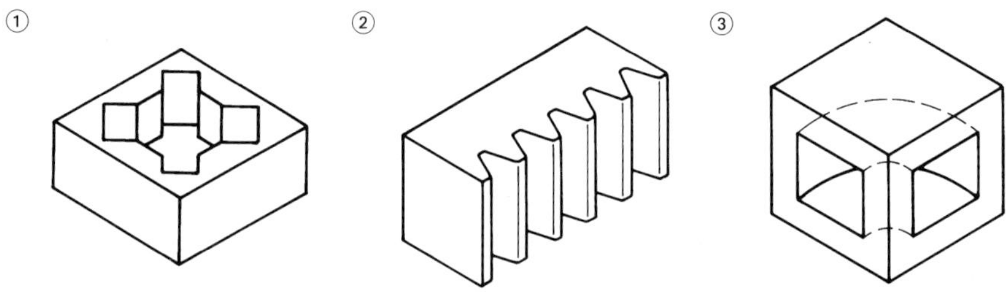

3/242 Nennen Sie einen wesentlichen Vorteil des funkenerosiven Schneidens gegenüber dem funkenerosiven Senken.

3/243 Der Durchbruch in der nebenstehenden Schneidplatte soll gestellt werden.

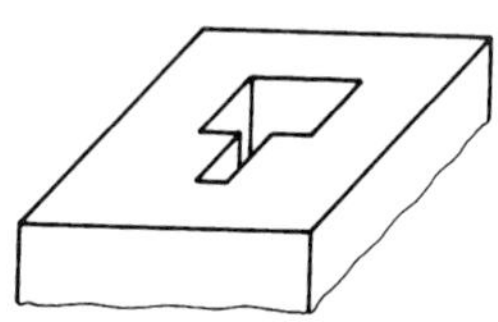

a) Skizzieren Sie die Darstellung ab und erweitern Sie Ihre Skizze um das entsprechende Ausfallteil. Ergänzen Sie nun beide Skizzen um wesentliche Details, die sich durch das Verfahren „funkenerosives Schneiden" ergeben. Beachten Sie dabei, dass das Einspannteil als Werkstück vorgesehen ist. Die skizzierten Details sind zu benennen.

b) Beschreiben Sie das Verfahren „funkenerosives Schneiden" anhand Ihrer Skizzen.

3/244 Beschreiben Sie die Fertigung der nebenstehenden Verstellmutter durch funkenerosives Abtragen.

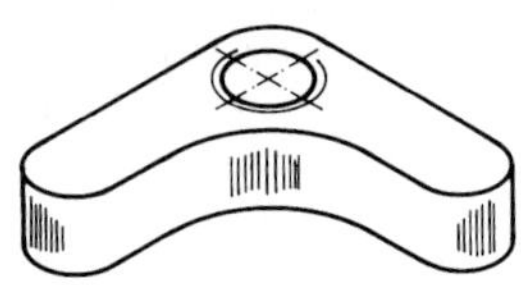

4 Fertigungsverfahren des Urformens

4/1 Nennen Sie drei Gussteile, die Bestandteile eines Motorrads sind. Geben Sie auch das Grundmetall der für die Bauteile verwendeten Legierungen an.

4/2 Nennen Sie zwei Verfahren des Urformens und erklären Sie daran die Wesensmerkmale des Urformens.

Urformen durch Gießen

4/3
a) Welche Formen bezeichnet man
- als verlorene Formen,
- als Dauerformen?

b) Aus welchen Werkstoffen werden diese Formen hergestellt?

4/4 Vergleichen Sie die Zeichnung, den Modellriss und das Modell eines Werkstücks.

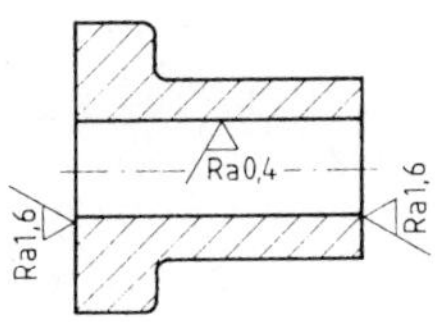

Zeichnung

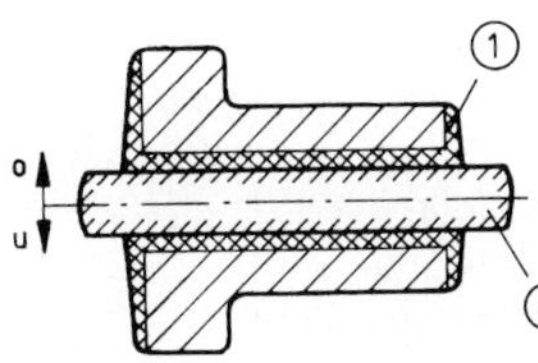

Modellriss

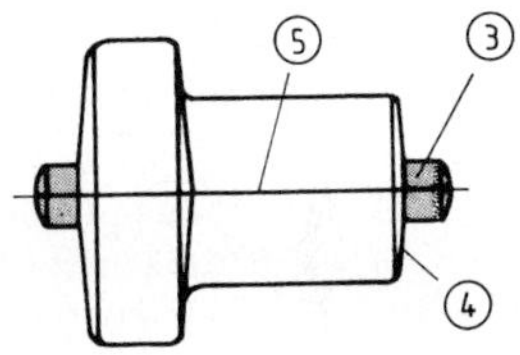

Modell

a) Welche gießtechnischen Merkmale sind in den Zeichnungen mit Zahlen gekennzeichnet? Schreiben Sie die Merkmale hinter die Zahlen auf Ihr Lösungsblatt.
b) Wodurch werden Hohlräume in einem Gussstück erzeugt?
c) Welche Aufgabe haben die Kernmarken am Modell?
d) Wozu sind Formschrägen an diesem Modell erforderlich?
e) Wie groß ist das Schwindmaß für Gusseisen?
f) Welchen Durchmesser hat das Modell, wenn der Werkstückdurchmesser 250 mm werden soll?
g) Aus welchen Werkstoffen könnte das Modell gefertigt werden, wenn es für mehrere Abgüsse verwendet wird?

4/5 Die Darstellung zeigt den Entwurf für ein Gehäuse, das durch Gießen hergestellt werden soll.
Skizzieren Sie den Entwurf für ein form- und gießgerechtes Modell im Schnitt unter Berücksichtigung folgender Gesichtspunkte:
- Bearbeitungszugabe,
- Formschräge,
- abgerundete Übergänge.

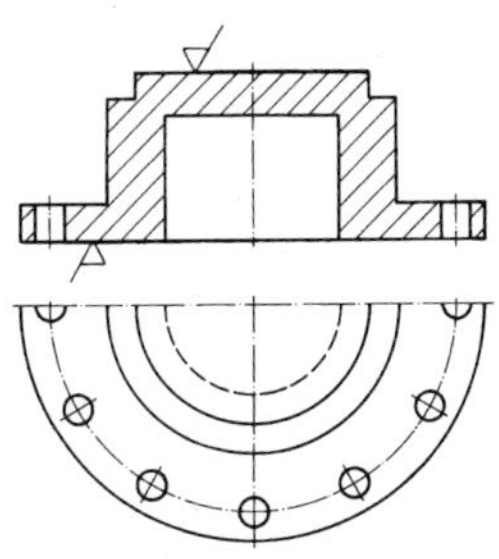

4/6 Beschreiben Sie die Herstellung der Form für den dargestellten Rohrbogen in Sandguss. Ordnen Sie dazu die untenstehenden Aussagen zu einem Fachbericht.

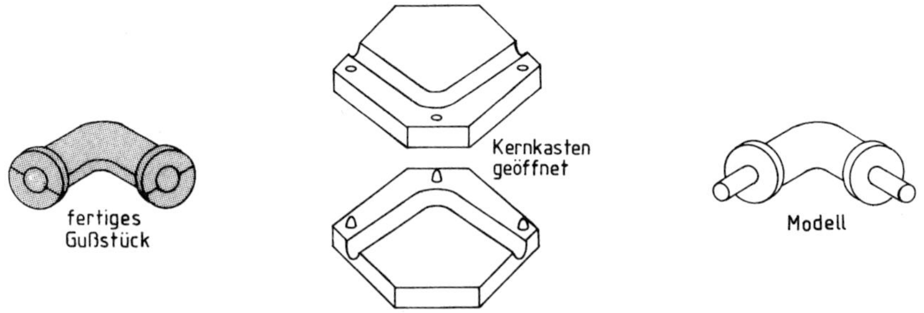

Aussagen:

- Das Unterkastenmodell wird auf den Aufstampfboden gelegt, Formsand in den Kasten gefüllt und der Sand festgestampft.
- Die aufgestampften Formhälften werden getrennt, die Modellhälften werden aus der Form gehoben.
- Lauf und Anschnitt werden hergestellt. Der Kern, der im Kernkasten hergestellt wurde, wird in den Formhohlraum gelegt.
- Das Oberkastenmodell und das Modell für den Einguss werden auf die Unterkastenhälfte aufgesetzt. Der Oberkasten wird aufgesetzt und aufgestampft.
- Oberkasten und Unterkasten werden zusammengelegt und beschwert. Die Form wird abgegossen.
- Der Unterkasten wird gewendet.

4/7 Das Bild zeigt ein Gussstück, wie es der Form entnommen wurde.

a) Bezeichnen Sie die Teile ① bis ⑤.

b) Welche Nacharbeiten am Gussstück sind noch im Gießereibetrieb nach dem Gießen vorzunehmen?

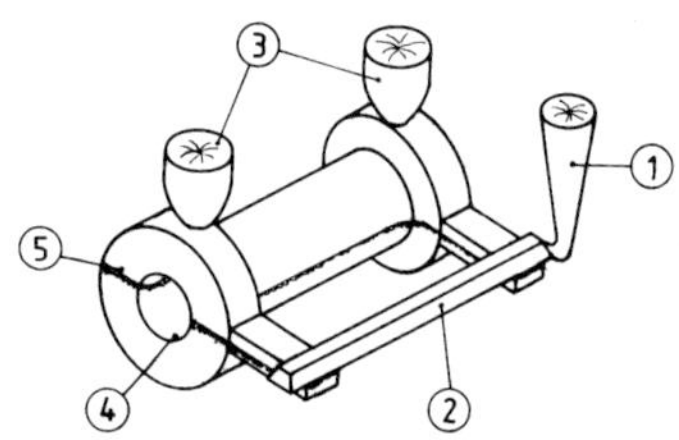

4/8 Schreiben Sie aus der folgenden Aufstellung diejenigen form- und gießtechnischen Maßnahmen heraus, die bei der Verwendung eines Modells aus Styropor im Vollformverfahren entfallen können. Ein Modell aus Styropor bleibt im Vollformverfahren in der Form und vergast beim Gießen.

- Formschräge • Bearbeitungszugabe • Schwindmaß • Formteilung • Abrundungen

4/9 Worin unterscheiden sich das Maskenform- und das Wachsausschmelzverfahren hinsichtlich:

- des Modellwerkstoffes und der Wiederverwendbarkeit des Modells,
- des Herstellungsverfahrens der Form,
- der Anzahl der gleichzeitig hergestellten Gussteile?

Urformverfahren für Kunststoffe

4/10 Vergleichen Sie in Tabellenform Spritzgießen und Extrudieren hinsichtlich:

- Verfahrensablauf, – herzustellende Werkstücke, – verarbeitbare Kunststoffe.

4/11 Wie werden Steckdosen aus duroplastischen Kunststoffen gefertigt?

Urformen durch Sintern

4/12 Teile für Türschlösser sollen aus Sintereisen hergestellt werden.
Durch welchen Arbeitsgang erhält das pulverförmige Metall seine erste Form?
Wodurch entsteht der Zusammenhalt der Metallpulverteilchen in dem erzeugten ungesinterten Formkörper?

4/13 Was versteht man unter Urformen durch Sintern?

4/14 Übernehmen Sie die folgende Tabelle, und vergleichen Sie Sintern und Gießen in Sandformen.

	Sintern	Gießen in Sandformen
Art des formlosen Stoffes	?	?
Art der Form	?	?
Maß- und Formgenauigkeit	?	?
Werkstoffverluste	?	?
Aufwand an Maschinen und Geräten bei der Fertigung	?	?
Anwendung	?	?

Angaben finden Sie auch im Lehrbuch Kapitel *Sinterwerkstoffe.*

5 Fertigungsverfahren des Umformens

5/1 Etwa 70 % der Stahlproduktion wird zu Halbzeugen umgeformt.
Nennen Sie mindestens zwei Umformverfahren zur Herstellung von U-Profil, Rundmaterial und Sechskantmaterial.

5/2 Mit welchen Umformverfahren werden nahtlose Rohre aus NE-Metallen hergestellt?

5/3 Formulieren Sie einen Merksatz über den Begriff Umformen, der folgende Gesichtspunkte enthält: *Art der Verformung, Werkstoffvolumen und Zusammenhalt der Werkstoffteilchen.*

5/4 In einer Zerreißmaschine wird eine Zugprobe durch eine Zugkraft belastet.
Vergleichen Sie die Probenlänge nach Entlastung mit der Ausgangslänge

a) bei einer elastischen Formänderung,
b) bei einer plastischen Formänderung.

5/5 Was geschieht im kristallinen Bereich des Werkstoffes durch Zugkräfte?

a) bei elastischer Formänderung?
b) bei plastischer Formänderung?

5/7 **a)** Begründen Sie, warum Gummi und Gusseisen zum Umformen nicht geeignet sind.
b) Ordnen Sie folgende Werkstoffe nach ihrer Eignung zum Umformen: E 360 (St 70), Kupfer, S235 (St 37).
c) In welcher Weise beeinflussen Festigkeit und Dehnbarkeit die Eignung eines Werkstoffes zum Umformen?

5/7 Eine Schiffskurbelwelle soll aus einem Block geschmiedet werden.
Nennen Sie Gründe, warum sie warm umgeformt wird.

5/8 Ein Draht von 4 mm Durchmesser wird durch Kaltziehen auf 3,5 mm Durchmesser gebracht.
Wie ändern sich dabei die Eigenschaften Festigkeit und Dehnbarkeit des Drahtes?

5/9 Warum tritt beim Kaltumformen eine Werkstoffverfestigung ein?

5/10 Schreiben Sie aus der folgenden Aufstellung die Umformvorgänge heraus, bei denen eine Kaltumformung zweckmäßig ist:
- Wickeln einer Zugfeder
- Schmieden einer Kurbelwelle
- Ausbeulen eines Autokotflügels
- Walzen eines T-Trägers
- Biegen eines Kastens aus 1-mm-Blech

5/11 **a)** Was versteht man bei Metallen unter Rekristallisationstemperatur?
b) Aluminium und Stahl werden bei 420 °C umgeformt.
Stellen Sie fest, ob es sich um ein Umformen oberhalb oder unterhalb der Rekristallisationstemperatur handelt.
Welche Auswirkungen hat dies auf das Gefüge?

Biegen

5/12 Ein Flachmaterial soll rechtwinklig gebogen werden. Die aufzubringende Kraft beträgt F_1 = 150 N bei einem Hebelarm von 200 mm.
Wie groß ist die Biegekraft, wenn die Hebellänge 375 mm beträgt?

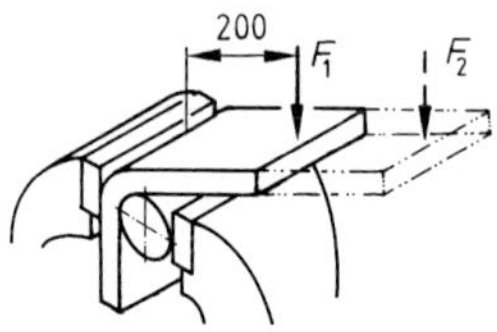

5/13 Skizzieren Sie das gebogene Werkstück ab.
Tragen Sie mit unterschiedlichen Farben in das Werkstück ein
a) den Verlauf der neutralen Faser,
b) den Bereich der Werkstoffstreckung,
c) den Bereich der Werkstoffstauchung.

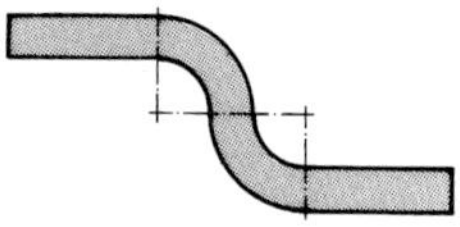

5/14 Erklären Sie den Begriff der neutralen Faser. Gehen Sie dabei auf Längenänderung und Spannungsverteilung im Biegeteil ein.

5/15 Ein Vierkantmaterial mit der Kantenlänge l = 40 mm wird rechtwinklig mit dem Biegeradius r = 35 mm gebogen.
Skizzieren Sie das gebogene Teil im Maßstab 1:5, und tragen Sie den Biegeradius ein.

5/16 **a)** Weshalb darf beim Biegen der Mindestbiegeradius nicht unterschritten werden?
b) Aus welchem Grund kann bei weichen Werkstoffen ein kleinerer Biegeradius gewählt werden als bei harten Werkstoffen?

5/17 Ein Flachmaterial aus Stahl ▭ 30 x 8 wird
a) flachkantig und
b) hochkantig gebogen.
Welche Mindestbiegeradien sind einzuhalten?

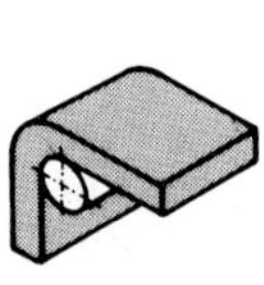

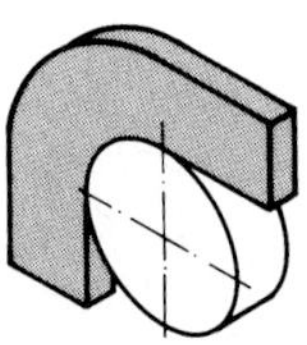

5/18 Beim Biegen von Werkstücken im kalten Zustand tritt immer eine Rückfederung auf.
Welche Art der Formänderung ist die Ursache
a) für die bleibende Formänderung und
b) für die Rückfederung?

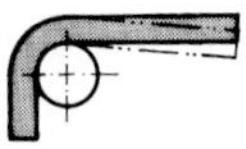

c) Wie können Sie ermitteln, welcher Biegewinkel eingehalten werden muss, wenn am Biegeteil der Winkel 90° betragen soll?

Rohlängen von Biegeteilen

Die Rohlänge von Biegeteilen entspricht ungefähr der Länge der neutralen Faser. Die neutrale Faser verläuft durch den Schwerpunkt des Profilquerschnitts.

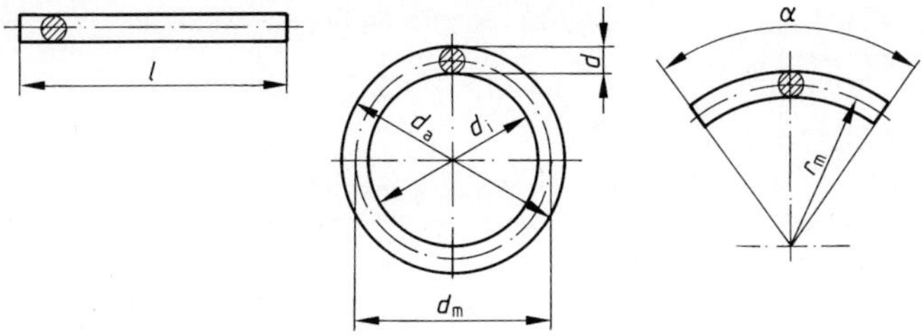

Bezeichnungen

- l gestreckte Länge
- d_m mittlerer Durchmesser
- r_m mittlerer Radius
- d_a Außendurchmesser
- d_i Innendurchmesser

Formeln:

$$d_m = d_a - d \qquad r_m = r_a - \frac{d}{2}$$

$$d_m = d_i + d \qquad r_m = r_i + \frac{d}{2}$$

$$l = d_m \cdot \pi$$

$$l = \frac{d_m \cdot \pi \cdot \alpha}{360°}$$

Merke: Zur Ermittlung der gestreckten Länge L wird das Werkstück in einfach zu errechnende Teillängen l_1, l_2, ... zerlegt. Diese Teillängen bestehen meist aus Geraden, Kreisen oder Kreisbögen.

$$L = l_1 + l_2 + \ldots$$

5/19 Berechnen Sie die fehlenden Werte in den folgenden Aufgaben.

1. Die nachfolgenden Angaben gelten für das Biegen vollständiger Ringe.

			a)	b)	c)	d)	e)	f)
Außen-ø des Ringes	d_a	mm	320	?	800	?	?	600
Innen-ø des Ringes	d_i	mm	?	420	776	?	?	?
Material-ø	d	mm	16	20	?	12	30	8
Mittlerer ø (neutrales Faser)	d_m	mm	?	?	?	520	?	?
Rohlänge (gestreckte Länge)	l	mm	?	?	?	?	2890,3	?

2. Bestimmen Sie die fehlenden Werte der Tabelle.

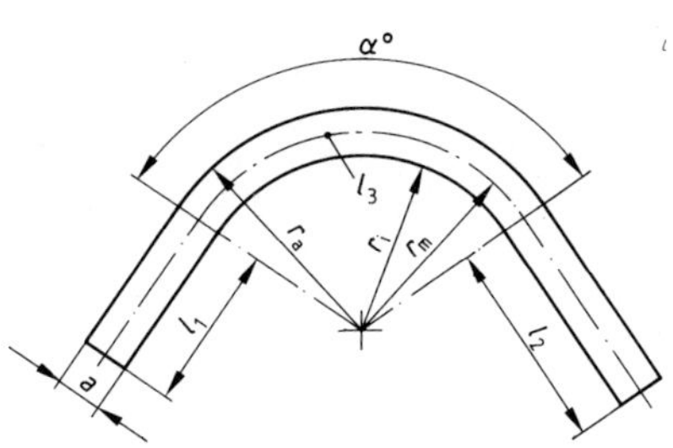

		a)	b)	c)	d)	e)
r_a	mm	250	?	420	?	?
r_i	mm	230	?	?	?	100
α	°	90	135	110	100	?
d_m	mm	?	400	?	280	?
a	mm	?	30	16	12	20
l_1	mm	90	200	120	65	100
l_3	mm	?	?	?	?	182,39
l_2	mm	110	80	50	95	150
$L = l_1 + l_2 + l_3$		?	?	?	?	?

3. Berechnen Sie die
   a) Länge der Behälterwandung l_1,
   b) Rohlänge des Außenrings l_2,
   c) Rohlänge des Innenrings l_3.

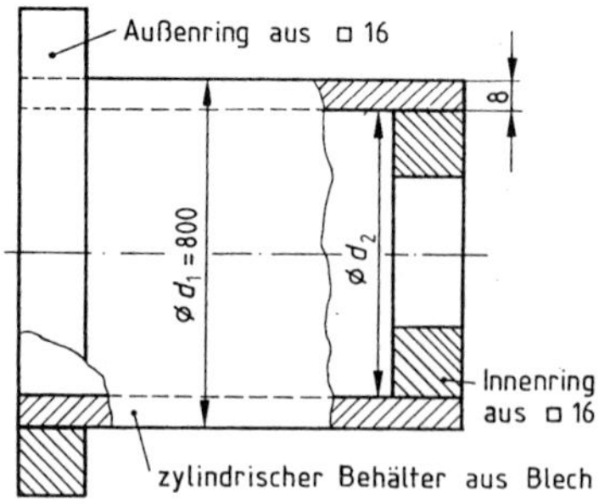

4. Eine Lasche aus Flachstahl 30 x 8 soll gemäß Zeichnung angefertigt werden.
   a) Zeichnen Sie das Teil im Maßstab 1:1, und tragen Sie die Linie für die neutrale Faser ein.
   b) Berechnen Sie die gestreckte Länge des Rohteiles.

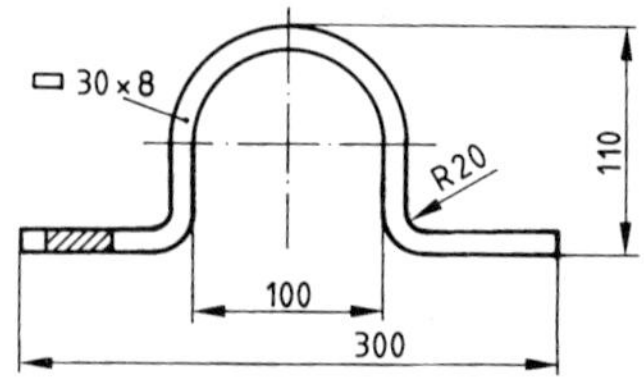

5. Auf welche Länge ist das Rundmaterial zuzuschneiden?

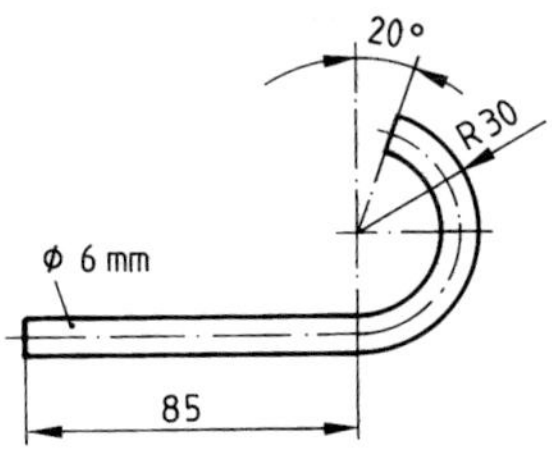

6. Berechnen Sie die Rohlänge.

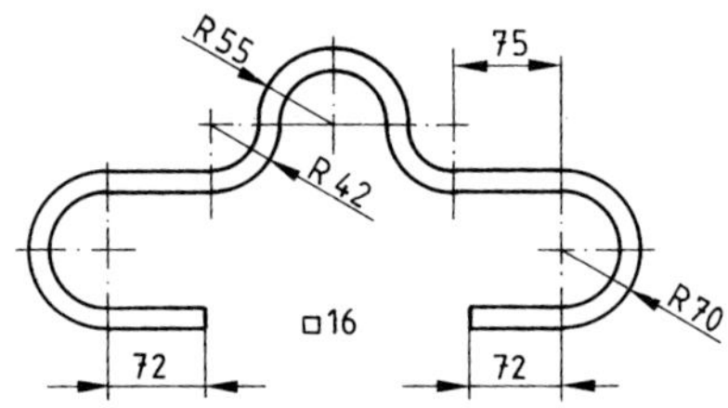

5/20 Ermitteln Sie für die dargestellten Werkstücke die Biegeradien. Berechnen Sie die gestreckten Längen unter Berücksichtigung der Korrektur.
Zeichnen und bemaßen Sie die Abwicklungen. Wählen Sie dazu einen geeigneten Maßstab.

① Abdeckung

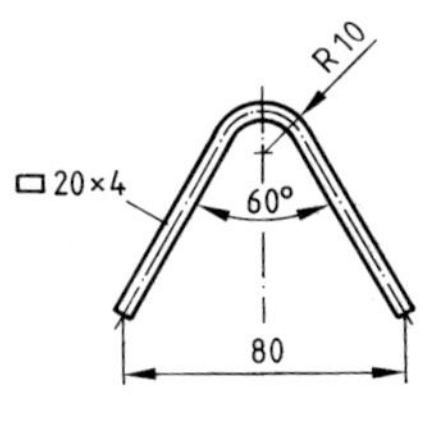

③ Rinne

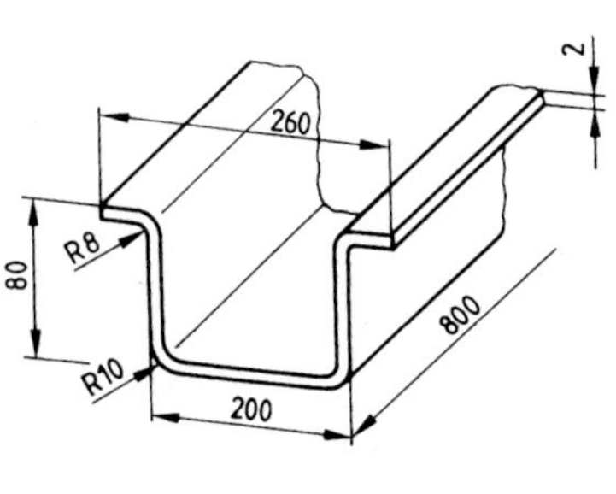

② Trichter

Der Trichter soll an der dargestelten Stirnfläche und den beiden schrägen Kanten geschweißt werden.

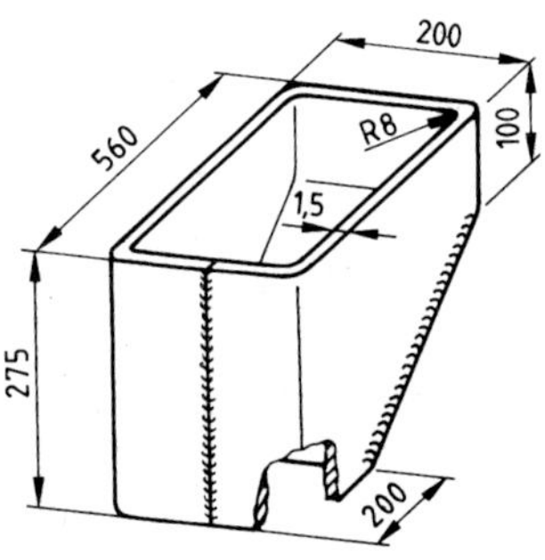

5/21 Berechnen Sie den Verschnitt in % für die folgenden Werkstücke.

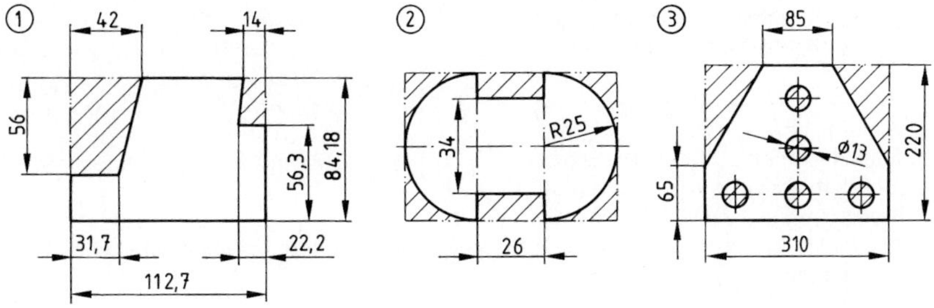

5/22 Aus einer Blechtafel von 1 000 mm x 2 000 mm x 1 mm werden zwei kreisrunde Deckel mit 860 mm Durchmesser geschnitten.
Berechnen Sie den Verschnitt in %.

5/23 Der skizzierte Trichter ist oben und unten offen. Er soll aus 0,5 mm dickem Zinkblech hergestellt werden. Die Kanten werden weichgelötet.

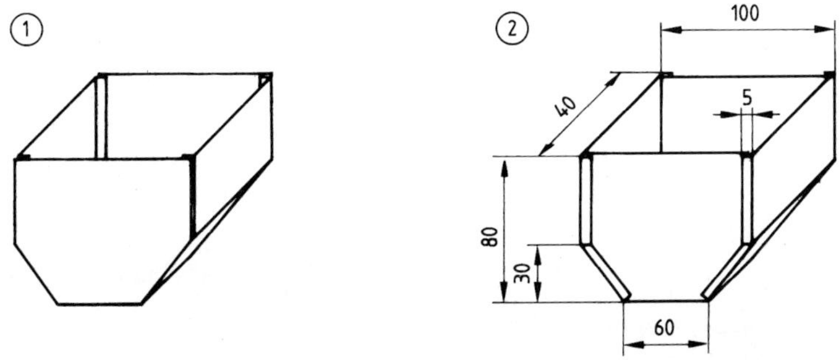

a) Es werden die Lösungen ① und ② vorgeschlagen. Entscheiden Sie sich für einen von ihnen, und begründen Sie Ihre Antwort.

b) Berechnen Sie für den gewählten Trichter
- die Abwicklungsfläche (skizzieren und bemaßen Sie die Abwicklung),
- den Verschnitt in % für die kleinstmögliche rechteckige Rohteilfläche.

c) Fertigen Sie das Teil entsprechend der Abwicklung aus Zeichenkarton an.

5/24 Zu einer Abkantpresse gehören folgende Werkzeuge:

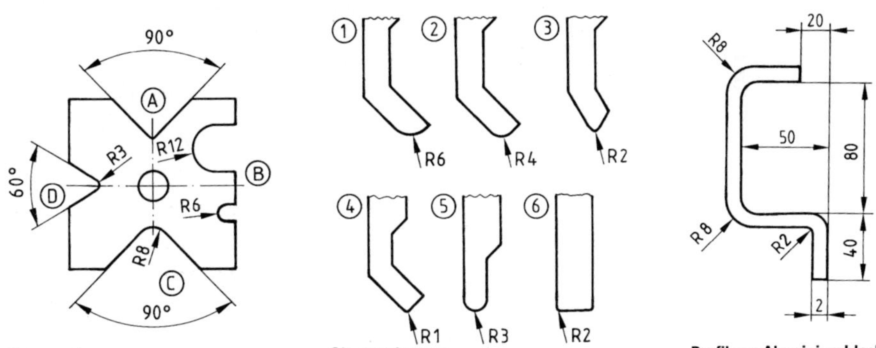

Unterwerkzeug **Oberwerkzeuge** **Profil aus Aluminiumblech**

Skizzieren Sie die Folge der einzelnen Biegeschritte, und geben Sie die einzusetzenden Oberwerkzeuge sowie die Seite des Unterwerkzeugs an.

5/25 a) Übertragen Sie die Abbildung des Werkstücks. Zeichnen Sie die Walzrichtung so ein, dass bei scharfkantigem Biegen keine Risse auftreten.
b) Begründen Sie die gewählte Richtung.

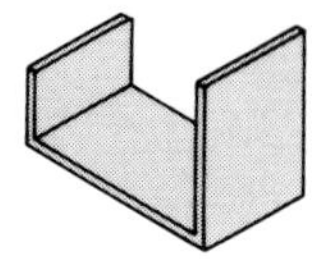

5/26 Welche Vorteile bietet der Einsatz einer Schwenkbiegemaschine gegenüber dem Biegen im Schraubstock?

5/27 Mit welchen Hilfsmitteln wird beim freien Biegen von Rohren eine Querschnittsveränderung an der Biegestelle verhindert?

5/28 Weshalb bleibt beim Biegen von Rohren in Biegevorrichtungen der Querschnitt weitgehend erhalten?

5/29 Beim Biegen geschweißter Rohre legt man nach Möglichkeit die Schweißnaht so, dass sie keinen Zug- oder Druckspannungen ausgesetzt ist.
Skizzieren Sie das gebogene Rohr, und zeichnen Sie die Lage der Schweißnaht ein.

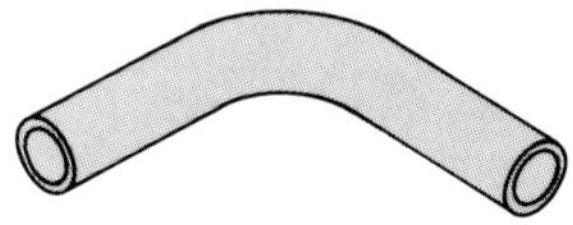

Sicken, Bördeln, Falzen

5/30 Eine Außentüre besteht aus einem Metallrahmen mit einseitiger Verkleidung aus 1 mm dickem Blech. Das Blech ist 850 mm breit und 2 000 mm hoch.
Die Verkleidung soll durch Sicken versteift und gefälliger gestaltet werden.
Zeichnen Sie die Verkleidung im Maßstab 1:10 und entwerfen sie die Gestaltung durch Sicken.

5/31 a) Was versteht man unter Bördeln?
b) Bestimmen Sie die maximale Bördelhöhe für 1,5 mm dickes Blech.

5/32 a) Schildern Sie Zweck und Herstellung eines ebenen Falzes.
b) Ermitteln Sie die Blechzugaben für einen Falz, wenn dieser eine Breite von 15 mm haben soll und die Blechdicke 0,8 mm beträgt.

Tiefziehen

5/33 Warum zählt das Tiefziehen zu den Zug-Druck-Umformverfahren, obwohl in der Benennung nur das Ziehen genannt wird?

5/34 Berechnen Sie für die dargestellten Werkstücke die erforderlichen Rondendurchmesser und das jeweilige Zielverhältnis.

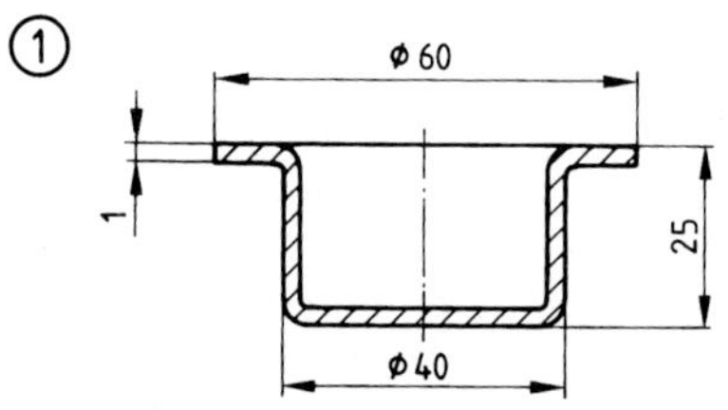

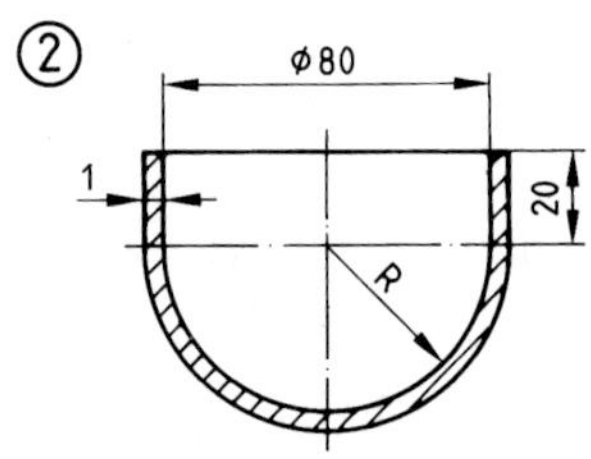

5/35 Ermitteln Sie für folgende Werkstoffe das maximale Ziehverhältnis für den Erstzug und den 1. Weiterzug ohne Zwischenglühen – FE PO3 (St 13), – CuZn 28 F 28, – CuNi 12 Zn 24.

5/36 Die dargestellte Rohrkappe aus Kupfer soll durch Tiefziehen hergestellt werden.

a) Berechnen Sie den Rondendurchmesser.

b) Prüfen Sie, ob die Rohrkappe in einem Zug hergestellt werden kann. Das Ziehverhältnis für den Erstzug soll den Betrag von 2,5 nicht überschreiten.

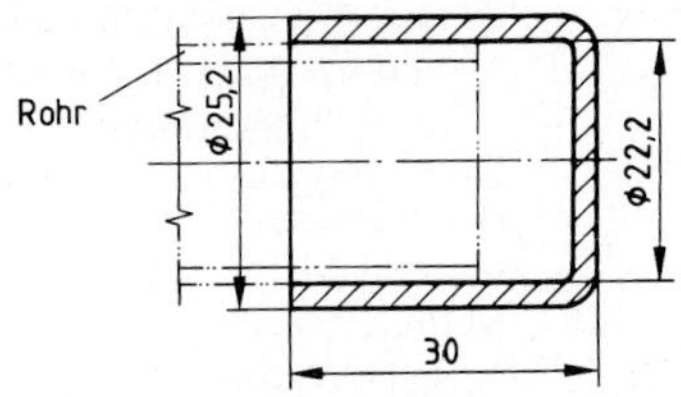

5/37 Es sollen schalenförmige Verkleidungen aus nicht rostendem Stahl X 8 Cr 17 hergestellt werden.

a) Berechnen Sie den Rondendurchmesser.

b) Bestimmen Sie die Zahl der Züge. Prüfen Sie dabei, ob Zwischenglühen sinnvoll ist.

c) Welcher Schmierstoff ist zu wählen?

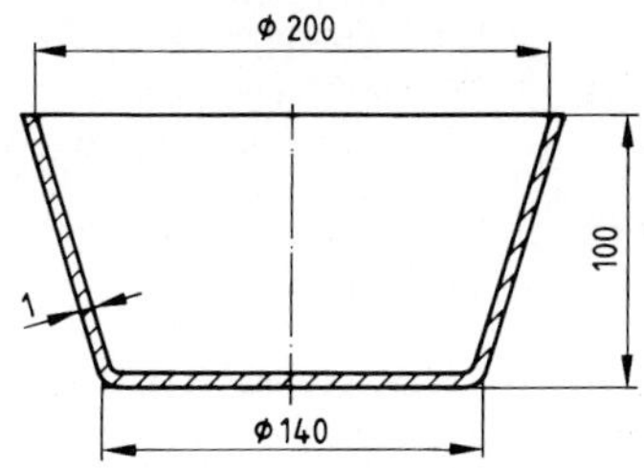

Schmieden

5/38 a) Nennen Sie Werkzeuge bzw. Maschinenteile, welche durch Schmieden ihre Form erhalten.

b) Wie wirken beim Schmieden die Umformkräfte auf das Rohteil?

5/39 Skizzieren Sie die Kurbelwelle zweimal ab.
Das erste Bild soll eine aus dem Vollen gearbeitete Kurbelwelle und das zweite eine geschmiedete Kurbelwelle darstellen.

a) Zeichnen Sie jeweils den Faserverlauf ein.

b) Welche Vorzüge hinsichtlich Festigkeit und Gefügeaufbau hat die geschmiedete Kurbelwelle?

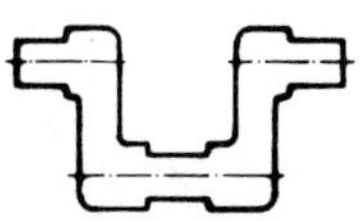

Kontur der Kurbelwelle

5/40 Ermitteln Sie aus dem Schaubild „Schmiedetemperaturbereich bei unlegierten Stählen" die Anfangs- und Endtemperaturen für das Schmieden eines unlegierten Baustahls mit 0,2 % Kohlenstoff und eines unlegierten Werkzeugstahls mit 0,8 % Kohlenstoff.

5/41 a) Worin besteht der Unterschied zwischen Freiform- und Gesenkschmieden?

b) Für welche Schmiedearbeiten wird heute noch das Freiformschmieden angewandt?

5/42 Wie heißen in der Fachsprache beim Gesenkschmieden

a) die Schmiedeformen und

b) die Hohlräume für die Werkstücke in diesen Formen?

5/43 Welche Eigenschaften muss der Werkstoff für die Gesenke haben, damit das Gesenk beim Schmieden der hohen Temperatur und der schlagartigen Belastung gewachsen ist?

5/44 Beim Gesenkschmieden muss der Schmiederohling ein größeres Volumen als das Schmiedefertigteil haben.

a) Wo verbleibt der überschüssige Werkstoff?

b) Was soll durch den überschüssigen Werkstoff erreicht werden?

5/45 Nennen Sie schmiedetechnische Gründe, aus denen Übergangsradien am Werkstück erforderlich sind.

5/46 Skizzieren Sie die Tabelle ab und ordnen Sie folgende Produkte ein: Löffel, Kurbelwellen, Pleuelstangen, Kettenräder für Fahrräder, Teile für Kombizangen, Schraubenschlüssel (Zuordnung zu mehreren Verfahren ist möglich).

Schmieden von der Stange	Schmieden vom Stück	Schmieden vom Spaltstück
?	?	?

5/47 Nennen Sie die Arbeitsschritte, die zur Fertigung des Ringschlüssels durch Gesenkschmieden erforderlich sind.

5/48 Das Gesenkschmieden ist wegen seiner Vorzüge gegenüber dem Freiformschmieden ein Fertigungsverfahren der Massenproduktion.
Nennen Sie mindestens drei Vorzüge.

Rohlängenberechnung von Schmiedeteilen

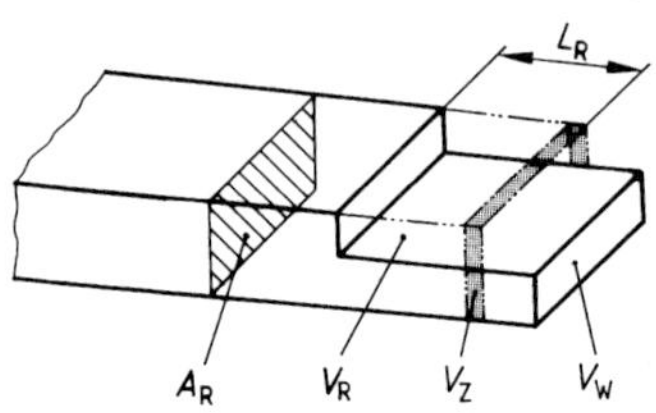

Formeln

$V_R = V_W$ (ohne Verlust)
$V_R = V_W + V_Z$ (mit Verlust)
$A_R \cdot L_R = V_W + V_Z$

$$L_R = \frac{V_W + V_Z}{A_R}$$

Formelzeichen

V_W Volumen des Fertigteils
V_R Volumen des Rohlings
V_Z Volumenzugabe für Verlust
A_R Stirnfläche des Rohlings
L_R Länge des Rohlings

5/49 Berechnen Sie für die folgenden Aufgaben die Rohlängen.

1.

	Rohling Form	Maße	wird umgeformt zu Form	Maße in mm	Abbrand	Länge des Rohlings
a)	ø	d = 25 mm	Vierkantzapfen	18 x 18 x 60	6 %	L_R = ?
b)	ø	d = 12 mm	zylindrischer Kopf	ø 20 x 10	5 %	L_R = ?
c)	□	a = 30 mm	Vierkantzapfen	□ 20 x 100	7 %	L_R = ?
d)	□	a = 27 mm	zylindrischer Kopf	ø 36 x 25	7 %	L_R = ?
e)	▭	60 x 20	zylindrischer Zapfen	ø 18 x 120	5 %	L_R = ?
f)	ø	d = 15 m	Sechskantkopf	SW 24 x 12 hoch	4 %	L_R = ?

2. An einen Rundstab mit d = 25 mm soll eine kegelförmige Spitze von 72 mm Länge angeschmiedet werden. Der Stab soll mit Spitze 150 mm lang sein.

a) Ermitteln Sie die Rohlänge des Rundstabes.

b) Wie lang muss die Rohlänge des Stabes mit 15 % Abbrand sein?

3. Berechnen Sie die Rohlänge L_R für das Werkstück gemäß Zeichnung. Für den Abbrand werden 8 mm zugegeben.

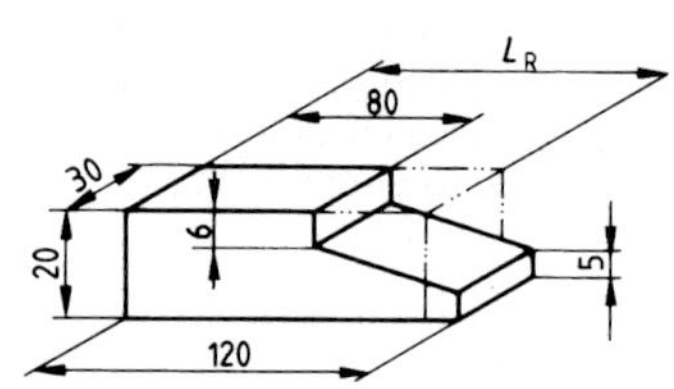

Fließpressen

5/50 Das dargestellte Teil soll durch Kaltfließpressen hergestellt werden.
Berechnen Sie die Dicke des Rohlings, der einen Durchmesser von 34 mm haben soll.

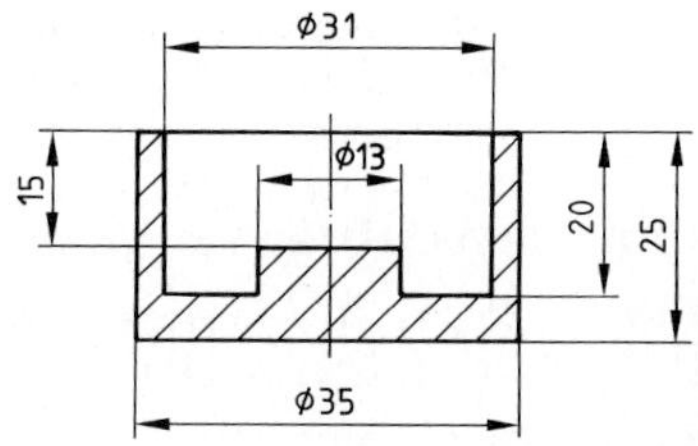

5/51 **a)** Benennen Sie die Teile ① – ④ des Fließpresswerkzeugs.
b) Benennen Sie das Fließpressverfahren nach der Wirkrichtung des Stempels.

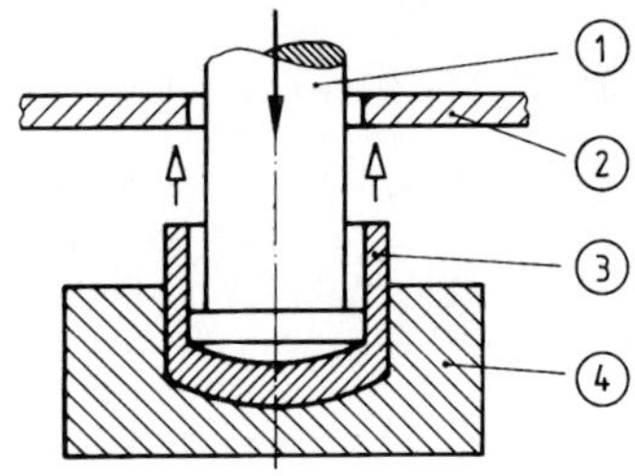

5/52 Entwerfen Sie entsprechend den Darstellungen im Lehrbuch in vereinfachter Form ein Werkzeug zum Fließpressen von Tuben.
Geben Sie auch das gewählte Fließpressverfahren an.

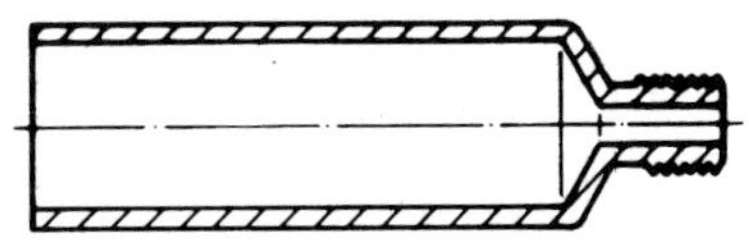

5/53 Worin sehen Sie Unterscheidungsmerkmale zwischen dem Fließpressen und dem Tiefziehen?

5/54 Das Fließpressen dient zur Fertigung dünnwandiger, tiefer Hohlkörper, die kalt umgeformt werden.
a) Welche Eigenschaften muss der umzuformende Werkstoff haben?
b) Nennen Sie Beispiele von Teilen, die durch Fließpressen hergestellt sein könnten.

Richten

5/55 **a)** Beschreiben Sie das Richten des Flachstabes durch äußere Krafteinwirkung.
b) Wie müssen sich beim Richten die Längen der Fasern verändern?

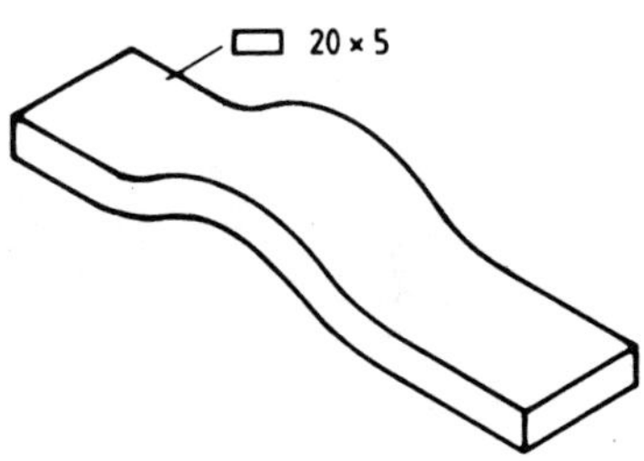

5/56 Große Profile lassen sich oft nur mit Hilfe der Wärmewirkung richten.
Erklären Sie, weshalb die Wärmekeile an der nach außen gewölbten Werkstückseite aufgebracht werden.
Skizzieren Sie das gekrümmte Profil, und tragen Sie die erforderlichen Wärmekeile ein.

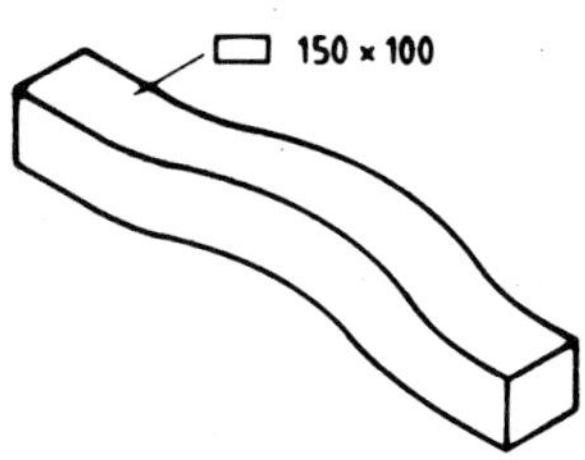

5/57 Die verbogenen Profile sollen durch Wärmewirkung gerichtet werden.
Skizzieren Sie erst die verborgenen Teile. Zeichnen Sie dann die Wärmekeile so ein, dass die Bauteile gerichtet werden.

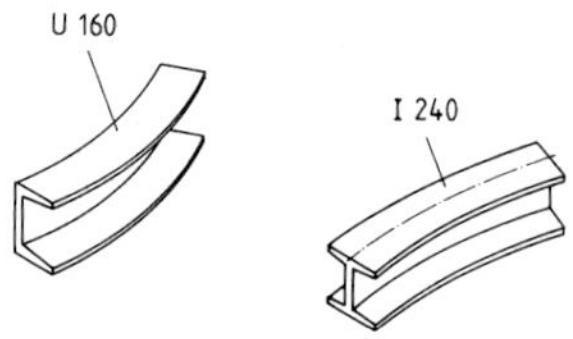

Umformverfahren für Kunststoffe

5/58 Stellen Sie auf einer Holzplatte einen Yoghurtbecher in den auf 140 °C (maximal 160 °C) eingestellten Backofen. Berichten Sie über Ihre Beobachtung.

5/59 Beschreiben Sie die im Lehrbuch als Bildfolge dargestellte Herstellung einer Flasche als Fachbericht.

5/60 Bei der Montage einer Maschine wird festgestellt, dass 4 Kontrollfenster der dargestellten Ausführung aus Acrylglas (z. B. Plexiglas®) fehlen. Die Beschaffung dauert zu lange. Darum sollen die Fenster in der Werkstatt hergestellt werden.

a) Entwerfen Sie eine Form, z. B. aus Holz, und eine entsprechende Vorrichtung zur Fertigung.
b) Beschreiben Sie die Fertigung der Kontrollfenster.

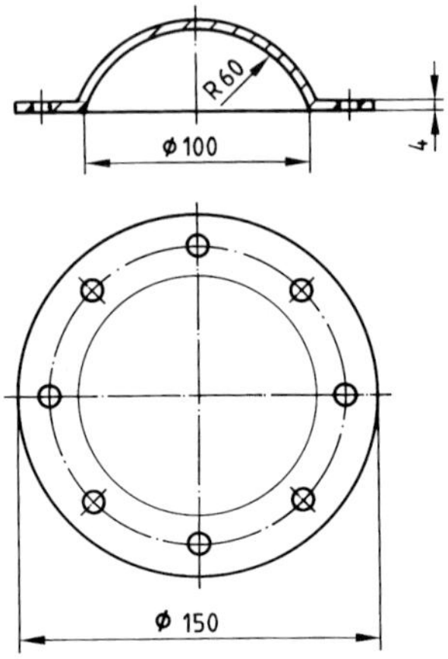

6 Fertigungsverfahren des Fügens

Grundbegriffe

6/1 Das Fügen von Bauelementen kann durch verschiedene Hilfsmittel erfolgen. Zeichnen Sie die nebenstehende Tabelle ab, und ordnen Sie die Fügeverfahren Schrauben, Löten, Aufschrumpfen, Kleben, Nieten, Verstiften, Schweißen und Verkeilen in die Tabelle ein.

Fügen mit formlosem Stoff	Fügen mit Hilfsteilen	Fügen ohne Hilfsteile und ohne Stoffe
?	?	?
?	?	?
?	?	?
?	?	?

6/2 Die gezeichneten Einzelteile eines Hebelsystems werden entsprechend dem Bild gefügt.

a) Wie nennt man die Fügehilfsteile ①, ②, ③?
b) Welche Fügeverfahren kommen hier zur Anwendung?

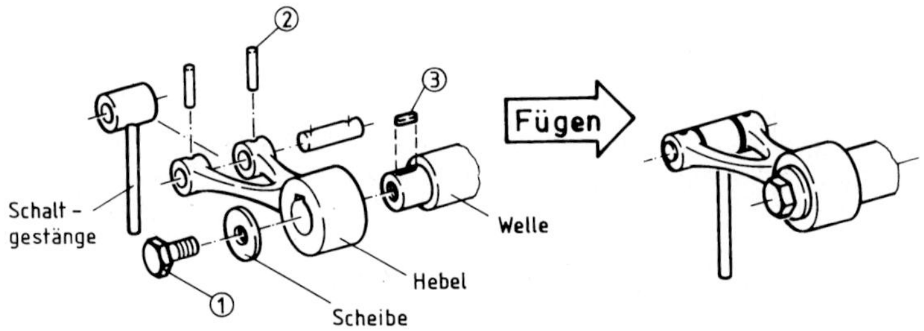

6/3 Übernehmen Sie die folgende Tabelle und geben Sie die Art des Fügens durch Ankreuzen an.

Fügen durch	Kraftschluss	Formschluss	Stoffschluss
Kleben	?	?	?
Schweißen	?	?	?
Löten	?	?	?
Passschrauben	?	?	?
Schrumpfen	?	?	?

6/4 Der Kraftfluss in einer Bohrmaschine erfolgt über folgende Bauteile in der angegebenen Reihenfolge:
- Riemenscheibe des Motors/Riemen/Riemenscheibe der Bohrspindel;
- Passfeder zwischen Riemenscheibe und Bohrspindel;
- Bohrspindel mit kegeliger Hülse/Bohrer mit Kegelschaft.

Welche Art der Kraftübertragung besteht jeweils zwischen den gefügten Bauteilen?

6/5 Vergleichen Sie die folgenden Kraftübertragungen.
- Die Fahrradkette überträgt die Beinkraft auf das Hinterrad.
- Ein Flachriemen überträgt die Kraft des E-Motors auf die Riemenscheibe einer Kreissäge.

a) Welche Kraftübertragung ist formschlüssig, welche kraftschlüssig?
b) Welche Vorteile bietet eine formschlüssige, welche Vorteile bietet eine kraftschlüssige Bewegungsübertragung?

6/6 Die Einzelteile eines Schraubstockes sind
- *lösbar* oder *unlösbar*,
- *beweglich* oder *fest* miteinander verbunden.

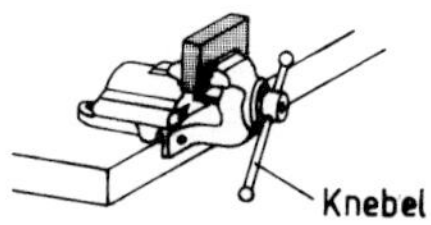

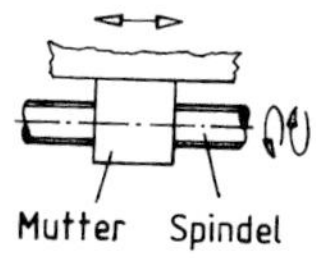

Ordnen Sie den Verbindungen die obigen Merkmale zu.
– Mutter und Spindel, – Knebel und Spindel, – Werkbank und Schraubstock.

6/7 Nennen Sie je zwei Beispiele aus dem Bereich „Fahrradfahren" für
a) erwünschte Reibung **b)** unerwünschte Reibung.

6/8 **a)** Übertragen Sie die Abbildungen, und tragen Sie die Richtung der Normalkraft und die Richtung der Reibungskraft auf das Werkstück ein.
b) Bilden Sie einen Merksatz, in dem Sie die Richtung der Normalkraft im Hinblick auf die Berührungsfläche festlegen.

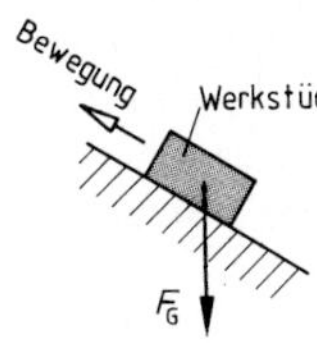

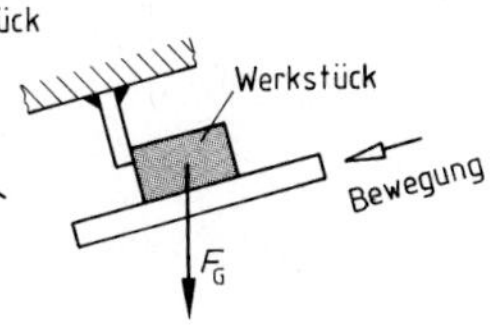

Reibungskraft

Reibungskräfte müssen überwunden werden, wenn Körper aus der Ruhe bewegt bzw. wenn deren Geschwindigkeit beibehalten werden soll. Jede Reibungskraft wirkt der angestrebten Bewegung entgegen.

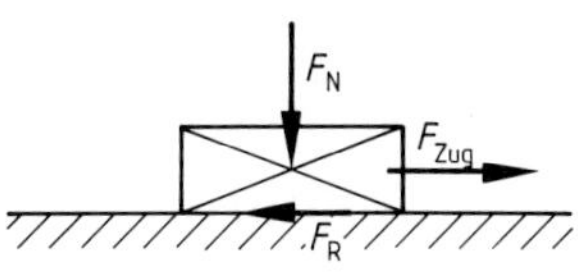

Formel $F_R = \mu \cdot F_N$

Formelzeichen
F_R Reibungskraft
μ Reibungszahl
F_N Normalkraft

Die Größe der Reibungskraft ist von folgenden Einflussgrößen direkt abhängig:
- Normalkraft F_N, sie wirkt senkrecht auf die Gleitebene,
- Werkstoffpaarung der aufeinander gleitenden Flächen,
- Oberflächenbeschaffenheit und Art der Schmierung,
- Art der Reibung (Haftreibung, Gleitreibung, Rollreibung).

} Diese Einflussgrößen sind in den entsprechenden Reibungszahlen μ* erfasst.

*(griech. Buchstabe μ, lies: mü)

6/9 Ein Werkzeugschlitten mit der Gewichtskraft von 5 000 N wurde nacheinander mit unterschiedlichen Werkstoffen für die Gleitschienen ausgerüstet und auf einer Gleitbahn aus Stahl horizontal verschoben. Man stellte jeweils folgende Reibungskräfte fest:
Werkzeugschlitten mit Gleitschiene aus

a) Stahl $F_{R1} = 750$ N, **b)** Gusseisen $F_{R2} = 900$ N, **c)** Bronze $F_{R3} = 800$ N.

Berechnen Sie jeweils die Reibungszahlen für die Gleitbewegung.

6/10 Eine Stahlplatte hat folgende Maße:
Länge $l = 400$ mm, Breite $b = 250$ mm, Höhe $h = 50$ mm.

a) Welche Gewichtskraft hat die Platte ($\varrho_{\text{Stahl}} = 7{,}85$ kg/dm^3)?
b) Mit welcher Kraft kann die Platte auf einer Anreißplatte aus Stahl verschoben werden?
c) Schiebt man die Platte besser flach oder hochkant, wenn man den Kraftaufwand betrachtet? (Reibungszahlen siehe Lehrbuch)

6/11 Untersuchen Sie Reibungskräfte im Hinblick auf Werkstoffpaarung und Reibungsart. Übernehmen Sie dazu die folgende Tabelle, und füllen Sie diese sinngemäß aus.

Fall	Werkstoffpaarung	Reibungsart	Reibungszahl μ (vgl. Tabelle Buch)
Bremswirkung einer Scheibenbremse	?	?	?
Kraftübertragung : Riemenscheibe – Riemen	?	?	?
Bremsen mit blockierenden Reifen	?	?	0,8
Kraftübertragung : Reifen – Straße	?	?	?
Sitz eines Kugellagers auf einer Welle	?	?	?
Spannen eines Bohrers im Bohrfutter	?	?	?
Kraftübertragung : Spindel-Bohrer mit kegeligem Schaft	?	?	?

6/12 Die Spannbacke eines geöffneten Schraubstockes soll verstellt werden. Die notwendige Kraft wird am Hebel mit einem Kraftmesser gemessen. Wann zeigt der Kraftmesser einen größeren Betrag an? Begründen Sie Ihre Antwort.

a) Beim Übergang aus dem Ruhezustand in die Bewegung?
b) Während der gleichbleibenden Bewegung?

6/13 Warum soll in einem Gleitlager möglichst immer ein durchgehender Schmierfilm vorhanden sein?

6/14 Ein Werkstücktisch einer Produktionsmaschine läuft auf den Wälzkörpern einer Wälzführung. Der Tisch hat mit aufgespanntem Werkstück die Gewichtskraft von 8 500 N.

a) Welche Reibungskraft F_R ist während der Verstellung des Tisches wirksam, wenn der Hersteller der Wälzführungen die Rollreibungszahl $\mu_r = 0{,}0012$ angibt?
b) Wie groß ist die Reibungskraft, wenn der gleiche Werkstücktisch in geschmierten Gleitführungsbahnen geführt würde bei einer Gleitreibungszahl von $\mu = 0{,}08$?
c) Um wie viel Prozent vergrößert sich die Reibungskraft bei einer Führung mit Gleitreibung gegenüber der Wälzführung?

Fügen mit Gewinden

6/15 Schreiben Sie den folgenden Text ab, und bringen Sie ihn dabei durch die Auswahl der in Klammern stehenden Satzteile in die richtig Form.
Das Schrauben ist ein Fügeverfahren, das zum *(lösbaren/unlösbaren)* Fügen von Bauteilen eingesetzt wird. Dabei erfolgt die Kraftübertragung zwischen den gefügten Teilen *(kraftschlüssig/formschlüssig/stoffschlüssig)*. Der Zusammenhalt zwischen den Bauteilen wird mit *(Hilfsteilen/formlosem Stoff)* bewirkt.

6/16 Ordnen Sie die folgenden Beispiele von Schraubenverbindungen nach ihrem Einsatz als

- Befestigungsschraube, • Bewegungsschraube, • Schraube mit besonderen Aufgaben.

Übernehmen Sie dazu die folgende Tabelle, und vervollständigen Sie diese durch Ankreuzen.

	Befestigungs-schraube	Bewegungs-schraube	Schraube mit besonderen Aufgaben
Gewinde an Fahrradachse	?	?	?
Gewinde einer Messspindel	?	?	?
Gewinde an der Schraubstockspindel	?	?	?
Gewinde an einem Wagenheber	?	?	?
Gewinde an einer Lampenfassung	?	?	?

6/17 Wodurch bringt man in einer Schraubverbindung die notwendigen Kräfte auf?

6/18 In welcher Hinsicht kann man eine Schraubverbindung mit einer Keilverbindung vergleichen?

6/19 Warum sind für Schrauben mit kleinem Durchmesser die Schraubenschlüssel kurz und für Schrauben mit großen Durchmesser die Schraubenschlüssel lang?

6/20 Eine Schraube M 24 (Flankendurchmesser 22,05 mm) wird mit einer Handkraft von 410 N angezogen.
Berechnen Sie die wirksame Schraubenschlüssellänge, wenn die Umfangkraft am Gewindegang 12 kN beträgt.

6/21 Berechnen Sie die Umfangkraft F_u in einer Schraube mit dem Gewinde M 20 (Flankendurchmesser d_2 = 18,38 mm), die mit einer Handkraft F = 180 N angezogen wird. Der wirksame Hebel am Schraubenschlüssel hat eine Länge l = 300 mm.

6/22 Untersuchen Sie die Kraftzerlegung am Schrauben-Keil-Modell.
Zeichnen Sie dazu die vorgegebene Abbildung des Keiles ab, und zerlegen Sie zeichnerisch die Umfangskraft F_u in die Normalkraft F_N und die Spannkraft F_v.

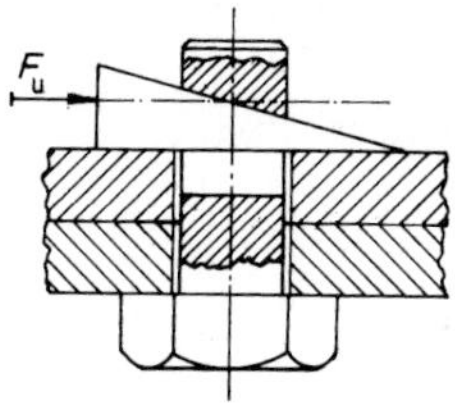

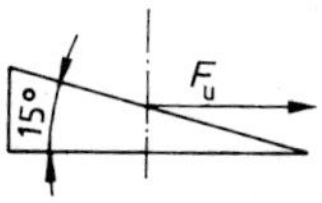

F_u = 1200 N

Kräftemaßstab:
1 cm ≙ 1000 N

6/23 Welchen Einfluss hat der Steigungswinkel des Gewindes auf die Normalkraft und auf die Spannkraft?

6/24 Der Gewindegang einer Schraube ist mit der schiefen Ebene vergleichbar.

a) Welche Wirkung hat die Hangabtriebskraft im Gewindegang einer Schraubenverbindung?
b) Welche Wirkung hat die Reibungskraft im Gewindegang einer Schraubenverbindung?
c) Welche Beziehungen bestehen zwischen Hangabtriebskraft und Normalkraft bei
- Befestigungsgewinden bzw. • Bewegungsgewinden ohne Selbsthemmung?

6/25 **a)** Warum benutzt man mehrgängige Gewinde?
b) Woran erkennt man ein dreigängiges Gewinde?
c) Ein mehrgängiges Gewinde hat eine Steigung von 11 mm, die Teilung beträgt 2,75 mm. Ermitteln Sie die Zahl der Gänge.

6/26 **a)** In welche Richtung müssen Schrauben in Normalausführung zum Anziehen gedreht werden?
b) Wie kann man die Gewinderichtung bei Schrauben und Muttern erkennen?
c) Zu welchem Zweck werden Linksgewinde eingesetzt?

6/27 Die Schleifscheiben auf dem dargestellten Schleifbock sollen gewechselt werden. Die ausgebauten Scheiben sollen später wieder verwendet werden, sie müssen darum sorgfältig ausgebaut werden.

a) Welche Gangrichtung haben die Gewinde auf jeder Seite?
b) In welche Drehrichtung muss jeweils gelöst werden?

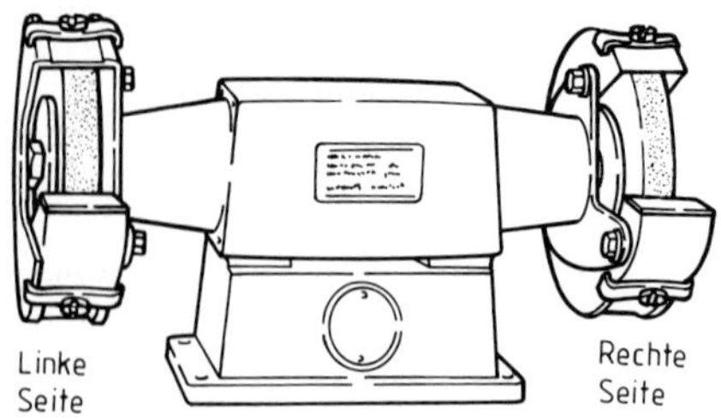

6/28 Warum verwendet man für Befestigungsschrauben Spitzgewinde?

6/29 Wodurch unterscheidet sich das Metrische ISO-Regelgewinde vor allem vom Whitworth-Gewinde? Geben Sie die unterschiedlichen Werte an.

6/30 Die nebenstehende Abbildung zeigt den Ausschnitt einer Stückliste. Welche Aussagen werden über die verschiedenen Gewinde in der Stückliste gemacht?

8	1	Spindel	M 10 x 0,75
9	1	Spindel	M 12 f
10	3	Gewindebuchse	M 8 x 0,75 LH
11	2	Schraube	M 12 LH

6/31 Für ein Rohr ist G 1/2 vorgesehen. Welche Aussagen werden hiermit gemacht?

6/32 Bestimmen Sie die fehlenden Werte, und berechnen Sie die Steigungswinkel.

Gewinde	Steigung	Flanken-∅	Steigungswinkel
M 10	1,5 mm	9,026 mm	?
M 10 x 0,75	?	9,513 mm	?
M 16	2,0 mm	14,701 mm	?
M 16 x 1	?	15,350 mm	?

6/33 **a)** Warum setzt man Trapezgewinde als Bewegungsgewinde ein?
b) Wann verwendet man Rundgewinde? Begründen Sie Ihre Antwort.

6/34 Untersuchen Sie das vorgegebene Gewindeprofil. Zeichnen Sie dazu das nebenstehende Gewindeprofil ab.

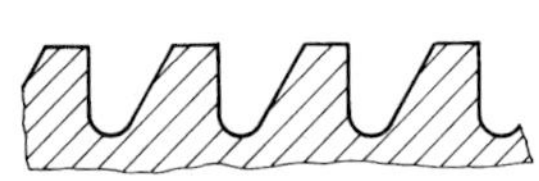

a) Wie bezeichnet man dieses Gewindeprofil?
b) Tragen Sie mit einem Kraftpfeil die Hauptbelastungsrichtung ein.
c) Zu welchem Zweck kann dieses Gewinde eingesetzt werden?

6/35 In einer Zeichnung stehen folgende Maßangaben über Gewinde:
a) Tr32 x 12 P4 m **b)** M 30-LH **c)** Rd 16 x $^1/_8$ **d)** S 36 x 6-LH
Entschlüsseln Sie diese Angaben.

6/36 Zur Befestigung eines Deckels auf einem Gussgehäuse hat ein Konstrukteur zwischen den dargestellten Möglichkeiten zu wählen.

a) Benennen Sie die beiden Schraubenarten.

b) Wie sollte sich der Konstrukteur entscheiden? Listen Sie die Vor- und Nachteile beider Verschlussmöglichkeiten für die Herstellung und Montage auf.

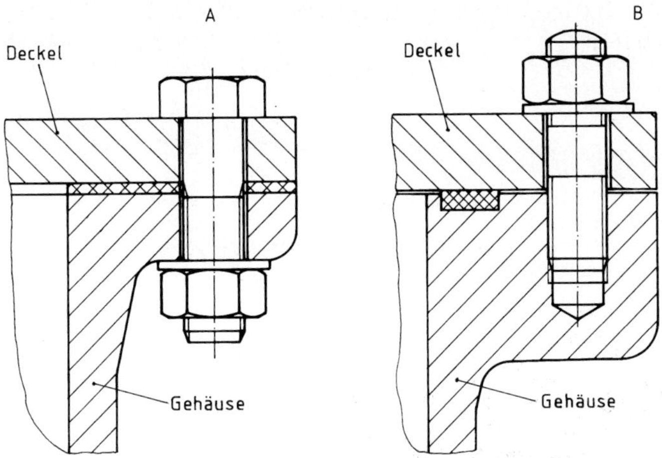

6/37 **a)** Warum findet die Innensechskantschraube im Werkzeugbau bevorzugt Anwendung?

b) Welchen Vorteil bieten Linsenkopfschrauben mit Kreuzschlitz gegenüber Senkkopfschrauben mit einem Schlitz?

6/38 **a)** Nennen Sie ein Beispiel, bei dem Hutmuttern verwendet werden.

b) Welche Vorteile hat die Verwendung von Hutmuttern?

c) Woran erkennt man Muttern mit Linksgewinde?

6/39 Durch welche Elemente bzw. Hilfsmittel werden Schraubenverbindungen bei

a) kraftschlüssigen Sicherungen,

b) formschlüssigen Sicherungen,

c) stoffschlüssigen Sicherungen gegen Lockern gesichert?

6/40 Welche Schraubensicherungen sollten verwendet werden, wenn starke Erschütterungen auftreten?

6/41 **a)** Auf dem Kopf einer Sechskantschraube steht folgendes Kennzeichen: 6.8
Entschlüsseln Sie diese Angabe.

b) Auf einer Innensechskantschraube ist folgendes Sinnbild zu finden:
Nennen Sie die Festigkeitskennzahl, und entschlüsseln Sie diese Angabe.

6/42 Auf zwei Schrauben sind die Kennzahlen 6.6 und 5.8 angegeben.

a) Nennen Sie die Kennwerte der beiden Schraubenwerkstoffe.

b) Bei welcher der beiden Schrauben tritt eher eine bleibende Formänderung bei Überlast ein? Begründen Sie Ihre Antwort.

6/43 Für eine Schraubenverbindung ist ein Schraubenbolzen mit dem Kennzeichen 10.9 vorgesehen. Welche Festigkeitskennzahl sollte die Mutter aufweisen? Begründen Sie die Auswahl.

6/44 Die Befestigungsschraube am Rad eines PKWs hat eine Gewindesteigung P = 1,25 mm. Das Anzugsdrehmoment beträgt 150 Nm.
Mit welcher Spannkraft F_v wirkt die Schraube, wenn der Wirkungsgrad 0,1 beträgt?

6/45 Mit welcher Kraft werden die Backen eines Schraubstockes gegeneinander gepresst, wenn folgende Daten gegeben sind?
Handkraft = 180 N, Länge des Knebels 40 cm, Steigung des Gewindes 6 mm, Wirkungsgrad 0,15.

6/46 **a)** Welche Spannkraft darf eine Schraube aus 5.8 mit M12-Gewinde maximal aufnehmen, wenn 2fache Sicherheit gegen Erreichen der Streckgrenze verlangt wird?
b) Welche wirksame Schlüssellänge darf höchstens vorliegen, wenn die zulässige Spannkraft durch eine Handkraft von höchstens 250 N erreicht werden soll? Der Wirkungsgrad ist mit 0,12 einzusetzen.

6/47 **a)** Bei welcher Spannkraft wird bei einer Schraube M 20 aus 5.6 die Zugfestigkeit erreicht und die Schraube zerstört?
b) Bei welcher Handkraft ist dies bei einer wirksamen Schlüssellänge von 300 mm und einem Wirkungsgrad von 0,12 der Fall?

Fügen mit Stiften und Bolzen

6/48 **a)** Wie werden Stifte nach dem Verwendungszweck unterschieden?
b) Nennen Sie zu jeder Stiftart ein Anwendungsbeispiel.

6/49 **a)** Wie müssen die Bohrungen für Zylinderstifte vorbereitet werden?
b) Welchen genormten Zylinderstift muss man verwenden, wenn in eine Bohrung ∅ 5H7 der Stift leicht eingetrieben werden soll?
c) Warum tragen Zylinderstifte mit dem Toleranzfeld m6 für Sacklöcher eine Längsrille oder eine durchgehende Bohrung?

6/50 Warum sind Kegelstifte vor allem als Befestigungsstifte geeignet?

6/51 Ein Hebel soll durch eine Feder in eine bestimmte Lage gestellt werden. Die Feder soll über einen Stift mit dem Gehäuse verbunden werden.
Wählen Sie einen geeigneten Stift aus.

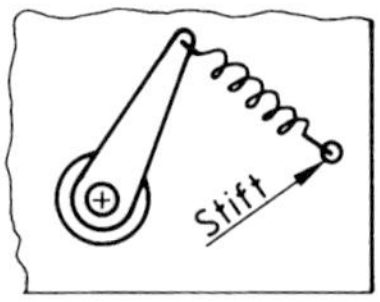

6/52 In einer Druckmaschine soll ein gegossener Schalthebel mit einer Welle verbunden werden. Es wird nur ein geringes Drehmoment übertragen.
Schlagen Sie eine einfach herzustellende und preiswerte Verbindung mit einem Stift vor, die wiederholt gelöst werden kann. Begründen Sie Ihre Antwort.

6/53 An einem Schneidwerkzeug müssen Führungsplatte und Schneidplatte in ihrer Lage gesichert werden.
a) Wo sind die Stifte zu setzen? Begründen Sie Ihre Antwort.
b) Wählen Sie eine geeignete Stiftform aus, und geben Sie die Vorbereitungsarbeiten zur Herstellung der Verbindung an.
c) Schlagen Sie eine Verbindung zwischen Führungsplatte, Zwischenlage und Schneidplatte vor.

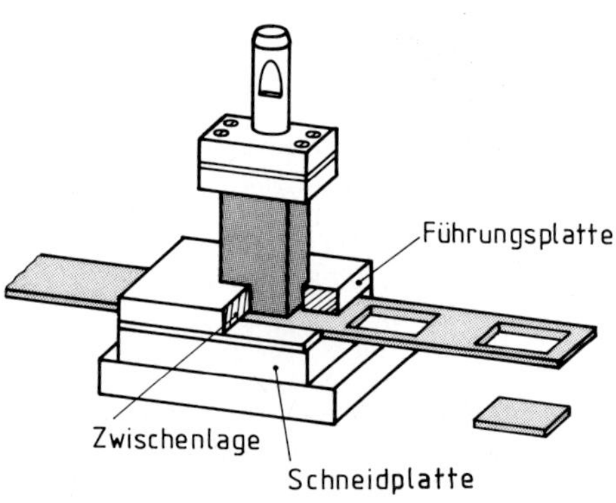

6/54 **a)** Skizzieren Sie je einen Zylinderstift, Kegelstift, Kerbstift und Spannstift. Geben Sie jeweils ein typisches Anwendungsbeispiel an.
b) Welchen Vorteil haben Kerbstiftverbindungen gegenüber Zylinder- oder Kegelstiftverbindungen?
c) Welche Vorzüge haben Spannstifte gegenüber Kerbstiften?

6/55 Die dargestellte Seilrolle soll durch einen Bolzen in der Halterung befestigt werden.
a) Wählen Sie eine geeignete Bolzenform.
b) Entnehmen Sie Grenzabmaße für Durchmesser 20 h11 dem Tabellenbuch. Ermitteln Sie das Höchst- und Mindestspiel.
c) Machen Sie Vorschläge für die Schmierung der Seilrolle.

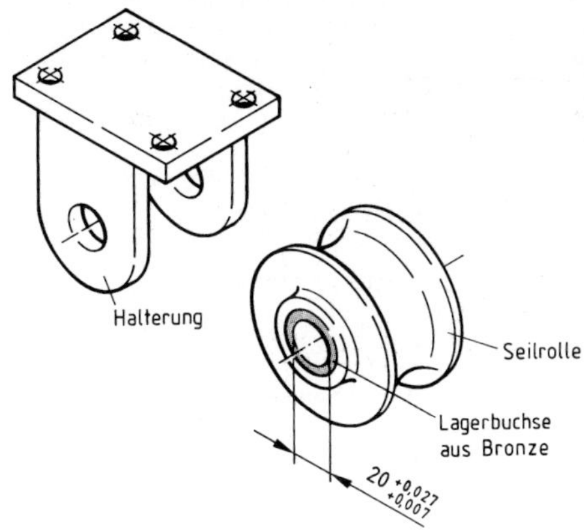

Fügen mit Passfedern, Keilen und Profilformen

6/56 **a)** Beschreiben Sie die Art der Kraftübertragung in einer Passfederverbindung mit der Kraftübertragung in einer Keilverbindung.
b) Begründen Sie, warum eine Passfederverbindung gegenüber einer Keilverbindung Vorteile hat.

6/57 Wie können Passfedern in der Nut zusätzlich gesichert werden?

6/58 Ein Zahnrad eines Schaltgetriebes soll auf der Welle verschoben werden.
Geben Sie eine einfache Konstruktion für eine Verbindung von Nabe und Welle an.

6/59 **a)** Welcher Unterschied besteht beim Lösen einer Einlegekeilverbindung und einer Treibkeilverbindung?
b) Warum können durch Einlegekeile größere Kräfte als durch Hohlkeile übertragen werden?
c) Skizzieren Sie einen Nasenkeil, und erläutern Sie die Aufgabe der Nase.

6/60 **a)** Welchen Einfluss hätte es auf die Konstruktion der Hinterradwelle eines PKW, wenn statt eines Vielnutprofiles eine Passfederverbindung gewählt wird?
b) Im allgemeinen Maschinenbau wird die Passfederverbindung häufiger eingesetzt als die Verbindung durch Profilformen. Im Automobilbau wird vor allem das Keilwellenprofil eingesetzt. Begründen Sie diese Anwendungshäufigkeit in den einzelnen Branchen.

6/61 Welle und Nabe können auf unterschiedlichste Weise miteinander verbunden werden.
a) Geben Sie je zwei Beispiele für eine kraftschlüssige und eine formschlüssige Wellen-Naben-Verbindung an.
b) Ein Zahnrad soll mit einem zylindrischen Wellenende verbunden werden. Von der Verbindung wird eine hohe Laufgenauigkeit erwartet. Wählen Sie eine entsprechende Wellen-Naben-Verbindung aus und begründen Sie Ihre Auswahl.
c) Ein Zahnrad soll mit einem kegelstumpfförmigen Wellenende verbunden werden. Wählen Sie eine entsprechende Wellen-Naben-Verbindung und skizzieren Sie diese.

Fügen mit Nieten

6/62 Bis zu welchem Durchmesser können Stahlniete kalt genietet werden?

6/63 **a)** Beschreiben Sie, wie eine Warmnietung durchgeführt wird.
b) Welche Vorteile hat die Warmnietung gegenüber der Kaltnietung?

6/64 Durch Warmnietung entsteht eine kraftschlüssige Verbindung.
Wodurch halten in der skizzierten warmgenieteten Verbindung die Bleche zusammen?
Geben Sie eine ausführliche Erläuterung.

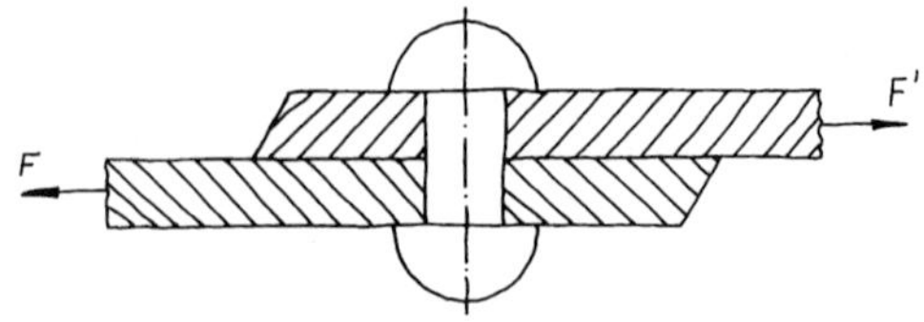

6/65 Wie wird der Nietwerkstoff in einem genieteten Bauteil vorwiegend beansprucht, wenn
a) Kaltnietung,
b) Warmnietung vorgenommen wurde?

6/66 **a)** Skizzieren Sie mindestens drei verschiedene Nietformen.
b) Nennen Sie dazu jeweils ein Anwendungsbeispiel.

6/67 **a)** Welche Niete bezeichnet man als „Blindniete"?
b) Wie kann bei Blindnieten der Schließkopf gebildet werden?
c) Nennen Sie Arbeitsbereiche, bei denen Blindnieten besonders häufig vorkommen.

6/68 **a)** Welche Eigenschaften müssen Nietwerkstoffe haben?
b) Welcher Nietwerkstoff sollte möglichst gewählt werden, um elektrochemische Korrosion auszuschließen?

Fügen durch Schweißen

6/69 Übertragen Sie die beiden Merksätze über Schweißen, und ergänzen Sie diese durch die zutreffenden Aussagen aus den Klammern.

- Durch Schweißen werden *(gleichartige/völlig verschiedene)* Werkstoffe in *(flüssigem oder plastischem/in festem)* Zustand zu einem gemeinsamen Gefüge vereinigt.
- Schweißen ist ein *(lösbares/unlösbares)* Fügen durch *(Formschluss/Stoffschluss).*

6/70 Die Schweißverfahren werden nach verschiedenen Gesichtspunkten unterteilt.
Schreiben Sie die Gliederung ab, und ergänzen Sie diese durch die folgenden Eintragungen:

- Art der Fertigung
- Ablauf des Schweissvorganges
- Art des Energieträgers
- Kunststoffschweißen/Metallschweißen
- Verbindungsschweissen

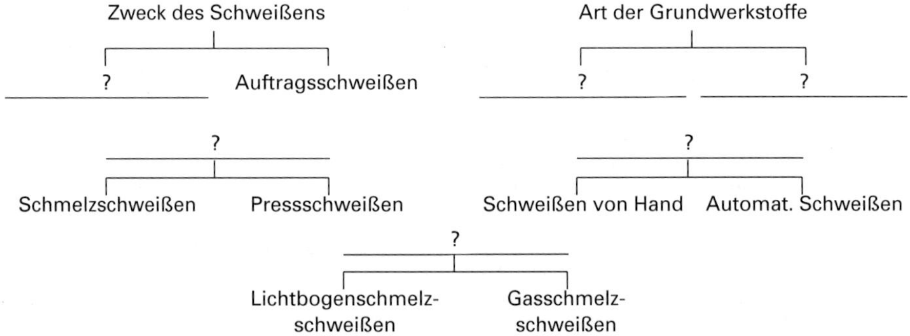

6/71 Die skizzierte Konsole aus 6 mm dicken Blechen aus S 235 (St 37) soll wie dargestellt geschweißt werden. Sie dient zur Befestigung eines Motors.

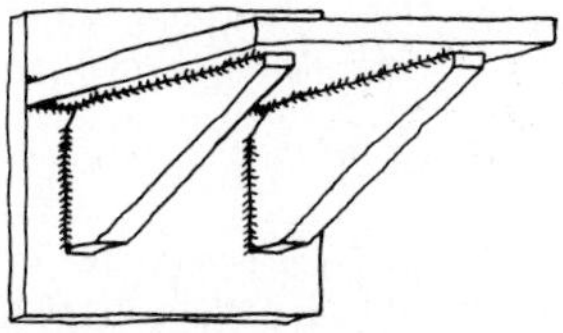

a) Durch welche anderen Fertigungsverfahren könnte eine solche Konsole hergestellt werden? Nennen Sie mindestens eine andere Herstellungsart.

b) Vergleichen Sie diese Herstellung mit dem Arbeitsaufwand für die Schweißkonstruktion.

c) Zeigen Sie anhand des Beispiels Vorteile der Schweißkonstruktion auf.

6/72 Skizzieren Sie, wie Bleche bei folgenden Schweißstößen zusammentreffen:

- bei Stumpfstoß,
- bei Mehrfachstoß,
- bei Überlappstoß.

Benennen Sie die Skizzen.

6/73 Skizzieren Sie den Nahtquerschnitt

- einer X-Naht,
- einer V-Naht,
- einer U-Naht,
- einer Doppelkehlnaht.

Schreiben Sie zu jeder Skizze die Benennung und das Sinnbild der Naht.

6/74 Skizzieren Sie die dargestellten Schweißpositionen ab. Schreiben Sie zu jeder Skizze die normgerechte Bezeichnung der Schweißposition; geben Sie dazu das Kurzzeichen für die Schweißposition an.

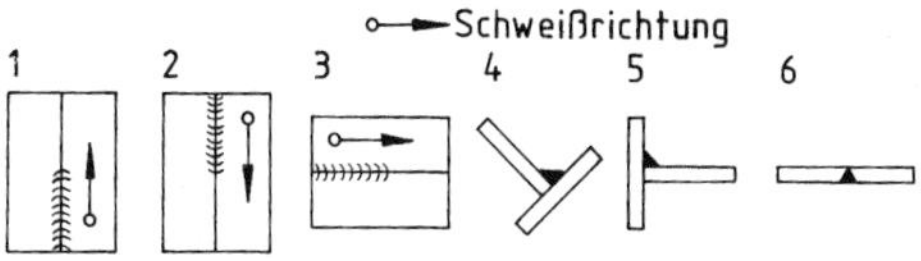

- **Gasschmelzschweißen**

6/75 Für das Dünnblechschweißen war das Gasschmelzschweißen lange Zeit das bevorzugte Schweißverfahren; im Rohrleitungsbau kommt das Verfahren auch heute noch zum Einsatz. Nennen Sie die Vorzüge dieses Verfahrens für die genannten Einsatzbereiche.

6/76 Beim Löten von Klempnerarbeiten wird ein Lötbrenner ohne gesonderte Sauerstoffzufuhr verwendet, als Brenngas wird meist Propan eingesetzt.
Nennen Sie Unterschiede zum Gasschmelzschweißen von Stahl und begründen Sie die Notwendigkeit dieser Arbeitsweise.

6/77 Für die Fertigung steht Sauerstoff in N-Flaschen und L-Flaschen zur Verfügung. Übertragen Sie die Tabelle, und geben Sie die verlangten Werte zu den beiden Flaschenarten an.

	Flaschenvolumen dm^3	Höchster Überdruck bar	Entnahmevolumen Liter
N-Flasche	?	?	?
L-Flasche	?	?	?

6/78 **a)** Wie wird Sauerstoff und wie wird Acetylen in Stahlflaschen gespeichert?

b) Begründen Sie kurz, warum Acetylen nicht in gleicher Weise wie Sauerstoff in Stahlflaschen gespeichert werden kann.

6/79 Welche Sauerstoffmenge befindet sich in einer Stahlflasche von 50 dm^3 Volumen, wenn das Überdruckanzeigegerät auf 0 bar steht?

6/80 Das zur Acetylenspeicherung verwendete Lösungsmittel darf nicht in die Schweißflamme gelangen.
Welche Maßnahmen sind bei der Acetylenentnahme zu beachten, damit das Lösungsmittel in der Stahlflasche verbleibt?

6/81 **a)** Ordnen Sie unter der Überschrift „Bestandteile des Schweißbrennens" den Kennbuchstaben Ⓐbis Ⓕdie folgenden Begriffe zu:

- Griffstück,
- Ventile für Brenngas und Sauerstoff,
- Mischdüse,
- Schweißeinsatz,
- Mischrohr,
- Schweißdüse.

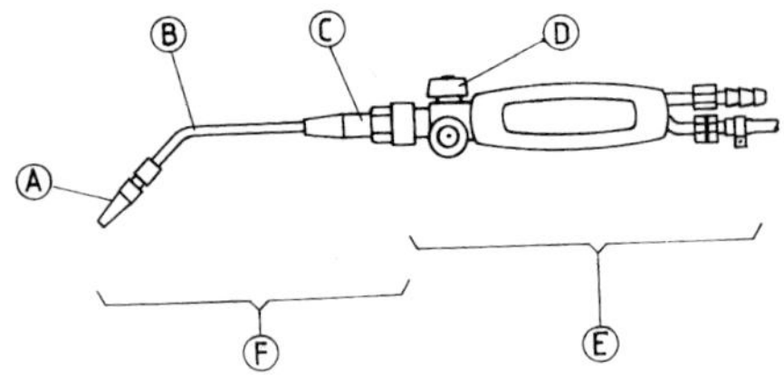

b) Erklären Sie, auf welche Art im Injektionsbrenner Brenngas und Sauerstoff miteinander gemischt werden.

c) In welcher Reihenfolge sollen beim Injektionsbrenner das Brenngasventil und das Sauerstoffventil zum Anzünden der Schweißflamme geöffnet werden?

6/82 **a)** Skizzieren Sie die Schweißflamme nach Vorlage ab; beschriften Sie die Skizze an den angegebenen Stellen mit

- Bereich der vollständigen Verbrennung,
- Bereich der unvollständigen Verbrennung.

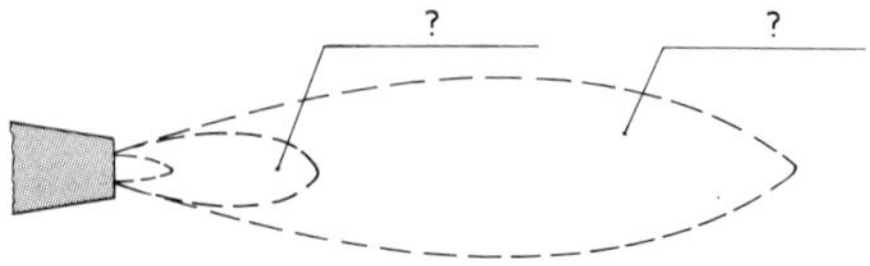

b) Markieren Sie durch farbiges Ausmalen die eigentliche Schweißzone innerhalb der Schweißflamme. Geben Sie die Temperatur in der Schweißzone an.

6/83 **a)** Was versteht man bei einer Schweißflamme unter neutraler Einstellung?

b) Für welche Arbeiten ist Acetylenüberschuss erforderlich?
Wie ist die richtige Einstellung der Flamme in einem solchen Fall zu erkennen?

6/84 Ein geschweißtes Rohr nach DIN 1626 aus S 235 (St 37) einer Versorgungsleitung soll durch Einsetzen eines Zwischenstückes ausgebessert werden. Der Außendurchmesser des Rohres beträgt 60 mm und die Wanddicke 2,5 mm. Die Reparatur muss an dem waagerecht liegenden Rohr mit Hilfe des Gasschmelzschweißverfahrens ausgeführt werden.
Schreiben Sie eine Arbeitsanweisung zur Durchführung der Schweißarbeiten, die folgende Punkte beinhaltet:

- geeignete Nahtvorbereitung,
- Schweißmethode,
- erforderliche Schweißpositionen
- geeigneter Schweißstab,
- Schweißbrennereinsatz,
- Flammeneinstellung und
- Arbeitsdrücke für Acetylen und Sauerstoff

6/85 Zwei Bleche aus 13 CrMo 4-4 sollen durch Gasschmelzschweißen verbunden werden. Die im Betrieb verwendeten Schweißstäbe der Klassen G III, G IV und G V sind nach mehreren Schweißarbeiten durcheinander geraten.

a) Welche Schweißstabklasse benötigen Sie zum Schweißen des 13 CrMo 4-4?

b) Wie finden Sie den erforderlichen Schweißstab aus der Vielzahl der ungeordneten Schweißstäbe heraus?

6/86 Kurt ist Linkshänder und hält den Brenner in der linken Hand. Er soll die skizzierten Bleche verschweißen.
Zeichnen sie die Bleche ab und zeigen Sie, an welcher Seite er beginnen muss und in welche Richtung geschweißt werden muss.

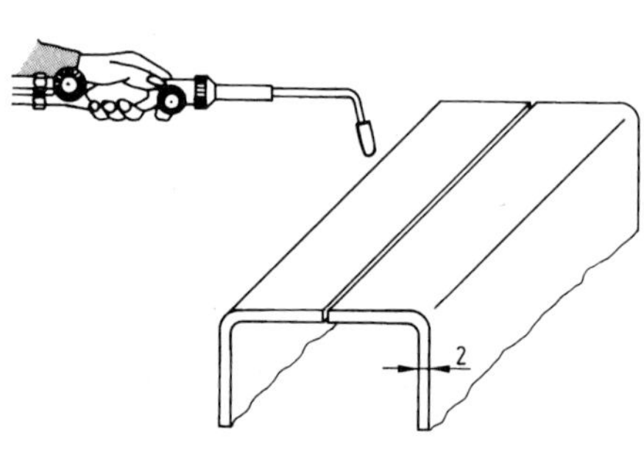

6/87 Schreiben Sie den folgenden Merksatz ab, und ergänzen Sie ihn durch die zutreffenden Aussagen aus den Klammern.
Dünnwandige Werkstücke werden beim Gasschmelzschweißen durch *(Nachlinks-/Nachrechts-)* Schweißen verbunden, dickwandige Werkstücke ab etwa 3 mm werden durch *(Nachlinks-/Nachrechts-)* Schweißen verbunden.

• Lichtbogenschmelzschweißen

6/88 Übernehmen Sie das Schema und setzen Sie die fehlenden Begriffe so ein, dass der geschlossene Stromkreis beim Lichtbogenschweißen deutlich wird;
— Klemme; – Massekabel; – Stromschweißkabel; — Elektrode, — Lichtbogen, — Elektrodenhalter.

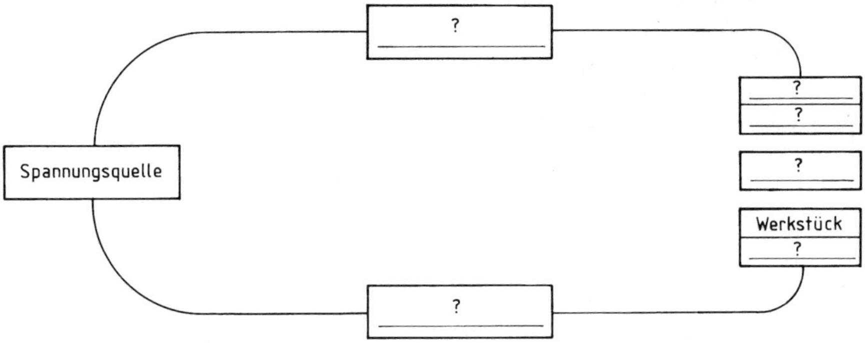

6/89 Erklären Sie die unterschiedliche Eignung von Gleichstrom und Wechselstrom zum Schweißen. Berücksichtigen Sie dabei
— Temperaturen im Lichtbogen, — Eigenschaften des Lichtbogens, — Führung des Lichtbogens.

6/90 Vergleichen Sie die verschiedenen Schweißstromerzeuger. Übertragen Sie dazu die Tabelle, und ergänzen Sie diese mit den folgenden Aussagen:
Gleichstrom/Wechselstrom,
fast keine Wartung/geringe Wartung/ viel Wartung,
sehr günstig/günstig/ungünstig.

	Schweiß-trans-formator	Schweiß-um-former	Schweiß-gleich-richter
Stromart	?	?	?
Wartungsaufwand wegen beweglicher Teile	?	?	?
Stromausnutzung	?	?	?

6/91 Ein Lichtbogen hat bei dem Elektrodenabstand Ⓐ einen Widerstand von 0,2 Ω.
Übertragen Sie das Koordinatensystem (Bild ①) und zeichnen Sie für diesen Lichtbogen die Lichtbogenkennlinie im Bereich von 50 A bis 300 A ein.

①

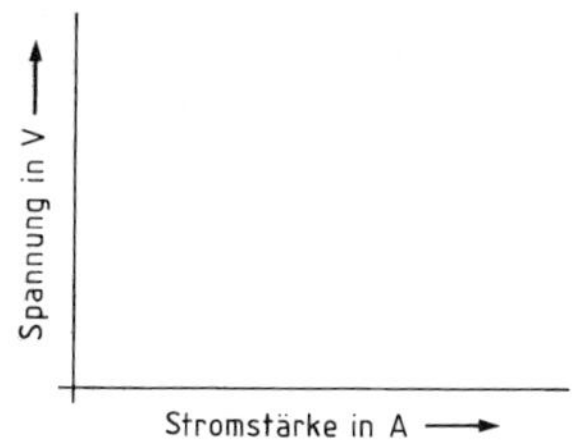

②

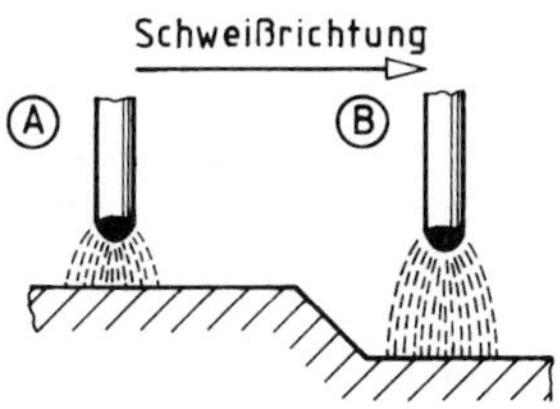

6/92 **a)** Wie groß ist die Lichtbogenspannung bei einer eingestellten Stromstärke von 125 A? (Werte aus Lichtbogenkennlinie Aufgabe 6/102)
b) Wie verschiebt sich die Lichtbogenkennlinie bei Durchführung der in Bild ② gezeigten Schweißarbeit bei dem Elektrodenabstand Ⓑ? Begründen Sie Ihre Antwort.

6/93 **a)** Übernehmen Sie die nebenstehende Darstellung und tragen Sie die folgenden Begriffe ein:
- Stromquellenkennlinie,
- Lichtbogenkennlinie,
- Arbeitspunkt.

b) Wie verändert sich der Arbeitspunkt bei länger werdendem Lichtbogen?

c) Begründen Sie den Einsatz von Stromquellen mit steil fallender Kennlinie für das Lichtbogenhandschweißen und das Wolfram-Schutzgasschweißen.

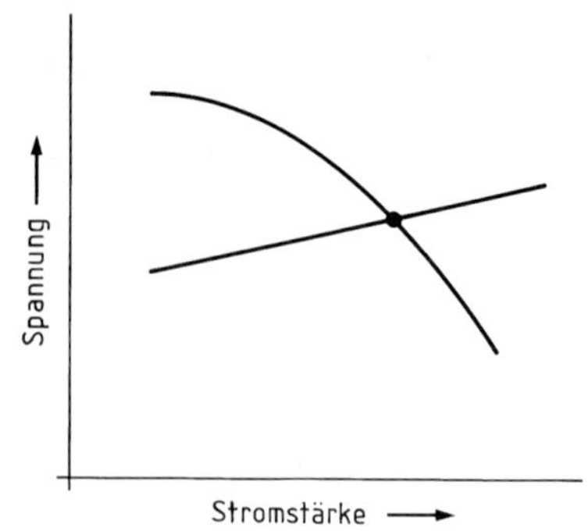

6/94 **a)** Warum werden Elektroden mit unterschiedlichen Kernstabdurchmessern benutzt?

b) Ermitteln Sie die Kernstabdurchmesser für das Lichtbogenhandschweißen von 2 mm, 4 mm und 10 mm Blechen.

6/95 Nennen Sie mindestens 3 Aufgaben, die die Zusatzwerkstoffe in der Umhüllung von Schweißelektroden erfüllen.

6/96 Welche Auswirkungen hinsichtlich Werkstoffübergang, Spaltüberbrückbarkeit, Nahtaussehen und Einbrandtiefe hat eine abnehmende Umhüllungsdicke?

6/97 Nach der Zusammensetzung der Umhüllung werden vier Umhüllungstypen unterschieden:

a) Schreiben Sie die Analysen der wichtigsten Umhüllungstypen ab und ordnen Sie ihnen die Bezeichnungen A, B und R zu.

Bestandteile	%
Fe_3O_4	50
FeMn	20
SiO_2	20
$CaCO_3$	10

Bestandteile	%
CaF_2	45
$CaCO_3$	40
SiO_2	10
FeMn	5

Bestandteile	%
TiO_2	45
SiO_2	20
FeMn	15
Fe_3O_4	10
$CaCO_3$	10

b) Welche besondere Eigenschaft besitzt der Umhüllungstyp C und welcher Einsatzbereich ergibt sich daraus?

6/98 Verschiedene Umhüllungstypen führen zu unterschiedlichen Schweißeigenschaften.

a) Begründen Sie, warum der Umhüllungstyp A (sauer) schlecht für Zwangslagenschweißungen geeignet ist.

b) Welchen Umhüllungstyp wählen Sie aus, wenn eine Schweißverbindung hohe mechanische Gütewerte aufweisen soll?

6/99 Die nachfolgend dargestellten Bauteile sollen durch Schweißen gefügt werden. Wählen Sie geeignete Stabelektrodentypen aus und begründen Sie Ihre Auswahl.

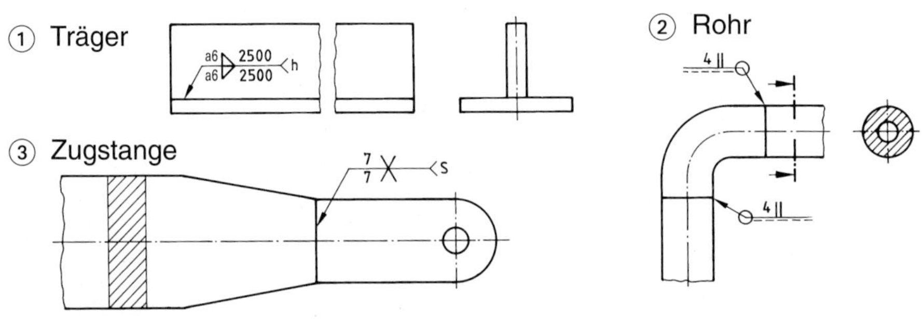

6/100 **a)** Erklären Sie, warum es beim Lichtbogenschweißen mit Gleichstrom zu einer Blaswirkung kommt.

b) Skizzieren Sie die Abbildung auf Ihr Lösungsblatt. Deuten Sie an, an welcher Stelle Sie die Kabelklemme befestigen. Begründen Sie Ihre Entscheidung.

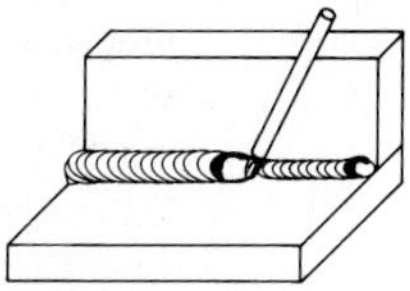

6/101 Beim Schutzgasschweißen können Lichtbogen und Schweißstelle durch verschiedene Gasarten geschützt werden.
Wie unterscheidet sich die Gruppe der inerten Gase von den aktiven Gasen hinsichtlich
– ihrer Zusammensetzung und – des Verhaltens auf die Schweißstelle?

6/102 Vergleichen Sie die Schutzgasschweißverfahren.
Übertragen Sie dazu die Tabelle, und ergänzen Sie diese durch Ankreuzen der zutreffenden Art des Schutzgases und der Elektrode.

	Schutzgas		Elektrode	
	inert	aktiv	nicht abschmelzend	abschmelzend
MIG	?	?	?	?
MAG	?	?	?	?
WIG	?	?	?	?

6/103 Die folgenden Darstellungen zeigen drei Metall-Schutzgasschweißgeräte mit verschiedenen Drahtfördersystemen.

a) Ordnen Sie den Geräten die Begriffe – Kleinspulengerät, – Universalgerät und – Kabinengerät zu.

b) Was befindet sich im Innern des Schlauchpaketes?

c) Begründen Sie die unterschiedlichen Längen der Schlauchpakete.

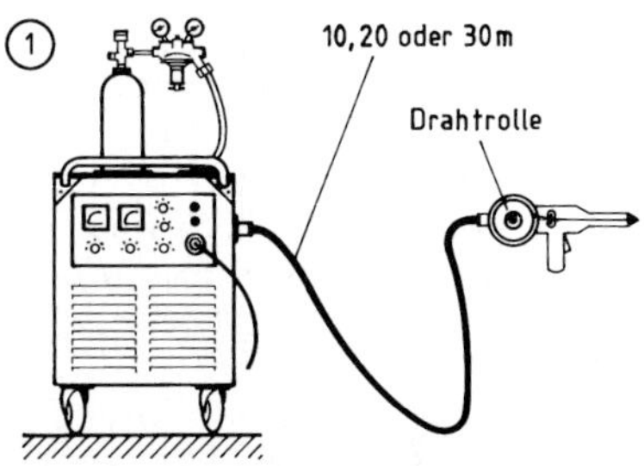

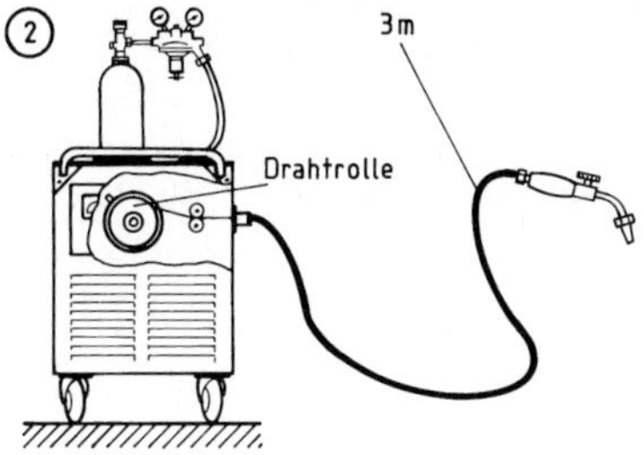

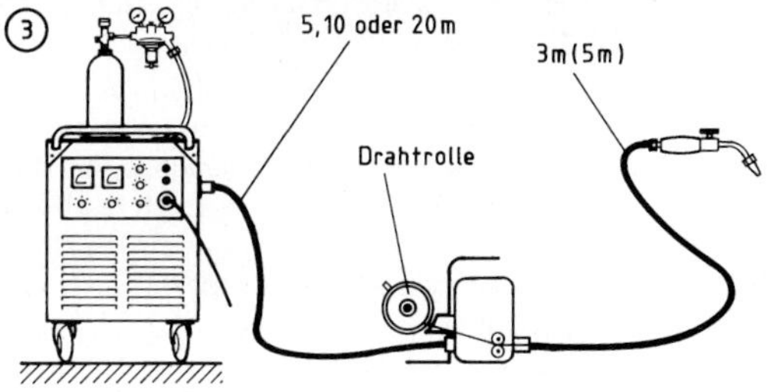

6/104 Beim Metall-Schutzgasschweißen wird meist die innere Regelung der Lichtbogenlänge mit nahezu konstanter Stromquellenkennlinie vorgenommen.
Bei der inneren Regelung (ΔI-Regelung) bewirkt eine Stromänderung eine Beeinflussung der Abschmelzleistung.
Beschreiben Sie mit Hilfe des dargestellten Schaltschemas und der Kennliniendarstellung die Regelvorgänge bei der inneren Regelung, wenn der Lichtbogen länger wird.

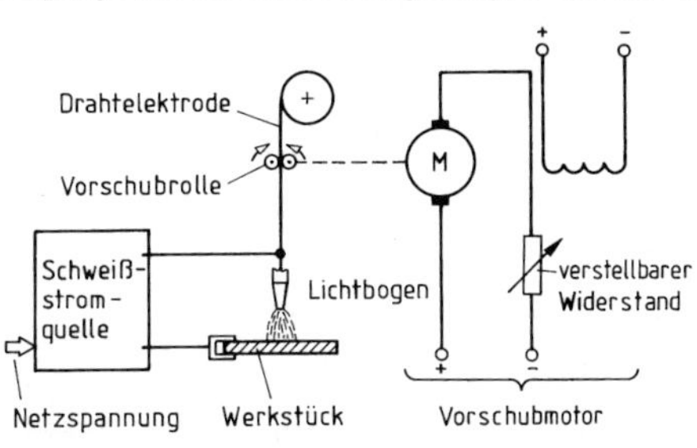

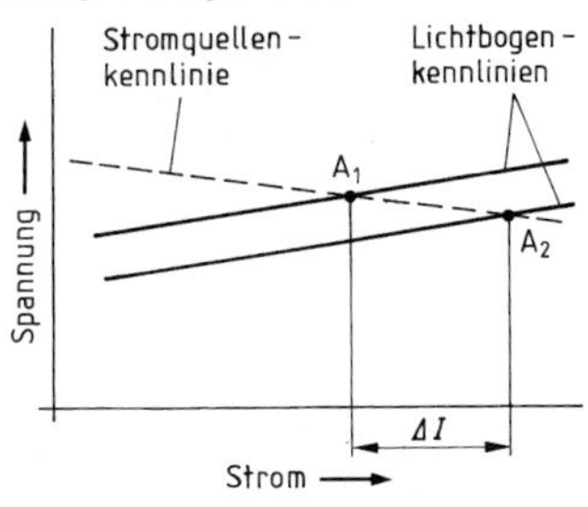

6/105 Zum Metall-Schutzgasschweißen werden Gleichrichter und zunehmend Impuls-Schweißstromquellen eingesetzt.

a) Stellen Sie für beide Schweißstromquellen den Stromverlauf über der Zeit dar.
b) Erläutern Sie die Auswirkung des Stromverlaufes auf den Tropfenübergang.
c) Wodurch lässt sich die Abschmelzleistung beim Schweißen mit einer Impuls-Schweißstromquelle vergrößern?

6/106 Die folgende Abbildung zeigt einen Verpackungsaufkleber von Drahtelektroden zum Metall-Schutzgasschweißen.

Stam

INERTFIL 19 9 nC

DIN 8556: **SG X 2 Cr Ni 19 9**
Werkstoff-Nr. 1.4316
ASME Sec. II/C/SFA-5.9: ER 308 L/Si
Zulassungen:
geprüft vom TÜV

Austenitische Drahtelektrode in ELC-Qualität für das MIG-Schweißen von unstabilisierten und stabilisierten, korrosionsbeständigen 18/8 Cr Ni-Stählen. Kornzerfallbeständig bei Betriebstemperaturen bis 350° C. An Luft und oxydierenden Verbrennungsgasen zunderbeständig bis 800° C.

Der Rauch dieses Schweißzusatzes enthält Chrom- und/oder Nickelverbindungen. Schweißrauch absaugen! (Siehe UVV „Schweißen, Schneiden und verwandte Verfahren" - VGB 15).

Kontroll-Nummer	Kg	Charge-Nummer	∅ mm
087	15	48069	1,0

a) Wie lautet die Benennung des Schweißzusatztypes?
b) Ordnen Sie dieser Drahtelektrode einen zu verschweißenden Grundwerkstoff zu.
c) Welche Werkstückdicken können mit diesen Drahtelektroden geschweißt werden?

6/107 Beim Metall-Schutzgasschweißen unterscheidet man:

- inerte Gase,
- aktive Gase und
- Mischgase.

a) Welche allgemeinen Aufgaben haben Schutzgase?
b) Wodurch unterscheiden sich inerte und aktive Gase?
c) Ordnen Sie folgende Schutzgase den drei Schutzgasarten zu:
- Schutzgas 92 % Argon und 8 % Kohlendioxid;
- Schutzgas 30 % Argon und 70 % Helium;
- Schutzgas 99,996 % Argon;
- Schutzgas 99,5 % CO_2.

6/108 Zeichnen Sie folgendes Schema ab. Wählen Sie für die angegebenen Werkstoffe geeignete Schutzgase aus. Tragen Sie diese in das Schema ein und geben Sie das jeweilige Schweißverfahren an.

Werkstoff	Schutzgas	Gruppe	Schweißverfahren
13 CrMo 4-4	?	?	?
S235 (St37)	?	?	?
X 20 CrMoV 12-1	?	?	?
AlMg 3	?	?	?
15 Mo 3	?	?	?
E295 (St50-2)	?	?	?
X 5 CrNi 18-9	?	?	?
CuSn 6	?	?	?

6/109 In die Rohrböden von Wärmetauschern aus chemisch beständigem Chrom-Nickel-Stahl sollen Rohre eingeschweißt werden.
Begründen Sie für diese Aufgabe den Einsatz des WIG-Verfahrens.

6/110
a) Welche Schweißstromquelle würden Sie zum WIG-Schweißen von Stahl bzw. Aluminium einsetzen?
b) In unserer Schweißerei erzählte mir ein Schweißer, dass er für das Schweißen von Aluminiumblechen eine Schweißstromquelle einsetzt, die Wechselstrom (Transformator) abgibt.
Erklären Sie warum? *(Hinweis:* Aluminium besitzt eine hoch schmelzende Oxidschicht)

6/111 Die Elektroden für das WIG-Verfahren haben einen Durchmesser von 2,4 mm und die Werkstoffbezeichnung WT.
a) Was bedeutet die Werkstoffbezeichnung WT?
b) Folgende Gasdüsen stehen zur Verfügung: 6,5 mm, 11,0 mm, 15,5 mm.
Wählen Sie die geeignete Gasdüse für die oben genannte Elektrode aus.
c) Während der Schweißarbeiten zeigt sich an der Elektrodenspitze die nebenstehende Abnutzung.
Welche Einstellung an der Schweißstromquelle würden Sie verändern?

6/112 An eine Rohrleitung aus warmfestem Stahl 13 CrMo 4-4 soll ein aufgesetzter Stutzen mit dem WIG-Verfahren angeschweißt werden.
a) Entschlüsseln Sie den Kurznamen des zu verschweißenden Stahles.
b) Das Schweißen des 13 CrMo 4-4 erfolgt mit artgleichem Schweißzusatzwerkstoff.
Wählen Sie aus der nachfolgenden Tabelle den geeigneten Schweißstab aus und geben Sie den Kurznamen an.
(*Hinweis:* Im Kurzzeichen werden Legierungsanteile in abgerundeten Zahlen angegeben.)

Schweißstäbe nach DIN 8575	Schweißgutanalyse in %				
	C	Mn	Si	Mo	Cr
SG Mo	0,10	1,10	0,60	0,50	–
SG CrMo 1	0,10	1,00	0,60	0,50	1,10
SG CrMo 2	0,08	1,10	0,60	1,00	2,80
SG CrMo 3	0,06	0,50	0,45	0,60	5,80

6/113 Sie sollen am Bodenblech eines Kessels eine Reparaturschweißung durchführen. Die Betriebstemperatur liegt bei ca. 480 °C. Der Grundwerkstoff ist ein warmfester Stahl (10 CrMo 9-10), der auch bei höheren Temperaturen nur geringfügig an Festigkeit verliert.
a) Wählen Sie anhand der nachstehenden Diagramme den Gasdüsendurchmesser und den Argonverbrauch für eine Werkstückdicke von 2,5 mm aus.

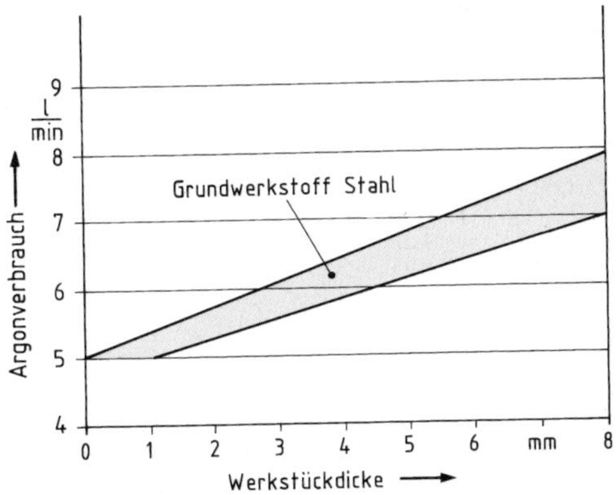

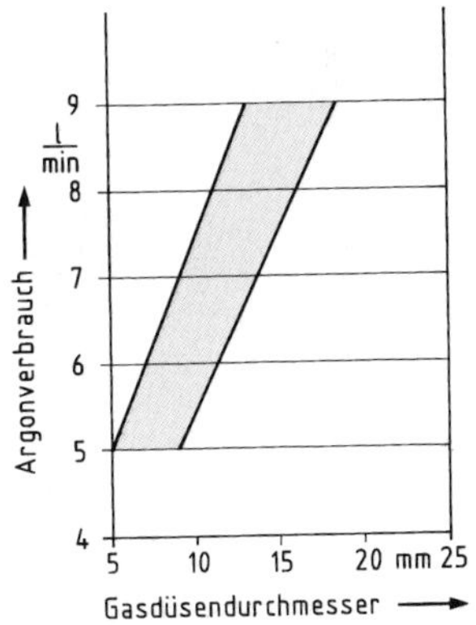

b) Geben Sie eine geeignete Schweißstromquelle an.

c) Machen Sie zur Schweißstromquelle folgende Angaben:
– Schweißstromart, – Polung,
– Stromquellenkennlinie, – Stromstärke.

d) Suchen Sie einen geeigneten Schweißstabwerkstoff aus. (Siehe Tabelle in Aufgabe 6/123).

e) Wählen Sie für eine große Standzeit eine geeignete Elektrode aus, und geben Sie die Kurzbezeichnung an.

f) Aus werkstoffspezifischen Gründen ist beim Schweißen des 10 CrCo 9-10 einiges zu beachten. Schreiben Sie den nachfolgenden Text ab, und ordnen Sie folgende Begriffe ein:

Vorwärmtemperatur, Chrom, höheren, Vorwärmen, langsam, Aufhärtung, Molybdän.

Ein Stahl ist warmfest, wenn er auch bei .....?..... Temperaturen noch eine ausreichende Festigkeit besitzt. Diese Eigenschaft wird durch Zulegieren von z. B. ......?..... und .....?..... erreicht. Nachteilig ist jedoch die Neigung warmfester Stähle zur .....?......
Zur Vermeidung der Aufhärtung durch das Schweißen und nachfolgender Abkühlung sind folgende Maßnahmen einzuhalten:
– .....?..... des Werkstückes zum Heften und Schweißen auf ca. 300 °C,
– die .....?..... ist während der gesamten Schweißzeit einzuhalten.
– das Werkstück ist nach dem Schweißen .....?..... abzukühlen.

• Gefügeänderungen beim Metallschweißen

6/114 Durch welches Wärmebehandlungsverfahren kann ein durch Schweißen verändertes Stahlgefüge in der Schweißzone wieder in ein einheitliches und feinkörniges Gefüge überführt werden?

6/115 **a)** Wie verhalten sich Metalle hinsichtlich ihres Volumens
• beim Erwärmen, • beim Abkühlen?

b) Wie verzieht sich das geschweißte Werkstück nach dem vollständigen Abkühlen?

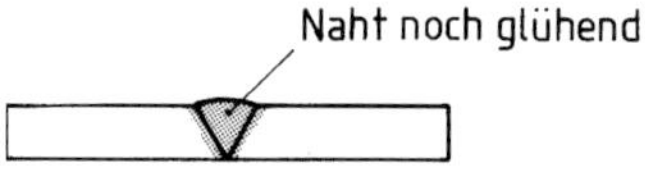

• Fehler beim Metallschweißen

6/116 In der Stahlkonstruktion entstand nach Einschweißen der Strebe an der durch den Pfeil gekennzeichneten Stelle ein Riss.

a) Wie ist das Auftreten des Risses zu erklären?

b) Welche Ursachen haben Schweißspannungen?

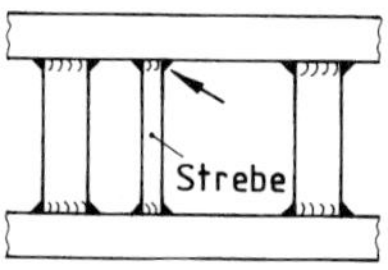

6/117 **a)** Wie unterscheiden sich beim Metallschweißen die Schweißfehler: – Poren und – Bindefehler?

b) Welche Schweißnahtfehler zeigen die Darstellungen A und B?

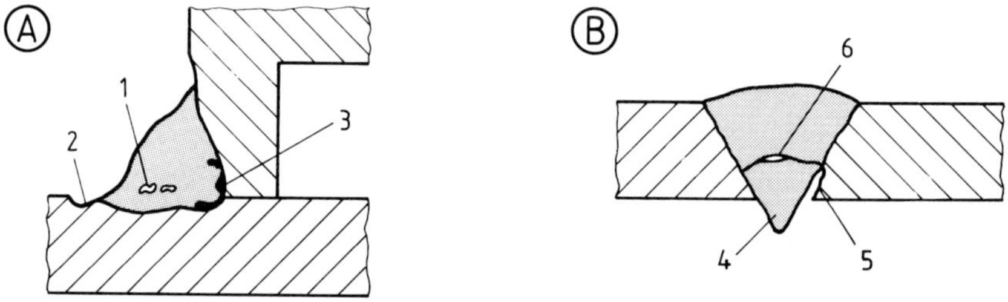

6/118 **a)** Beim Gasschmelzschweißen wurden Schweißstäbe benutzt, die durch längere Lagerung in einem feuchten Raum korrodiert sind.
Mit welchem Schweißnahtfehler ist beim Einsatz dieser Schweißstäbe zu rechnen?

b) Durch welche Prüfverfahren lässt sich der auftretende Fehler an den geschweißten Bauteilen nachweisen?

6/119 a) Zwei Bleche wurden mit dem Lichtbogenhandschweißverfahren verbunden (Position „fallend"). Bei der Durchstrahlungsprüfung wurden Bindefehler festgestellt. Geben Sie die wahrscheinliche Fehlerursache an.

b) Rohre mit einer Wandstärke von 5 mm wurden mit einer 1 mm dicken Drahtelektrode im MAG-Verfahren verschweißt. Der Schweißer stellte eine Schutzgasmenge von 14 l/min ein. Begründen Sie, warum in der Schweißnaht Poren entstanden.

6/120 Die Wurzellage einer V-Naht ist, wie nebenstehend dargestellt, MAG geschweißt.

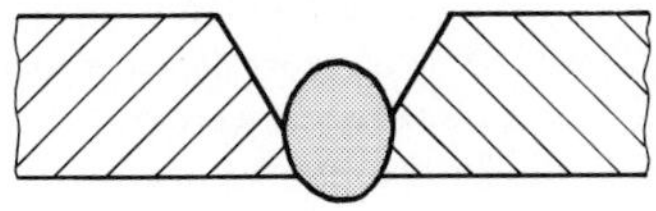

a) Welcher Schweißnahtfehler kann beim Schweißen der nachfolgenden Lage auftreten?

b) Welche Maßnahme muss der Schweißer vor dem Schweißen der folgenden Lage durchführen, um den Fehler zu vermeiden?

6/121 Nennen Sie einen Schweißnahtfehler, der ausschließlich beim WIG-Schweißen auftreten kann?

a) Wodurch entsteht dieser Schweißnahtfehler?

b) Wie wirkt sich dieser Fehler unter Belastung des Bauteiles aus?

6/122 Aus 4 mm dicken PVC-Platten soll die skizzierte Abdeckung durch Zuschnitt, Biegen und Verschweißen hergestellt werden. Erstellen Sie einen Vorschlag zur Fertigung.

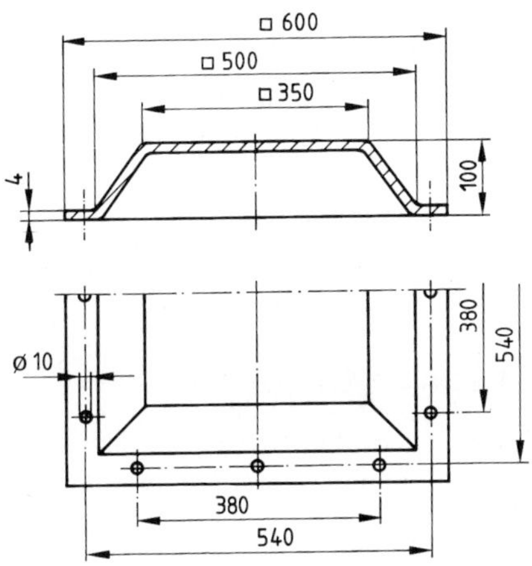

a) Skizzieren und bemaßen Sie die Einzelteile, die gefertigt werden müssen.

b) Beschreiben Sie die Schweißnahtvorbereitung.

c) Welche Schweißtemperatur ist einzustellen?

d) Geben Sie die Reihenfolge der Schweißungen an.

6/123 Zum Einbau von Messgeräten wird vom Betriebslabor ein PVC-Gehäuse gewünscht. Es wird der folgende Auftrag in die Werkstatt gegeben.

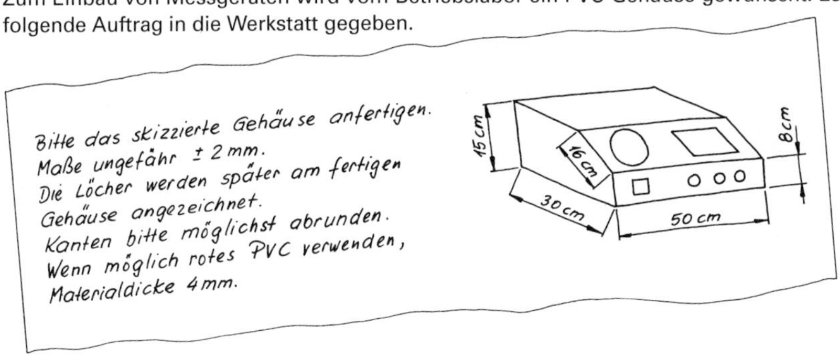

a) Zeichnen Sie eine Abwicklung, nach der ein Gehäuse gebaut werden kann, das möglichst weitgehend den Wünschen des Labors entgegenkommt. Das Gehäuse erhält keinen Boden. Es sollen möglichst wenig Kanten geschweißt werden.

b) Beschreiben Sie in Stichworten den Ablauf der Fertigung. Geben Sie dort, wo es möglich ist, Daten an.

6/124 Sie haben den Auftrag, Werkstückkanten an zu verschweißenden PVC-Teilen mit Methylenchlorid zu säubern. Was müssen Sie bei der Arbeit und der Entsorgung beachten?

6/125 Bei Instandsetzungsarbeiten müssen zwei PE-Rohre (80 mm Durchmesser, 5 mm Wanddicke) verschweißt werden. Es steht ein Rohrschweißgerät entsprechend der Abbildung im Lehrbuch zur Verfügung.
Erstellen Sie einen Plan über die Arbeitsschritte.

6/126 Zwei Polyethylen-Rohre sollen miteinander verschweißt werden.

a) Beschreiben Sie die Schweißnahtvorbereitung.
b) Geben Sie die Schweißtemperatur an.
c) Berechnen Sie die Schweißkraft.
d) Schildern Sie den Schweißvorgang.
e) Ermitteln Sie die Abkühlzeit.
f) Welche Fehler können Ursache von ungenügender Bindung an der Fügestelle sein?

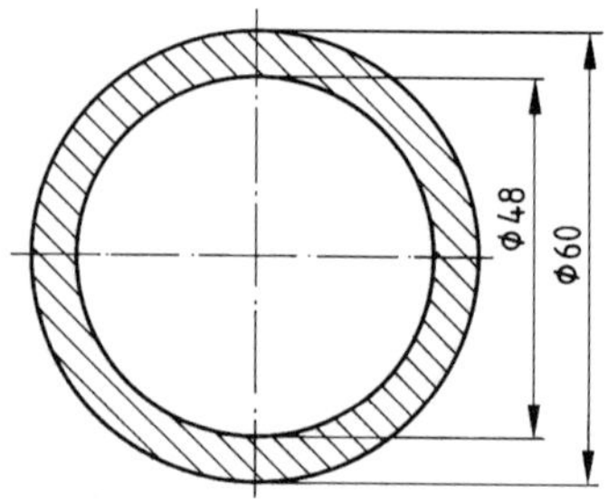

Fügen durch Kleben

6/127 Welche Vorteile hat das Kleben gegenüber dem Löten hinsichtlich
- der Fügetemperatur,
- der Werkstoffe der zu fügenden Bauelemente,
- der elektrischen Eigenschaft der Klebestelle,
- der Spannungsverteilung gegenüber genieteten Verbindungen?

6/128 Warum wird in der Luft- und Raumfahrtindustrie das Metallkleben besonders häufig eingesetzt?

6/129 Zwei Platten aus Stahl sollen durch verschiedene Fügeverfahren gefügt werden.
Zeichnen Sie die Tabelle ab, und füllen Sie diese aus.

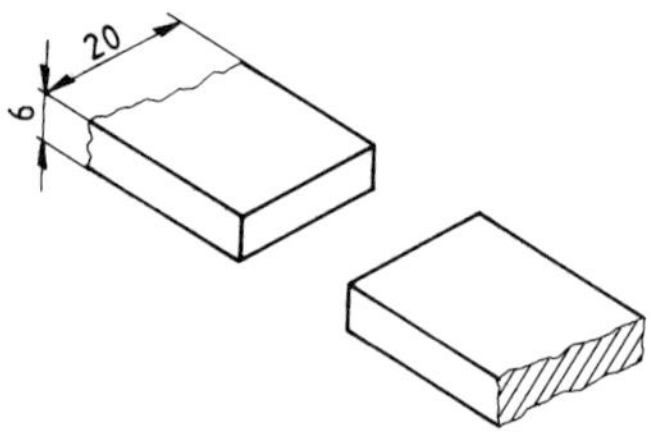

	Fügen durch Schweißen	Fügen durch Löten	Fügen durch Kleben	Fügen durch Schrauben	Fügen durch Nieten
Gestaltung der Fügestelle (Skizze für je ein Beispiel)	?	?	?	?	?
Fügeverfahren (Lösbarkeit)	?	?	?	?	?
Art der Kraftübertragung (Schluss)	?	?	?	?	?
Verzug der Bauelemente (stark, gering, nicht vorhanden)	?	?	?	?	?
Mögliche Betriebstemperatur über bzw. unter 200 °C oder 700 °C	?	?	?	?	?

6/130 Warum dürfen beim Kleben keine Fett- oder Schmutzteilchen an der Klebestelle sein?

6/131 Warum sollen in einer Klebeverbindung möglichst nur Scherspannungen auftreten?

6/132 Die Festigkeit einer Klebeverbindung ist von zwei unterschiedlichen Kräften abhängig, die in dem Schemabild mit ① und ② gekennzeichnet sind.

a) Wie heißen die Kräfte ① und ②?

b) Beschreiben Sie diese physikalischen Größen.

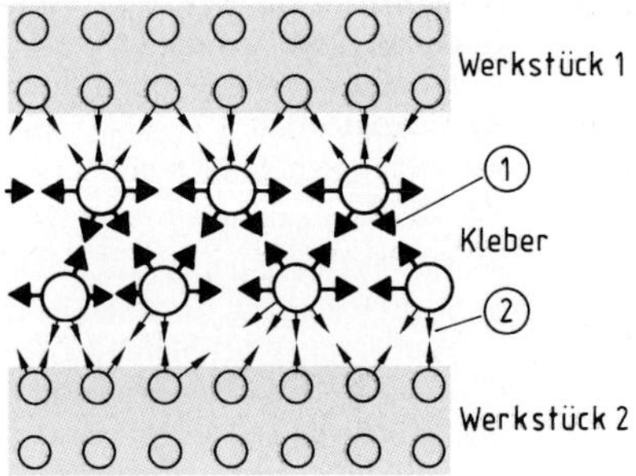

6/133 Nach welchen Abbindemechanismen können Klebstoffe erhärten?

6/134 Bestimmen Sie für folgende Beispiele die Abbindemechanismen der Kleber:

a) Ein Fahrradschlauch wird mit Hilfe von Gummilösung geflickt.

b) Holz-, Metall-, Glasteile werden mit „Alleskleber" einseitig bestrichen, Klebeteile angedrückt und evtl. nachkorrigiert.

c) Mit einer Klebepistole wird ein Klebestift geschmolzen. Der Kleber wird auf die Fügestelle eines Stuhlbeins aufgetragen und dann einige Minuten mit dem Stuhl in der richtigen Lage zusammengefügt.

d) Ein Metallgriff wird auf eine Glasplatte geklebt. Dazu wird der pastenförmige Binder mit Härter-Pulver verrührt. Das Kunststoffgemisch wird auf beide Klebeflächen dünn aufgetragen. Die Teile werden ohne Druck zusammengefügt und ca. 15 min fixiert.

6/135 In Klebeverbindungen sollen möglichst nur Scherspannungen auftreten.
Durch welche konstruktiven Maßnahmen erreicht man eine günstige Gestaltung von Klebeverbindungen für folgende Klebeprobleme:

① Treibriemen

(Treibriemen ist zu lang)

② Rohrverbindungen

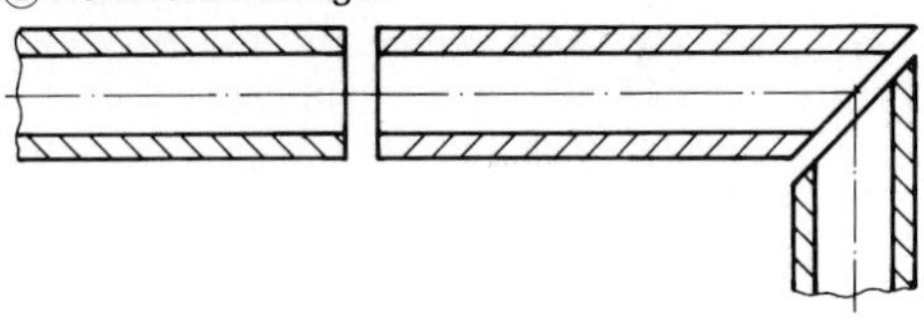

③ Blechverbindungen für Schaltkästen

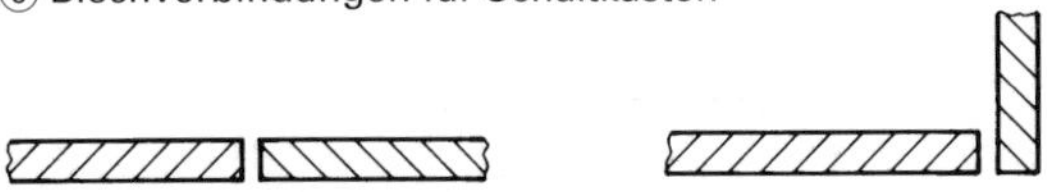

(Bleche sind zugeschnitten)

6/136 Zeichnen Sie die nebenstehende Tabelle ab, und vervollständigen Sie diese jeweils durch drei Merkmale.

Unfallgefahren beim Kleben	Schutzmaßnahmen beim Kleben
?	?

6/137 Auf Dosen für Lösungsmittel und für Kleber können Sie die dargestellten Warnhinweise finden.

a) Erklären Sie die Bedeutung dieser Warnhinweise.

b) Welche Vorsichtsmaßnahmen müssen Sie beim Gebrauch einhalten?

Warnzeichen

6/138 Im Karosseriebau werden Blechteile, z. B. Motorhaube, durch Kleben gefügt.
Bestimmen Sie aus der „Übersicht über Klebstoffe" im Lehrbuch geeignete Kleber. Geben Sie dazu an, welcher Abbindemechanismus vorliegt und ob es sich um Ein- bzw. Zweikompenentenkleber handelt.

6/139 Suchen Sie geeignete Kleber für folgende Werkstoffkombinationen:

a) Kabelhalterung aus Kunststoff auf Beton,
b) Platten aus PVC für einen Schaltkasten,
c) Aufhängung aus Metall an eine Platte aus Pressspan,
d) Holzleisten für Bilderrahmen,
e) Bauteile eines Modellflugzeugs aus Epoxidharz.

6/140 Welche Folge von Arbeitsschritten ist einzuhalten, wenn Sie einen Kasten aus PVC-Platten für die Aufbewahrung von Schrauben, Muttern und Unterlegscheiben kleben?
Entwerfen Sie einen Kasten 300 x 200 x 80 mm mit 6 Unterfächern und mit Deckel.

6/141 Von einem Labor wird der rechts dargestellte Auftrag erteilt.
Zusätzlich werden folgende Wünsche geäußert:
Die Griffe müssen auf die Scheibe geklebt werden. Als Kleber soll ein Epoxidharz-Kleber gewählt werden.

a) Wie schwer ist die Scheibe (ϱ_{Glas} = 2,6 g/cm^3)?
b) Wie viel mm^2 Klebefläche werden benötigt?
Die ungünstigste Belastung tritt ein, wenn die Scheibe an einem Griff so gehoben wird, dass die ganze Last von einer Klebefläche getragen werden muss. Dabei tritt dann auch noch Schälbeanspruchung auf.
Die Zugspannung im Kleber soll nicht mehr als 0,25 N/mm^2 betragen.
Berechnen Sie unter diesen Voraussetzungen die erforderliche Mindestgröße einer Klebefläche.
c) Die Griffe sollen aus Messing Flachmaterial mit dem Querschnitt 20 x 4 mm gebogen werden. Entwerfen Sie die Griffe, und fertigen Sie eine Zeichnung an.
d) Erstellen Sie einen Arbeitsplan über die Vorbereitung und Durchführung der Klebearbeit.

Fügen durch Löten

6/142 Vergleichen Sie Löten und Schweißen im Hinblick auf folgende Gesichtspunkte:

- Temperatur an der Fügestelle,
- Art von Grundwerkstoff und Zusatzwerkstoff,
- Kraftübertragung in der Fügestelle.

6/143 Welche besonderen Vorteile haben Lötverbindungen gegenüber Schweißverbindungen?

6/144 Wie entsteht beim Löten an den Grenzen zwischen Lot und Grundwerkstoff der Zusammenhang?

6/145 **a)** Wie werden die Werkstückoberflächen an der Lötstelle zum Löten vorbereitet?
b) Welche Aufgaben haben Flussmittel beim Lötvorgang?

6/146 Wie wird das Lot bei folgenden Beispielen an die Lötstelle gebracht:

- Verlöten von Kabelenden,
- Verlöten einer überlappenden Eckverbindung,
- Einlöten eines Kupferrohrs in einen Flansch,
- Einlöten eines Widerstands in eine Leiterplatte?

6/147 Warum soll der Spalt zwischen den Bauteilen an der Lötstelle möglichst eng sein? Geben Sie die günstige Breite an.

6/148
a) Wovon ist die niedrigste und höchste Löttemperatur abhängig?
b) Wie ist die Arbeitstemperatur beim Löten festgelegt worden?
c) Warum muss nach dem Fließen des Lotes in der Lötstelle die Löttemperatur ungefähr eine Minute lang beibehalten werden?

6/149
a) Wie unterscheidet man die Lötverfahren nach der Höhe der Arbeitstemperatur?
b) Worauf ist bei der Auswahl eines Flussmittels für einen Lötvorgang besonders zu achten?

6/150
a) Warum verwendet man beim Weichlöten als Lötkolbenwerkstoff Kupfer?
b) Warum kann man mit einem Lötkolben keine Hartlötungen durchführen?

6/151 Zwei Rohre sollen gelötet werden. Untersuchen Sie die vorgelegten Vorschläge zur Gestaltung der Verbindung im Hinblick auf löttechnische Probleme und mögliche Kraftübertragung.

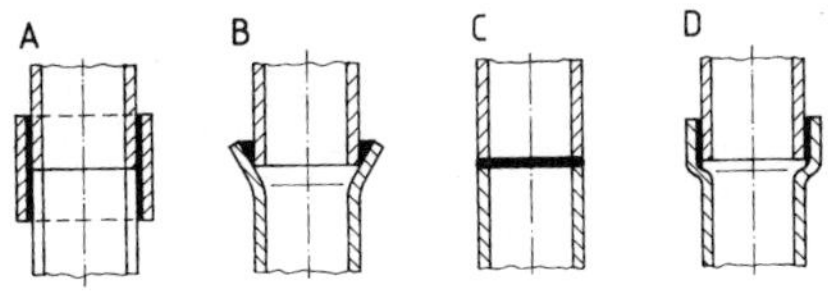

6/152
a) Entschlüsseln Sie die Zusammensetzung folgender Lote:
S-Pb50Sn50 (L-Sn50Pb); S-Sn60Pb38Cu2(L-Sn60PbCu2); L-Ag 12; L-CuZn40; L-Ni 5.
b) Ordnen Sie die oben aufgeführten Lote den Lötverfahren
- Weichlöten; • Hartlöten und • Hochtemperaturlöten zu.

c) Finden Sie heraus, zu welchen Werkstoffen und zu welchem Anwendungsbereich der Einsatz der Lote geeignet ist.

6/153 Welche Gesichtspunkte sind bei der Auswahl eines Flussmittels von Bedeutung?

6/154 Eine Zinkblechwanne zum Auffangen von Kondenswasser ist in einer Biegekante angerissen. Die Reparatur soll durch Weichlöten erfolgen.
Stellen Sie einen Arbeitsplan auf, und geben Sie die erforderlichen Hilfsmittel an.

6/155 Ein Kupferrohr soll in einer Düse enden. Die Düse aus Messing soll durch Drehen hergestellt werden.
Düse und Rohr sollen durch Weichlöten verbunden werden.
Zur Gestaltung der Verbindung werden folgende Vorschläge gemacht:

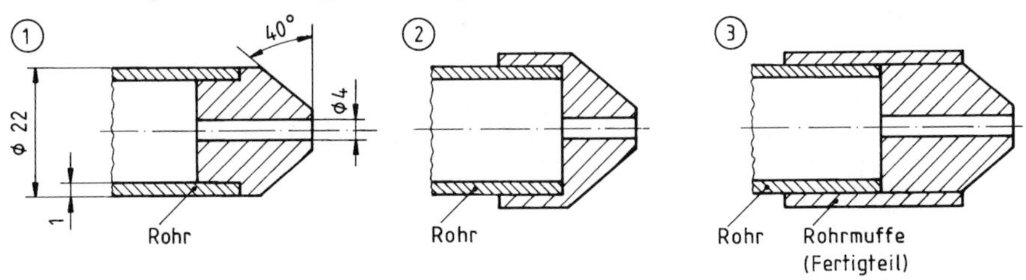

a) Entscheiden Sie sich für einen der Vorschläge, und begründen Sie Ihre Entscheidung.
b) Zeichnen und bemaßen Sie die Düse entsprechend Ihrem Vorschlag. Es sind nur der Durchmesser der Bohrung mit 4 mm und die Abschrägung mit 40° verbindlich. Die übrigen Maße müssen Sie selbst bestimmen.
c) Wählen Sie Lot und Flussmittel aus.

Einstecktiefen für Kupferrohre beim Löten

Außen-∅ in mm	Einstecktiefe in mm
12	7
15	8
18	9
22	11
28	13

7 Arbeitssicherheit und Unfallschutz

Sicherheit beim Arbeiten an Werkzeugmaschinen

7/1 An einer Schleifmaschine ist das Zeichen für „Augenschutz tragen" angebracht.
Darf der Träger einer normalen Brille ohne weitere Schutzmaßnahmen hier arbeiten? Begründen Sie Ihre Antwort.

7/2 An einer sehr lauten Maschine trägt der Maschinenbediener keinen Gehörschutz. Er begründet dies damit, dass er so die Maschine akustisch besser überwachen könne und zudem schade der Lärm auch nicht.
Äußern Sie sich zu dieser Einstellung.

7/3 An einer Drehmaschine hat der dort tätige Mechaniker versehentlich die NOT-AUS-Taste gedrückt.
- **a)** Wie ist der Ablauf zur erneuten Inbetriebnahme?
- **b)** Warum kann man nicht durch erneutes Drücken der NOT-AUS-Taste die Maschine in Betrieb setzen?

7/4 In welchem Augenblick besteht beim Bohren die größte Gefahr, dass das Werkstück mitgerissen wird? Welche Gefährdung besteht in diesem Fall bei nicht fachgerechter Handhabung?

7/5 „Spannschlüssel und Austreibkeile gehören grundsätzlich an die Kette, damit sie nicht ‚verklüngelt' werden", sagt ein älterer Mechaniker.
Was halten Sie davon?

7/6 Beim Drehen einer Welle hatte der Zerspanungsmechaniker den Endschalter zur Vorschubbegrenzung richtig eingestellt. Nach einigen Verstellarbeiten von Hand fuhr dennoch plötzlich der Support in das Dreibackenfutter.
Welcher Fehler ist wahrscheinlich gemacht worden?

7/7 Auf einer Schleifscheibe steht „... $v_{max} = 25$ m/s ...".
Darf die Schleifscheibe von 400 mm Durchmesser auf einem Schleifbock mit $n = 3\,000$ 1/min betrieben werden?

7/8 Wie schleifen Sie eine Reißnadel am Schleifstein an, um Unfallgefahren auszuschließen?

7/9 Welche Sicherheitsregeln sind beim Wechseln einer Schleifscheibe zu beachten?

Sicherheit beim Schweißen

7/10 „Wegen der paar Spritzer beim E-Schweißen ziehe ich mir doch keine Schweißhandschuhe an", verkündet furchtlos ein Auszubildender.
Welchen Gefahren setzt er sich aus?

7/11 Begründen Sie folgende Sicherheitsregeln zum Gasschmelzschweißen:
- nur aus stehenden Acetylenflaschen Gas entnehmen,
- angeschlossene Brenner nie in Behältern liegen lassen.

7/12
- **a)** Welcher Druck darf bei Acetylen nicht überschritten werden?
- **b)** Wie kann eine Acetylenzersetzung in der Flasche festgestellt werden?
- **c)** Wie muss eine Acetylenflasche behandelt werden, wenn sie durch Acetylenzerfall mehr als handwarm geworden ist?
- **d)** Wodurch wird die Erstickungsgefahr beim Gasschmelzschweißen in engen Räumen hervorgerufen?
- **e)** Warum darf Sauerstoff nicht zum Belüften von Räumen oder zum Ausblasen der Kleidung verwendet werden?
- **f)** Warum soll das Flaschenventil der Sauerstoffflasche langsam geöffnet werden?

Schutzmaßnahmen beim Umgang mit Kühlschmierstoffen

7/13 Nennen Sie 2 Gefahren beim Umgang mit Kühlschmierstoffen.

7/14 **a)** Geben Sie 5 Möglichkeiten an, wie das Gesundheitsrisiko beim Umgang mit Kühlschmierstoffen gemindert werden kann.

b) Ein Kollege bekommt einen Kühlschmiermittelspritzer ins Auge. Welche Maßnahmen ergreifen Sie?

Maßnahmen bei Unfällen

7/15 Beim Bohren eines Blechstreifens löst sich die Aufspannung und der Auszubildende wird durch das herumschleudernde Blech an der linken Hand verletzt.
Schildern Sie die Sofortmaßnahmen, die Sie als erste Hilfe vornehmen.

Sicherheitskennzeichnung

7/16 Auf einer Flasche mit einem Entfettungsmittel sind die dargestellten Warnzeichen aufgebracht.

a) Was ist über diesen Stoff auszusagen?

b) Was ist beim Gebrauch zu beachten?

7/17 Nennen Sie Betriebsbereiche, in denen das nebenstehende Verbotszeichen angebracht sein muss.

7/18 **a)** Geben Sie bei folgenden Sicherheitszeichen an, ob es sich um – Verbotszeichen, – Warnzeichen, – Gebotszeichen handelt.

b) Geben Sie bei jedem Sicherheitskennzeichen die Bedeutung an.

8 Umweltschutz

8/1 In Ihrem Betrieb hat sich eine beachtliche Menge unbrauchbarer Schmier- und Kühlschmiermittel angesammelt. Ihr Kollege macht den Vorschlag, die gefüllten Fässer bei der nächsten Mülldeponie abzugeben.
Was antworten Sie Ihrem Kollegen?

8/2 **a)** Welche Belastungen der Umwelt treten durch den Gebrauch von Autos auf?

b) Welche Möglichkeiten sehen Sie, die Umweltbelastung durch das Auto zu verringern?

Werkstofftechnik

1 Eigenschaften der Werkstoffe

Physikalische Eigenschaften

1/1 Ein Werkstück mit einer Masse m = 0,54 kg hat ein Volumen V = 0,2 dm³.

a) Berechnen Sie die Dichte ϱ des Werkstoffes.
b) Welcher Werkstoff liegt vor?

1/2 Ein Stahlprofil an einem LKW ist 1,2 m lang und hat den folgenden Querschnitt. Es wird durch ein Aluminiumprofil ersetzt, das wegen der geringeren Festigkeit des Aluminiums einen größeren Querschnitt hat.

a) Welche Masse hat das Stahlprofil?
b) Welche Masse hat das Aluminiumprofil?
c) Wie viel % der Masse wird durch das Aluminiumprofil eingespart?

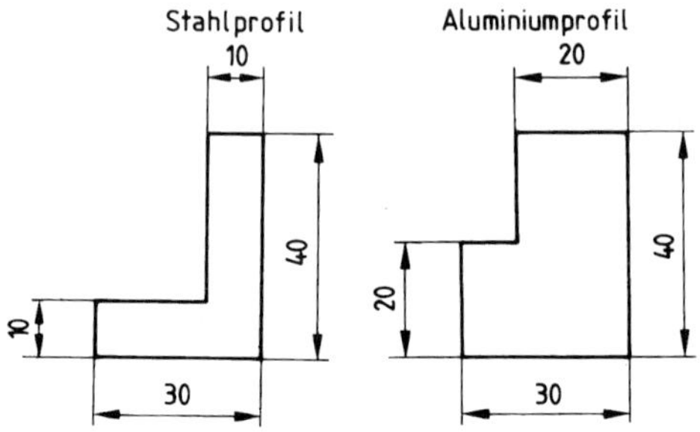

1/3 Aus Rundstahl, 50 mm Durchmesser, sollen Wägestücke von 500 g Masse abgeschnitten werden. Welche Länge muss jeder Abschnitt haben?

1/4 **a)** Ermitteln Sie die Zugfestigkeit eines Kupferdrahtes. Gehen Sie dabei wie folgt vor:
- Befestigen Sie den Kupferdraht (0,5 mm bis 1 mm Durchmesser) an einem Ende.
- Befestigen Sie an dem anderen Ende einen Federkraftmesser.
- Dehnen Sie den Draht bis zum Bruch. Lesen Sie die größte Kraft am Federkraftmesser ab, und berechnen Sie die Zugfestigkeit.

b) Wie könnte man vorgehen, wenn der Kraftbereich des Federkraftmessers nicht ausreicht, um den Draht zu zerreißen? Machen Sie dazu Vorschläge.

1/5 Ein Stab aus Kupfer hat einen Querschnitt von 4 mm². Er reißt bei einer Zugkraft von 400 N. Ein Stab aus Aluminium hat einen Querschnitt von 5 mm². Er reißt bei einer Zugkraft von 480 N. Welcher Stab hat die höhere Festigkeit?

1/6 Zeichnen Sie eine Tabelle nach dargestelltem Schema:

elastisch	plastisch	spröde
?	?	?

a) Ordnen Sie folgende Werkstoffe in diese Tabelle richtig ein: Gummi, Plastilin, Beton, Blei, Federstahl, Porzellan, Leder.
b) Suchen Sie noch je ein weiteres Beispiel, und ordnen Sie es ein.

1/7 In einer Kiste liegen gehärtete und ungehärtete Stahlbolzen. Sie sind äußerlich nicht zu unterscheiden.
Wie kann man auf einfache Weise die Bolzen sortieren?

1/8 Ein Bimetall besteht aus zwei verschiedenen Metallstreifen, die fest miteinander verbunden sind. Beide Metalle haben sehr unterschiedliche Wärmedehnung, so dass sich der Streifen bei Erwärmung verbiegt.
Einem Auszubildenden kam die Idee, eine Zigarettenablage am Aschenbecher mit einem Bimetall so zu gestalten, dass eine vergessene und bis zum Ende glühende Zigarette nicht auf die Tischdecke fällt, sondern automatisch in den Ascher geschoben wird.
Machen Sie einen Vorschlag zur Verwirklichung der Idee.

1/9 Ein Holzgriff und ein Griff aus Stahl haben die gleiche Temperatur von –10 °C. Trotzdem „fühlt sich der Holzgriff nicht so kalt an".
Erklären Sie dies.

1/10 In Rohren von Heizkesseln und Durchlauferhitzern lagert sich häufig im Inneren ein Belag aus Kesselstein ab.
Welche wirtschaftlichen und betriebstechnischen Auswirkungen hat diese Ablagerung?

1/11 Im Unterricht wird folgender Versuch gezeigt:
Vier Blechstreifen mit gleichen Abmessungen aus unterschiedlichen Werkstoffen sind in der Mitte zusammengenietet. Am Ende eines jeden Bleches steht ein Streichholz mit dem Kopf nach unten.
In welcher Reihenfolge werden die Streichhölzer zünden, wenn in der Mitte erwärmt wird?

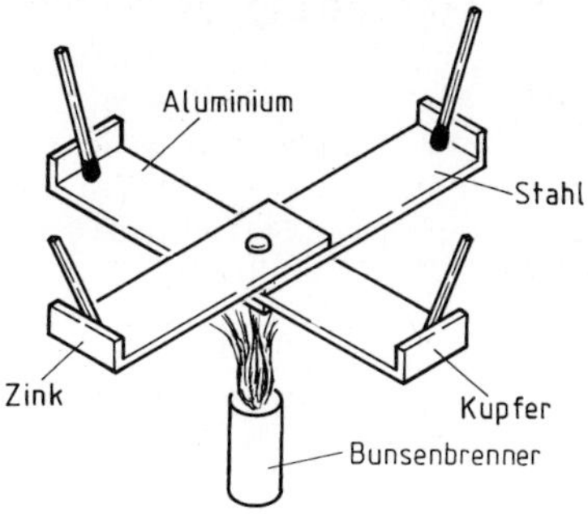

Chemische Eigenschaften

1/12 Schreiben Sie jeweils die nachfolgenden Sätze ab und tragen Sie die Werkstoffe ein, aus denen die angegebenen Bauteile gefertigt werden.

a) Dachrinnen und Fallrohre sollen witterungsbeständig sein, darum fertigt man sie aus ___?___.

b) Waschlaugen greifen z. B. Baustahl und Zink an und zerstören sie. Darum fertigt man die Trommeln von Waschmaschinen aus ___?___.

c) Wasserrohre aus Stahl werden durch eine Metallschicht geschützt. Diese Schicht ist aus ___?___.

1/13 Einem Kollegen ist ein Quecksilberthermometer zerbrochen. Er sammelt die Scherben auf. Die kleinen Kügelchen vom Quecksilber lässt er in den Fußbodenritzen verschwinden. „So kann sie keiner mehr berühren und sich daran vergiften," sagt er.
Äußern Sie sich dazu.

Technologische Eigenschaften

1/14 In einem Lexikon steht über Gusseisen:

„Gusseisen hat eine Dichte von ϱ = 7,2 kg/dm^3 und lässt sich gut in Formen vergießen. Sein Schmelzpunkt liegt bei etwa 1 200 °C. Gusseisen ist spröde und schlecht schweißbar. Gegenüber vielen Stahlsorten ist Gusseisen korrosionsbeständiger und leichter spanend zu bearbeiten."
Schreiben Sie auf, welche technologischen Eigenschaften des Gusseisens in diesem Bericht erwähnt werden.

1/15 Welche physikalischen, chemischen und technologischen Eigenschaften fordert man von einem Werkstoff für die Felgen eines Rennrades?

2 Aufbau metallischer Werkstoffe

Chemische Elemente

2/1 Zeichnen Sie das nebenstehende Schema ab, und ordnen Sie die Elemente in das Schema ein. In der Klammer nach dem chemischen Element steht die zugehörige Dichte in kg/dm^3.
Eisen (7,86), Schwefel (2,06), Kohlenstoff (2,25), Magnesium (1,74), Vanadium (5,96), Phosphor (1,82), Zink (7,13), Zinn (7,30), Blei (11,35), Aluminium (2,70), Kupfer (8,93), Titan (4,50).

Elemente
- Metalle
  - Leichtmetalle
  - Schwermetalle
- Nichtmetalle

Leichtmetalle	Schwermetalle	
?	?	?
?	?	?

2/2 Schreiben Sie die Namen folgender chemischer Elemente ab, und tragen Sie hinter jeden Namen das chemische Symbol ein.
Wasserstoff, Kupfer, Zinn, Zink, Schwefel, Kohlenstoff, Eisen, Blei, Stickstoff, Mangan, Magnesium, Sauerstoff, Chrom.

2/3 Metallische Werkstoffe werden durch Kurzzeichen erfasst. Im Kurzzeichen der Werkstoffe stehen unter anderem die chemischen Symbole der Elemente, die der Werkstoff enthält.
Schreiben Sie die Kurzzeichen ab, und bestimmen Sie die Namen der chemischen Elemente, die in diesen metallischen Werkstoffen enthalten sind:

- C45
- NiCu14FeMo
- CuAl12Ni5
- MgAl6Zn
- 16MnCr4
- CuZn40Pb2

2/4 Zeichnen Sie folgendes Schema ab, und füllen Sie es vollständig aus.

	Name des Atombausteins	elektrische Ladung	Massevergleich
Atomkern	?	?	?
	?	?	?
Elektronenhülle	?	?	?

2/5 Wodurch unterscheiden sich die Atome zweier verschiedener Elemente in ihrem Aufbau?

2/6 In der Tabelle „Atomaufbau der Elemente 1 bis 18" im Lehrbuch stehen links die metallischen Elemente, z. B. Natrium, Magnesium, Aluminium.
Auf der rechten Seite dieser Tabelle stehen die nicht metallischen Elemente, z. B. Sauerstoff, Schwefel, Fluor, Chlor.

a) Welche Gemeinsamkeit in der Atomhülle haben die metallischen Elemente?
b) Welche Gemeinsamkeit in der Atomhülle haben die nicht metallischen Elemente?

Aufbau von Metallen

2/7 Ein Stück Aluminium besteht aus vielen Aluminiumionen.
Wie werden diese Aluminiumionen zusammengehalten?

2/8 Ein Kochsalzkristall (chemische Formel: $NaCl$) besteht aus positiv geladenen Natriumionen ⊕ und negativ geladenen Chlorionen ⊖.
Wie wird sich dieser Kristall im Gegensatz zu einem Metallkristall verhalten, wenn man die Schichten um einen Atomabstand gegeneinander zu verschieben versucht?

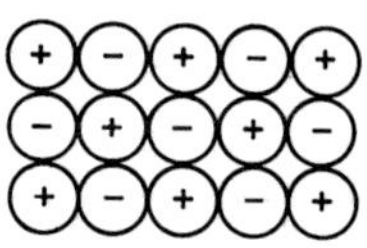

2/9 Metalle werden als elektrische Leiter, z. B. in Elektrokabeln, verwendet.
Warum leiten Metalle den elektrischen Strom?

2/10 Wie verhalten sich die kleinsten Teilchen eines Metallstückes

a) beim Erwärmen des Metallstückes,
b) beim Aufschmelzen des Metallstückes,
c) in der Metallschmelze?

2/11 Um den Erstarrungspunkt von Kupfer zu ermitteln, wurden in einem Versuch nebenstehende Werte ermittelt.

Zeit in min	0	5	15	30	40	45	60
Temperatur °C	1 300	1 190	1 083	1 083	1 083	1 020	860

a) Stellen Sie aus den gegebenen Messwerten ein Diagramm auf, in dem die waagerechte Achse die Zeit in Minuten und die senkrechte Achse die Temperatur von 900 bis 1 400 °C enthält. Zeichnen Sie einen Kurvenzug.
b) Bestimmen Sie aus dem Diagramm die Erstarrungstemperatur von Kupfer.

2/12 Die Abbildung stellt ein stark vergrößertes Schema eines Gefügebildes dar.

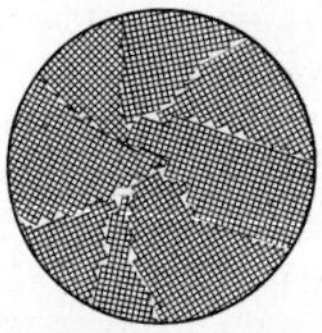

a) Skizzieren Sie das Gefügebild so ab, dass lediglich die Korngrenzen gezeichnet werden.

b) Beschreiben Sie, unter Berücksichtigung des Erstarrungsvorganges, die Begriffe Korn und Korngrenze.

2/13 Stahlteile werden feuerverzinkt, indem man sie nach der Reinigung in flüssiges Zink eintaucht. Man sieht dann oft auf der Oberfläche ein interessantes Muster.
Wie ist dieses Muster aus der Erstarrung der Zinkschicht zu erklären?

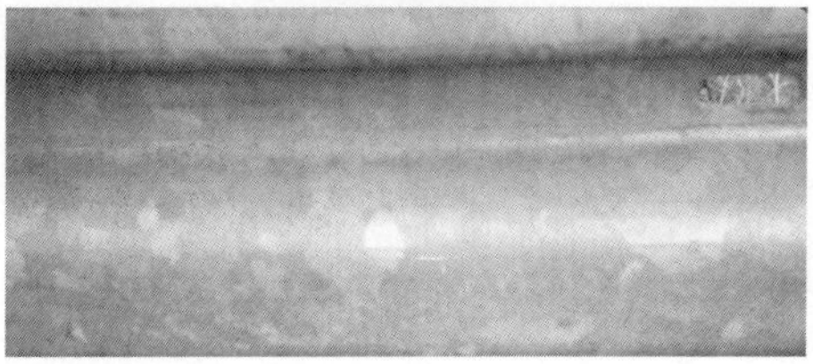

2/14 Rundmaterial aus Messing soll grobkorngeglüht werden.

a) Welche Eigenschaft soll damit verbessert werden?

b) Welche Eigenschaft wird mit Sicherheit verschlechtert?

2/15 Zeichnen Sie die Tabelle ab, und ordnen Sie die aufgeführten Metalle nach ihrer Umformbarkeit in die Tabelle ein:

zufriedenstellend umformbar	gut umformbar	sehr gut umformbar
?	?	?

Chrom	Magnesium	Zink	Eisen (erwärmt)	Aluminium	Kupfer
(krz)	(hex)	(hex)	(kfz)	(kfz)	(kfz)

2/16 In einem Metall sind die Metallionen gemäß der nebenstehenden Zeichnung angeordnet.
Fertigen Sie eine Skizze entsprechend der Vorlage an, und geben Sie den Gittertyp an.
Verbinden Sie zur besseren Übersicht die Mitte eines Ions mit den Mitten seiner Nachbarionen.

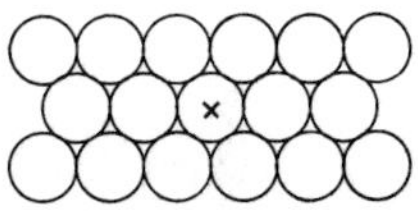

Draufsicht auf den Kristall

Legierungen

2/17 Warum legiert man Werkstoffe?

2/18 Wie nennt man folgende Legierungen:

a) Eine Legierung, die aus etwa 99 % Eisen und 1 % Kohlenstoff besteht.

b) Eine Legierung, die aus etwa 97 % Eisen und 3 % Kohlenstoff besteht.

c) Eine Legierung, die aus etwa 65 % Kupfer und 35 % Zink besteht.

2/19 Übernehmen Sie das Schema und ergänzen Sie die vorgegebenen Lücken.

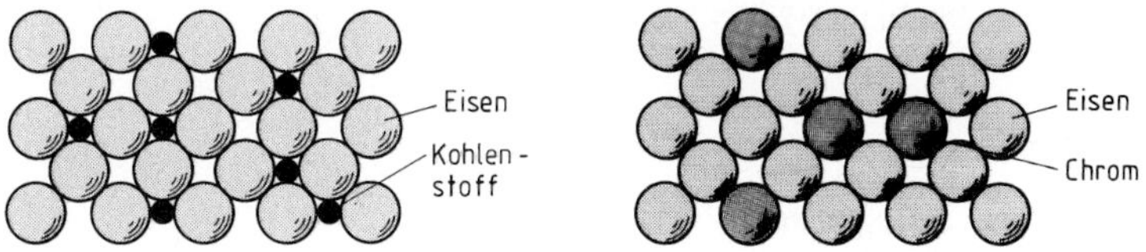

___?___ mischkristall   ___?___ mischkristall

Anforderungen an die Fremdatome

___?___   1. ___?___ 2. ___?___

2/20 Welche Eigenschaften haben Legierungen mit Mischkristallen?

2/21 Das Diagramm zeigt die Aufheizkurve einer Kupfer-Nickel-Legierung mit 50 % Nickel. Übernehmen Sie das Diagramm, und tragen Sie die Worte
- Ende des Schmelzvorganges,
- Beginn des Schmelzvorganges

richtig in das Diagramm ein.

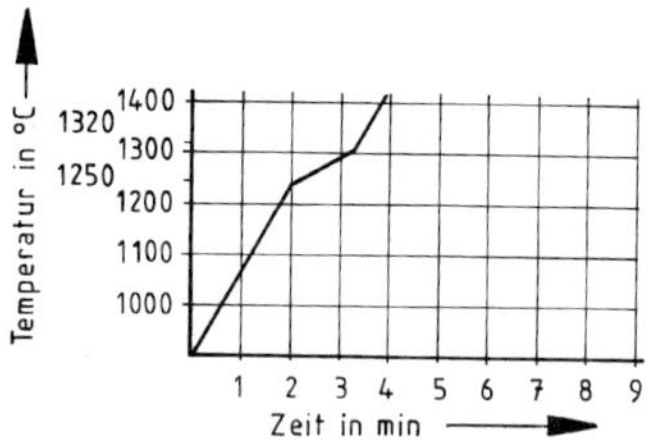

2/22 Es sind nebeneinander Abkühlungskurven ermittelt worden.

a) Übernehmen Sie diese Kurven, und zeichnen Sie das dazugehörige Zustandsdiagramm.

b) Beschriften Sie die einzelnen Felder des Diagramms.

c) Bestimmen Sie für eine Legierung mit 40 % Ni den Beginn und das Ende der Erstarrung.

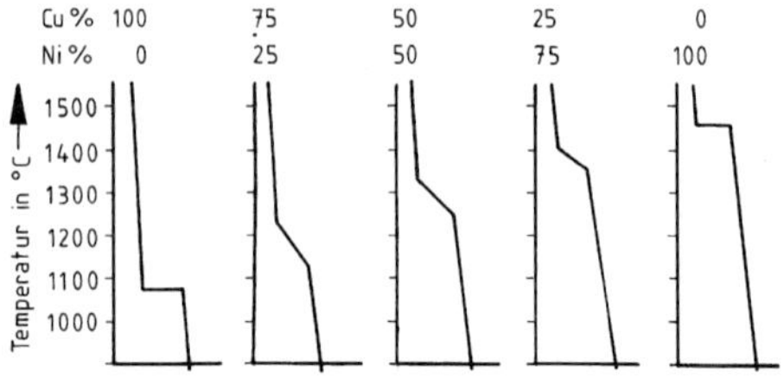

2/23 Die Darstellung stellt ein Gefügebild von Gusseisen mit Lamellengraphit dar.

a) Skizzieren Sie das Gefügebild ab, und beschriften Sie die Gefügebestandteile.

b) Erklären Sie, warum es sich um ein Kristallgemenge handelt.

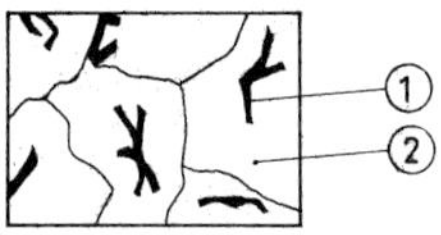

2/24 Gusseisen eignet sich gut als Werkstoff für Gleitlager, für Führungsbahnen sowie für Kolbenringe in Kraftfahrzeugmotoren.
Erklären Sie dies anhand des Gefüges.

2/25 Die Abbildung stellt ein Gefügebild von Automatenmessing dar. Automatenmessing enthält unter anderem 2 % Blei.

a) Skizzieren Sie das Gefügebild ab, und kennzeichnen Sie den Gefügeanteil Blei.

b) Welche Bedeutung hat das Zulegieren von Blei im Automatenmessing?

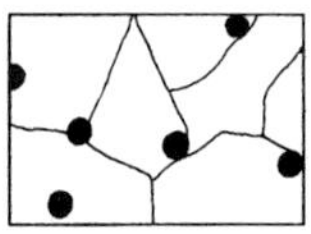

2/26 Von den Blei-Zinn-Legierungen hat die eutektische Legierung die Zusammensetzung von 62 % Zinn und 38 % Blei. Im Folgenden ist eine Legierung mit 60 % Blei und 40 % Zinn zu untersuchen.

a) Welcher Bestandteil ist in dieser Legierung gegenüber der eutektischen Legierung im Überschuss?

b) Welcher Bestandteil der Legierung beginnt zuerst zu erstarren?

c) Zeichnen Sie die vorgegebene Abkühlungskurve dieser Legierung ab, und beschriften Sie die angegebenen Stellen.

d) Beschreiben Sie den Erstarrungsvorgang dieser Legierung. Die Erstarrung beginnt bei 250 °C und endet bei 184 °C.

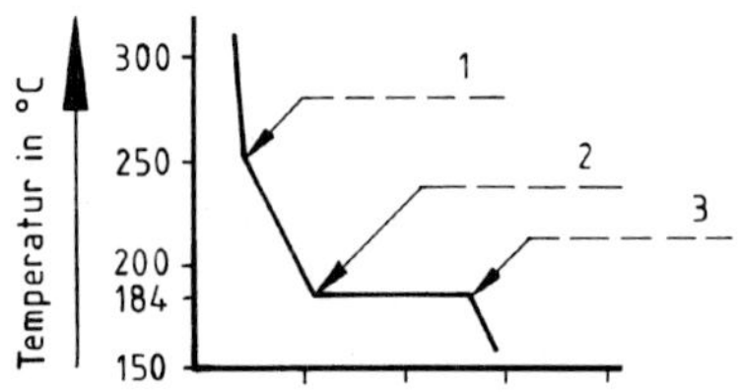

2/27 Legierungen aus Aluminium und Silizium bilden Kristallgemenge. Unter diesen Al-Si-Legierungen weist die Legierung mit 11,7 % Si ein besonders feines Kristallgemenge auf.

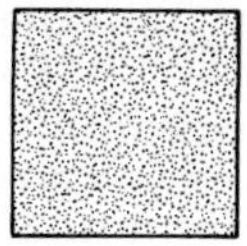

G-AlSi 12 veredelt Gefüge

a) Wie nennt man dieses besonders feine Kristallgemenge?

b) Welche Eigenschaften hinsichtlich

- Abkühlungsverhalten,
- Erstarrungsverlauf,
- Erstarrungstemperatur

hat diese Legierung?

2/28 Es liegt eine Legierung mit Kristallgemenge vor.

a) Woran erkennt man im Schliffbild, dass ein Kristallgemenge vorliegt?

b) Woran erkennt man im Schliffbild, dass eine nicht eutektische Legierung vorliegt?

2/29 Bei einer Untersuchung von Blei-Zinn-Legierungen wurden folgende Abkühlungskurven aufgenommen:

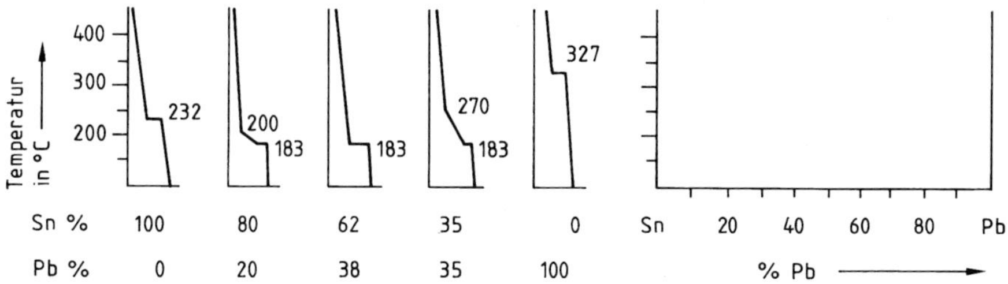

a) Übernehmen Sie diese Abkühlungskurven, und zeichnen Sie das zugehörige Zustandsdiagramm mit allen Beschriftungen.

b) Beim Löten in der Elektro- und Elektronikindustrie benötigt man möglichst niedrig schmelzende Lote, die schnell erstarren.
Welche Pb-Sn-Legierung empfehlen Sie nach dem Zustandsdiagramm?

c) Zum Löten von Kabelmänteln benötigt man Lote, die sich im breiigen Zustand „schmieren" lassen. Zwischen Beginn und Ende der Erstarrung soll ein Temperaturunterschied von 70 °C liegen.
Welche Zusammensetzung muss das Lot haben?

3 Eisen und Stahl

Roheisen- und Stahlerzeugung

3/1 Die Metallgewinnung erfolgt in Stufen.

a) Nennen Sie die Stufen der Metallgewinnung.

b) Geben Sie die Aufgaben jeder Stufe an.

3/2 Das in Schweden geförderte Eisenerz Magneteisenstein enthält etwa 70 % Fe_3O_4.

a) Wie viel Tonnen Fe_3O_4 sind in 5 000 t Magneteisenstein enthalten?

b) Wie viel Tonnen reines Eisen kann man daraus gewinnen, wenn die chemische Verbindung Fe_3O_4 78 % reines Eisen enthält?

3/3 Im Hochofen wird aus den aufbereiteten Eisenerzen Roheisen gewonnen.
Durch welchen chemischen Vorgang wird aus den chemischen Verbindungen des Eisens Roheisen gewonnen?

3/4 Im folgenden sind Einzelvorgänge vom Hochofenprozess aufgeführt. Schreiben Sie diese Sätze in anderer Reihenfolge so ab, dass ein sinnvoller Bericht über den Hochofenprozess daraus wird.

- Die dünnflüssige Schlacke schwimmt auf dem Roheisen und wird gesondert abgezogen.
- Bei der Verbrennung des Kokses entstehen Kohlenmonoxid und Kohlendioxid.
- Heiße Luft wird durch Düsen von unten in den Hochofen geblasen.
- Koks, Erz und Zuschläge werden über einen Schrägaufzug von oben schichtweise in den Hochofen geschüttet.
- Die Luft für die Verbrennung erhitzt man in Winderhitzern auf etwa 1 200 °C.
- Das flüssige Roheisen sammelt sich im untersten Teil des Hochofens.
- Das reduzierte Eisen nimmt Kohlenstoff auf; dabei sinkt die Schmelztemperatur des Roheisens um 300 °C.
- Die Reduktion der oxidischen Eisenerze erfolgt mit den Reduktionsmitteln Kohlenstoff und Kohlenmonoxid.
- Im obersten Teil des Hochofens wird das Erz auf etwa 200 °C vorgewärmt; Wasser entweicht als Dampf.

3/5 Erläutern Sie den Unterschied zwischen Roheisen und Stahl

a) in der Zusammensetzung und
b) in den Eigenschaften Schmiedbarkeit und Schweißbarkeit.

3/6 Die Verunreinigungen im Roheisen haben ein höheres Verbindungsbestreben mit Sauerstoff als Eisen.
Wie kann man diese Verunreinigungen im Roheisen beseitigen, wenn man das höhere Verbindungsbestreben zu Sauerstoff ausnutzt?

3/7 Die folgenden Aussagen beschreiben Teilvorgänge bei der Stahlgewinnung durch das LD-Verfahren. Schreiben Sie diese Sätze in richtiger Reihenfolge so ab, dass ein sinnvoller Fachbericht über das LD-Verfahren entsteht.

- die Oxide der Verunreinigungen entweichen zum Teil als Gas, und zum Teil schwimmen sie als Schlacke auf der Schmelze.
- Durch diese Lanze wird Sauerstoff auf die Schmelze geblasen.
- Dieser chemische Vorgang, den man als Oxidation bezeichnet, bewirkt eine beträchtliche Temperatursteigerung in der Schmelze.
- Eine wassergekühlte Lanze wird in den Tiegel geführt.
- Die Roheisenschmelze wird in einen schwenkbaren Tiegel gegeben.
- Da die Verunreinigungen des Roheisens höheres Verbindungsbestreben mit Sauerstoff haben als Eisen, verbinden sich diese mit dem eingeblasenen Sauerstoff.
- Am Ende des Blasvorganges werden je nach Bedarf Legierungselemente zugegeben.
- Die Temperaturerhöhung in der Schmelze ist so groß, dass Kühlschrott hinzugegeben werden muss.
- Der flüssige Stahl wird abgegossen und weiterverarbeitet.

3/8 Die Roheisenschmelze wird bei LD-Verfahren mit etwa 1 300 °C in den Tiegel gegeben. Warum wird die Schmelze im Tiegel bei der Umwandlung zu Stahl nicht fest, obwohl Stahl einen Schmelzpunkt von etwa 1 500 °C hat?

3/9 Welche Vorteile bietet das Stahlgewinnungsverfahren im Lichtbogenofen gegenüber dem LD-Verfahren im Hinblick auf:

a) Verunreinigung durch den Energieträger,
b) Zusammensetzung des Endproduktes,
c) die Möglichkeit zu legieren?

3/10 Der erzeugte Stahl kann zu Blöcken oder zu Strängen vergossen werden.
Vergleichen Sie Block- und Strangguss miteinander, indem Sie die folgenden Gesichtspunkte berücksichtigen:

- Umfang der Walzarbeit zur Herstellung von Halbzeugen,
- die Umstellung auf unterschiedliche Querschnitte,
- das Gefüge,
- die Anlagekosten.

3/11 Flüssiger Stahl ist in der Lage, große Mengen Wasserstoff und andere Gase zu lösen. Welche Folgen ergeben sich daraus für die Werkstoffeigenschaften?

3/12 Suchen Sie aus der Tabelle „Übersicht über die Wirkungen von Begleit- und Legierungselementen“ diejenigen Elemente heraus, welche bei Eisen und Stahl

- die Warmfestigkeit,
- die Korrosionsbeständigkeit erhöhen.

Gefüge und Eigenschaften von Stahl

3/13 Ein unlegierter Stahl mit 0,65 % C ist auf 1 000 °C erwärmt worden.

a) Liegt bei dieser Temperatur ein Kristallgemenge oder ein Mischkristallgefüge vor?
b) Welche Bezeichnung trägt dieses Gefüge?
c) Wie ist der Gitteraufbau?
d) Wie liegt der Kohlenstoff im Gefüge vor?
e) Wie verhält sich das Gefüge beim Umformen?

3/14 Die folgenden Aussagen beschreiben Gefügebestandteile von Stahl.
Nennen Sie die Gefügebezeichnung des jeweils beschriebenen Gefügebestandteils:

a) Chemische Verbindungen aus Fe und C. Es ist ein harter und spröder Gefügebestandteil;
b) Kristallgemenge aus Fe und Fe_3C;
c) Mischkristall aus Fe und C. Dieser Gefügebestandteil liegt bei höheren Temperaturen vor;
d) Nahezu kohlenstofffreies Eisen mit krz-Gitter.

3/15 In einem Untersuchungsbericht eines Metalllabors über eine Metallprobe heißt es u. a.: „... das Gefüge weist zu etwa gleichen Teilen Ferrit und Perlit auf.“

a) Welchen Kohlenstoffgehalt hat der Stahl?
b) Welchen Gitteraufbau hat Ferrit?

3/16 Das nebenstehende Gefügebild zeigt das Gefüge eines Stahles mit 0,8 % Kohlenstoffgehalt.

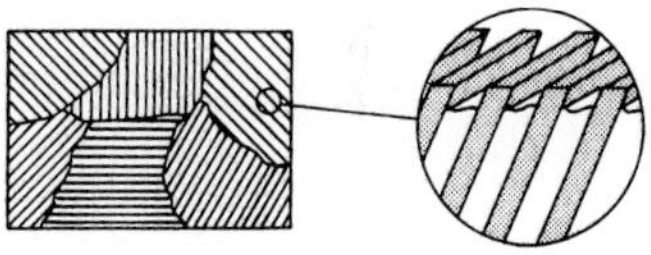

a) Wie bezeichnet man dieses Gefüge?
b) Das streifenförmige Aussehen kommt dadurch zustande, dass zwei einzelne Bestandteile fein verteilt nebeneinander liegen.
Wie nennt man diese beiden Bestandteile?
c) Welche chemische Formel hat der kohlenstoffreichere Bestandteil?
d) Welche Eigenschaften haben die einzelnen Bestandteile?

3/17 Die nebenstehenden Darstellungen sind Gefügebilder von Stählen mit 0,2 %, 0,45 %, 0,8 % und 1,5 % Kohlenstoffgehalt.

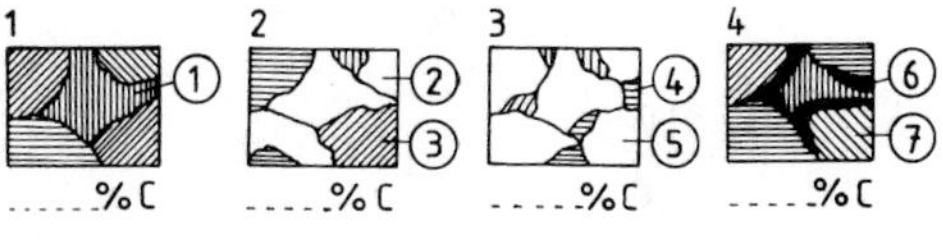

a) Skizzieren Sie die Bilder geordnet nach dem Kohlenstoffgehalt ab.
b) Benennen Sie die gekennzeichneten Gefügebestandteile.

Stoffeigenschaftändern von Stahl

3/18 **a)** Wie ändert sich beim Weichglühen das Gefüge eines Stahles?
b) Welchen Zweck hat das Weichglühen von Stahl?

3/19 **a)** Bei welcher Temperatur ist ein Stahl mit 0,6 % C weichzuglühen?
b) Bei welcher Temperatur wird ein Stahl mit 1 % C weichgeglüht?

3/20 Eine Schweißkonstruktion aus Stahl ist spannungsarm zu glühen.
Schreiben Sie eine Glühanweisung.

3/21 Ein Stahlgussgehäuse mit 20 mm Wanddicke aus G-C45 wurde falsch vergütet. Es soll deswegen normalisiert werden.
Schreiben Sie eine Glühanweisung.

3/22 Ein Stahldraht wurde kalt gezogen.

a) Beschreiben Sie, wie sich folgende Eigenschaften verändert haben:
- Härte,
- Festigkeit,
- Dehnbarkeit.

b) Schreiben Sie eine Glühanweisung für das Rekristallisieren.

3/23 Übernehmen Sie die folgende Beschreibung über das Härten einer Meißelschneide. Setzen Sie dabei die in den Klammern zur Auswahl stehenden Begriffe richtig ein:
Die Meißelschneide wird auf 800 °C erwärmt. Es entsteht *(das Kristallgemenge/das Mischkristallgefüge)* Austenit mit *(krz/kfz)*-Gitter. Der Kohlenstoff ist dabei in das Gitter *(eingebaut/nicht eingebaut).* Anschließend wird die Meißelschneide *(schnell/langsam)* abgekühlt. Aus dem *(krz/kfz)*-Gitter des Austenits wird ein *(krz/kfz)*-Gitter. Durch die *(schnelle/langsame)* Abkühlung werden die Kohlenstoffatome *(im Gitter eingeschlossen/aus dem Gitter herausgehalten).* Dies bewirkt *(eine Verzerrung des Gitters/einen regelmäßigen Gitteraufbau).* Dadurch wird die Meißelschneide wesentlich härter.

3/24 Prüfen Sie einen „Stahlnagel" (ca. 0,5 % C) und einen etwa gleich großen „normalen" Nagel (ca. 0,1 % C) bei unterschiedlichen Wärmebehandlungszuständen.

a) Erhitzen Sie beide Nägel in der Flamme eines Bunsenbrenners bis zur Weißglut, und halten Sie diese Temperatur etwa 1 Minute lang. Lassen Sie dann die Nägel an der Luft langsam abkühlen.
Beurteilen Sie die Härte der Nägel durch Befeilen.
Wie sind die Gefüge beider Nägel nach der langsamen Abkühlung aufgebaut?

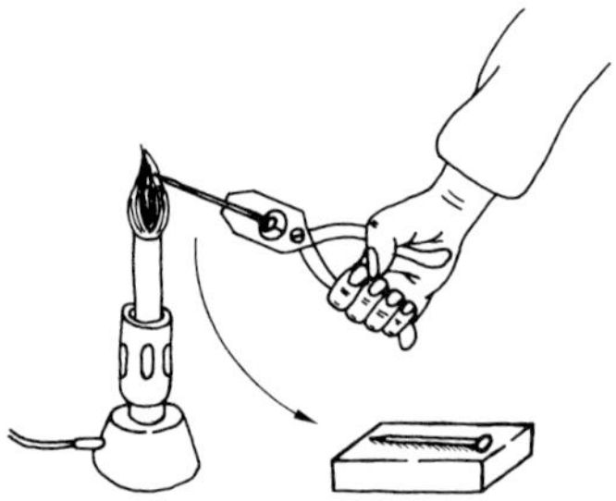

Langsames Abkühlen

b) Erhitzen Sie beide Nägel erneut bis zur Weißglut, und schrecken Sie die Nägel anschließend sofort in Wasser ab.
Beurteilen Sie wieder die Härte durch Befeilen. Welche Gefüge liegen jetzt in den Nägeln vor?

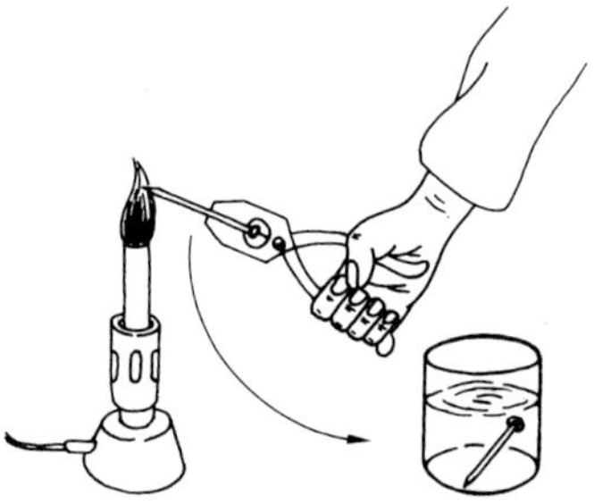

Abschrecken

3/25 Eine Reißnadel aus Stahl soll an der Spitze gehärtet werden. Der Stahl hat die Kurzbezeichnung C 60. Von welcher Temperatur ist die Nadel abzuschrecken?
Ermitteln Sie die Temperatur aus dem Fe-Fe_3C-Diagramm.

3/26 Auf einem Meißel steht Lufthärter. Welche Bedeutung hat diese Aufschrift?

3/27 Warum härten dickwandige Werkstücke aus unlegierten Stählen nicht durch?

3/28 Eine Schneidplatte aus unlegiertem Werkzeugstahl mit 1 % C soll gehärtet werden. Das Aufheizen soll in 2 Stufen erfolgen.
Erstellen Sie eine Glühanweisung mit Temperaturen, Zeiten und Abschreckmitteln.

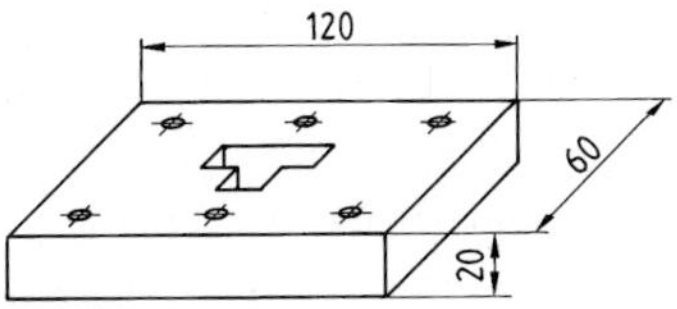

3/29 Nach dem Härten wird die Schneidplatte aus Aufgabe 3/28 angelassen. Bestimmen Sie die Anlasstemperatur.
Was geschieht im Werkstoff bei diesem Anlassen?

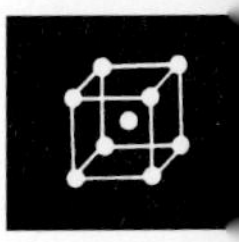

3/30
a) Bei welcher Temperatur ist eine Welle aus C 60 (Stahl mit 0,6 % C) zu vergüten, damit 900 N/mm^2 Zugfestigkeit erreicht werden?
b) Ein Schalthebel aus C 35 soll entsprechend der Glühanweisung bei 500 °C vergütet werden. Welche Zugfestigkeit ist zu erwarten?
c) Um wie viel % ist die Zugfestigkeit eines C 45 wahrscheinlich abgefallen, wenn er statt bei 450 °C versehentlich bei 500 °C angelassen wurde?

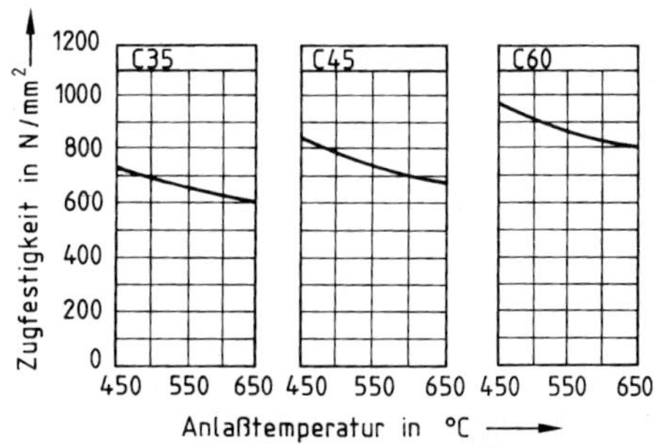

Vergütungsschaubilder

3/31 Eine Achse von 35 mm Ø aus C 45 soll vergütet werden. Der Werkstoff liegt im normal geglühten Zustand vor.
Geben Sie eine genaue Glühanweisung für das Härten und das anschließende Anlassen. Es soll eine Zugfestigkeit von 750 N/mm^2 erreicht werden.

3/32 Welche Vorteile bietet das Randschichthärten von Werkstücken gegenüber dem Durchhärten?

3/33 Skizzieren Sie eine Einrichtung zum Flammhärten von Bolzen.
Die Skizze „Induktionshärten eines Bolzens"im Lehrbuch soll als Hilfe für Ihren Entwurf dienen.

3/34 Vergleichen Sie die Randschichthärteverfahren Flammhärten und Induktionshärten hinsichtlich
- Anlagekosten,
- Einhärtetiefe und
- möglichen Formen der zu härtenden Werkstücke.

	Flammhärten	Induktionshärten
Anlagekosten	?	?
Einhärtetiefe	?	?
Form der zu härtenden Werkstücke	?	?

Zeichnen Sie dazu obenstehende Tabelle ab, und ergänzen Sie diese, indem Sie aus den vorgegebenen Aussagen entsprechend einsetzen:
hoch, niedrig, beliebig, mindestens 1 mm, ab etwa 0,1 mm, gleichmäßig, ungleichmäßig, abhängig von der Form der Spule.

3/35 Beschreiben Sie das Einsatzhärten eines Werkstückes aus C 15. Gehen Sie dabei auf Einsatz- und Härtetemperaturen sowie auf Gefügeänderungen ein.

3/36 Stäbe aus C 20 für Sicherheitsgitter werden einsatzgehärtet.

a) Bestimmen Sie die Einsatztemperatur.
b) Der Stahl soll in der Randschicht 0,6 % C erreichen.
Bestimmen Sie den notwendigen CO-Gehalt der Glühatmosphäre.
c) Von welcher Temperatur soll abgeschreckt werden?

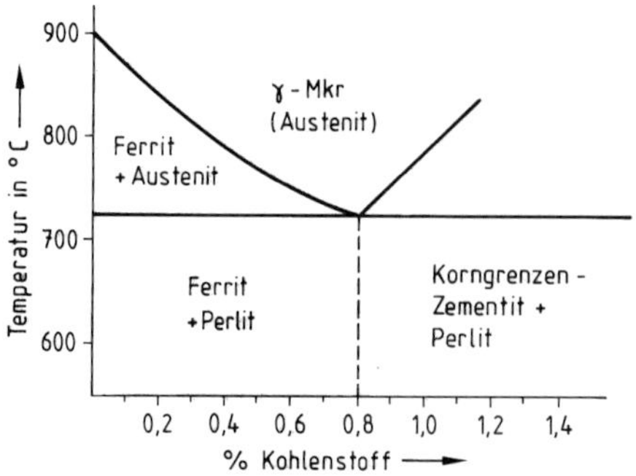

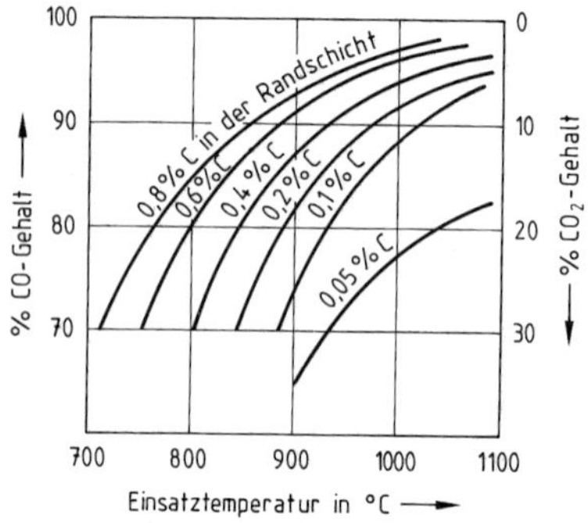

3/37 Wodurch entsteht die hohe Härte beim Nitrieren?

3/38 Nennen Sie Vor- und Nachteile des Randschichthärtens durch Nitrieren gegenüber dem Abschreckhärten.

3/39 Mit welchen Legierungselementen sind in der Regel Nitrierstähle legiert?

3/40 **a)** Nennen Sie einige stickstoffabgebende Mittel, die zum Nitrieren verwendet werden?
b) Warum müssen beim Nitrieren in Salzbädern besondere Vorsichtsmaßnahmen getroffen werden?

Einteilung, Normung und Verwendung von Stählen

3/41 Leiten Sie die Eigenschaften folgender Stähle aus den Kurznamen ab:

a) S490Q, **b)** P355K6N, **c)** H420, **d)** L355M, **e)** E335.

3/42 Bei niedrig legierten Stählen werden im Kurznamen die Prozent-Angaben der Legierungselemente durch die Faktoren 4, 10 und 100 verschlüsselt angegeben.

a) Zum leichteren Merken der Legierungselemente, die mit dem Faktor 4 verschlüsselt werden, gibt es den Spruch:
„Sieh, Conrad Cramer Wusste Nie Mangan."
Welche Elemente werden in diesem Merkspruch angegeben?
Lernen Sie den oben angegebenen Merkspruch auswendig.
b) Nennen Sie die vier Elemente, die durch den Faktor 100 verschlüsselt angegeben werden.
Merkspruch: „Caesar Putzte Seine Nase."
c) Nennen Sie die Elemente, die durch den Faktor 10 verschlüsselt angegeben werden.
Versuchen Sie selbst, ein Merkwort oder einen Merksatz zu finden.

3/43 Zeichnen Sie die Tabelle ab, und vervollständigen Sie die Tabelle, indem Sie die Zusammensetzung der Stähle bestimmen.

	C %	Mn %	S %	Cr %	Al %	Ni %	Mo %	V %	Pb %
38 Cr 2	?	?	?	?	?	?	?	?	?
16 MnCr 5	?	?	?	?	?	?	?	?	?
34 CrAlNi 7	?	?	?	?	?	?	?	?	?
40 CrMoV 6-7	?	?	?	?	?	?	?	?	?
9 SMnPb 3-6	?	?	?	?	?	?	?	?	?

3/44 **a)** Woran erkennt man im Kurznamen hoch legierte Stähle?

b) Durch welchen Faktor wird bei hoch legierten Stählen der Prozentanteil von Kohlenstoff und der übrigen Legierungselemente verschlüsselt angegeben?

3/45 Entschlüsseln Sie die folgenden Kurznamen hoch legierter Stähle:

X 22 CrNi 17, X 6 CrNiMo 18-10, X 10 CrMoWV 12-1.

3/46 Geben Sie die Zusammensetzung der Stähle für folgende Bauteile an:

a) Einlassventil aus X 45 SiCr 6-3,

b) Ablaufblech einer Haushaltsspüle X 6 CrNi 18-9,

c) Auslassventil für einen Rennmotor X 45 CrNiMo 22-6-3.

3/47 Wie viel Prozent Eisen enthält etwa der nicht rostende Stahl, der mit dem Kurznamen X 10 CrNi 18-8 gekennzeichnet ist?

3/48 Schreiben Sie die Kurznamen der für die folgenden Bauteile verlangten Werkstoffe auf.

a) Ein Hebel im Maschinenbau soll aus unlegiertem Stahl mit einer Streckgrenze von 355 N/mm^2 hergestellt werden.

b) Eine Druckfeder soll aus einem Stahl mit 0,7 % Kohlenstoffgehalt und 1,75 % Siliziumgehalt gewickelt werden.

c) Ein Achsgehäuse soll aus Gusseisen mit Kugelgraphit gegossen werden und eine Mindestzugfestigkeit von 400 N/mm^2 haben.

3/49 Werkstoffnummern kann man nur mit Hilfe von Tabellen näher entschlüsseln. Es gibt jedoch einige einfach zu erkennende Regeln.
Übernehmen Sie die folgenden Sätze und ergänzen Sie diese:

a) Eine Werkstoffnummer für Stahl erkennt man ___?___

b) In den Werkstoffnummern für Grundstähle beginnt die Sortennummer stets mit ___?___, es folgt ___?___.

c) Nicht rostende, hoch mit Chrom legierte Stähle beginnen in der Werkstoffnummer mit ___?___.

3/50 In einer Konstruktion soll eine Zugstange aus E360 (St70) durch eine Stange aus S235 (St37) ersetzt werden.

a) Welche mechanischen Werte muss man miteinander vergleichen, um auf die notwendige Querschnittvergrößerung zu schließen?

b) Welche Querschnittveränderung schlagen Sie vor?

3/51 Welcher Zusammenhang besteht bei Stählen zwischen Zugfestigkeit und Bruchdehnung?
Ergänzen Sie dazu den folgenden Satz:
Mit steigender Zugfestigkeit nimmt ___?___.

3/52 Wie ändert sich bei schweißgeeigneten Feinkornbaustählen die Streckgrenze mit der Probenstärke?

3/53 Schreiben Sie aus den folgenden Kurznamen von Stählen diejenigen heraus, die Einsatzstähle kennzeichnen.

C 60, C 15, C 10, 34 CrNiMo 6, E360(St70), 16 MnCr 5.

3/54 Die Darstellung ist das Gefügebild der Randzone eines Einsatzstahles C 15.
Geben Sie an, in welchem Stadium der Behandlung sich dieser Einsatzstahl befindet. Begründen Sie Ihre Antwort.

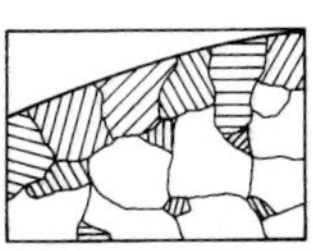

3/55 Welche Legierungselemente müssen in Nitrierstählen vorhanden sein, damit durch das Warmbehandlungsverfahren Nitrieren eine harte und verschleißfeste Oberfläche entsteht?

3/56 Durch welche Maßnahme bewirkt man in Automatenstählen die Spanbrüchigkeit?

3/57 Welche Elemente in Federstählen bewirken die hohe Elastizität dieser Stähle?

3/58 Welche Information ist der Bezeichnung HS 8-3-3-2 zu entnehmen?

Eisen-Kohlenstoff-Gusswerkstoffe

3/59 Welche Unterschiede bestehen zwischen Stahl und Gusseisen hinsichtlich
- Kohlenstoffgehalt des Werkstoffes,
- Ausbildung des Kohlenstoffs im Gefüge,
- Zerspanbarkeit,
- Festigkeit.

3/60 Bestimmen Sie die Schmelztemperaturen für
- einen Stahlguss mit 0,5 % Kohlenstoff,
- ein Gusseisen mit 4,2 % Kohlenstoff.

Benutzen Sie dazu Diagramme.

3/61 Zeichnen Sie die folgende Tabelle ab, und vervollständigen Sie diese.

	Gusseisen mit Lamellengraphit	Stahlguss
Kohlenstoffgehalt	?	?
Schmelztemperatur	?	?
Zugfestigkeit	?	?
Volumenverminderung beim Erkalten	?	?

3/62 Warum ist Stahlguss viel schwieriger zu gießen als Gusseisen?

3/63 Die nebenstehenden Darstellungen sind Gefügebilder von zwei verschiedenen Gusseisensorten.
Zeichnen Sie die Gefügebilder ab, und benennen Sie jeweils Grundgefüge und Graphitform.

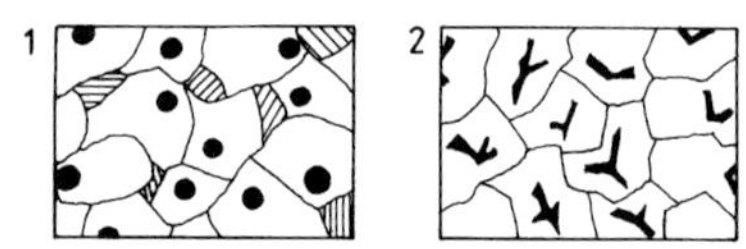

3/64 Der Graphit im Gusseisen kann lamellenförmig oder kugelförmig vorliegen.
Erklären Sie, warum bei gleichem Graphitanteil das Gusseisengefüge mit kugelförmigem Graphit höhere Festigkeit aufweist als Gusseisengefüge mit Lamellengraphit.

3/65 Die Festigkeit von Gusseisen hängt sowohl vom Grundgefüge als auch von der Graphitform ab.
Die folgenden Aussagen sind Beschreibungen verschiedener Gusseisengefüge.
- Gusseisen mit Kugelgraphit in perlitischem Grundgefüge,
- Gusseisen mit Lamellengraphit in ferrtitischem Grundgefüge,
- Gusseisen mit Lamellengraphit in perlitischem Grundgefüge.

Ordnen Sie die beschriebenen Gefüge nach steigender Festigkeit.

3/66 Motorengehäuse und Werkzeugmaschinenständer werden meist aus Gusseisen mit Lamellengraphit gegossen.

a) Welche Eigenschaften des Gusseisens mit Lamellengraphit begünstigen die Herstellung dieser Bauteile durch Gießen?

b) Welchen Einfluss haben die Graphitlamellen im Gusseisen auf die fertigen Motoren und Werkzeugmaschinen?

3/67 Worin unterscheiden sich Gusseisen mit Lamellengraphit und Gusseisen mit Kugelgraphit hinsichtlich
- Gefügeaufbau,
- Zugfestigkeit,
- Dehnbarkeit.

3/68 Übernehmen Sie die Bezeichnung folgender Bauteile und bestimmen Sie, aus welchen Eisen-Kohlenstoff-Gusswerkstoffen diese Bauteile hergestellt werden sollen.

a) Hinterachsgehäuse für Lastkraftwagen, **b)** Turbinenschaufeln, **c)** Kanaldeckel.

3/69 Für die folgenden Bauelemente werden die angegebenen Werkstoffe verwendet. Entschlüsseln Sie die Normbezeichnungen.

a) Nietmaschinenrahmen FeG 540
b) Schachtdeckel GG-20
c) Drehmaschinenbett GG-35
d) PKW-Lenkgehäuse GGG-50

3/70 Welche Aussagen beinhalten die folgenden Werkstoffnummern?

a) 0.6035
b) 0.7060

4 Nichteisenmetalle

Aluminium und Aluminiumlegierungen

4/1 Zeichnen Sie das nebenstehende Schema ab.
Ordnen Sie die Metalle Aluminium, Eisen und Kupfer nach ihrem Verbindungsbestreben mit Sauerstoff in das Schema ein.
Tragen Sie ferner ein, seit welcher Zeit Menschen in Mitteleuropa diese Metalle gebrauchen.
Ein Metall wird in Mitteleuropa etwa seit 1700 v. Chr. verwendet, das zweite seit 1000 v. Chr. und das dritte erst seit etwa 1900 n. Chr.

steigendes Verbindungsbestreben mit O_2 ↓

Name des Metalles	verwendet als Nutzmetall seit
?	?
?	?
?	?

4/2 Vergleichen Sie in Fließbildern die Herstellung von Stahl mit der Herstellung von Aluminium.
Zeichnen Sie dazu das vorgegebene Schema ab, und vervollständigen Sie dieses, indem Sie folgende Begriffe bzw. Aussagen eintragen:
Hüttenaluminium mit 99,5 % Al, Stahl, reines Aluminiumoxid Al_2O_3, Hochofenprozeß, Roheisen mit ca. 94 % Fe, Stahlerzeugung, Schmelzflußelektrolyse, Konzentrat mit ca. 90 % Eisenoxid, Reinstaluminium.

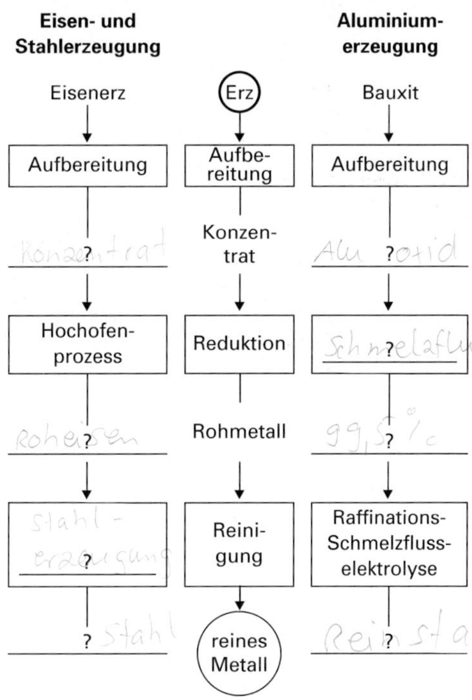

4/3 In einer Rahmenkonstruktion für ein Fahrzeug werden Stäbe mit einer Zugkraft von 10 000 N belastet. Man steht vor der Wahl, entweder für diese Stäbe eine Aluminiumlegierung oder Stahl zu verwenden.

a) Welchen Querschnitt muss ein Stab haben, wenn eine Aluminium-Legierung mit einer zulässigen Belastung von $\sigma_{zul} = 60\ N/mm^2$ verwendet wird?

b) Welchen Querschnitt muss ein Stab bei der Verwendung von Stahl haben, wenn der vorgesehene Stahl mit $\sigma_{zul} = 110\ N/mm^2$ belastet werden darf?

c) Die Stäbe sind 1 300 mm lang. Berechnen Sie die Massen der Stäbe ($\varrho_{Al} = 2{,}7\ kg/dm^3$ und $\varrho_{Stahl} = 7{,}8\ kg/dm^3$).

4/4 Warum ist Aluminium in der Luft trotz seines höheren Verbindungsbestrebens mit Sauerstoff korrosionsbeständiger als Stahl?

4/5 Wie ändern sich die Zugfestigkeit, die Dehnbarkeit und die Härte von Reinstaluminium durch Zulegieren anderer Elemente?

4/6 Folgende Bauteile werden aus Aluminiumlegierungen gefertigt:
Motorgehäuse für Moped, Kolben für Verbrennungsmotor,
Profilstab für Rolladen, Fensterrahmenprofil.
Felge für Rennrad,
Ordnen Sie diese Beispiele den folgenden Gruppen zu:

- Aluminium-Knetlegierung,
- Aluminium-Gusslegierung.

4/7 Ein Profil aus AlCuMg 2 soll warm ausgehärtet werden.

a) Welche Daten müssen Sie aus Datenblättern entnehmen, damit Sie eine Glühanweisung geben können?

b) Geben Sie den Ablauf der Wärmebehandlung an.

4/8 Bei Normbezeichnungen für Aluminiumlegierungen unterteilt man das Kurzzeichen in drei Teile. Nennen Sie diese drei Teile, und ordnen Sie den Teilen das folgende Kurzzeichen zu.
G-AlMgSi 0,5 F 22

4/9 Schlüsseln Sie folgende Kurzzeichen auf.
G-AlSi 10 Mg, Gk-AlSi 5 Mg, AlCuMg 2 F 44, AlMgSi 0,5, GD-AlSi 6 Cu 4.

Kupfer und Kupferlegierungen

4/10 Kupfer wird wegen seiner besonderen Eigenschaften auch als reines Metall häufig verwendet.
Zeichnen Sie das nebenstehende Schema ab, und ergänzen Sie die besonderen Eigenschaften in den vorgegebenen Beispielen.

Verwendung	maßgebende Eigenschaft
Lötkolbenspitze	?
Heizungsrohr	?
Elektrokabel	?
Dichtung für Heißdampfleitung	?
getriebene Haustürverzierung	?

4/11 Man unterscheidet zwei Messingsorten. Die eine Sorte wird für Umformarbeiten, die andere Sorte zum Zerspanen und Gießen verwendet.
Zeichnen Sie das Schema richtig ab, und ordnen Sie folgende Begriffe richtig ein.
Hülsen und Federn, Ventile und Uhrenteile, Kristallgemenge, Mischkristalle Zinkgehalt unter 38 %, Zinkgehalt über 38 %

	Gefüge	Zinkgehalt	Beispiele für Verwendung
Messing zum Umformen	?	?	?
Messing zum Gießen und Zerspanen	?	?	?

4/12 Aus welchen Elementen bestehen folgende Legierungen?

a) Messing **b)** Zinn-Bronze **c)** Rotguss **d)** Neusilber

4/13 Die Kurzzeichen für Kupfer und Kupferlegierungen sind in gleicher Weise aufgebaut wie die Kurzzeichen für Aluminium und Aluminiumlegierungen. Der Zusammensetzungsteil beginnt hier jedoch mit dem Symbol Cu.

a) Schreiben Sie die Kurzzeichen der folgenden Kupferlegierungen ab, und geben Sie die Namen der entsprechenden Werkstoffe und die Zusammensetzung an.
CuZn 28; G-CuSn 12; CuZn 37 Al 1; GZ-CuPb 10 Sn 8.

b) Entschlüsseln Sie die Kurzzeichen.
G-CuSn 5 ZnPb; CuZn 40 Pb 2; CuZn 30 Ni 12 Pb; G-CuSn 12.

4/14 In einer Zeichnung ist laut Stückliste für ein Schneckenrad eine gegossene Zinnbronze vorgesehen. Die Normbezeichnung ist jedoch nicht genau zu erkennen. Es kann G-CuSn 16 oder G-CuSn 6 heißen.
Welche Bezeichnung muss aus Ihrer Kenntnis über Kupfer-Zinn-Legierungen richtig sein?

5 Sinterwerkstoffe

5/1 Geben Sie jeweils den Grund für die Fertigung der folgenden Bauteile durch Sintern an:

a) Schneidplatte aus Hartmetall,
b) Lagerbuchse für einen Plattenspielermotor,
c) Filter aus Messing für das Filtern von Lösungsmitteln,
d) Zahnräder für einen Handrasenmäher.

Herstellung von Sinterteilen aus Metallpulvern

5/2 Die Form und die Größe der Pulverteilchen, die später gesintert werden, spielen oft eine wichtige Rolle. Begründen Sie diese für die folgenden Beispiele:

a) Wie sollen Pulverteilchen beschaffen sein, wenn der gepresste „Grünling" vor dem Sintern noch an einigen Stellen bearbeitet wird?
b) Welche Form sollten Pulverteilchen haben, die für die Herstellung von Werkstücken mit besonders feinen Konturen verwendet werden?
c) Welche Anforderungen sind an Pulverteilchen zu stellen, aus denen Werkstücke mit hoher Dichte gefertigt werden sollen?

5/3 Entwerfen Sie in groben Zügen ein Presswerkzeug zur Fertigung des skizzierten Werkstückes aus Sintereisen.

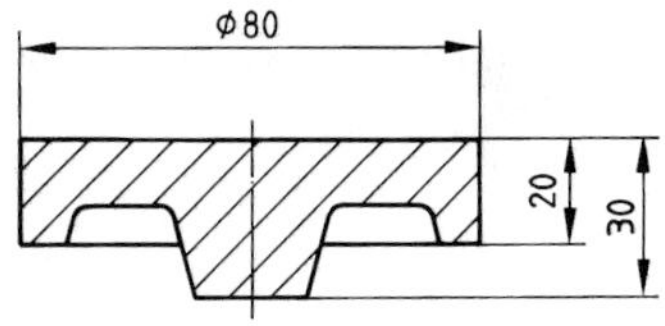

5/4 Warum arbeitet man beim Pulverpressen mit beweglichem Ober- und Unterstempel?

5/5 Der skizzierte Gewindering soll kaltisostatisch gepresst werden.

a) Entwerfen Sie eine Werkzeug-Prinzipskizze.
b) Beschreiben Sie den Verfahrensablauf des Pressvorgangs.

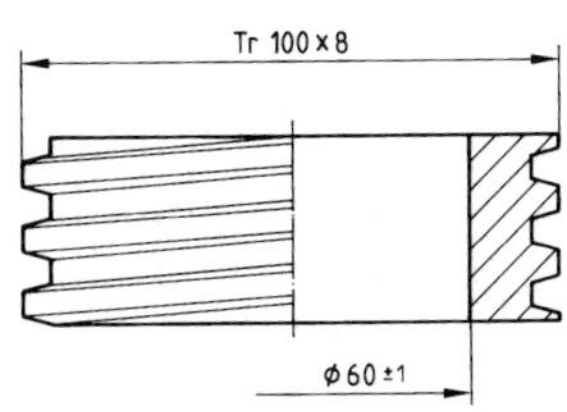

5/6 Ein vorgepresster Formkörper aus Eisenpulver wird gesintert.
Beschreiben Sie, wodurch beim Sintern die Pulverteilchen zu einem festen Gefüge werden.

5/7 Gesinterte Zahnräder sollen einsatzgehärtet werden. Zum Aufkohlen stehen Gasöfen und Salzbäder, die u. a. NaCN (Natriumcyanid) enthalten, zur Verfügung. In den Salzbädern ist die Aufkohlungszeit kürzer.
Wie soll man sich entscheiden? Geben Sie eine Begründung dazu.

5/8 Aus der Normbezeichnung eines Werkstoffes zur Herstellung von Schalthebeln ist zu entnehmen, dass der Werkstoff wasserdampfbehandelt wurde.

a) Bei welchen Werkstoffen wendet man die Wasserdampfbehandlung an?
b) Was geschieht bei der Wasserdampfbehandlung?
c) Wie ändern sich Werkstoffeigenschaften beim Wasserdampfbehandeln?

5/9 Das skizzierte grobporige Filter aus gesinterter Bronze ist im Durchmesser *d* zu groß. Es müssen 3 mm abgedreht werden. Planen Sie diese Arbeit und begründen Sie die von Ihnen beabsichtigten Maßnahmen.

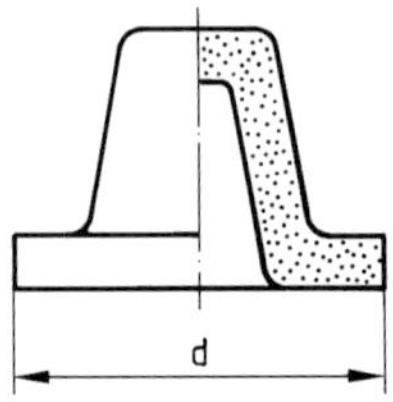

5/10 Schlüsseln Sie folgende Normbezeichnungen für Sinterteile auf:

a) SINT-B 20 isostatisch gepresst
b) SINT-G 40
c) SINT-D 10 sintergeschmiedet

Hartmetalle

5/11 Unterscheiden Sie tabellarisch Hartmetalle HW und HTC.

5/12 Welche Auswirkungen hat ein höherer Co-Anteil auf die Biegefestigkeit von Hartmetall-Wendeschneidplatten?

5/13 Wählen Sie ein Hartmetall zum Zerspanen von Gehäusen aus Stahlguss GS-X6 CrNiMo 18-10 aus. Es soll wegen teilweise unterbrochenem Schnitt besonders zäh sein.

Keramische Werkstoffe

5/14 Begründen Sie die Verwendung von Keramiken bei folgenden Bauteilen:

a) Zündkerzenkopf,
b) Schneidplatte aus Aluminiumoxid,
c) Pumpenkolben einer Hochdruckpumpe aus Aluminiumoxid,
d) Rotor eines Turboladers,
e) Fadenführung an einer Textilmaschine.

5/15 Heißisostatisches Pressen gilt als eines der besten Verfahren zur Erzeugung hochfester Keramik. Erklären Sie die Durchführung des Verfahrens, und zeigen Sie dabei die Unterschiede zum kaltisostatischen Pressen auf.

5/16 Eine Lagerbuchse aus Keramik muss eingepasst werden.
Welche Werkstoffe sind für die Werkzeuge zur spanenden Bearbeitung der Buchse geeignet?

5/17 Ein Pumpenkolben aus Al_2O_3 hat einen Durchmesser von 29,887 mm. Der Kolben bewegt sich in einem Stahlzylinder mit 30,008 mm Innendurchmesser. Die Maße wurden bei 20 °C gemessen. Berechnen Sie das Spiel für eine Betriebstemperatur von 80 °C (α_{Stahl} = 0,000 012 1/K).

5/18 An der Einführung des Metallstreifens in ein Werkzeug entsteht starker Verschleiß. Der Verschleiß soll durch Einsetzen einer Keramikleiste vermindert werden.
Planen Sie die Durchführung dieses Auftrages.

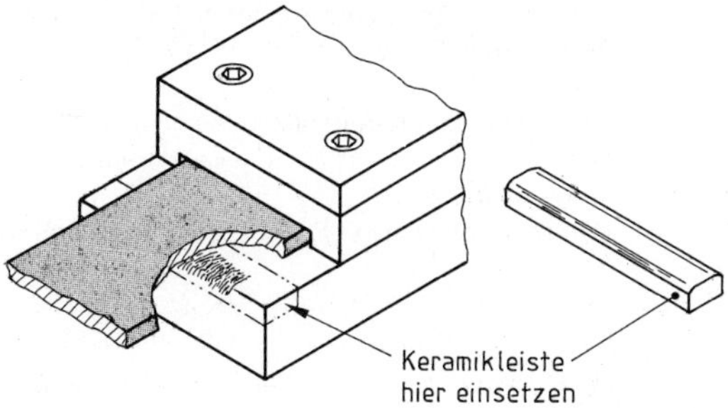

6 Verbundwerkstoffe

6/1 Übernehmen Sie die Tabelle, und ordnen Sie folgende Bauteile aus Verbundwerkstoffen ein:

Bauteile	Art des Verbundwerkstoffes
Stahlbeton	?
Verbundglasscheibe	?
Drahtglas	?
Sinterlager	?
Angelrute	?
Schleifscheibe	?

6/2 In Stahlgürtelreifen sind Stahldrähte in Gummi eingebettet.

a) Um welche Art von Verbundwerkstoff handelt es sich hier?

b) Ist die Kombination von Stahldraht und Gummi für einen Verbundwerkstoff ideal? Begründen Sie Ihre Antwort.

6/3 Eine nur gering biegebeanspruchte Welle soll aus CFK gewickelt werden.
Wie sollte die Faser ausgerichtet sein, damit die Welle der Beanspruchung optimal genügen kann?

6/4 Hochbeanspruchte Flugzeugteile aus CFK-Laminat werden gelegentlich mit einem weißen Speziallack gestrichen. Dieser Lack enthält winzige Kügelchen, die mit einem roten Farbstoff gefüllt sind. Sobald die Teile durch Schlag beansprucht werden, platzen die Kügelchen und markieren die Stoßstelle.
Geben Sie eine Begründung für diese Vorsichtsmaßnahme.

7 Korrosion und Korrosionsschutz

7/1 Auspuffanlagen an Kraftfahrzeugen korrodieren sehr leicht von innen.

a) Wie bezeichnet man diese Art der Korrosion?

b) Welche Maßnahmen werden ergriffen, um die Korrosion in Auspuffanlagen zu verringern?

7/2 Übernehmen Sie die nebenstehende Abbildung eines galvanischen Elementes aus Stahl und Messing.

a) Kennzeichnen Sie die Stahl- und die Messingplatte.

b) Welche Spannung würde sich etwa ergeben, wenn dieses Element unter den Bedingungen der Spannungsreihe betrieben wird?

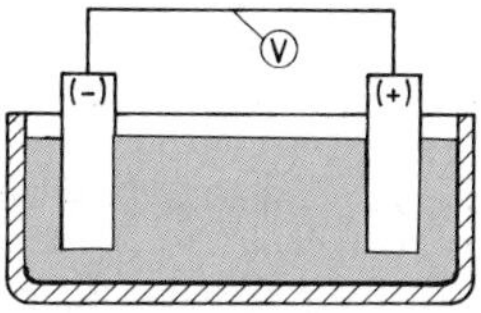

7/3 Bestimmen Sie, welche Art der Korrosion bei den gezeichneten Fällen vorliegt:

- Kontaktkorrosion oder
- interkristalline Korrosion.

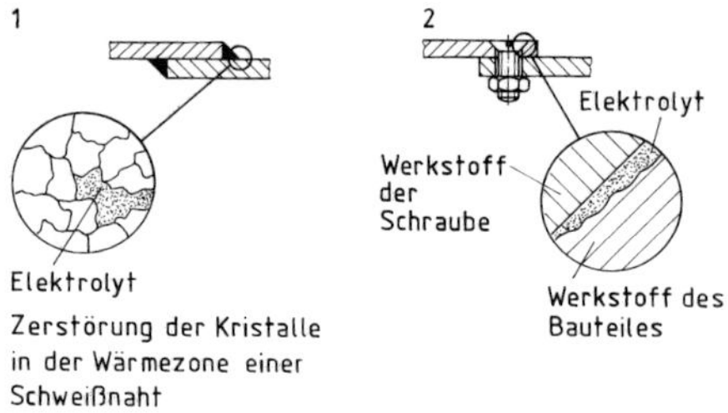

7/4 Eine Firma liefert Stahlkonstruktionen. Beim Korrosionsschutz geht es um die Überlegung, welches Anstrichsystem verwendet werden soll.
Anstrich A kostet 16,00 DM/kg und hält etwa 5 Jahre, bevor er erneuert werden muss.
Anstrich B hält ca. 7 Jahre und kostet 28,00 DM/kg.
1 kg des Beschichtungsstoffes ergibt bei jeder Sorte 5 m² bei einem Spritzauftrag. Vier Schichten müssen zu einem wirksamen Korrosionsschutz aufeinander gespritzt werden.
Kalkulieren Sie nach nebenstehendem Schema den Preis in DM/kg, der für ein Jahr Korrosionsschutz aufzubringen ist.

	Beschichtung A Kosten in DM je m²	Beschichtung B Kosten in DM je m²
Entrosten durch Sandstrahlen	8,80	8,80
Lohnkosten für 4 Beschichtungen (1 Beschichtung kostet 4,60 DM/m²)	?	?
Materialkosten für 4 Beschichtungen	?	?
Gesamtkosten	?	?
Haltbarkeit in Jahren	5	7
Korrosionsschutzkosten in DM/Jahr	?	?

7/5 Beim Neueinsetzen von Fenstern in einem Zoo-Fachgeschäft ergibt sich die Notwendigkeit, auf Rahmen aus einem stählernen U-Profil ein Aluminiumprofil aufzusetzen. Die Verbindungsstelle war ursprünglich in der dargestellten Form geplant. Da der Zutritt von Wasser infolge kondensierender Luftfeuchtigkeit auch bei einem Anstrich nicht auszuschließen ist, müssen die Verbindungsstellen neu gestaltet werden.
Sie haben den Auftrag, die Verbindung so umzugestalten, dass beim Fügen durch Schrauben keine Kontaktkorrosion auftreten kann.

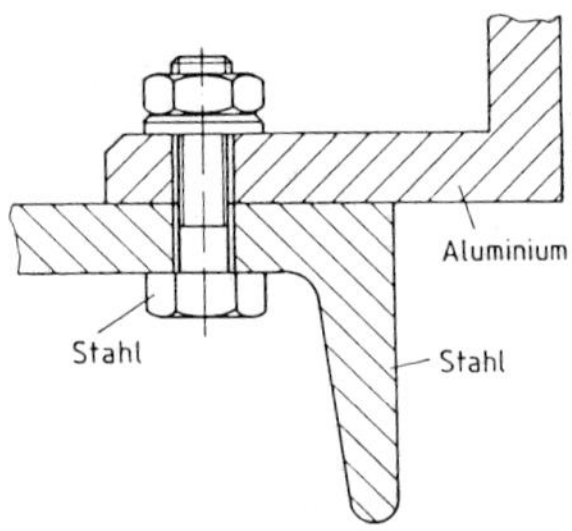

7/6 Vor einiger Zeit erzählte mein Freund folgende Geschichte:
An einer Elektrostation beobachtete er zwei Männer, die einen Magnesiumstab neben einer Erdungsschiene eingruben. Er fragte die Männer, was sie dort vergrüben. Auf ihre Antwort hin, dies sei eine Opferanode, habe er zunächst gelacht. An okkultistische Handlungen mochte er nicht glauben. Da fielen ihm plötzlich Korrosion und Korrosionsstromkreis ein und er stellte fest, dass die Bezeichnung Opferanode treffend gewählt war.

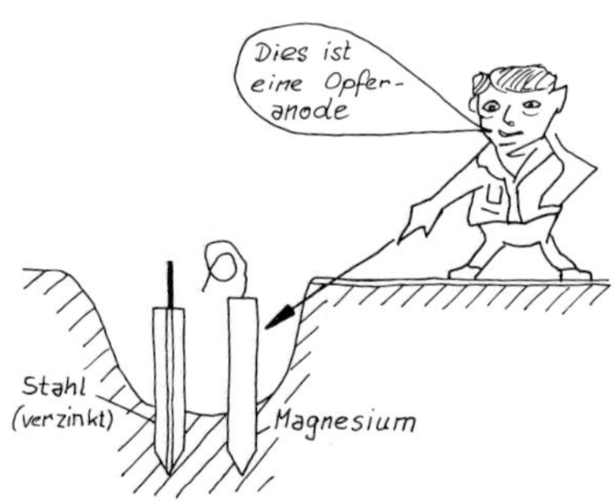

Vollziehen Sie die Überlegungen meines Freundes nach. Überlegen Sie auch, was mit dem Draht geschehen muss, der an der Opferanode befestigt ist.

7/7 Eine Firma macht Reklame für Schutzstromanlagen. Sie schreibt u. a. in ihren Werbeschriften:

„Durch Anlegen einer ungefährlichen Kleinspannung verhindern wir wirkungsvoll den Stromfluss, der zur Korrosion führt ...".

In der Reklameschrift ist auch eine kleine Zeichnung vom Schaltschema zum Schutz einer Rohrleitung aufgeführt. Leider ist die Zeichnung schwer beschädigt.

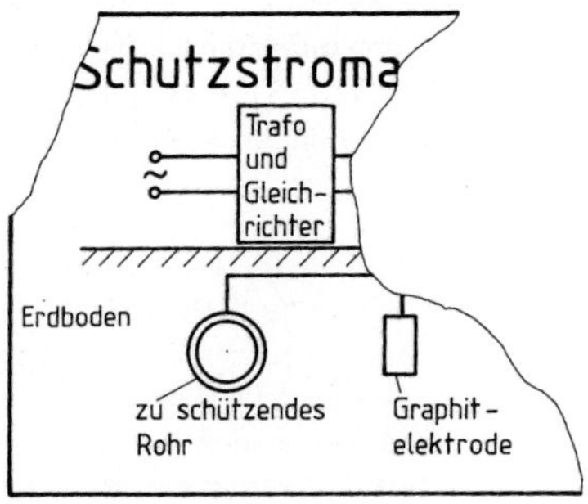

Überlegen Sie, wie die Arbeitsweise der Schutzstromanlage sein muss, damit sie den Fluss eines Korrosionsstromes verhindern kann. Vervollständigen Sie entsprechend die dargestellte Zeichnung. Geben Sie die Polung der Spannungsquelle an.

7/8 Die Schutzdauer eines Zinküberzuges hängt von der Dicke der Zinkschicht und dem Standort des Objekts ab. In DIN 50 960 sind die nebenstehenden Richtwerte festgelegt:

	Abtrag in µm/Jahr
Industrieluft	9 bis 13
Meeresluft	2 bis 4

Die vorgeschriebene Mindestdicke einer Verzinkungsschicht beträgt 50 bis 80 µm je nach Wanddicke des Werkstückes. Für 8 mm Wanddicke sind 80 µm vorgeschrieben.

a) In welchen zeitlichen Grenzen liegt die zu erwartende Schutzdauer einer DIN-gerechten Schutzschicht auf einem 8 mm dicken Blech in Industrieluft?

b) Wie hoch sind die Verzinkungskosten für einen Stahlbehälter mit 12,5 m^2 Oberfläche und 8 mm Wanddicke, wenn die Verzinkungskosten 520,00 DM je Tonne Stahl mit 8 mm Wanddicke betragen.

c) Welche Korrosionsschutzkosten fallen je Jahr an, wenn für den angegebenen Behälter die kürzeste Schutzdauer in Industrieluft angenommen wird.

8 Kunststoffe

8/1 Die folgenden Abbildungen zeigen zwei Handbandschleifmaschinen. Ein Modell hat ein Aluminiumgehäuse, das andere ein Gehäuse aus Kunststoff.

Maschine mit Kunststoffgehäuse **Maschine mit Aluminiumgehäuse**

a) Vergleichen Sie beide Gehäuse hinsichtlich Gewicht, elektrischer Isolierfähigkeit und mechanischer Festigkeit.

b) Welche Maschine würden Sie bei häufigem Arbeiten im Freien – auch im Winter – vorziehen? Geben Sie eine kurze Begründung.

c) Worin unterscheiden sich die beiden Werkstoffe in ihrem inneren Aufbau?

8/2 Vergleichen Sie die Dichten von Kunststoffen mit den Dichten von Metallen in einem Schaubild. Zeichnen Sie dazu zunächst eine Strecke von 150 mm mit einer Einteilung nach folgendem Schema:

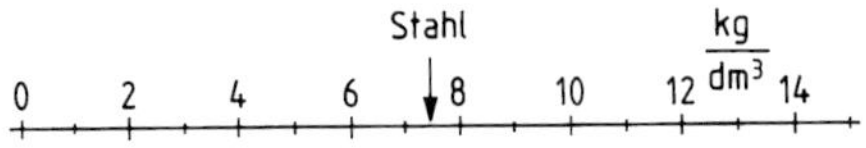

a) Tragen Sie oberhalb dieser Strecke die Dichten der folgenden metallischen Werkstoffe so ein, wie es für Stahl (Fe) geschehen ist.
$\varrho_{(Magnesium)}$ = 1,7 kg/dm^3; $\varrho_{(Titan)}$ = 4,5 kg/dm^3; $\varrho_{(Aluminium)}$ = 2,7 kg/dm^3;
$\varrho_{(Messing)}$ = 8,6 kg/dm^3; $\varrho_{(Blei)}$ = 11,3 kg/dm^3.

b) Kennzeichnen Sie unterhalb der Strecke die Dichten der folgenden Kunststoffe durch einen Pfeil und Angabe des Kurzzeichens:
PS Polystyrol-Hartschaum (Styropor) $\varrho_{(PS)}$ = 0,05 kg/dm^3
PE Polyethylen $\varrho_{(PE)}$ = 0,9 kg/dm^3
PVC Polyvinylchlorid $\varrho_{(PVC)}$ = 1,4 kg/dm^3
MF Melaminharz $\varrho_{(MF)}$ = 1,5 kg/dm^3

c) Was zeigt Ihnen der Vergleich der Dichten von Kunststoffen und Metallen?

8/3 Untersuchen Sie an den Beispielen in der Tabelle, warum Kunststoff verwendet wird.
Übernehmen Sie dazu die Tabelle, und ordnen Sie den vorgegebenen Gegenständen durch Ankreuzen eine oder zwei wichtige Eigenschaften zu, die dazu führen, Kunststoff in diesen Fällen als Werkstoff zu verwenden.

	leicht	korrosions-beständig	elektrische Isolierung	Wärme-isolierung
Gehäuse einer elektrischen Handbohr-maschine	?	?	?	?
Dachrinne	?	?	?	?
Auskleidung einer Tief-kühltruhe	?	?	?	?
Heizöltank	?	?	?	?

8/4 Polyethylen dehnt sich bei Temperaturerhöhung 15mal mehr als Stahl. Eine 6 m lange Stahlschiene wird bei Erwärmung von 0 auf 30 °C etwa 2,2 mm länger.

a) Berechnen Sie die Verlängerung eines 6 m langen Rohres aus Polyethylen beim Erwärmen von 0 °C auf 30 °C.

b) Um welchen Betrag wird das Kunststoffrohr länger als das Stahlrohr?

Einteilung der Kunststoffe

8/5 An einer Maschine wird ein Kabel durch einen Silikonschlauch gegen hohe Temperaturen geschützt. Der Kunststoff Silikon nimmt unter den Kunststoffen eine Sonderstellung ein. Wodurch unterscheidet sich dieser Kunststoff im inneren Aufbau von anderen Kunststoffen?

8/6 Polyester können je nach Ausgangsstoffen thermoplastisch oder duroplastisch sein. Thermoplastisch ist z. B. der Textilfaserwerkstoff Diolen®, duroplastisch ist z. B. der meist mit Glasfasern verstärkte Karosseriewerkstoff Leguval®.

a) Wo liegt der wesentliche Unterschied im inneren Aufbau der beiden Polyesterarten?

b) Welche unterschiedlichen Eigenschaften sind aufgrund des inneren Aufbaus zu erwarten?

8/7 Erklären Sie die unterschiedliche Eignung von Thermoplasten und Duroplasten
- zum Schweißen,
- zum Umformen

aus der unterschiedlichen Anordnung der Makromoleküle.

Kunststoffe durch Polymerisation

8/8 Teflon® ist ein bekannter Handelsname für einen Beschichtungsstoff aus Polytetrafluorethylen. Das Monomer ist das Tetrafluorethen.

Tetrafluorethen

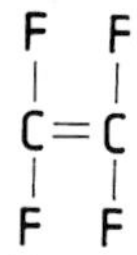

Berichten Sie über die Polymerisation des Monomers zum Kunststoff mit Hilfe chemischer Formeln entsprechend dem Beispiel im Lehrbuch.
Verwenden Sie zur Darstellung des Vorgangs fünf Monomere.

8/9 Eine große Maschine muss abgedeckt werden. Die zu verwendende Plane besteht aus 0,4 mm dickem Polyehtylen.

a) Berichten Sie über den inneren Aufbau dieses Kunststoffes.

b) Die Plane ist zu kurz, um die Maschine zu überdecken. Es müssen zwei Teile zusammengefügt werden. Schlagen Sie ein geeignetes Fügeverfahren vor.

c) Ein Mitarbeiter sagt: „Das Verbrennen von Resten dieser Folie ergibt bestimmt giftige Gase." Ein anderer entgegnet, das könne nicht stimmen, weil dieser Kunststoff nur aus Wasserstoff und Kohlenstoff besteht. Äußern Sie sich zu den Meinungen.

8/10 PVC-Abfälle werden von Müllverbrennungsanlagen nicht übernommen, weil bei der Verbrennung eine Säure entsteht, welche die Ausmauerung der Kamine zerstören kann.

a) Aus welchen Elementen ist PVC aufgebaut?

b) Welche Säure kann bei der Verbrennung entstehen? Schreiben Sie die Formel und die Bezeichnung.

8/11 Aus PVC-Plattenmaterial mit 5 mm und 10 mm Dicke soll ein Lüftungskasten entsprechend nebenstehender Skizze hergestellt werden.
Bei der Herstellung soll möglichst wenig geschweißt werden und der Materialverbrauch soll ebenfalls gering sein.
Beschreiben Sie den Ablauf der Fertigung und geben Sie die Maße für den Zuschnitt der Teile an.

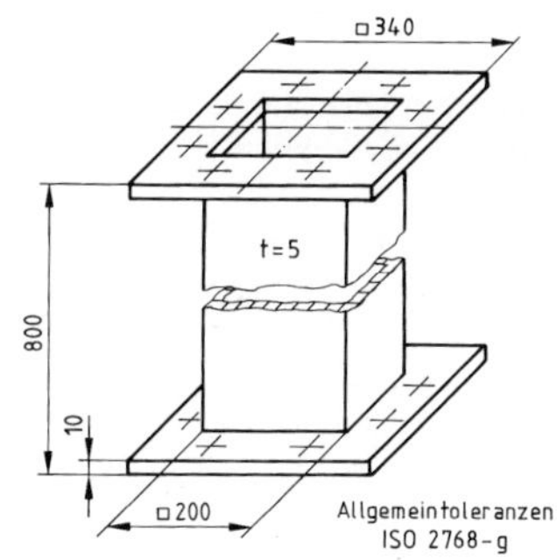

8/12 PTFE besitzt eine geringere Elastizität als Gummi.
Ein Hersteller von Dichtringen (O-Ringe) aus PTFE kennzeichnet in seinem Prospekt den Einbau in der nebenstehenden Weise.
Begründen Sie die Anweisung der Firma.

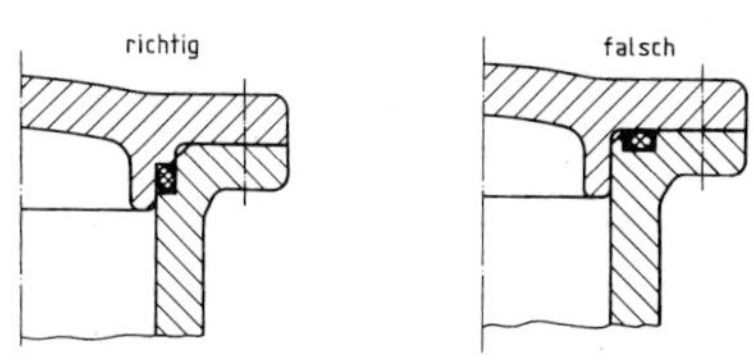

8/13 Untersuchen Sie den Werkstoff eines Jogurtbechers.

a) Machen Sie zunächst die Brennprobe und identifizieren Sie den Kunststoff.

b) Im Maschinenbau wird dieser Kunststoff in reiner Form zur Herstellung von Gehäusen u. Ä. nicht genutzt. Begründen Sie diese Tatsache nach näherer Untersuchung der Eigenschaften des Materials.

c) Nennen Sie einen weiteren Kunststoff, an dem das Monomere, aus dem der Kunststoff des Jogurtbechers entstand, ebenfalls beteiligt ist, und der zu konstruktiven Zwecken eingesetzt wird.

Kunststoffe durch Polykondensation

8/14 Ein Polyamid wird aus folgenden Monomeren gebildet:

Schreiben Sie die Formeln jeweils so hintereinander, wie die Moleküle zu einem Polyamid reagieren. Kreisen Sie die Teile des Moleküls farbig ein, die bei der Polykondensation Wasser bilden. Schreiben Sie darunter das entsprechende Stück des Polymeren.

8/15 Schreiben Sie eine Anleitung zur Herstellung einer Wanne aus glasfaserverstärktem Kunststoff (GFK-UP). Benutzen Sie bei Ihrer Beschreibung die folgenden Stichworte:
Form, Trennmittel, eingefärbtes Polyesterharz, Glasmatte, Polyesterharz, Aushärtung, Trennen.

8/16 Die dargestellte Haube aus 1 mm dickem Stahlblech soll durch eine Kunststoffhaube aus GFK-UP ersetzt werden.
Das Stahlblech hat eine Zugfestigkeit von etwa 330 N/mm².
Der Kunststoff soll mit Matte verarbeitet eine Zugfestigkeit von ca. 100 N/mm² haben.

a) Wie dick muss die Wandstärke der Kunststoffhaube etwa werden, damit sie die gleiche Belastung wie das Stahlteil aufnehmen kann?

b) Welcher Glasfaseranteil ist mindestens erforderlich? (Siehe Diagramm im Lehrbuch).

c) Welche Masseersparnis in kg wird durch die Verwendung der Kunststoffhaube etwa erzielt?

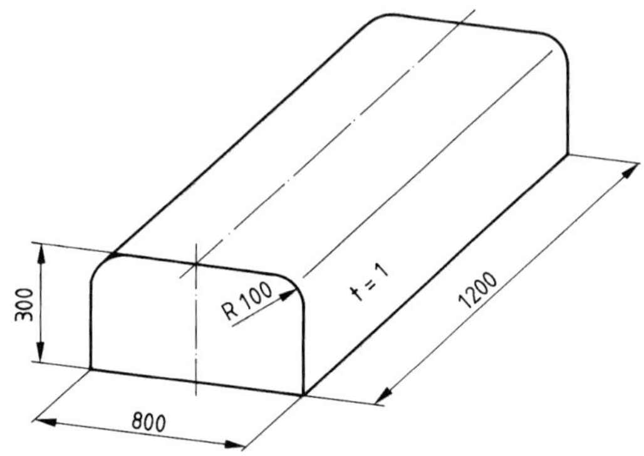

8/17 Die skizzierte Zuglasche aus PA-6 muss bei einer Temperatur von maximal 40 °C eine Zugkraft von 4 kN aufnehmen.
Die Lasche soll einen Stahlbolzen von 16 mm Durchmesser erhalten.

a) Berechnen Sie die erforderliche Dicke h der Lasche. Sie richtet sich nach der zulässigen Flächenpressung für diesen Werkstoff.
Im folgenden Diagramm kann die zulässige Flächenpressung p_{zul} abgelesen werden.

b) Berechnen Sie das Maß b. Die zulässige Zugspannung beträgt 60 N/mm².

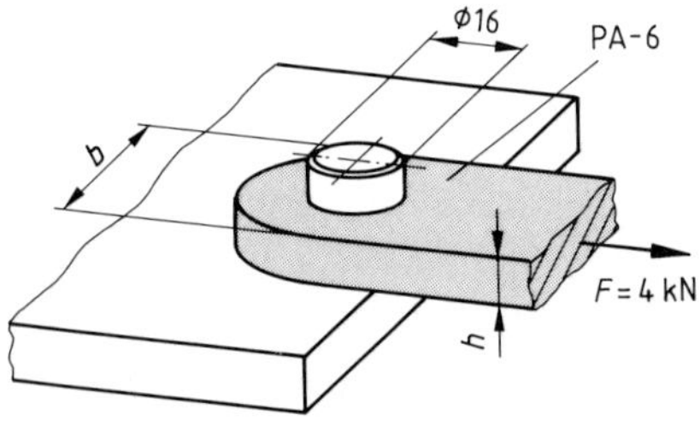

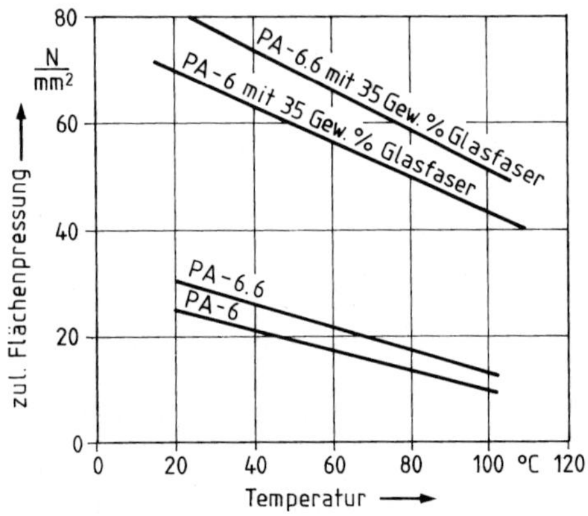

Kunststoffe durch Polyaddition

8/18 Die Käfige von Wälzlagern werden häufig aus Polyurethanen hergestellt.

a) Welche Aufgaben hat der Käfig und welche Anforderungen ergeben sich daraus an den Werkstoff?

b) Welcher Werkstoff außer PUR kann die gestellten Bedingungen ebenfalls erfüllen?

8/19 Polyurethan- und auch Epoxidharze kann man als Lacke oder Kleber beliebig dick auftragen. Sie härten immer durch.
Geben Sie eine Begründung für dieses Verhalten.

8/20 **a)** Bauteile aus kohlenstoffaserverstärkten Epoxidharzen haben neben hoher Festigkeit und geringem Gewicht einen sehr hohen Elastizitätsmodul. Sie verformen sich bei Belastung nur wenig.
Warum sind diese Eigenschaften für die abgebildete, äußerst schnell laufende Hauptspindel einer Werkzeugmaschine von besonderer Bedeutung?

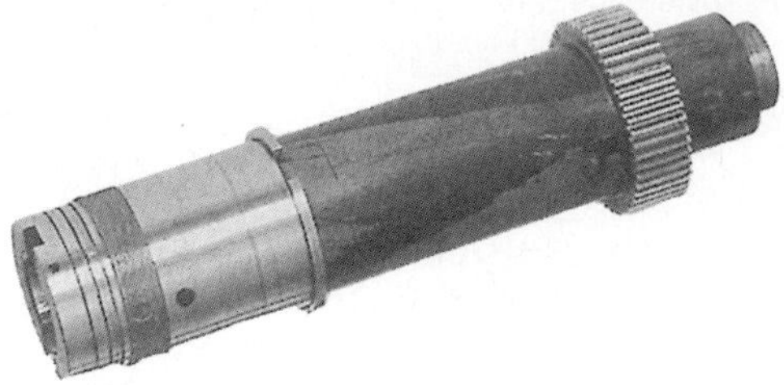

Hauptspindel einer Werkzeugmaschine aus kohlenstofffaserverstärktem Epoxidharz

b) Kohlenstofffasern haben nur eine geringe Reißdehnung. Verformungen über 1 % führen zum Teil schon zum Bruch.
Welche Konsequenzen können sich daraus für Sie bei der Montage von kohlenstofffaserverstärkten Bauteilen aus Epoxidharzen ergeben?

Unterscheiden von Kunststoffen

8/21 Untersuchen Sie folgende Bauteile auf die Art des vorliegenden Kunststoffes:

a) einen Abschnitt der Folie einer Plastiktüte,

b) ein Stück eines Mauerdübels,

c) einen Abschnitt eines Yoghurtbechers und

d) die Isolierung eines Elektrokabels.

9 Schmierstoffe

Schmieröle

9/1 Das Getriebe einer Werkzeugmaschine wird unzureichend mit Schmiermittel versorgt.
Welche Auswirkungen kann diese Nachlässigkeit haben?

9/2 Welche Aufgabe hat das Öl in den Motoren von Kraftfahrzeugen zu übernehmen?

9/3 Warum ist Wasser zum Schmieren metallischer Bauelemente, die aufeinander gleiten, ungeeignet?

9/4 In einem Prospekt steht über ein Schmieröl u. a.:
„Dieses ist ein hochviskoses Öl ...".
Handelt es sich bei diesem Öl um ein sehr dickflüssiges oder um ein sehr dünnflüssiges Öl?

9/5 Wie wirkt sich eine Erhöhung der Viskosität des Schmieröles in einer Zentralschmieranlage auf folgende Größen aus:

- auf die Schmierfilmdicke, die sich auf Führungen bilden kann,
- auf die Reibungsverluste in Lagern,
- auf Verluste im Leitungssystem,
- auf den Energiebedarf der Schmierölpumpe?

9/6 Für das Getriebe einer automatischen Säge in einem Sägewerk ist ein Öl ISO-VG 220 vorgeschrieben. Da das Öl nicht vorhanden ist, wird der Vorschlag gemacht, statt des vorgeschriebenen Öles das Getriebeöl für Kfz SAE 90 zu verwenden.
Äußern Sie sich zu diesem Vorschlag.

Kinematische Viskosität von Schmierölen für Stirnradgetriebe

Für Stirnradgetriebe kann die notwendige kinematische Viskosität des einzusetzenden Schmieröles nach DIN 51509 berechnet werden.
Für einstufige Getriebe rechnet man zunächst aus Belastung und Geschwindigkeit der gleitenden Teile einen Kraft-Geschwindigkeitsfaktor *f* aus.

Formel

$$f = \frac{F}{d \cdot b} \cdot \frac{i+1}{i} \cdot 3 \cdot \frac{1}{v}$$

Formelzeichen

- f Kraft-Geschwindigkeitsfaktor
- F Umfangskraft am Teilkreis in N
- d Teilkreisdurchmesser des treibenden Rades in mm
- v Umfangsgeschwindigkeit in m/s
- b Zahnbreite in mm
- i Übersetzungsverhältnis

Mit Hilfe des Kraft-Geschwindigkeitsfaktors bestimmt man in einem Diagramm die notwendige kinematische Viskosität ν des Schmieröles.

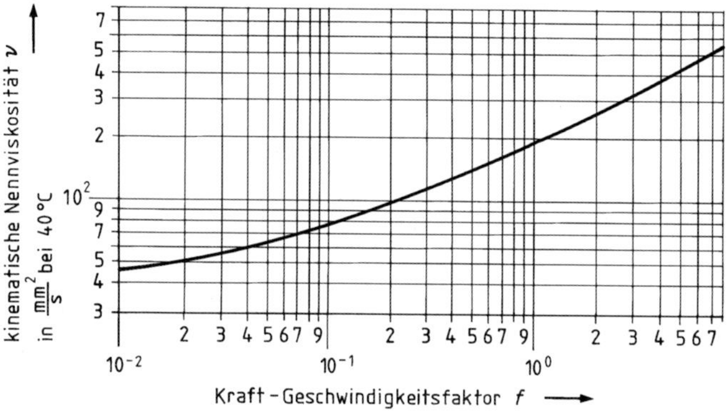

9/7 1. Ermitteln Sie für folgendes Stirnradgetriebe die kinematische Viskosität des Schmieröls und geben Sie den Viskositätsgrad an.
$i = 1{,}5 : 1$; $b = 20$ mm; $d_1 = 73$ mm; $F = 2800$ N; $v = 3$ m/s

2. Ein einstufiges Stirnradgetriebe überträgt eine Leistung von 5 kW. Die Eingangsdrehzahl beträgt 1500 1/min, die Ausgangsdrehzahl 600 1/min. Das treibende Rad hat 29 Zähne, eine Zahnbreite von 20 mm und einen Modul von 5 mm.
Ermitteln Sie die erforderliche kinematische Viskosität und die SAE-Viskositätsklasse des Getriebeöles.

9/8 a) Schreiben Sie einen Bericht über den Einfluss der Temperatur auf die Fließeigenschaft von Ölen und ihre Neigung, brennbare Gase zu bilden. Verwenden Sie in Ihrem Bericht Fachausdrücke.

b) Warum ist das Luftabscheidevermögen bei Hydraulikölen eine wichtige Größe?

c) In Zentralschmieranlagen verwendet man hauptsächlich Stahlrohre als Werkstoff für festverlegte Leitungen.
Begründen Sie die Werkstoffwahl.

9/9 In einer Hydraulikanlage gibt ein Spannzylinder bei äußerer Belastung ein wenig nach. Welche Eigenschaft des Hydrauliköles sollte geprüft werden, wenn der Fehler bei diesem Medium gesucht wird?

9/10 Mineralöle werden gereinigt und mit besonderen Zusätzen versehen.
Nennen Sie Eigenschaften, die durch diese Behandlung verbessert werden.

9/11 Ordnen Sie die folgenden Mineralöle, indem Sie diese nach abnehmender Viskosität aufschreiben: Zylinderöl, Spindelöl, leichtes Maschinenöl, schweres Maschinenöl.

9/12 Vergleichen Sie Mineralöle mit synthetischen Ölen. Zeichnen Sie dazu das nebenstehende Schema ab, und vervollständigen Sie dieses durch die vorgegebenen Aussagen.

- höhere Viskositätsänderung
- geringere Viskositätsänderung
- einheitliche Zusammensetzung
- Gemisch unterschiedlicher Kohlen-Wasserstoff-Verbindungen
- geringere Reinheit
- höhere Reinheit

	Mineralöl	Synthetisches Öl
Innerer Aufbau und Reinheit	?	?
Viskositätsänderung bei Temperaturerhöhung	?	?

9/13 **a)** Was unterscheidet synthetische Öle von Mineralölen?
b) Die Lager in der Fördereinrichtung einer Einbrennanlage wurden bisher mit Mineralöl geschmiert. Die Betriebstemperatur der Anlage soll bei einer Produktionsumstellung auf 160 °C erhöht werden.
Was ist bei der Umstellung auf die höhere Betriebstemperatur hinsichtlich der Umstellung der Schmierung zu beachten?

9/14 Auf der Dose eines recht preiswerten Öles ist vermerkt, dass es sich hier um ein Zweitraffinat handelt.
Was versteht man darunter?

Schmierfette

9/15 Aus welchen Bestandteilen bestehen Schmierfette?

9/16 Neben den kalkverseiften und natronverseiften Schmierfetten gibt es auch lithiumverseifte Fette. Diese lithiumverseiften Schmierfette besitzen die guten Eigenschaften sowohl von den kalkverseiften als auch von den natronverseiften Fetten.
Geben Sie die Eigenschaften der lithiumverseiften Fette an.

9/17 Das Getriebe eines Stellantriebes (i = 150 : 1) für einen Lufteinlass ist ständig der Witterung ausgesetzt. Der Motor hat eine Leistung von 20 W. Das Getriebe wird fettgeschmiert.
Welches Fett schlagen Sie für die Getriebeschmierung vor?

Schmierfettwechsel für Wälzlager

In Wälzlagern kann auch bei niedriger Lagertemperatur das Fett nicht unbegrenzt lange völlig frei von Verunreinigungen und Zersetzungsprodukten gehalten werden. Darum muß das Fett in bestimmten Abständen gewechselt werden.
Das folgende Diagramm zeigt für verschiedene Wälzlager die Fettwechselfristen für hochwertige Lithiumfette bei unterschiedlichen Betriebsdrehzahlen und unterschiedlichen Lagertemperaturen.

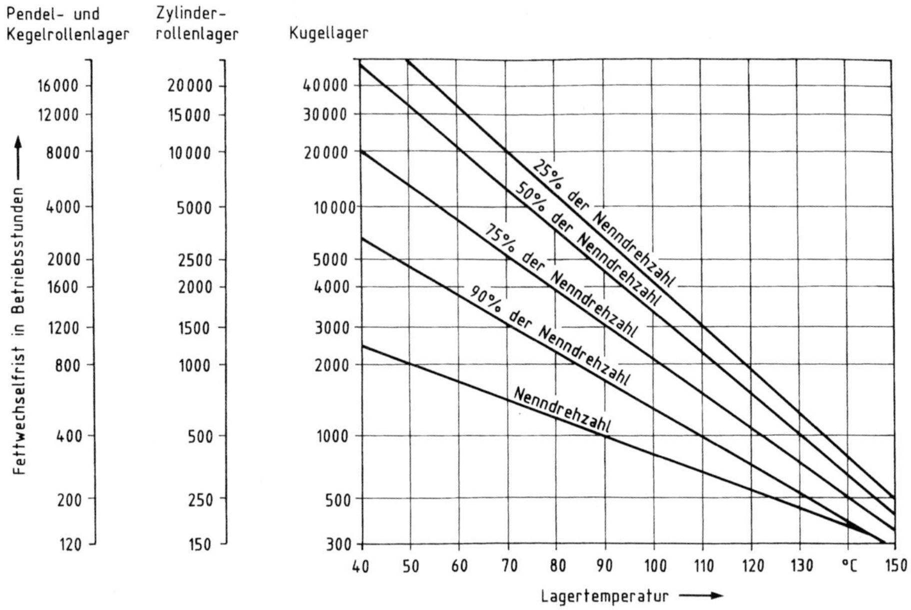

9/18 Bestimmen Sie die Fettwechselfrist für ein Zylinderrollenlager, das mit einer Nenndrehzahl von 670 1/min läuft. Die Betriebsdrehzahl im Dauerbetrieb liegt bei 600 1/min. Die Lagertemperatur beträgt 60 °C.
Nach wie viel Tagen muss das Fett erneuert werden?

Festschmierstoffe

9/19 Wodurch ergibt sich die Schmierwirkung von Graphit und Talkum?

9/20 Gummikabel werden mit Talkum eingerieben, damit sie sich leichter in Rohre einziehen lassen. Warum verwendet man hier Talkum?

9/21 Flüssigen Schmierstoffen werden häufig Trockenschmiermittel wie z. B. Molybdändisulfid beigemischt. Welchen Vorteil bietet ein solches Schmierstoffgemisch?

9/22 Molybdänsulfid (MoS_2) ist erheblich teurer als Graphit und hat wesentlich bessere Schmierwirkung. Trotzdem – nicht nur wegen des Preises – wird zur Schmierung hochwertiger Einrichtungen durch Festschmierstoffe bei Betriebstemperaturen über 450 °C Graphit bevorzugt.
Welche Eigenschaft des Graphit ist hier maßgebend?

Schneidöle und Kühlemulsionen

9/23 Schneidöle und Kühlemulsionen haben die Aufgabe, bei Zerspanungsvorgängen einmal die Härte der Werkzeugschneide zu erhalten, zum anderen eine hohe Oberflächengüte am Werkstück zu gewährleisten. Dies erreicht man mit Schneidölen anders als mit Kühlemulsionen.

a) Welche Wirkung haben Schneidöle an der Schnittstelle?

b) Wodurch erhalten Kühlemulsionen die Härte der Werkzeugschneide?

10 Maschinenschaden

Verschleiß

10/1 Schreiben Sie für das Pleuellager eines Verbrennungsmotors alle Größen auf, z. B. Werkstoffe und Zwischenstoffe, welche den Verschleiß beeinflussen. Machen Sie möglichst genaue Angaben zu jeder Größe. Geben Sie dort, wo Sie keine genauen Daten haben (z. B. Betriebstemperatur), Schätzwerte an. Benutzen Sie als Hilfe die Übersicht im Lehrbuch mit ihren Erläuterungen.

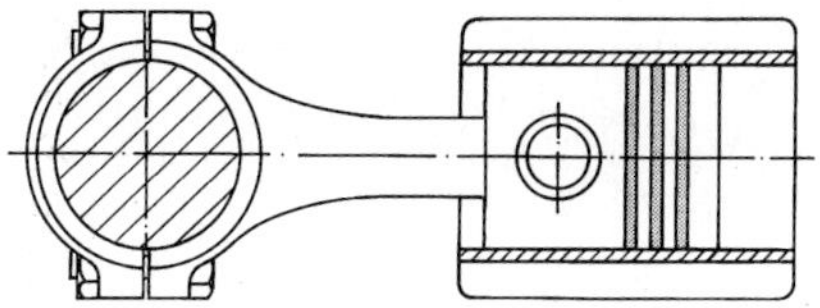

10/2 Schreiben Sie jeweils den wichtigsten Mechanismus auf, der in den folgenden Fällen für Verschleiß verantwortlich ist.

Fall 1: Verschleiß von Gleitlagern beim Anlaufen eines Motors aus dem Stillstand.
Fall 2: Verschleiß an Wälzlagern in einem Kompressor.
Fall 3: Verschleiß der Zähne einer Baggerschaufel.
Fall 4: Verschleiß an den Führungsbahnen einer herkömmlichen Drehmaschine.

10/3 Das Säubern von Werkzeugmaschinen durch Abblasen mit Druckluft ist verboten, weil es u. a. den Verschleiß fördert.
Begründen Sie das Verbot am Beispiel der Flächenschleifmaschine.

10/4 Für die Führung des Schreibkopfes in einem Drucker wurden Rundführungen aus Stahl mit Buchsen aus PTFE gewählt.
Begründen Sie die Werkstoffauswahl.

10/5 In einer Gießerei sind als Fördereinrichtung gekoppelte Wagen mit Rädern von 100 mm Durchmesser eingesetzt. Die Gleitlager der Räder haben einen Durchmesser von 40 mm. Die Transportgeschwindigkeit beträgt 2 m/min.

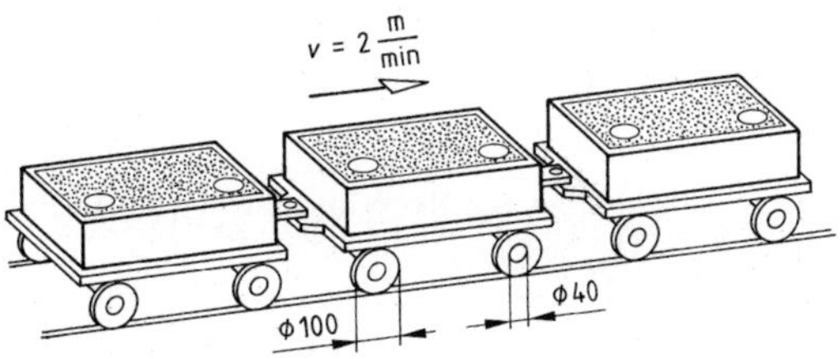

a) Berechnen Sie die Gleitgeschwindigkeit im Lager.

b) Geben Sie eine Auswahl geeigneter Schmiermittel an.

10/6 Durch Kaltumformen, z. B. Glattwalzen, erzielt man harte und verschleißfeste Randschichten, die auch wenig dauerbruchgefährdet sind.
Warum ist Kaltumformen als Endbearbeitung für Bauteile, die einer Roll- oder Wälzbeanspruchung unterliegen, dennoch ungeeignet?

10/7 An Leitungen im Rücklauf der Kühlschmieranlage einer Flächenschleifmaschine wird starker Verschleiß festgestellt. Ein Mechaniker kommentiert dies so:
„Gegen Verschleiß durch schmirgelnde Teilchen helfen nur härteste Werkstoffe."
Was ist von dieser Meinung zu halten?

10/8 Die Abbildungen zeigen Durchführung und Ergebnisse von Strahlverschleißversuchen.

Versuchsbedingungen

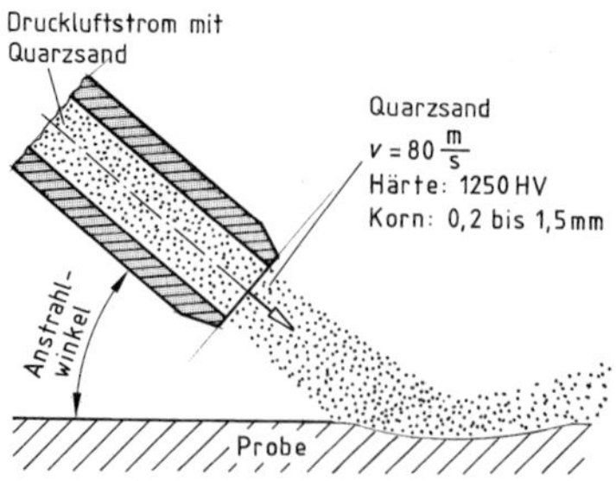

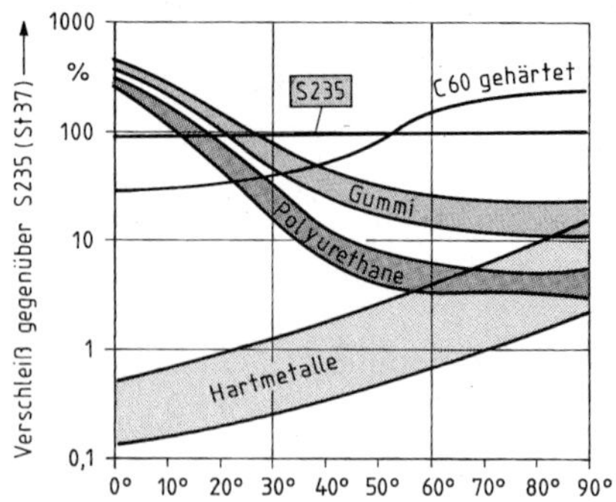

Versuchsauswertung

Es werden verschiedene Probenwerkstoffe eingesetzt. Ihr Verschleiß wird mit dem Verschleiß von S 235 (St 37) verglichen. Der Verschleiß von S 235 (St 37) wird mit 100 % angesetzt.

Ablesebeispiel

Bei einem Anstrahlwinkel von 40 Grad verschleißen Polyurethane nur 1/10 so stark wie S 235 (St 37) – Hartmetalle verschleißen nur ca. 1/100 so stark wie S 235 (St 37).

a) Interpretieren Sie die Kurve für den C 60.

b) Äußern Sie sich zum Verschleiß von Gummi.

10/9 Bei einem von vier gleichen Hydraulikventilen in einer Anlage werden an der Steuerkante Kavitationsschäden festgestellt. Ein Mechaniker macht den Vorschlag, alle vier Ventile auszutauschen.
Gibt es einfachere und kostengünstigere Lösungen? Machen Sie Vorschläge und begründen Sie Ihre Antworten.

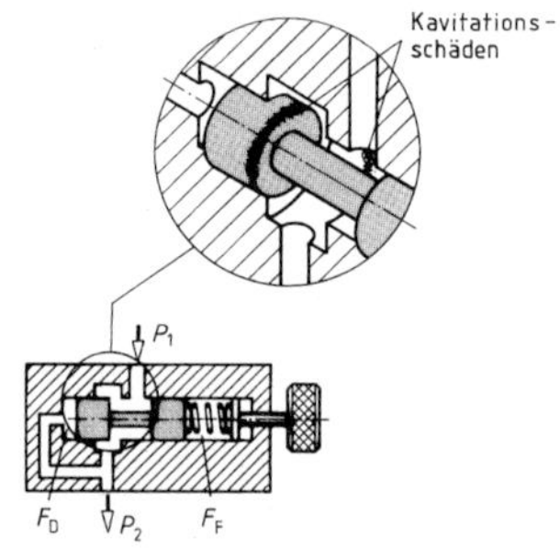

Maschinenbruch

10/10 An einer Zugstange aus S 235 (St 37) ist infolge Überlastung ein Gewaltbruch entstanden. Schildern Sie das Aussehen der Bruchfläche und ihrer Umgebung.

10/11 In einer Verkleidung tritt ein Riss auf, der langsam weiterreißt. Ein Mechaniker macht den Vorschlag, den Riss durch eine Bohrung mit 5 mm Durchmesser an seinem Ende zu stoppen.
Nehmen Sie zu diesem Vorschlag Stellung.

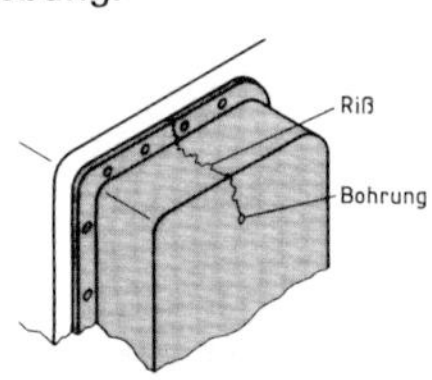

10/12 Analysieren Sie die dargestellte Bruchfläche eines Werkzeugteiles.

a) Welche Beanspruchung hat stattgefunden?

b) Wie hoch war die Beanspruchung im Verhältnis zur Festigkeit?

c) Wo begannen die Anrisse?

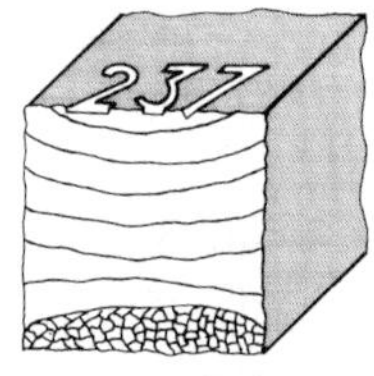

10/13 **a)** Nennen Sie die Stellen des dargestellten Wellenbereichs, die Ausgangspunkte für Dauerbrüche werden können.

b) Machen Sie Vorschläge, wie man den gezeigten Wellenbereich unter der Berücksichtigung der Gefahr von Dauerbrüchen verändern kann.

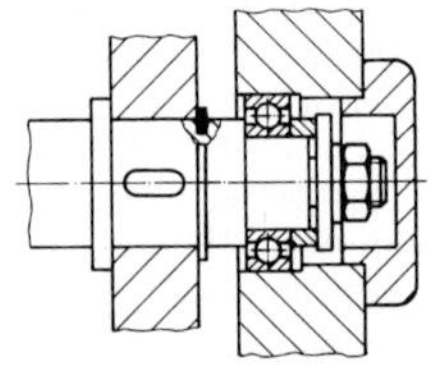

11 Werkstoffprüfung

Mechanische Prüfverfahren

11/1 Die folgenden Diagramme sind Kraft-Verlängerungs-Schaubilder zweier verschiedener Stähle. Beide Probestäbe hatten einen Durchmesser $d_o = 10$ mm und eine Anfangsmesslänge von $L_0 = 50$ mm.

a) Ermitteln Sie für die Probe II die Streckgrenze R_{eH}.

b) Berechnen Sie die Zugfestigkeit R_m der Proben I und II.

c) Zeichnen Sie die folgende Tabelle ab und tragen Sie die ermittelten Ergebnisse ein.

	Probe I	Probe II
Streckgrenze R_{eH} in N/mm²	–	?
Zugfestigkeit R_m in N/mm²	?	?

d) Welcher Werkstoff ist für eine Umformung, z. B. durch Biegen, besser geeignet?
Begründen Sie Ihre Antwort.

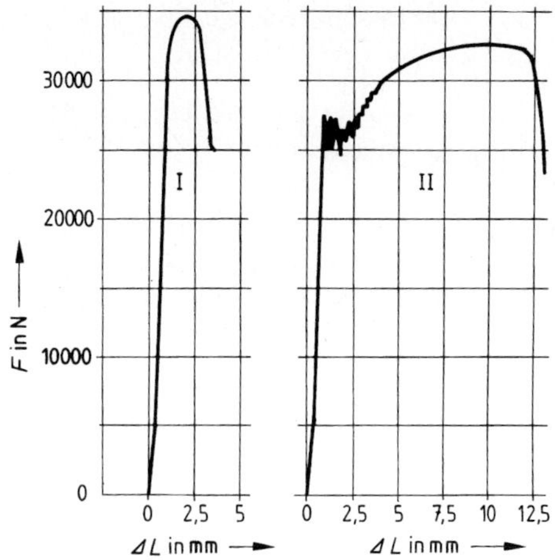

Zugversuch

	Formeln
Spannung:	$\sigma = \frac{F}{S_o}$
Zugfestigkeit:	$R_m = \frac{F_m}{S_o}$
Streckgrenze:	$R_{eH} = \frac{F_S}{S_o}$
Dehnung:	$\varepsilon = \frac{\Delta L}{L_o} \cdot 100\,\% = \frac{L - L_o}{L_o} \cdot 100\,\%$
Bruchdehnung:	$A = \frac{L_u - L_o}{L_o} \cdot 100\,\%$

Formelzeichen

σ	Spannung
F	Kraft
S_o	Anfangsquerschnitt
R_m	Zugfestigkeit
R_{eH}	Streckgrenze
F_m	Höchstkraft
F_s	Kraft an der Streckgrenze
ε	Dehnung
L	Messlänge
L_o	Anfangsmesslänge
L_u	Messlänge nach Bruch
A	Bruchdehnung
ΔL	Längenänderung

11/2 Bei einem Zugversuch an einer Probe mit einem Anfangsquerschnitt von 50 mm² zeigt der Kraftmesser im Augenblick eine Kraft von 18 140 N an. Die Probe hatte eine Anfangsmesslänge von 40 mm. Im Augenblick zeigt das Längenmessgerät eine Länge von 46,5 mm an.

a) Berechnen Sie die im Augenblick auftretende Spannung.

b) Berechnen Sie die zur Zeit auftretende Dehnung.

11/3 Eine Flachprobe hat die Maße 5 mm x 10 mm. Die Anfangsmesslänge beträgt 40 mm. Dieser Probestab wird mit einer Kraft von 21 200 N belastet. Die gemessene Länge beträgt 44 mm.

a) Berechnen Sie die Zugspannung bei der angegebenen Kraft.
b) Bestimmen Sie die Dehnung.

11/4 Ein Zugversuch wurde an einer Probe von $d_o = 8$ mm und einer Anfangsmesslänge von $L_o = 40$ mm durchgeführt.

Die Messergebnisse betrugen:

Höchstkraft:	$F_m = 22\,142$ N,
Kraft an der Streckgrenze:	$F_S = 13\,218$ N,
Länge nach Bruch:	$L_u = 45{,}8$ mm.

Werten Sie den Zugversuch aus. Berechnen Sie

a) Streckgrenze, **b)** Zugfestigkeit, **c)** Bruchdehnung.

11/5 Bei einem Probestab vermutet man, dass er aus S 235 (St 37) ist. Er hat einen Durchmesser von 8 mm, und im Zugversuch reißt er bei einer Kraft von 18 000 N.

a) Welche Zugfestigkeit hat der geprüfte Stab?
b) Welche Mindestzugfestigkeit muss ein S 235 (St 37) haben? Genügt der geprüfte Stahl den an einen S 235 (St 37) hinsichtlich der Mindestzugfestigkeit gestellten Anforderungen?

11/6 Erklären Sie den Begriff Härte.

11/7 Auf einer Mehrspindelbohrmaschine werden gleichzeitig 16 Löcher in Gehäuseflansche gebohrt.
Warum sollen die Gehäuse möglichst gleichmäßige Härte besitzen?

11/8 In einem Betrieb werden Bolzen vergütet. Durch Unachtsamkeit sind die bereits vergüteten Bolzen mit Bolzen, die erst gehärtet waren, durcheinander geraten. Im Aussehen ist kein Unterschied festzustellen.
Wie kann man mit einfachen Mitteln die Bolzen sortieren?

11/9 Bei einem Brinellversuch an einer G-CuAl 10 Ni mit einer Prüfkraft von 10 000 N bei 10 mm Prüfkugeldurchmesser ergab sich ein Eindruckdurchmesser von 3,35 mm. Die Prüfdauer betrug 10 Sekunden. Berechnen Sie die Härte.

11/10 Bei der Brinellhärteprüfung eines Stahles mit einer Hartmetallkugel von $D = 5$ mm ergab sich folgender Eindruck:

a) Berechnen Sie die Brinellhärte.
b) Welche Zugfestigkeit wird der Stahl annähernd haben?

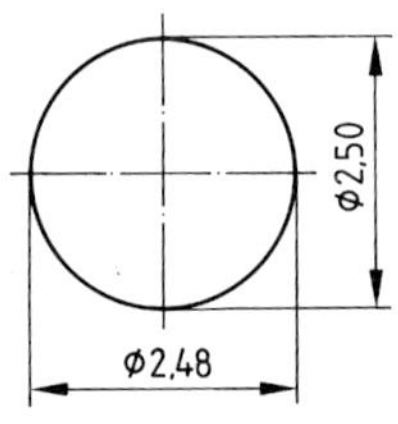

11/11 Bei einem 37 Mn Si 5 wurde nach einer Belastung mit einer Prüfkraft von 294,2 N folgender Eindruck ausgemessen:
Berechnen Sie die Vickershärte.

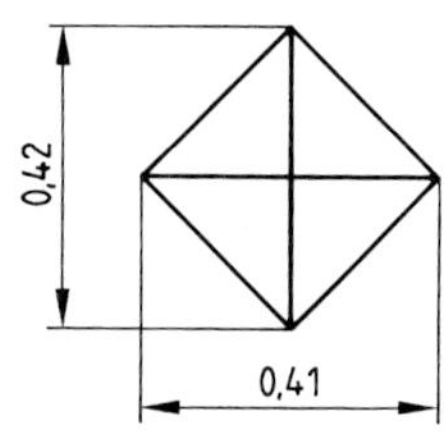

11/12 Gusseisen darf nicht mit der Vickers-Härteprüfung geprüft werden. Begründen Sie diese Forderung.

11/13 Vergleichen Sie die Härteprüfverfahren. Zeichnen Sie dazu die folgende Tabelle ab und vervollständigen Sie diese Tabelle.

	Härteprüfung nach Brinell	Härteprüfung nach Vickers	Härteprüfung nach Rockwell-C
Form des Prüfkörpers	?	?	?
Werkstoff des Prüfkörpers	?	?	?
Ermittlung der Härte	?	?	?
Anwendung	?	?	?

11/14 Erläutern Sie die Werkstoffeigenschaften „spröde“ und „zäh“ anhand der Ergebnisse des Kerbschlag-Biegeversuchs.

11/15 **a)** Nennen Sie die Bedeutung des Kerbschlag-Biegeversuchs.
b) Welcher Kennwert eines Werkstoffes wird im Kerbschlag-Biegeversuch ermittelt?

11/16 Für Behälter zum Transport tiefgekühlter, verflüssigter Gase sucht man geeignete Stähle. Sollte der Steilabfall für den Werkstoff bei hoher oder bei sehr tiefer Temperatur liegen?

Technologische Prüfverfahren

11/17 Bei zwei Ausbreitproben an Flachstählen wurden folgende Ergebnisse festgestellt:
Ein Flachstahl 50 x 8 konnte auf 120 mm bis zum ersten Anriss ausgeschmiedet werden.
Ein Flachstahl 80 x 8 zeigte bei einer Breitung auf 160 mm den ersten Anriss.
Welcher Werkstoff zeigte die bessere Eignung zum Schmieden?

11/18 Zeichnen Sie das folgende Schema ab. Kreuzen Sie im Schema jeweils die Eigenschaft an, welche für die angeführte Verwendung wesentlich ist.

	Faltbarkeit	Ausbreitung	Tiefung
Werkstoff für Meißel	?	?	?
Werkstoff für Autokarosserieblech	?	?	?
Werkstoff für Dachrinnenblech	?	?	?
Werkstoff für Schraubenschlüssel	?	?	?
Werkstoff für Konservendosenblech	?	?	?

11/19 Das Diagramm zeigt die Mindesttiefung, die Feinbleche aus dem zu prüfenden Werkstoff aufweisen müssen.
Im Werkstofflabor wurde ein 1 mm starkes Blech im Tiefungsversuch geprüft. Es wurde eine Tiefe von 10,8 mm gemessen.

a) Welchen Mindestwert der Tiefung müsste das Blech nach DIN 1623 erreichen?
b) Genügt das Blech hinsichtlich seiner Tiefung den Normanforderungen?

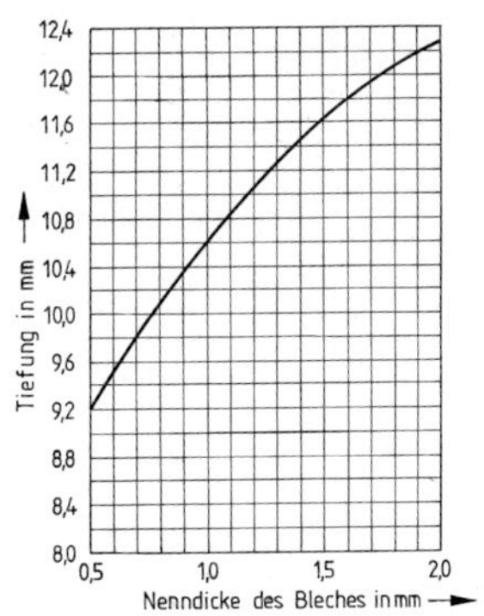

Mindestwerte für die Tiefung

Metallographische Prüfverfahren

11/20 Die Abbildung zeigt eine geschnittene Kurbelwelle. Die Schnittfläche wurde geschliffen und geätzt.

a) Wurde hier eine mikroskopische oder eine makroskopische Untersuchung durchgeführt?

b) Was zeigt der Schliff?

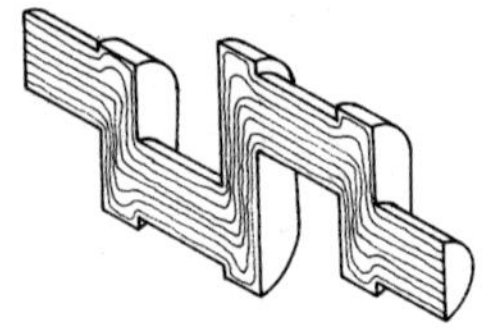

11/21 Das Gefüge von Stangenmaterial Ø 20 mm soll mikroskopisch untersucht werden. Nennen Sie die einzelnen Arbeitsvorgänge, welche bis zur mikroskopischen Betrachtung des Materials durchzuführen sind.

Zerstörungsfreie Prüfverfahren

11/22 Das nebenstehende Bild zeigt die Röntgenaufnahme einer fehlerhaft geschweißten X-Naht.

a) Warum erscheint die Schweißnaht auf dem Film heller als das Blech?

b) Welchen typischen Schweißfehler erkennen Sie?

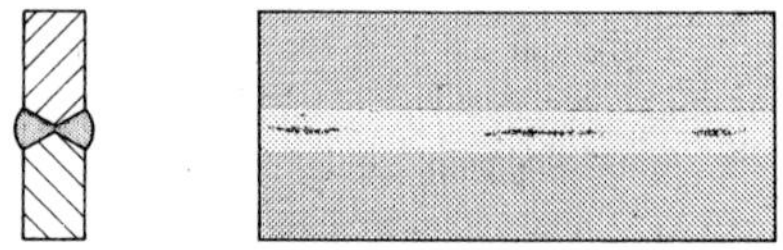

11/23 Bei der Prüfung mit Röntgenstrahlen sind besondere Sicherheitsmaßnahmen zu beachten.

a) Begründen Sie diese Forderung.

b) Welche Maßnahmen sind zu treffen?

11/24 Schreiben Sie aus der folgenden Aufstellung diejenigen Fehler heraus, die mit Kapillar-Verfahren sichtbar gemacht werden können:

a) Lunker im Innern eines Maschinenständers

b) Oberflächenriss an einem Zahnrad

c) Flockenriss im Innern einer Schwungscheibe aus Stahlguss

d) Mikrolunker an einem Gussgehäuse, die mit der Oberfläche in Verbindung stehen

e) Riss in einer Schweißnaht

11/25 Blattfedern aus Stahl wurden im oberen Teil mit Kunststoff beschichtet.
Bei einigen wurden im Gebrauch Anrisse im Bereich der Ausklinkung festgestellt. Nun sollen alle mit einfachen Mitteln untersucht werden.
Machen Sie einen detaillierten Vorschlag.

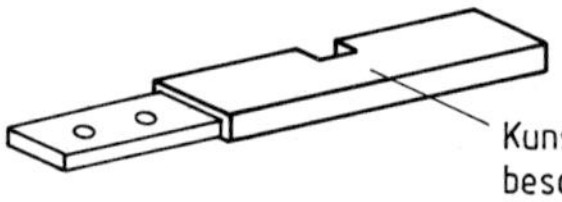

11/26 Ein Stranggussbarren wird mit Ultraschall geprüft.
Welches Bild erscheint in der dargestellten Stellung des Prüfkopfes auf dem Bildschirm?
Skizzieren Sie sich das Schirmbild vergrößert auf.

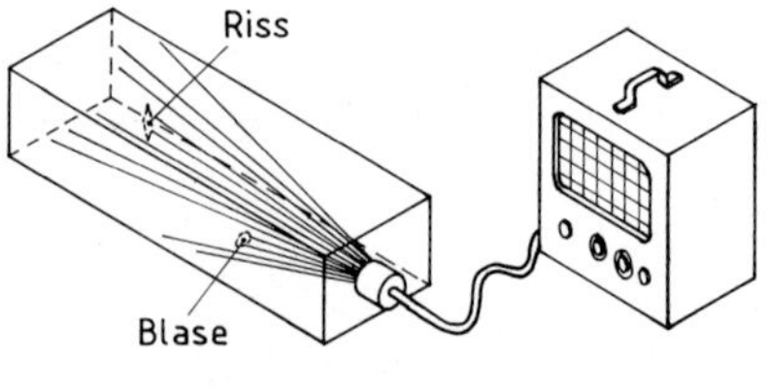

11/27 Vergleichen Sie die unterschiedlichen zerstörungsfreien Prüfverfahren.
Zeichnen Sie dazu das folgende Schema ab.
Tragen Sie durch Ankreuzen ein, welche Fehler mit dem jeweiligen Verfahren geprüft werden können.

	Röntgen-Verfahren	Kapillar-Verfahren	Ultraschall-Verfahren	Magnetpulverprüf-Verfahren
Lunker in Stranggussbarren	?	?	?	?
Härteriss in einem oberflächengehärteten Bolzen	?	?	?	?
Schlacke in einer Schweißnaht	?	?	?	?
Riss in einem Aluminiumgussstück an der Oberfläche	?	?	?	?
Risse in gegossenen Anhängerkupplungen aus GGG	?	?	?	?

Dauerschwingfestigkeit

Bei einer schwingenden Beanspruchung ermittelt man unterschiedliche Spannungsangaben.

Formelzeichen

σ_o Oberspannung
σ_u Unterspannung
σ_m Mittelspannung
σ_A Spannungsausschlag

Spannungs-Zeit-Diagramm

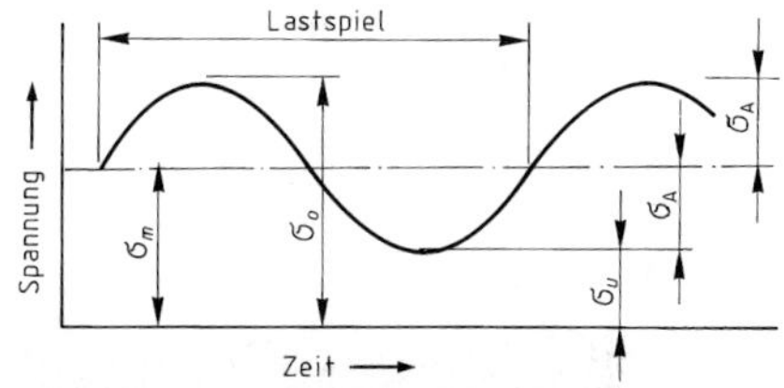

Der Dauerschwingfestigkeitswert σ_D besteht aus der Mittelspannung σ_m und dem Spannungsausschlag σ_A.

Formel: $\sigma_D = \sigma_m \pm \sigma_A$

11/28 Bestimmen Sie für folgende fünf Fälle einer schwingenden Beanspruchung die fehlenden Werte. Übertragen Sie dazu die Tabelle und tragen Sie die Werte ein.

Nr.	Mittelspannung N/mm²	Spannungsausschlag N/mm²	Oberspannung N/mm²	Unterspannung N/mm²
1	100	40	?	?
2	80	?	140	?
3	?	30	180	?
4	?	60	– 40	?
5	20	?	?	– 100

11/29 Erstellen Sie die Wöhlerkurve aus folgenden Versuchsergebnissen zur Ermittlung eines Dauerfestigkeitswertes von PVC. Geben Sie den Dauerfestigkeitswert an.

σ_m = 7 N/mm²	relative Luftfeuchtigkeit: 60 % · Temperatur: 20 °C · Schwingfrequenz 10 Hz	
Spannungsausschlag σ_A (N/mm²)	Lastspielzahl bis zum Bruch	Bemerkung
40	5 126	
30	10 244	
20	61 088	
17,5	410 348	
15	kein Bruch	Versuch nach 10^7 Schwingungen abgebrochen
12,5	kein Bruch	

Maschinen- und Gerätetechnik

1 Energie, Stoff, Information

Energie und Energieumsetzung

1/1 Zwei Kollegen sehen, wie ein anderer einen Sack auf die Schulter hebt und über den ebenen Werkshof trägt. Der eine sagt zum anderen: „Der arbeitet aber schwer!" Da antwortet sein Kollege: „Rein physikalisch arbeitet der zur Zeit gar nicht. Er hat im physikalischen Sinne nur einmal kurz gearbeitet."
Ist die Behauptung des Kollegen richtig? Geben Sie eine Begründung.

1/2 An einer Baustelle stehen zwei gleich große Container für den Erdaushub. Sie haben unterschiedlich lange Rampen. Zwei Arbeiter beladen die Container mit gleichen Schubkarren, die gleich schwer beladen sind.

a) Äußern Sie sich zu beiden Fällen hinsichtlich aufzuwendender Kraft, Weg auf der Rampe und erbrachter physikalischer Arbeit.
b) Formulieren Sie entsprechend Ihrer Antwort eine Regel. – Man nennt diese Regel die „Goldene Regel der Mechanik".

1/3 Im internationalen Einheiten-System (SI-System) sind die Einheiten und die Formelzeichen für physikalische Größen genormt.
Übernehmen Sie die folgende Tabelle, und vervollständigen Sie diese.

physikalische Größe	Formelzeichen	Einheit im SI-System
Weg	?	?
?	?	Ws
Arbeit	?	?
?	?	kg
?	F_G	?

Mechanische Arbeit, Leistung, Wirkungsgrad

	Formel
Mechanische Arbeit:	$W = F \cdot s$
Leistung:	$P = \frac{W}{t} = \frac{F \cdot s}{t}$ $P = F \cdot v$
Wirkungsgrad:	$\eta = \frac{P_e}{P_i}$ $\eta_{ges} = \eta_1 \cdot \eta_2 \cdot \ldots$

Formelzeichen

W	mechanische Arbeit in Nm (J, Ws) oder kWh
F	Kraft
s	Weg
v	Geschwindigkeit
P	Leistung in Nm/s (W) oder kW
t	Zeit
η	Wirkungsgrad
η_{ges}	Gesamtwirkungsgrad
P_e	Nutzleistung (effektive Leistung)
P_i	aufgewendete Leistung (induzierte Leistung)

1/4 Berechnen Sie die fehlenden Angaben in der folgenden Tabelle.

	a)	b)	c)	d)	e)
Kraft	3 000 N	4 000 N	? N	100 N	0,3 kN
Weg	50 mm	? m	5 dm	5 km	? m
Arbeit	? Nm	18 kJ	2 J	? kJ	1 200 Nm

1/5 Der Bär eines Gesenkschmiedehammers hat eine Gewichtskraft von 5 kN. Er soll um 80 cm angehoben werden.
Welche Arbeit ist dazu notwendig?

1/6 Mit einer Hebebühne wird ein Pkw angehoben. Die durch die Hebebühne verrichtete Arbeit beträgt 36 000 J.
Berechnen Sie die Gesamtmasse von Pkw und Hebebühne.

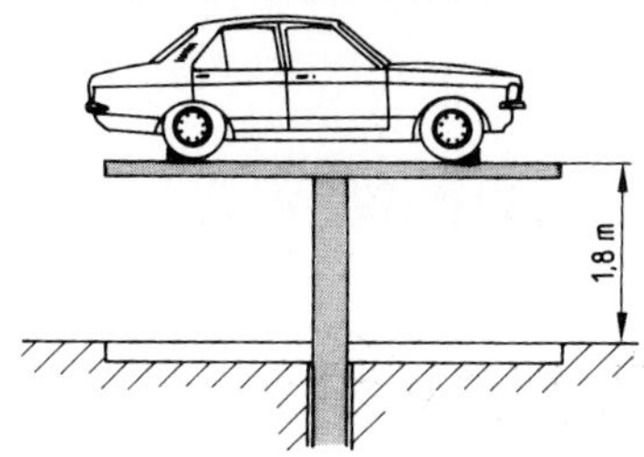

1/7 Ein Förderband transportiert in einer Stunde 40 m³ Sand (ϱ = 1,8 kg/dm³) auf 3 m Höhe.
Wie groß ist die verrichtete Arbeit bei einer Betriebszeit von 9 Stunden?

1/8 Ein Gabelstapler hebt eine Last von 1,35 t. Er bewältigt dies mit 0,3 m/s.
Berechnen Sie die Arbeit und die Leistung, wenn die Last 1,8 m hoch gehoben wird.

1/9 Von vier verschiedenen Anlagen sind die folgenden Daten gegeben.
Ermitteln Sie die jeweils fehlenden Werte.

	a)	b)	c)	d)
Leistung	? kW	? kW	12 kW	? kW
Kraft	3 260 N	25 kN	–	20 kN
Zeit	7,5 s	? s	45 min	2,7 min
Arbeit	39 120 Nm	318,75 kNm	? kJ	? kJ
Geschwindigkeit	? m/s	0,85 m/s	–	40 m/min

1/10 Erklären Sie den Begriff „mechanische Energie“, und unterscheiden Sie die verschiedenen Formen der Energie.
Geben Sie für jede Form ein konkretes Beispiel.

1/11 Eine Druckfeder hat die Aufgabe, zwei Hebel auf einem bestimmten Abstand zu halten. Sie wird dabei um 8 mm zusammengedrückt.
Die Kraft ist bei der Längenänderung einer Feder nicht konstant, sondern wächst mit größer werdender Längenänderung. Man errechnet die Arbeit aus der Fläche unter der Kurve des Kraft-Weg-Diagramms.
Ermitteln Sie die Energie, die dafür erforderlich ist.

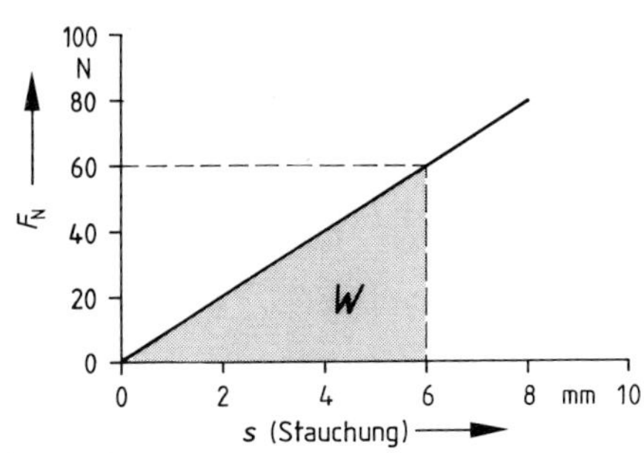

1/12 Ein Pumpspeicherwerk fördert in der Nacht 180 000 m^3 Wasser zurück in das Rückhaltebecken auf eine Höhe von 35 m.
Bestimmen Sie die Energie des nach oben gepumpten Wassers.

1/13 Ein Hebezeug hebt ein Gussstück von 280 kg in 7 Sekunden 1,2 m hoch auf eine Werkzeugmaschine. Die Leistungsaufnahme des Hebezeugs ist 1,52 kW. Berechnen Sie den Wirkungsgrad.

1/14 Der Gesamtwirkungsgrad in einer Anlage beträgt 0,504. Die Anlage setzt sich aus drei Einzelwirkungsgraden zusammen (E-Motor – Getriebe – Werkzeugmaschine).
Der Elektromotor hat einen Wirkungsgrad von 90 %, die Werkzeugmaschine einen von 70 %.
Bestimmen Sie den dritten Wirkungsgrad.

1/15 Ein Motor nimmt 6 kW aus dem Netz auf. Er hat einen Wirkungsgrad von 0,9. Das angetriebene Hebezeug hat einen Wirkungsgrad von 0,5.
Welche Last kann in 10 s auf 5 m Höhe gehoben werden?

Stoff und Stoffumsetzung

1/16 Ordnen Sie die folgenden Fälle in formlose Stoffe und geometrisch bestimmte Körper:
Sand, Transportbeton, gegossene Eisenbahnschwelle, Kunststoffgranulat, Klebstoff, Gießharz, Kupferrohr, Blechabschnitt, Träger, Blechtafel, Feilspäne, gefeilter Schlüssel, Wachsmodell.

1/17 Einem Gießereibetrieb, in dem Getriebegehäuse hergestellt werden, wird eine mechanische Werkstatt zur Bearbeitung der Gussteile angegliedert. Man berät, ob der Transport zwischen beiden Betriebsteilen mit Gabelstaplern oder mit einer Hängebahn durchgeführt werden soll.

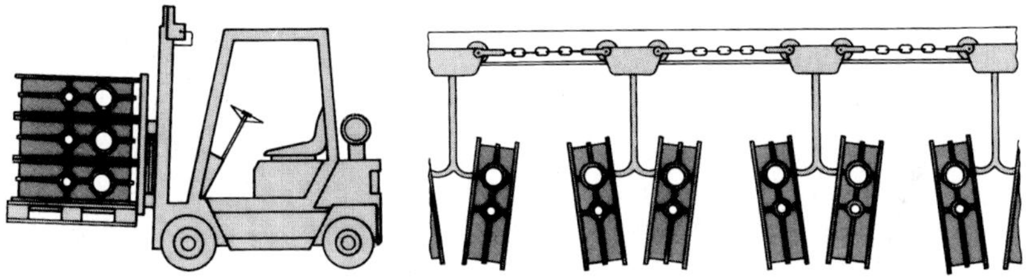

Führen Sie Vor- und Nachteile beider Transportmöglichkeiten auf.
Wie sollte man sich entscheiden?

Stofftransport

	Formel	Formelzeichen
Geschwindigkeit:	$v = \frac{s}{t}$	v Geschwindigkeit s Weg t Zeit t_{ges} benötigte Gesamtzeit
Massestrom:	$\dot{m} = \frac{m}{t_{ges}}$	m Masse $\dot{m}$ Massestrom in kg/h V gefördertes Volumen q_v Volumenstrom in dm^3/s S Leitungsquerschnitt
Volumenstrom:	$q_v = \frac{V}{t}$ $q_v = S \cdot v$	
Kontinuitätsgleichung:	$S_1 \cdot v_1 = S_2 \cdot v_2$	

1/18 Für drei verschiedene Förderanlagen, **a)**, **b)** und **c)**, sind die folgenden Daten gegeben.
Ermitteln Sie die fehlenden Werte.

	a)	b)	c)
v	1,2 m/s	? m/s	2,1 m/s
s	? m	200 m	30 m
t	35 s	70 s	? s
t_{ges}	7 h	? min	4 h
m	8,5 t	7 t	? t
$\dot{m}$	? kg/h	10 000 kg/h	0,8 t/h

1/19 In einem Salzstock wird das abgebaute Salz auf Förderbändern mit einer Geschwindigkeit von $v = 1{,}19$ m/s befördert.

a) Wie lange ist das Fördergut unterwegs, wenn die Einrichtung 360 m lang ist?
b) In einer 7-Stunden-Schicht werden 300 t transportiert. Berechnen Sie $\dot{m}$ in t/s und in kg/s.

1/20 Berechnen Sie die fehlenden Werte der Tabelle.

	a)	b)	c)
V	? dm³	5 m³	13 m³
t	12 s	0,45 h	? s
q_v	? dm³/s	? dm³/s	5 200 dm³/s
S	15 mm²	491 mm²	? dm²
v	2,3 m/s	? m/s	1,5 m/s

1/21 In einer Hydraulikanlage hat das Öl eine Strömungsgeschwindigkeit von 3,55 m/s.

a) Wie groß ist der Volumenstrom der Pumpe in m³/s, wenn der Leitungsdurchmesser 25,4 mm beträgt?
b) Berechnen Sie den Durchmesser für die Saugleitung, wenn die Strömungsgeschwindigkeit in ihr 1,6 m/s beträgt.

1/22 Der Querschnitt einer Rohrleitung beträgt $S_1 = 310$ mm² und nach einer Querschnittsänderung $S_2 = 12$ mm².
Welche Strömungsgeschwindigkeit hat die Flüssigkeit nach der Querschnittsänderung, wenn sie vorher 2,5 m/s betrug?

1/23 Durch eine Rohrleitung strömen 4,2 m³ Wasser in einer Stunde.
Berechnen Sie den Durchmesser für das Rohr, wenn die Strömungsgeschwindigkeit 0,3 m/s beträgt.

1/24 Ein Öltank fasst 10 000 Liter Öl. In 27 min wird der Tank über eine Zuleitung mit dem Durchmesser von 65 mm gefüllt.
Wie groß ist die Strömungsgeschwindigkeit in der Leitung in m/s?

Information und Informationsumsetzung

1/25 Bei der Informationsübertragung in technischen Systemen kann der Mensch oder die Maschine jeweils als Sender bzw. als Empfänger auftreten.
Bestimmen Sie, wer – Mensch oder Maschine – als Sender bzw. als Empfänger bei folgenden Vorgängen auftritt.

a) Eine E-Lok fährt über einen Schienenkontakt, daraufhin schließt die Straßenschranke.
b) Eine Gegensprechanlage wird eingeschaltet und benutzt.
c) Eine Sicherheitsanlage löst Alarm aus.
d) Ein Pkw-Fahrer schaltet an seinem Auto die Warnblinkanlage ein.
e) Die eingeschaltete Warnblinkanlage veranlasst die Verkehrsteilnehmer, die hinter einem Pkw fahren, langsamer zu fahren.

1/26 Die dargestellte Welle aus S 235 (St 37) soll durch Drehen hergestellt werden. Der Drehmeißel hat eine Hartmetallschneide. Erläutern Sie an diesem Beispiel die Begriffe Weg- und Schaltinformation.

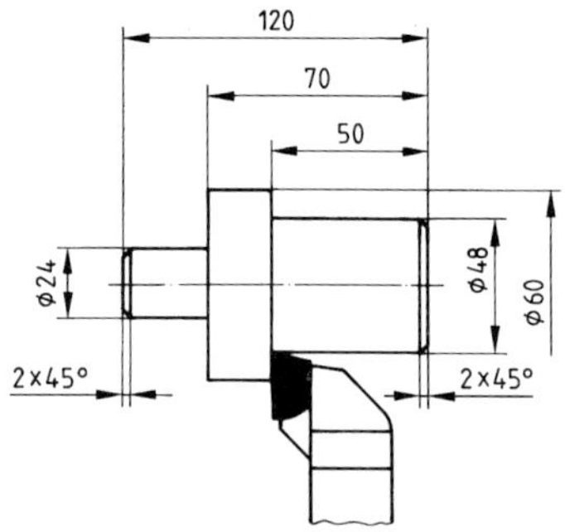

1/27 Untersuchen Sie, welche der folgenden Vorgänge dialog arbeitende Kommunikationssysteme darstellen und welche nicht dialog arbeiten. Begründen Sie Ihre Antwort.

a) Die Zapfsäule an der Tankstelle zeigt die entnommene Kraftstoffmenge, den dafür zu zahlenden Geldbetrag sowie den Literpreis an. Am Ende des Tankvorganges wird ein entsprechender Kassenbon ausgedruckt.

b) Auf einem Kopierapparat erscheint nach längerem Kopieren die Schrift „Bitte Papier nachlegen". Ist Papier nachgelegt, erscheint am Bedienungspult die Schrift „Kopierbereit".

c) Bei der Vorbereitung der Kamera für eine fotografische Aufnahme erscheint im Sucher eine Zahl für die zu wählende Belichtungszeit. Gleichzeitig erscheint ein roter Lichtpunkt, verbunden mit einem akustischen Signal. Damit wird davor gewarnt, ohne Stativ zu fotografieren. Erfahrungsgemäß sind solche Fotos unscharf, weil „verwackelt". Die Wahl einer anderen Blende und Neueinstellung der Zeit beseitigt die Warnsignale.

d) Mit der Fernbedienung kann das Fernsehgerät ein- und ausgeschaltet werden. Die Programme werden damit gewechselt. Außerdem können die Lautstärke und die Farbintensität verändert werden.

2 Systeme zur Umsetzung von Energie, Stoff und Information

Systemtechnische Grundlagen

2/1 Untersuchen Sie das System Fotoapparat.

a) Nennen Sie die Hauptfunktion des Systems.

b) Übernehmen Sie die Darstellung, und tragen Sie in diese folgende Begriffe ein: Eingang, Ausgang, Filmmaterial, Film (belichtet = chemisch verändert), Lichtenergie, gespeichertes Bild. Ergänzen Sie den Informationsteil: Motiv, Belichtungszeit ...

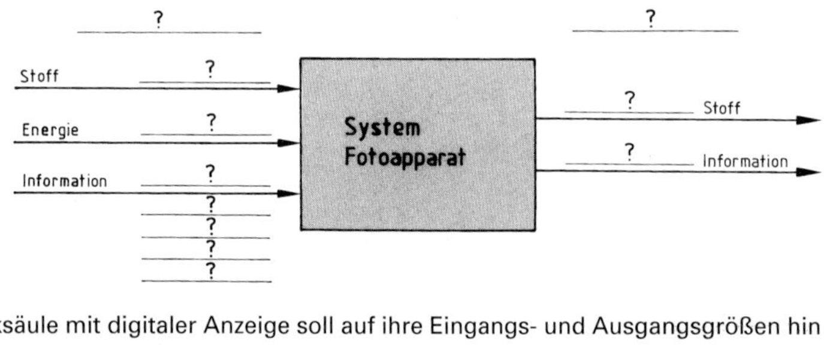

2/2 Eine Tanksäule mit digitaler Anzeige soll auf ihre Eingangs- und Ausgangsgrößen hin untersucht werden.

a) Welche Hauptfunktion hat das System Tanksäule?

b) Stellen Sie die Tanksäule als technisches System dar.

c) Bestimmen Sie, welcher Art der Stoff, die Energie und die Information für Eingang und Ausgang sind.

2/3 Die Darstellung zeigt einen Schweißbrenner als technisches System. Der Schweißbrenner hat getrennte Anschlüsse für Brenngas und Sauerstoff, Stellventile für die Einstellung der Gasmenge und am Ausgang eine Düse, an der das Gasgemisch verbrennt.

a) Welche Hauptfunktion hat das System Schweißbrenner?

b) Bestimmen Sie, welcher Art der Stoff, die Energie und die Information für Eingang und Ausgang sind.

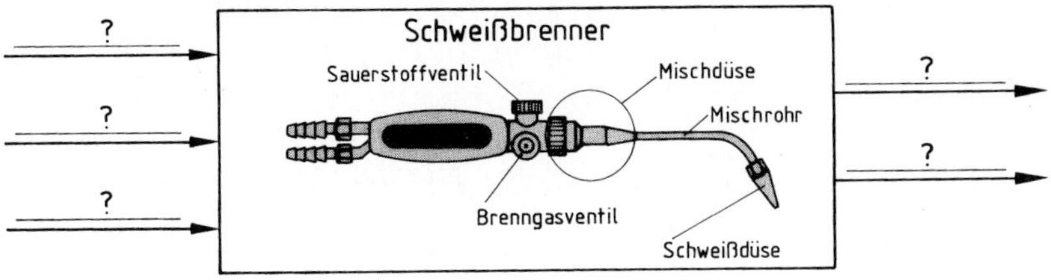

2/4 Nennen Sie die Hauptfunktionen der dargestellten Systeme.
Geben Sie dabei an, ob Transport, Formung oder Umwandlung stattfindet.

a)

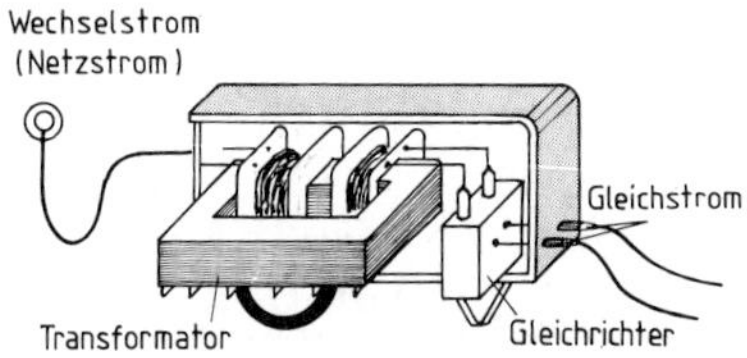

Schweißgleichrichter

b)

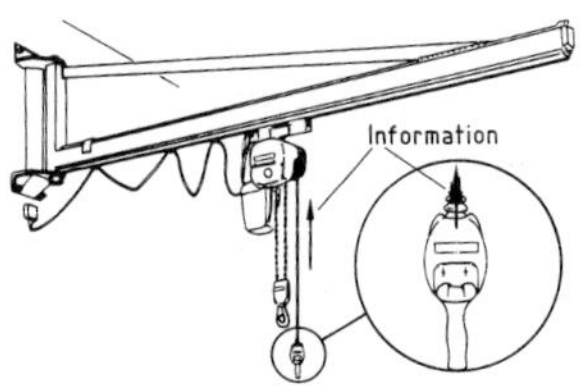

Fernsteuerung

c)

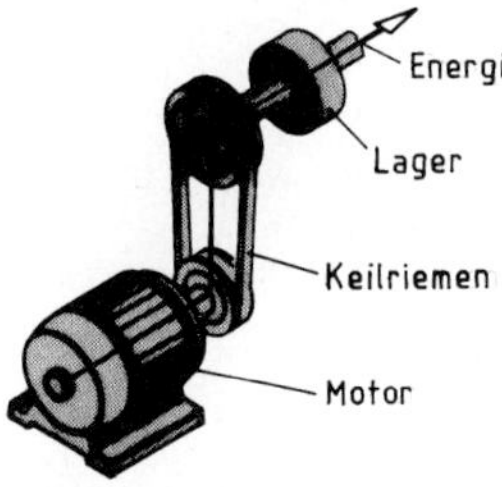

Keilriemengetriebe

d)

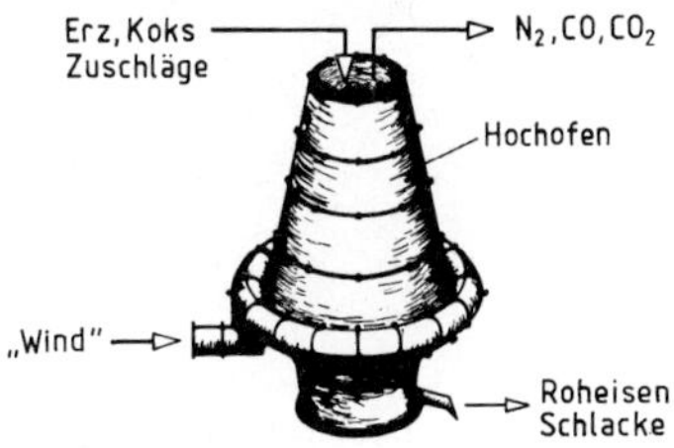

Hochofen

2/5 Listen Sie für das System Motorrad die verschiedenen Einrichtungen auf und geben Sie die Funktionen der Einrichtungen an.
Stellen Sie den Energiefluss gemäß folgendem Schema durch die verschiedenen Einrichtungen des Motorrades dar.

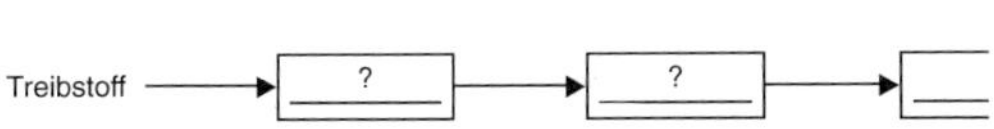

2/6 Eine Stereoanlage ist ein technisches System, das aus verschiedenen Einrichtungen besteht.

a) Nennen Sie die Hauptfunktion des Systems.
b) Geben Sie die verschiedenen Einrichtungen innerhalb des Systems an.
c) Geben Sie Funktionsgruppen innerhalb der Einrichtung Plattenspieler an.
d) Nennen Sie Elemente innerhalb der Funktionsgruppe Tonabnehmer.
e) Stellen Sie das System Stereoanlage gemäß folgendem Muster in einem Schaubild dar.

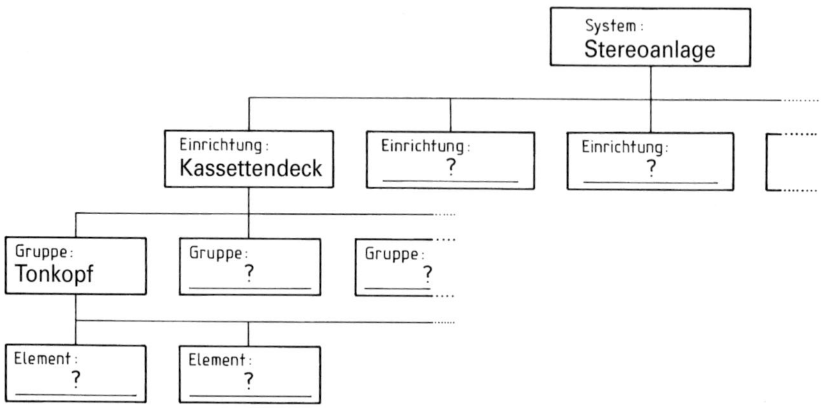

2/7 Geben Sie die Grundfunktionen der folgenden Baugruppen an. Übernehmen Sie dazu die Tabelle.

Baugruppe	Grundfunktion
Kurbeltrieb	?
Kompressorkessel	?
Keilriementrieb	?
Kupplung im Motorrad	?
Vergaser im Kfz	?
Rohrleitung in einer Druckluftanlage	?

2/8 Untersuchen Sie die Baugruppen am Schraubstock auf ihre Grundfunktionen hin.

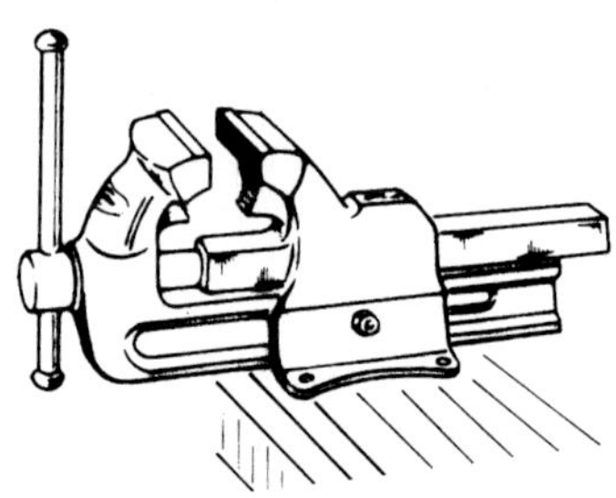

Systeme zum Energieumsatz

2/9 Stellen Sie den Energieumsatz in einem Wasserkraftwerk in einem Schema dar.

2/10 In windreichen Gegenden, z. B. an Küsten werden in stärkerem Maße Windkraftwerke errichtet. Welche Vor- und Nachteile haben diese Systeme?

2/11 Übertragen Sie die Tabelle, bezeichnen Sie die vier Takte eines Ottomotors und geben Sie jeweils die Ventilstellungen mit offen beziehungsweise geschlossen an.

	Bezeichnung des Taktes	Einlassventil	Auslassventil
1. Takt	?	?	?
2. Takt	?	?	?
3. Takt	?	?	?
4. Takt	?	?	?

2/12 Die Nocken auf einer Nockenwelle öffnen die Ventile.
In welchem Verhältnis müssen die Drehzahl der Nockenwelle und die Drehzahl der Kurbelwelle stehen?
Begründen Sie Ihre Antwort.

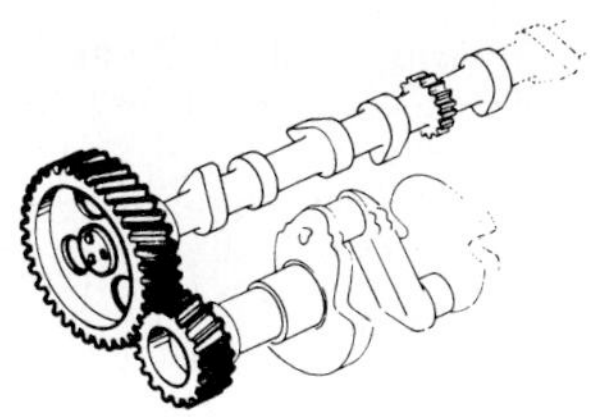

2/13 **a)** 1 Liter Benzin wiegt 0,84 kg und hat einen Energieinhalt von 32 000 kJ.
Welche mechanische Energie kann mit 1 kg Benzin in einem Motor bei 35 % Wirkungsgrad gewonnen werden?

b) Lesen Sie vom Typenschild eines Bleiakkumulators dessen Energieinhalt in VAh ab.
Rechnen Sie den Energieinhalt in kJ um.
Wiegen Sie den Bleiakkumulator.
Wie viel J/kg kann der Akkumulator über einen Elektromotor bei 90 % Wirkungsgrad abgeben?

c) Äußern Sie sich in diesem Zusammenhang zum Elektroantrieb von Fahrzeugen.

Systeme zum Stoffumsatz

2/14 Die schematische Darstellung zeigt eine Bandsäge.
Skizzieren Sie die Darstellung ab, und benennen Sie jeweils die Funktionen der gekennzeichneten Einheiten.

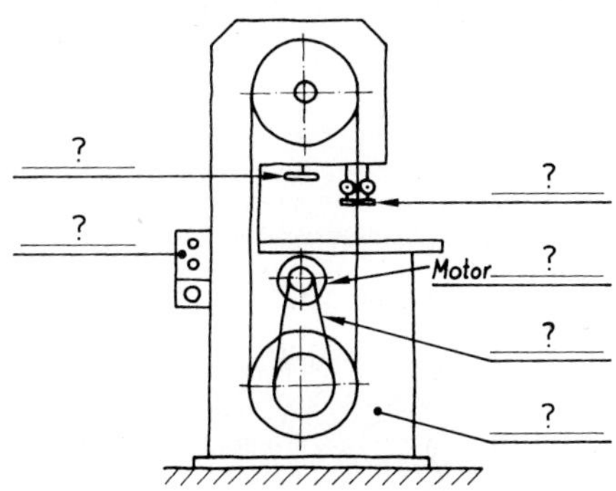

2/15 Geben Sie Ihnen bekannte Werkzeug- und Werkstückaufnahmen für die angegebenen Maschinen tabellarisch nach folgendem Muster an.

	Bohrmaschine	Drehmaschine	Fräsmaschine	Flächenschleifmaschine
Werkzeugaufnahme	?	?	?	?
Werkstückaufnahme	?	?	?	?

2/16 Wählen Sie für folgende Aufgaben geeignete Spannvorrichtungen aus:

1. Drehen eines Zapfens an Sechskantmaterial.
2. Drehen eines Zapfens an Vierkantmaterial.
3. Ausdrehen der Bohrung in einem gegossenen Lagerbock.
4. Aufbohren des Loches in einer Unterlegscheibe.
5. Bohren einer radial verlaufenden Bohrung in Rundmaterial.
6. Fräsen einer Längsnut in eine 400 mm lange Platte.
7. Planschleifen einer 200 mm x 300 mm großen Messingplatte.

2/17 Erklären Sie den Unterschied zwischen Pumpen und Verdichtern.

2/18 Der dargestellte Verdichter ist ein Rootsverdichter. Nach welchem Prinzip arbeitet der Verdichter?
Begründen Sie Ihre Antwort.

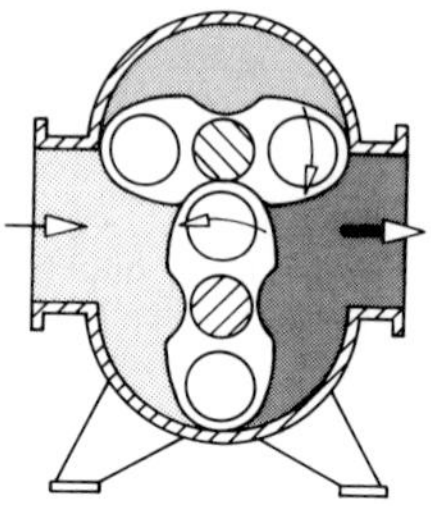

Systeme zum Informationsumsatz

2/19 Erkundigen Sie sich in Ihrem Ausbildungsbetrieb über den Weg eines Auftrages vom Eingang des Auftrages bis zur Auslieferung des Werkstückes.
Stellen Sie den Ablauf gemäß folgendem Schema dar.

2/20 Die linke Darstellung zeigt das Funktionsprinzip eines Feinzeigers (Minimeter).
Erklären Sie an diesem Gerät die Teilsysteme eines Messsystems.

2/21 Die rechte Darstellung zeigt ein Flüssigkeitsthermometer.

a) Erklären Sie das physikalische Prinzip dieses Thermometers.
b) Erklären Sie die Teilsysteme eines Messsystems am Beispiel des Thermometers.
c) Durch welche konstruktive Änderung kann man die Ablesegenauigkeit erhöhen?

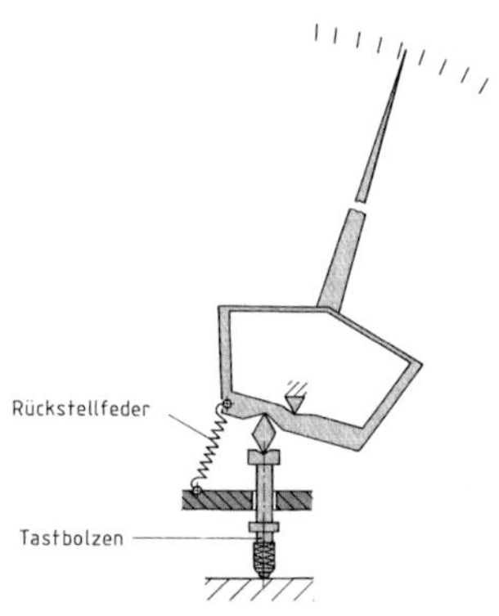

Feinzeiger

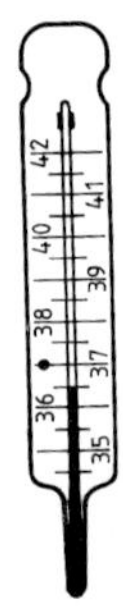

Thermometer

2/22 Entscheiden Sie, welcher Vorgang gesteuert und welcher geregelt ist.

a) Autofahren
b) „Kochen auf automatischem Herd" mit Zeitschaltuhr für die Kochplatte
c) Duschen unter Warmwasserbrause mit Mischbatterie, bei konstanter Wassertemperatur
d) Verkehrsampel
e) Druckminderventil für Sauerstoffflasche

2/23 In der Skizze ist ein Wasserstandsregler dargestellt.

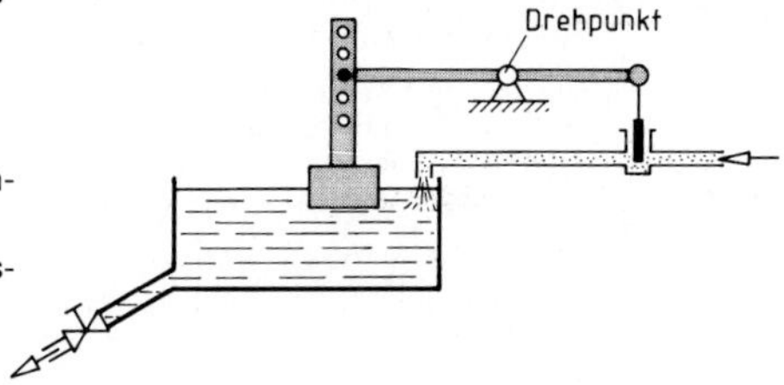

a) Welche Größe wird geregelt?
b) Benennen Sie das Stellglied.
c) Welchen Einfluss hat die Lage des Drehpunktes?
d) Kennzeichnen Sie den Informationskreislauf.

2/24 In einer Diskussion geht es darum, ob ein Vorgang gesteuert oder geregelt ist. Ein Kollege behauptet, beim Gasschmelzschweißen würde die Gaseinstellung – Brenngas und Sauerstoff – durch den Schweißer gesteuert, ein anderer sagt, das sei Regeln. Nur bei der Düsenauswahl sind sie sich einig.
Welche ist die richtige Aussage?
Begründen Sie Ihre Stellungnahme.

2/25 Stellen Sie sich nach den Prospekten eines Geschäftes für Computer eine „einfache" CAD-Anlage zusammen.
Geben Sie die ausgewählten Geräte und die Preise an.

3 Funktionseinheiten des Maschinenbaus

3/1 Fertigen Sie nach folgendem Muster eine Tabelle an.

Bauelemente und Baueinheiten	Funktion
?	Verbindungselement
?	Abstützungselement
?	Einheit zur Übertragung mechanischer Energie
?	Einheit zur Umformung der Energie
?	Antriebseinheiten

Ordnen Sie folgende Bauelemente und Baueinheiten in die Tabelle ein.
Verbrennungsmotor, Riementrieb, Niet, Schraube, Antriebswelle, Stift, Leitspindel, Gleitlager, Maschinenständer, Drehmaschinenbett, Hydraulikmotor, Kettengetriebe.

Funktionseinheiten zum Stützen und Tragen

Auflagerkräfte

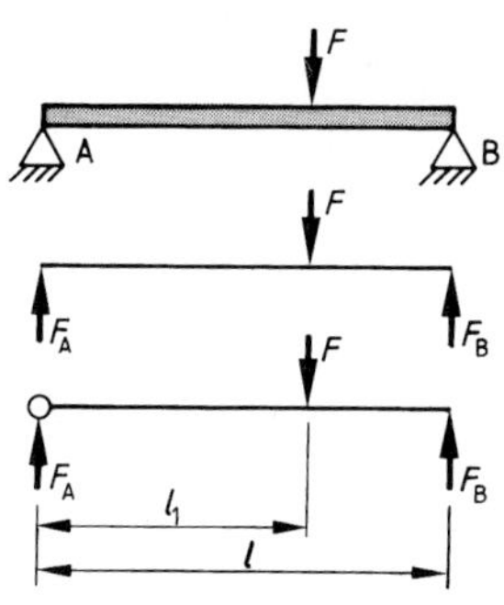

Formel

$$M = F \cdot l$$
$$M_l = M_r$$
$$\Sigma M_l = \Sigma M_r$$
$$F \cdot l_1 = F_B \cdot l$$
$$F = F_A + F_B$$

Formelzeichen

F_A Auflagerkraft im Lager A
F_B Auflagerkraft im Lager B
M Moment
M_l links drehendes Moment
M_r rechts drehendes Moment

3/2 Berechnen Sie die Auflagerkräfte.

a)

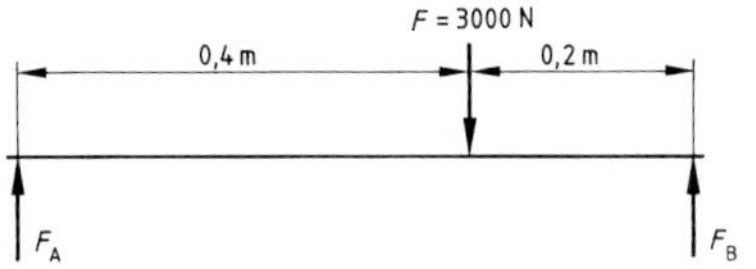

b)

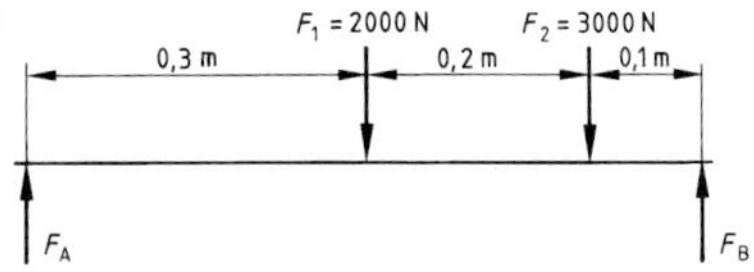

c)

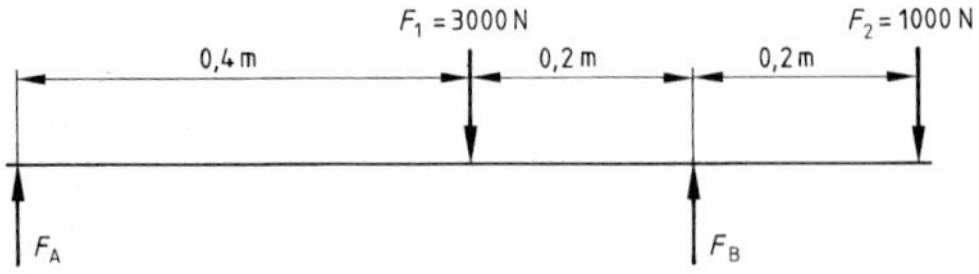

3/3 Zwischen der Führungsschiene und dem Laufrad eines Portalkranes wirkt eine Druckkraft von 50 kN.
Wie groß sind die Kräfte F_1 und F_2 in den Lagern?

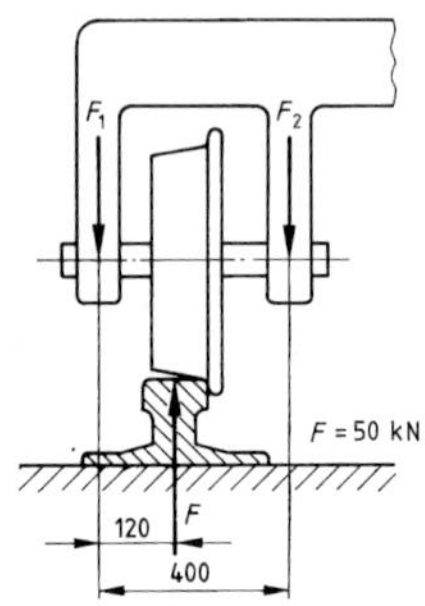

3/4 Die Verteilung der Gewichtskräfte an einem Drehmaschinenschlitten ist entsprechend der Abbildung.
Berechnen Sie die jeweiligen Auflagerkräfte in den beiden Führungen.

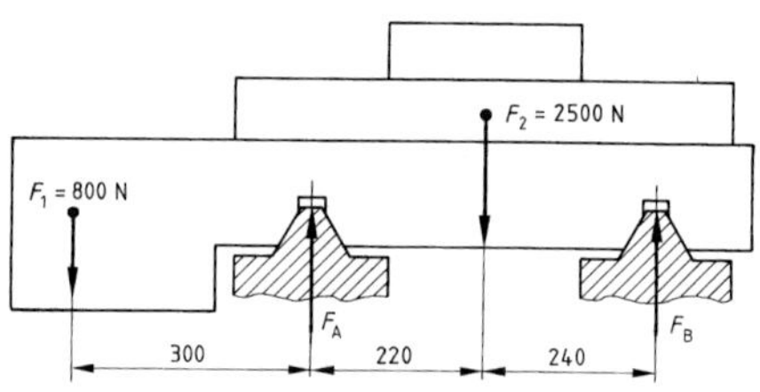

3/5 Schreiben Sie heraus, welche Bezeichnung für das jeweilige Lager richtig ist:
Axiallager als Gleitlager,
Axiallager als Wälzlager,
Radiallager als Gleitlager,
Radiallager als Wälzlager.

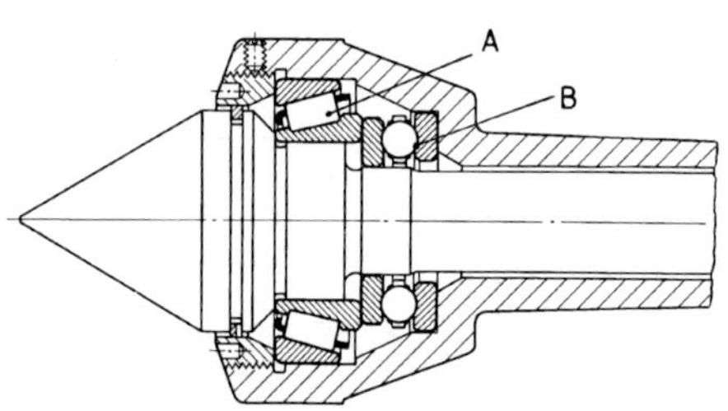

3/6 Zeichnen Sie das folgende Schema ab, und ordnen Sie die Lagerwerkstoffe Polyamid, SINT-B10 und Lg-PbSn10 in das Schema entsprechend ein.

	sehr gut	gut	befriedigend	ausreichend
Gleiteigenschaft	?	?	?	?
Tragfähigkeit	?	?	?	?
Notlaufeigenschaft	?	?	?	?

3/7 Haushaltmaschinen, z. B. Rührgeräte, werden nur kurzzeitig und mäßig belastet. Der Hausfrau soll die Wartung der Geräte nicht abverlangt werden.
Wählen Sie einen Lagerstoff für die Lager aus, und begründen Sie die Auswahl.

3/8 In einem Prospekt zu einem Schmiermittel wird angegeben:
„... Das Schmiermittel verbessert die Notlaufeigenschaften ..."
Was versteht man unter dem Begriff Notlaufeigenschaft?

3/9 Eine Mischtrommel ist in Gleitlagern gelagert. Sie läuft nach längerer Stillstandzeit an.
Erklären Sie, wie sich beim Anlaufen die Reibung zwischen Welle und Lager ändert.

3/10 Warum dürfen in der unteren Hälfte eines Lagers keine Schmiernuten angebracht werden?

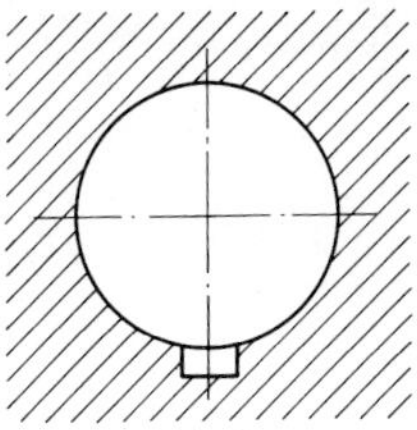

falsch

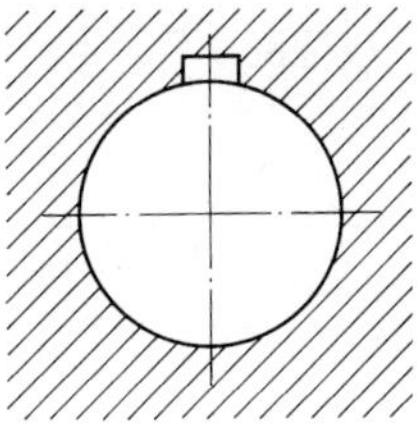

richtig

3/11 Welche Vorteile bietet der Einsatz von Zentralschmierung bei großen Maschinen?

3/12 Vergleichen Sie tabellarisch hydrodynamisch und hydrostatisch geschmierte Gleitlager. Übernehmen Sie dazu die Tabelle.

	hydrodynamisch geschmiert	hydrostatisch geschmiert
Reibung beim Anlauf	?	?
Abhängigkeit von Schmiermitteldruck und Drehzahl	?	?
Laufgenauigkeit	?	?
Kosten	?	?

3/13 Begründen Sie, warum bei niedrigen Drehzahlen eine Fettschmierung einer hydrodynamischen Ölschmierung vorgezogen wird.

3/14 Bezeichnen Sie die mit A, B, C und D bezeichneten Teile des Wälzlagers.

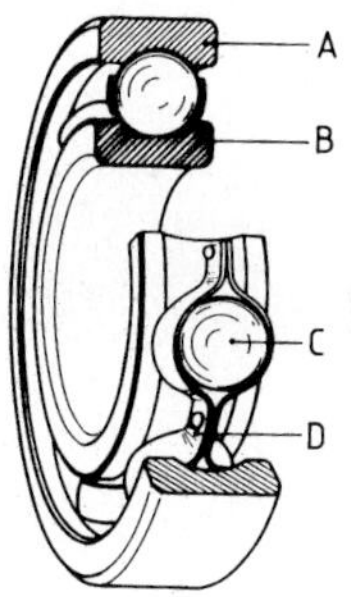

3/15 Welche Aufgaben hat ein Wälzlagerkäfig?

3/16 In einer Konstruktion ist zwischen Wellendurchmesser und Innendurchmesser des Lagergehäuses kein sehr großer maßlicher Unterschied. Es soll ein Wälzlager eingebaut werden.
Welche Art der Wälzlagerung schlagen Sie vor? Geben Sie eine Beschreibung für Ihren Vorschlag.

3/17 Benennen Sie die folgenden Wälzlager.

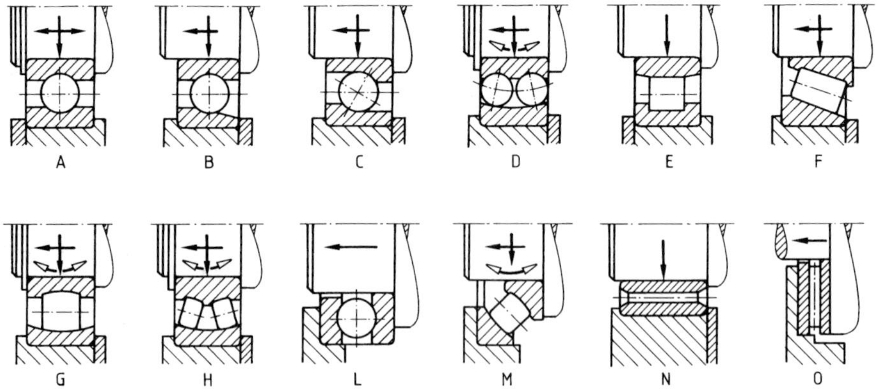

3/18 Skizzieren Sie das Schema der Lager und die Tabellen ab. Tragen Sie die Belastungsarten in die Tabellen ein.

Lager A

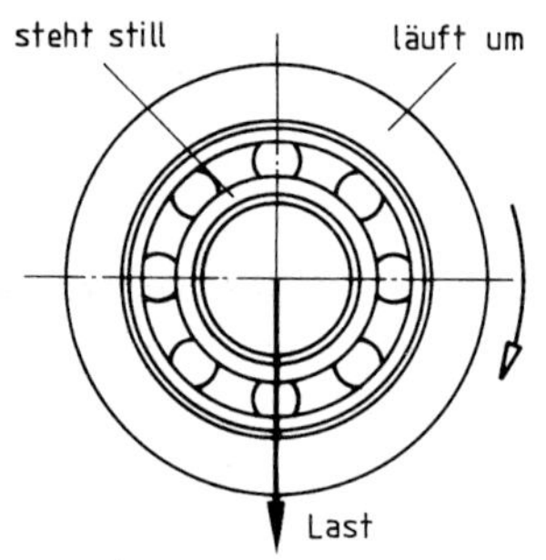

Lager B

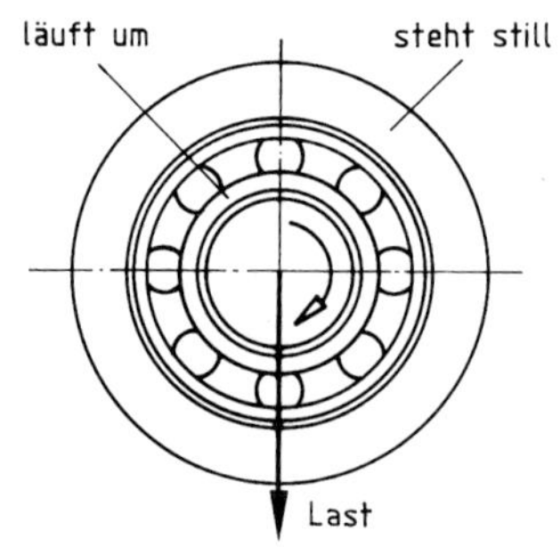

	Belastungsart
Außenring	?
Innenring	?

	Belastungsart
Außenring	?
Innenring	?

3/19 Die Seilrolle eines Krans ist in einem Wälzlager gelagert. Bei der Montage stellt der Mechaniker fest, dass sich die Achse der Rolle sehr leicht mit dem Innenring des Walzlagers fügen lässt. Der Außenring ist nur mit großem Kraftaufwand mit dem Lagersitz in der Hakenflasche zu fügen. Ist dies so in Ordnung?
Begründen Sie Ihre Antwort.

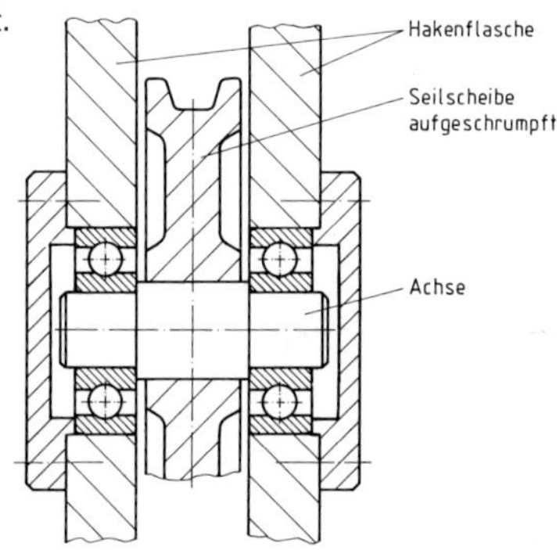

3/20 **a)** Geben Sie an, auf welcher Seite das Festlager und an welcher Seite das Loslager in den dargestellten Fällen ist.
b) Wie erfolgt eine Verschiebung der Loslager bei Wärmedehnung?
c) Geben Sie für alle Lager die richtigen Kurzbezeichnungen an.

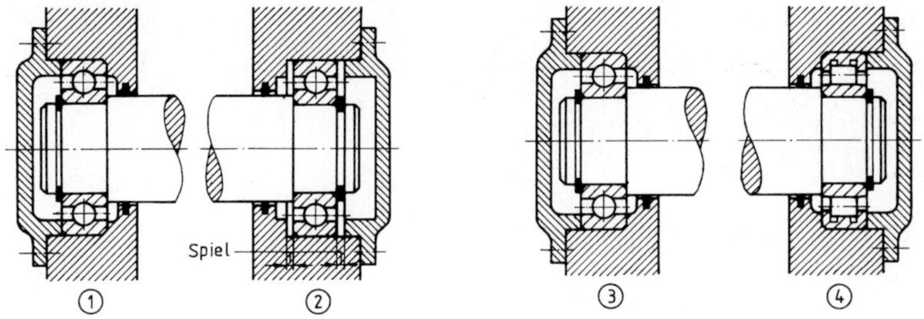

3/21 Ein Mechaniker sagt: „Gut gewartete Wälzlager halten ewig, wenn sie nicht überlastet werden."
Was ist von der Aussage zu halten?
Begründen Sie Ihre Antwort.

3/22 Für die Vorderradlagerung eines Autos und für die Lager einer ständig laufenden Turbine ist jeweils eine Lagerart auszuwählen. Begründen Sie Ihre Entscheidung, ob Gleitlager oder Wälzlager zu wählen sind, in einem Fachbericht.

3/23 Gleitführungen nutzen sich auf den Gleitflächen im Laufe der Zeit geringfügig ab.
Welche Wirkung hat diese Abnutzung auf die Flach- und Schwalbenschwanzführung einerseits und auf die V- und Dachführung andererseits?

3/24 Zeichnen Sie die folgende Tabelle ab, und vergleichen Sie die Gleitführungen mit den Wälzführungen in Bezug auf die angegebenen Gesichtspunkte. Benutzen Sie dabei jeweils die Begriffspaare *„gering – größer"*, *„leicht – schwerer"* o. Ä.

	Gleitführung	Wälzführung
Art der Reibung	?	?
Kraftaufwand zum Verschieben	?	?
Schmiermittelverbrauch	?	?
Stick-Slip-Effekt	?	?
Möglichkeit des Austauschbaus	?	?
Passungsspiel	?	?

3/25 Erklären Sie, was man unter dem Stick- Slip-Effekt versteht.

3/26 Welche Bewegungen lässt eine Kugelführung mit zylinderförmigen Laufflächen für das aufgesetzte Teil zu?

3/27 Ein Maschinenteil, das auf Wälzführungen läuft, führt einen festgelegten Hub durch.
Begründen Sie, warum die Wälzführung über das Maschinenteil hinausragt.

3/28 Eine Längsführung für ein Werkzeug ist mit einer Wälzführung ausgestattet. Das Werkzeug hat einen Hubweg von 30 mm. Es wird auf 80 mm Länge geführt.
Berechnen Sie die Länge der Wälzführung.

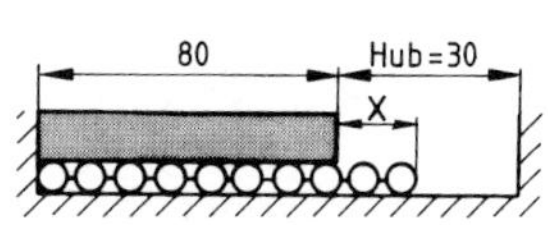

3/29 Berechnen Sie das größte Biegemoment für die dargestellte Achse. Der Wagen hat ein Gesamtgewicht von 300 kg, und die Last ist gleichmäßig verteilt.

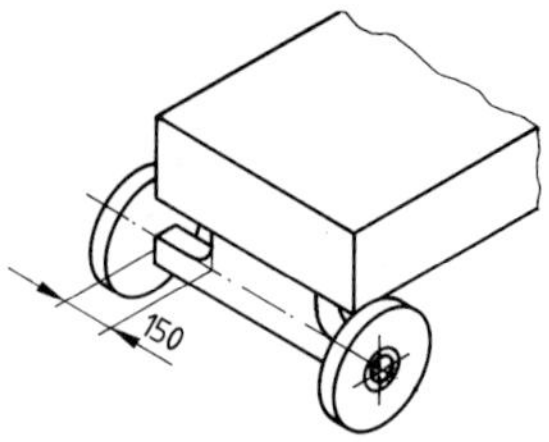

3/30 Die Achse eines Fahrrades ist entsprechend der Abbildung belastet.
Geben Sie an, auf welcher Seite der Achse Druckspannungen und auf welcher Seite Zugspannungen entstehen.

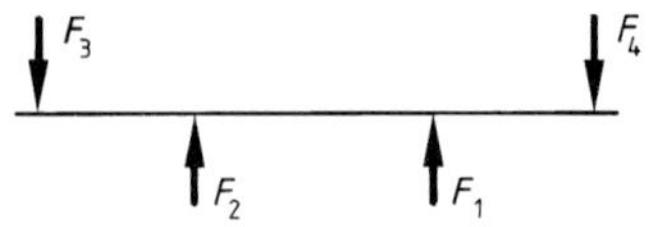

3/31 Die Achse eines Wagens dreht sich mit.
Welche Spannungen herrschen bei dieser Radstellung in der Achse, an den Positionen 1, 2 und 3?

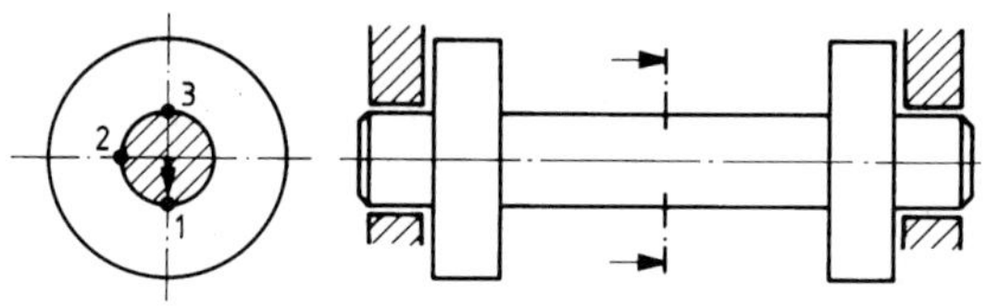

Elemente und Gruppen zur Energieübertragung

3/32 Geben Sie an, ob die beschriebenen Bauelemente richtig mit Achse bzw. Welle bezeichnet sind, und begründen Sie Ihre Antwort.

a) Tretlagerachse eines Fahrrades,
b) Gelenkwelle eines Autos,
c) Motorachse im Elektromotor,
d) Gelenkbolzen in einer Rollenkette.

3/33 Schreiben Sie die unvollständigen Sätze ab, und ergänzen Sie diese:

Wellen werden stets auf ...?... beansprucht. Achsen dagegen werden hauptsächlich auf ...?... beansprucht.

Wellen sind Bauelemente, die ...?... weiterleiten.

3/34 Die dargestellte Welle wird entsprechend der Pfeilrichtung durch eine Kurbel gedreht.

Übernehmen Sie die Abbildung, und tragen Sie den Verlauf und die Richtung der Spannung, die in der Welle wirkt, ein. Beachten Sie, dass die einzutragenden Spannungspfeile der äußeren Belastung entgegenwirken müssen.

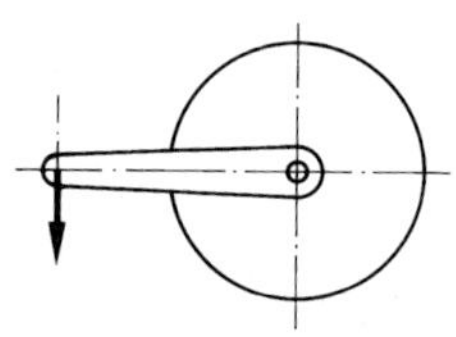

3/35 Wodurch unterscheiden sich Halszapfen und Stirnzapfen voneinander?

3/36 Beschreiben Sie die Funktionen eines Ringzapfens.

3/37 Eine Welle ist am Übergang zum Zapfen eingerissen.

Erklären Sie, welche Ursachen dazu geführt haben können. Wie sollte die Ersatzwelle beschaffen sein, damit ein erneuter Schaden vermieden wird?

3/38 Eine Winde soll hergestellt werden.

Der Besteller hat eine einfache Skizze vorgegeben.

Es sollen Gleitlager verwendet werden.

Planen und gestalten Sie die Verbindungen von

- Welle mit Kurbel,
- Welle mit Seiltrommel,
- Welle zwischen Lagern,
- Handkurbelzapfen mit Handgriff.

Fertigen Sie eine ausführliche Skizze an.

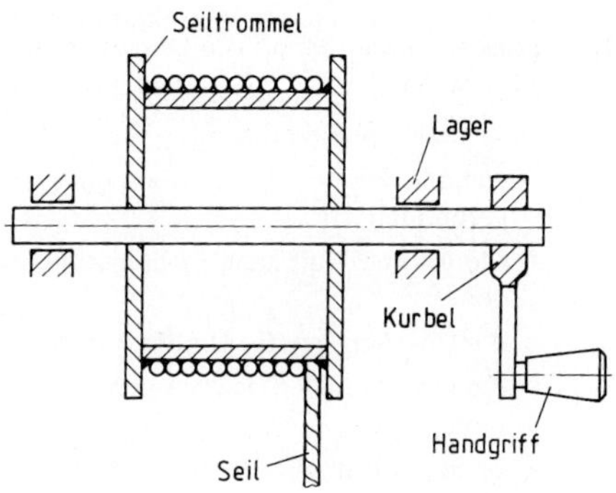

3/39 Vergleichen Sie eine Keilverbindung mit einer Federverbindung, indem Sie die gegebenen Begriffe in einer Tabelle richtig zuordnen.

Zentrieren von Welle und Nabe, axiale Sicherung notwendig, Keilverbindung, leicht lösbar, Nabe und Welle verkanten, empfindlich gegen wechselnde Belastung, sicherer Sitz der Nabe in axialer Richtung, Federverbindung, unempfindlich gegen wechselnde Belastung.

3/40 Nennen Sie ein Beispiel für die Verwendung von Gelenkwellen.

3/41 Warum befindet sich in einer Gelenkwelle zwischen den Gelenken stets ein Teleskopstück?

3/42 Unterteilen Sie die gegebenen Kupplungsbeispiele in schaltbare und nicht schaltbare Kupplungen.

a) Autokupplung,

b) Freilauf im Fahrradhinterrad,

c) Klauenkupplung zwischen Motor und Pumpe,

d) Kupplung zwischen Traktor und Strohpresse.

3/43 Nennen Sie ein Beispiel für eine starre nicht schaltbare Kupplung.

Beschreiben Sie die Aufgabe einer solchen Kupplung.

3/44 Zwei Wellenenden stehen genau gegenüber. Die Wellen haben jedoch eine geringe Winkelbeugung zueinander.

Schlagen Sie eine Kupplung vor, die nicht schaltbar sein muss.

3/45 Bei einer Mehrspindelbohrmaschine befindet sich zwischen der Arbeitsspindel und den einzelnen Bohrspindeln jeweils eine Kupplung.

a) Wie heißt diese Kupplung?

b) Beschreiben Sie die Aufgabe dieser Kupplung.

3/46 Bei einfachen Kegelkupplungen tritt im eingekuppelten Zustand eine Kraft in Achsrichtung auf.

Wie müßte eine Kegelkupplung gestaltet werden, damit diese Kraft entfällt?

Skizzieren Sie Ihren Vorschlag.

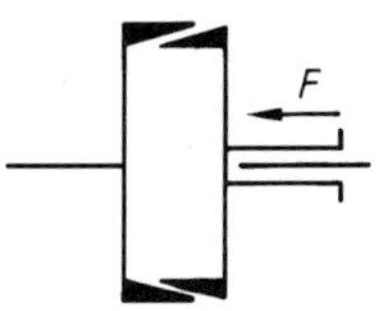

3/47 Bei Drehmaschinen gibt es an mehreren Stellen Kupplungen.

An welchen Stellen im Energiefluss an der Drehmaschine befinden sich Kupplungen? Welche Kupplungsart wird verwendet?

3/48 Im folgenden Text sind Einzelaussagen über eine Lamellenkupplung ungeordnet zusammengestellt.

Schreiben Sie diese Aussagen in der richtigen Reihenfolge ab, so dass ein Fachbericht über die Lamellenkupplung entsteht.

- Lamellenkupplungen bestehen aus zwei Kupplungshälften, die mit den beiden Wellenenden verbunden sind.
- Die Andruckkraft kann mechanisch, hydraulisch, pneumatisch oder elektronisch erzeugt werden.
- Die Übertragung des Drehmomentes geschieht durch Lamellen.
- Die Innenlamellen werden vom Kupplungsteil auf der getriebenen Welle in Nuten mitgenommen.
- Dabei wird durch Reibung das Drehmoment von den Außenlamellen auf die Innenlamellen übertragen.
- Die Lamellen werden beim Einschalten gegeneinander gepresst.
- Die Außenlamellen werden vom Kupplungsgehäuse mitgenommen.
- Dabei unterscheidet man Außen- und Innenlamellen.

3/49 Beschreiben Sie die Arbeitsweise der im Lehrbuch dargestellten, elektrisch geschalteten Lamellenkupplung.

3/50 Formulieren Sie aus den vorgegebenen Begriffen eine Beschreibung der Wirkungsweise einer Strömungskupplung.

„getriebene Schale", „treibende Schale", „wirkt wie Turbine", „wirkt wie Pumpe", „strömendes Öl", „Drehmoment wird übertragen"

3/51 Von welchen Faktoren hängt die Größe des zu übertragenden Drehmoments bei Strömungskupplungen ab?

3/52 Beschreiben Sie die prinzipielle Funktion einer Überlastkupplung.

3/53 Der Freilauf am Fahrrad ist eine richtungsbetätigte Schaltkupplung.

Erklären Sie, unter welchen Bedingungen der Freilauf einkuppelt und welche Bedingungen zum Auskuppeln führen.

Umfangsgeschwindigkeit, Übersetzungsverhältnis

	Formeln	Formelzeichen
Umfangsgeschwindigkeit:	$v = d \cdot \pi \cdot n$	v Umfangsgeschwindigkeit in m/min (m/s) n Umdrehnungsfrequenz in 1/min (1/s)
Einstufige Getriebe:	$v_1 = v_2$ $d_1 \cdot \pi \cdot n_1 = d_2 \cdot \pi \cdot n_2$ $d_1 \cdot n_1 = d_2 \cdot n_2$	d Durchmesser i Übersetzungsverhältnis i_{ges} Übersetzungsverhältnis insgesamt n_A Umdrehungsfrequenz des ersten treibenden Rades
Übersetzungsverhältnis:	$i = \frac{n_1}{n_2} = \frac{d_1}{d_2}$	n_E Umdrehungsfrequenz des letzten getriebenen Rades
Mehrstufige Getriebe:	$i_{ges} = \frac{n_A}{n_E}$; $i_{ges} = i_1 \cdot i_2 \cdot i_3 \cdot \ldots$	

3/54 Berechnen Sie die Umfangsgeschwindigkeit v in m/min eines Werkstücks auf einer Drehmaschine, wenn der Durchmesser $d = 350$ mm und die Umdrehungsfrequenz $n = 220$ 1/min beträgt.

3/55 Berechnen Sie die Umdrehungsfrequenz für einen Bohrer mit 20 mm Durchmesser, wenn seine Schnittgeschwindigkeit $v_C = 115$ m/min beträgt.

3/56 Die Umdrehungsfrequenz zweier aufeinander abrollender Räder sind $n_1 = 400$ 1/min und $n_2 = 100$ 1/min. Der Durchmesser des ersten Rades ist $d_1 = 60$ mm.

Berechnen Sie den Durchmesser d_2 des zweiten Rades.

3/57 Eine doppelte Zahnradübersetzung hat Räder mit $d_1 = 60$ mm, $d_2 = 150$ mm, $d_3 = 72$ mm, $d_4 = 288$ mm,

a) Errechnen Sie Einzelübersetzungen i_1 und i_2.
b) Bestimmen Sie Gesamtübersetzung i_{ges}.

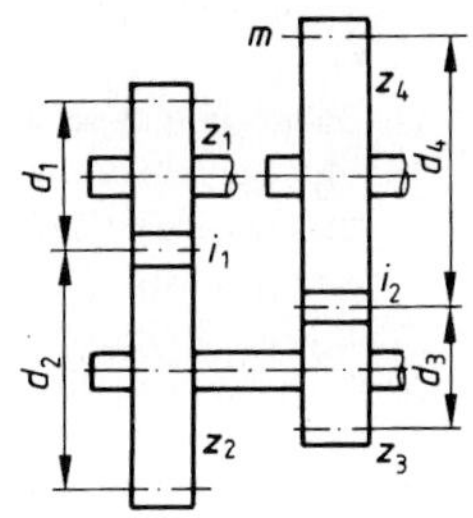

Drehmoment

Formeln

Berechnung des Drehmoments aus Kraft und Hebelarm:	Berechnung des Drehmoments aus Leistung und Umdrehungsfrequenz (Drehzahl):
$M_d = F \cdot r$	$M_d = \dfrac{P}{2 \cdot \pi \cdot n}$

Formelzeichen

- M_d Drehmoment
- F Kraft am Umfang
- r Hebelarm
- P Leistung
- n Umdrehungsfrequenz (Drehzahl)

3/58 Von einem Elektromotor wird das Drehmoment mit einem Keilriementrieb weitergeleitet. Das Motordrehmoment beträgt 3,5 Nm.

Berechnen Sie die Umfangskraft an Rad 1 und Rad 2.

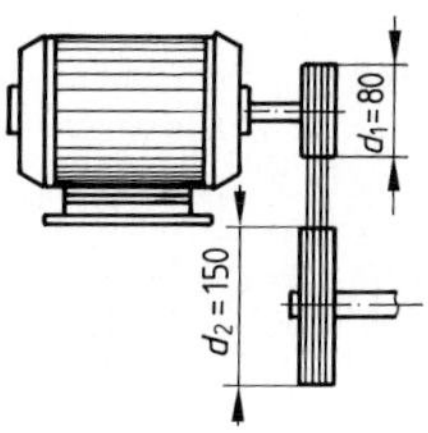

3/59 Eine dreistufige Riemenscheibe überträgt mit der
- kleinsten Scheibe $d_1 = 80$ mm die Umfangskraft 1 200 N,
- mittleren Scheibe $d_2 = 100$ mm die Umfangskraft 960 N,
- größten Scheibe $d_3 = 120$ mm die Umfangskraft 800 N.

Berechnen Sie das Drehmoment für die Stufenscheibe in Nm.
Was folgern Sie aus dem Ergebnis?

3/60 Bei einem Versuch zur Ermittlung der Schnittkraft wurden 1 080 N gemessen. Die Arbeitsspindel hat einen Durchmesser von 60 mm.

Berechnen Sie das Drehmoment an der Arbeitsspindel, wenn das Werkstück, an dem die Schnittkraft gemessen wurde, 120 mm Durchmesser hat.

3/61 Ein Elektromotor leistet bei 3 000 1/min 3 kW (3 000 Nm/s).

a) Welches Drehmoment bringt der Motor auf?
b) Welche Umfangskraft tritt an einer aufgesetzten Keilriemenscheibe von 100 mm Durchmesser auf?

3/62 Mit der dargestellten Winde wird eine Masse von 400 kg gehoben.

a) Berechnen Sie die Kraft F_1 am Umfang des großen Rades.

b) Welche Handkraft ist erforderlich?

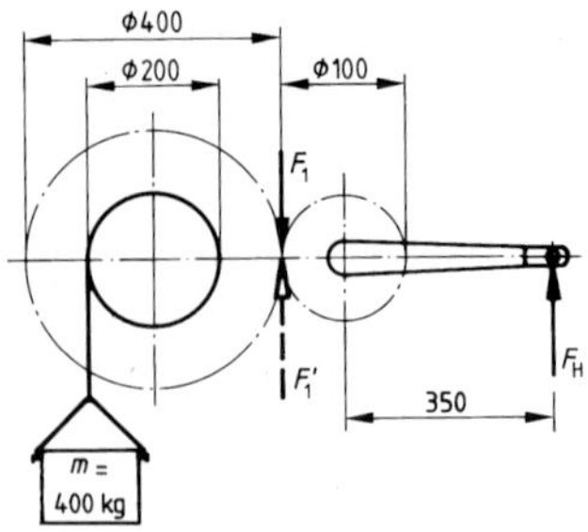

3/63 An einer Drehmaschine wird ein Span mit der Schnittkraft von 2 200 N abgetrennt. Das Werkstück hat 80 mm Durchmesser. Die Umdrehungsfrequenz beträgt 1 000 1/min.

a) Welches Drehmoment entsteht am Werkstück?

b) Berechnen Sie die Leistung an der Spindel.

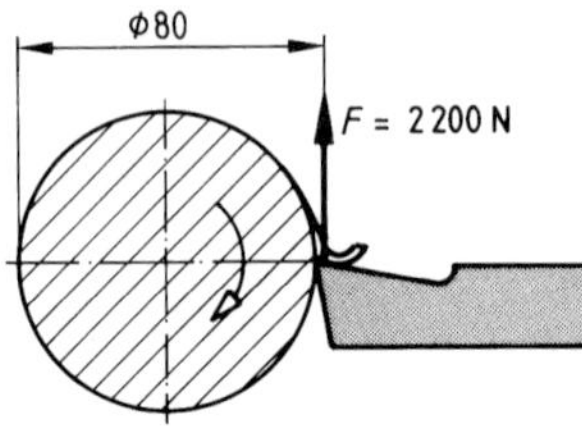

3/64 Erklären Sie die Vor- und Nachteile eines stark vorgespannten Flachriemens.

3/65 Übernehmen Sie die folgenden Aussagen über Riemengetriebe. Setzen Sie dabei die in den Klammern zur Auswahl stehenden Begriffe richtig ein.

Riementriebe übertragen Drehbewegungen *(formschlüssig/kraftschlüssig).* Die Größe der übertragbaren *(Umfangskraft/Schnittkraft)* wächst mit *(steigender/fallender)* Normalkraft, mit *(kleiner/größer)* werdender Reibungszahl und mit *(kleinerem/größerem)* Umschlingungswinkel des *(größeren/kleineren)* Rades.

3/66 Beschreiben Sie, warum ein Flachriemen die Umfangsgeschwindigkeit des treibenden Rades nie voll auf das getriebene Rad übertragen kann. Benutzen Sie dafür auch die Begriffe Schlupf, Leertrum und Arbeitstrum.

3/67 Bei einer Drehmaschine wird die Drehbewegung vom Motor auf die Arbeitsspindel mit mehreren Keilriemen übertragen.

Warum setzt man keine Flachriemen ein? Begründen Sie Ihre Antwort.

3/68 Die Drehbewegung vom Tretlager eines Fahrrades auf das Hinterrad wird mit einem Kettengetriebe übertragen.

Beschreiben Sie, warum man nicht einen Riementrieb nimmt.

3/69 Nennen Sie formschlüssige und kraftschlüssige Zugmittelgetriebe. Beschreiben Sie die besonderen Aufgaben von Zugmittelgetrieben.

3/70 Bei Werkzeugmaschinen ist in den meisten Fällen zwischen Antrieb und der Arbeitsspindel ein kraftschlüssiges Zugmittelgetriebe.

Begründen Sie die Notwendigkeit für diese Maßnahme.

3/71 An einer Landmaschine werden durch einen Kettentrieb zwei Stößel so bewegt, dass sie einen Hub genau gemeinsam machen und der nächste Hub von einem Stößel allein erfolgt.

Die Kette ist schlaff geworden. Zur Straffung müssten 3 Kettenglieder entfernt werden. Der Mechaniker lehnt dies ab, weil dann die Anlage nicht mehr funktioniere.

Äußern Sie sich dazu.

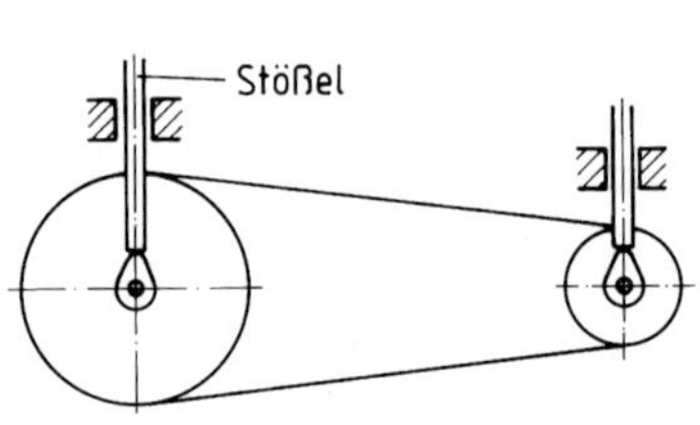

Stirnradabmessungen

	Formeln
Zahnteilung:	$p = m \cdot \pi$
Modul:	$m = \frac{d}{z}$
Teilkreisdurchmesser:	$d = m \cdot z$
Zahnkopfhöhe:	$h_a = m$
Zahnfußhöhe:	$h_f = m + c$
Zahnhöhe:	$h = 2 \cdot m + c$
Kopfkreisdurchmesser:	$d_a = d + 2 \cdot m$ $d_a = m \cdot (z + 2)$
Fußkreisdurchmesser:	$d_f = d - 2(m + c)$ $d_f = m \cdot (z - 2{,}4)$
Achsabstand:	$a = \frac{d_1 + d_2}{2} = \frac{m \cdot (z_1 + z_2)}{2}$
Übersetzungsverhältnis:	$i = \frac{n_1}{n_2} = \frac{z_2}{z_1}$

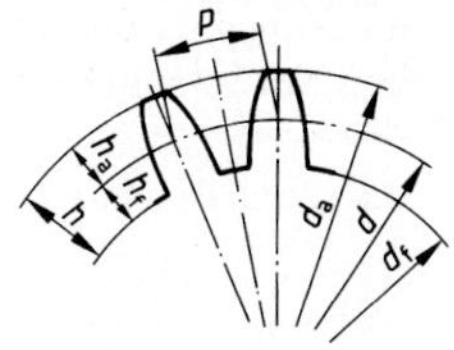

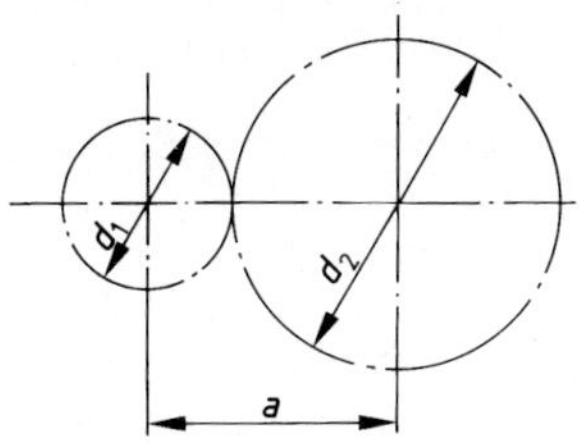

Formelzeichen:

- p Zahnteilung
- m Modul
- z Zähnezahl
- h_a Zahnkopfhöhe
- h_f Zahnfußhöhe
- h Zahnhöhe
- d Teilkreisdurchmesser
- d_a Kopfkreisdurchmesser
- d_f Fußkreisdurchmesser
- a Achsabstand
- c Kopfspiel ($0{,}1 \cdot m \ldots 0{,}3 \cdot m$) (im Maschinenbau $c \approx 0{,}2 \cdot m$)
- i Übersetzungsverhältnis
- n Umdrehungsfrequenz

3/72 Berechnen Sie die fehlenden Werte der Tabelle.

	a)	b)	c)	d)	e)
p	?	?	?	?	?
m	2,5 mm	?	3 mm	?	?
d	?	240 mm	240 mm	?	?
d_a	?	?	?	?	260 mm
d_f	?	?	?	94 mm	?
h	?	?	?	?	?
h_a	?	?	?	?	3,25 mm
h_f	?	?	?	?	?
z	80	60	?	40	?

3/73 Erklären Sie die Begriffe Modul, Teilkreisdurchmesser und Teilung und deren Bedeutung für einen Zahnradtrieb.

3/74 Welche Auswirkungen hat ein Zwischenrad

a) auf das Übersetzungsverhältnis,
b) auf die Drehrichtung des getriebenen Rades?

3/75 Ein Zahnrad in einem Zahnradgetriebe muss ersetzt werden. Im Ersatzteillager findet sich ein Zahnrad, das zwar die gewünschte Zähnezahl hat, jedoch einen geringfügig abweichenden Modul. Können Sie dieses Zahnrad einbauen? Begründen Sie Ihre Antwort.

3/76 Übernehmen Sie die folgende Abbildung, und tragen Sie die wichtigsten Größen für das Zahnrad ein. Drücken Sie die Zahnradmaße auch durch die Formelzeichen aus.

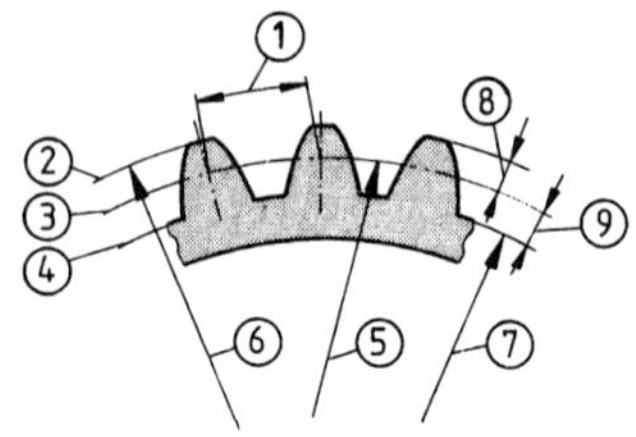

3/77 An einem beschädigten Zahnrad ließ sich lediglich die Zähnezahl mit 61 und der Kopfkreisdurchmesser mit 126 mm ermitteln,
Es sind die Größen d; p; m; d_f zu ermitteln.

3/78 Bei einem Zahnradgetriebe ist ein beschädigtes Zahnrad auszuwechseln (Modul $m = 0{,}8$ mm). Der Teilkreisdurchmesser des unbeschädigten Zahnrades beträgt 37,6 mm. Das Übersetzungsverhältnis der beiden Räder beträgt 2,617 : 1. Das treibende Zahnrad ist beschädigt.
Berechnen Sie für das neue Zahnrad die Zähnezahl, die Teilung, den Kopfkreisdurchmesser und den Fußkreisdurchmesser.

3/79 Zwei gradverzahnte Stirnräder mit dem Modul 8 mm und den Zähnezahlen 17 und 84 stehen im Eingriff.
Wie groß ist der Achsabstand der beiden Räder?

3/80 Der Achsabstand zweier geradverzahnter Stirnräder ist 144 mm. Das erste Zahnrad hat 35 Zähne und einen Modul von 4 mm.
Berechnen Sie die Zähnezahl des zweiten Zahnrades.

3/81 Beweisen Sie rechnerisch, dass ein Zahnrad mit 18 Zähnen und dem Modul 3 mm nicht mit einem Zahnrad von 45 Zähnen und einem Modul von 4 mm gepaart werden kann.

3/82 Erläutern Sie die folgenden Zahnräder: • N-Rad, • V-Rad, • V-Plus-Rad.

3/83 Zeichnen Sie die folgende Tabelle ab, und vergleichen Sie die beiden Zahnformen miteinander.

	Evolventen-Verzahnung	Zykloiden-Verzahnung
Schwierigkeit der Herstellung	?	?
Abrollverhalten	?	?
Verschleiß	?	?
Verwendung	?	?

3/84 Bei der geometrischen Konstruktion der Zahnflanken unterscheidet man verschiedene Kurvenformen. Die folgenden Darstellungen zeigen zwei Konstruktionen.

a) Benennen Sie die jeweiligen Kurven. Beschreiben Sie die Entstehung des Kurvenverlaufs.

b) Geben Sie die jeweiligen Einsatzmöglichkeiten entsprechend verzahnter Getriebe an.

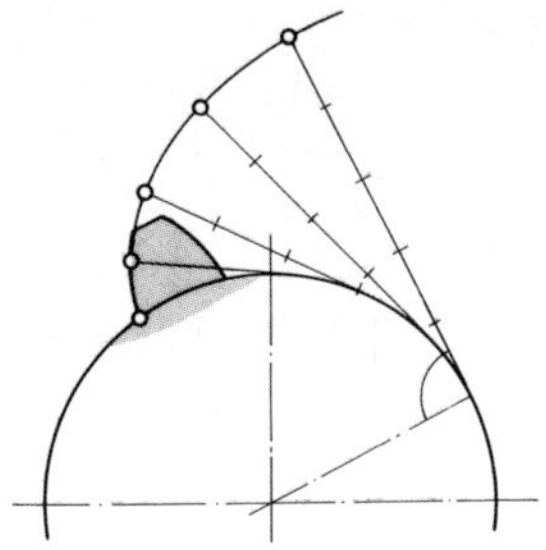

A

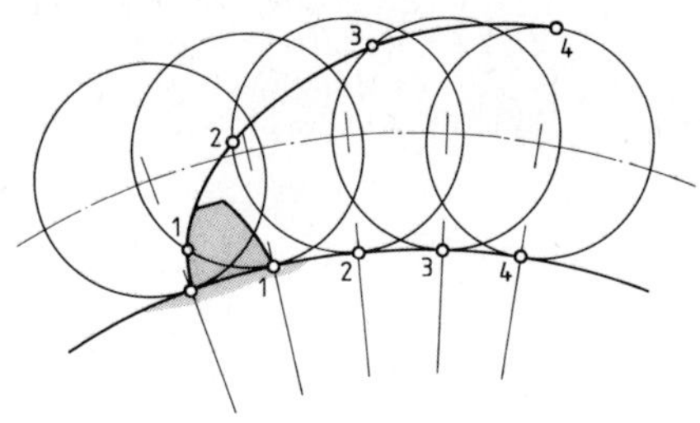

B

3/85 **a)** Benennen Sie die in den Abbildungen dargestellten Zahnradgetriebe.

b) Beschreiben Sie die jeweilige Lage der Wellen zueinander.

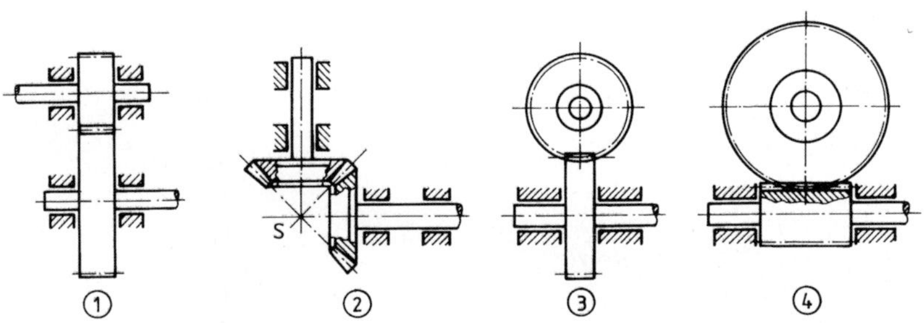

3/86 Vergleichen Sie tabellarisch geradverzahnte und schräg verzahnte Stirnräder miteinander.

	geradverzahntes Stirnrad	schräg verzahntes Stirnrad
Wirkungsgrad	?	?
Kräfteverteilung in den Wellen	?	?
Laufruhe	?	?
Auswirkung geringer Fertigungsfehler	?	?
Eignung für hohe Drehzahlen	?	?

3/87 Skizzieren Sie in einer Ansicht einmal Doppelschrägverzahnung und zum anderen Pfeilverzahnung.
Welchen Nachteil der Schrägverzahnung kann man durch Doppelschräg- oder Pfeilverzahnung beheben?

3/88 Schreiben Sie den folgenden Text ab, und ergänzen Sie die fehlenden Begriffe.

Schnecken- und Schraubenradgetriebe übertragen Drehbewegungen bei ...?... Wellen. Schraubenradgetriebe übertragen ...?... Drehmomente. Durch die Art der Berührung haben Schraubenradgetriebe ...?... Verschleiß.

Schneckengetriebe dagegen übertragen ...?... Drehmomente. Sie laufen mit ...?... Geräusch. Schneckengetriebe haben durch die Gleitbewegung ...?... Verschleiß. Mit Schneckengetrieben sind ...?... Übersetzungen möglich.

3/89 Welche Zahnradtriebe sind dargestellt?

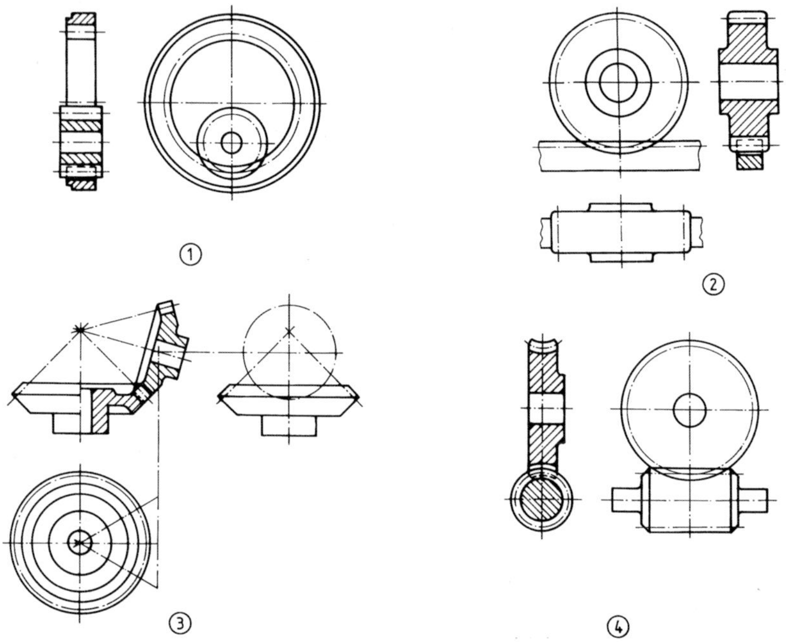

3/90 Wie viel verschiedene Umdrehungsfrequenzen lassen sich mit dem dargestellten Schieberadgetriebe schalten?

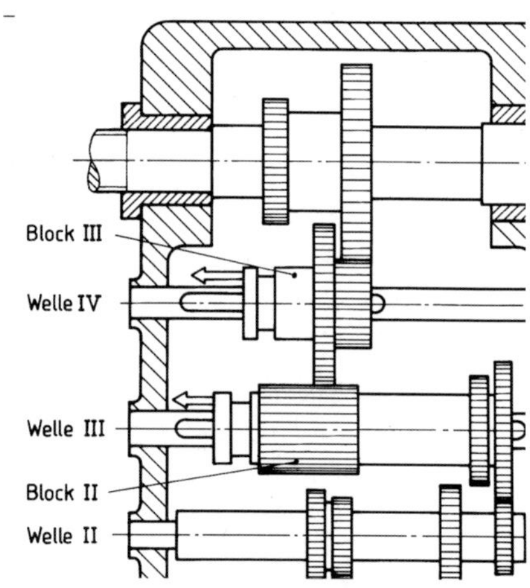

3/91 An einer älteren Drehmaschine ist das skizzierte Getriebe, ein NORTON-Getriebe, eingebaut. Erläutern Sie die Funktion des Getriebes.

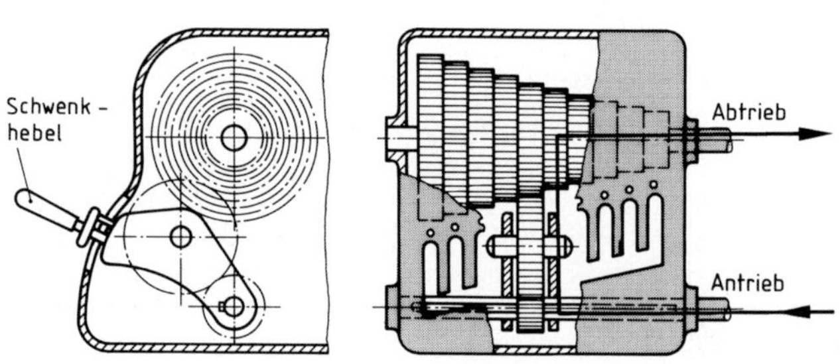

4 Festigkeitsberechnung von Bauelementen

Grundlagen zur Festigkeitsberechnung

4/1 Geben Sie die Art der Beanspruchung für die gegebenen Bauelemente in folgenden Beispielen an.

a) Schraubstock

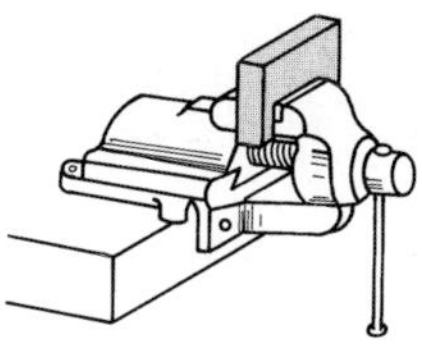

Gewindespindel
Schraubstockbacken
Handhebel
Gewinde in der Mutter

b) Klemmhebel

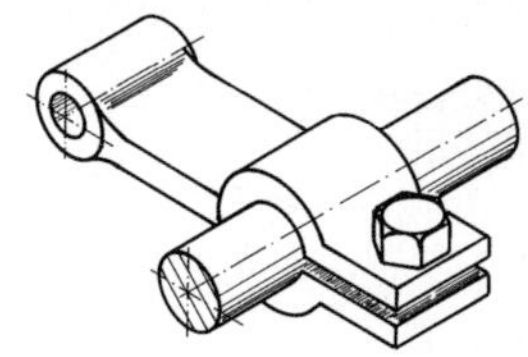

Welle
Hebel
Schraube
Klemmbacken des Hebels

c) Hebezeug mit Last

Seil
Zugkette
Wellen für Rollen

4/2 Ein Gelenklager ist an der Decke befestigt. Die Stange wird auf Zug und Druck beansprucht.
Geben Sie die Beanspruchungs- und Belastungsarten von Bolzen und Schraube an.

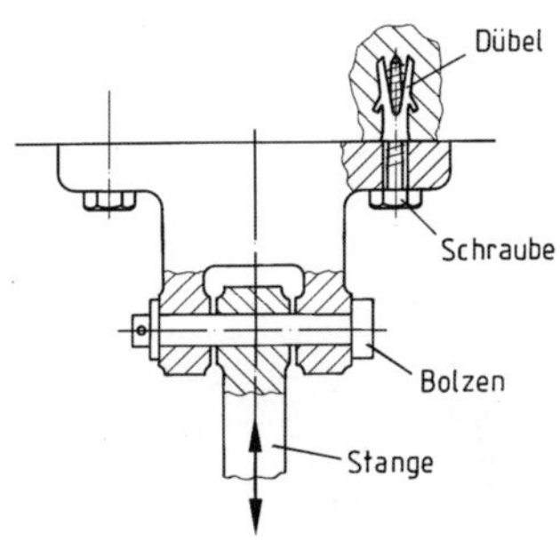

Zugbeanspruchung

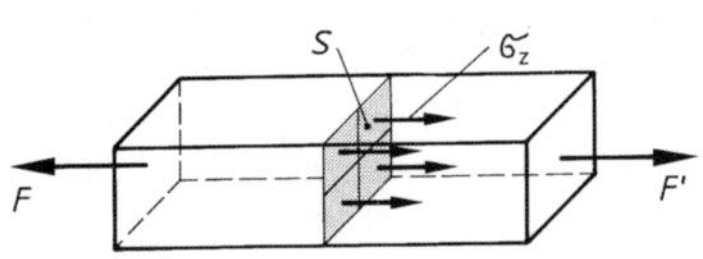

Formel

$$\sigma_z = \frac{F}{S}$$

$$S_{erf} = \frac{F_{max}}{\sigma_{z\,zul}}$$

Formelzeichen

σ_z Zugspannung
F Zugkraft
S beanspruchter Querschnitt
S_{erf} erforderlicher Querschnitt
$\sigma_{z\,zul}$ zulässige Zugspannung
F_{max} größte Zugkraft

4/3 Berechnen Sie die fehlenden Werte für folgende Zugstäbe.

	a) Rundstab	**b)** Winkelprofil	**c)** Vierkantstab
Maße	Ø ? mm	L 45 x 30 x 5 mm	▭ ? x 12 mm
F_{max}	65 kN	45 kN	64,7 kN
σ_{zzul}	63,4 N/mm²	?	180 N/mm²

4/4 Welche Zugkraft kann eine Gliederkette aus E 295 (St 50) aufnehmen, wenn die Glieder der Kette aus Rundmaterial mit 5 mm Durchmesser gefertigt sind?

4/5 Ein Draht aus E 360 (St 70) wird entsprechend der Skizze mit 10 000 N schwellend belastet.
Welchen Durchmesser muss der Draht haben?

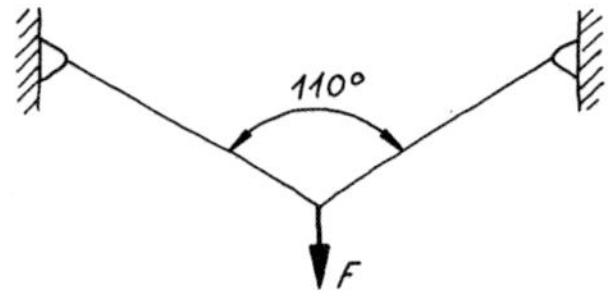

4/6 Ein 5 m hoher Mast wird mit einem Seil unter 30° abgespannt.
Berechnen Sie den tragenden Querschnitt des Seiles, wenn die zulässige Spannung des Werkstoffes 320 N/mm² beträgt.

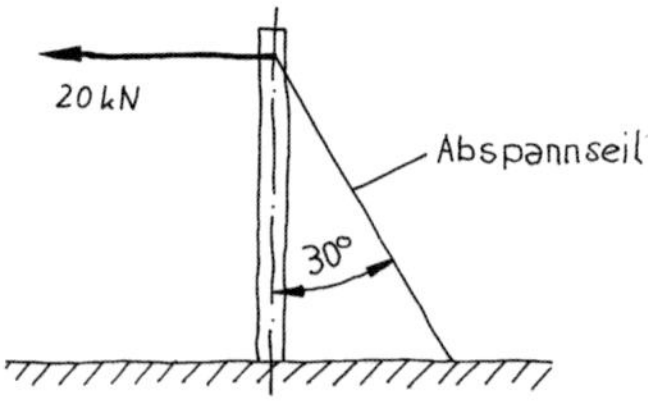

Druckbeanspruchung

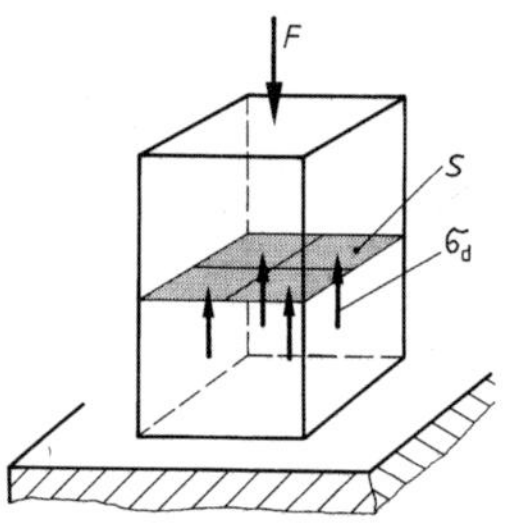

Formeln

$$\sigma_d = \frac{F}{S}$$

$$S_{erf} = \frac{F_{max}}{\sigma_{d\,zul}}$$

$$1\text{ bar} \triangleq 0{,}1\frac{\text{N}}{\text{mm}^2} \triangleq 10\frac{\text{N}}{\text{cm}^2}$$

Formelzeichen

σ_d Druckspannung
F Druckkraft
S beanspruchter Querschnitt
S_{erf} erforderlicher Querschnitt
$\sigma_{d\,zul}$ zulässige Druckspannung
F_{max} größte Druckkraft

4/7 Berechnen Sie die zulässige Druckkraft F_{zul} in N für die gegebenen Druckstäbe.

	a) Vierkantstab	**b)** Quadratstab	**c)** Rundstab
Maße	▭ 40 x 16 mm	□ 16 mm	Ø 25 mm
$\sigma_{d\,zul}$	110 N/mm²	85 N/mm²	75 N/mm²
F_{zul}	?	?	?

4/8 Auf einen Hydraulikkolben von 60 mm Durchmesser wirkt ein Druck von 30 bar.

a) Welche Spannung tritt in der Kolbenstange auf, die einen Durchmesser von 25 mm hat?
b) Wie ändert sich die Spannung in der Kolbenstange, wenn der Zylinder doppelt wirkend ist und eine beidseitige Kolbenstange hat?

Flächenpressung

Flächenpressung entsteht in den Berührungsflächen zweier Werkstücke. Als Berührungsfläche gilt die Projektionsfläche senkrecht zur Wirkungsrichtung der Kraft.

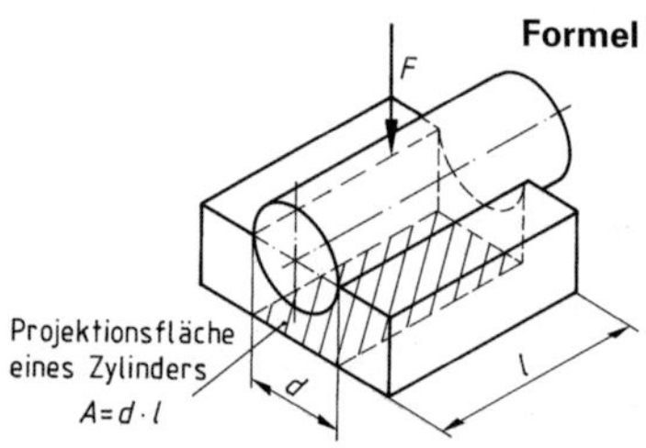

Formel

$$p_{zul} = \frac{F}{A}$$

$$A_{erf} = \frac{F_{max}}{p_{zul}}$$

Formelzeichen

p_{zul} zulässige Flächenspannung
A_{erf} erforderliche Fläche
A Projektion der Berührungsfläche
F_{max} größte Kraft
F Druckkraft

4/9 Eine rechteckige Stahlplatte aus S 235 (St 37) soll eine Druckkraft von 15 kN auf eine Unterlage übertragen, deren Werkstoff ein p_{zul} von 0,8 N/mm² hat.
Berechnen Sie die Abmessungen der Stahlplatte, wenn $a : b = 1 : 2$ sein soll.

4/10 Ein quadratischer Maschinenständer aus Grauguss soll eine Druckkraft von 250 kN auf den Hallenboden übertragen (p_{zul} = 12,5 N/mm²).
Berechnen Sie die Größe der Auflagefläche und die Kantenlänge des Maschinenständers.

4/11 Ein Zapfen mit einem Durchmesser von 40 mm wird bis 125 kN beansprucht.
Auf welcher Länge muss der Zapfen aus S 235 (St 37) aufliegen, wenn dies der schwächste Werkstoff ist?

4/12 Ein Gleitlager wird mit 61,2 kN beansprucht. Der Zapfendurchmesser beträgt 24 mm und liegt 30 mm im Lager auf.
Berechnen Sie die Flächenpressung.

Scherbeanspruchung

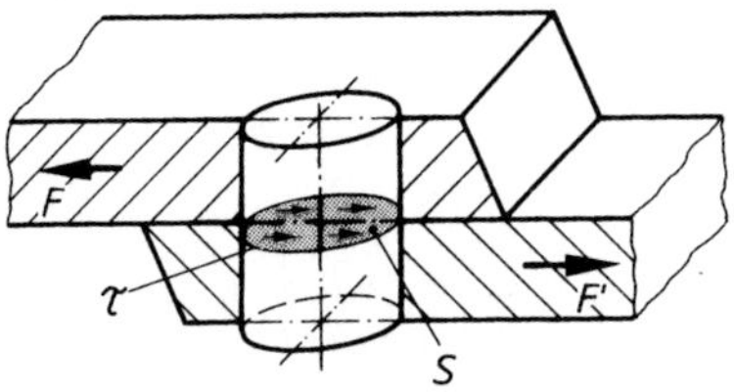

Formeln

$$\tau_s = \frac{F}{S}$$

$$S_{erf} = \frac{F_{max}}{\tau_{szul} \cdot N}$$

Formelzeichen

- τ_s Scherspannung
- F Scherkraft
- S beanspruchter Querschnitt
- S_{erf} erforderlicher Querschnitt
- τ_{szul} zulässige Scherspannung
- F_{max} größte Scherkraft
- N Zahl der Scherquerschnitte

Für Stahl gilt: $\tau_{szul} = 0{,}8 \cdot \sigma_{zzul}$

4/13 Bestimmen Sie die zulässigen Scherspannungen für die folgenden Bauelemente, und berechnen Sie die fehlenden Werte.

	a) Zylinderstift	**b)** Bolzen	**c)** Niet
Werkstoff	E 295 (St 50)	E 360 (St 70)	S 235 (St 37)
σ_{zzul}	110 N/mm²	170 N/mm²	80 N/mm²
τ_{szul}	?	?	?
F_{max}	60 kN	?	?
S_{erf}	?	50,3 mm²	103 mm²

4/14 Der dargestellte Bolzen wird auf Zug beansprucht.
Bestimmen Sie D und h so, dass durch sie die gleiche Kraft übertragen werden kann wie durch den Bolzen mit dem Durchmesser d = 20 mm.
σ_{zul} = 80 N/mm², p_{zul} = 60 N/mm²

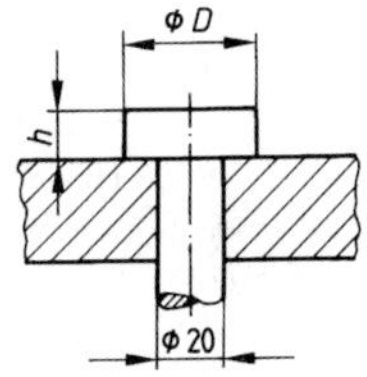

4/15 Bestimmen Sie die Zahl der Schnitte und berechnen Sie den Bolzendurchmesser für τ_{zul} = 80 N/mm².

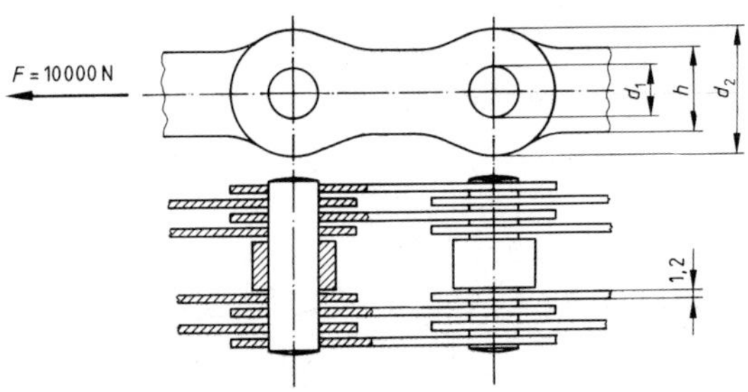

Berechnungen von Verbindungselementen

Schraubenverbindungen

Schrauben werden auf Zug beansprucht.

	Formeln
Schrauben **ohne** Vorlast:	$S_s = \dfrac{F_B}{\sigma_{zzul}}$
	$\sigma_{zzul} = \dfrac{R_{eH}}{2}$
Schrauben **mit** Vorlast:	$F_{max} = 1.7 \cdot F_B$
Einschraubtiefe:	$m = \dfrac{F_{max} \cdot P}{d_2 \cdot \pi \cdot H_1 \cdot p_{zul}}$

Formelzeichen

S_s	Spannungsquerschnitt
F_B	Betriebskraft
R_{eH}	Streckgrenze
σ_{zzul}	zulässige Zugspannung
ν	Sicherheit (2fach, *ohne* Vorlast)
F_{max}	Gesamtbelastung
F_B	Betriebslast
m	Einschraubtiefe
P	Gewindesteigung
d_2	Flankendurchmesser
H_1	Tragtiefe
p_{zul}	zulässige Flächenpressung

4/16 Übernehmen Sie die folgende Tabelle, und ermitteln Sie die fehlenden Größen für eine Schraube ohne Vorlast.

F_B	Festigkeitsklasse	R_{eH}	ν	σ_{zzul}	S_s (berechnet)	Gewinde (gew.)
21 500 N	6.6	?	?	?	?	?

4/17 Der gezeigte Zughaken hat das Gewinde M 16. Mit welcher Kraft kann der Haken maximal beansprucht werden, wenn der Belastungsfall II zugrunde gelegt wird. Der Haken ist aus E360 (St 70) gefertigt.

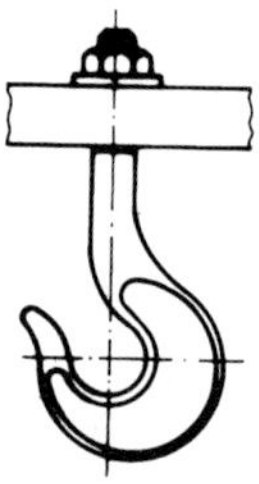

4/18 Die Zugstangen eines Antennenmastes werden mit Spannschlössern gespannt. Die Schraubhaken sind aus S 235 (St 37) gefertigt.

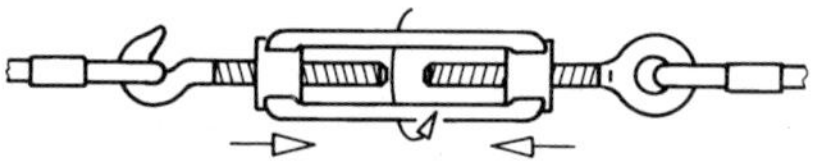

a) Berechnen Sie den Spannungsquerschnitt S_s der Schraubhaken, wenn von jedem Spannschloss maximal eine Spannkraft von 11 kN aufzunehmen ist, und wählen Sie das entsprechende Gewinde.

b) Durch eine fehlerhafte Stelle im Gewinde ist die Zugstange an einer Seite nur 6 mm tief eingeschraubt. Genügt diese Einschraubtiefe für die gegebene Belastung, wenn die zulässige Flächenpressung p_{zul} = 50 N/mm^2 beträgt?

4/19 Ein Hängelager wird mit zwei metrischen Schrauben an einer Deckenplatte aus E 295 (St50) befestigt. Die Schrauben gehören zur Festigkeitsklasse 4.8 und haben die Betriebslast von F = 11,5 kN aufzunehmen. Die Schrauben stehen unter Vorlast. Sie beträgt 70 % der Betriebslast.
Die Sicherheit für die Schrauben soll 2 betragen.

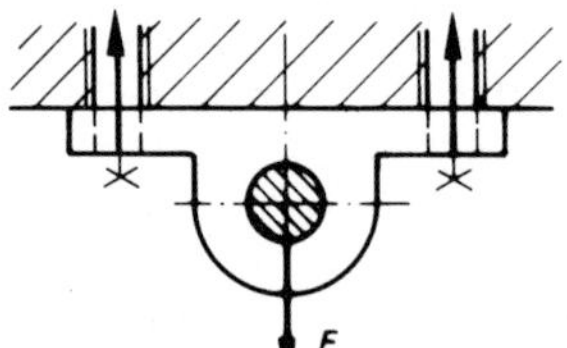

a) Berechnen Sie den Durchmesser für die Schrauben und wählen Sie richtig aus.

b) Ermitteln Sie die Mindesteinschraubtiefe der Schrauben in die Deckenplatte, wenn die zulässige Flächenpressung p_{zul} = 70 N/mm^2 beträgt.

Stiftverbindungen

Stifte werden auf Scherung beansprucht.

	Formeln	Formelzeichen
Verbindungsstifte:	$S_{erf} = \dfrac{F_{max}}{\tau_{szul}}$	F_{max} größte Scherkraft S_{erf} erforderlicher Querschnitt τ_{szul} zulässige Scherspannung τ_{sB} Scherfestigkeit σ_{zzul} zulässige Zugspannung R_m Zugfestigkeit
	für Stahl: $\tau_{szul} = 0{,}8 \cdot \sigma_{zzul}$	
Sicherungsstifte:	$S_{erf} = \dfrac{F_{max}}{\tau_{sB}}$	
	für Stahl: $\tau_{sB} = 0{,}8 \cdot R_m$	

4/20 Eine Handkurbel wird durch einen Zylinderstift drehsicher mit der Welle verbunden. Die entsprechenden Werte sind der Abbildung zu entnehmen.

a) Berechnen Sie die Scherkraft am Zylinderstift.

b) Welcher Stiftdurchmesser ist erforderlich, wenn die zulässige Scherspannung 130 N/mm² beträgt?

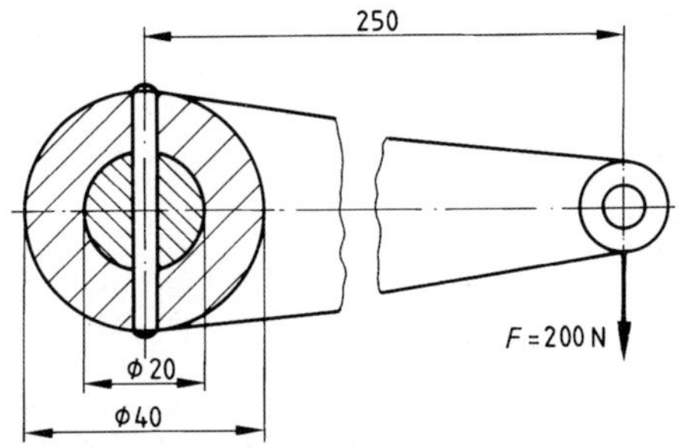

4/21 Ein Anschlag ist durch zwei Zylinderstifte mit der Grundplatte gegen Verschieben gesichert.

a) Wie groß ist die Scherspannung in den Stiften, wenn 3,1 kN auf den Anschlag wirken?

b) Die zulässige Scherspannung beträgt 80 N/mm². Vergleichen Sie rechnerisch die vorhandene mit der zulässigen Spannung, und überprüfen Sie, ob Stifte mit kleinerem Durchmesser ausreichen.

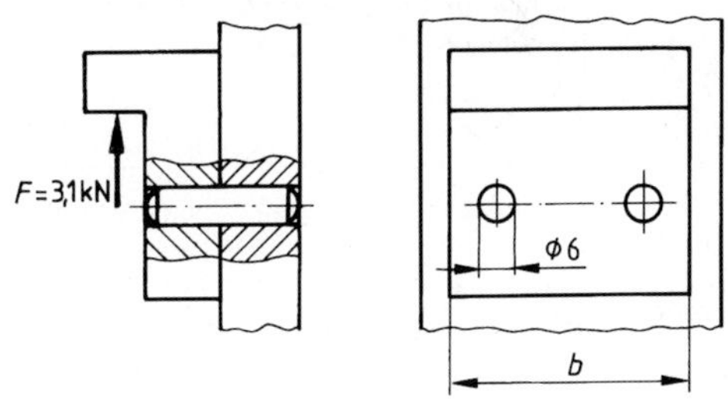

4/22 In den beiden dargestellten Fällen dient jeweils ein Zylinderstift als Sicherungsstift. Mit welcher Kraft *F* können jeweils die Baueinheiten maximal belastet werden, wenn die Zylinderstifte aus E 295 (St 50) sind.

a)

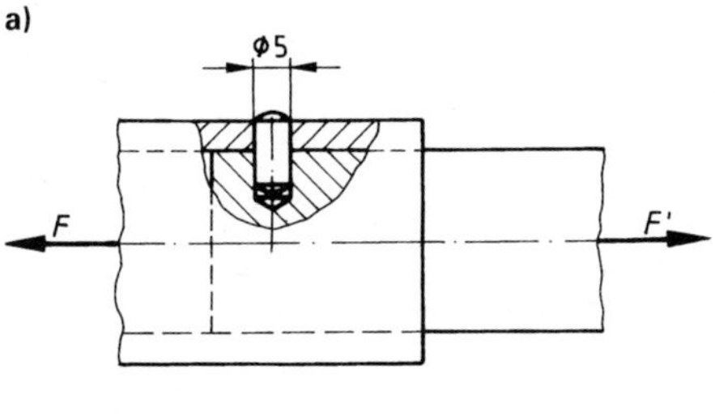

b)

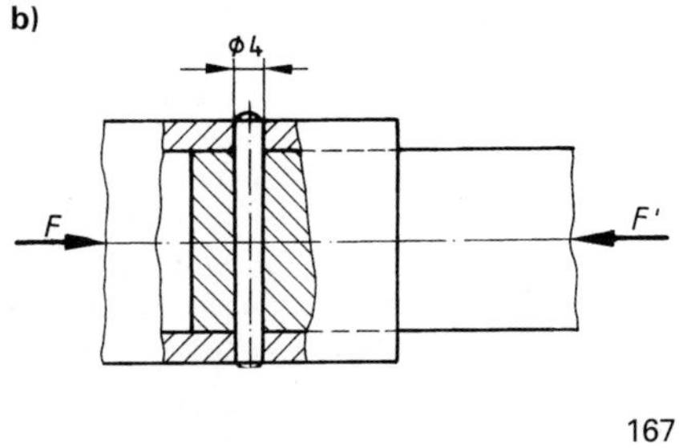

Federverbindungen

Federverbindungen werden auf Flächenpressung berechnet.

	Formeln	Formelzeichen
geradstirnige Federn:	$l_{erf} = \frac{4M_d}{d \cdot h \cdot p_{zul}}$	l_{erf} Federlänge M_d Drehmoment d Wellendurchmesser h Federhöhe
rundstirnige Federn:	$l_{erf} = \frac{4M_d}{d \cdot h \cdot p_{zul}} + b$	b Federbreite p_{zul} zulässige Flächenpressung

4/23 Der Bohrungsdurchmesser einer Kupplung beträgt 70 mm. Die Kupplung soll bei einer Drehzahl von 1 200 1/min eine Leistung von 60 kW übertragen. Die beiden Kupplungshälften sind durch genormte Passfedern mit den Wellen verbunden. Die zulässige Flächenpressung beträgt 110 N/mm². Bestimmen Sie die Länge für rundstirnige Passfedern ohne Halteschraube.

4/24 Mit einer Welle aus E 335 (St 60) ∅ 28 mm, ist eine Riemenscheibe aus Stahlguss durch eine Passfeder aus E 295 (St 50) zu verbinden. Es soll ein Drehmoment von 50 Nm übertragen werden.

a) Welche Nabenbreite ist mindestens erforderlich?
b) Welche Abmessungen muss eine Feder Form B haben?

4/25 Ein Zahnrad aus 25 CrMo 4, das auf einer Welle aus E 360 (St 70) verschoben werden kann, ist durch eine Passfeder mit der Welle verbunden.

a) Welches maximale Drehmoment lässt sich mit dieser Feder aus E 295 (St 50) übertragen?
b) Wie groß ist die Umfangkraft am Teilkreis des Zahnrades?

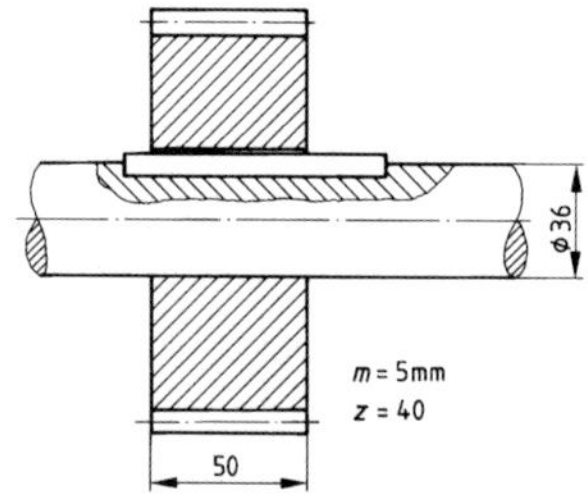

Klebe- und Lötverbindungen

Die notwendige Überlappungsfläche wird aus der zulässigen Scherspannung des Klebers bzw. Lotes errechnet.

Formel

$$l_ü = \frac{F}{\tau_{szul} \cdot b}$$

Formelzeichen

τ_{szul}	zulässige Scherspannung	b	Breite der Naht
$l_ü$	Überlappungslänge	F	Belastung

4/26 30 mm breite Aluminiumbleche sollen durch Überlappung geklebt werden. Berechnen Sie für eine Zugkraft von 1 800 N die erforderliche Überlappungslänge, wenn der Kleber eine zulässige Scherspannung von 8,5 N/mm² hat.

4/27 Bei einer Weichlötung hat das Lot eine zulässige Scherspannung von 18 N/mm². Die Überlappungslänge beträgt 40 mm, die Breite 25 mm. Welche Zugkraft kann die Lötstelle übertragen?

4/28 Zwei 400 mm breite und 2 mm dicke Aluminiumbleche sollen entsprechend der Abbildung geklebt werden. Die zulässige Zugspannung des Bleches beträgt 80 N/mm², die des Klebers 9 N/mm².

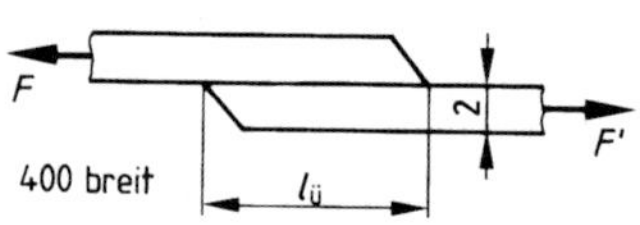

a) Welche Zugkraft kann von den Blechen aufgenommen werden?
b) Wie viel mm müssen die Bleche überlappt werden, damit die Klebestelle die errechnete Zugkraft sicher übertragen kann?

5 Baugruppen und ihre Montage

Grundlagen

5/1 Maschinen, Geräte und Anlagen bestehen aus mehreren Baugruppen. Wählen Sie drei technische Systeme zur spanenden Bearbeitung aus Ihrem Betrieb aus und nennen Sie jeweils fünf typische Baugruppen, aus denen diese Systeme aufgebaut sind.

5/2 Welche Vorteile bringt die Baugruppenbauweise für den Hersteller und den Anwender der technischen Systeme?

5/3 Kopieren Sie das Bild des Getriebes.
Kennzeichnen Sie durch unterschiedliche Farben Baugruppen, die vormontiert werden können.

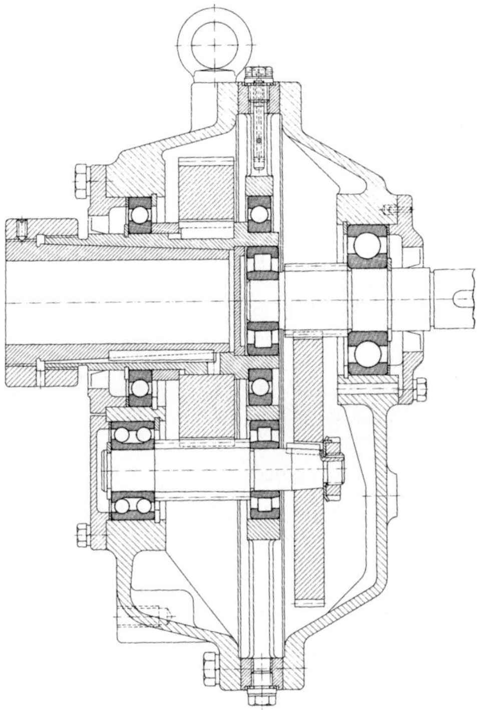

5/4 Die Tätigkeiten zur Baugruppenmontage lassen sich in die Haupttätigkeiten Fügen, Prüfen, Handhaben und Sondertätigkeiten einteilen.

Übertragen Sie die Tabelle und ordnen Sie die folgenden Montagetätigkeiten richtig zu:

- Richten eines geschweißten Rohres
- Schraube, Mutter und Unterlegscheibe zusammenführen
- Wälzlager reinigen
- Rundlauf einer Welle prüfen
- Grundplatte aus einem Magazin entnehmen
- Einhängen einer Zugfeder
- Getriebe mit Öl füllen
- Arbeitsablauf einer pneumatischen Steuerung überwachen
- Spannen einer Zugstange
- Erwärmen eines Wälzlagers
- Nacharbeiten einer Passfeder
- Lagerschale einpressen

Haupttätigkeiten			Sondertätigkeiten
Fügen	Prüfen	Handhaben	

Fügen im Montageprozess

5/5 Fügeverfahren werden nach DIN 8593 in acht Gruppen eingeteilt.

a) Nennen Sie diese acht Gruppen.

b) Welche Fügeverfahren kommen bei der Montage der dargestellten Bohrvorrichtung für Kipphebel zur Anwendung?

c) Geben Sie an, wie die einzelnen Teile miteinander gefügt sind.

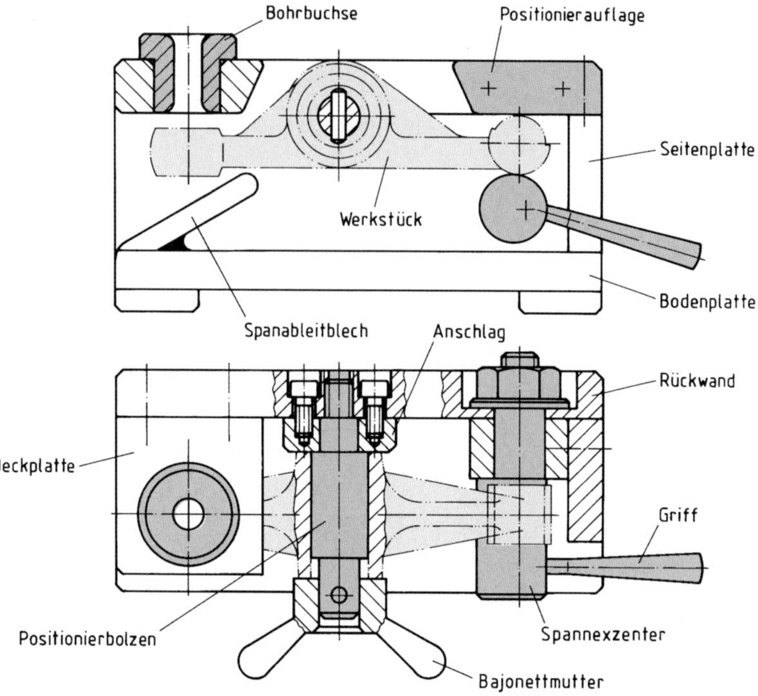

- **Fügen durch Schrauben**

5/6 An einem Getriebegehäuse soll ein Deckel befestigt werden. Es stehen Stift- oder Einziehschrauben zur Auswahl.

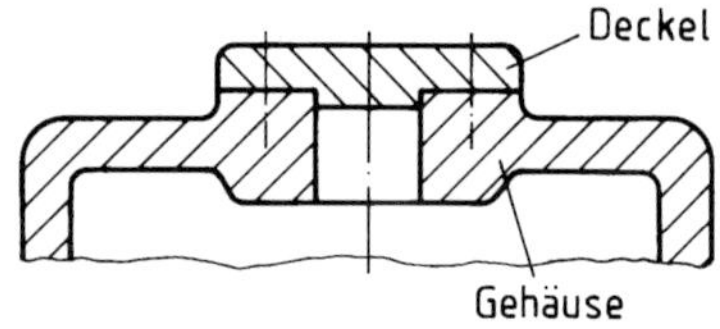

a) Geben Sie Gründe an, die für bzw. gegen diese Schrauben sprechen. Für welche Schraube würden Sie sich entscheiden?

b) Schreiben Sie die notwendigen Arbeitsschritte zur Herstellung der von Ihnen gewählten Schraubenverbindung auf.

5/7 Das Ende einer Druckleitung soll durch einen aufgeschraubten Deckel verschlossen werden.
Es wird über das Anziehen der Schrauben diskutiert. Einer schlägt Anziehen bis kurz vor die Streckgrenze der Schrauben vor, dann sei die Leitung dicht. Ein anderer schlägt vorsichtiges Anziehen vor, damit der Deckel eben gut anliegt, dann könnten die Schrauben unter Belastung auch nicht abreißen.
Was würden Sie vorschlagen? Begründen Sie Ihre Antwort.

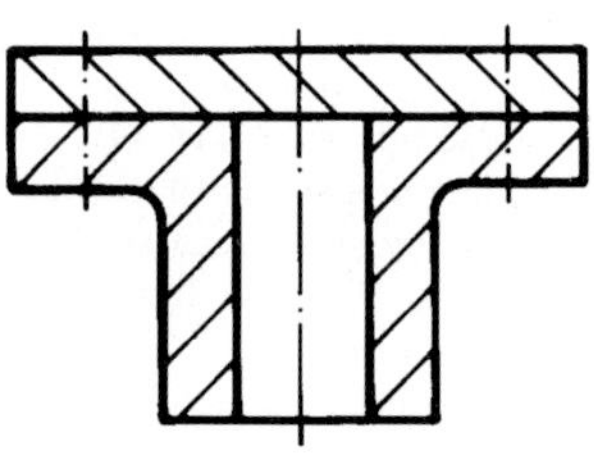

5/8 **a)** Was versteht man unter dem „Setzen" einer Schraubenverbindung?

b) Durch welche Maßnahmen können Setzerscheinungen klein gehalten werden?

5/9 Schwellend belastete Schraubenverbindungen, wie z. B. Verschraubungen von Zylinderköpfen an Verbrennungsmotoren, werden mit Dehnschrauben ausgeführt.

a) Skizzieren Sie eine Dehnschraube mit zwei Führungszylindern und kennzeichnen Sie die besonderen Merkmale einer Dehnschraube.

b) Warum sollten Dehnschrauben mindestens die Festigkeitsklasse 10.9 besitzen?

5/10 Ermitteln Sie das Vorspannungsverhältnis *y* für folgende Schraubenverbindungen:

①

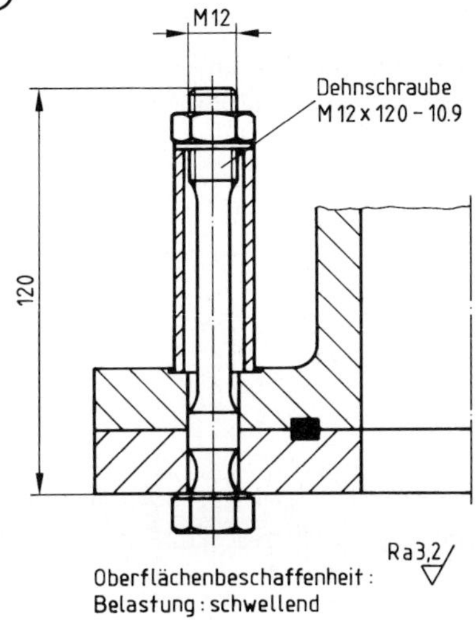

②

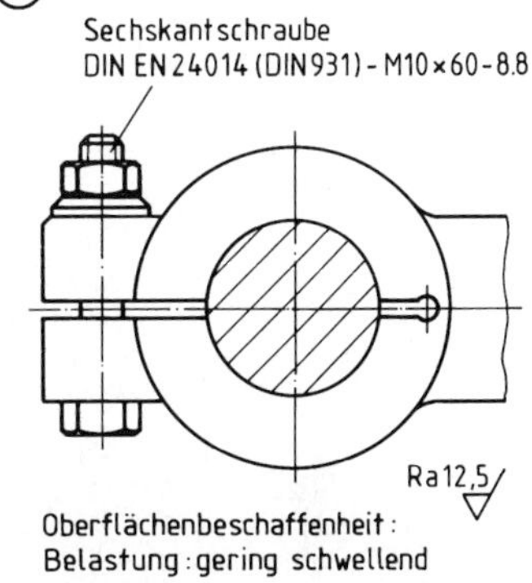

5/11 Sie erhalten den Auftrag, einen Deckel eines Kolbenpumpenzylinders mit 20 Stift-Dehnschrauben M12, Werkstoff 10.9 zu verschrauben. Der größte Druck beträgt 24 bar. Die Belastung tritt schwellend auf. Der mittlere Dichtungsdurchmesser d_m, der für die Kraftberechnung maßgebend ist, beträgt 334 mm.

a) Berechnen Sie die Mindestvorspannkraft einer Schraube.

b) Berechnen Sie das erforderliche Anzugsmoment bei einem Wirkungsgrad $\eta = 0{,}16$. Die sich berührenden Oberflächen von Schrauben, Muttern und Bauteilen sind geschlichtet.

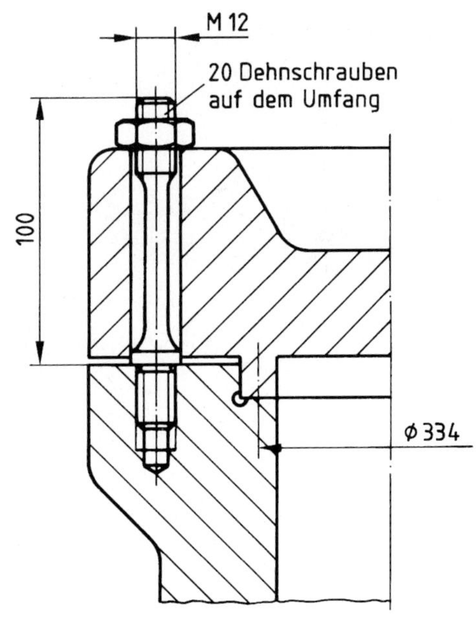

5/12 Ein Druckbehälter mit 50 bar Innendruck wird durch einen Deckel verschlossen. Er ist mit 4 Schrauben M10 aus 8.8, 40 mm lang, befestigt.

a) Bestimmen Sie die Vorspannkraft für gering schwellende Belastung. Die Oberflächen sind geschlichtet.

b) Ermitteln Sie das Anzugsmoment für Schrauben mit einem Wirkungsgrad von 0,14 im Gewinde.

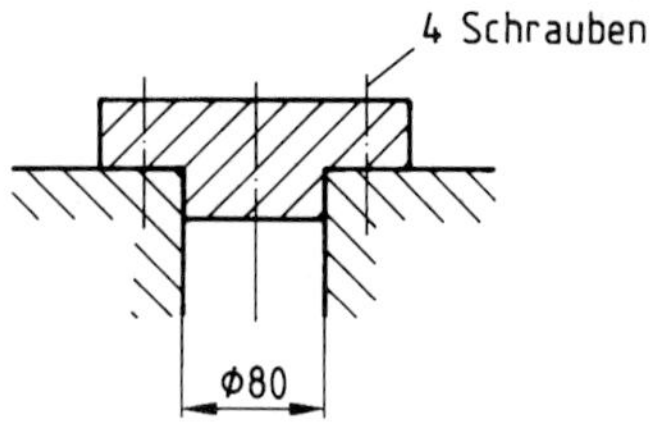

5/13 Schraubenverbindungen können mit Hilfe von Drehmomentschlüsseln oder mit dem Winkelanzugsverfahren auf eine bestimmte Vorspannkraft angezogen werden.
Warum ist das Winkelanzugsverfahren genauer als das Anziehen mit einem Drehmomentschlüssel?

5/14 Skizzieren Sie die Deckelverschraubung einer Zahnradpumpe ab.

a) Begründen Sie, warum zur Verschraubung des Deckels mit dem Pumpengehäuse kein Dichtungsmittel eingesetzt wird.

b) Legen Sie die Anziehfolge der Schrauben durch Eintragen von Zahlen fest.

c) Beschreiben Sie den Anziehvorgang.

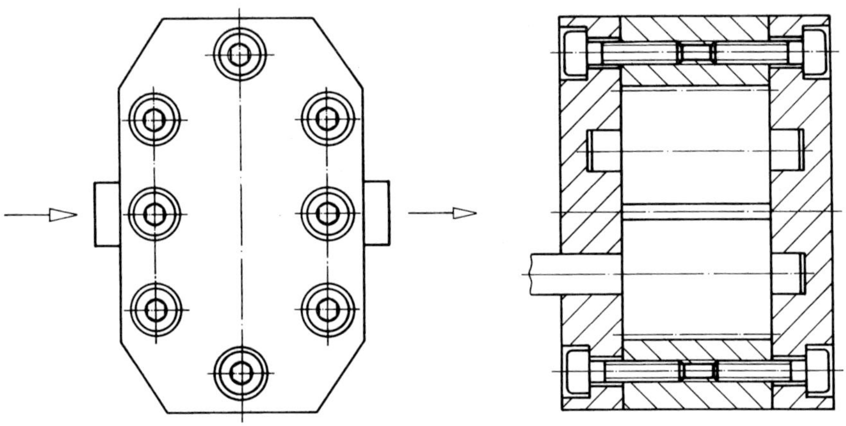

5/15 Der Deckel an einem PKW-Getriebe ist nach Einlegen der Dichtung in der angegebenen Reihenfolge (siehe Darstellung) verschraubt worden.
Nach kurzer Betriebszeit kommt es an einigen Stellen zu Undichtigkeiten.
Welche Gründe können zur Undichtigkeit geführt haben?

- **Fügen durch An- und Einpressen**

Schraubenkräfte bei Klemmverbindungen

Klemmverbindung mit **geschlitzter** Nabe

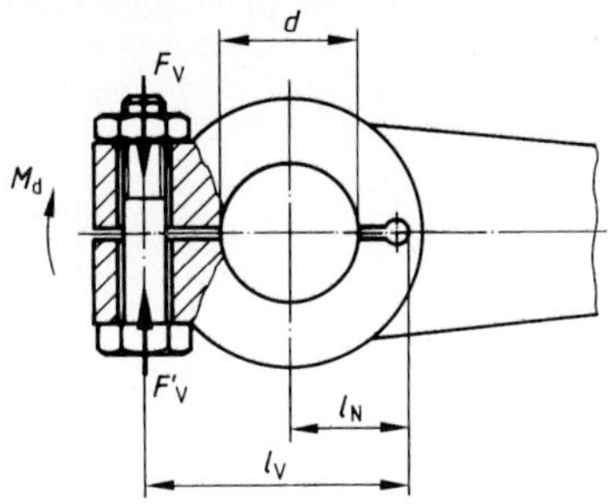

Klemmverbindung mit **geteilter** Nabe

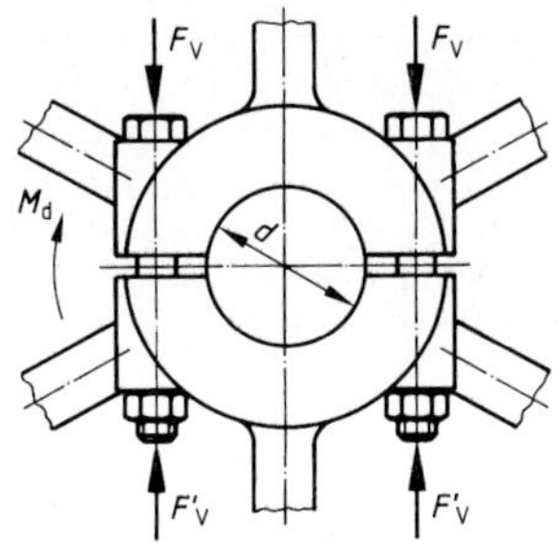

Formeln

$$F_v = \frac{M_d}{i \cdot d \cdot \mu} \cdot \frac{l_N}{l_v}$$

$$F_v = \frac{M_d}{i \cdot d \cdot \mu}$$

Formelzeichen

F_v Spannkraft der Schraube

M_d Drehmoment am Hebel

d Durchmesser der Welle

l_N Hebelarm an der Nabe

l_V Hebelarm für die Spannkraft

μ Reibungszahl

i Anzahl der Schrauben

5/16 Eine Welle aus E 335 (St 60) mit dem Durchmesser $d = 80$ mm wird über einen Riementrieb angetrieben. Die Riemenscheibe aus GG-25 ist zur einfacheren Montage geteilt. Die beiden Riemenscheibenhälften werden mit vier Schrauben verbunden. Berechnen Sie die Spannkraft, mit der jede Schraube mindestens angezogen werden muss, wenn am Riemen eine Kraft $F = 12\,000$ N angreift und der Riemenscheibendurchmesser 500 mm beträgt, $\mu = 0{,}20$.

5/17 Mit Hilfe des dargestellten Hebelsystems soll Rundstahl weitertransportiert werden.
Welche Masse darf eine Rundstahlstange höchstens besitzen, wenn die Schrauben der Hebel mit 1 000 N angezogen werden? (Die Masse der Hebel bleibt unberücksichtigt.)

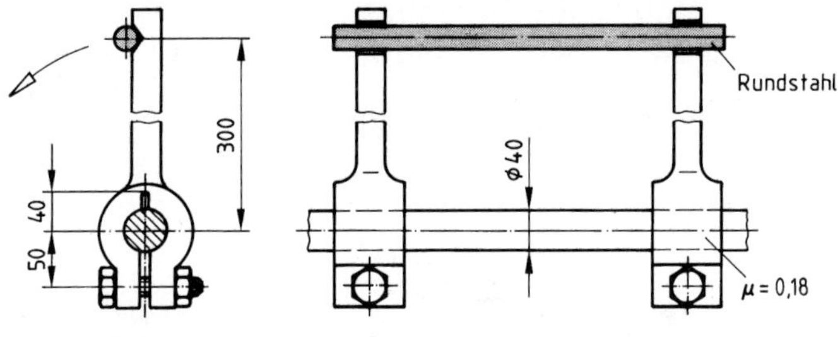

Schraubenkraft bei Kegelverbindungen

Kegelverbindung

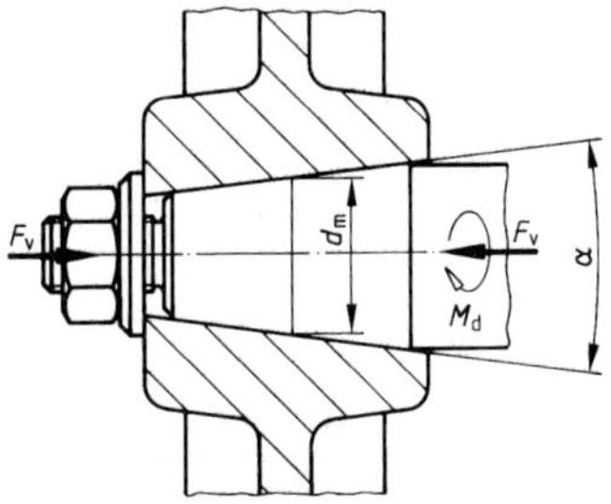

Formeln

$$F_v = \frac{M_d \left(\sin \frac{\alpha}{2} + \mu \cdot \cos \frac{\alpha}{2} \right)}{\mu \cdot \frac{d_m}{2}}$$

Formelzeichen

F_v Spannkraft der Schraube

M_d Zu übertragendes Drehmoment

α Kegelwinkel

μ Reibungszahl

$\frac{d_m}{2}$ mittlerer Kegelradius

5/18 Ein Zahnrad aus Stahlguss wird am Ende einer Motorwelle aus E 335 (St 60) über eine Kegelverbindung auf der Welle befestigt (Kegel 1:10; $\alpha = 5°43'30''$). Der Wellendurchmesser beträgt 50 mm und das Zahnrad ist 40 mm breit. Die Verbindung soll ein Drehmoment von 475 Nm übertragen. Berechnen Sie die Spannkraft F_v für die Anzugsschraube, $\mu = 0{,}18$.

5/19 Ein Zahnrad mit einer Nabenbreite von 60 mm soll mit einer Ringfeder-Spannverbindung auf einer Welle mit 65 mm Durchmesser befestigt werden. Der noch herzustellende Druckflansch soll mit einer Schraube M16 angepresst werden.
Zahnrad und Welle sind entsprechend der Skizze vorgefertigt.
Fertigen Sie eine Zeichnung für den Zerspanungsmechaniker an, nach der die Welle, die Nabe sowie der Druckflansch bearbeitet werden können.

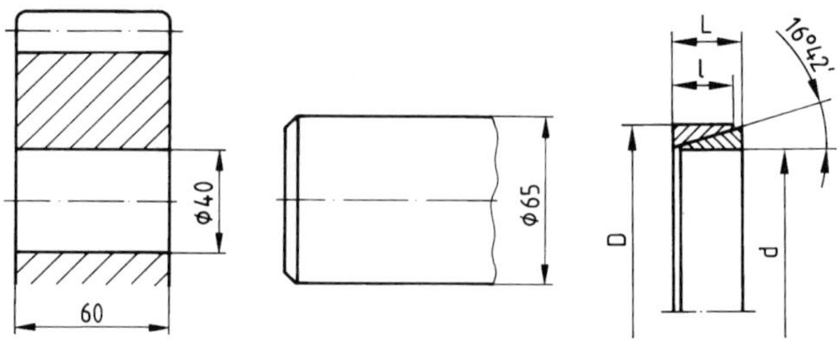

d x D mm	L mm	l mm
60 x 68	12	10,4
63 x 71	12	10,4
65 x 73	12	10,4
70 x 79	14	12,2
71 x 80	14	12,2
75 x 84	14	12,2

5/20 Ein Hebel soll mit einer Welle durch eine Pressverbindung gefügt werden. An der Welle wird ein Durchmesser von 20,24 mm gemessen. Die Bohrung ist mit 20 H7 gerieben.

a) Wie muss das Wellenende vorbereitet werden?
b) Was ist beim Einpressen zu beachten?

Querpreßverbindungen – Durchmesseränderungen durch Erwärmung bzw. Abkühlung

	Formeln	Formelzeichen	
Durchmesseränderung	$\Delta d = d_o \cdot \alpha \cdot \Delta T$	Δd	Durchmesseränderung
	$\Delta d = P_{üu} + 10 \ldots 15\ \mu m$	d_o	Ausgangsdurchmesser
		d	Durchmesser nach Erwärmung bzw. Abkühlung
		α	Längenausdehnungszahl
		ΔT	Temperaturdifferenz
Durchmesser nach Erwärmung bzw. Abkühlung	$d = d_o \pm \Delta d$	$P_{üu}$	Betrag der Mindestpassung der zu fügenden Teile

5/21 Ein Zahnrad aus C 60 soll auf eine Welle aus C 60 mit dem Durchmesser 40 mm aufgeschrumpft werden.
Die Bohrung des Zahnrades hat das Passmaß 45^{H7}, die Welle das Passmaß 45_{s6}.
Berechnen Sie die erforderliche Erwärmung bzw. Abkühlung der Bauteile, wenn beim Fügen ein Spiel von 15 μm vorhanden sein soll.
(Hinweis: Verwenden Sie die entsprechende Tabelle für gebräuchliche Presspassungen sowie eine ISO-Passmaßtabelle).

5/22 Das Rad eines Schienenfahrzeuges soll repariert werden. Hierzu muss ein Reifen aus E 335 (St 60) auf den Radkörper aus GG-20 warm aufgezogen werden. Der Außendurchmesser des Radkörpers beträgt 60 mm.
Wie groß muss der Innendurchmesser des Reifens gedreht werden, wenn das Fügen mit einem Temperaturunterschied von $\Delta T = 90$ K erfolgen soll?

5/23 Bestimmen Sie mit Hilfe eines Wälzlagerkataloges aus den Kurzzeichen der folgenden Wälzlager jeweils die Breiten- und Durchmesserbereiche sowie den Bohrungsdurchmesser.

a) Rillenkugellager DIN 625 – 6211
b) Zylinderrollenlager DIN 5412 – 207
c) Schrägkugellager DIN 628 – 3212

5/24 **a)** Das dargestellte Aufsteckgetriebe enthält sechs Wälzlager.
Ordnen Sie den Lagern die folgenden Bezeichnungen zu:
- Rillenkugellager DIN 625 – 6306
- Zylinderrollenlager DIN 5412 – NU 304 E
- Zweireihiges Schrägkugellager DIN 628 – 3204 B
- Zylinderrollenlager DIN 5412 – NU 204 E
- Rillenkugellager DIN 625 – 16013

b) Jede der drei Getriebewellen ist mit einem Fest- und einem Loslager ausgestattet.
Geben Sie für jede Teilenummer an, ob das Lager als Fest- oder Loslager eingebaut ist.

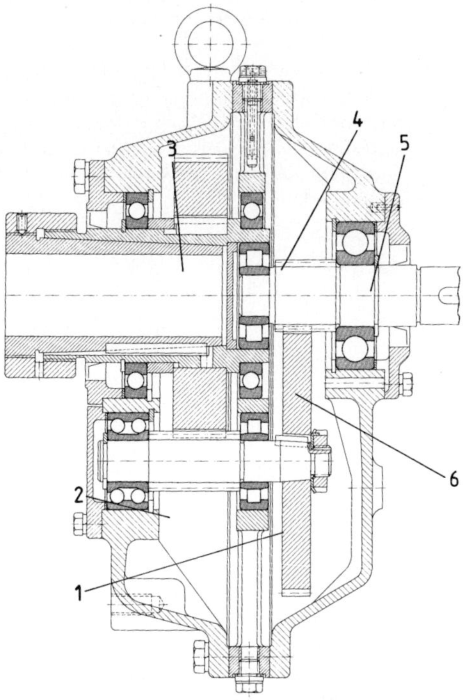

5/25 Die folgenden Bilder zeigen Beispiele für unsachgemäßen Einbau von Wälzlagern.

A

B

C

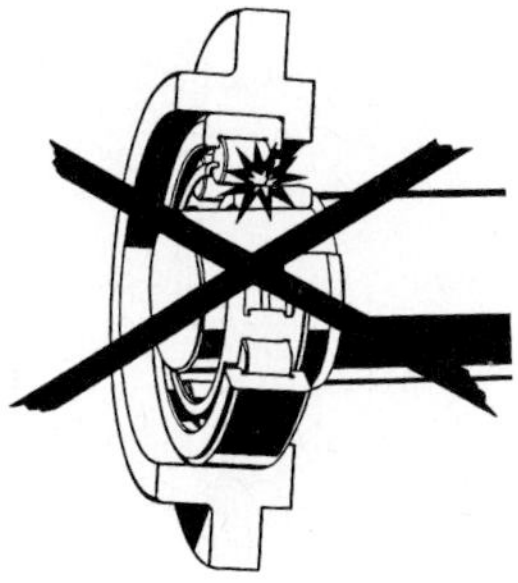

a) Geben Sie an, welche Fehler jeweils gemacht werden.
b) Welche Schäden werden durch den fehlerhaften Einbau der Wälzlager hervorgerufen?

5/26 Beschreiben Sie jeweils Möglichkeiten für den sachgemäßen Einbau der in Aufgabe 5/25 dargestellten Wälzlager.

5/27 **a)** Warum sollten Wälzlager, die mit Hilfe thermischer Verfahren gefügt werden, nicht über 120 °C erwärmt werden?
b) Die Wälzlager können auf einer Anwärmplatte, im Ölbad oder mit einem induktiven Erwärmungsgerät erwärmt werden.
Nennen Sie Vor- und Nachteile der einzelnen Verfahren.

5/28 Ordnen Sie die nachfolgend beschriebenen Arbeitsgänge für den Einbau von Kegelrollenlagern in Kraftfahrzeug-Radnaben so, dass eine einwandfreie Montage gewährleistet ist:

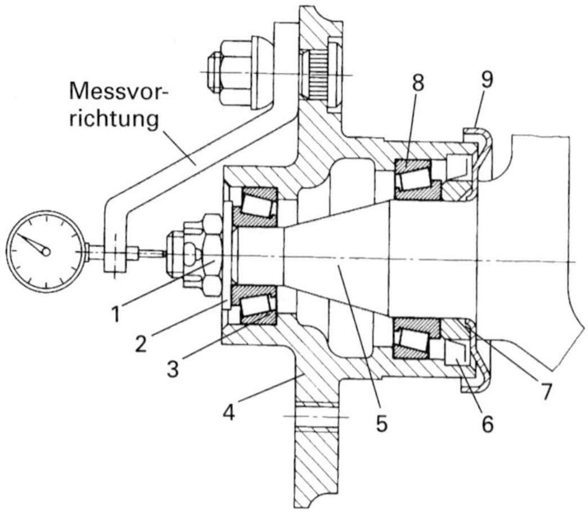

1 Kronenmutter
2 Stoßscheibe
3 äußeres Lager
4 Nabe
5 Achsschenkel
6 Wellendichtring
7 Zwischenring
8 inneres Lager
9 Schutzkappe

a) Innenring gut einfetten und in die Nabe einsetzen.
b) Stoßscheibe aufsetzen.
c) Nabenkörper reinigen.
d) Nabe auf den Achsschenkel schieben.
e) Deckel aufsetzen.
f) Innenring des äußeren Lagers gut fetten und auf den Achsschenkel schieben.
g) Sitzstellen leicht einölen und die beiden Außenringe einpressen.
h) Schutzkappe und Zwischenring auf den Achsschenkel aufsetzen.
i) Kronenmutter aufschrauben und bei gleichzeitigem Drehen der Radnabe anziehen.
j) Axialluft mit Messvorrichtung prüfen.

5/29 Begründen Sie, warum die Radialluft vor dem Lagereinbau zwischen der obersten Rolle und dem Außenring (Bild A) bzw. während des Aufpressens zwischen der untersten Rolle und dem Außenring (Bild B) gemessen wird.

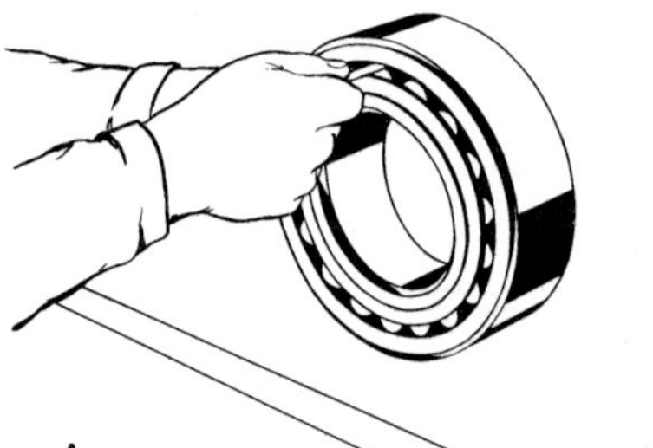
A

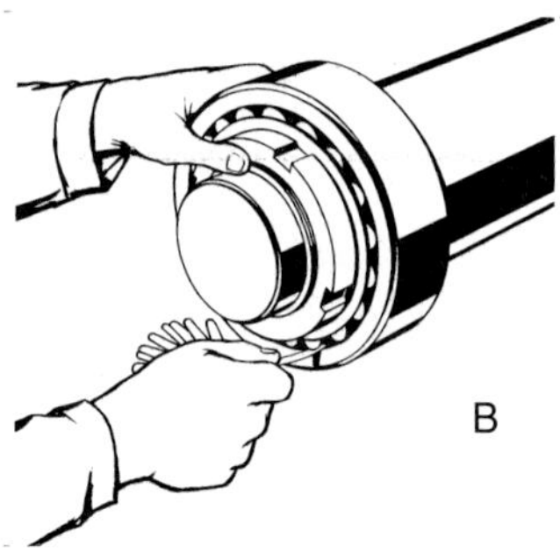
B

- **Fügen durch Schweißen**

5/30 In einen Rahmen mit den Innenmaßen 450 x 200 mm soll ein Rundstab von ∅ 30 mm mittig eingesetzt werden.
Es stehen Schweißen oder Schrauben zur Diskussion.
Vergleichen Sie die Verfahren hinsichtlich Montageaufwand, Materialaufwand, Spannungen im Werkstück und der Festigkeit.

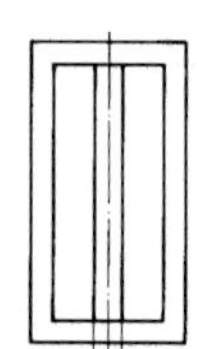

Wärmespannungen

	Formeln
Längenänderung	$\Delta l = l_o \cdot \alpha \cdot \Delta T$
Spannung	$\sigma = E \cdot \varepsilon$
Dehnung	$\varepsilon = \dfrac{\Delta l}{l_o}$

Formelzeichen

Δl Längenänderung
l_o Ausgangslänge
α Längenausdehnungszahl
ΔT Temperaturänderung
ε Dehnung
E Elastizitätsmodul
σ Spannung

Längenausdehnungszahl α

Stoff	α in 1/K
Aluminium	$23{,}8 \cdot 10^{-6}$
Stahl	$12 \quad \cdot 10^{-6}$
Kupfer	$16{,}5 \cdot 10^{-6}$

Elastizitätsmodul E

Stoff	α in N/mm²
Aluminium	72 000
Stahl	210 000
Kupfer	125 000

5/31 In eine Konstruktion wurde ein 3 m langer Träger eingeschweißt. Beim Schweißen erwärmten sich die Enden auf ca. 250 mm Länge um durchschnittlich 600 K.

a) Berechnen Sie die Längenänderung die eingetreten wäre, wenn eine ungehinderte Ausdehnung möglich gewesen wäre.

b) Welche Spannungen treten auf, da die Längenänderung behindert ist?

5/32 **a)** Nennen Sie Maßnahmen gegen Verzug beim Schweißen von einseitigen Kehlnähten und mehrlagigen Doppel-Kehlnähten.

b) Skizzieren Sie die folgenden Darstellungen ab und wählen Sie eine Schweißfolge, durch welche die Schweißspannungen im Werkstück gering gehalten werden. Kennzeichnen Sie die Schweißfolge durch Zahlen an den Schweißnähten.

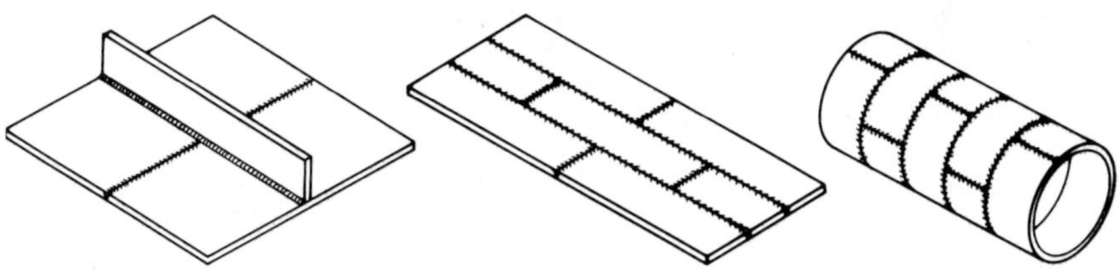

Prüfen im Montageprozess

5/33 Zeichnen Sie das Schema ab und ordnen Sie die gegebenen Beispiele der jeweiligen Prüfart zu.

Art der Prüfung			
statisch	dynamisch	überwachend	sicherheitstechnisch

Beispiele:

- Prüfen der NOT-AUS-Einrichtung bei einem Industrieroboter.
- Prüfen der Ebenheit einer Führungsfläche.
- Prüfen auf Vorhandensein und Lage einer Schraube, bevor ein Handhabungsautomat sie für die Montage greift.
- Prüfen der Drehzahl eines PKW-Motors vor der Endmontage.
- Prüfen des Wellendurchmessers mit einem optoelektronischen Messschieber.

5/34 Legen Sie für die dargestellte Keilwelle mit Mutter die statischen Prüfungen und die erforderlichen Prüfmittel fest.
Übertragen und ergänzen Sie hierzu die untenstehende Tabelle.

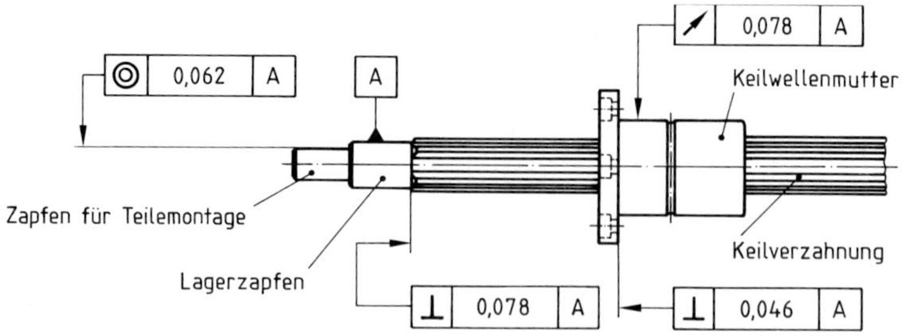

Lfd. Nr.	Montageprüfung	Genauigkeit in μm	Prüfmittel
1	?	?	?
2	?	?	?

5/35 Nach dem Aufstellen eines Waagerecht-Fräswerkes wurden nach einer Probebearbeitung folgende Fehler vermutet:

- Fläche A und Fläche D sind wahrscheinlich nicht rechtwinklig zueinander,
- Fläche C und Fläche B sind vermutlich nicht parallel.

a) Geben Sie mögliche Prüfmittel an, mit denen die Fehler an der Maschine genau festgestellt werden können.

b) Beschreiben Sie den Prüfvorgang.

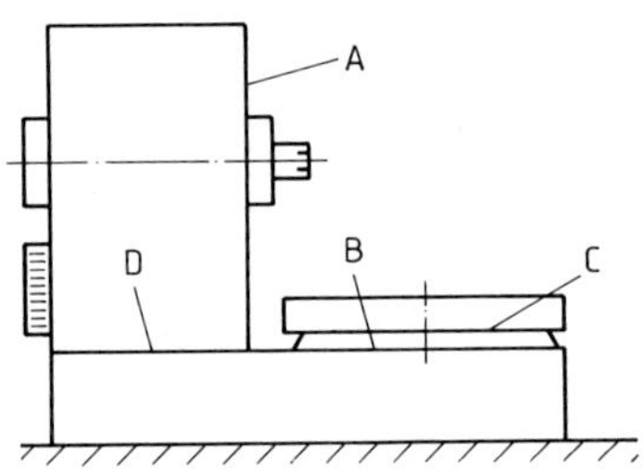

5/36 Ordnen Sie die nachfolgenden Prüfungen in statische Prüfungen und dynamische Prüfungen:

- Prüfen der Ebenheit der Aufspannfläche.
- Prüfen der Funktion der Hydraulik.
- Probelauf mit stufenlos auf- und abwärts stellbaren Ritzelspindeldrehzahlen und anschließendem Dauerlauf von 10 min bei bestimmter Drehzahl.
- Prüfen des Planlaufes der Anlagefläche der Spindelnase.
- Prüfen des Geräuschpegels, der 85 dB in einem bestimmten Frequenzbereich nicht überschreiten darf.

5/37 Die abgebildete Bohrmaschine wird preiswert als gebrauchte Maschine angeboten.
Welche geometrischen Prüfungen sollte ein Kaufinteressent durchführen, bevor er sich zum Kauf der Bohrmaschine entschließt?

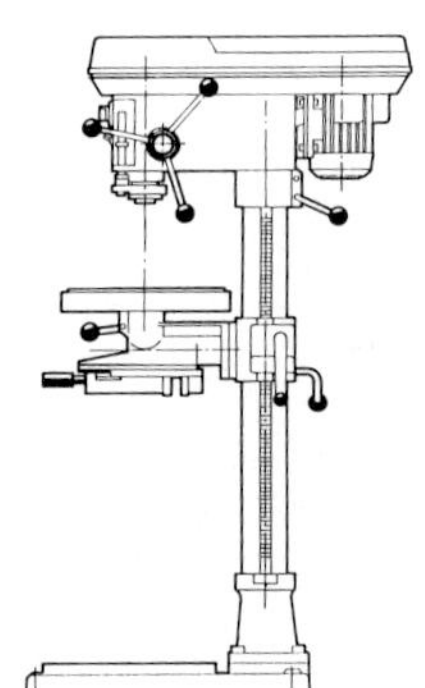

5/38 Das Foto zeigt die automatische Stirndeckelmontage an einem PKW-Motor. Zur Montage wird der PKW-Motor mit einem fahrerlosen Transportsystem mit einer Genauigkeit von 20 mm in eine Montagestation gefahren. Ein Roboter entnimmt mit einer kombinierten Greif- und Schraubeinheit einer Palette den zu montierenden Stirndeckel. Dann erfolgt der eigentliche Fügeprozess. Nach dem Fügevorgang wird der Stirndeckel in der vorgegebenen Position am Motor von Zentrierbuchsen gehalten und durch den Schrauber mit 6 Schrauben am Motor befestigt. Die Schrauben werden automatisch zugeführt.
Welche Prüf- und Überwachungsaufgaben sind bei der automatischen Montage der Stirndeckel erforderlich?

5/39 Wählen Sie geeignete Sensorsysteme für die Prüf- und Überwachungsaufgaben bei der automatischen Stirndeckelmontage in Aufgabe 5/38 aus.

5/40 Auf einer Montagestraße sollen in Lagerböcke Wälzlager eingesetzt werden. Die Lagerböcke sollen auf einem Band zur Montagestation transportiert werden. Der breitere Fuß muss immer in Transportrichtung nach links weisen, damit die weitere Montage ohne neue Orientierung ablaufen kann.
Planen Sie ein System, das die richtige Lage der Werkstücke überprüfen und falsch liegende Werkstücke vom Band stoßen kann.

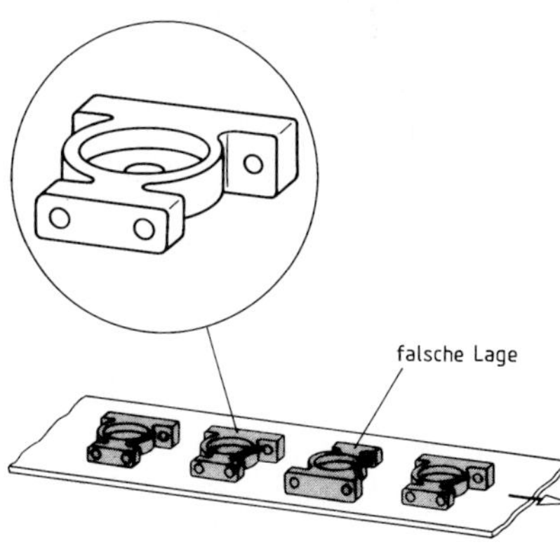

Handhaben im Montageprozess

5/41 Benennen Sie die Teilfunktionen für die Handhabung von Schmiederohlingen in einer Gesenkschmiede.

- Schmiederohlinge werden aus einem Bunker in verschiedene Kästen geschüttet.
- Eine bestimmte Anzahl von Schmiederohlingen wird nach Lage geordnet in Paletten gegeben.
- Schmiederohlinge, die in Paletten an bestimmten Stellen gespeichert sind, werden einzeln einem Fertigungssystem zugeführt.

5/42 **a)** Schütten Sie 100 Sechskantmuttern so auf eine ebene Unterlage, dass sie einlagig liegen. Zählen Sie aus, wie viel Muttern flach aufliegen und wie viel hochkant stehen. Führen Sie den Versuch dreimal durch und berechnen Sie den Mittelwert.
Wiederholen Sie den gleichen Versuch mit 100 Sechskantschrauben.

Übernehmen Sie die Tabelle und tragen Sie die Versuchswerte ein.

Versuch	Muttern		Schrauben	
	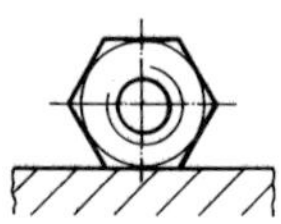	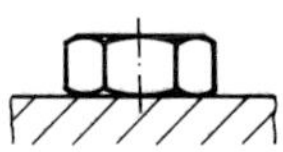	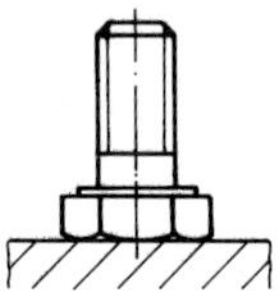	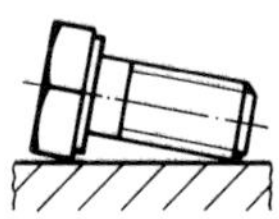
1	?	?	?	?
2	?	?	?	?
3	?	?	?	?
Mittelwerte	?	?	?	?

b) Wodurch wird bei den Sechskantmuttern und den Sechskantschrauben das Ordnungsverhalten bestimmt?

5/43 In einem Bunker sind Kugeln gespeichert. Es sollen jeweils 12 Kugeln in einen Kasten gefüllt werden.

a) Entwerfen Sie schematisch eine Vorrichtung zum entsprechenden Verändern der Menge.

b) Benennen Sie präzise die Handhabungsfunktion.

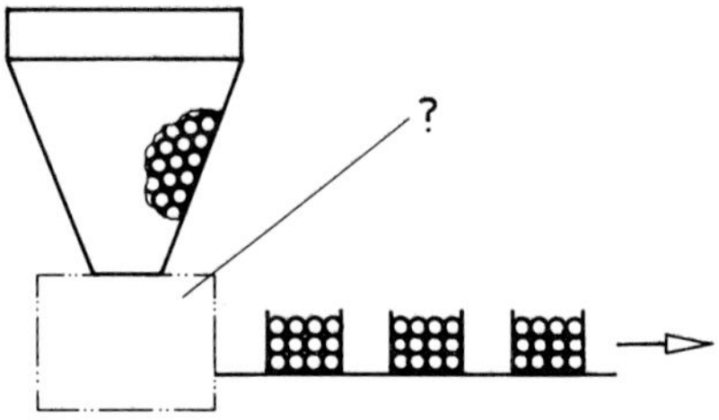

5/44 Welche Art der Speicherung ist in den folgenden Fällen mindestens erforderlich?
Geben Sie jeweils eine kurze Begründung an.

- Schrauben im Magazin einer Schraubvorrichtung.
- Kugeln im Bunker einer Montagevorrichtung für Kugellager.
- Feilen in einer Werkzeugschublade.
- Zu bohrende Bolzen im Griffkasten an einer manuell zu bedienenden Bohrmaschine.
- Lagerung gebogener PKW-Frontscheiben.

5/45 In der Getriebemontage einer Firma werden Wellen mit Zahnrädern gefügt.
Welche Kontrollaufgaben sind an den zu fügenden Bauteilen durchzuführen, damit die Montage durch einen Montageroboter durchgeführt werden kann.

5/46 Übernehmen Sie die Teilfunktionen und analysieren Sie den dargestellten Handhabungsablauf, indem Sie die Sinnbilder ergänzen und die Teilfunktionen benennen.

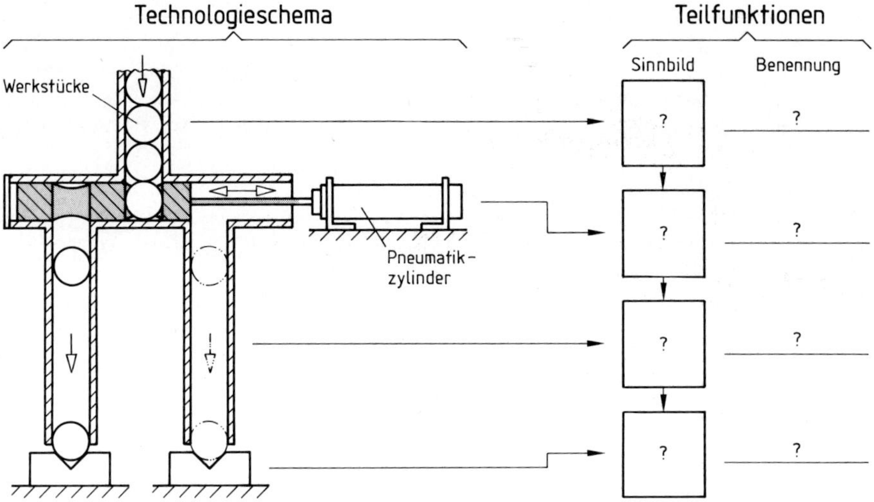

5/47 Machen Sie Vorschläge zur Ausführung von Greifern eines Roboters für folgende Handhabungsvorgänge:

1. Einlegen geschnittener Blechplatten in ein Stanzwerkzeug

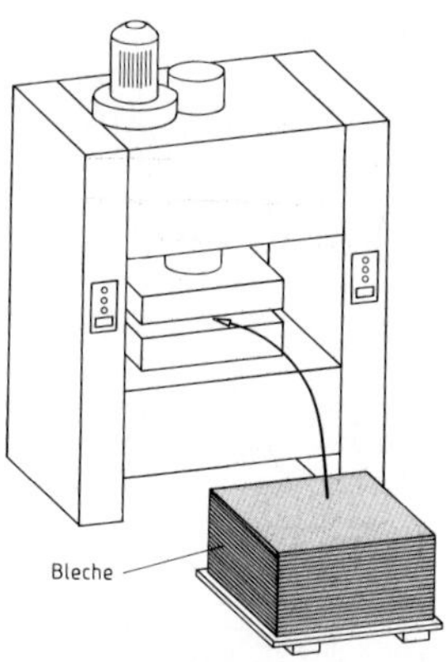

2. Einlegen von Schleifscheiben in einen Karton

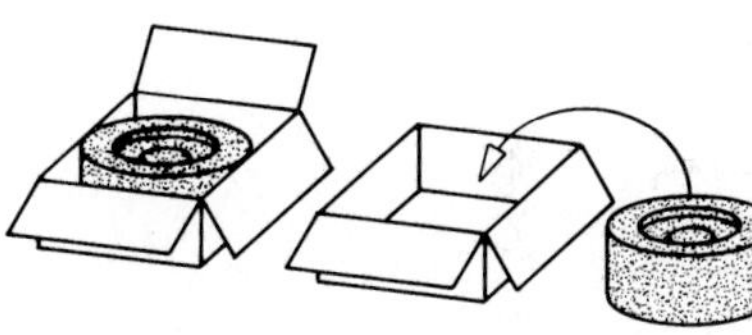

Sondertätigkeiten im Montageprozess

5/48 **a)** Wann spricht man bei Anpassungsarbeiten während der Montage von Nacharbeiten und wann von Justieren?

b) Geben Sie je zwei Beispiele für die sechs Justagearten an.

5/49 **a)** Die Abbildung zeigt eine Welle, auf der Zahnräder montiert sind. Um das vorgeschriebene Montagemaß zu erhalten, wurde eine Distanzbuchse eingesetzt. Begründen Sie, warum das Justieren in diesem Fall sehr aufwendig ist.

b) Wie könnten die Zahnräder justagetechnisch günstiger auf der Welle befestigt werden?

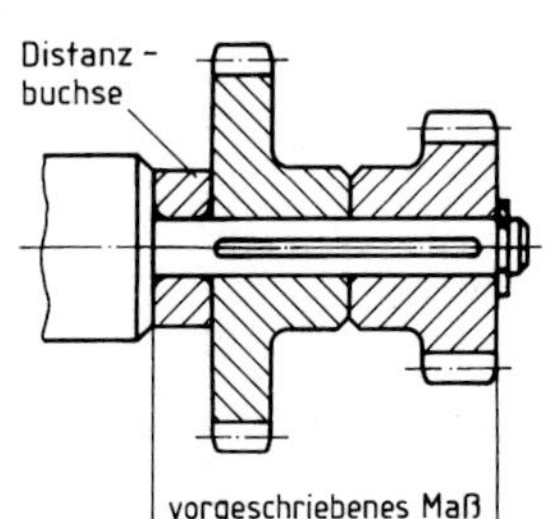

5/50 Bei der dargestellten Flachführung einer Bohrvorrichtung sollen die beiden vorgeschriebenen Maße bei der Montage durch manuelle spanende Bearbeitung der Distanzleiste und des Schiebers erreicht werden.
Durch welche Maßnahme kann der Justageaufwand reduziert werden?

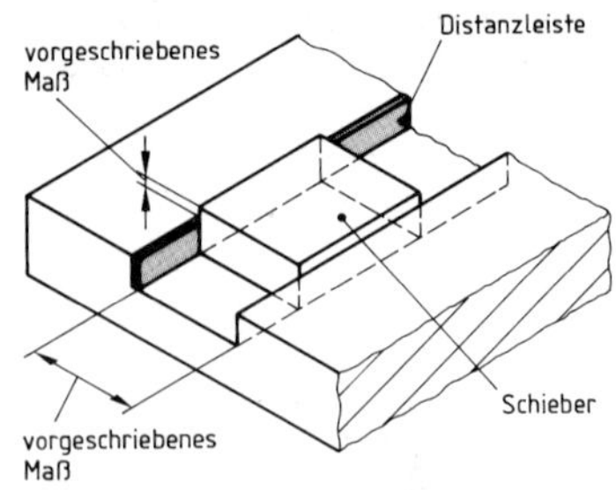

5/51 Die Walzen eines Mahlwerkes müssen nach gewissen Zeiten abgedreht und neu geriffelt werden. Anschließend sind sie neu zu justieren.
Machen Sie Vorschläge zur Gestaltung der Walzenlagerung, damit ein einfaches Justieren möglich ist.

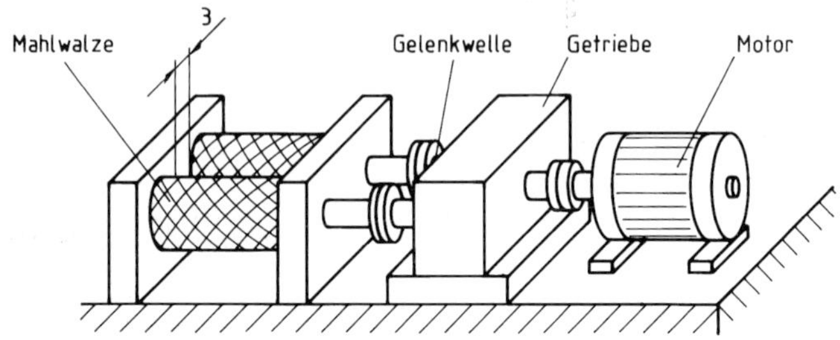

5/52 Eine Unwucht wird durch einseitig wirkende Fliehkräfte an rotierenden Bauteilen bewirkt. Die Fliehkräfte berechnet man nach der Formel:

$$F = \frac{m \cdot v^2}{r}$$

a) Von welchen Größen hängt die durch eine Unwucht hervorgerufene Fliehkraft ab?
b) Welche Größe beeinflusst die Unwucht am stärksten?
c) Nennen Sie Ursachen für das Auftreten einer Unwucht an rotierenden Bauteilen, wie z. B. Turbinenrädern, Riemenscheiben.
d) Welche Fliehkraft erzeugen 5 Gramm Masse, die an einer Turbine auf einem Radius von 150 mm eine Unwucht bewirken? Umdrehungsfrequenz $n = 6\,000$ 1/min.

5/53 An einer Kupplungsscheibe ist eine Unwucht (Fliehkraft F) gemessen worden.
a) Welche grundsätzlichen Möglichkeiten gibt es, diese Unwucht zu beseitigen?
b) Übertragen Sie die dargestellte Kupplungsscheibe und zeichnen Sie die Möglichkeiten zur Beseitigung der Unwucht ein.

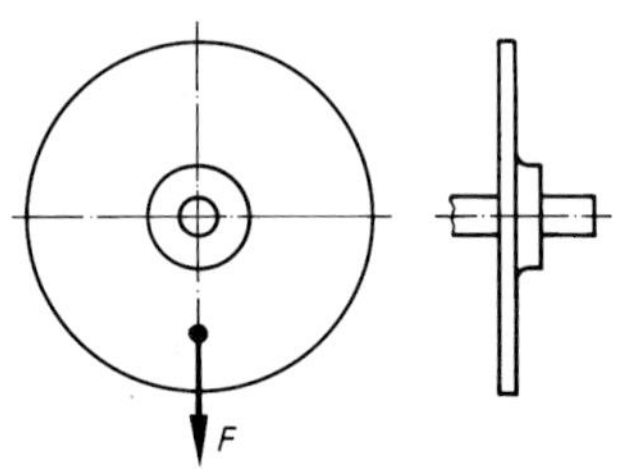

5/54 Die Darstellung zeigt eine dynamisch ausgewuchtete Getriebewelle.
a) Skizzieren Sie die Getriebewelle vor dem Auswuchten.
b) Kennzeichnen Sie die Ausgleichsebenen.
c) Tragen Sie die vor dem Ausgleichen wirkenden Fliehkräfte mit Hilfe von Pfeilen ein.

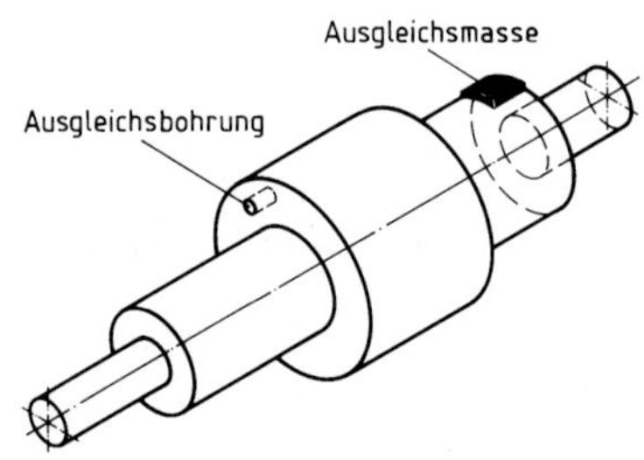

Gestaltung von Montageplätzen

5/55 Zur Montage von Lampenfassungen aus den abgebildeten Einzelbauteilen soll ein Montageplatz für einen Rechtshänder entwickelt werden. Das Mittelteil mit dem bereits montierten Kabel ist nach Einlegen in das Kopfteil fixiert.

a) Beschreiben Sie die Montage wie folgt:
„Der Arbeiter greift mit der ... Hand Teil ... und ...."

b) Skizzieren Sie schematisch den Montageplatz in der Draufsicht.

c) Welche Änderungen sind für einen Linkshänder am Montageplatz erforderlich?

5/56 Ein Verpackungsbetrieb erhält den Auftrag, 60 000 Kleinteilmagazine zu füllen. Ein Magazin besteht aus 3 gleichen Schubfächern mit jeweils 4 Unterteilungen.
Schubfach 1 soll mit 4 Sorten Nägeln, Schubfach 2 mit 4 Sorten Schrauben und Schubfach 3 mit 4 Sorten Dübeln gefüllt werden.
Schlagen Sie eine Anordnung von verketteten Montageplätzen vor.

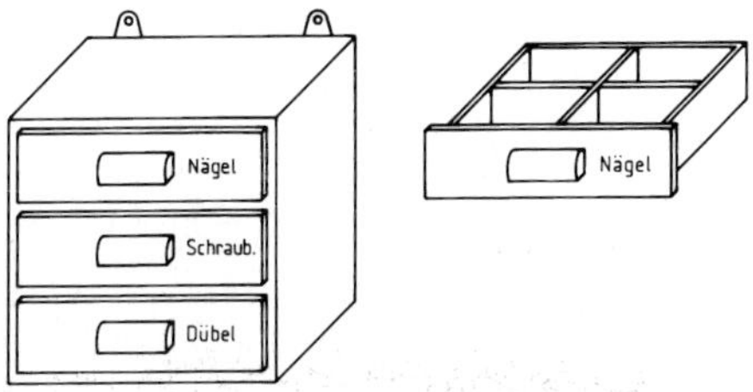

5/57 Moderne Montageplätze sind nach psychologischen, ergonomischen, organisatorischen und sicherheitstechnischen Gesichtspunkten zu gestalten.
Unter welchem Gesichtspunkt wurde die Umgestaltung der nachfolgend beschriebenen Montageplätze durchgeführt?

1. In Bereichen der Automobilindustrie wird der Arbeitsplatz zur Montage des Motorblockes neu gestaltet. Anstelle monotoner Tätigkeiten, die nur wenige Handgriffe umfassen, sollen zukünftig von einem Team Baugruppen montiert werden.

2. Eine hydraulische Presse wird mit einer Zweihand-Sicherheits-Auslösung versehen.

3. Anstelle einer halbstündigen Frühstückspause wird die Möglichkeit eingeräumt, diese aufzuteilen.

4. Eine Schweißerei wird durch vier Metall-Schutzgas-Arbeitsplätze erweitert. Die künstliche Absaugung wird den neuen Bedingungen angepasst.

5/58 Am nebenstehenden manuellen Montageplatz werden von Frauen kleinere Einzelteile für pneumatische Ventile durch Schrauben montiert.

a) Bestimmen Sie die Arbeitshöhe *H*.

b) Legen Sie die erforderliche Beleuchtungsstärke fest.

c) Welche Lärmschutzmittel muss der Betrieb für den Montageplatz vorsehen, wenn der Lärmpegel 90 dB überschreitet?

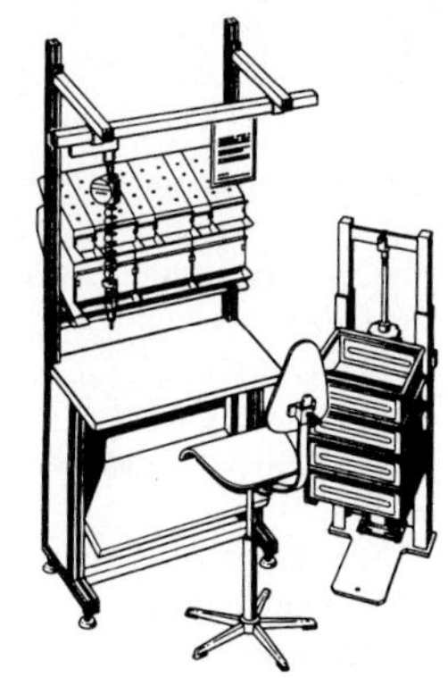

5/59 Zum Schutz von Leben und Gesundheit der arbeitenden Menschen sind Arbeitsschutzmaßnahmen erforderlich.

a) Wodurch unterscheiden sich staatliche Vorschriften von berufsgenossenschaftlichen Vorschriften?

b) Nennen Sie die sechs Sachgebiete im Bereich der staatlichen Vorschriften.

c) Ordnen Sie tabellarisch die nachfolgend angegebenen Gesetze und Verordnungen den Sachgebieten zu:
Arbeitszeitordnung, Arbeitsstättenverordnung, Störfallverordnung, Acetylenverordnung, Gerätesicherheitsgesetz, Mutterschutzgesetz, Gewerbeordnung, Dampfkesselverordnung, Chemikaliengesetz, Arbeitssicherheitsgesetz.

5/60 Bestimmen Sie für den Arbeitsplatz an einer CNC-Fräsmaschine die wichtigsten Arbeitsschutzmaßnahmen. Die Raumgrundfläche beträgt 280 m^2. Die Lärmbelastung am Arbeitsplatz wird 87 dB nicht überschreiten. Benutzen Sie neben den Angaben des Lehrbuches die folgenden Tabellen:

Beleuchtung

Art der Arbeitsplätze	Nennbeleuchtungsstärke in Lux
Schweißarbeiten	500
Maschinen- und Handarbeiten	300 bis 500
Bildschirmarbeit	500
Lackierarbeiten	750
Feinmechanische Arbeiten	1 000
Stahl- und Kupfersticharbeiten	2 000

Raumtemperatur und Luftfeuchtigkeit

Tätigkeit	Raumtemperatur in °C	Relative Luftfeuchtigkeit in %
bei überwiegend sitzender Tätigkeit	19	50 (max. 70)
bei überwiegend nicht sitzender Tätigkeit	17	50 (max. 70)
bei schwerer körperlicher Arbeit	12	50 (max. 70)

5/61 **a)** An wen können Sie sich wenden, falls Sie Fragen über den betrieblichen Arbeitsschutz haben?

b) Welche überbetriebliche Einrichtung könnten Sie gegebenenfalls um Rat fragen?

Instandhaltung von Baugruppen

5/62 **a)** In den Unterlagen eines Herstellers von CNC-Schleifmaschinen wird die hohe Zuverlässigkeit der Maschinen besonders hervorgehoben.
Was versteht man in diesem Zusammenhang unter Zuverlässigkeit?

b) Schreiben Sie aus den nachfolgenden Beispielen die Tätigkeiten heraus, die zur Instandhaltung gehören.
- Ein Rillenkugellager wird für den ersten Einbau gefettet.
- Feststellen des Schwingungsniveaus während des Betriebes einer Turbine.
- Abnahmeprüfung einer Flächenschleifmaschine nach 10 000 Betriebsstunden.
- Austausch der Gewindespindel eines Maschinenschraubstockes zwecks Verlängerung des Spannbereiches.
- Säubern eines Getriebes nach vorgegebener Betriebszeit und Wechsel des Getriebeöles.

5/63 Eine regelmäßige Wartung vermindert die Abnutzung und den Verschleiß von Bauteilen und Baugruppen.

a) Wählen Sie eine Werkzeugmaschine aus, an der Sie in der Ausbildung gearbeitet haben, und geben Sie Wartungsarbeiten an, die regelmäßig durchgeführt werden mussten.

b) Welche Informationen können Sie einem Hersteller-Wartungsplan entnehmen?

c) In einem Wartungsplan für eine Ventilatorenanlage mit einer Betriebsdrehfrequenz von 3 000 1/min finden Sie den Hinweis:
„Nachschmierfristen für Wälzlager den Herstellerangaben entnehmen."
Der Wellendurchmesser für die eingebauten Rillenkugellager und Zylinderrollenlager beträgt 85 mm.
Bestimmen Sie die Nachschmierfristen t_f in Betriebsstunden für diesen Einsatzfall anhand des nachfolgenden Diagramms eines Wälzlagerherstellers.

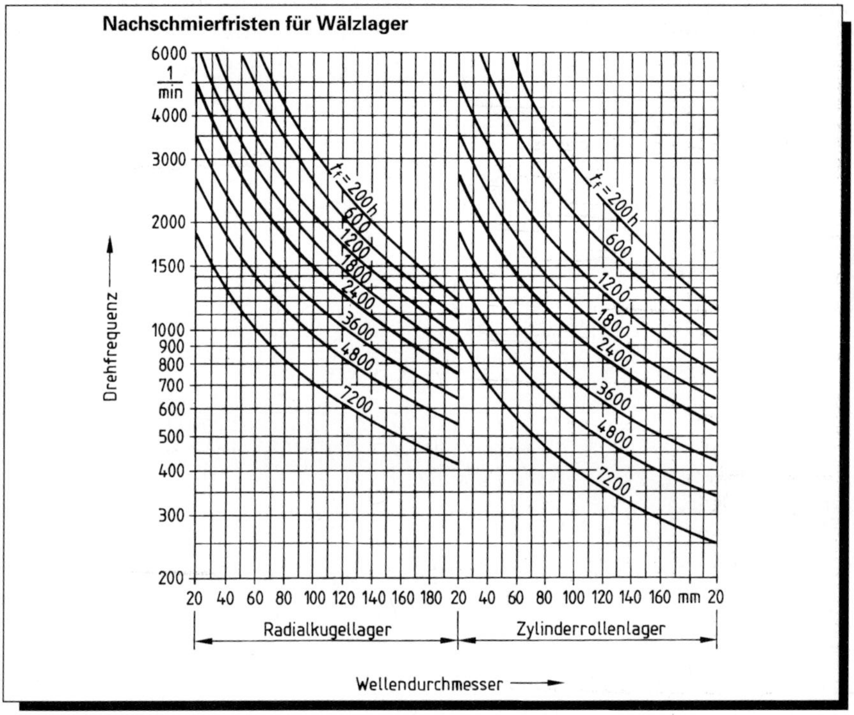

5/64 Der Zahnriemen einer Antriebseinheit ist nach einer bestimmten Betriebszeit durch starke Dehnung unbrauchbar geworden und wird ausgetauscht.
In welche Bereiche der Instandhaltung fällt das Feststellen der Zahnriemendehnung und der Austausch des Zahnriemens?

5/65 Während der Montage oder bei der Instandhaltung von Baugruppen ist darauf zu achten, dass eine dem Einsatzgebiet entsprechende Schmierung erfolgt.

a) Übertragen Sie die unten stehende Tabelle und unterscheiden Sie die aufgeführten Schmiermittel aufgrund der Herstellung.

Mineralöle	Synthetische Öle	Fette

b) Welche Aufgaben sollen Schmiermittel erfüllen?

c) Während der Instandhaltung sind meist mehrere Baugruppen zu schmieren.
Wie erfahren Sie, welches Schmiermittel eingesetzt werden muss.

d) Im Lager stehen mehrere Schmierstoffbehälter.
Woran erkennen Sie, welcher Behälter den geeigneten Schmierstoff enthält?

5/66 Der Schmierstoffplan einer Senkrecht-Fräsmaschine enthält u. a. folgende Kennzeichnungen:

Maschinen-schmierstellen	Frässpindel	Kegelrollen-lager	Hydraulik-anlage	Elektrokühl-mittelpumpe
Kennzeich-nungen nach DIN 51502				

a) Unterscheiden Sie die aufgeführten Schmierstoffe anhand der Symbole nach Schmierölen und Schmierfetten.

b) Geben Sie anhand der Symbole
– für die Schmieröle die Sorte und
– für die Schmierfette die Fettbasis an.

c) Entschlüsseln Sie die Schmierstoffkennzeichnungen aller Schmierstoffe.

5/67 Ein Rillenkugellager soll montiert werden.

a) Welche drei Gesichtspunkte sind beim Einbau des Lagers in Bezug auf die Schmierung zu beachten?

b) Warum soll der Gehäuseraum des Lagers nicht vollständig mit Schmierfett ausgefüllt werden?

6 Fertigungssysteme

Einteilung von Fertigungssystemen

6/1 **a)** Erläutern Sie die Begriffe Produktivität und Flexibilität.
b) Unterscheiden Sie Bearbeitungszentrum und flexibles Fertigungszentrum. Benutzen Sie zur Unterscheidung die Begriffe Produktivität und Flexibilität.

6/2 Ordnen Sie die Fertigungssysteme Bearbeitungszentrum, flexible Fertigungszelle, flexibles Fertigungssystem und Transferstraße in das nebenstehende Diagramm ein. Übertragen Sie zu diesem Zweck das Diagramm zunächst in Ihr Heft. Benutzen Sie für Ihre Systemdarstellung ein beschriftetes Rechteck.

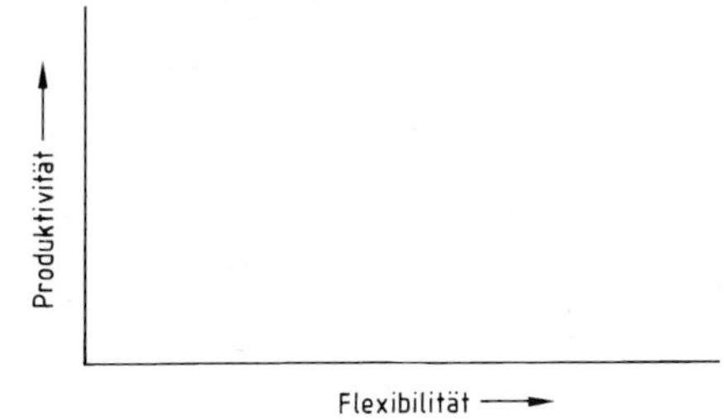

6/3 Der skizzierte Fuß für ein Ständerregal soll 80 mal gefertigt werden. Wählen Sie für diesen Auftrag ein wirtschaftliches Fertigungssystem aus. Die Auswahl ist zu begründen.

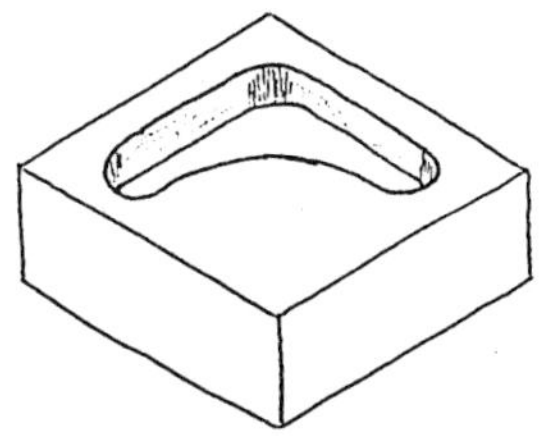

6/4 Die Qualität der Ständerregalfüße aus der Aufgabe 5/3 hat die Firma „Stapelfix" so beeindruckt, dass die Geschäftsbeziehungen ausgebaut werden sollen. Ein neuer Auftrag umfasst die Fertigung unterschiedlichster prismatischer Regalteile, die in ihrer Größenordnung den Ständerregalfüßen entsprechen. Der Gesamtauftrag umfasst 40 verschiedene Regalteile – zwei Teile sind in der nebenstehenden Skizze dargestellt –, von denen jeweils 800 Stück gefertigt werden sollen.

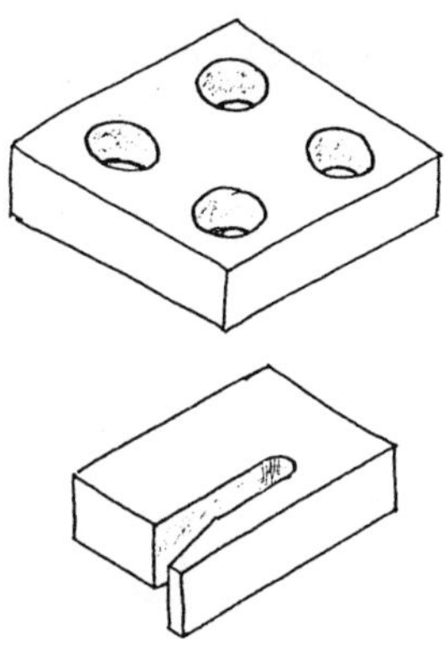

a) Wählen Sie ein wirtschaftliches Fertigungssystem aus. Begründen Sie Ihre Auswahl.
b) Beschreiben Sie den Fertigungsablauf in dem gewählten System. Fertigen Sie zu diesem Zweck zunächst eine Systemskizze an, die alle wesentlichen Teilsysteme zeigt. Die Teilsysteme sind zu benennen.

6/5 Welche Voraussetzung muss ein Bearbeitungszentrum erfüllen, wenn es in einer flexiblen Fertigungszelle eingesetzt werden soll. Geben Sie zwei Voraussetzungen an.

6/6 **a)** Nennen Sie vier Forderungen, die zum verstärkten Einsatz flexibler Fertigungssysteme führen.
b) Was versteht man unter Flexibilität eines Fertigungssystems?

6/7 Ein weiterer Auftrag der Firma „Stapelfix“ umfasst nicht nur prismatische Werkstücke, sondern auch zylindrische. Zudem sollen einige Einzelteile montiert und auf ihre Funktion hin geprüft werden. Die unterschiedlichen Einzelteile sollen in Stückzahlen von 1 000 Stück bis 2 000 Stück gefertigt werden.

a) Wählen Sie ein wirtschaftliches Fertigungssystem aus. Die Auswahl ist zu begründen.

b) Ein Teil des oben genannten Auftrags soll vorrangig bearbeitet werden. Die ausführende Firma „Fix & Fertig“ erhält zu diesem Zweck das nachfolgende Telefax.

```
1051980 stap d
8081985 fixf d
120/007 computer-message
tlx-no 2952/02  10/04/95  14:34 h

an:  fix & fertig gmbh
     z. hd. herrn eilmann
     d-12345 schnellenburg

von: stapelfix kg
     ek 149-2/ hr. Hochstapler
     d-67890 hohenfels

betrifft: auftrag nr. 0815 vom 01/04/95

aus o.g. gesamtauftrag bitten wir den nachfolgend
skizzierten teilauftrag vorrangig zu bearbeiten.

skizze:
```

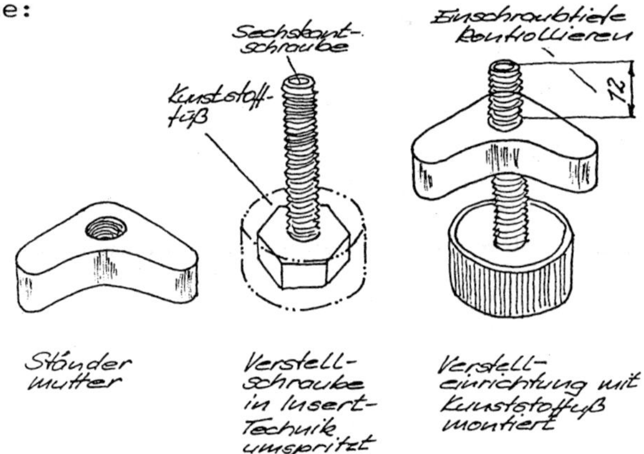

Die erforderlichen Maße sind den Auftrags-unterlagen zu entnehmen.

```
mit freundlichen grüßen
hr. Hochstapler
```

Beschreiben Sie den Fertigungsablauf für die im Telefax skizzierten Teile sowie die skizzierte Baugruppe und Einrichtung. Fertigen Sie zu diesem Zweck zunächst eine Systemskizze an. Beschreiben Sie auch, wie die Einschraubtiefe von 12 mm automatisch geprüft werden kann.

6/8 Auf einer Transferstraße sollen PKW-Hinterachsträger gefertigt werden. Hierzu müssen die Einzelteile zunächst punkt- und schutzgasgeschweißt werden, bevor eine weitere Bearbeitung durch Stanzen und Prägen erfolgt.
Begründen Sie den Einsatz einer Transferstraße für die Fertigung der PKW-Hinterachsträger.

6/9 Übernehmen Sie die unten abgebildete Tabelle. Wählen Sie für die gegebenen Fertigungsaufgaben ein geeignetes Fertigungssystem (Bearbeitungszentrum, Transferstraße, flexibles Fertigungssystem) aus und tragen Sie dieses in die Tabelle ein.
Begründen Sie Ihre Auswahl.

Fertigungsaufgabe	Fertigungssystem	Begründung
45 Einzelteile für den Prototyp einer Sondermaschine	?	?
50 verschiedene Werkstücke für 30 herzustellende Textilverarbeitungsmaschinen	?	?
3 verschiedene PKW-Pleuelstangen in großer Stückzahl	?	?
20 unterschiedliche Motorenteile für eine PKW-Großserie	?	?
Schweißen 5 verschiedener Bodengruppen für PKW	?	?

Flexible Fertigungssysteme

• Aufbau flexibler Fertigungssysteme

6/10 **a)** Geben Sie die möglichen Teilsysteme eines flexiblen Fertigungssystems an.
b) Wie müssen die Teilsysteme verknüpft sein, damit eine automatische Fertigung von Teilen aus einer bestimmten Teilefamilie durchgeführt werden kann?

• Stoff- und Informationsfluss in flexiblen Fertigungssystemen

6/11 Der Auftrag der Firma „Stapelfix" (vgl. Aufgabe 6/7) soll für die automatische Fertigung mit einem flexiblen Fertigungssystem vorbereitet werden. Zählen Sie die Maßnahmen auf, die bis zum Beginn der automatischen Fertigung durchgeführt werden müssen.

6/12 Stellen Sie den Stoff- und Informationsfluss in einem flexiblen Fertigungssystem dar.
Benutzen Sie für Ihre Darstellung den Teilbereich eines flexiblen Fertigungssystems, der für den vorrangig zu bearbeitenden Teilauftrag aus Aufgabe 6/7 benötigt wird.

• Vernetzung von Teilsystemen

6/13 Welche Informationen benötigt ein automatisch arbeitendes Fertigungssystem?

6/14 **a)** Geben Sie an, wie der Materialfluss in einem flexiblen Fertigungssystem gesteuert wird.
b) Für einen Auftrag der Firma „Stapelfix" soll eine Verstellschraube mit Kunststofffuß hergestellt werden (vgl. Aufgabe 6/7). Zu diesem Zweck muss eine Sechskantschraube in eine Spritzgießmaschine transportiert werden. Für den Transport von einer Übergabestelle in die Spritzgießform kann z. B. ein Industrieroboter eingesetzt werden. Die in der Form positionierte Schraube wird anschließend mit Kunststoff umhüllt. Beschreiben Sie den Informationsfluss zwischen der Ankunft der Schraube an der Übergabestelle bis zum Spritzgießvorgang.

6/15 Geben Sie zwei unterschiedliche Möglichkeiten der Vernetzung von Teilsystemen in einem flexiblen Fertigungssystem an.

6/16 **a)** Was versteht man unter einer E/A-Verbindung?
b) Für welche Steuerungsaufgaben werden E/A-Verbindungen eingesetzt? Geben Sie drei Beispiele an.

• Handhabungssysteme

6/17 Erläutern Sie den Begriff Handhaben an einem praktischen Beispiel.

6/18 Beschreiben Sie den Werkzeugwechsel vom Magazin zur Spindel bei einem Kettenmagazin und einem Kassettenmagazin.

6/19 Wie muss das skizzierte Werkstück vorbereitet werden, damit es in einem flexiblen Fertigungssystem wirtschaftlich transportiert, gelagert und gehandhabt werden kann? Fertigen Sie zur Beantwortung der Frage eine Skizze an.

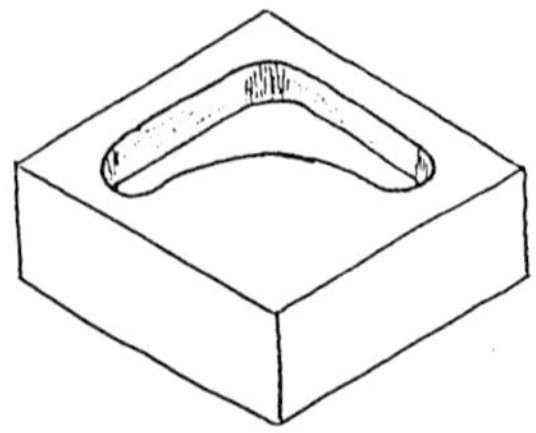

6/20 Die einzelnen Baugruppen eines Industrieroboters können in einem Gerät einfach oder mehrfach vorkommen.

a) Nennen Sie Baugruppen, die in der Regel mehrfach vorkommen.
b) Welche Baugruppe gehört nicht zur Grundausstattung eines Industrieroboters? Begründen Sie Ihre Antwort.

6/21 Welche Funktion erfüllt die Gelenkachse eines Industrieroboters?

6/22 **a)** Um welche Bauarten handelt es sich in den folgenden Darstellungen?
b) Vergleichen Sie die beiden Roboter-Bauarten hinsichtlich ihres Einsatzgebietes.

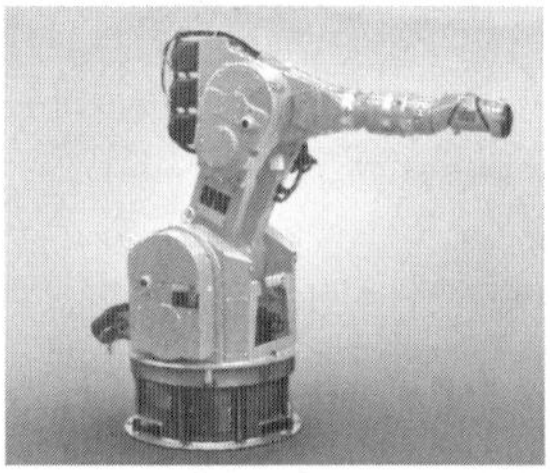

6/23 Die Darstellung zeigt einen Roboter für Spezialaufgaben, wie sie z. B. in der Automobilindustrie häufig vorkommen.

a) Welche beiden grundsätzlichen Bauarten werden hierbei kombiniert?
b) Skizzieren Sie den Arbeitsraum des Roboters in zwei Ansichten.

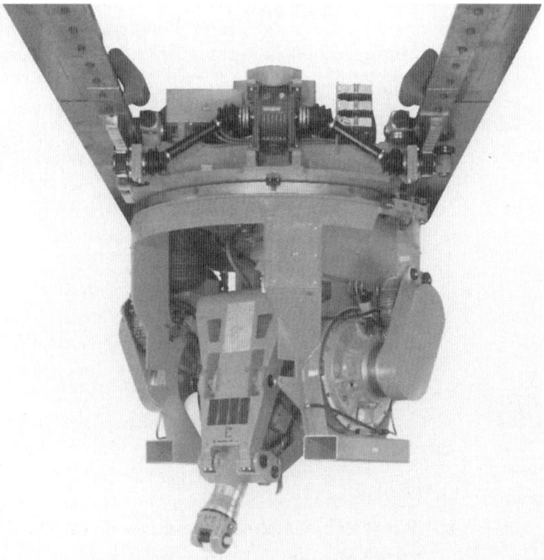

6/24 **a)** Wie bezeichnet man den dargestellten Roboter?
b) Für welche Aufgaben wird er vorwiegend eingesetzt?
c) Wie viel rotatorische und translatorische Achsen besitzt der dargestellte Roboter?

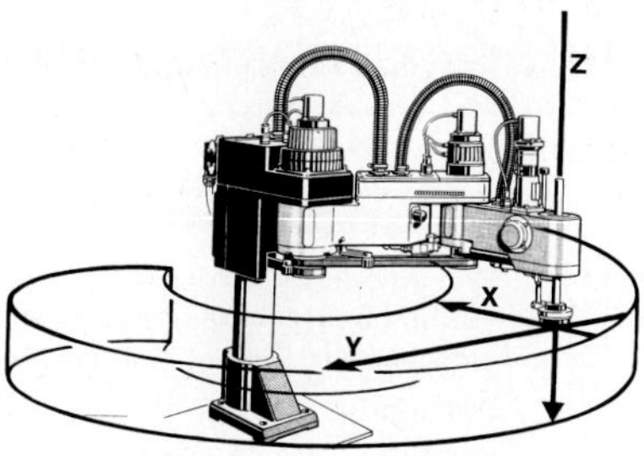

6/25 Geben Sie je zwei Einsatzbeispiele für drei unterschiedliche Greiferarten an. Fertigen Sie zu diesem Zweck eine Tabelle in der dargestellten Art an.

Greiferart	Einsatzbeispiele (Skizze)	
	Beispiel 1	Beispiel 2
Zangengreifer		

- **Transportsysteme**

6/26 Geben Sie typische Transportsysteme für den Einsatz in flexiblen Fertigungszellen an.

- **Mess- und Überwachungssysteme**

6/27 **a)** Für welche Aufgaben werden Mess- und Überwachungssysteme eingesetzt? Übernehmen Sie die nachfolgende Tabelle, und ergänzen Sie die fehlenden Eintragungen.

Teilbereiche der Prozessüberwachung	Aufgaben
Werkstücküberwachung	1. Werkstückerkennung 2. ? 3. ? 4. ?
?	1. ? 2. ?
?	?

b) Geben Sie die grundsätzlichen Ziele an, die mit dem Einsatz von Mess- und Überwachungssystemen verfolgt werden.

CIM-Konzept

6/28 **a)** Erläutern Sie die Abkürzungen CIM, CAD, CAM und PPS.
b) Geben Sie drei Ziele an, die mit der Einführung von CIM in einem Unternehmen verfolgt werden.
c) Welche Qualifikationen müssen Mitarbeiter besitzen, die im Rahmen eines CIM-Konzepts eingesetzt werden sollen?

1 Grundlagen der Datenverarbeitung

1/1 Ihr Taschenrechner ist eine Datenverarbeitungsanlage im Kleinformat.
Beschreiben Sie das Gerät unter Verwendung der Begriffe: Eingabeeinheit, Zentraleinheit, Ausgabeeinheit.

1/2 Erkunden Sie in Ihrem Betrieb den Einsatz von Computern unter folgenden Fragestellungen:

- In welcher Abteilung werden Computer eingesetzt?
- Welche Hauptaufgaben hat der Computer in der jeweiligen Abteilung?
- Wer bedient die Computer?

1/3 Ein Computerfreak sagt: „Hardware klauen, das ist Diebstahl, denn ich nehme einem anderen etwas fort. Software kopieren bei einem Kollegen auf meine eigene Diskette kann doch kein Diebstahl sein, denn dem Kollegen nehme ich dabei doch nichts fort, denn er behält doch sein Programm."
Äußern Sie sich dazu.

2 Arbeitsweise eines Computers

2/1 **a)** Wie viele Möglichkeiten hat man, mit drei Lampen verschiedene Zeichen zu geben?
Übernehmen und ergänzen Sie die Tabelle.

Möglichkeit	Lampe 1	Lampe 2	Lampe 3
1	aus	aus	aus
2	aus	aus	an
3	aus	an	aus

b) Wie viele Möglichkeiten zur Zeichendarstellung hat man bei vier Lampen?

c) Wie viele Lampen benötigt man mindestens, um alle zehn Ziffern durch Lichtzeichen mit ein- und ausgeschalteten Lampen darzustellen?

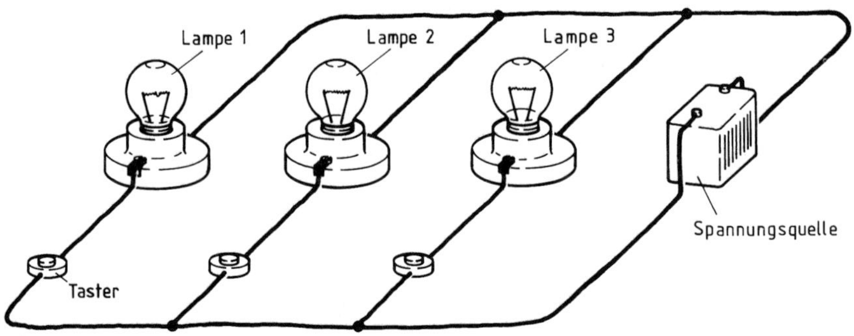

2/2 Zwei Schüler streiten sich über den Begriff „Bit".
Der eine sagt: „Wenn ich eine Lampe habe, kann ich mit – Lampe an – ein Zeichen darstellen und mit – Lampe aus – ein zweites Zeichen. Das sind also zwei Bit."
Der andere sagt: „Du hast eine Lampe. Sie verkörpert ein Bit mit ihren Zuständen, ‚Ein' und ‚Aus'."
Wer hat Recht?

2/3 Schreiben Sie die Dateneingabegeräte und ihre Einsatzbereiche, wie sie im Lehrbuch beschrieben werden, in tabellarischer Form auf. Übernehmen, erweitern und vervollständigen Sie die nebenstehende Tabelle.

Einsatzbereich	Eingabegerät
Textverarbeitung	Keybord
Zeichnen (CAD)	?
?	?

2/4 Jedes einzelne Zeichen wird im Computer durch ein „Byte" verschlüsselt und im Speicher oder auf Diskette o. Ä. gespeichert.

Auf einer Diskette steht, sie habe ein Speichervermögen von 1,2 MByte.

a) Wie viele Zeichen können gespeichert werden (1 kByte ≙ 1 024 Bytes)

b) Wie viele Schreibmaschinenseiten entspricht dies etwa bei 60 Buchstaben in einer Zeile und 55 Zeilen auf einer Seite?

2/5 Zeichnen Sie das Schema ab und fügen Sie die Begriffe „codieren" und „decodieren" an der richtigen Stelle ein.

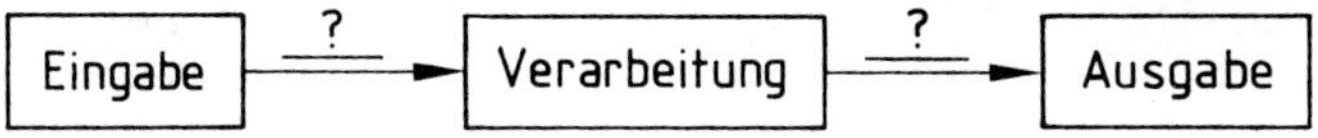

2/6 Geben Sie am Computer die in der folgenden Tabelle vorgegebenen Zahlen im ASCII-Code bei gedrückter ALT-Taste ein. Benutzen Sie zur Eingabe der Zahlen die rechts liegende Zifferntastatur des Keybords.

Übernehmen Sie die Tabelle und tragen Sie die auf dem Bildschirm erscheinenden Zeichen ein.

ASCII-Code dezimale	Zeichen auf dem Bildschirm
224	?
56	?
117	?
171	?
85	?

2/7 Schreiben Sie das Wort „tat" im ASCII-Code, ordnen Sie die Zeichen für die Buchstaben dabei untereinander an:

a) als Dezimalzahl, **b)** als Dualzahl.

2/8 Decodieren Sie folgende im ASCII-Code geschriebene Aufgaben, und führen Sie die Anweisung aus:

a) dezimal	**b)** dual
55	00110111
43	00101011
54	00110110

2/9 Übernehmen Sie die folgenden Sätze und tragen Sie die Begriffe *„seriell"* bzw. „parallel" an den richtigen Stellen ein:

- ___?___ lassen sich in kurzer Zeit erheblich mehr Daten übertragen als ___?___.
- Wegen der Gefahr von Störungen kommt ___?___ Datentransport nur für kurze Entfernungen, z. B. zum Drucker, infrage.
- Drahtlose Übertragung von Daten geschieht stets ___?___.

2/10 In der Informatik sind die Bezeichnungen „Datenverarbeitungsanlage", „Mikrocomputer", und „Mikroprozessor" üblich.

Übernehmen Sie die Blockdarstellung, und tragen Sie die drei Bezeichnungen sinnvoll zugeordnet ein.

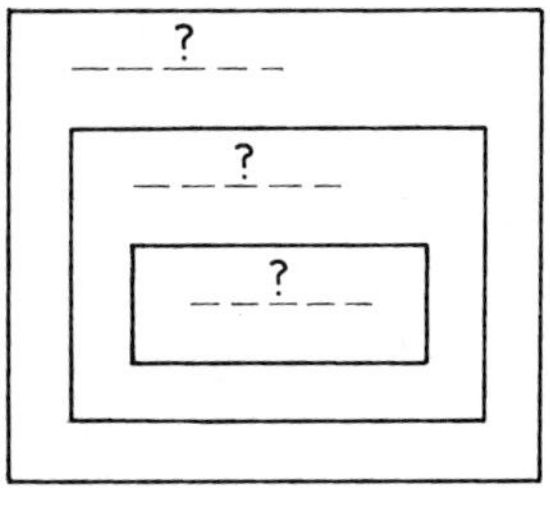

2/11 Ein Auszubildender schreibt einen Bericht mit einem Textverarbeitungsprogramm. Er speichert den Text im Augenblick noch nicht auf Festplatte oder Diskette. Der Text befindet sich also nur im Arbeitsspeicher. Plötzlich fällt wegen eines Kurzschlusses der Strom aus. Was geschieht mit dem bereits geschriebenen Text?

2/12 Beim Vorführen eines Textverarbeitungsprogramms sagt der Vorführende: „Ich lade jetzt das Programm von der Diskette in den Speicher."

Lädt er das Programm zum Benutzen in einen Festwertspeicher (ROM) oder in einen Schreib-Lese-Speicher (RAM)?

Begründen Sie Ihre Antwort.

2/13 Zur Unterscheidung der Eigenschaften von ROM- und RAM-Bausteinen kann man sich folgenden Merksatz mit „Eselsbrücke" einprägen:

„Das ROM ist **o**hne Schreiber, das RAM ist aber **a**uch zum Schreiben."

a) Wie unterscheiden sich der ROM- und der RAM-Speicher in der Anwendung?

b) Bilden Sie selbst einen Merksatz mit „Eselsbrücke".

2/14 An einem I/O-Baustein im Mikrocomputer werden fünf unterschiedliche Leitungen geführt. Nennen Sie diese Leitungen, und geben Sie ihre Aufgabe an.

2/15 Auf dem Bildschirm des Computers erscheint folgender Schriftzug: „IO-Error".
Übersetzen Sie diese Information, und erklären Sie diesen Ausdruck.

2/16 Beschreiben Sie, wie auf einer Bildröhre ein Buchstabe erzeugt wird.

2/17 Besorgen Sie sich einen Ausdruck von einem Drucker. Untersuchen Sie mit einem Vergrößerungsglas die einzelnen Buchstaben und stellen Sie fest, ob ein Nadeldrucker eingesetzt wurde.

2/18 Vergleichen Sie die folgenden Drucker.
Erkundigen Sie sich im Fachhandel nach Preisen, und vergleichen sie Preise und Leistung.

	Matrixdrucker	Typenrad-drucker	Tintenstrahl-drucker	Laserdrucker
Geräusch (laut/leise)	?	?	?	?
Durchschläge (mögl./unmögl.)	?	?	?	?
Darstellen von Bildern (mögl./unmögl./evtl. mögl.)	?	?	?	?

2/19 In einem Werkstoffprüflabor werden die anfallenden Messdaten über einen Computer aufgenommen und gespeichert.
Begründen Sie, warum es sinnvoll ist, dass der Computer eine eigene – vom Messplatz getrennte – Stromversorgung hat.

2/20 Welche Vorteile hat eine CD-ROM gegenüber einer Diskette?

2/21 In unmittelbarer Nähe eines Computers will jemand ein Gestell punktschweißen, damit ein Zusatzgerät für die EDV-Anlage aufgebaut werden kann. Beurteilen Sie dieses Vorgehen.

2/22 Ein Kollege bringt seine Diskette und möchte die Programme auf einen anderen Computer laden. Er hat Sorge, dass dabei „Viren" unbeabsichtigt vom Computer auf seine Diskette übertragen werden, falls der Computer „verseucht" ist. Was würden Sie ihm empfehlen?

2/23 Ihr Computer mit Festplatte soll transportiert werden. Damit keine Schäden an der Festplatte auftreten, können Sie durch ein so genanntes „Park-Programm" den Schreib-Lesekopf aus der Festplatte bewegen.

a) Wie lautet der Aufruf dieses Programms für Ihren Computer?

b) Starten Sie das Programm, beschreiben Sie Ihre Beobachtungen.

3 Programmieren

3/1 Welche Aufgabe hat das Betriebssystem in einer Datenverarbeitungsanlage?
Mit welchem Betriebssystem arbeitet Ihr PC?

3/2 Ein kluger Mann hat einmal gesagt: „Wer nicht weiß, wohin er will, darf sich nicht wundern, wenn er ganz woanders ankommt."
Inwieweit kann sich ein Programmierer diesem Irrweg entziehen?

3/3 Bei der Verwendung des Programmes „Berechnung der Umdrehungsfrequenz" (siehe Lehrbuch) gibt der Bediener die Geschwindigkeit nicht wie vorgesehen in m/min, sondern in m/s ein.
Warum ist das ausgedruckte Ergebnis falsch?

Grundlagen der CNC-Technik

1 CNC-Werkzeugmaschinen

1/1 **a)** Beschreiben Sie den Weg, den die Programmdaten innerhalb einer CNC-Maschine durchlaufen.

b) Für die Bearbeitung von Drehteilen muss der Drehmeißel so verfahren werden, dass die geforderte Werkstückform maßgenau entsteht. Welche Voraussetzungen müssen an der CNC-Maschine vorhanden sein, damit bestimmte Werkstückformen maßgenau gefertigt werden.

1/2 In einer CNC-Drehmaschine werden die über das Programm eingegebenen Befehle in Schaltvorgänge oder in Werkzeugbewegungen umgesetzt.
Legen Sie eine Tabelle an, und ordnen Sie die Vorgänge den „Schaltinformationen" und „Weginformationen" zu.
Drehbewegung ein / Werkzeug im Eilgang in Startposition fahren / Stirnfläche plandrehen / Rechtslauf der Arbeitsspindel / Kühlmittel ein / Gewinde in mehreren Schnitten drehen / Umdrehungsfrequenz einstellen / Übergangsradius drehen / Zapfen drehen / Vorschub einstellen / Längsdrehen / Werkzeug zum Einsatz bringen / Maschinenhalt / kegelförmigen Zapfen drehen

1/3 Das Bild zeigt einen Regelkreis für eine Bearbeitung auf einer herkömmlichen Werkzeugmaschine.

a) Ordnen Sie den Ziffern am Bild die folgenden Begriffe zu:

Bearbeitung
Soll-Istwert-Vergleich
Verstellung
Istwert
Sollwert
Stellbefehl geben

b) Skizzieren Sie schematisch einen Regelkreis, und benennen Sie die angegebenen Positionen mit den o. g. Begriffen.

c) Formulieren Sie einige Sätze über einen Regelkreis, in denen alle genannten Begriffe verwendet werden.

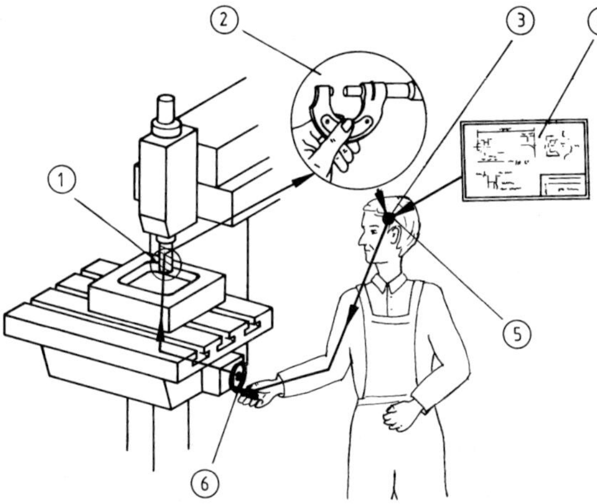

1/4 Wodurch unterscheiden sich Messlineale an CNC-Maschinen zum inkrementalen Messen von denen zum absoluten Messen?

1/5 Ein Facharbeiter reißt mit Hilfe eines Parallelreißers Bohrungen an einem Werkstück an.
Der Parallelreißer kann in jeder beliebigen Höhe durch Knopfdruck auf „0“ gestellt werden.

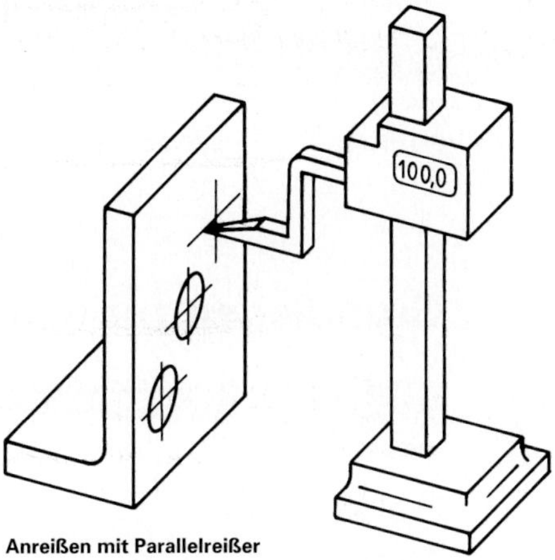

Anreißen mit Parallelreißer

a) Der Facharbeiter geht so vor:
Nach Anreißen der ersten Bohrung stellt er den Parallelreißer auf „0“. Danach schiebt er den Bügel 100 mm hoch, reißt an, setzt wiederum auf „0“, stellt abermals 100 mm ein.
Benennen Sie die beschriebene Messmethode mit *„absolutes Messen“* oder *„inkrementales Messen“.*
Formulieren Sie einen Satz, der das Wesentliche dieser Methode beschreibt.

b) Wie muss der Facharbeiter vorgehen, wenn er die andere Art des Messens bevorzugt? Geben Sie in der Beschreibung auch Maße an.

c) Vergleichen Sie die beiden Arten des Messens in Bezug auf Auswirkung von Messfehlern.

1/6 Skizzieren Sie das Werkstück ab, und bemaßen Sie die Skizze absolut. Gehen Sie vom linken unteren Eckpunkt aus.

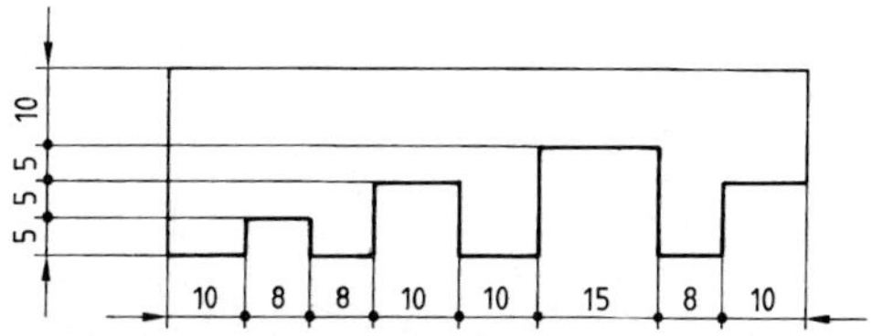

1/7 Die Abbildung zeigt ein absolut codiertes Lineal. Zeichnen Sie die Fortführung des Lineals bis zum Wert 20.
Die waagerechten Spuren haben den jeweils links angegebenen Wert, der sich aus Zweierpotenzen ergibt. Jede Zahl ist die Summierung der in den Spuren geätzten Einzelwerte.

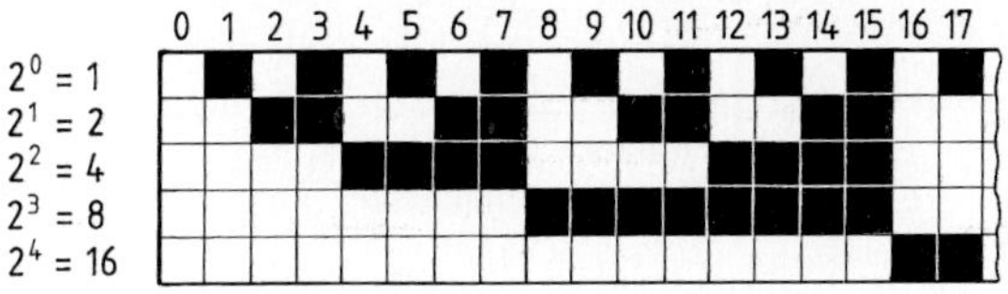

1/8 **a)** Für die dargestellten Werkstücke ist die jeweils einfachste Steuerungsart anzugeben, die zur Fertigung erforderlich ist.

A: Langlöcher fräsen

B: Lochmuster bohren

C: Schraffierte Bereiche ausarbeiten

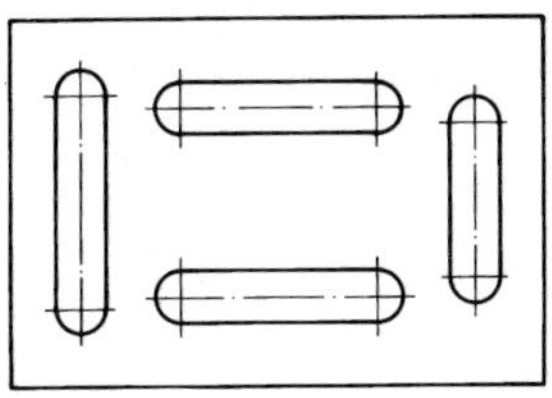

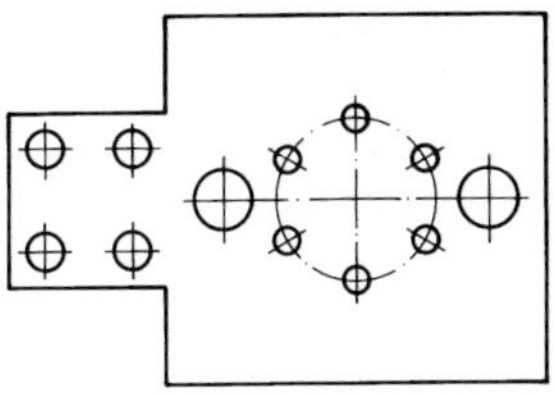

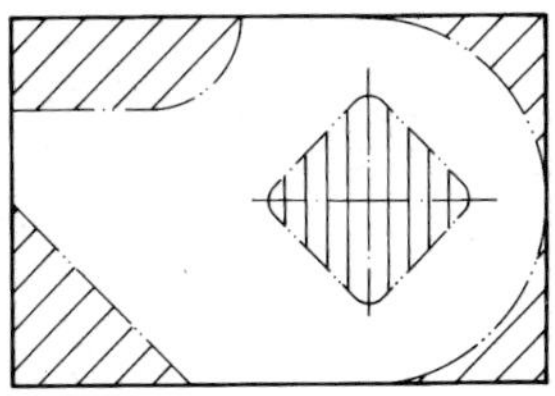

b) Beschreiben Sie allgemein das Prinzip der Punktsteuerung, und verwenden Sie dabei u. a. die Begriffe *Zielpunkt, Eilgang, Bearbeitung.*

c) Beschreiben Sie allgemein das Prinzip der Streckensteuerung, und verwenden Sie dabei die Begriffe Vorschub, Bearbeitung, achsparallele Richtung.

d) Beschreiben Sie allgemein das Prinzip der Bahnsteuerung.

1/9 Skizzieren Sie zu jeder Steuerungsart jeweils ein typisches Bearbeitungsbeispiel.

2 Grundlagen zur manuellen Programmierung

2/1 Für die Programmierung des dargestellten Drehteils ist die Spannskizze und eine Auswahl von Drehwerkzeugen vorgegeben. Zeichnen Sie nach folgendem Muster eine Tabelle, in der Sie in groben Schritten die Arbeitsfolge mit den zugehörigen Werkzeugen auflisten.

Spannskizze

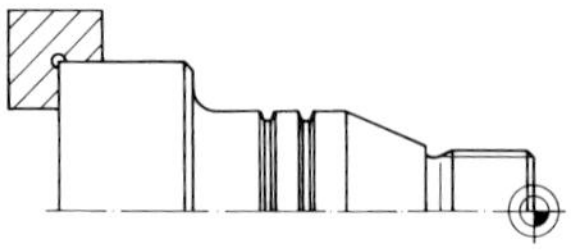

	Technologische Daten				
Werkzeug-Nr.	T 0101	T 0202	T 0303	T 0404	T0505
Schneidenradius	0,8	0,8	0,4		
Schnittgeschwindigkeit	160 m/min	160 m/min	180 m/min	140 m/min	120 m/min
Schnittiefe $a_{pmax.}$	2,5 mm	2,5 mm	0,5 min		
Schneidstoff	P 25	P 25	P 25	P 20	P 20
Vorschub je Umdrehung Steigung	0,4 mm	0,4 mm	0,15 mm	0,1 mm 0,05 mm	bis 1,5 mm

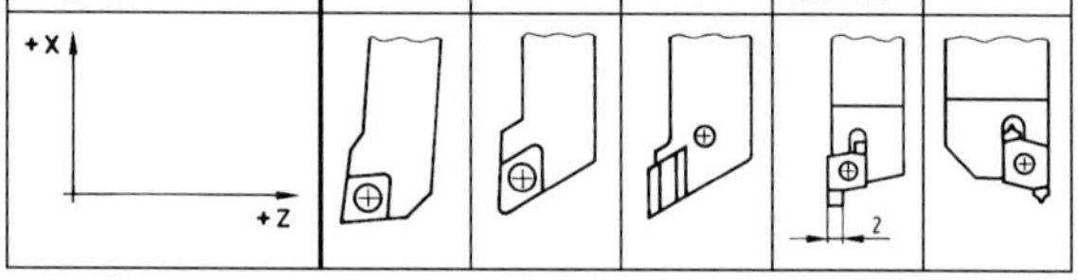

Arbeitsplan

Nr.	Arbeitsfolge	Werkzeug
1	Rohmaße prüfen	–
2	Rohteil einspannen	

2/2 In DIN 66217 wird das rechtshändige, rechtwinklige Koordinatensystem mit den Achsen X, Y und Z verwendet.

a) Ordnen Sie die Achsen den einzelnen Fingern zu.

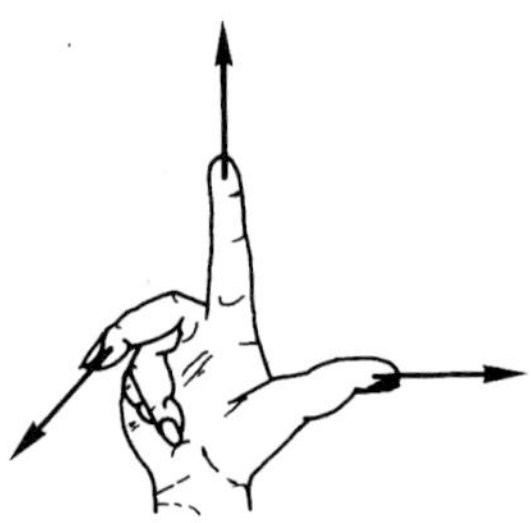

Daumen: ___?___ -Achse
Zeigefinger: ___?___ -Achse
Mittelfinger: ___?___ -Achse

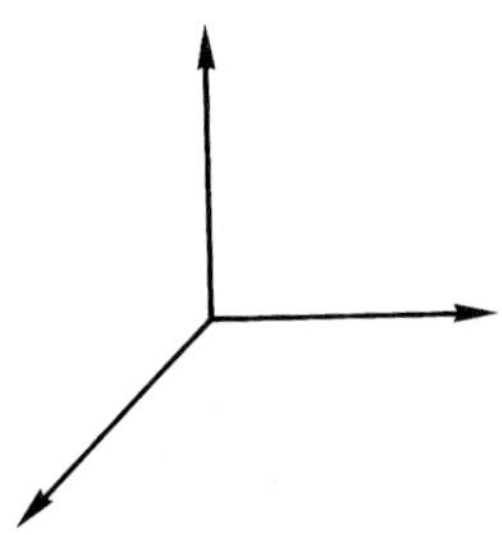

b) Skizzieren Sie das räumliche Koordinatensystem ab, und tragen Sie die positiven Ausrichtungen entsprechend der dargestellten Hand ein.

2/3 **a)** Skizzieren Sie die Lage der Koordinatensysteme für die drei gezeichneten Werkstücke ab. Tragen Sie die jeweils fehlende Achse nach der „Rechten-Hand-Regel“ ein.

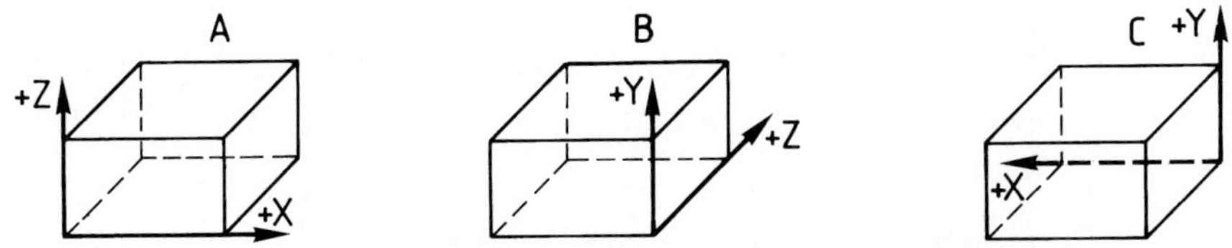

b) Geben Sie an, nach welchem Gesichtspunkt die Lage der Z-Achse bei allen Werkzeugmaschinen festgelegt ist.

c) Beschreiben Sie, nach welchem Gesichtspunkt die positive Richtung der Z-Achse bestimmt wird.

2/4 Bei der Absolutbemaßung geht man von Bezugsflächen und Bezugskanten oder Symmetrielinien aus.
Skizzieren Sie die Werkstücke (A, B, C) ab, wählen Sie den Werkstücknullpunkt. Begründen Sie die Wahl.

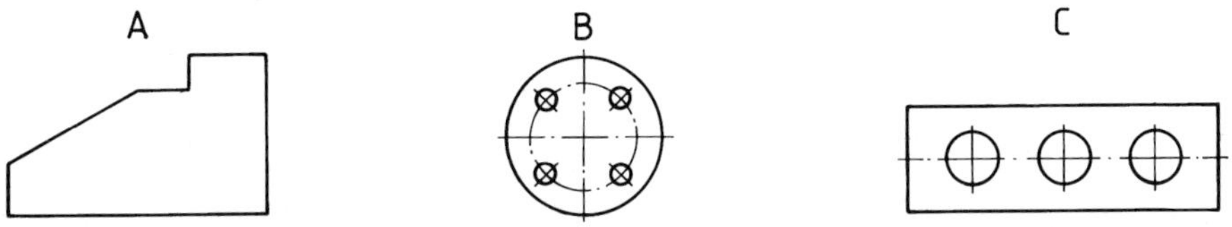

2/5 Die Form des dargestellten Bleches wird einer CNC-Brennschneidmaschine durch die Koordinaten der jeweiligen Streckenendpunkte eingegeben.
Skizzieren Sie die Form des Bleches und die Tabelle ab.
Vervollständigen Sie die Tabelle durch Eintragung der Koordinaten der Punkte P_1 bis P_7.

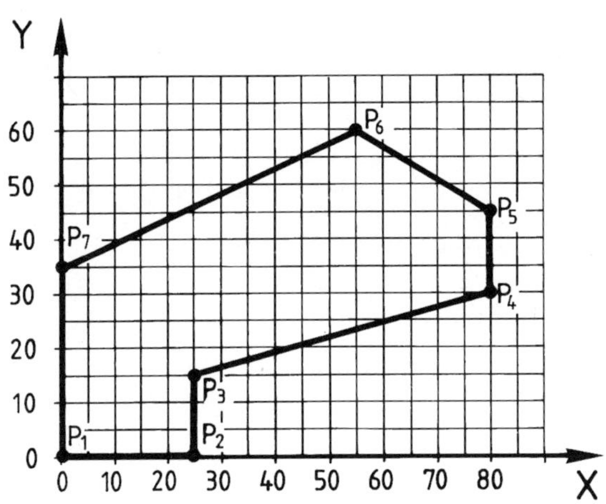

G 90		
	X	Y
P_1	?	?
→ P_2	X25	?
→ P_3	?	Y15
→ P_4	?	?
→ P_5	?	?
→ P_6	?	?
→ P_7	?	?

2/6 In einem CNC-Programm einer Brennschneidmaschine wird die Form des Werkstückes durch die Koordinaten, die in der folgenden Tabelle aufgeführt sind, beschrieben.
Zeichnen Sie ein Koordinatensystem im Maßstab 1:10 (10 mm Werkstücklänge entsprechen 1 mm im Koordinatensystem), und skizzieren Sie in diesem Koordinatensystem das Werkstück.

G 90

	X	Y
→ P_1	X150	Y0
→ P_2	X500	Y0
→ P_3	X700	Y150
→ P_4	X700	Y250
→ P_5	X400	Y250
→ P_6	X400	Y350
→ P_7	X650	Y500
→ P_8	X300	Y550
→ P_9	X0	Y300
→ P_{10}	X150	Y0

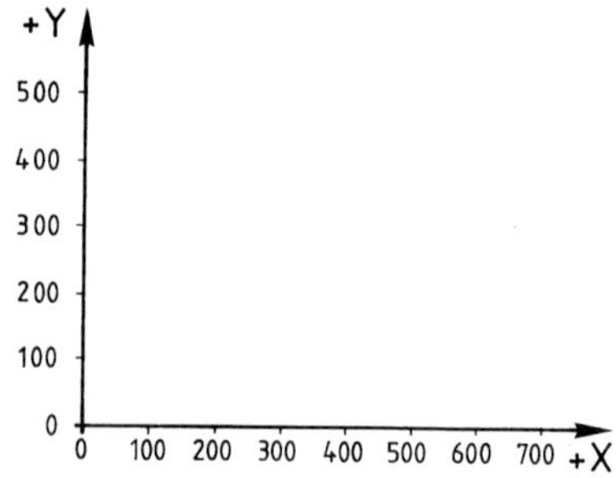

2/7 Die Abbildung zeigt eine bemaßte Platte.
Übernehmen Sie die Zeichnung.

a) Bemaßen Sie die Zeichnung inkremental.
b) Mit welchem Befehlswort wird eine Inkrementalbemaßung programmiert?

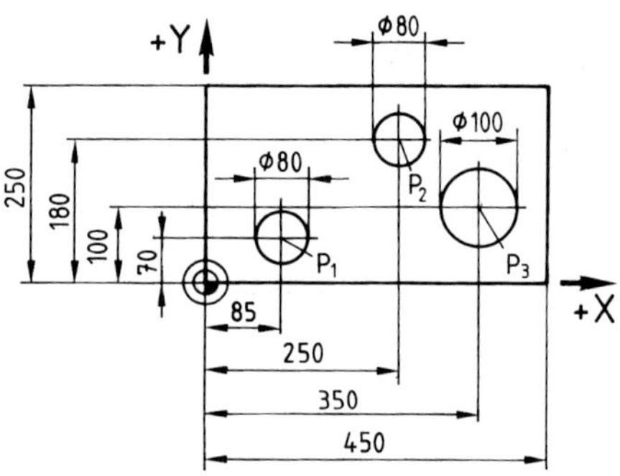

2/8 Das dargestellte Blech, das auf einer CNC-Brennschneidmaschine ausgeschnitten werden soll, ist auf einem Raster von 50 mm x 50 mm dargestellt.

a) Skizzieren Sie das Blech zweimal ab.
b) Bemaßen Sie zur Vorbereitung der Programmierung die erste Skizze absolut in steigender Bemaßung, ausgehend von der linken unteren Ecke. Tragen Sie an der Skizze das für die entsprechende Programmierung richtige G-Wort an.
c) Bemaßen Sie die zweite Skizze inkremental, und fügen Sie das richtige G-Wort an.

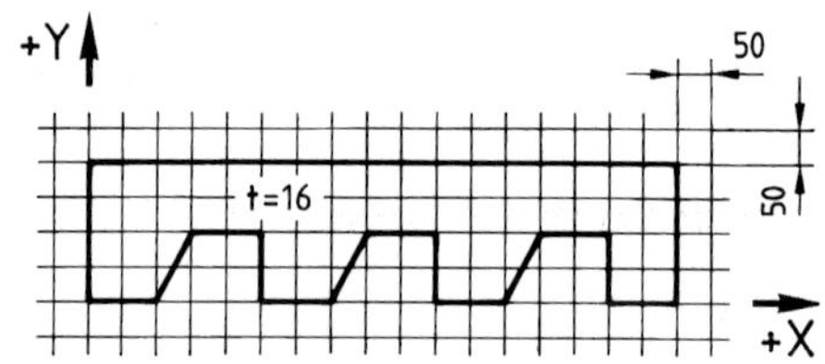

2/9 In einer humorvoll gestalteten Anweisung zum Programmieren einer Fräsmaschine steht neben einem sehr wichtigen Satz über eine Grundlage des Programmierens die nebenstehende Abbildung.
Formulieren Sie den Satz, der mit diesem Bild erläutert werden sollte.

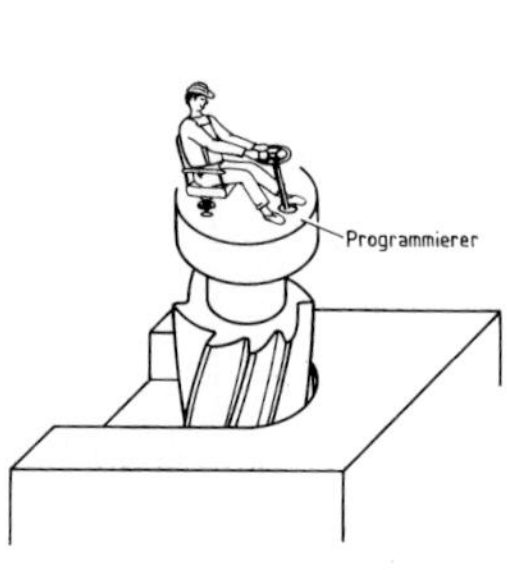

2/10 Geradlinige Bewegungen an CNC-Maschinen mit dem Werkzeug im Eingriff werden mit G 01 (G 1) programmiert. An einer Laserschneidmaschine erfolgt die Konturbeschreibung vom Punkt P_0 über P_1, P_2 bis zu P_0 zurück (Werkzeugwechselpunkt X – 100; Y – 100).
Bei der verwendeten Steuerung soll die Wegbedingung G 01 bis zu einem Änderungsbefehl wirksam sein.

a) Skizzieren Sie das Werkstück und die Tabelle ab; ergänzen Sie die fehlenden Programmschritte.

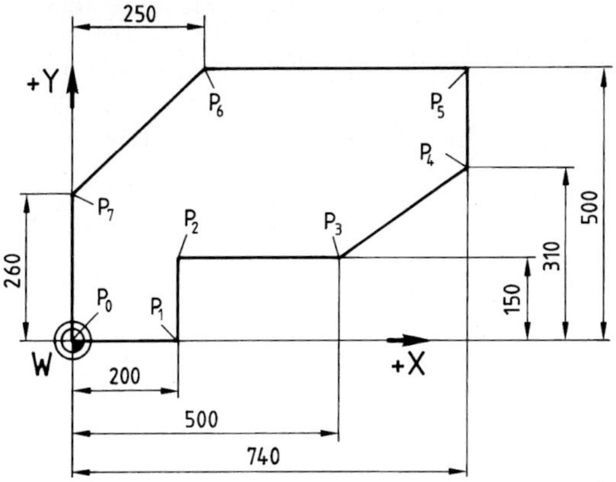

G 90

	G	X	Y
→ P_0	?	X0	Y0
→ P_1	G 01	X200	Y0
→ P_2	?	?	?
→ P_3	?	?	?
→ P_4	?	?	?

b) Skizzieren Sie das Werkstück nochmals ab, und bemaßen Sie es inkremental. Beschreiben Sie in einer Tabelle die Wege von P_0 über P_1 usw. bis zurück zu P_0 inkremental.

2/11 Die Wegbedingungen für Kreisbögen werden mit den G-Worten G 02 und G 03 programmiert.

a) Skizzieren Sie die Zeichnungen und Tabellen ab.

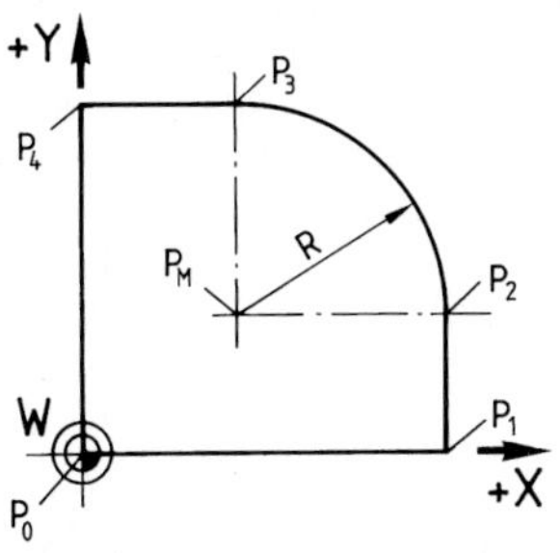

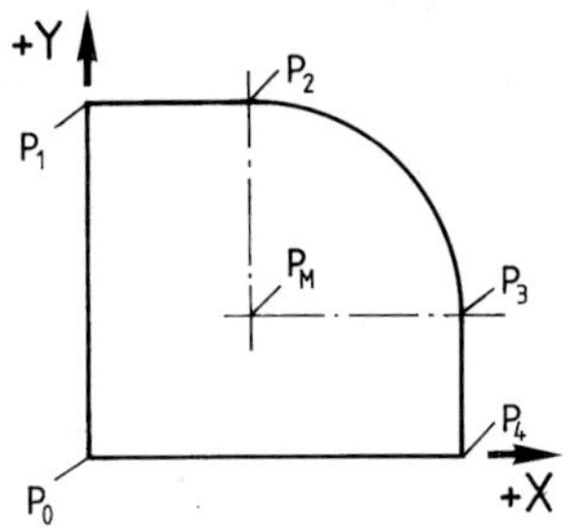

	G	X	Y	I	J
P_0	G 90	?	?	?	?
→ P_1	G 01	?	?	?	?
→ P_2	?	?	?	?	?
→ P_3	?	?	?	?	?
→ P_4	?	?	?	?	?

	G	X	Y	I	J
P_0	G 91	?	?	?	?
→ P_1	G 01	?	?	?	?
→ P_2	?	?	?	?	?
→ P_3	?	?	?	?	?
→ P_4	?	?	?	?	?

b) Bemaßen Sie die Werkstücke. Der Kreismittelpunkt liegt in 25 mm Abstand von der X-Achse und in 30 mm Abstand von der Y-Achse. Der Radius beträgt 40 mm.

c) Beschreiben Sie ausgehend von P_0 die Kontur bei Umlauf rechts herum. Der Kreismittelpunkt soll so programmiert werden, wie es mit G 90 und G 91 angegeben ist.

2/12 Übertragen Sie den folgenden Merksatz, jedoch sind nur die jeweils zutreffenden Aussagen zu übernehmen.

a) G 02: Verfahren des Werkzeugs von einem Anfangspunkt zum Endpunkt eines Kreisbogens *im Uhrzeigersinn/im Gegenuhrzeigersinn* mit *größtmöglicher/programmierter* Vorschubgeschwindigkeit, das Werkzeug ist dabei *im Eingriff/nicht im Eingriff.*

b) Formulieren Sie einen entsprechenden Merksatz für die Wegbedingung G 03.

2/13 Schreiben Sie die folgenden Sätze ab, und ordnen Sie den Koordinatenachsen X, Y und Z die Mittelpunktkoordinaten I, J und K zu.

Auf der **X-Achse** wird der Abstand des Mittelpunktes mit __?__ angegeben.
Auf der **Y-Achse** wird der Abstand des Mittelpunktes mit __?__ angegeben.
Auf der **Z-Achse** wird der Abstand des Mittelpunktes mit __?__ angegeben.

2/14 Die meisten Programmieranweisungen verlangen die Programmierung des Mittelpunktes eines Kreisbogens inkremental auf den Anfangspunkt bezogen – auch wenn sonst alle Angaben absolut erfolgten. Wenden Sie dies in der Aufgabe an.
Skizzieren Sie Werkstück und Tabelle ab, und beschreiben Sie die Kontur in der Tabelle durch die Koordinaten der gekennzeichneten Punkte mit den Wegbedingungen.

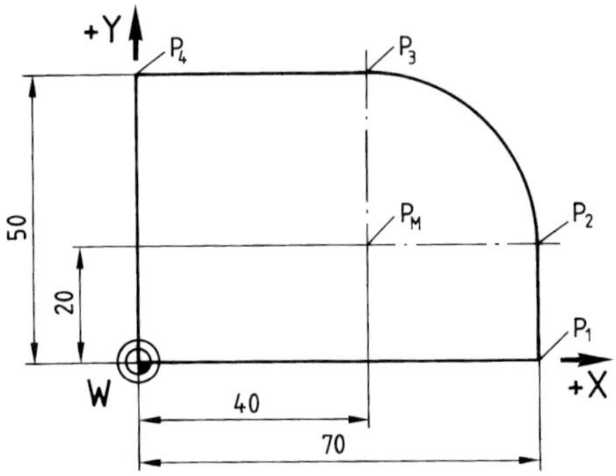

	G	X	Y	I	J
P_0	G 90	X 70	Y 0	–	–
→ P_1	G 01	?	?	–	–
→ P_2	?	?	?	?	?
→ P_3	?	?	?	?	?
→ P_4	?	?	?	–	–

2/15 In einem CNC-Programm für ein Drehteil müssen Schaltinformationen verschlüsselt werden. Schreiben Sie die folgenden Zeilen ab, und ergänzen Sie diese durch die entsprechenden Befehle.

Längs-Runddrehen:	Durchmesser 120 mm	G __?__	F __?__
	Spindeldrehzahl n = 1 000 1/min	G __?__	S __?__
	Vorschub f = 0,4 mm		
Drehen einer Wendelnut:	Durchmesser 116 mm	G __?__	F __?__
	Spindeldrehzahl n = 100 1/min	G __?__	F __?__
	Steigung 10 mm → f = __?__		
Werkzeugaufruf:	Bohrer mit 18 mm Durchmesser hat die Werkzeugnummer 06 __?__ 06		

2/16 Übernehmen Sie die folgende Tabelle und ergänzen Sie die Lücken.

Befehl	Funktion
?	Werkzeugwechsel
?	Spindel EIN Linkslauf
?	Kühlmittel EIN
M03	?
M00	?
M30	?

2/17 Geben Sie die Reihenfolge der Adreßbuchstaben bei der Programmierung von Daten nach DIN 66 025 an.

2/18 Die Außenkontur eines Bleches soll mit einer Brennschneidmaschine nach Zeichnung aus einer Blechplatte ausgeschnitten werden. Programmieren Sie die Weg- und Schaltinformationen. Gehen Sie davon aus, dass das Blech bereits auf dem Schneidtisch aufgespannt ist und das Werkzeug mit gezündetem Schneidgas zur Verfügung steht.

Vorschubgeschwindigkeit des Schneidkopfes: v_f = 280 mm/min
Werkzeugwechselposition: X + 3 000 Y + 200

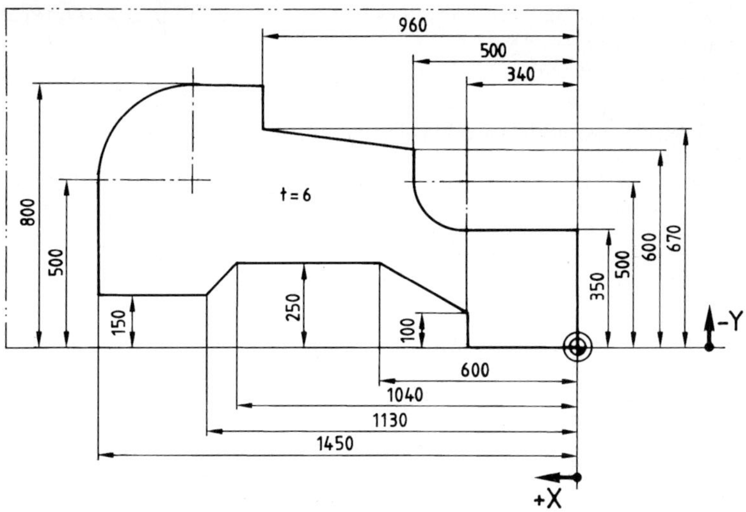

3 Programmieren zur Fertigung von Drehteilen

Programmieren der Weginformationen beim Drehen

3/1 Das Koordinatensystem von Werkzeugmaschinen ist an der Lage der Führungsbahnen orientiert und auf das Werkstück bezogen. Auf CNC-Drehmaschinen wird mit Werkzeugen gefertigt, die sich entweder vor der Drehmitte oder hinter der Drehmitte befinden.

a) Welche Achse des Koordinatensystems läuft parallel zur Spindelachse?
b) Welche Regel gilt in allen Fällen für die Festlegung der positiven X-Richtung?
c) Skizzieren Sie die folgenden Bilder ab, und tragen Sie in die Skizzen die Richtungen + X und + Z ein.

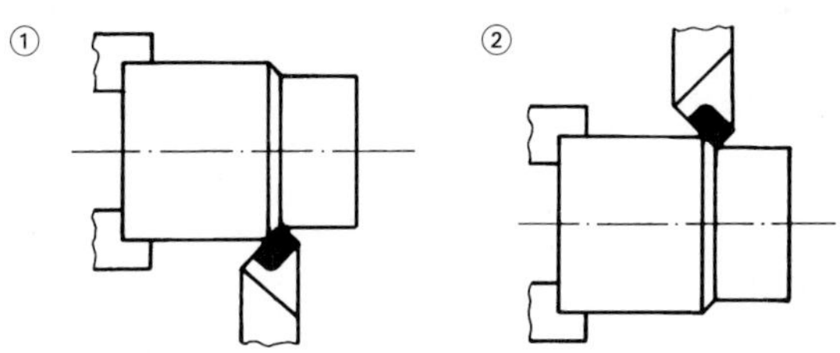

3/2 Der Maschinenhersteller legt für Werkzeugmaschinen den Maschinennullpunkt fest. Dieser gilt für das Koordinatensystem und das Messsystem.

a) Zeichnen Sie das Symbol für den Maschinennullpunkt.
b) Beschreiben Sie die Lage des Maschinennullpunktes an Drehmaschinen.
c) Zeichnen Sie das dargestellte Symbol ab, und schreiben Sie seine Bedeutung auf.

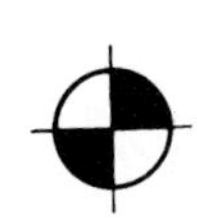

3/3 Übernehmen Sie die Abbildung, und tragen Sie

a) für die Drehmaschine den Maschinennullpunkt und

b) für das Werkstück den Werkstücknullpunkt mit ihren Symbolen ein.

Der Werkstücknullpunkt liegt im Abstand von 2 mm zur rechten Planfläche des Rohlings innerhalb des Werkstückes.

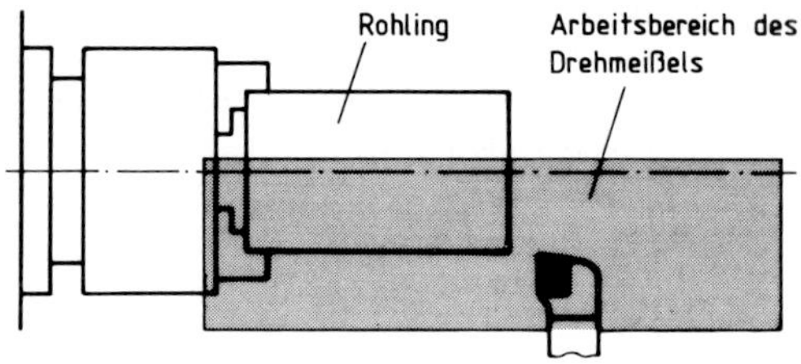

3/4 **a)** Skizzieren Sie die Zeichnung ab. Stellen Sie dabei die Bemaßung auf eine programmiergerechte Absolutbemaßung in steigender Bemaßung um.

b) Übernehmen Sie die Tabelle, und beschreiben Sie die Kontur des Drehteils ausgehend von P_1 bis P_7. Fügen Sie die Wegbedingung hinzu.

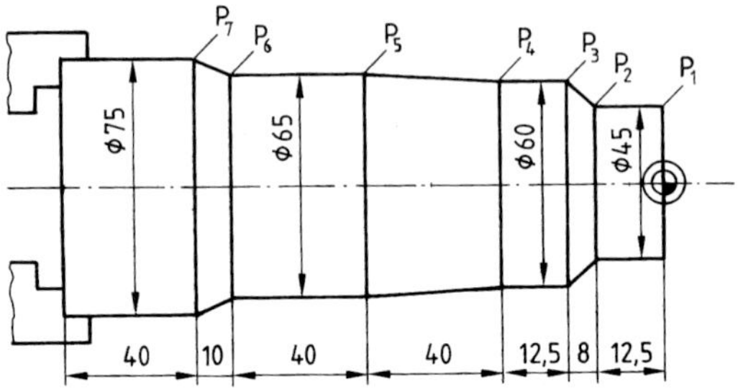

	G	X	Z
	G ?	?	?
→ P_1	G 01	?	?
→ P_2	?	?	?

3/5 **a)** Skizzieren Sie die Zeichnung ab. Stellen Sie dabei die Bemaßung auf eine programmiergerechte Inkrementalbemaßung um. Beide Nuten haben gleiche Abmessungen.

b) Beschreiben Sie die Kontur des Drehteils ausgehend von P_1 bis P_8 in tabellarischer Form.

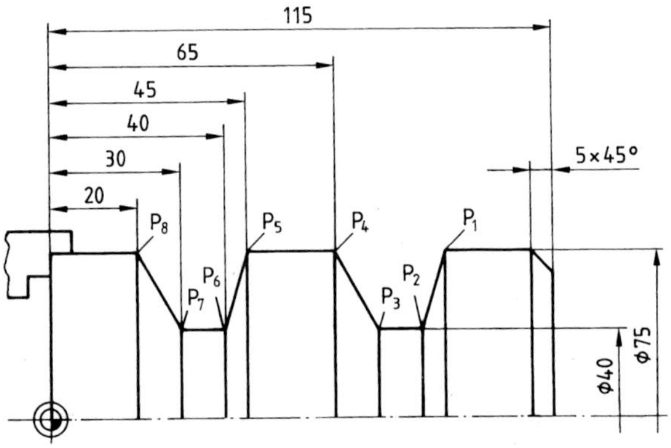

3/6 Im Kurs über Programmieren streiten sich zwei Teilnehmer bei folgender Darstellung:

Einer der Teilnehmer sagt, hier bewege sich der Drehmeißel auf einer Kreisbahn im Uhrzeigersinn. Der andere widerspricht.

a) Wer hat recht? Ist die Bewegung mit G 02 oder mit G 03 zu programmieren?

b) Wie lautet die Regel zur Festlegung des Richtungssinns bei kreisförmigen Werkzeugbewegungen?

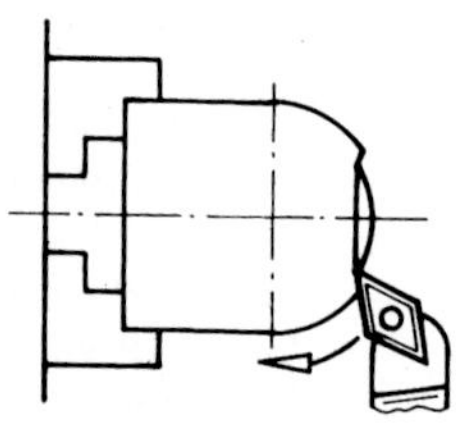

3/7 Die dargestellten Rohgussteile sollen an den gekennzeichneten Stellen abgedreht werden. Skizzieren Sie die Werkstücke ab. Legen Sie zu jedem Werkstück eine Tabelle entsprechend dem Muster an, und beschreiben Sie die Werkstückkontur in Koordinaten.

N	G	X	Z	I	K
?	?	?	?	?	?

a) Der Drehmeißel befindet sich vor der Drehmitte.

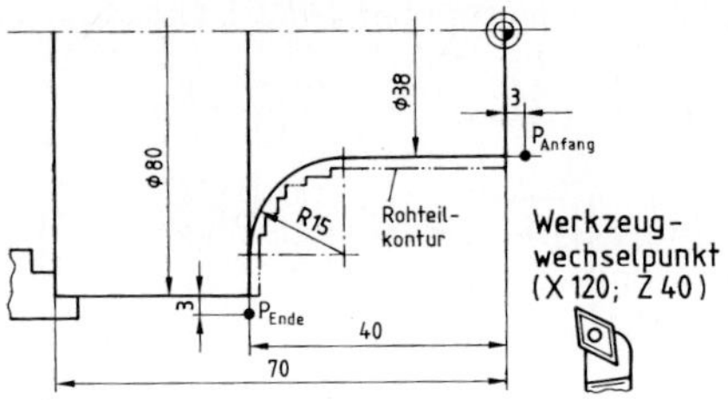

b) Der Drehmeißel befindet sich hinter der Drehmitte.

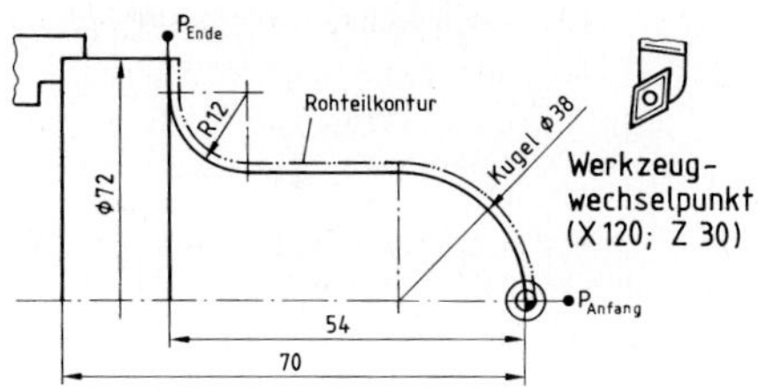

3/8 Beschreiben Sie die Konturen der dargestellten Werkstücke zur Fertigung auf einer CNC-Drehmaschine, deren Steuerung die Eingabe des Radius möglich macht.
Übernehmen Sie dazu die nebenstehende Tabelle.

N	G	X	Z	R
?	?	?	?	?

①

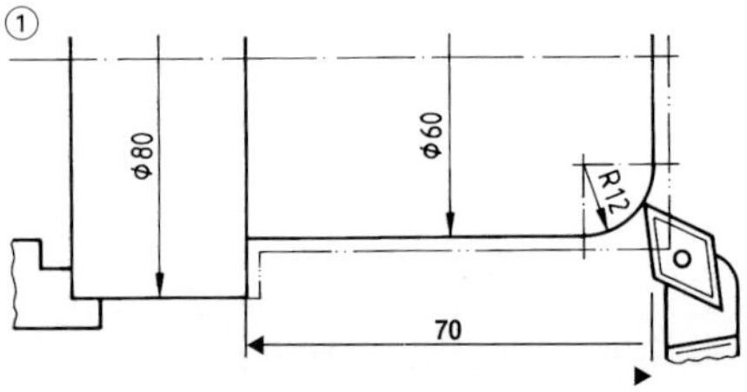

②

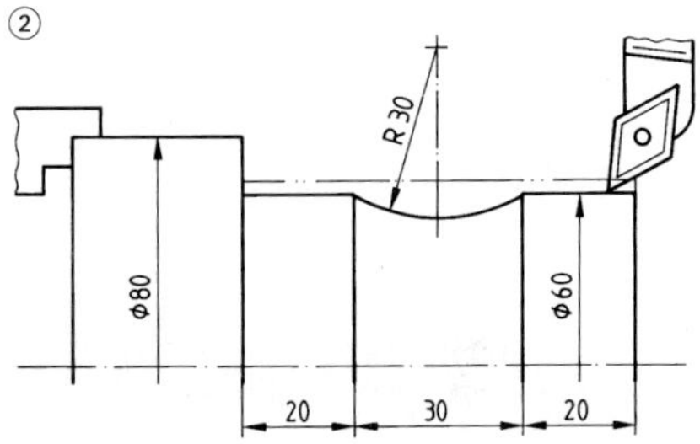

Programmieren von Werkzeugdaten

3/9 Die Lage der Schneide eines Drehwerkzeuges muss der Steuerung mit dem Platz im Revolverkopf und mit Bezug auf den Werkzeugeinstellpunkt eingegeben werden.

a) Beschreiben Sie die Lage des Werkzeugeinstellpunktes für Drehwerkzeuge mit Werkzeughalter nach DIN.

b) Durch welchen Adressbuchstaben wird das Werkzeug aufgerufen?

c) Durch welche Zusatzfunktion erfolgt der Werkzeugwechsel?

d) Schreiben Sie die folgenden Sätze mit den richtigen Angaben heraus:

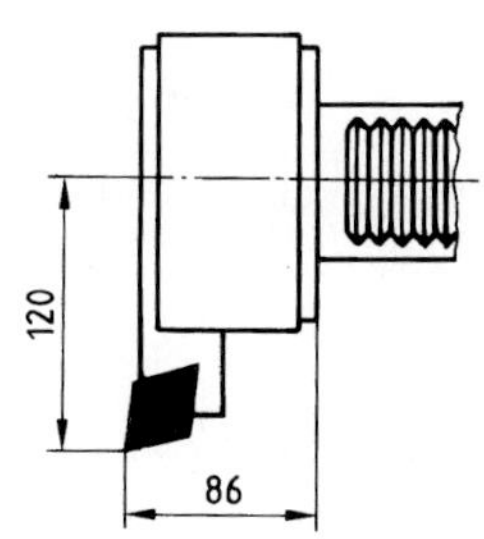

Das Maß 120 mm gibt die *Querablage Q/Länge L* der Werkzeugschneide vom Werkzeugeinstellpunkt an. Das Maß wird in *X-Richtung/Z-Richtung* gemessen.
Das Maß 86 mm gibt die *Querablage Q/Länge L* der Werkzeugschneide vom Werkzeugeinstellpunkt an. Das Maß wird in *X-Richtung/Z-Richtung* gemessen.

3/10 **a)** Auf welche Zeiteinheit wird beim Drehen die Umdrehungsfrequenz bezogen? Wie wird die Umdrehungsfrequenz programmiert?

b) In welcher Einheit muss die Schnittgeschwindigkeit angegeben werden, damit ihr Zahlenwert ohne Umrechnung in ein Programm übernommen werden kann?

3/11 **a)** Skizzieren Sie die folgenden Bearbeitungsbeispiele ab. Tragen Sie neben jedem Beispiel das G-Wort für die Schneidenradiuskompensation und den Wegbefehl für die Bearbeitung ein.

b) Durch welchen Wegbefehl wird die Schneidenradiuskompensation aufgehoben?

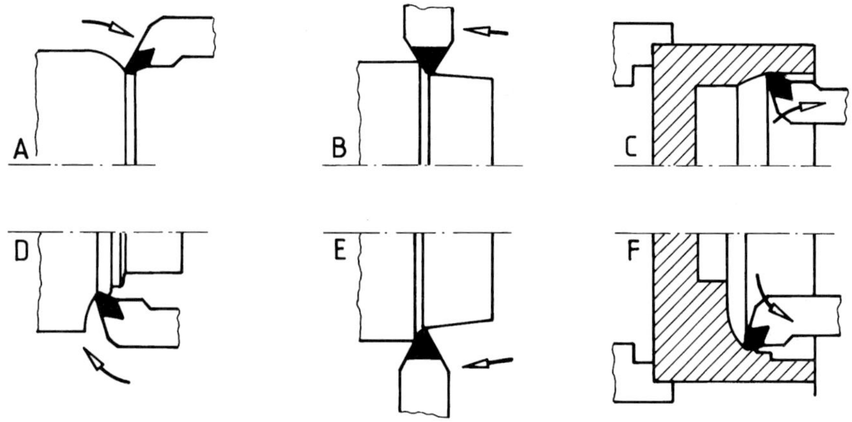

Drehzyklen

3/12 Die dargestellten Werkstücke sollen von zylindrischen Rohlingen ausgehend geschruppt werden. Die maximale Schnitttiefe für einen Schnitt beim Schruppen soll 5 mm nicht überschreiten. Alle Schnitte beim Schruppen sollen mit gleicher Schnitttiefe erfolgen. Nach dem Schruppen soll noch eine Schlichtzugabe von 1 mm verbleiben.

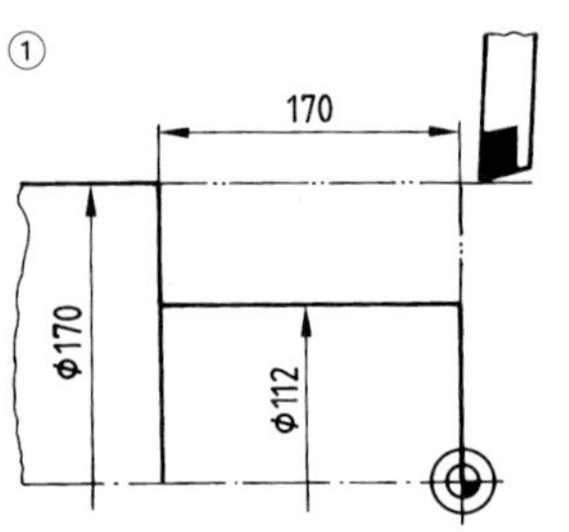

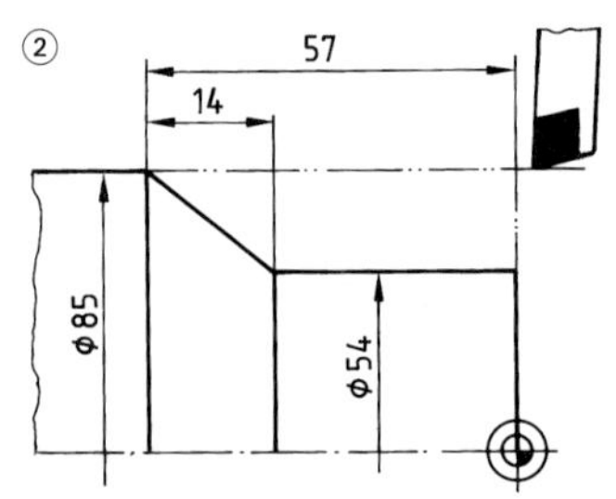

Programmieren Sie für beide Werkstücke den Abspanzyklus längs mit der Zustellung in X-Richtung.

3/13 Programmieren Sie das Gewindedrehen mit dem Gewindezyklus längs mit Zustellung in X-Richtung.

Ermitteln Sie den Anlaufweg für $n = 900$ 1/min.

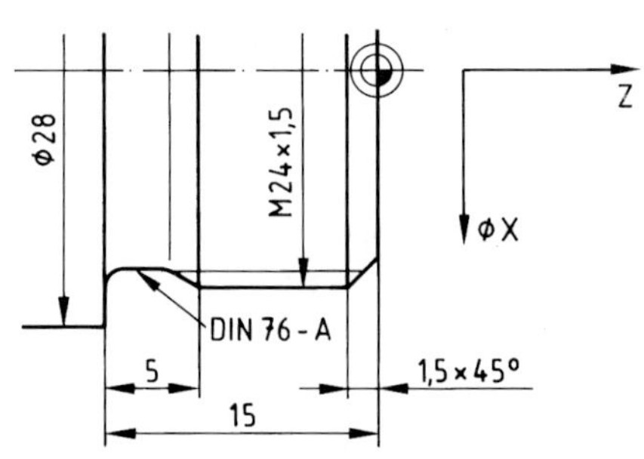

4 Programmieren zur Fertigung von Frästeilen

Programmieren von Weginformationen beim Fräsen

4/1 Die Abbildungen zeigen schematisch das Waagerecht- und das Senkrechtfräsen. Skizzieren Sie die Bilder ab, und tragen Sie die positiven Achsrichtungen X, Y und Z ein.

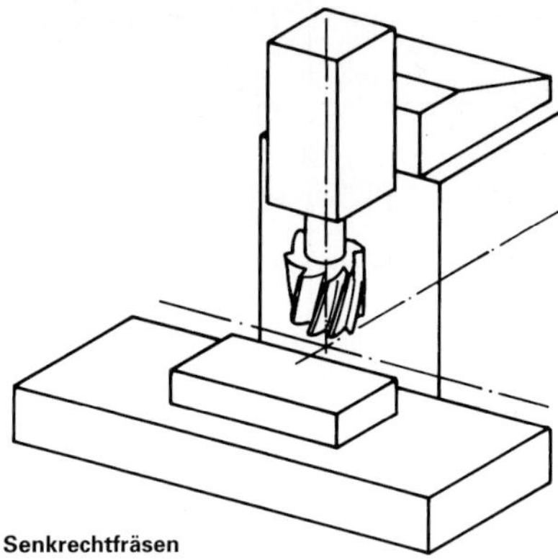
Senkrechtfräsen

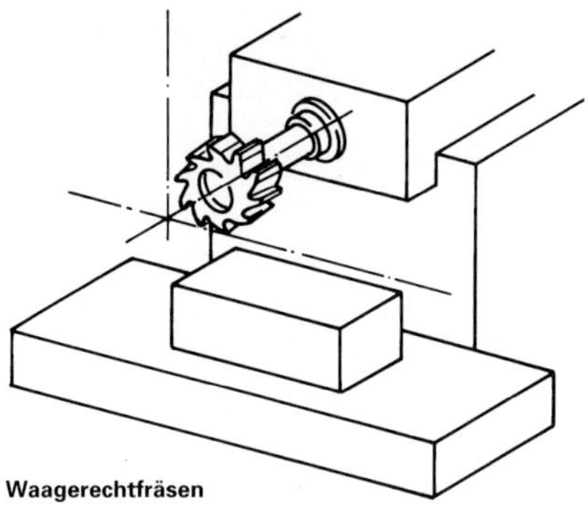
Waagerechtfräsen

4/2 Zwei Firmenprospekte beschreiben nahezu gleich aussehende Fräsmaschinen. In einem Prospekt ist von einer 2 1/2 D-Bahnsteuerung die Rede – im anderen Prospekt von einer 3 D-Bahnsteuerung.

a) Beschreiben Sie die Unterschiede der beiden Steuerungen.

b) Skizzieren Sie Werkstückkonturen, die mit einer 2 1/2 D-Bahnsteuerung nicht zu fertigen sind.

4/3 Das dargestellte Frästeil soll auf einer CNC-Fräsmaschine bearbeitet werden. Die Innenkontur wird mit Nullpunktverschiebung programmiert.
Skizzieren Sie das Teil ab. Tragen Sie einen sinnvollen Anfangsnullpunkt ein, und geben Sie die weiteren Nullpunktverschiebungen an.

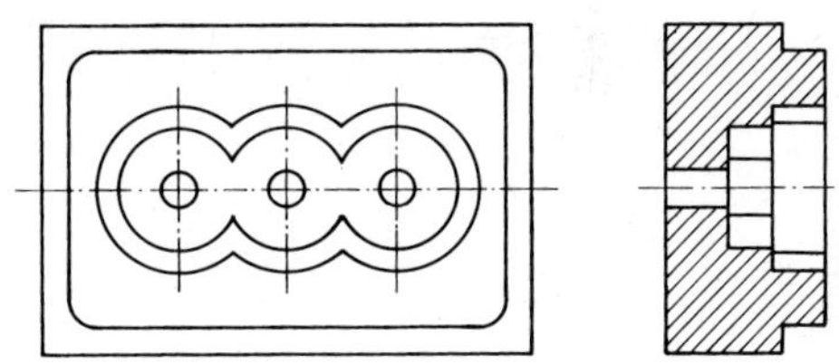

4/4 **a)** Schreiben Sie für die Fertigung der Zwischenplatte nur den Programmsatz für die Nullpunktverschiebung von W1 zu W2.

b) Beschreiben Sie anhand des Beispiels die Vorteile, die eine Nullpunktverschiebung bei der Programmierung bietet.

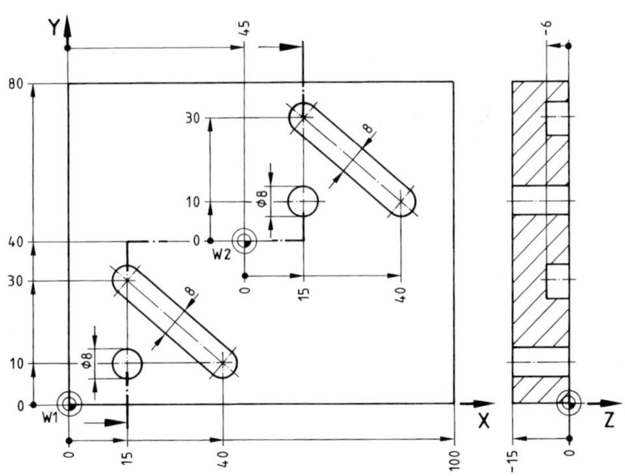

4/5 Bei Bahnsteuerungen wird die Werkzeugbahn mit den Befehlen G 41 und G 42 korrigiert. Skizzieren Sie die Vorderansicht des Werkstücks ab, und geben Sie die G-Wörter für die Bahnkorrektur an den gekennzeichneten Stellen an.

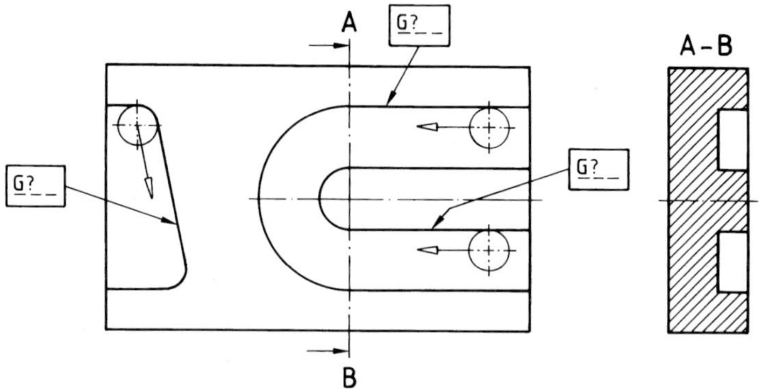

4/6 Wählen Sie aus dem nachfolgenden Text über die Fräserradiuskompensation bei Bahnsteuerungen die zutreffenden Angaben aus. Schreiben Sie den Text als Merksatz ab.

„Bei einer Bahnsteuerung muss die Werkzeugbahn so korrigiert werden, dass der *Radius/Durchmesser* des Fräsers berücksichtigt wird.
Mit dem Befehl G 41 wird die Fräserbahn so programmiert, dass sich der Fräser in Vorschubrichtung *links/rechts* von der Kontur bewegt. Soll der Fräser rechts von der Kontur arbeiten, dann muss die Wegbedingung *G 40/G 41/G 42* lauten.
Mit dem Befehl *G 40/G 45* wird die Werkzeugkorrektur aufgehoben."

Programmierhilfen

4/7 Programmieren Sie für beide Werkstücke das Bohren der Lochmuster auf den Teilkreisen mit dem Teilkreisbohrzyklus. Beginnen Sie mit dem Anfahren des Startpunktes im Eilgang.
Beim Programmieren der Bohrungstiefe ist zusätzlich die Bohrerspitze zu berücksichtigen.

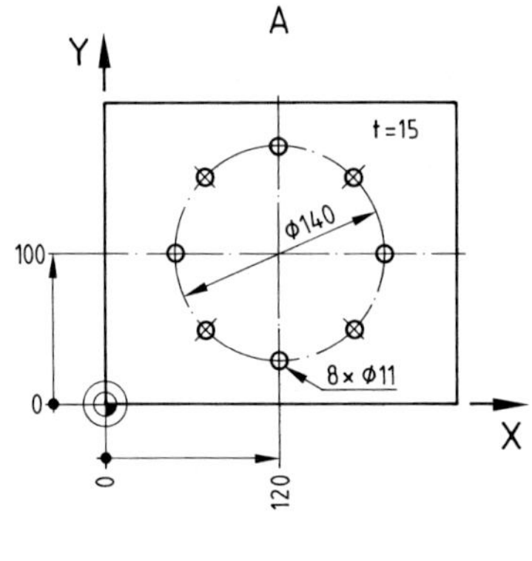

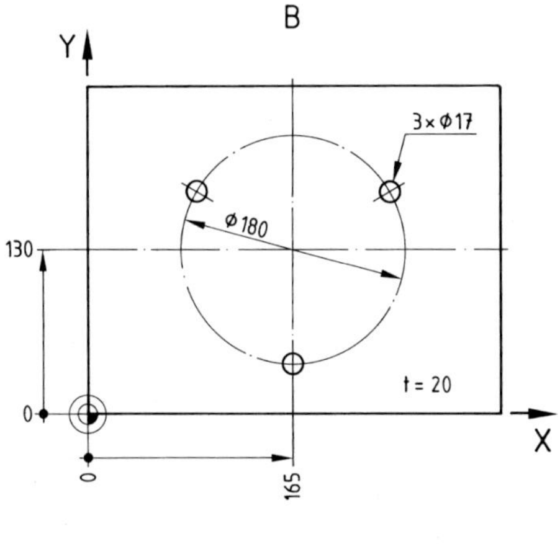

4/8 Der Programmieraufwand wird durch die Zyklenprogrammierung erheblich vermindert.

a) Was versteht man unter einem Zyklus?

b) Nennen Sie typische Fräsarbeiten aus Ihrer betrieblichen Erfahrung, die durch Zyklenprogrammierung vereinfacht werden können.

4/9 Programmieren Sie für beide Werkstücke das Fräsen der Rechtecktaschen mit dem Taschenfräszyklus. Beginnen Sie mit dem Anfahren des Startpunktes im Eilgang und programmieren Sie nur die Weginformationen.

Zusatzinformationen:

- Der Fräserhalbmesser muss jeweils dem geforderten Radius der Rechtecktasche entsprechen.
- Als maximale Schnitttiefe der Fräser ist im Arbeitsspeicher 5 mm eingegeben, der Programmierer hat die Einzelschnitttiefe zu ermitteln.

A

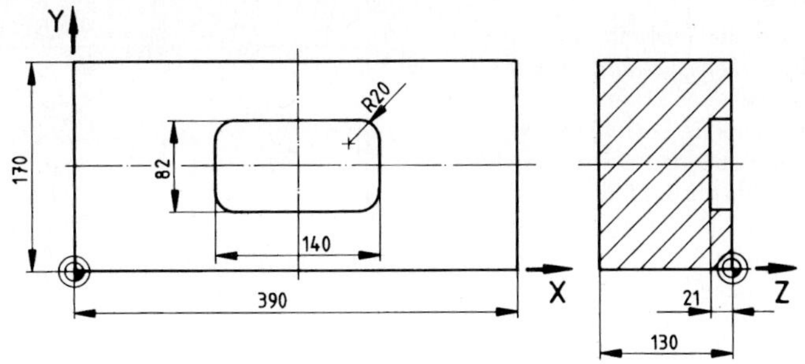

B

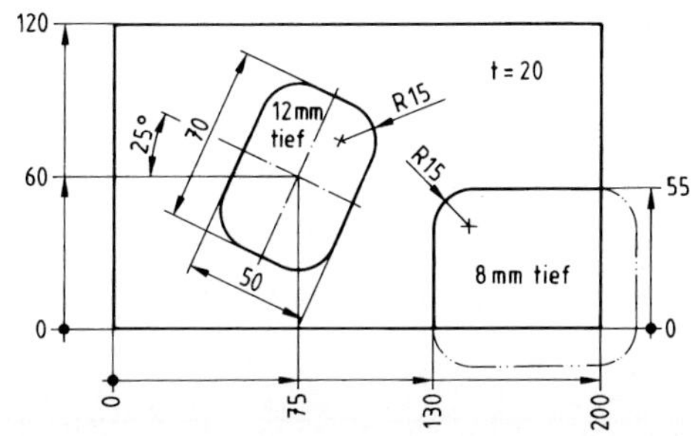

4/10 In die gezeigte Formhälfte aus E 295 (St 50) für eine Spritzgussform sind vier Ausfräsungen zu fertigen.

a) Planen Sie die Arbeitsschritte für die Ausfräsungen. Vereinfachen Sie den Programmieraufwand, z. B. durch Manipulationsfunktionen und geschickte Werkzeugauswahl.

b) Programmieren Sie für die Ausfräsungen die Weginformationen.
(Als maximale Schnitttiefe des Fräsers ist im Arbeitsspeicher 3 mm eingegeben.)

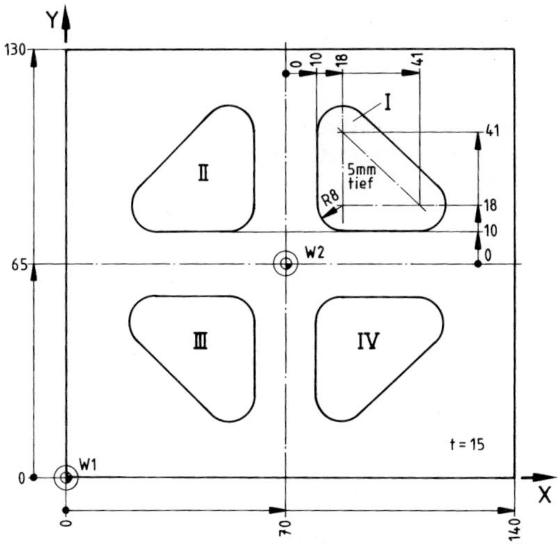

4/11 In Schnittplatten aus 60 WCrV 7 sollen auf einer Drahterodiermaschine Durchbrüche (siehe Abbildung) in gleicher oder ähnlicher Form gefertigt werden. Daher soll für mehrfache Verwendung in den Aufgaben 4/12, 4/13 und 4/14 ein NC-Unterprogramm L 1101 geschrieben werden.

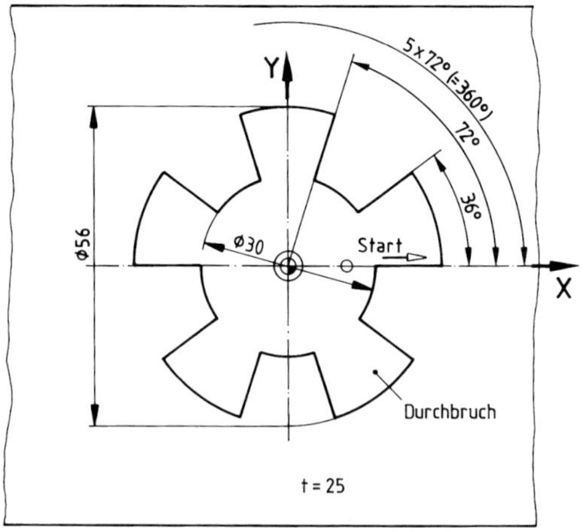

a) Planen Sie die Programmierung des Durchbruchs, indem Sie von der angegebenen Startbohrung aus die Kontur in sich wiederholende Grundelemente zerlegen. Versuchen Sie mit einer Manipulationsfunktion, den Programmieraufwand möglichst gering zu halten.

b) Berechnen Sie die fehlenden Zielpunkte für ein Element der Grundkontur.

c) Erstellen Sie die Fortsetzung des vorgegebenen NC-Unterprogramms für die Herstellung eines Durchbruchs. Es sind lediglich die geometrischen Daten zu programmieren.

Lösungsvorgabe:

NC-Unterprogramm L 1101				Durchbruch
N1	G90			
N2	G0	X10	Y0	(Erodierdraht einführen)
N3	G1	X28		

4/12 Für eine Programmierung in Parameterschreibweise müssen alle variablen Zahlenwerte verschlüsselt werden.

a) Schreiben Sie alle Zahlenwerte aus dem NC-Unterprogramm L 1101 der Aufgabe 4/11 heraus, und ordnen Sie diese nach der Größe der Zahlen in aufsteigender Reihe. Verschlüsseln Sie die Zahlen beginnend mit R1 = 0; R2 = 4 usw.

b) Schreiben Sie das Unterprogramm L 1101 in Parameterschreibweise nach dem folgenden Muster.

Lösungsvorgabe:

NC-Unterprogramm L 1201			Durchbruch (in Parameterschreibweise)
N1	G90		
N2	G0	X = R7 Y = R1	(Erodierdraht einführen)
N3	G1	X = R10	

4/13 Der Durchbruch, der im Unterprogramm L 1101 aus Aufgabe 4/11 abgespeichert ist, wird für die Fertigung der nachfolgend gezeigten Schnittplatte I dreimal in veränderter Größe und verschiedenen Lagen eingearbeitet. Entwerfen Sie das NC-Hauptprogramm % 13 zur Herstellung der drei Durchbrüche.
Programmieren Sie die Fertigung der Durchbrüche mithilfe von Nullpunktverschiebungen und Manipulationsfunktionen.

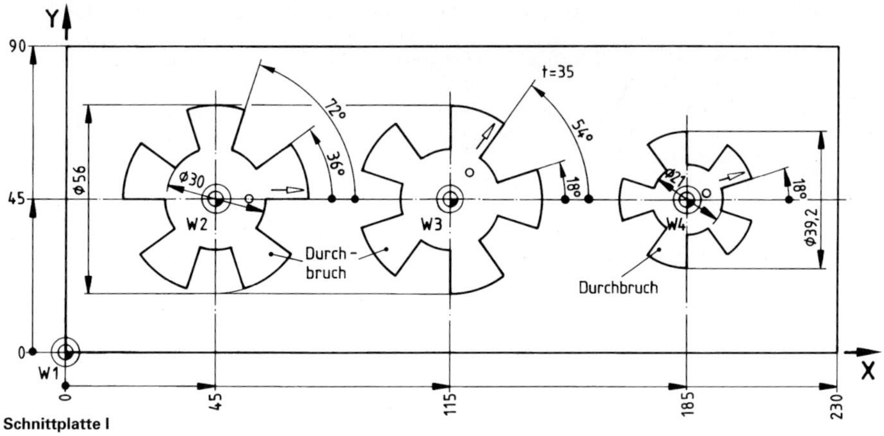

Schnittplatte I

Zusatzinformation zum Aufruf von Unterprogrammen:
– Unterprogramme werden mit ihrer Unterprogrammnummer im Hauptprogramm aufgerufen.

4/14 Der Durchbruch, der im Unterprogramm L 1101 aus Aufgabe 4/11 abgespeichert ist, wird für die Fertigung der Schnittplatte II (siehe Abbildung) zweimal eingearbeitet. Entwerfen Sie das NC-Hauptprogramm % 14 zur Herstellung der Durchbrüche.

a) Ermitteln Sie für den Durchbruch mit den Mittelpunktskoordinaten X60 und Y55 den Vergrößerungsfaktor gegenüber der Kontur des Durchbruchs im Unterprogramm L 1101.

b) Ermitteln Sie für den zweiten Durchbruch mit den Mittelpunktskoordinaten X150; Y90 die Koordinaten der fehlenden Zielpunkte; ändern Sie für diesen Durchbruch das Unterprogramm entsprechend ab.

c) Erstellen Sie das NC-Hauptprogramm % 14 mithilfe des Unterprogramms L 1101.

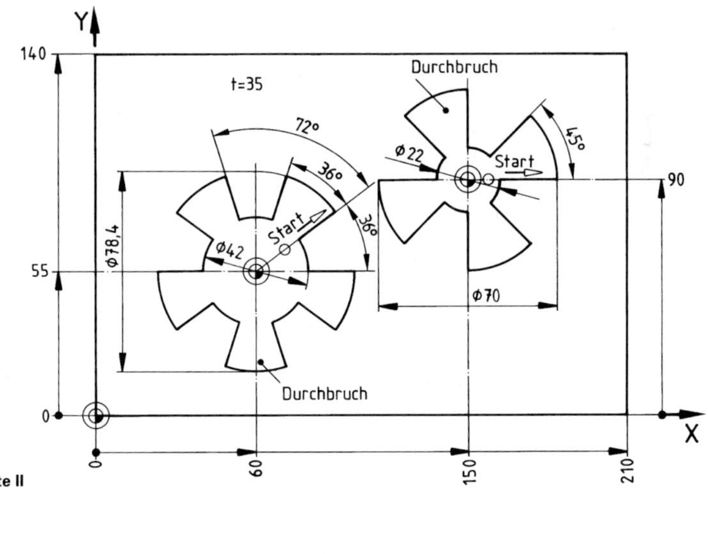

Schnittplatte II

4/15 Auf der Werkzeugmaschinenmesse „EMO“ soll in eine Reklametafel für ein CAD-System die Buchstabengruppe CAD in verschiedenen Variationen gefräst werden. Die Reklametafel soll aus AlMnF 10 gefertigt werden. Die obere Buchstabengruppe (Position ①) wurde als Einzelheit herausgezeichnet und bemaßt (siehe folgende Darstellungen).

a) Entwerfen Sie ein Unterprogramm für die Buchstabengruppe „CAD“ unter der Programmnummer L 1501.

b) Planen Sie die Manipulationen der Grundkontur, die für die Fräsbearbeitung der Reklametafel erforderlich sind. Listen Sie die Manipulationen nach folgendem Muster auf.
Manipulationen:
von Position ① zu Position ②: Nullpunktverschiebung und Verkleinerung
von Position ② zu Position ③: Nullpunktverschiebung und ...

c) Entwerfen Sie für das Hauptprogramm % 15 die Weginformationen.

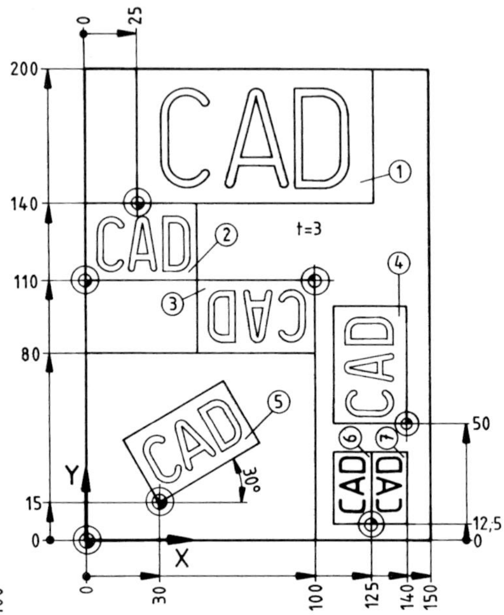

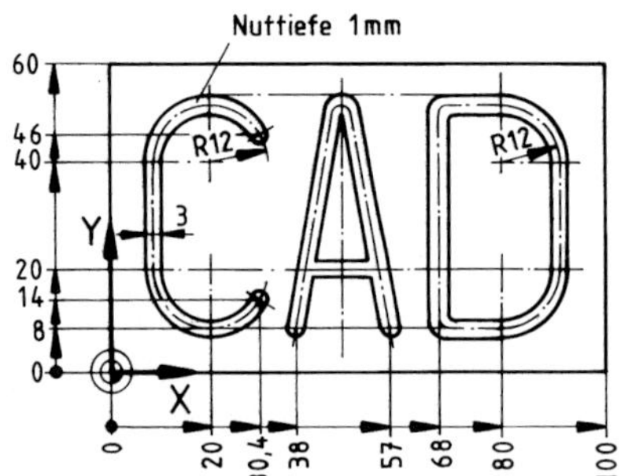

Einzelheit „Buchstabengruppe“

Programmieren von Schaltinformationen

4/16 Für einen Bearbeitungsvorgang sind die folgenden Daten festgelegt:

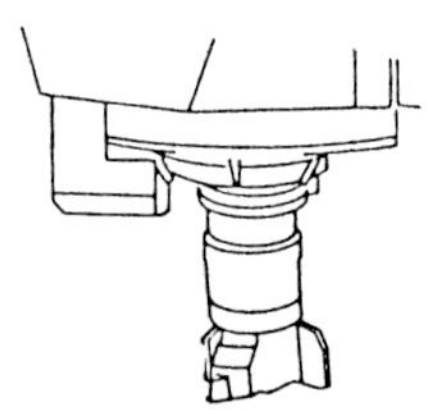

Vorschub je Zahn:	f_z = 0,05 mm
Zähnezahl:	z = 3
Fräserdurchmesser:	d = 60 mm
Schnittgeschwindigkeit:	v_c = 45 m/min
Werkzeug:	T 02
Kühlmitteleinsatz	

Schreiben Sie die nachfolgende Aufstellung der entsprechenden Wegbefehle und Schaltfunktionen ab und ergänzen Sie diese durch die Codierungen der oben angegebenen Daten.

Vorschub in mm/Umdrehung:	G ___?___	___?___
Spindeldrehzahl:	G ___?___	___?___
Drehrichtung der Spindel:	___?___	
Kühlmitteleinsatz:	___?___	
Werkzeug:	___?___	

4/17 Ein Gehäuse aus GG-20 soll an den Passflächen mit dem Messerkopf T 02 – Durchmesser 240 mm, 14 Schneiden – überfräst werden. Der Vorschub je Zahn soll f_z = 0,3 mm sein und die Schnitttiefe soll a_p = 3 mm betragen.

a) Wählen Sie aus der Tabelle „Richtwerte für das Zerspanen mit Fräsern" (siehe Lehrbuch, Kapitel „Fertigungstechnik") den geeigneten Schneidstoff und bestimmen Sie die Schnittgeschwindigkeit.

b) Berechnen Sie die Umdrehungsfrequenz des Fräsers und den Vorschub je Umdrehung.

c) Schreiben Sie die Schaltinformationen und die zugehörigen G-Wörter in eine Tabelle.

4/18 Für eine Fräsbearbeitung sind die folgenden Schaltinformationen und Wegbedingungen programmiert.

N	G	X	Y	Z	I	J	K	F	S	T	M
N…	G 94 G 97	X…	Y…	Z…				F 280	S 660	T 01	M 04

Übernehmen Sie den folgenden Text und tragen Sie in diesen die Bedeutung der oben angeführten Informationen ein.
Das Werkzeug ___?___ bewegt sich mit der Vorschubgeschwindigkeit von ___?___. Die Frässpindel dreht sich mit ___?___ Umdrehung je Minute ___?___ Uhrzeigersinn.

4/19 Auf einer Senkrechtfräsmaschine mit Bahnsteuerung soll eine Platte zur Aufnahme eines Schnittstempels ausgefräst werden. Die Platte wird so aufgespannt, dass der Werkstücknullpunkt sich auf der Plattenoberseite an der angegeben Stelle befindet. Es wird nur die Innenkontur in einem Schrupp- und einem Schlichtarbeitsgang gefräst.
Für die Schlichtbearbeitung ist die Fräserradiuskompensation zu berücksichtigen.
Erstellen Sie ein Programm mit allen Weg- und Schaltinformationen für die gesamte Bearbeitung der Innenkontur.

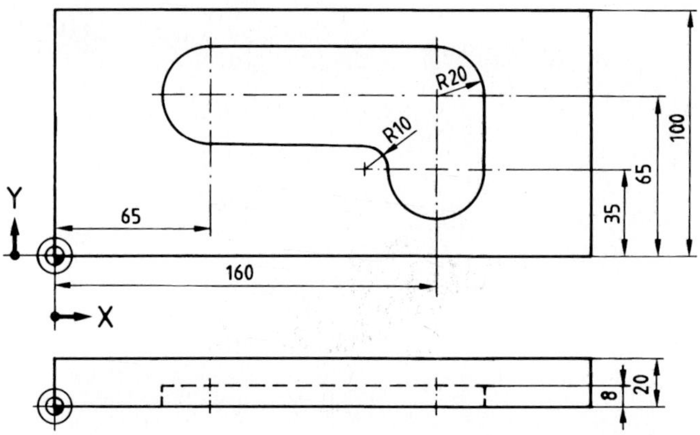

Werkzeugwechselpunkt:
X 250 Y 200 Z 100

Werkstoff des Frästeils:	80WCrV8
Fräserdurchmesser:	d = 38 mm
Schneidenzahl des Fräsers:	z = 6
Schneidenwerkstoff:	HSS-Stahl
Schruppen:	v_c = 14 m/min
	f_z = 0,1 mm
Schlichten:	v_c = 18 m/min
	f_z = 0,04 mm

4/20 In einem Werkzeugmagazin für ein Bearbeitungszentrum sind 180 Werkzeuge abgelegt. Welchen Vorteil hat dabei die Werkzeugcodierung gegenüber einer Platzcodierung?

4/21 a) Skizzieren Sie die Fräserform ohne die Einzelschneiden.
b) Zeichnen Sie die Lage des Werkzeugeinstellpunktes ein.
c) Tragen Sie in die Skizze die Maße ein, die in den Werkzeugspeicher einzugeben sind.

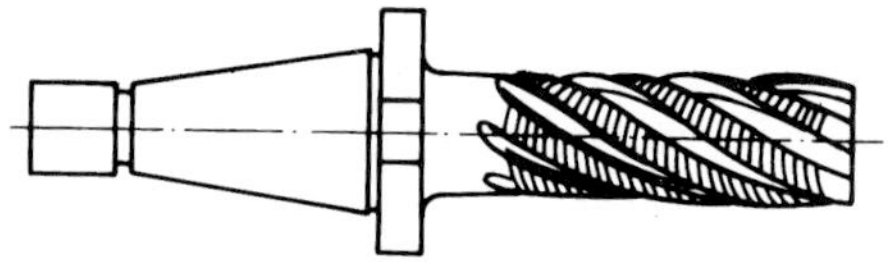

5 Werkstückspannsysteme

5/1 Im nachfolgenden Bild ist ein Werkstück mit einem flexiblen Werkstückspannsystem aufgespannt.

a) Wichtige Bauelemente sind durch Zahlen gekennzeichnet.
Tragen Sie die Positionsnummern in die Tabelle ein.

Baugruppe	Postitionsnummer
– Grund- bzw. Tragelemente	?
– Stützelemente	?
– Postitionierelemente	?
– Spannelemente	?

b) Benennen Sie zu jeder genannten Baugruppe mindestens zwei Bauteile mit Namen.

5/2 In der flexiblen Fertigung werden Werkstücke vielfach zunächst mit einem Spannsystem auf Tragelemente gespannt. Das Rastersystem von Tragelementen und Paletten ist aufeinander abgestimmt. Daher kann das Spannsystem auf Paletten einfach positioniert und fixiert werden.

a) Schildern Sie den Weg bzw. die Stationen einer Palette, wenn das aufgespannte Werkstück nacheinander auf mehreren Werkzeugmaschinen bearbeitet wird.
b) Nennen Sie die Vorteile des Einsatzes von Paletten in einem solchen Fertigungsablauf.

5/3 In einer flexiblen, automatisierten Fertigung mit CNC-Bearbeitungsstationen werden folgende Anforderungen an Aufspannsysteme gestellt:
- Planbarkeit der Aufspannung,
- variabler Aufbau,
- Positioniergenauigkeit,
- sicheres Spannen während der Bearbeitung,
- Wiederholgenauigkeit für eine Vielzahl gleicher Werkstücke und bei erneutem Zusammenbau der Spannvorrichtung,
- Automatisierbarkeit.

Beschreiben Sie, in welcher Weise das Rasterspannsystem nach dem Baukastenprinzip in nebenstehendem Bild die genannten Anforderungen erfüllt.

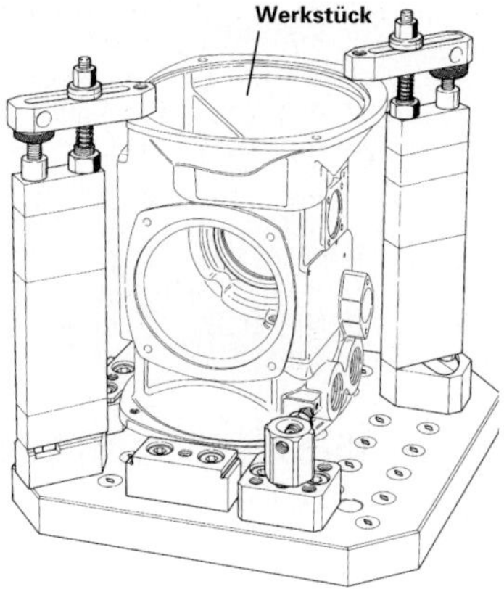

5/4 Für eine große Serie gleicher Werkstücke wird zur Bearbeitung auf einer Waagerecht-Fräsmaschine eine Aufspannung mit Hilfe eines flexiblen Werkstückspannsystems geplant. Das Werkstück soll in einen Maschinenschraubstock in gestuften Spannbacken gegen einen Anschlag gespannt werden.

Berechnen Sie anhand der bemaßten Zeichnung die Koordinaten des Werkstücknullpunktes in X-, Y- und Z-Richtung gegenüber dem Grundplatten-Nullpunkt. Dieser liegt in der Mitte der Grundplatte und in deren unterer Bodenfläche.

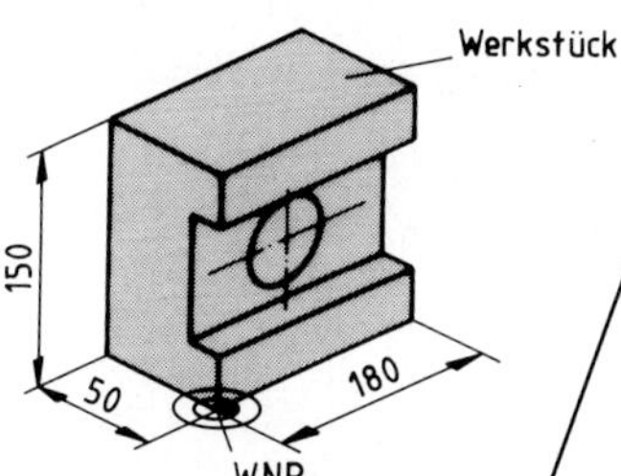

T	H_0	H_1	H_2	L_0	L_1	L_2	L_3
40	30	100	15	125	30	10	10

	X	Y	Z
WNP	?	?	?

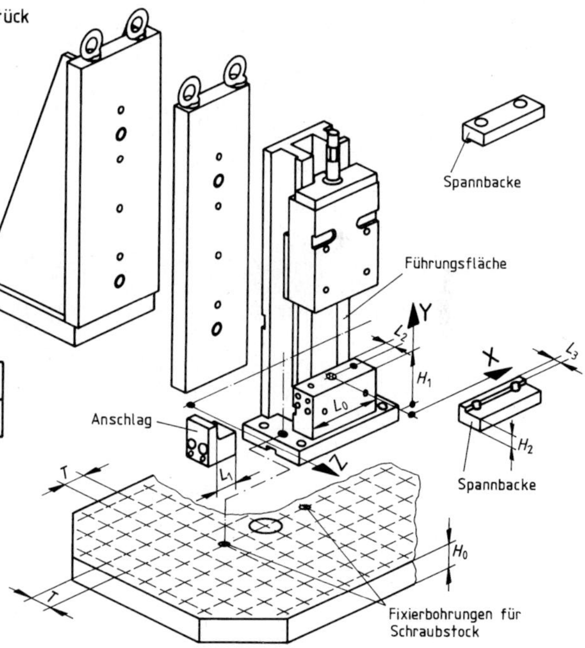

5/5 Ein Werkstück wird von einem Universalspannzylinder für eine Fräsbearbeitung gespannt. Das Hydrauliköl wirkt auf einen Kolben mit dem Durchmesser 40 mm, die maximale Hublänge beträgt 60 mm. Das Pumpenaggregat erzeugt einen Betriebsdruck von 20 bar und liefert einen Förderstrom von 1,5 l/min.

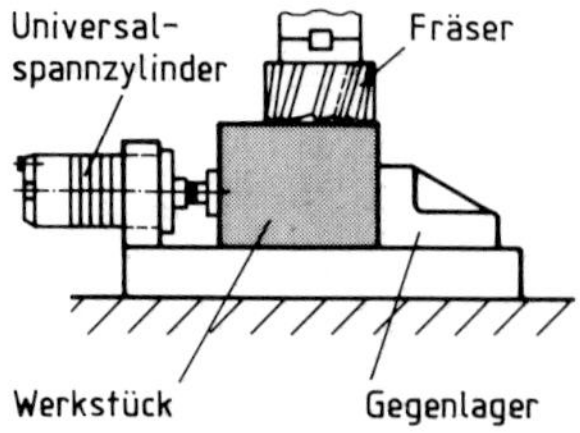

Werkstückeinspannung

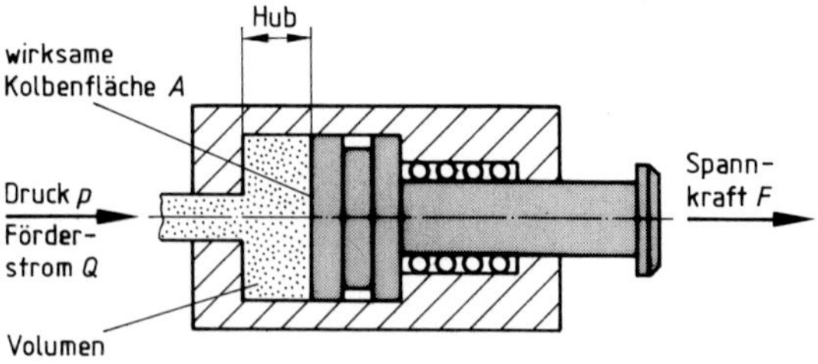

Spannzylinder im Schnitt

a) Berechnen Sie die Spannkraft des Spannkolbens.
b) Berechnen Sie das gesamte Hubvolumen des Zylinders.
c) Berechnen Sie die Zeit, die der Kolben benötigt, um beim Spannvorgang 25 % seiner Hublänge auszufahren.
d) Beschreiben Sie die besondere Eignung hydraulischer Spannsysteme für den Einsatz in der flexiblen Fertigung im Vergleich mit mechanischen Spannsystemen. Berücksichtigen Sie bei der Beurteilung der Spannsysteme auch die zuvor errechneten Werte.

6 Steuerung einer NC-Maschine über das Bedienfeld

6/1 Moderne Steuerungen ermöglichen mit vielen Zyklen und Konturelementen eine schnelle Programmierung an der Werkzeugmaschine. Vielfach gibt die Bedienerführung – nachdem eine Teilkontur angewählt wurde – die Programmierung vor und erfragt vom Bediener lediglich die fehlenden Maßangaben.
Welche Vorteile sehen Sie in einer solchen Werkstattprogrammierung im Vergleich zu einer externen Programmierung an einem Bildschirmarbeitsplatz?

6/2 Suchen Sie aus der Zusammenstellung der im Lehrbuch dargestellten Bildzeichen einige heraus, die häufig benutzt werden

a) für die Werkstattprogrammierung oder **b)** für eine Probefertigung.

7 Planung, Programmierung, Programmerprobung und Programmspeicherung

7/1 Die Fertigung eines Werkstückes in einem flexiblen Fertigungssystem erfordert eine systematische Planung und Organisation der gesamten Auftragsabwicklung.

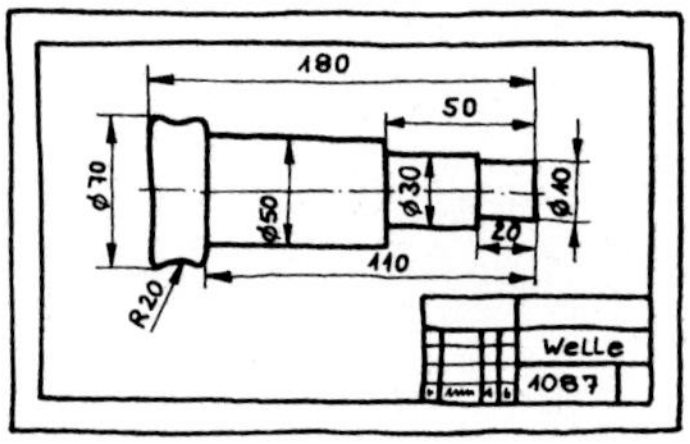

Stufen der Auftragsabwicklung:
1. Auftragsanalyse
2. Arbeitsplanung
3. Programmerstellung
4. Programmkontrolle
5. Programmerprobung und Optimierung
6. Dokumentation und Speicherung

Ordnen Sie die nachfolgenden Vorgänge den oben genannten Stufen der Auftragsabwicklung zu.
- Programmtest auf dem Bildschirm
- Planen der Bearbeitungsfolge
- Anfertigung eines Probestückes
- Einsatz von Zyklen und Unterprogrammen
- Festlegung der erforderlichen Fertigungsverfahren
- Ausdrucken des Programms
- Programmverbesserung nach der Probefertigung
- Werkzeug- und Spannmittelauswahl
- Sicherung von NC-Programmen auf Magnetband oder Diskette
- Eingabe der Werkstückgeometrie
- Auswahl des Halbzeugs (Form und Abmessungen) für das Rohteil
- Festlegung der Schnittdaten

7/2 Sie sollen nach einem neu erstellten NC-Programm eine Probefertigung durchführen. Welche Maßnahmen können Sie ergreifen, um Kollisionen möglichst zu verhindern?

7/3 Das dargestellte Werkstück wird durch Senkrechtfräsen in einem Umlauf auf dem gesamten Umfang bearbeitet. Dazu wird der Fräserweg zunächst wie in Darstellung A programmiert; in einer optimierten Fassung des Programms wird der Fräserweg an den Eckpunkten des Werkstücks wie in der Darstellung B verändert.
Es wird ein HSS-Schaftfräser mit einem Durchmesser von 20 mm mit 5 Zähnen, einer Schnittgeschwindigkeit von v_c = 25 m/min und einem Zahnvorschub von f_z = 0,1 mm verwendet.

a) Schreiben Sie das vollständige NC-Programm für diese optimierte Bearbeitung.
b) Um wie viel Prozent verkürzt sich der Vorschubweg bei der optimierten Bearbeitung?
c) Welche Zeitersparnis ist bei 5 000 Werkstücken zu erzielen?

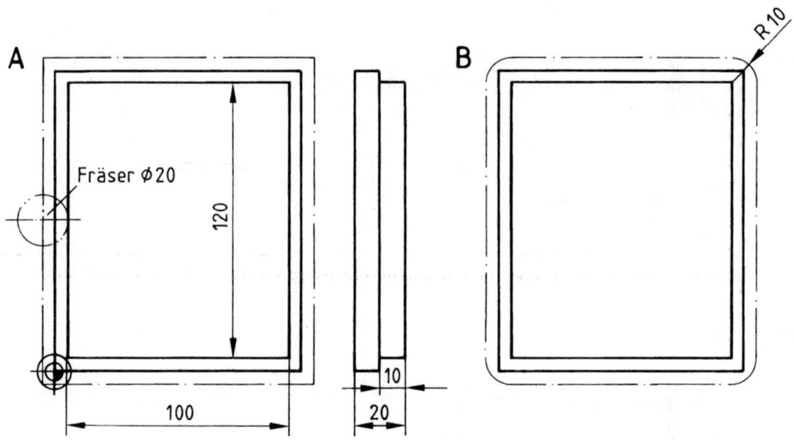

7/4 Werkzeugüberwachungssysteme sind an CNC-Maschinen von Vorteil, in flexiblen Fertigungssystemen unerlässlich. Drohende Störungen durch Schneidenverschleiß werden über Sensoren erfasst.

a) Welche Messgrößen können bei der Werkzeugüberwachung durch Sensoren gemessen werden?
b) Schildern Sie die Arbeitsweise eines Werkzeugüberwachungssystems, nach der bei einem Werkzeugbruch ein Maschinenstop herbeigeführt wird.

Steuerungs- und Regelungstechnik

1 Grundlagen für pneumatische und hydraulische Steuerungen

Druck und Kolbenkraft

Für den auf ein Gas oder eine Flüssigkeit ausgeübten Druck gilt:

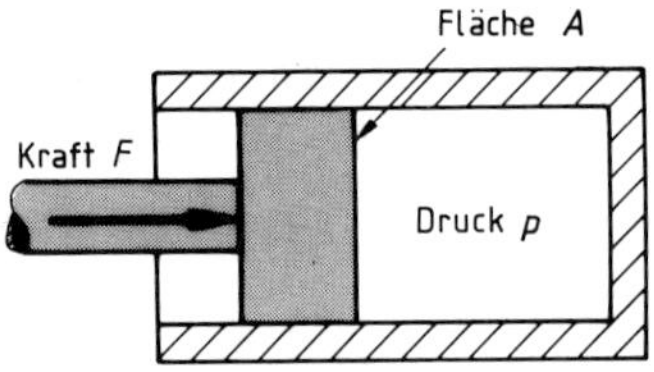

Formel

$$p = \frac{F}{A}$$

Formelzeichen

p Druck in dem Medium
A Fläche
F Kraft, die senkrecht auf die Fläche wirkt

Einheiten des Druckes

Wirkt eine Kraft von 1 N senkrecht auf eine Fläche von 1 m , so wirkt ein Druck von 1 Pa (Pascal).

Einheit	Kurzzeichen	Umrechnung
1 Pascal	1 Pa	1 Pa = 1 N/m^2
1 Bar	1 bar	1 bar = 10^5 Pa
		1 bar = 10 N/cm^2

1/1 Übertragen und ergänzen Sie folgende Tabelle.

Energieträger	Technologie	Beispiel zur Anwendung
Druckluft	?	?
?	?	Bagger
?	Elektrik	?
feste Körper	?	?

Physikalische Grundlagen

1/2 Rechnen Sie die gegebenen Drücke in die angegebenen Einheiten um.

gegebener Druck	in andere Einheiten umgerechneter Druck					
	Pa	bar	hPa	daN/cm^2	N/mm^2	mbar
$4 \cdot 10^6$ N/m^2	?	?	?	?	?	?
710 mbar	?	?	?	?	?	–
25 bar	?	–	?	?	?	?
120 N/mm^2	?	?	?	?	–	?

1/3 Berechnen Sie den Druck in bar, der in einem Hydraulikzylinder herrscht, wenn auf den Kolben mit $d = 30$ mm eine Kraft von $F = 5$ kN ausgeübt wird.

1/4 Im Wetterbericht lautet z. B. eine Ansage: „Der Luftdruck in Köln betrug 1 010 hPa." Wie groß war er in Pa und in mbar?

1/5 Übertragen und ergänzen Sie folgende Tabelle.

Lufdruck bar	Absoluter Druck bar	Überdruck bar
1,05	?	4,3
1,0	180	?
?	1,73	0,75

1/6 In einer Hydraulikanlage herrscht ein Druck von etwa 200 bar.
Warum ist es für die Abläufe in der Anlage unbedeutend, ob der angegebene Druck der absolute Druck oder der Überdruck ist?

1/7 Im Hydraulikbremskreis eines Autos tritt bei einem Bremsvorgang in der Anlage ein Druck von 22 bar auf. Der Kolben im Bremszylinder hat eine wirksame Fläche von 490 mm^2.
Welche Kraft wirkt auf die Bremse (Angabe in N)?

1/8 Ein einfach wirkender Zylinder soll zum Spannen von Werkstücken eingesetzt werden. Die Spannkraft muss mindestens 1 500 N betragen.
Reicht ein Zylinder von 6 cm Kolbendurchmesser aus, wenn die Anlage maximal mit einem Druck von 7 bar betrieben werden darf? Reibungsverlust 25 %.

1/9 Der Kolben eines doppelt wirkenden Zylinders wird von beiden Seiten mit dem gleichen Druck von 5 bar beaufschlagt. Fährt die Kolbenstange aus, bleibt sie in der gezeichneten Lage, oder nimmt sie eine beliebige Stellung ein?
Begründen Sie Ihre Antwort.

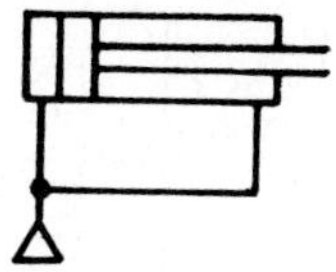

1/10 Der Kolben eines doppelt wirkenden Zylinders hat einen Durchmesser von 50 mm; die Kolbenflächenseite wird mit 6 bar beaufschlagt. Die Reibungsverluste im Zylinder betragen 20 %.

a) Wie groß ist die wirksame Kraft an der Kolbenstange?
b) Welche Arbeit vollbringt die Druckluft, wenn der Kolben einen Hub von 320 mm hat?

1/11 Berechnen Sie die fehlenden Werte für einfach wirkende Zylinder.

	Effektive Kolbenkraft in N	Druckkraft in N	Kolbendurchmesser in mm	Kolbenfläche in mm^2	Betriebsdruck in bar
a)	3 200	?	?	?	8
b)	?	280	?	?	6
c)	1 800	?	63	?	?
d)	?	800	?	1 960	?
e)	?	2 500	80	?	?

1/12 Die effektive Kolbenkraft eines einfach wirkenden Zylinders soll 1 080 N betragen. Der Kolben hat einen Durchmesser von 50 mm. Es werden etwa 70 % der Druckkraft wirksam.
Berechnen Sie den Betriebsdruck, mit dem die Anlage mindestens versorgt werden muss.

1/13 Bei einem doppelt wirkenden Zylinder mit dem Kolbendurchmesser von 100 mm beträgt laut Datenblatt die Kolbenkraft im Vorhub 4 550 N und im Rückhub 4 260 N.

a) Berechnen Sie den Betriebsdruck.
b) Berechnen Sie den Kolbenstangendurchmesser.

Grafische Symbole und Schaltpläne in der Fluidtechnik

1/14 Zeichnen Sie die gegebenen grafischen Symbole für Ventile ab, und benennen Sie die Ventile jeweils nach ISO 1219. Kennzeichnen Sie die Ventilanschlüsse nach DIN ISO 5599.

a)

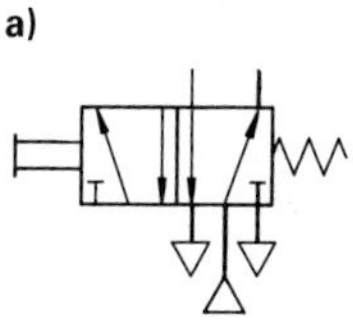

b)

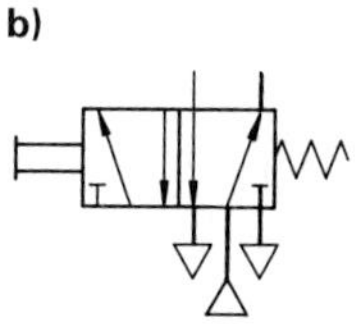

c)

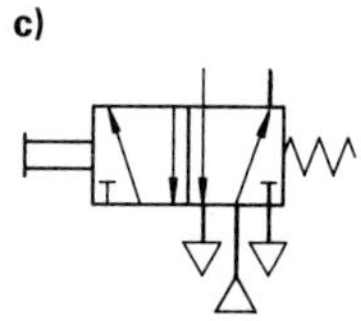

1/15 Skizzieren Sie die grafischen Symbole für die Wegeventile vergrößert ab. Kennzeichnen Sie alle Anschlüsse nach DIN ISO 5599.
Tragen Sie auch die alte Kennzeichnung für die Anschlüsse in Klammern dahinter ein.

a)

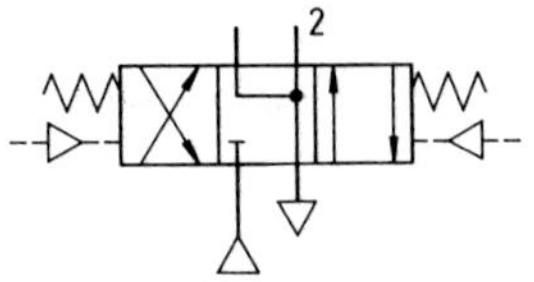

b)

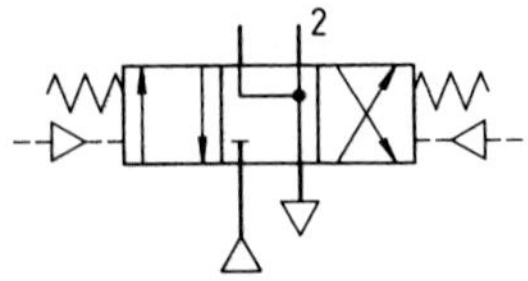

1/16 Übernehmen Sie den pneumatischen Schaltplan, und kennzeichnen Sie die Ventilanschlüsse nach DIN ISO 5599. Ersetzen Sie dabei das Ventil 1V2 durch ein 5/2-Wegeventil.

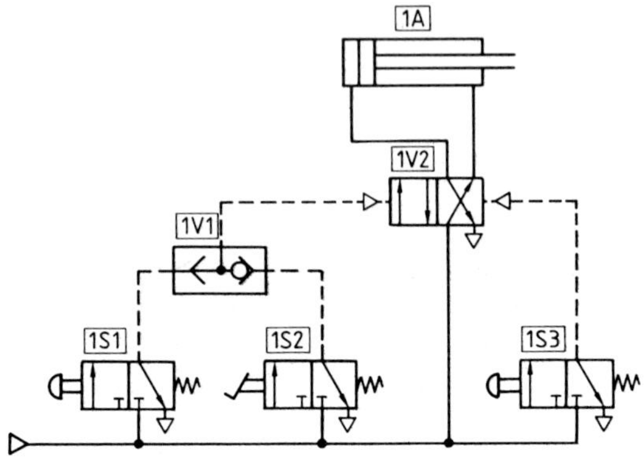

1/17 Die grafischen Symbole stellen Geräte aus dem Bereich der Pneumatik oder der Hydraulik dar. Skizzieren Sie die grafischen Symbole ab, und erläutern Sie diese.

a)

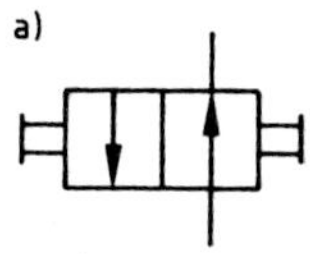

b)

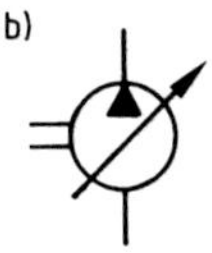

1/18 Woran erkennt man anhand eines Schaltplans, ob es sich um eine pneumatische oder eine hydraulische Anlage handelt?

1/19 In einer Pneumatikanlage ist ein sehr kleiner einfach wirkender Zylinder eingebaut. Die Rückstellbewegung des Kolbens erfolgt durch eine Gummimembrane.
Zeichnen Sie das Bildzeichen.

1/20 In pneumatischen oder hydraulischen Schaltplänen stellt man Geräte und Funktionen durch grafische Symbole dar. Zeichnen Sie jeweils:

a) Verbindung von drei Leitungen,
b) Kreuzung von Leitungen,
c) Arbeitsleitung mit der Durchflussangabe für ein pneumatisches Druckmittel,
d) Steuerleitung mit Öl gefüllt,
e) Durchflussrichtung in einem Ventil.

1/21 Einige der folgenden grafischen Symbole kommen nur in pneumatischen, andere nur in hydraulischen Schaltplänen vor.
Ordnen Sie die Zeichen dem entsprechenden Schaltplan zu, und erklären Sie die jeweilige Bedeutung.

a)

b)
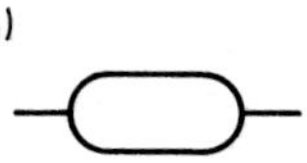
c)
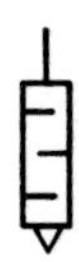
d)

e)
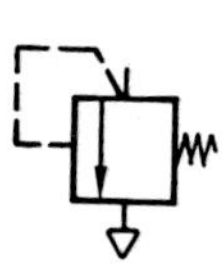
f)
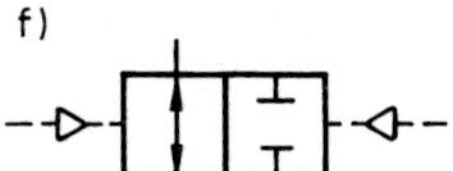

1/22 Die dargestellten Wegeventile entsprechen nicht den Vereinbarungen der Norm. Zeichnen Sie die grafischen Symbole richtig.

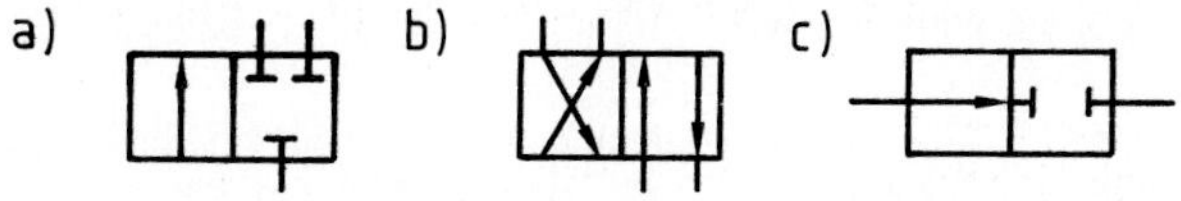

1/23 Erklären Sie folgende grafischen Symbole von Wegeventilen.

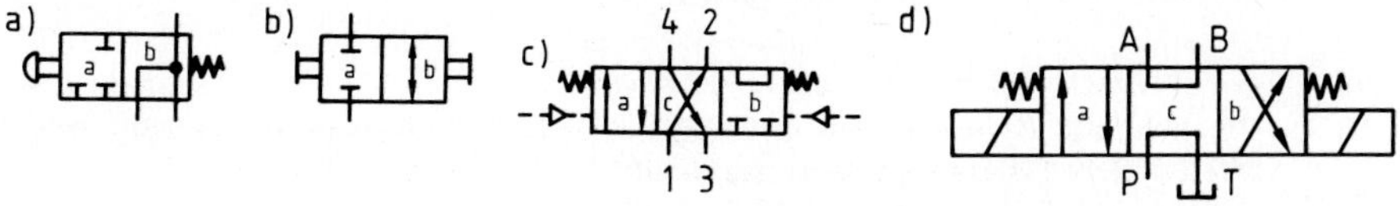

1/24 Zeichnen Sie das grafische Symbol für ein Wegeventil mit drei Anschlüssen und drei Schaltstufen (a, b, c) und tragen Sie die Anschlussbezeichnungen nach neuer Norm ein.
- in der Ruhestellung (b) ein Durchflussweg, ein Anschluss gesperrt,
- in Schaltstellung (a) alle Anschlüsse gesperrt,
- in Schaltstellung (c) alle Anschlüsse verbunden.

1/25 Ein Zylinder soll im ausgefahrenen Zustand einen pneumatischen Endschalter (3/2-Wegeventil) betätigen.
Skizzieren Sie das grafische Symbol des Ventils mit möglichen Betätigungen.

1/26 In der Pneumatik kann die Energie der Druckluft zur Arbeit und zur Steuerung genutzt werden. Wie sieht das grafische Symbol für ein Ventil aus, das einem doppelt wirkenden Zylinder Druckenergie zuführt und das selbst durch Druckenergie umgesteuert wird?
a) Anschlussbezeichnungen nach alter Norm.
b) Anschlussbezeichnungen nach neuer Norm.

1/27 Ein 4/3-Wegeventil ist defekt und soll ausgetauscht werden.
Welche Angaben für eine Ersatzteilbeschaffung muss man kennen?

1/28 Welche Steuerleitung des Ventils muss mit Druck beaufschlagt werden, damit der Leitung 4 (A) Druckluft zugeführt wird?

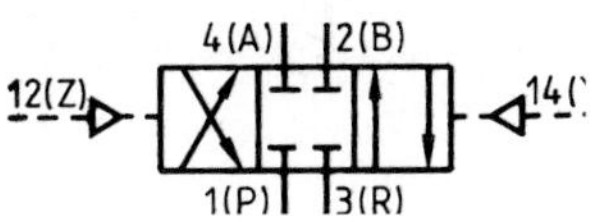

2 Pneumatik

Einheiten zur Bereitstellung der Druckluft

Boyle-Mariottesches-Gesetz

Verdichten von Druckluft ohne Temperaturänderung (Anwendung des Gesetzes von Boyle-Mariotte).

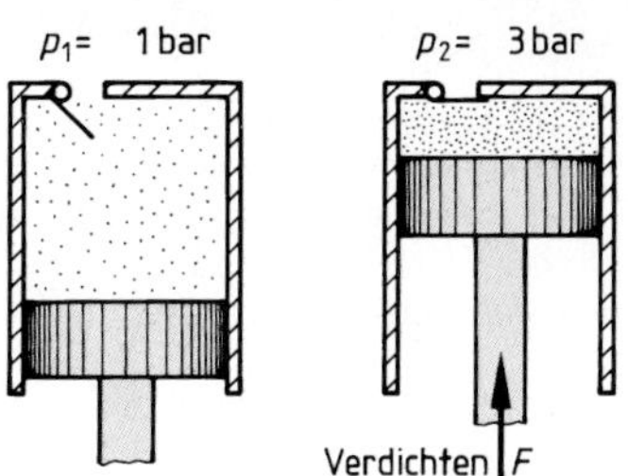

Formel

$$V_1 \cdot p_1 = V_2 \cdot p_2$$

Formelzeichen

V_1 Volumen im Zustand 1
p_1 Druck im Zustand 1
V_2 Volumen im Zustand 2
p_2 Druck im Zustand 2
p_e vom Messgerät angezeigter Druck
p_{amb} Luftdruck

100 cm³ · 1 bar = 20 cm³ · 5 bar

Beachten Sie: p_1 bzw. p_2 sind der **tatsächliche Druck** des Gases, also vom Messgerät angezeigter Druck plus Luftdruck, z. B.

$$p_1 = p_{e1} + p_{amb}$$

2/1 Bei einem Luftdruck von 1 015 mbar zeigt ein Feinmanometer in einer Drucküberwachungsanlage 1,78 bar an.
Wie groß ist der absolute Druck in der Anlage?

2/2 In einem Kompressor werden je Sekunde 2,4 m^3 Luft angesaugt und auf ein Volumen von 0,4 m^3 verdichtet (Luftdruck: 1 bar).

a) Welchen absoluten Druck hat die Luft nach dem Verdichtungsvorgang?
b) Welchen Druck zeigt das Messgerät an?

2/3 In einer Druckluftanlage steht ein Speicher von 2 m Länge und einem Durchmesser von 800 mm. Die Druckanzeige weist 8,4 bar auf. Durch Undichtigkeit entweicht die gesamte verdichtete Luft über Nacht aus der Anlage.
Wie viel m^3 Luft sind allein aus dem Speicher verloren gegangen?

2/4 Jemand möchte sich einen Kompressor für seine Hobbywerkstatt kaufen. Bei dem Vergleich der Angebote findet er folgende Angaben:
Firma A: „Kompressor mit einer Liefermenge von 800 Liter/min bei einem Betriebsdruck von 6 bar“
Firma B: „Kompressor mit einer Liefermenge von 700 Liter/min bei einem Betriebsdruck von 7 bar“
Welche Firma liefert den leistungsfähigeren Verdichter?

2/5 Nennen Sie die beweglichen Teile eines Hubkolbenverdichters.

2/6 Skizzieren Sie das grafische Symbol eines Verdichters ab, und er-gänzen Sie die Anzüge mit den Fachbegriffen für das jeweils symbolisch dargestellte Element.

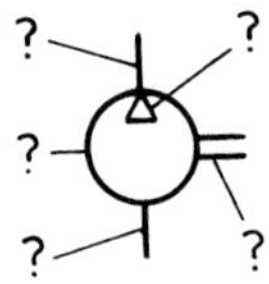

2/7 Ordnen Sie die aufgeführten Bauteile oder Begriffe den entsprechenden Verdichtertypen zu:
Bauteile:

Einlassventil,	Schaufel,	Strömungsprinzip,
Kolben,	Schieber,	Turbinenrad,
Rotor,	Zelle,	Verdrängungsprinzip,

Verdichtertypen:
Axialverdichter, Hubkolbenverdichter, Lamellenverdichter.

2/8 In kühlen Kellerräumen sind im Sommer bei Gewitterluft die Wände sehr feucht.
Erklären Sie diese Erscheinung, indem Sie dabei das Diagramm „Wasserdampfaufnahme der Luft“ verwenden.

2/9 Schreiben Sie die folgenden Sätze ab und wählen Sie die richtigen Aussagen aus:
Kalte Luft kann *(mehr/weniger/gleich viel)* Feuchtigkeit aufnehmen *(als/wie)* warme Luft.
Warme Luft unter hohem Druck kann bei gleichem Volumen *(mehr/weniger/gleich viel)* Feuchtigkeit aufnehmen (*(als/wie)* warme Luft unter niedrigem Druck.
Kalte Luft unter hohem Druck kann *(mehr/weniger/gleich viel)* Feuchtigkeit aufnehmen *(als/wie)* warme Luft unter niedrigem Druck.

2/10 Warum fällt bei der Erzeugung von Druckluft Kondensat an?

2/11 Welche Aufgaben hat ein Speicher in einem Druckluftnetz?

2/12 In größeren Druckluftanlagen wird nach dem Verdichter manchmal ein Kühler eingebaut.
Warum kühlt man die Druckluft ab?

2/13 Begründen Sie, welcher der dargestellten Verbraucheranschlüsse einer Druckluftleitung richtig angeschlossen ist.

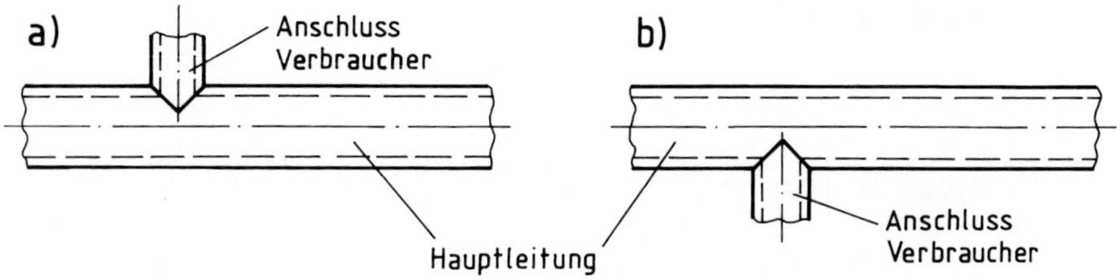

2/14 Wie stellt man ein Leck in einer Druckluftleitung fest?

2/15 Nennen Sie Verunreinigungen in der Druckluft, die vor jeder Pneumatikanlage einen Druckluftfilter erfordern.

2/16 Warum ist in einem Druckluftfilter auch ein Absperrventil eingebaut?

2/17 Skizzieren Sie das grafische Symbol für eine Aufbereitungseinheit in der Durchströmrichtung von rechts nach links:

a) vereinfachtes grafisches Symbol, **b)** ausführliches grafisches Symbol.

2/18 Welche Aufgabe hat in einer Pneumatikanlage ein Gerät mit nebenstehendem grafischen Symbol?

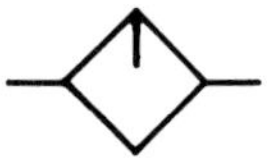

Arbeitseinheiten in der Pneumatik

2/19 Welche Aufgaben können pneumatische Arbeitselemente haben?

2/20 Beschreiben Sie den Unterschied zwischen einem einfach wirkenden Zylinder und einem doppelt wirkenden Zylinder,

a) im Aufbau, **b)** in der Wirkungsweise, **c)** in der Anwendung.

2/21 Neben einer pneumatischen Dämpfung bei Pneumatikzylindern gibt es auch die Möglichkeit der mechanischen Dämpfung durch Gummipuffer.
Untersuchen Sie die Vor- und Nachteile einer solchen Dämpfung.

2/22 Die im Foto dargestellte Testeinrichtung dient zur Funktionsprüfung der Armlehnen an Sesseln.

a) Welche Art der Befestigung für die Zylinder ist gewählt worden?

b) Warum können mit dieser Testeinrichtung Sessel unterschiedlicher Größe geprüft werden?

c) Wie erreicht man in der Testeinrichtung, dass die durch die Druckluft erzeugte Kraft jeweils nur in axialer Richtung der Kolbenstange auf die Armlehnen wirkt?

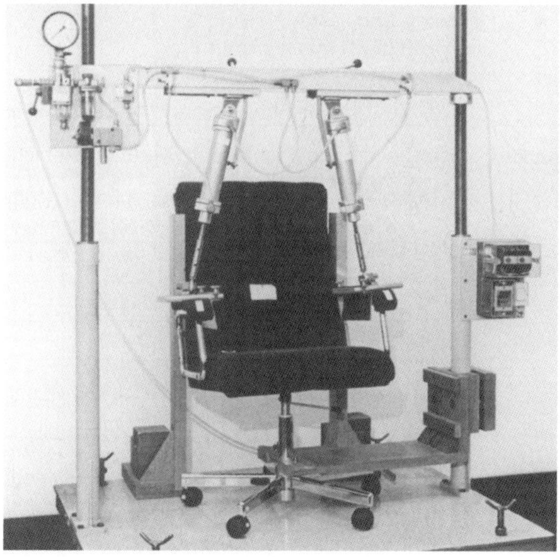

Effektive Kolbenkraft

Einfach wirkender Zylinder

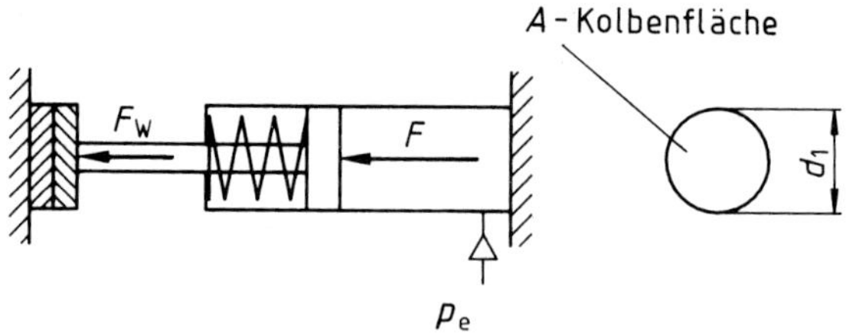

Formeln

$F = p_e \cdot A$

$F_w = 0{,}75 \cdot F$

$$F_w = 0{,}75 \cdot p_e \cdot d_1^2 \cdot \frac{\pi}{4}$$

Doppelt wirkender Zylinder (Vorhub)

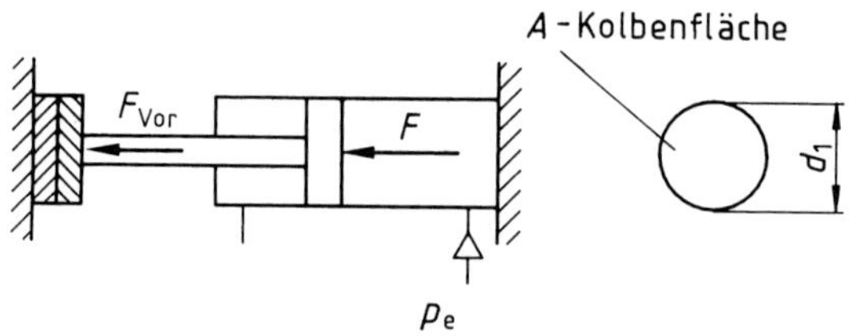

$F_{vor} = 0{,}8 \cdot F$

$$F_{vor} = 0{,}8 \cdot p_e \cdot d_1^2 \cdot \frac{\pi}{4}$$

Doppelt wirkender Zylinder (Rückhub)

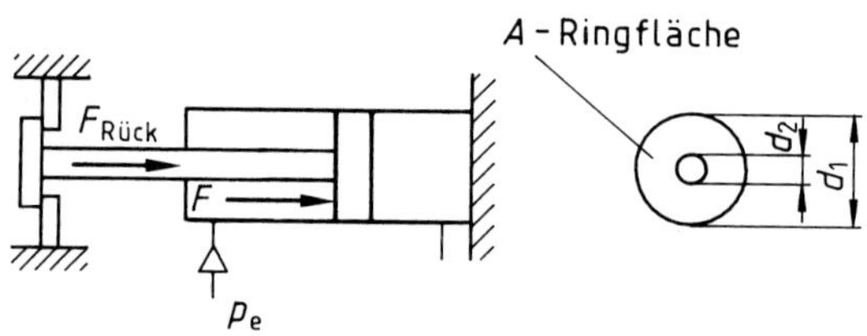

$F_{rück} = 0{,}8 \cdot F$

$$F_{rück} = 0{,}8 \cdot p_e \cdot \frac{\pi}{4} (d_1^2 - d_2^2)$$

Formelzeichen

- p_e Betriebsdruck ≙ Arbeitsdruck
- d_1 Kolbendurchmesser
- d_2 Kolbenstangendurchmesser
- A Fläche (druckbelastet)
- F Druckkraft (Kraft im Druckraum)
- F_w effektive Kolbenkraft bei einfach wirkenden Zylindern
- F_{vor} effektive Kolbenkraft bei doppelt wirkenden Zylindern im Vorhub
- $F_{rück}$ effektive Kolbenkraft bei doppelt wirkenden Zylindern im Rückhub

$$1 \text{ bar} = 10 \frac{\text{N}}{\text{cm}^2}$$

2/23 Berechnen Sie die fehlenden Werte für einfach wirkende Zylinder.

	Effektive Kolbenkraft in N	Druckkraft in N	Kolbendurchmesser in mm	Kolbenfläche in mm²	Betriebsdruck in bar
a)	3 200	?	?	?	8
b)	?	280	?	?	6
c)	1 800	?	63	?	?
d)	?	800	?	1 960	?
e)	?	2 500	80	?	?

2/24 Die effektive Kolbenkraft eines einfach wirkenden Zylinders soll 1 080 N betragen. Der Kolben hat einen Durchmesser von 50 mm. Es werden etwa 70 % der Druckkraft wirksam.

Berechnen Sie den Betriebsdruck, mit dem die Anlage mindestens versorgt werden muss.

2/25 Bei einem doppelt wirkenden Zylinder mit dem Kolbendurchmesser von 100 mm beträgt laut Datenblatt die Kolbenkraft im Vorhub 4550 N und im Rückhub 4260 N.

a) Berechnen Sie den Betriebsdruck.
b) Berechnen Sie den Kolbenstangendurchmesser.
c) Welchen genormten Durchmesser hat die Kolbenstange?

2/26 Ein einfach wirkender Zylinder hat im Kolbenstangenraum eine Feder und eine Abluftbohrung. Welche Aufgaben hat die Feder, wozu dient die Bohrung?

2/27 An welchen Stellen in einem Zylinder würden in der Druckluft mitgerissene Schmutzteile besonders schädlich sein?

2/28 Skizzieren Sie das grafische Symbol für einen Zylinder ab, und ergänzen Sie die Anzüge mit den folgenden Fachbegriffen: Kolben, Kolbenstange, Zylinderrohr, Deckel, Boden, Druckluftanschluss.

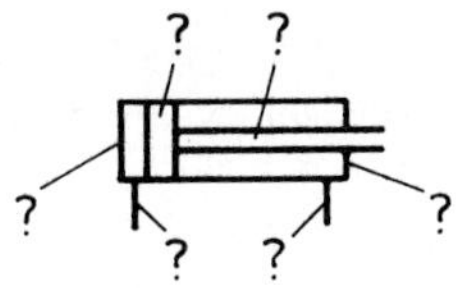

2/29 Die Kolbenstange von Pneumatikzylindern tragen am herausragenden Ende meist Gewinde und zwei Schlüsselflächen.
Welche Aufgabe hat das Gewinde, wozu dienen die Schlüsselflächen?

2/30 Wo sitzt beim Membranzylinder die Rückstellfeder?

2/31 Welche Arbeitselemente sind für folgende Aufgaben auszuwählen?

a) Verstellung der Weichen in einem Transportsystem.

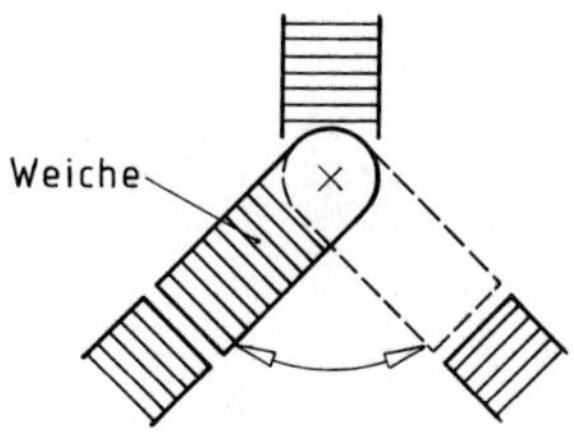

b) Antrieb einer Schleifmaschine

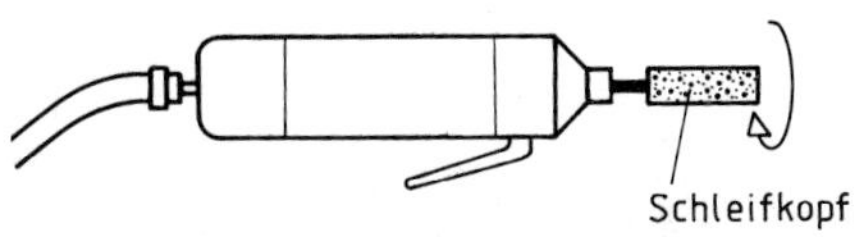

c) Spannen von gleichen Werkstücken in einer Bohrvorrichtung.

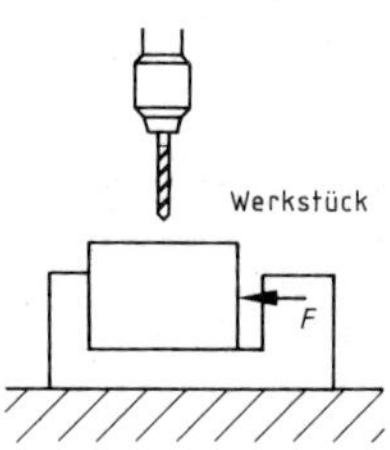

d) Ausstoß eines Werkstückes aus einer Bohrvorrichtung.

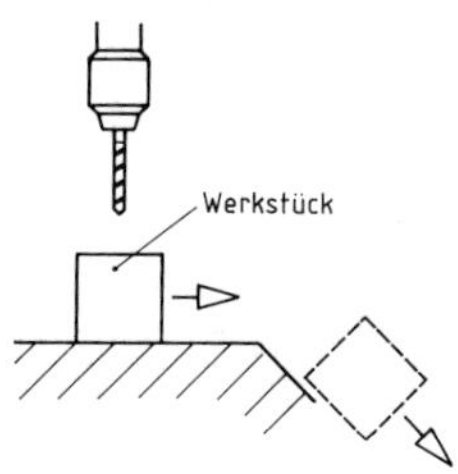

Einheiten zum Steuern der Druckluft

2/32 Ein Kugelsitzventil ist falsch eingebaut worden. Der Monteur hat die Anschlüsse 1 (P) und 2 (B) vertauscht.
Was geschieht, wenn dem Ventil Druckluft zugeführt wird?

2/33 Erklären Sie, warum Längsschieberventile gegenüber den Sitzventilen nur geringe Betätigungskräfte erfordern.

2/34 Welche Probleme ergeben sich bei impulsgesteuerten Längsschieberventilen im Hinblick auf die Ausgangsstellung einer Schaltung?

2/35 In einem pneumatischen Endschalter mit Vorsteuerung ist die Rückstellfeder gebrochen. Beschreiben Sie jeweils die Folgen für die Steuerung.

a) bei einem Federbruch im Vorsteuerventil und
b) bei einem Federbruch im Hauptventil.

2/36 Ordnen Sie die gegebenen Teilaussagen zu einem Fachbericht über die Rückstellung eines Ventiles mit Vorsteuerung.

- Der Druckraum mit der Membrane im Vorsteuerventil wird entlüftet.
- Die zusammengedrückte Feder im Hauptventil kann nun den Steuerkolben nach oben umschalten.
- Wird die Betätigungsrolle entlastet, so erfolgt die Rückstellung des Ventiles.
- Im Vorsteuerventil schließt die Rückstellfeder die Verbindung zwischen dem Druckanschluss und dem Druckraum mit der Membrane.
- Die aus der Arbeitsleitung zurückströmende Luft entweicht über die Bohrung im Steuerkolben nach außen.
- Der umgeschaltete Steuerkolben verschließt im Hauptventil den Weg vom Druckanschluss zur Arbeitsleitung.

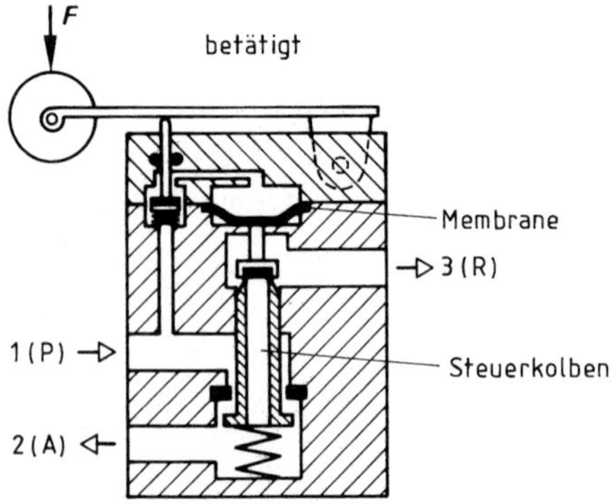

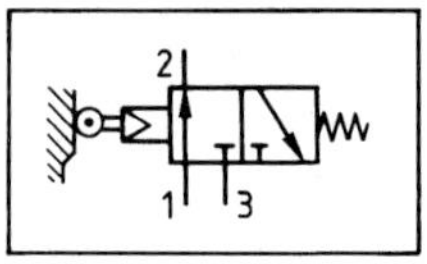

2/37 Warum benötigen Wegeventile mit Federrückstellung keine Handhilfsbetätigung?

Normal-Nenndurchfluss		
	Formeln	**Formelzeichen**
Allgemeine Gasgleichung:	$\frac{p_o \cdot V_o}{T_o} = \frac{p \cdot V}{T}$	**Normbedingungen** p_o Druck von 1,013 bar V_o Normvolumen in dm^3 T_o Temperatur von 273 K
Normal-Nenndurchfluss	$q_v = \frac{V}{t}$	**Bedingungen für den Berechnungsfall** p Druck in bar V Volumen in dm^3 T Temperatur in K t Zeit in min q_v Normal-Nenndurchfluss in l/min (Volumenstrom)

2/38 Ein Ventil mit einem Normal-Nenndurchfluss von 1 400 l/min soll überprüft werden. Wie viel dm^3 Luft strömen je Sekunde durch das Ventil, wenn die Luft jeweils folgende Temperaturen hat? (Der Druck beträgt 7 bar vor und 6 bar nach der Messstelle.)

a) – 10 °C; **b)** + 20 °C; **c)** + 60 °C.

2/39 Ein Ventil hat die Nennweite NW = 8 mm. Der Durchflussquerschnitt ist kreisringförmig. Dabei ist der größere Durchmesser 10 mm.

Berechnen Sie den kleineren Durchmesser.

2/40 Ein doppelt wirkender Zylinder soll über Handbetätigung ein- und ausgefahren werden. Wahlweise kann der Vorhub auch über einen Fußschalter erfolgen.

Skizzieren Sie einen Schaltplan mit Wechselventil.

2/41 **a)** Welche Aufgabe hat das Rückschlagventil in der gegebenen Steuerung?

b) Analysieren Sie die Folgen für die Steuerung, falls die Anschlüsse beim Rückschlagventil vertauscht werden.

c) Entwickeln Sie einen entsprechenden Schaltplan für die Steuerung des Zylinders mit Hilfe nur eines 3/2 Wege-Ventiles mit entsprechenden Betätigungen.

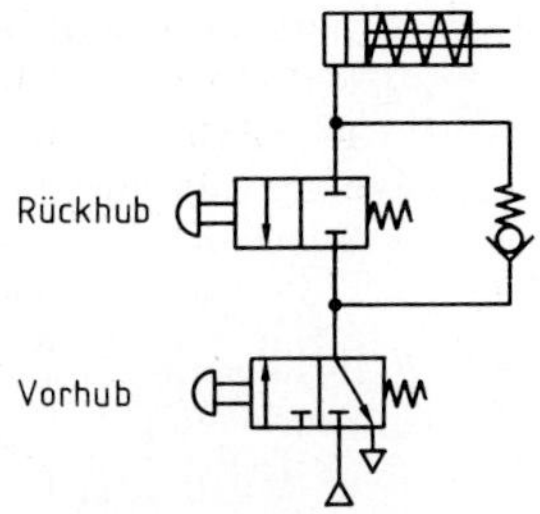

2/42 In einer Steuerung wird ein Zylinder über ein Zweidruckventil beim Ausfahren angesteuert.

a) Skizzieren Sie den Schaltplanausschnitt mit Signalgliedern, Steuerglied, Stellglied und Arbeitsglied.

b) Verwirklichen Sie die gleiche Schaltung ohne Zweidruckventil.

2/43 Welchen Nachteil hat ein Drosselventil für die Einstellung der Kolbengeschwindigkeit?

2/44 Ein Drosselrückschlagventil zur Geschwindigkeitseinstellung von Arbeitsgliedern kann auf der Zuluftseite oder auf der Abluftseite des Zylinders eingebaut werden.
Auf welcher Seite des Arbeitsgliedes setzt man Drosselrückschlagventile vorzugsweise ein? Begründen Sie Ihre Antwort.

2/45 In Verzögerungsventilen sind Drosselrückschlagventile eingebaut.

a) Beschreiben Sie die Aufgabe der Drossel.

b) Erklären Sie die Funktion des Rückschlagventiles.

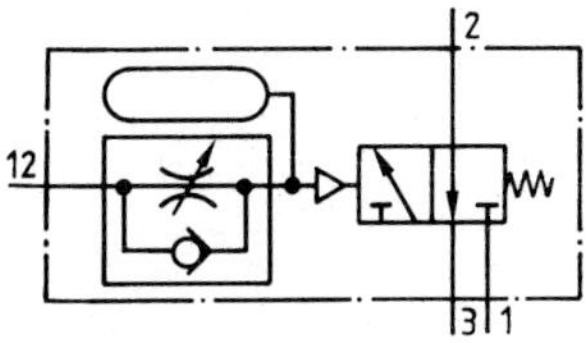

2/46 Ein großer doppelt wirkender Zylinder soll den Rückhub schnell ausführen. Vorgesehen ist ein Schnellentlüftungsventil.
Zeichnen Sie den Schaltplanauszug.

2/47 Warum sind Druckbegrenzungsventile in Druckerzeugungsanlagen vorgeschrieben?

2/48 Ein Druckregelventil funktioniert nicht mehr. Welche Ursachen können vorliegen?

2/49 Wie heißen die im „Schaltplan einer Pneumatikanlage" gekennzeichneten Bauteile 1 bis 11?
Geben Sie die jeweilige Aufgabe der Bauteile an.

2/50 Stellen Sie in der Werkstatt oder im Pneumatiklabor folgende Ventile zusammen:
– Wegeventil, – Sperrventil,
– Druckventil, – Stromventil.

a) Skizzieren Sie jeweils das grafische Symbol mit allen Anschlussbezeichnungen.

b) Bei alten Anschlussbezeichnungen tragen Sie zusätzlich die Anschlussbezeichnungen nach DIN ISO 5599 ein.

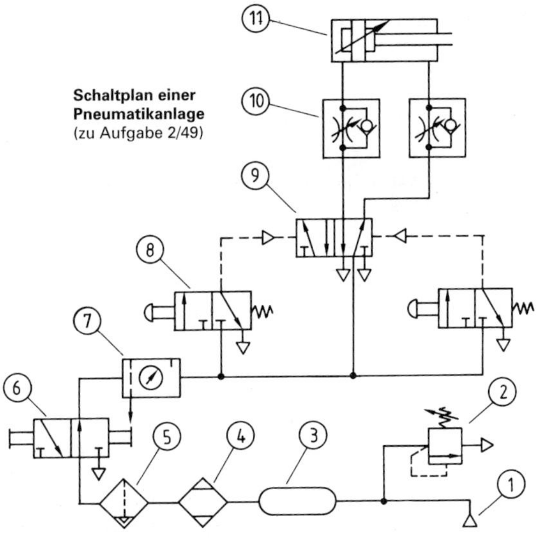

Schaltplan einer Pneumatikanlage (zu Aufgabe 2/49)

Pneumatische Steuerungen

2/51 Ein einfach wirkender Zylinder soll mit einem 4/2-Wegeventil gesteuert werden, weil kein geeignetes 3/2-Wegeventil vorhanden ist.
Zeichnen Sie den Schaltplan.

2/52 Beantworten Sie die Fragen zu der dargestellten Schaltung mit Begründung.

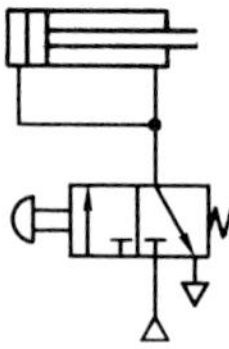

a) Lässt sich in der Ausgangsstellung die Kolbenstange durch eine äußere Kraft bewegen?
b) Nimmt die Kolbenstange bei Schalterbetätigung eine bestimmte Schaltstellung ein?

2/53 Die Drehzahl für einen Druckluftmotor soll im Rechtslauf und im Linkslauf gesteuert werden. Die Druckluft wird dem Motor über ein geeignetes 4/3-Wegeventil zugeführt, das handbetätigt sein soll. In der mittleren Stellung des Ventiles muss die Bewegung des Motors blockiert sein.
Zeichnen Sie den Schaltplan.

2/54 Warum baut man die Drossel zur Steuerung der Kolbengeschwindigkeit zwischen Stellglied und Arbeitsglied und nicht vor das Stellglied ein?

2/55 In eine Pneumatikanlage soll ein Drosselrückschlagventil eingebaut werden. Ein solches Ventil ist nicht verfügbar. Man kann sich mit dem Einbau einer Drossel und eines Rückschlagventiles helfen.
Zeichnen Sie den entsprechenden Teil des Schaltplanes.

2/56 In einer Leitung muss die Druckluft in beiden Richtungen gedrosselt werden. Es stehen nur Drosselrückschlagventile zur Verfügung.
Zeichnen Sie die Schaltung.

2/57 Welche Betätigungsarten sind typisch für willensabhängige Steuerungen?
Zeichnen Sie die entsprechenden grafischen Symbole, und geben Sie dazu Erläuterungen.

2/58 Unter welchen Voraussetzungen kann in einer Pneumatikanlage eine Signalfolge verwirklicht werden?

2/59 Wie kennzeichnet man in Schaltplänen für die Pneumatik die Lage von Signalgliedern, die wegeabhängig gesteuert werden?

2/60 Zeichnen Sie die typischen Betätigungssymbole für wegeabhängig gesteuerte Ventile in der Pneumatik.

2/61 Ein Rüttelsieb soll pneumatisch hin- und herbewegt werden. Die Geschwindigkeit der Rüttelbewegung soll sowohl im Vorlauf als auch im Rücklauf steuerbar sein.
Zeichnen Sie den Schaltplan.

2/62 Skizzieren Sie das grafische Symbol für ein Verzögerungsventil mit nachfolgendem Stellglied, das folgende Funktion haben soll:

- Nullstellung durch Federkraft, dabei Druckluft auf Arbeitsleitung 4 (A) und Arbeitsleitung 2 (B) entlüftet,
- in Schaltstellung ist die Druckluft mit 2 (B) verbunden und 4 (A) entlüftet, die Umsteuerung soll mit Druckluft erfolgen und zeitverzögert sein.

2/63 Eine Prägevorrichtung arbeitet halb automatisch in vorgegebener Reihenfolge:

- In eine Werkstückaufnahme wird von Hand ein Kunststoffplättchen etwa in der Größe eines 5-DM-Stückes eingelegt.
- Durch einen Pneumatikzylinder wird die Werkstückaufnahme unter den Prägestempel geschoben.
- Die Prägung erfolgt mit Hilfe eines zweiten Pneumatikzylinders.
- Nachdem der Zylinder für den Prägestempel in die Ausgangslage zurückgefahren ist, wird die Werkstückaufnahme in die Ausgangsstellung zurückgezogen.

a) Skizzieren Sie das Technologieschema.
b) Geben Sie an, welche Startbedingungen bestehen müssen.
c) Beschreiben Sie die einzelnen Schritte der Ablaufsteuerung.

2/64 Die gezeigte Maschine dient zum Ablängen von Kunststoffstangen.

a) Beschreiben Sie mit Ihren Worten den Ablauf eines Ablängvorganges.
b) Stellen Sie den Ablauf im Weg-Schritt-Diagramm dar.

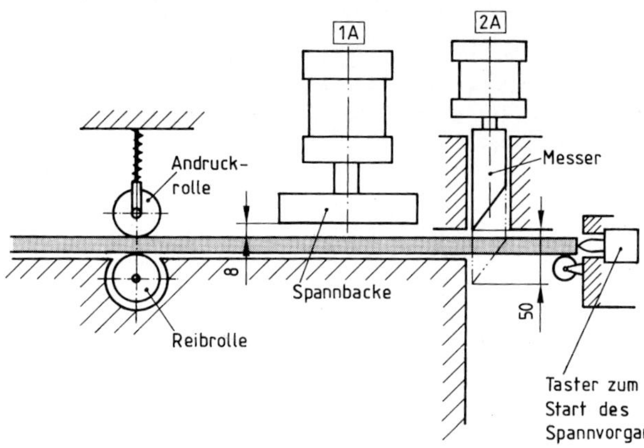

2/65 In einen Metallring sollen zwei Durchgangslöcher gebohrt werden, die radial verlaufen und um 30° versetzt sind. Beide Bohrungen liegen in dem gleichen Kreisquerschnitt.

a) Skizzieren Sie das Technologieschema mit einem pneumatischen Spannzylinder und zwei Bohrspindeln, die über pneumatische Vorschubeinheiten angetrieben werden.
b) Geben Sie eine genaue und vollständige „Aufgabenstellung" für diese Steuerung.
Beschreiben Sie dabei die Abfolge der Bewegungen der Arbeitselemente.

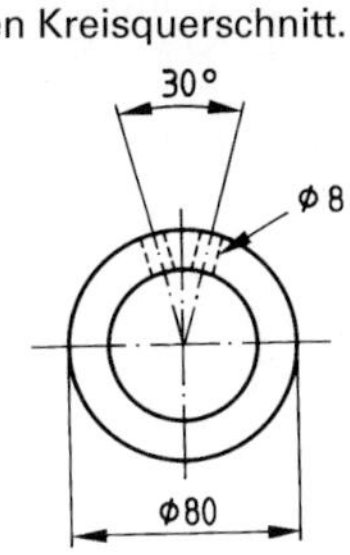

c) Legen Sie die Startverriegelung fest, und nennen Sie notwendige Absicherungen.

2/66 In einer Biegevorrichtung werden Werkstücke pneumatisch gespannt und anschließend selbsttätig gebogen. Der Steuerungsablauf erfolgt in Schritten:

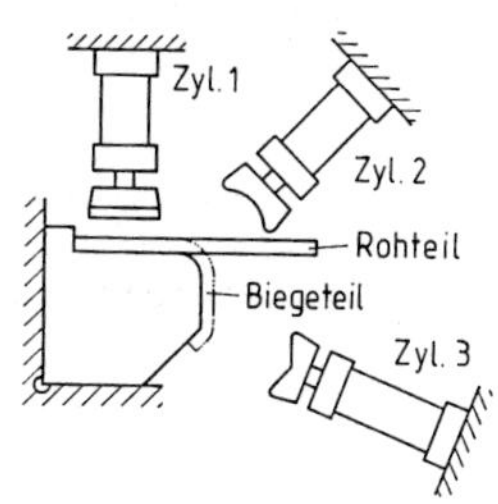

Schritt	Beschreibung des Ablaufes
1.	Zylinder 1A fährt aus, spannt Biegeteil
2.	Zylinder 2A fährt aus, biegt Werkstück vor
3.	Zylinder 3A fährt aus, biegt Werkstück fertig
4.	Zylinder 2A und 3A fahren ein
5.	Zylinder 1A fährt ein, Werkstück wird entnommen

Zeichnen Sie das Zustands-Schritt-Diagramm mit Signallinien.

2/67 Beschreiben Sie anhand des folgenden Funktionsdiagramms:

a) die Startbedingungen,
b) die Schrittfolge der Steuerung,
c) die Wirkung der Endschalter 1S3 und 1S2.

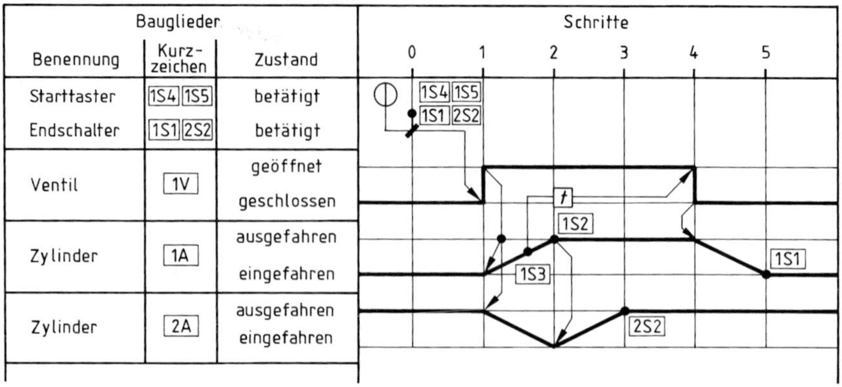

2/68 Beschreiben Sie anhand des Funktionsdiagramms:

a) die Startbedingungen,
b) die Schrittfolge der Steuerung,
c) den Automatikbetrieb.

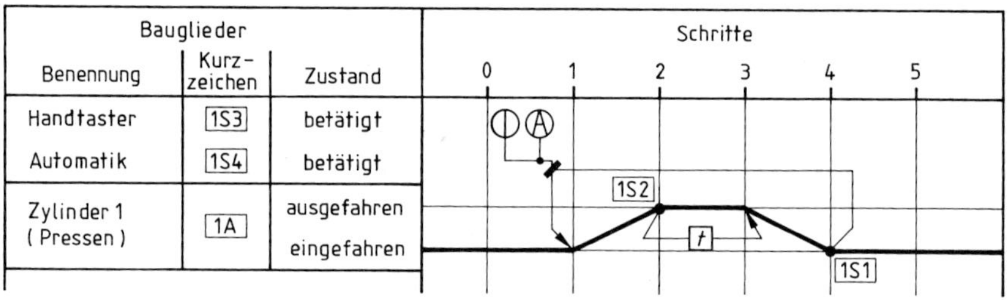

2/69 Eine Biegevorrichtung für Bleche arbeitet mit einem Pneumatikzylinder. Dabei wird der Zylinder schnell zugestellt, während der Biegevorgang selbst langsam erfolgt.

a) Erstellen Sie für den Pneumatikzylinder das Funktionsdiagramm.
b) Tragen Sie die Signalglieder und die Signallinien in das Diagramm ein, wenn folgendes bekannt ist:

- Der Zylinder betätigt im eingefahrenen Zustand den Endtaster 1S1.
- Bei gleichzeitiger Betätigung der Handtaster 1S4 und 1S5 fährt der Zylinder schnell aus.
- Am Ende der Zustellung betätigt der Zylinder den Endschalter 1S2 und schaltet so auf den langsameren Biegevorgang um.
- Nach dem Biegevorgang betätigt der Zylinder den Endschalter 1S3 und schaltet sich selbst um.
- Im eingefahrenen Zustand fährt der Zylinder wieder auf den Endschalter 1S1.

2/70 In der Pneumatik und Hydraulik unterscheidet man folgende Pläne und Diagramme:

- Technologieschema,
- Schaltplan,
- Weg-Zeit-Diagramm,
- Weg-Schritt-Diagramm,
- Zustands-Schritt-Diagramm,
- Funktionsdiagramm.

Erläutern Sie die Aufgabe dieser Pläne bzw. Diagramme.

2/71 Untersuchen Sie die Aussagen und geben Sie an, ob es sich um eine Ablauf- oder Verknüpfungssteuerung handelt.

a) In einer Flaschenabfüllanlage durchlaufen die Flaschen vom Reinigen über Kontrolle, Abfüllung, Verschließen, Etikettieren und Verpacken verschiedene Stationen. Die Weiterleitung zur nächsten Station erfolgt jeweils nach Abschluss des vorherigen Schrittes. Dies ist über eine ___?___ zu verwirklichen.

b) Ein Rolltor öffnet nur, wenn die Steuerung auf Automatik steht und ein bestimmtes Funksignal gegeben wird oder der Schlüsselschalter betätigt wird. Dies ist eine ___?___.

2/72 Der Verschluss der dargestellten Abfülleinrichtung wird durch einen doppelt wirkenden Zylinder, der im Grundzustand ausgefahren ist, betätigt. Durch Drücken einer Taste soll der Verschluss geöffnet werden. Lässt man die Taste los, soll der Verschluss selbsttätig geschlossen werden. Die Anlage darf aber nur arbeiten, wenn ein Auffangbehälter unter der Öffnung steht.

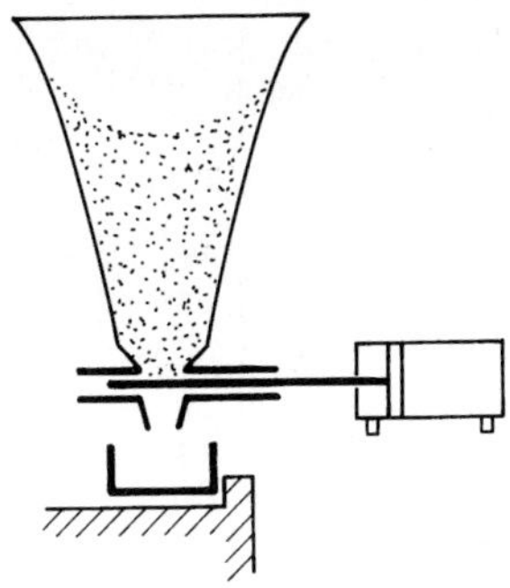

a) Zeichnen Sie das Funktionsdiagramm.

b) Zeichnen Sie den Pneumatikschaltplan.

2/73 Mit der dargestellten Vorrichtung werden Lagerbuchsen in Laufrollen eingepresst. Der Einpressvorgang soll nur dann erfolgen, wenn

– mit den Händen die Handtaster 1S1 **und** 1S2 gleichzeitig gedrückt sind,

oder wenn

– der Fußtaster 1S3 gedrückt wird **und** der Taster 1S4 für das Schutzgitter **nicht** gedrückt ist, weil das Schutzgitter vollständig herabgelassen ist.

Technologieschema

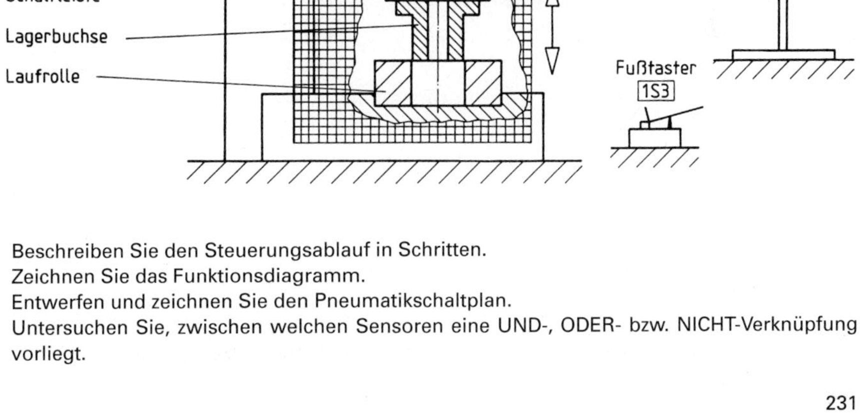

a) Beschreiben Sie den Steuerungsablauf in Schritten.

b) Zeichnen Sie das Funktionsdiagramm.

c) Entwerfen und zeichnen Sie den Pneumatikschaltplan.

d) Untersuchen Sie, zwischen welchen Sensoren eine UND-, ODER- bzw. NICHT-Verknüpfung vorliegt.

2/74 In einer halb automatischen Klebe- und Bohrvorrichtung sollen Werkstücke unter Druck geklebt und anschließend gebohrt werden. Das Profilteil wird von Hand auf die Werkstückaufnahme gelegt (1A ist eingefahren) und anschließend wird die mit Reaktionskleber beschichtete Auflage auf dem Profilteil justiert.

a) Beschreiben Sie den Steuerungsablauf in Schritten.

b) Zeichnen Sie das Funktionsdiagramm mit Signallinien.

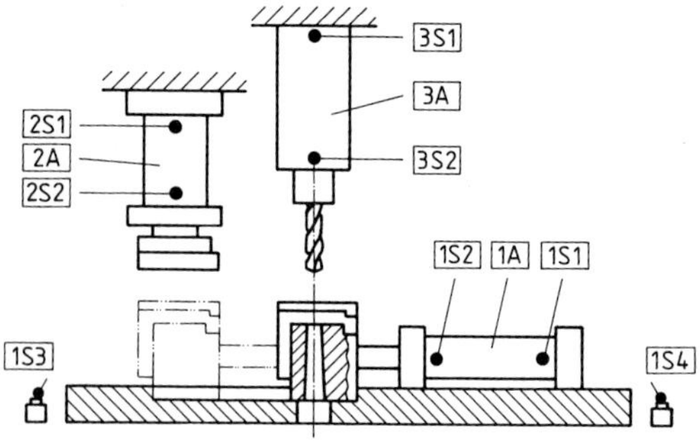

2/75 Ein langer Druckluftzylinder (1A) soll mit unterschiedlichen Geschwindigkeiten beim Ausfahren gesteuert werden. Vorgeschlagen ist dazu der skizzierte Schaltplan.

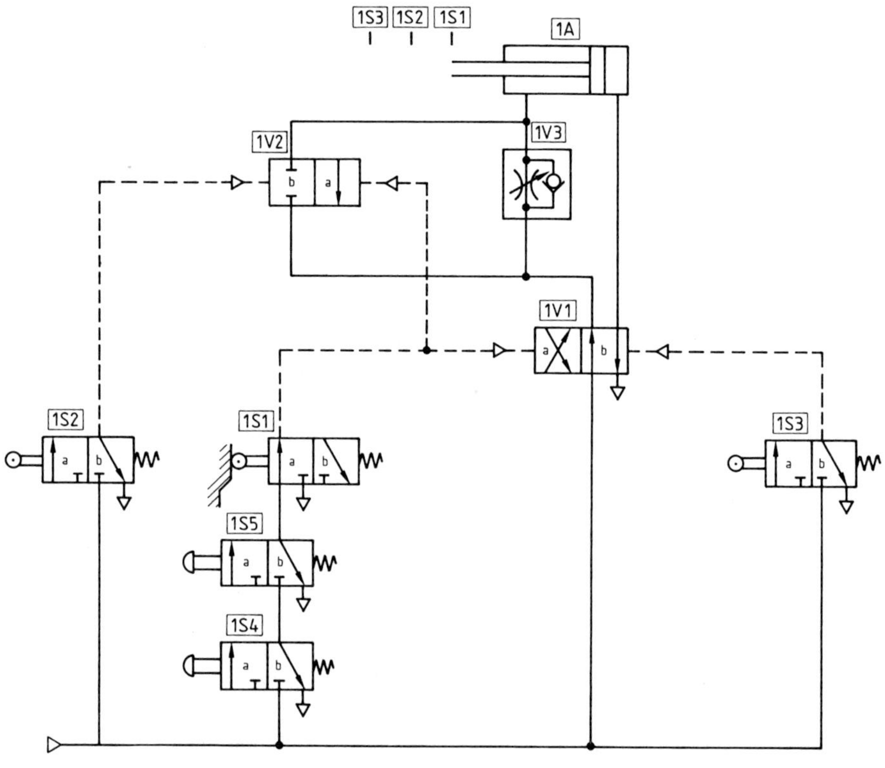

a) Entwickeln Sie aus dem Pneumatikschaltplan das Funktionsdiagramm.

b) Testen Sie die Schaltung im Pneumatiklabor, verwenden Sie dabei einen möglichst langen Zylinder.

c) Üben Sie sich in der Fehlersuche in Steuerungen, indem Sie von Ihrem Nachbarn Veränderungen im Aufbau der zunächst funktionstüchtigen Anlage vornehmen lassen. Suchen Sie die Fehler systematisch mit Hilfe des Funktionsdiagrammes und des Pneumatikschaltplanes.

d) Welche Aufgabe sollen die Ventile 1S4 und 1S5 erfüllen?

e) Falls Sie schon die Elektropneumatik behandelt haben, ersetzen Sie die pneumatische Steuerung durch eine entsprechende Schützsteuerung.

f) Falls Sie schon die Speicher-Programmierbare-Steuerung behandelt haben, ersetzen Sie die pneumatische Steuerung durch eine entsprechende SPS-Steuerung.

Planungsunterlagen zu den Aufgaben 2/76 bis 2/78

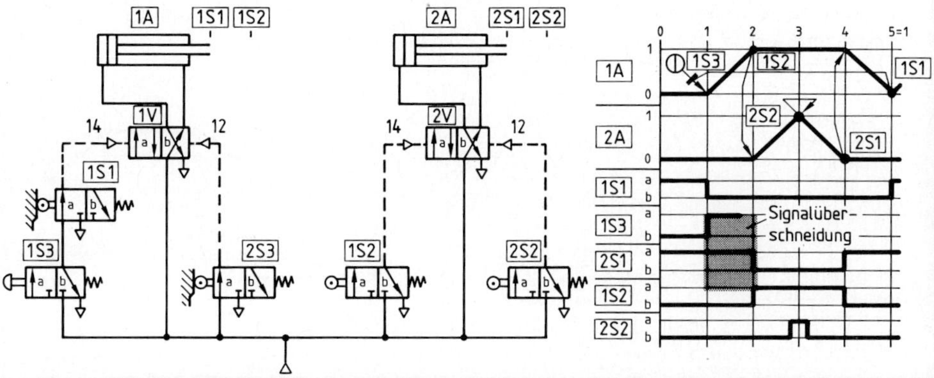

2/76 Warum liegt in dem Schaltplan auch eine Signalüberschneidung zwischen den Ventilen 1S2 und 2S2 vor?

2/77 Aus den Planungsunterlagen kann man verschiedene Informationen entnehmen.
Welche Bedeutung haben die Buchstaben a und b im Funktionsdiagramm, die bei den Kurzzeichen für die Bauglieder stehen?

2/78 Testen Sie die Schaltung im Pneumatiklabor. Schalten Sie dabei die Dauersignale von 2S1 und 1S2 über Verzögerungsventile ab.

Planungsunterlagen zu den Aufgaben 2/79 bis 2/81

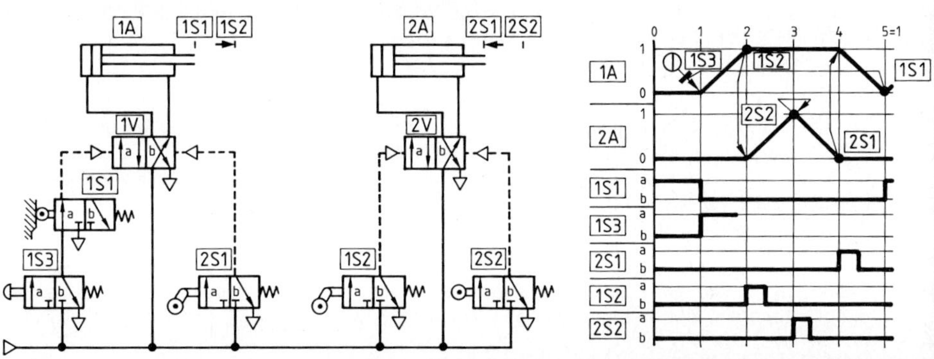

2/79 Zeichnen Sie aus den gegebenen Planungsunterlagen ein vollständiges Funktionsdiagramm (Bezeichnungen, Erweiterung um die Stellglieder, Signallinien zwischen den Baugliedern).

2/80 In der Steuerung ist im Endschalter 1S2 die Rückstellfeder gebrochen.
Beschreiben Sie die Folgen für die Steuerung.

2/81 Analysieren Sie die Steuerung anhand der vorliegenden Planungsunterlagen unter folgendem Gesichtspunkt:
Wie ist die Steuerung gegen einen unbeabsichtigten Start während des Arbeitszyklus abgesichert?

Planungsunterlagen zu den Aufgaben 2/82 bis 2/84

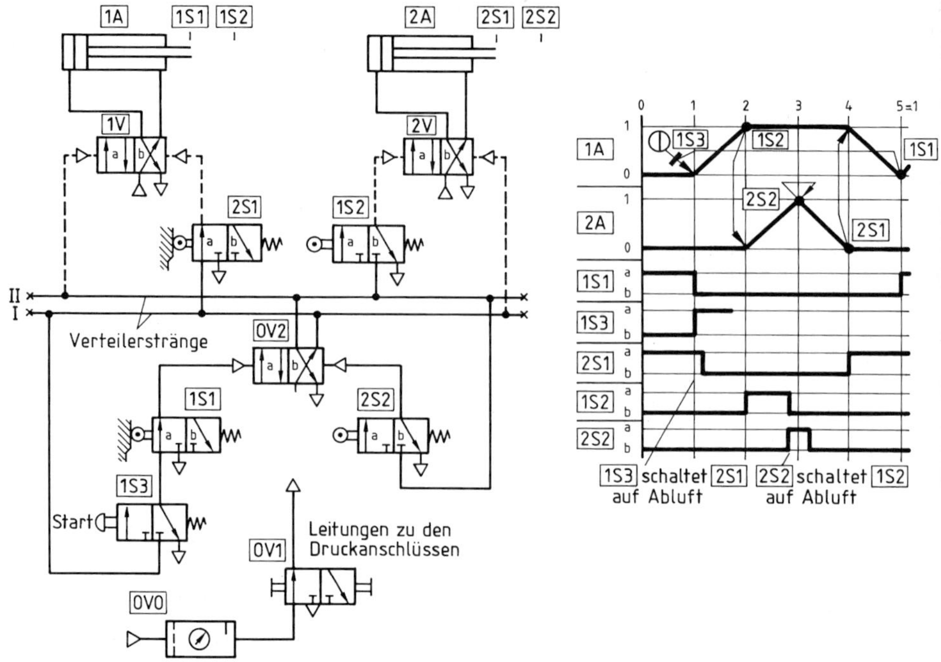

2/82 **a)** Kopieren oder zeichnen Sie den Pneumatikschaltplan möglichst vergrößert.

b) Stellen Sie im Pneumatiklabor die notwendigen Ventile zusammen, und übertragen Sie die Anschlussbezeichnungen der Ventile in den Pneumatikschaltplan.

2/83 **a)** Bauen Sie die Steuerung nach den Planungsunterlagen im Pneumatiklabor auf, und testen Sie die Steuerung auf ihre Funktionstüchtigkeit. Erstellen Sie ein Prüfprotokoll.

b) Nach einer Reparatur sind die Anschlüsse von dem Umschaltventil 0V2 an die Verteilerstränge vertauscht worden.
Was passiert, wenn die Anlage über das Hauptventil 0V1 mit Druckluft versorgt wird?

2/84 Analysieren Sie die Aufgabe des Signalgliedes 1S1 in der Schaltung nach den vorliegenden Planungsunterlagen. Beschreiben Sie Ihre Feststellungen.

3 Elektropneumatik

Bauteile in elektropneumatischen Anlagen

3/1 Das mechanische Öffnen bzw. Schließen eines Ventiles erfolgt mit Hilfe des elektrischen Stromes. Erklären Sie diesen Vorgang.

3/2 Welche Teile eines grafischen Symbols für ein elektromagnetisch betätigtes Wegeventil sind im Pneumatikschaltplan und im Stromlaufplan gleich, und welche sind unterschiedlich?

3/3 Zeichnen Sie das grafische Symbol für ein 3/2-Wegeventil in Sperr-Ruhestellung, elektromagnetisch betätigt mit Vorsteuerung und Federrückstellung.

3/4 Aus welchem Grund benutzt man beim Einsatz von Magnetventilen vorzugsweise solche mit Vorsteuerung?

3/5 Welche Aufgabe hat die Handhilfsbetätigung bei Magnetventilen?

3/6 Erläutern Sie folgende Fachbegriffe:

a) EP-Wandler, **b)** PE-Wandler.

3/7 Erklären Sie die Aufgabe und Wirkung eines RC-Gliedes.

3/8 Entschlüsseln Sie die folgenden Kennzeichen nach VDE 0470:

a) IP 20, **b)** IP 22, **c)** IP 54.

3/9 **a)** Untersuchen Sie Magnetventile in elektropneumatischen Steuerungen aus Ihrem Betrieb oder aus dem Pneumatiklabor auf die Schutzart.

b) Welchen Hinweis auf Personenschutz finden Sie im Kennzeichen für die Schutzart?

3/10 Warum bevorzugt man in elektropneumatischen Steuerungen bei Magnetventilen die Spannung von 24 V?

3/11 Bei welchem Näherungsschalter können nicht metallische Körper den Schaltvorgang auslösen?

3/12 Welche besonderen Vorteile bieten fotoelektronische Grenztaster?

3/13 Wie unterscheiden sich Schütz und Relais:

– im Aufbau, – in ihrer Leistung, – in der zeichnerischen Darstellung?

3/14 Zeichnen Sie das grafische Symbol für ein Schütz nach DIN 40 713

a) mit drei Öffnern,

b) mit einem Öffner und einem Schließer.

Elektropneumatische Steuerungen

3/15 **a)** In welche Richtung ist der Signalfluss im Stromlaufplan vereinbart und wie ist die Polung festgelegt?

b) Wie wird der Energiefluss im Pneumatikschaltplan angenommen?

3/16 Zeichnen Sie anhand des gegebenen Leistungsteils eines Stromlaufplanes das Weg-Schritt-Diagramm. Achten Sie insbesondere auf die Kurzschreibweise der Zylinderbewegungen.

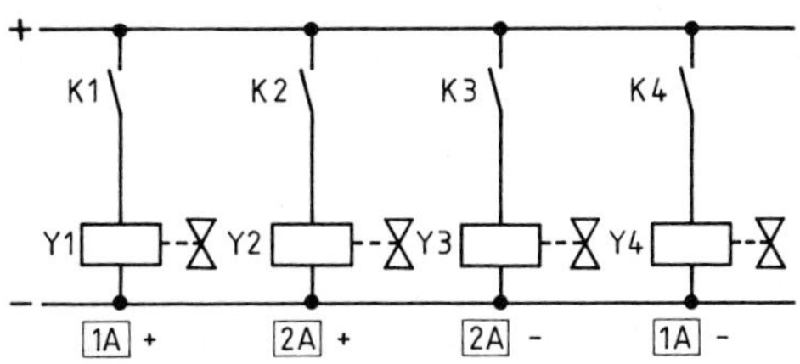

3/17 Übernehmen Sie den folgenden Stromlaufplan, und ergänzen Sie die Skizze durch die Schaltgliedertabellen.

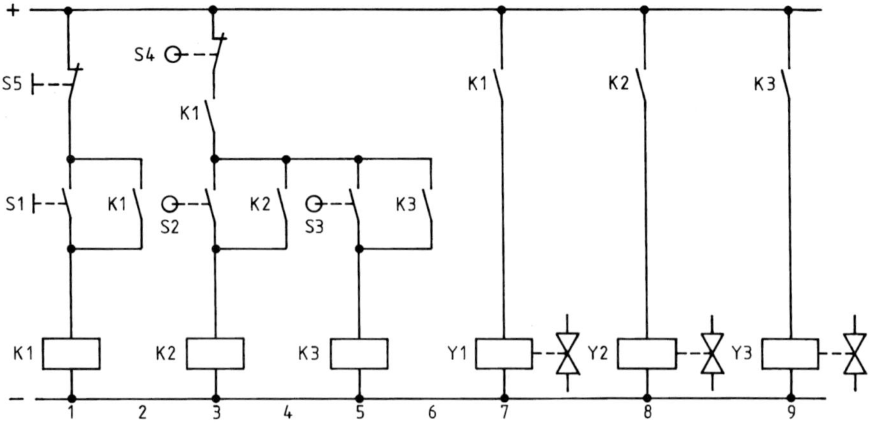

3/18 Zeichnen Sie den gegebenen Stromlaufplan ab, und erweitern Sie diesen Plan um einen 5. Schritt. In diesem 5. Schritt ist eine entsprechende Schaltung wie in den vorhergehenden Schritten vorzusehen.

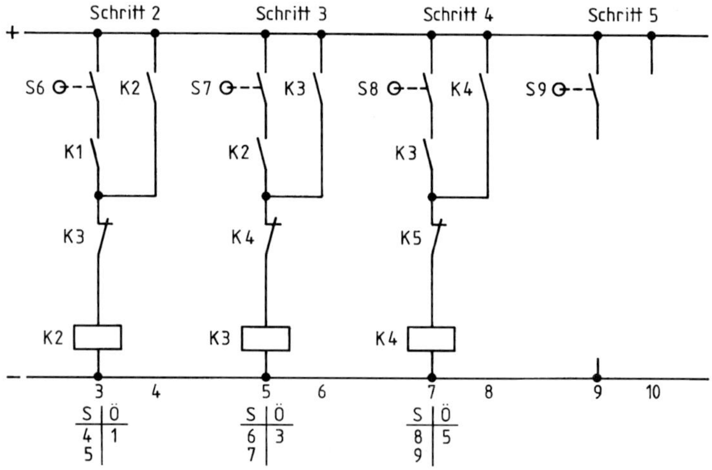

3/19 Im Stromlaufplan nach Aufgabe 3/18 ist im Strompfad 5 die Abzweigung für die Selbsthaltung von Schütz K3 irrtümlich oberhalb von Schließer K2 angebracht worden. Analysieren Sie die Folgen dieses Irrtums.

3/20 Skizzieren Sie für den gegebenen Logikplan den Stromlaufplan.

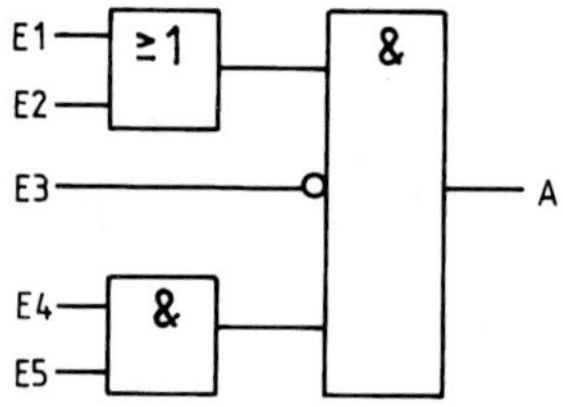

3/21 **a)** Wie muss man 5/2-Wegeventile elektropneumatisch ansteuern, damit sie Signale speichern?
b) Aus welchem Grunde benötigen solche Speicherventile einen Mindestbetriebsdruck zum Durchschalten?

3/22 Ein 5/2-Wegeventil soll von zwei Stellen eingeschaltet und von einer Stelle ausgeschaltet werden können.
Zeichnen Sie die betreffenden Ausschnitte vom Pneumatikschaltplan und vom Stromlaufplan.

3/23 Ein einfach wirkender Zylinder soll mit einer Schützschaltung auf Tastendruck ausfahren und in der Endlage selbsttätig zum Einfahren schalten.
Zeichnen Sie den Pneumatikplan und den Stromlaufplan.

3/24 Zwei übereinander angeordnete Rüttelsiebe werden von doppelt wirkenden Zylindern angetrieben. Auf Tastendruck beginnen die Siebe zu rütteln, nach einer einstellbaren Zeit hört die Vorrichtung auf zu arbeiten.

a) Entwickeln Sie das Zustands-Schritt-Diagramm.
b) Zeichnen Sie den Pneumatikplan.
c) Zeichnen Sie den Stromlaufplan.
d) Geben Sie eine stichwortartige Funktionsbeschreibung.

3/25 In einer halb automatischen Klebe- und Bohrvorrichtung sollen Werkstücke unter Druck geklebt und anschließend gebohrt werden. Entsprechend dem Technologieschema wird das Profilteil von Hand auf die Werkstückaufnahme gelegt und anschließend die mit Reaktionskleber beschichtete Auflage auf dem Profilteil justiert.

Schritt	Beschreibung des Ablaufes
1	Zylinder 1A fährt aus und schiebt die Werkstückaufnahme unter den Zylinder 2A mit der Heizplatte,
2	Zylinder 2A presst Profilteil und Auflage unter Wärmezufuhr zusammen,
3	Zylinder 2A fährt nach einer einstellbaren Klebezeit in die Ausgangslage zurück,
4	Zylinder 1A zieht die Werkstückaufnahme in ihre Ausgangsstellung zurück,
5	Zylinder 3A bohrt die gefügten Teile,
6	Zylinder 3A fährt in die Ausgangsstellung zurück,
7	das Werkstück wird von Hand entnommen.

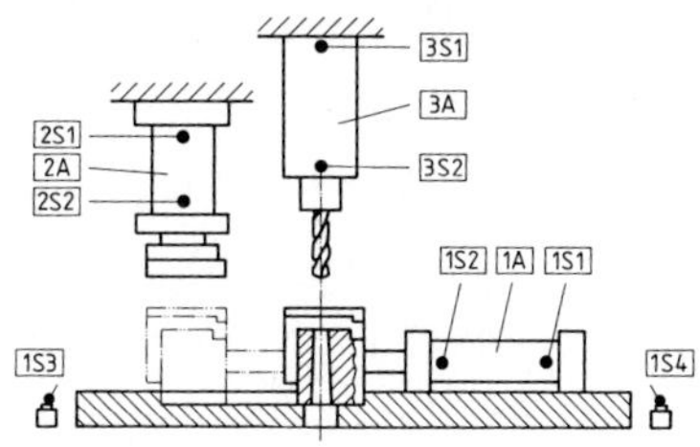

Technologieschema „Klebe- und Bohrvorrichtung"

Anmerkungen:

- Beim Start müssen alle drei Zylinder eingefahren sein.
- Aus Sicherheitsgründen darf die Anlage nur gestartet werden, wenn die zwei Handtaster gleichzeitig betätigt werden.
- Der Bohrvorgang darf erst erfolgen, wenn der Zylinder 1A in die Ausgangslage zurückgefahren ist.
- Vor Ablauf des gesamten Vorganges darf kein neuer Start beginnen können.

a) Zeichnen Sie das Funktionsdiagramm.
b) Zeichnen Sie den elektropneumatischen Schaltplan.
c) Zeichnen Sie den Stromlaufplan.

4 Speicherprogrammierbare Steuerungen (SPS)

Steuerungstechnische Grundlagen

4/1 **a)** Wodurch erfolgt die Verwirklichung der Steueranweisungen bei „verbindungsprogrammierbaren Steuerungen (VPS)"?

b) Wie wird die Veränderung der Steueranweisungen in „verbindungsprogrammierbaren Steuerungen (VPS)" vorgenommen?

c) Wie wird die Veränderung des Steuerungsablaufes in „speicherprogrammierbaren Steuerungen (SPS)" vorgenommen?

4/2 Das dargestellte Logiksymbol ist ein UND-Glied mit drei Eingängen.
Ergänzen Sie die Funktionstabelle.

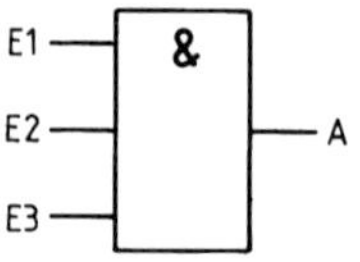

E1	E2	E3	A
0	0	0	?
0	0	1	?
0	1	0	?
0	1	1	?
1	0	0	?
1	0	1	?
1	1	0	?
1	1	1	?

4/3 Ein Schieber am Speicher einer Abfüllanlage wird durch einen Pneumatikzylinder betätigt.
Der Zylinder fährt ein und öffnet damit den Abfülltrichter, wenn
- der Knopf „Füllen" gedrückt wird,
- ein Behälter unter dem Silo steht,
- der Taster unter der Gewichtskontrolle nicht gedrückt ist.

Zeichnen Sie den Logikplan, und stellen Sie die Funktionstabelle auf.

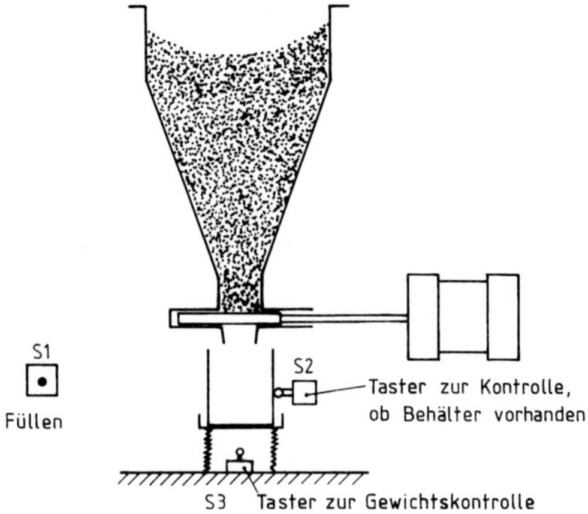

4/4 Eine Presse soll erst dann arbeiten, wenn das Schutzgitter zugefahren ist und entweder beide Taster der Handschaltung am Ständer der Maschine betätigt werden oder ein Taster am 2 m entfernten Steuerstand betätigt wird. Nach Loslassen der Taster fährt die Maschine in die Ausgangsstellung zurück.
Es sind Logikplan und Funktionstabelle anzulegen.

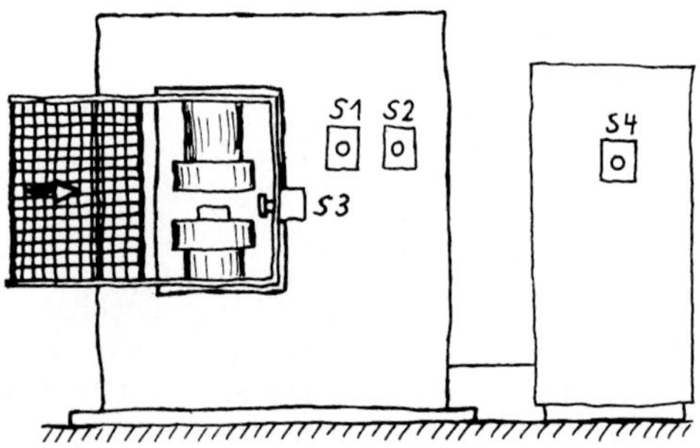

4/5 Eine Steuerung soll ein Ausgangssignal geben, wenn am Eingang E1 ein Signal anliegt UND E2 NICHT beaufschlagt ist.
Skizzieren Sie das Logiksymbol, und stellen Sie die Funktionstabelle auf.

4/6 Eine Steuerung erfüllt folgende Funktion: Ausgangssignal nur dann, wenn E1 ODER E2 UND E3 Signal geben.
Stellen Sie die Funktionstabelle auf.

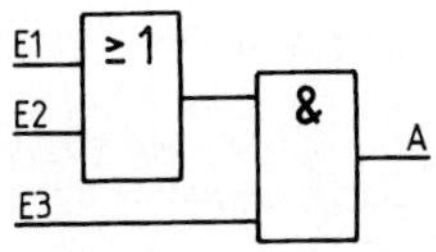

E1	E2	E3	A
0	0	0	?
0	0	1	?
0	1	0	?
0	1	1	?
1	0	0	?
1	0	1	?
1	1	0	?
1	1	1	?

4/7 Ein Spannzylinder spannt, wenn aus Sicherheitsgründen zwei Handtaster (E1 und E2) gleichzeitig gedrückt werden. Er fährt zurück, wenn der Taster „Lösen" (E3) gedrückt wird.
Übertragen Sie den Logikplan und die Funktionstabelle, und ergänzen Sie diese.

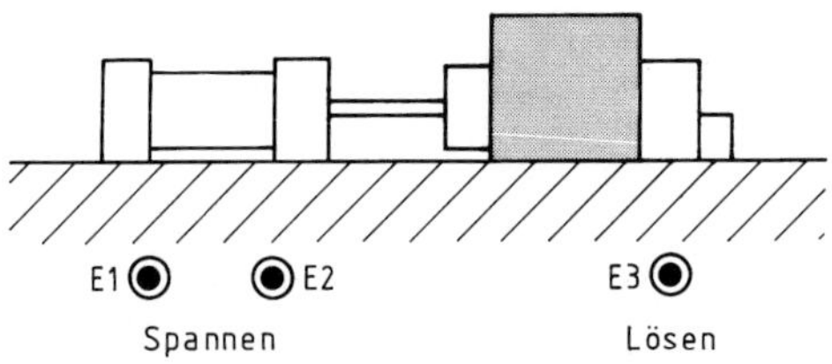

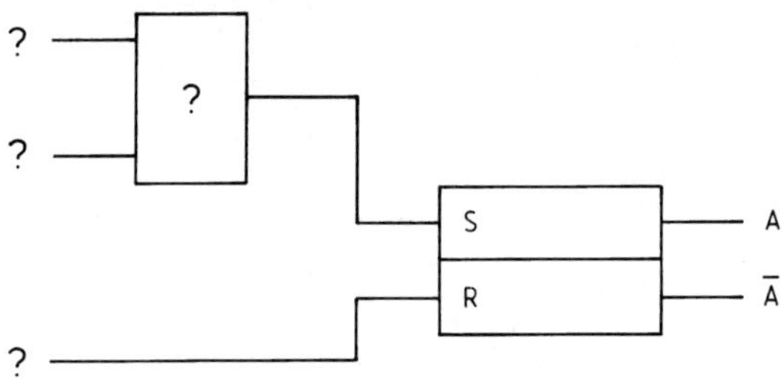

E1	E2	E3	A	Ā
0	0	0	?	?
0	0	1	?	?
0	1	0	?	?
0	1	1	?	?
1	0	0	?	?
1	0	1	?	?
1	1	0	?	?
1	1	1	?	?

4/8 In einer Vorrichtung werden Werkstücke gebördelt. Dazu werden die Werkstücke in eine Werkstückaufnahme gegeben und mit Hilfe eines Pneumatikzylinders 1A zugestellt und genau positioniert. Ein zweiter Pneumatikzylinder 2A fährt aus und bördelt das Werkstück. Nach dem Bördelvorgang schaltet sich der Zylinder selbst um und fährt in seine Ausgangslage zurück. Wenn der zweite Zylinder ganz eingefahren ist, wird der erste Zylinder zurückgestellt.
Übernehmen Sie den Funktionsplan und vervollständigen Sie ihn, indem Sie dabei folgende Begriffe verwenden:

– *für die Befehle:* Bördeln, Zurücksetzen (Werkzeug), Zurücksetzen (Werkstück), Zustellen.

Ergänzen Sie die Befehle mit der Kurzbeschreibung für die Zylinderbewegungen (1A+; 1A–; 2A+; 2A–).

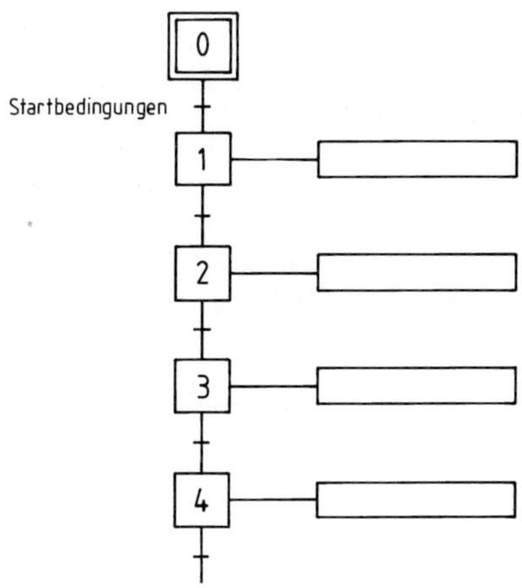

4/9 Zeichnen Sie für die angeführten Beispiele jeweils den Funktionsplan.

a) In einem Treppenhaus ist die Beleuchtung von drei Etagen aus einschaltbar.

b) Der Brenner eines Härteofens kann erst dann gezündet werden, wenn die Ofentür geschlossen ist.

c) Das Signalhorn in einer automatischen Fertigungsstraße ertönt aus unterschiedlichen Gründen:

– das Werkstückmagazin ist leer, – die Taktzeit weicht vom Sollwert ab.

d) Die Nebelschlussleuchte am PKW lässt sich nur einschalten, wenn die Beleuchtung eingeschaltet ist.

4/10 Der 5. Schritt in einer Steuerung – das Spannen – darf nur ausgeführt werden:

– wenn ein Weiterschaltsignal (S4) vom Schritt zuvor erfolgt ist,
– wenn ein Sicherheitsschalter betätigt wurde,
– wenn das Werkstückmagazin noch nicht leer ist.

Zeichnen Sie den Ausschnitt aus dem zugehörigen Funktionsplan.

4/11 Die Startbedingungen für eine Steuerung sind im folgenden Zustands-Schritt-Diagramm dargestellt.
Zeichnen Sie für diese Startbedingungen den Funktionsplan.

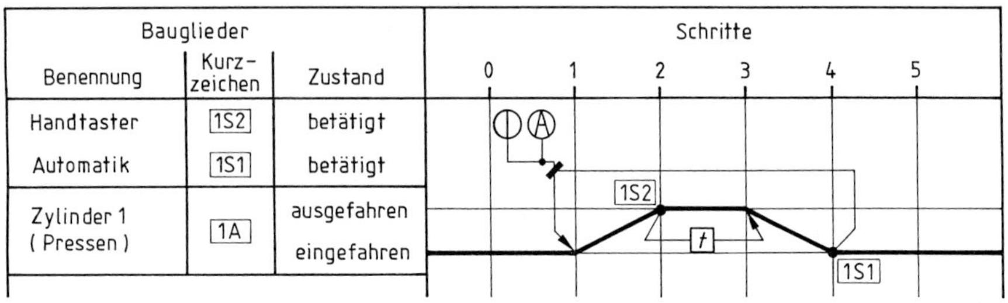

4/12 Eine Biegevorrichtung für Bleche arbeitet mit einem Pneumatikzylinder. Dabei wird der Zylinder schnell zugestellt, während der Biegevorgang selbst langsam erfolgt.

a) Erstellen Sie für den Pneumatikzylinder das Zustands-Schritt-Diagramm.

b) Tragen Sie die Signalglieder und die Signallinien in das Zustands-Schritt-Diagramm ein, wenn folgendes bekannt ist:

– Der Zylinder betätigt im eingefahrenen Zustand den Endtaster 1S1.
– Bei gleichzeitiger Betätigung der Handtaster S4 und S5 fährt der Zylinder schnell aus.
– Am Ende der Zustellung betätigt der Zylinder den Endschalter 1S2 und schaltet so auf den langsameren Biegevorgang um.
– Nach dem Biegevorgang betätigt der Zylinder den Endschalter 1S3 und schaltet sich selbst um.
– Im eingefahrenen Zustand fährt der Zylinder wieder auf den Endschalter 1S1.

4/13 Zeichnen Sie für die Biegevorrichtung nach Aufgabe 4/12 den Funktionsplan.

4/14 Ein Garagentor wird auf unterschiedliche Art geöffnet bzw. geschlossen. Mit der Betätigung des Garagentores werden gleichzeitig die Beleuchtung und ein Ventilator geschaltet.
In den folgenden Funktionsplänen sind die Reihenfolge und die Dauer der Schaltvorgänge dieser Steuerungen gegeben.

a) Beschreiben Sie die Steuerung beim Öffnen des Tores.
(S1 – Tor öffnen)

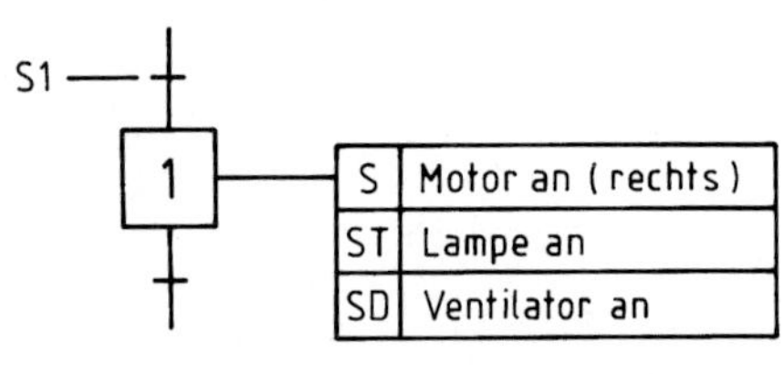

b) Beschreiben Sie die Steuerung beim Schließen des Tores.
(S2 – Tor schließen)

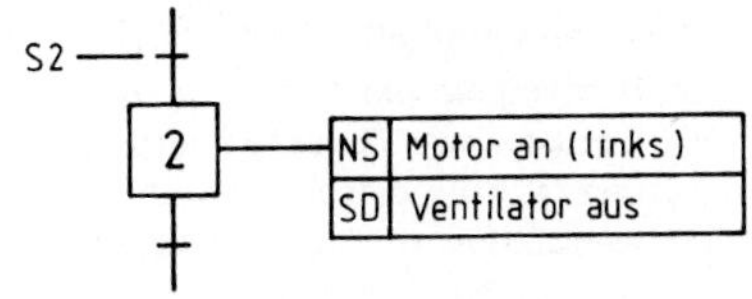

4/15 In einer halbautomatischen Pressvorrichtung werden zwei Bauteile zu einem Werkstück zusammengepresst. Man legt die einzelnen Teile von Hand ein und entnimmt das gefügte Werkstück ebenfalls von Hand. Durch die gleichzeitige Betätigung von zwei der drei Taster auf dem Rundtisch schaltet dieser um 120° weiter. Anschließend presst der Zylinder 1A1 die Bauteile zusammen und bleibt für eine einstellbare Zeit in dieser Stellung stehen.
Zeichnen Sie den vollständigen Funktionsplan. Beachten Sie dabei folgende Gesichtspunkte:

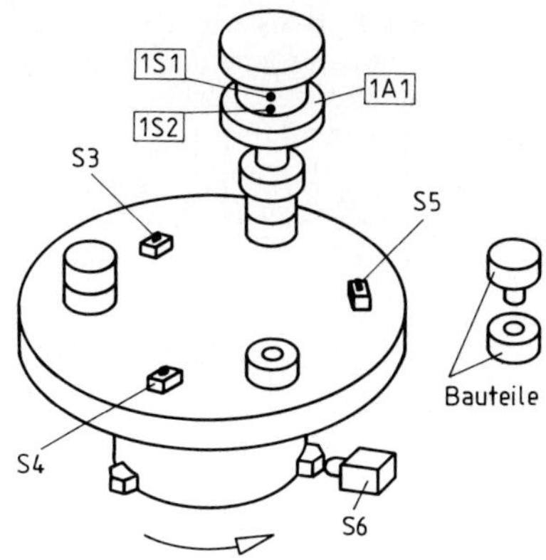

- ein neuer Zyklus darf nur erfolgen, wenn der Zylinder 1A1 eingefahren ist und der Endschalter 1S1 betätigt ist,
- die Verstellung des Rundtisches wird mit einem Schrittmotor durchgeführt und in der jeweiligen Stellung mit dem Endschalter S6 rückgemeldet,
- Zylinder 1A1 betätigt im ausgefahrenen Zustand Endschalter 1S2.

4/16 Zeichnen Sie für die Klebe- und Bohrvorrichtung nach Aufgabe 3/25 den Funktionsplan.

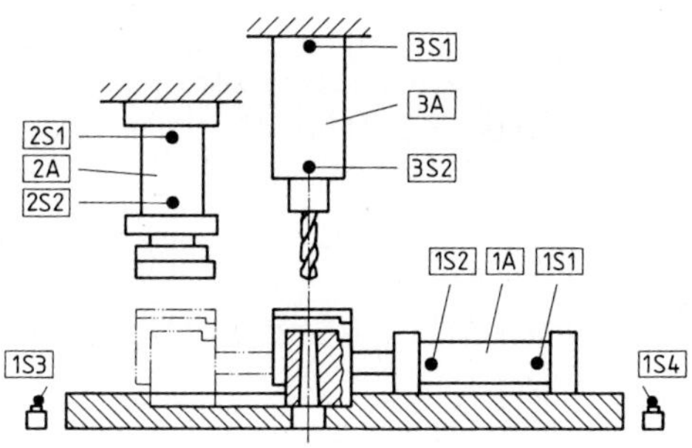

Gerätetechnischer Aufbau der SPS (Hardware)

4/17 Beschreiben Sie in einem kurzen Fachbericht die Programmierung von Automatisierungsgeräten in der SPS unter dem Gesichtspunkt des On-line bzw. Off-line Betriebes. Benutzen Sie dazu – soweit erforderlich – auch die nachfolgend angeführten Begriffe aus einem Fachlexikon.

on line rechnerabhängig, verbunden, mitlaufend, angeschlossen, direkt [gekoppelt]
off line rechnerunabhängig [arbeitend], nicht angeschlossen (verbunden), selbstständig [betrieben], indirekt

4/18 In einem Firmenkatalog finden sich folgende Aussagen:

- „Die meisten Automatisierungsgeräte in der SPS besitzen serienmäßig einen RAM-Speicher, der über eine Batterie gepuffert ist."
- „Automatisierungsgeräte für die Ausbildung in der SPS sind vorteilhafter mit einem EEPROM als Speicher ausgerüstet."

Analysieren Sie diese Aussagen im Hinblick auf die angesprochenen Speicher.

4/19 Die halbschematisch dargestellte Steuerung hat als Signalverarbeitungsgerät ein Automatisierungsgerät. Mit Hilfe dieses Gerätes sind unterschiedliche Steuerungsabläufe möglich, ohne daß die Anschlüsse geändert werden müssen. Ersetzen Sie die speicherprogrammierbare Steuerung durch eine entsprechende elektropneumatische Steuerung. Folgende Verknüpfung wird angenommen:

- Start auf Tastendruck nur möglich bei eingefahrenem Kolben.
- Rückhub nur möglich, nachdem der Kolben ganz ausgefahren ist und ein Tastendruck erfolgt.

Zeichnen Sie dazu den Stromlaufplan und den Pneumatikschaltplan.

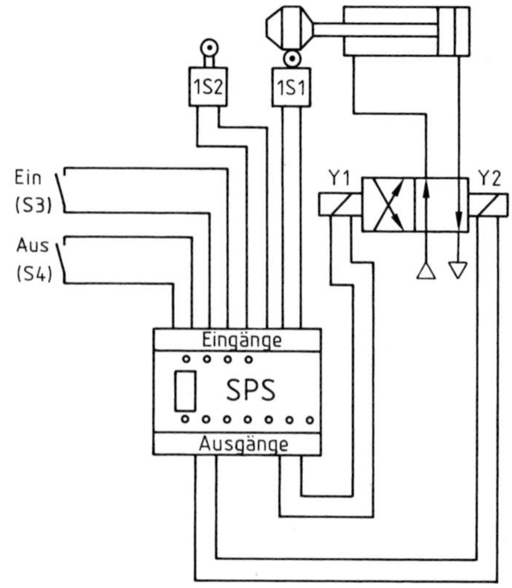

Arbeitsweise der SPS

4/20 Erklären Sie den Begriff „Zykluszeit" in der SPS.

4/21 Ergänzen Sie den nachfolgenden Text an den Leerstellen sinngemäß mit den Worten „Eingangssignale" oder „Ausgangssignale".

„Die ...?... an einem Automatisierungsgerät ändern sich durch die Betätigung der Sensoren in der Steuerung. Die Steuerung der Aktoren erfolgt durch die ...?... der SPS. In der SPS werden ...?... erst gesetzt, wenn der Mikroprozessor alle Programmschritte ausgeführt hat und dabei alle ...?... abgefragt wurden."

Programmieren von speicherprogrammierbaren Steuerungen

4/22 Setzen Sie die unten gezeichneten Schaltplanausschnitte gemäß dem nebenstehenden Beispiel jeweils in eine Textbeschreibung und in eine Anweisungsliste um.

Beispiel für die Entwicklung einer Anweisungsliste

Schaltplan	Textbeschreibung	Anweisungsliste
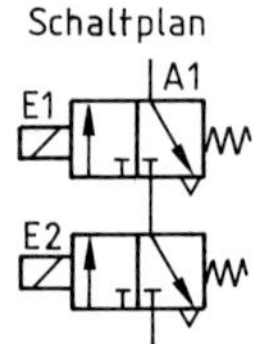	Und Eingang 1	U E 1
	Und Eingang 2	U E 2
	ergibt Ausgang 1	= A 1

a)

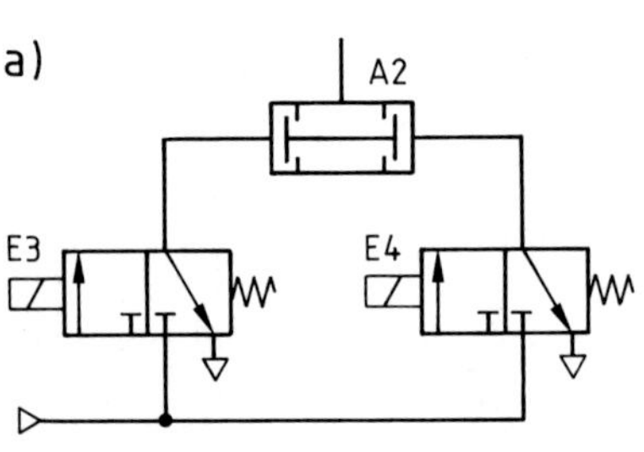

b)

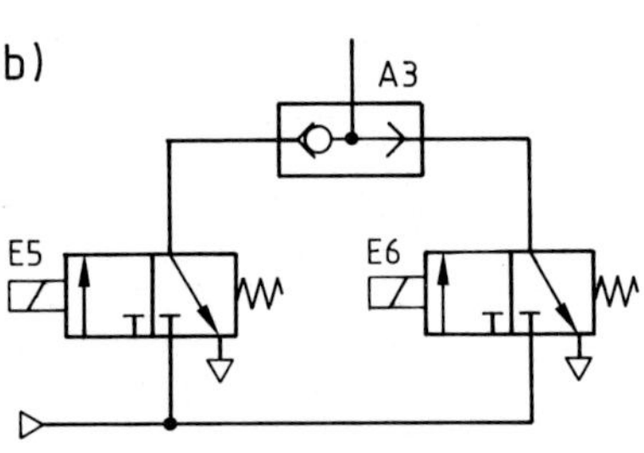

4/23 Die nachfolgende Textbeschreibung des Steuerungsteiles einer pneumatischen Steuerung soll in einem entsprechenden Schaltplanausschnitt dargestellt werden.

Textbeschreibung
Und **E**ingang 1
Und **E**ingang 2
ergibt Merker 1
Oder **M**erker 1
Oder **E**ingang 3
ergibt **A**usgang 1

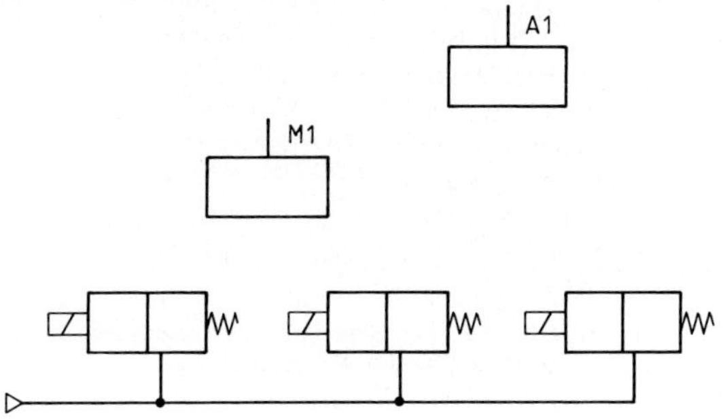

a) Übernehmen und vervollständigen Sie den Schaltplanausschnitt.
b) Schreiben Sie die zugehörige Anweisungsliste.

4/24 Bilden Sie einen Merksatz über die Steueranweisung in einer Anweisungsliste; benutzen Sie dabei folgende Begriffe bzw. Aussagen:
AWL, Operandenteil, Operationsteil, Steueranweisung, was zu tun ist, womit etwas zu tun ist.

4/25 Übernehmen Sie den gegebenen Ausschnitt aus einer Anweisungsliste, und ordnen Sie die gegebenen Fachbegriffe zu.
Adresse,
Operandenteil,
Operationsteil,
Satz,
Steueranweisung.

```
004  O  E1.1
006  O  E1.2
008  =  M1.1
00A  =  A2.1
```

Anmerkung:
Adressen werden häufig im hexadezimalen Zahlensystem angegeben.

4/26 Das Automatisierungsgerät für die Steuerung eines Pneumatikzylinders ist nach der vorgegebenen AWL programmiert und beschaltet.

a) Welche Bedingungen müssen bestehen, damit die Kolbenstange des Zylinders ausfährt?
b) Unter welchen Bedingungen fährt die Kolbenstange wieder ein?

```
AWL
U  E0
U  E1
O  E2
=  A1
```

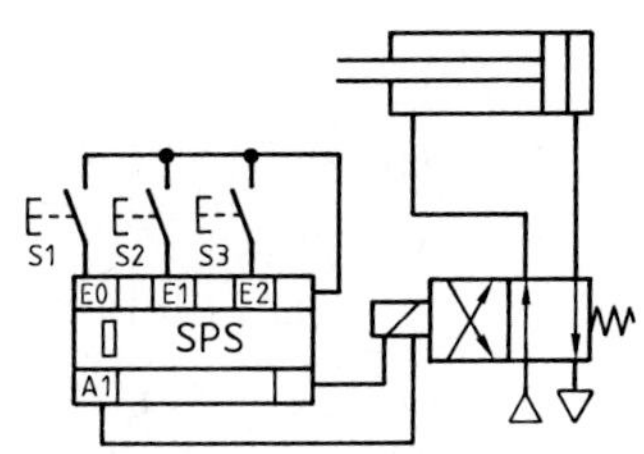

4/27 **a)** Erklären Sie, inwieweit der Stromlaufplan für den Kontaktplan als Vorlage dient?
b) Schreiben Sie zu dem gegebenen Stromlaufplan den Kontaktplan (KOP).

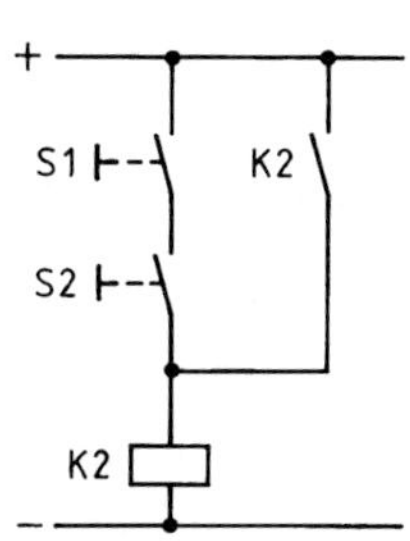

Bauteil	Zuordnung in der SPS
S1	E1
S2	E2
K2	A3

4/28 **a)** Erläutern Sie den Zusammenhang zwischen dem Funktionsplan als Programmiersprache (FUP) und dem Funktionsplan als Planungsunterlage.

b) Setzen Sie den gegebenen Funktionsplan in die Programmiersprache Funktionsplan (FUP) für die SPS um.

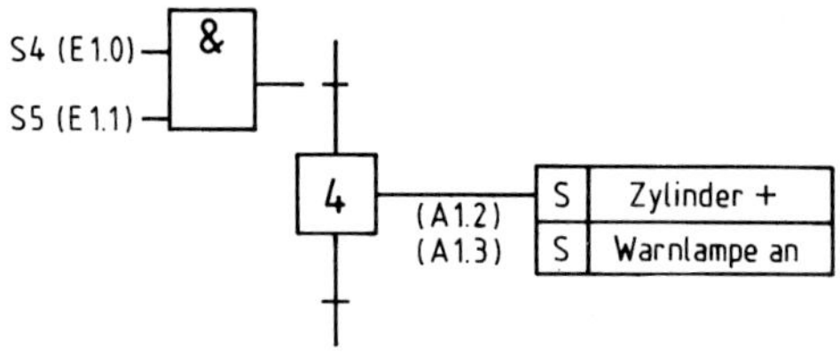

4/29 **a)** Übernehmen Sie den nach Aufgabe 4/27 entwickelten Kontaktplan (KOP), und übersetzen Sie ihn in die Programmiersprache AWL und FUP.

b) Übernehmen Sie den nach Aufgabe 4/28 entwickelten Funktionsplan (FUP), und schreiben Sie ihn in die Programmiersprache AWL und KOP um.

4/30 Übersetzen Sie den gegebenen Funktionsplan (FUP) in die Anweisungsliste (AWL) und den Kontaktplan (KOP).

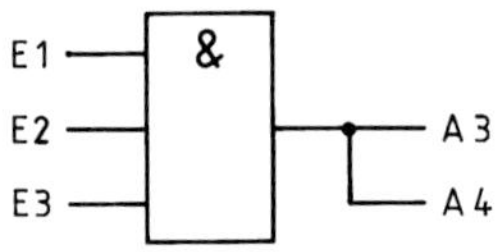

4/31 Schreiben Sie den gegebenen Kontaktplan (KOP) in die Anweisungsliste (AWL) und den Funktionsplan (FUP) um.

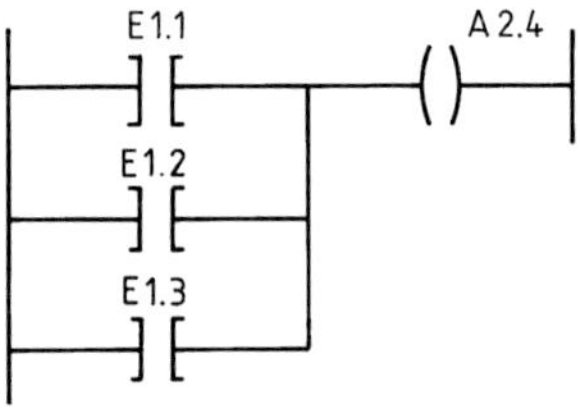

4/32 Zeichnen Sie jeweils für den gegebenen FUP ohne Merker einen entsprechenden FUP mit Merker.

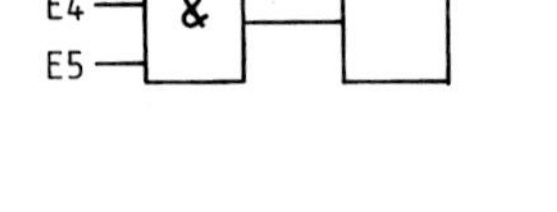

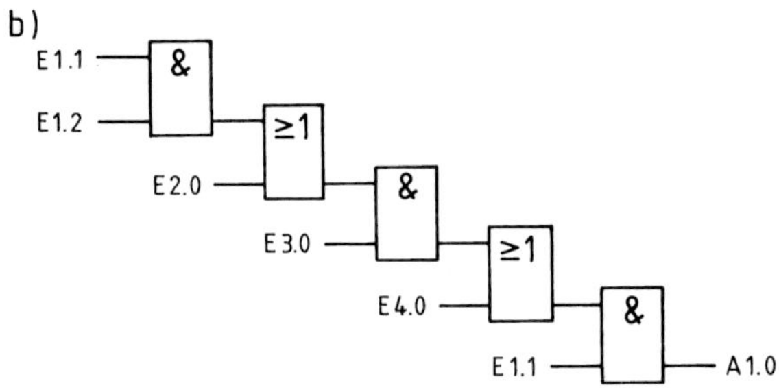

4/33 Zeichnen Sie für die unten angeführten Beispiele (Brenner und Signalhorn) jeweils den Funktionsplan als Planungsgrundlage und entwickeln Sie daraus die Programme in den Programmiersprachen FUP und AWL. (Wählen Sie dabei E1, E2 ... für die Eingänge und A1, A2 ... für die Ausgänge an der SPS.)

a) Der Brenner eines Härteofens kann erst dann gezündet werden, wenn die Ofentür geschlossen ist und der Abluftventilator läuft.

b) Das Signalhorn in einer automatischen Fertigungsstraße ertönt aus unterschiedlichen Gründen:
- das Werkstückmagazin ist leer,
- die Taktzeit weicht vom Sollwert ab,
- der Istwert des Werkstückes liegt über dem Höchstmaß oder unterhalb des Mindestmaßes.

4/34 Die halbschematisch dargestellte Steuerung hat als Signalverarbeitungsgerät ein Automatisierungsgerät. Mit Hilfe der SPS wird folgende Steuerung verwirklicht:

- Start auf Tastendruck nur möglich bei eingefahrenem Kolben.
- Rückhub nur möglich, nachdem der Kolben ganz ausgefahren ist und ein entsprechender Tastendruck erfolgt.

a) Entwickeln Sie für die Startbedingung den FUP und die AWL.

b) Entwickeln Sie für den Rückhub den FUP und die AWL.

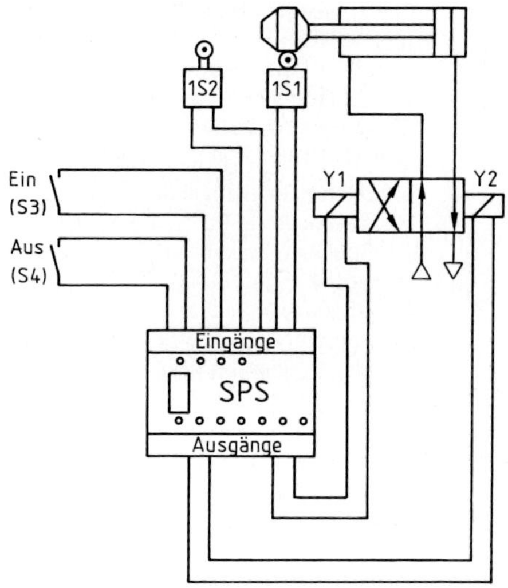

4/35 Der 5. Schritt in einer Steuerung — das Spannen (A1) — darf nur ausgeführt werden:

- wenn ein Weiterschaltsignal (S4) vom Schritt zuvor erfolgt ist,
- wenn ein Sicherheitsschalter (S5) betätigt wurde,
- wenn das Werkstückmagazin (S6) noch nicht leer ist.

Zeichnen Sie den Ausschnitt aus dem zugehörigen Funktionsplan als Planungsunterlage und entwickeln Sie daraus für die Steuerung in der SPS den FUP und die AWL.

4/36 Die Startbedingungen für eine Steuerung sind im folgenden Weg-Schritt-Diagramm dargestellt. Zeichnen Sie für diese Startbedingungen den Funktionsplan als Planungsunterlage und entwickeln Sie daraus die Programme in den Programmiersprachen FUP und AWL.

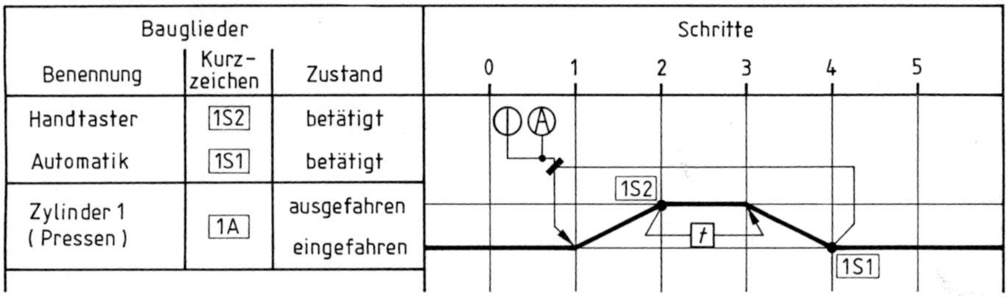

4/37 Der Biegevorgang in einer Presse soll erst dann beginnen, wenn folgende Bedingungen erfüllt sind:

- Zwei Handtaster S1 und S2 müssen gleichzeitig gedrückt sein.
- Statt der Handtaster kann auch ein entfernt liegender Fußtaster S3 betätigt werden.
- Das Schutzgitter, kontrolliert durch den Schalter S4, muss geschlossen sein.
- Eine Lichtschranke S5 im Arbeitsbereich darf nicht unterbrochen sein.

a) Stellen Sie die Zuordnungsliste auf.

b) Zeichnen Sie den Funktionsplan (Ausschnitt für den Start).

c) Entwickeln Sie jeweils die Programme in FUP ohne Merker und in FUP mit Merkern (Startvorgang).

d) Entwickeln Sie jeweils die Programme in AWL mit Klammern und in AWL mit Merkern (Startvorgang).

e) Entwickeln Sie ein Programm in KOP (Startvorgang).

4/38 Ein einfach wirkender Zylinder soll entsprechend dem gegebenen vereinfachten Schema geschaltet werden.

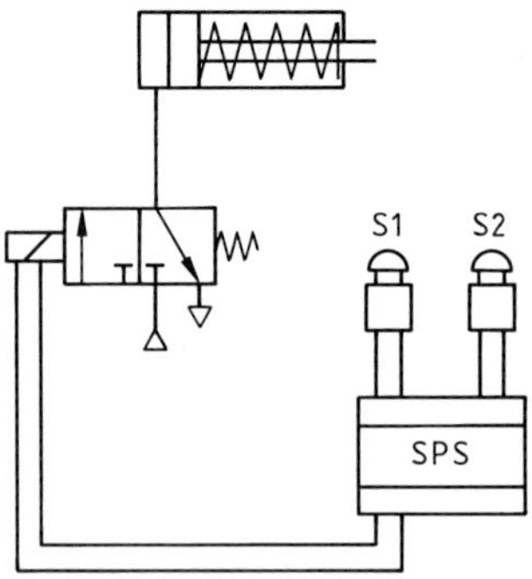

Durch die Betätigung eines Handtasters S1 schaltet man den Strom für die Spule des Magnetventiles ein. Durch die Betätigung eines zweiten Handtasters S2 wird das Magnetventil stromlos.

a) Stellen Sie die Schaltung, die in der SPS vorliegen muss, im FUP dar. Benutzen Sie dazu einen Speicherbaustein mit dominantem Rücksetzsignal.
b) Übersetzen Sie den FUP in die AWL.
c) Wie reagiert die Steuerung, wenn beide Taster gleichzeitig gedrückt werden?
d) Übersetzen Sie den FUP in den KOP.

4/39 Ein doppelt wirkender Zylinder 1A wird über ein Magnetventil mit Federrückstellung angesteuert. Durch kurzen Druck auf Taster S0 fährt die Kolbenstange aus und schaltet in der Endlage den Endschalter 1S2.
Durch erneuten Tastendruck auf S0 fährt die Kolbenstange wieder ein.

a) Zeichnen Sie den Pneumatikschaltplan.
b) Schreiben Sie eine Zuordnungsliste.
c) Stellen Sie die Schaltung, die in der SPS vorliegen muss, im FUP dar. Benutzen Sie dazu einen Speicherbaustein.
d) Übersetzen Sie den FUP in die AWL.
e) Wie reagiert die Steuerung, wenn der Taster beim Startvorgang mehrmals gedrückt wird?

4/40 Entwickeln Sie aus den gegebenen Unterlagen „Ausschnitt aus einer Ablaufsteuerung" den entsprechenden Programmausschnitt im FUP.

Sensor	Eingang
S3	E3
S4	E4
S5	E5

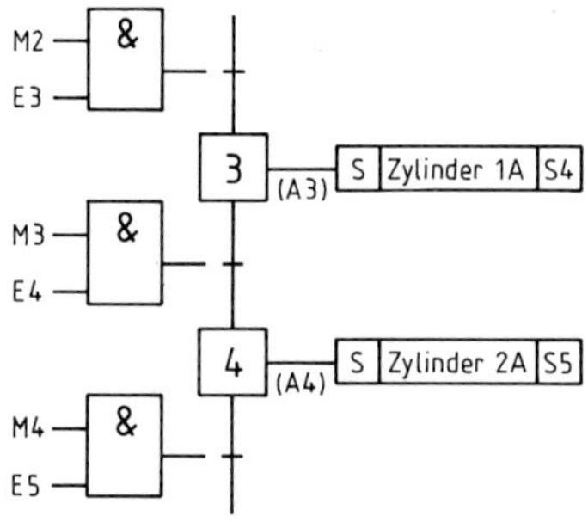

Ausschnitt aus einer Ablaufsteuerung

```
U   M2  }
U   E3  }
=S  M3  }  Bedingungen im Schritt 3
U   M4  }
=R  M3  }
U   M3  }  Befehlsausgabe
=   A3  }  im Schritt 3
U   M3  }
U   E4  }
=S  M4  }  Bedingungen im Schritt 4
U   M5  }
=R  M4  }
U   M4  }  Befehlsausgabe
=   A4  }  im Schritt 4
```

4/41 In der Anweisungsliste nach Aufgabe 4/40 sind die Programmschritte Setzen und Rücksetzen in der dritten und fünften Zeile vertauscht worden (siehe den rechts dargestellten Ausschnitt aus der AWL).
Welche Folgen hat dieser Irrtum für den Ablauf der Steuerung?

```
    U   M2
    U   E3
→   =R  M3
    U   M4
→   =S  M3
    U   M3
    =   A3
```

4/42 In der Anweisungsliste nach Aufgabe 4/40 ist die Befehlsausgabe im Schritt 3 unterschiedlich möglich. So kann die Ausgabe lauten: = A3 oder = S A3.

a) Welche Wirkung hat die bestehende Befehlsausgabe = A3 auf die Magnetspule zum Stellglied für den Zylinder 1A, wenn Zylinder 2A ausgefahren ist?
b) Welche Wirkung hat die geänderte Befehlsausgabe = S A3 auf die Magnetspule zum Stellglied für den Zylinder 1A, wenn Zylinder 2A ausgefahren ist?

Beispiele für Steuerungen

4/43 Die Steuerung für die Klebe- und Bohrvorrichtung nach Aufgabe 3/25 und Aufgabe 4/16 ist als speicherprogrammierbare Steuerung auszuführen.

a) Schreiben Sie eine Zuordnungsliste.

b) Entwickeln Sie das Programm in AWL und in FUP.

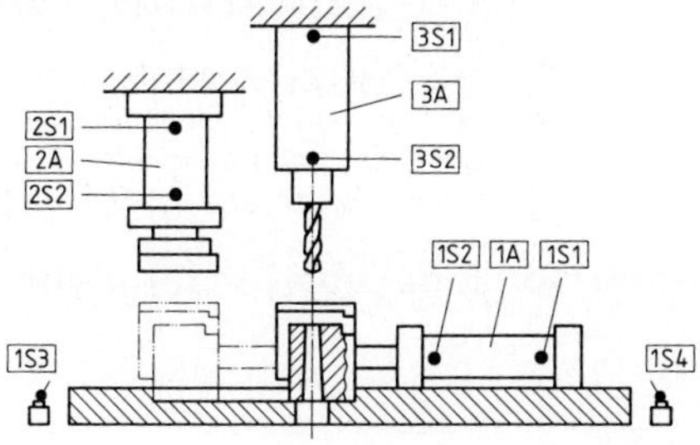

4/44 Die Steuerung für die Schellen-Biegevorrichtung aus dem Lehrbuch, Kapitel 4.1.3, soll als speicherprogrammierbare Steuerung ausgeführt werden.

a) Schreiben Sie eine Zuordnungsliste.

b) Entwickeln Sie das Programm in AWL und in FUP.

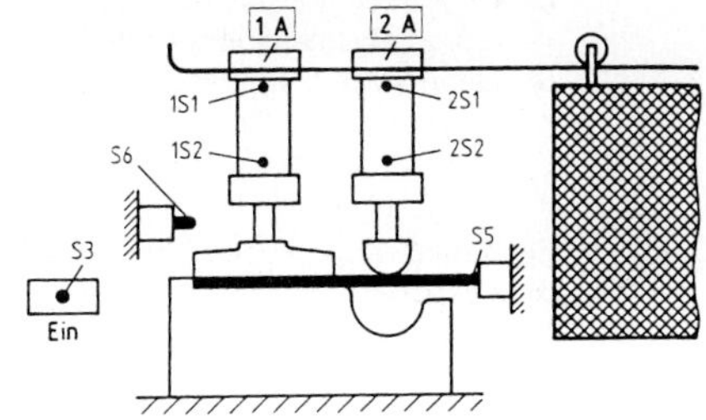

4/45 Erweitern Sie die Bohrvorrichtung um den Zylinder Z1 zum Zuführen der Werkstücke. (Nachdem der Zylinder Z1 für die Werkstückzufuhr ausgefahren ist, beginnt der Spannvorgang, danach der Bohrvorschub.)

Aufgabenstellung

Einer Bohrvorrichtung sollen Werkstücke aus einem Magazin automatisch zugeführt werden. Sie werden danach pneumatisch gespannt und anschließend selbstständig gebohrt. Die gebohrten Werkstücke werden durch die nachfolgenden Werkstücke aus der Vorrichtung geschoben.
Sobald sich das Magazin leert, soll ein akustisches Signal erfolgen.

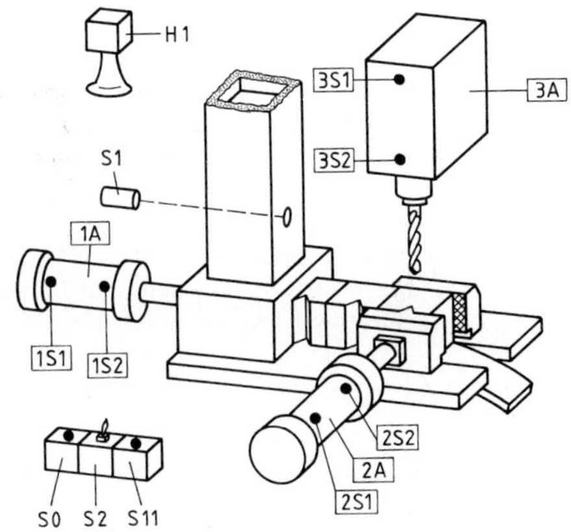

Hinweis

Die Bezeichnungen aller Sensoren und Aktoren sowie deren Beschaltung über die Eingänge und Ausgänge am Automatisierungsgerät sollen mit dem bisherigen Projekt „Bohrvorrichtung" übereinstimmen.

Analyse der Steuerung nach dem EVA-Prinzip

Eingabe (Sensoren)		**Verarbeitung** (Prozessor)	**Ausgabe** (Aktoren)
– Starttaster	S0	Speicherprogrammierbare Steuerung	– Stellglied und Zylinder 1A für Werkstückzufuhr
– Lichtschranke	S1		– Stellglied und Zylinder 2A zum Spannen
– Automatik Ein/Aus	S2	**SPS**	– Stellglied und Zylinder 3A für Bohrvorschub
– Endschalter für eingefahrene Zylinder	1S1, 2S1, 3S1		– Signalhorn H1
– Endschalter für ausgefahrene Zylinder	1S2, 2S2, 3S2		
– Halt-Taster	S11		

a) Zeichnen Sie den Pneumatikschaltplan und das Funktionsdiagramm für die Bohrvorrichtung.

b) Schreiben Sie eine Zuordnungsliste.

c) Erstellen Sie einen erweiterten Funktionsplan entsprechend dem Beispiel, und entwickeln Sie daraus das Programm in AWL.

d) Testen Sie das Programm an einem Simulationsmodell. Erstellen Sie ein Prüfprotokoll.

5 Inbetriebnahme, Wartung und Fehlersuche in Steuerungen

Inbetriebnahme von Steuerungen

5/1

a) Beschreiben Sie die Gefahren für das Instandsetzungspersonal, die zu Beginn der Reparatur an einer stillgesetzten elektropneumatischen Steuerungsanlage bestehen.

b) Geben Sie notwendige Sicherheitsmaßnahmen an, die bei der Demontage oder beim Umrüsten einer Anlage eingehalten werden müssen.

c) Nehmen Sie Stellung zu dem Hinweis: „Diese Anlage muss vor Inbetriebnahme vom TÜV abgenommen werden."

5/2

Eine Steuerung wurde einer gründlichen Inspektion unterzogen und soll wieder in Betrieb genommen werden. Ordnen Sie die Einzelanweisungen zur Inbetriebnahme so, dass die Anlage unfallfrei angefahren werden kann.

A Aktoren in Grundstellung bringen
B Spannung anlegen und Arbeitsdruck langsam erhöhen
C Anlage drucklos und spannungslos schalten
D Drosselventile schließen
E Probelauf ohne Werkzeug und ohne Werkstück durchführen
F Druckeinstellungen und Geschwindigkeiten optimieren
G Funktion der Anlage in Schritten prüfen (Drosselventile langsam öffnen)
H Ventile mit Speicherverhalten über die Handhilfsbetätigung in die vorgesehene Stellung bringen
I Testlauf mit allen geforderten Daten durchführen
K Probelauf mit Werkzeug und Werkstück vornehmen
L Sicherheitsventile auf niedrigst zulässigen Betriebsdruck einstellen

Wartung von pneumatischen Steuerungen

5/3

a) Untersuchen Sie in Ihrem Betrieb oder im Pneumatiklabor vorhandene Pneumatiksteuerungen im Hinblick auf die Anzahl und die Anordnung der eingebauten Wartungseinheiten. Schreiben Sie einen kurzen Bericht.

b) Erklären Sie die Aufgaben aller Elemente einer Wartungseinheit.

5/4

In pneumatischen Anlagen kann das Leitungssystem aus Rohren oder aus Kunststoffschläuchen bestehen.

a) Nennen Sie die Vor- und Nachteile des jeweiligen Leitungssystems.

b) Geben Sie Gründe an, warum für die Gesamtversorgung mit Druckluft eine Ringleitung bevorzugt wird.

c) In einem Leitungssystem tritt unverhältnismäßig hoher Kondensatanfall auf. Welche Ursachen können vorliegen?

d) Wie lassen sich Leckverluste in Leitungssystemen feststellen?

5/5

An welchen Bauteilen einer Steuerung kann der allmähliche Verschleiß frühzeitig erkannt werden? An welchen Bauteilen ist dies nicht der Fall?

5/6 Die Explosionszeichnung des doppelt wirkenden Zylinders gibt Hinweise für die Montage bzw. Demontage des Zylinders und zeigt die Einzelteile für eventuell notwendige Ersatzbestellungen. In einer Liste werden die Einzelteile des Zylinders wie folgt aufgeführt:

Abschlussdeckel
Abstreifring
Dichtring
Federring
Kolbenstange
Lagerbuchse
Lagerdeckel
Nutring
Scheibe
Sechskant-Mutter
Spannring
Zylinder-Schraube
Zylinderrohr
Topfmanschette

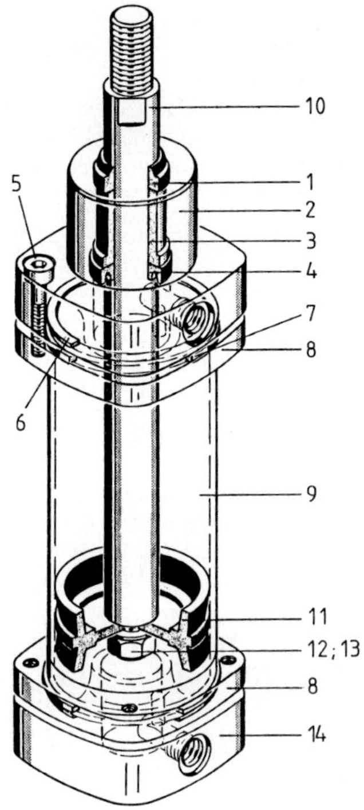

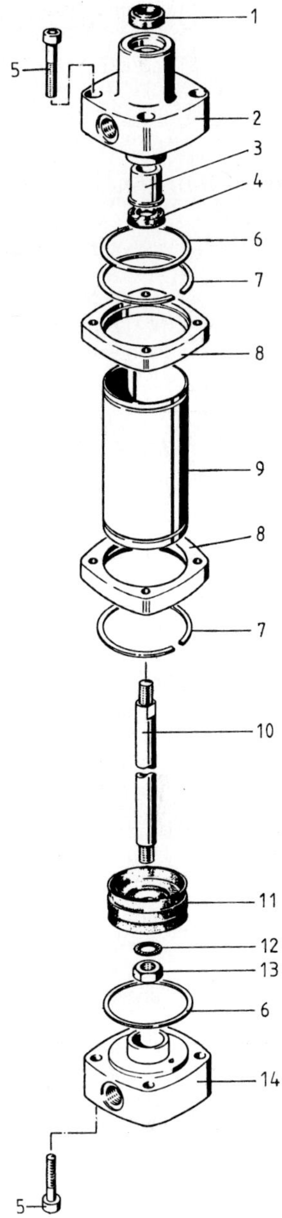

a) Übernehmen Sie die Benennungen der Einzelteile in eine Tabelle. Ordnen Sie die Positionsnummern aus der Zeichnung den Einzelteilen zu.

b) Welche Bauteile müssen ausgewechselt werden, wenn sich auf der Kolbenstange Abrieb zeigt?

c) In Firmenkatalogen werden für Teile, die verschleißen können, nicht einzelne Ersatzteile angeboten, sondern ganze Verschleißteilsätze. Welche Teile gehören für den gegebenen Zylinder zu einem solchen Verschleißteilsatz?

d) Die Topfmanschette im Zylinder ist undicht. Wie wirkt sich diese Störung auf die Steuerung aus?

e) Die Kolbenstange ist bei Montagearbeiten beschädigt worden. Es ist eine Aufwulstung entstanden. Welche Einzelteile werden im Betrieb unmittelbar beschädigt?

5/7 Die Explosionszeichnung des 3/2-Wegeventils gibt Hinweise für die Montage bzw. Demontage des Ventiles und zeigt die Einzelteile für eventuell notwendige Ersatzbestellungen. In einer Liste werden die Einzelteile des Ventiles wie folgt aufgeführt:

Druckfeder (kurz)
Druckfeder (lang)
Kugel
Kugelhalter
Nutring
O-Ring
Scheibe
Ventilgehäuse
Ventilrohr
Ventilteller
Verschluss

a) Übernehmen Sie die Benennungen der Einzelteile in eine Tabelle. Ordnen Sie die Positionsnummern aus der Zeichnung den Einzelteilen zu.

b) In Firmenkatalogen werden für Teile, die verschleißen können, nicht einzelne Ersatzteile angeboten, sondern ganze Verschleißteilsätze. Welche Teile gehören bei dem gegebenen Ventil zum Verschleißteilsatz?

c) Die lange Druckfeder im Ventil ist gebrochen. Wie wirkt sich diese Störung auf die Funktion des Ventiles aus?

d) Das Ventil ist schwergängig. Welche Gründe können vorliegen? Wie lässt sich der Schaden beheben?

e) Die Druckleitungen sind durch Montagearbeiten verschmutzt. Welches Verschleißteil wird besonders stark in Mitleidenschaft gezogen?

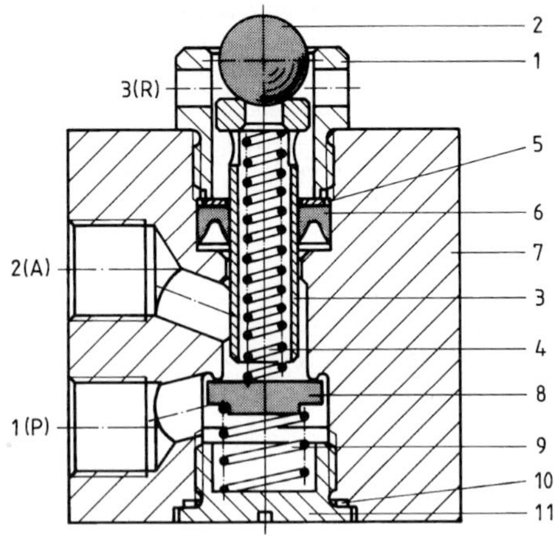

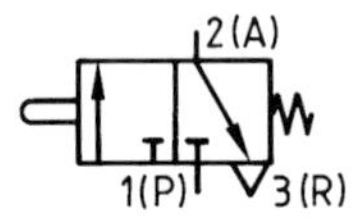

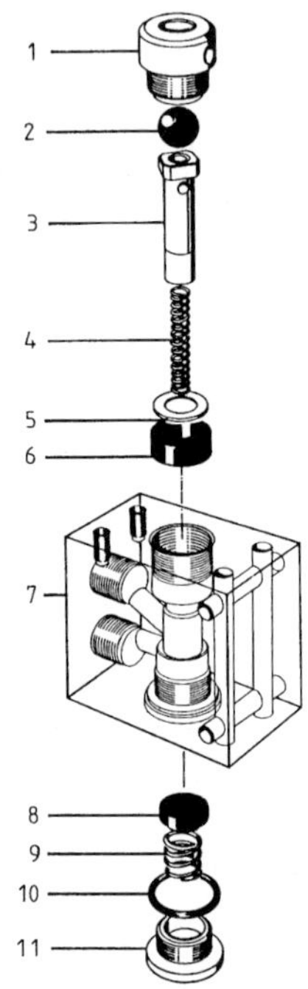

Fehlersuche in pneumatischen Steuerungen

5/8 Durch welche Maßnahmen bei der Planung von Steuerungen kann man eine Fehlersuche in Anlagen vereinfachen?

5/9 In Steuerungen setzt man zunehmend Ventile mit Handhilfsbetätigungen ein. Begründen Sie diese Maßnahme unter dem Gesichtspunkt der Fehlersuche.

5/10 Warum ist es in größeren Steuerungen sinnvoll, die Arbeitskreise und die Steuerkreise über getrennte Leitungssysteme mit Druck zu versorgen?

5/11 In einer Pneumatikanlage tritt insbesondere an kalten Tagen ein hoher Kondensatanfall auf. Welcher Fehler kann in der Anlage vorliegen?

5/12 In einer Werkhalle werden an eine Versorgungsstelle zusätzlich die Anlagen 2 und 3 angeschlossen. Man stellt fest, dass zeitweise die Luftversorgung in Anlage 3 nicht ausreicht. Durch welche Maßnahmen lässt sich der Mangel beheben?

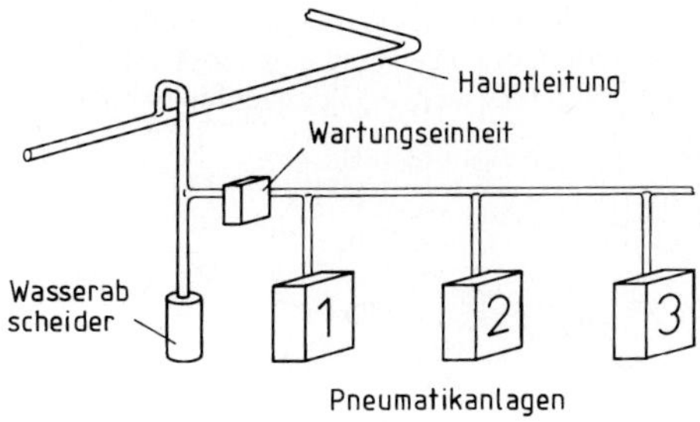

5/13 Die Taktfolge in einer pneumatischen Anlage ist gegenüber dem bisherigen Ablauf gestört. Die Zylinder fahren in einer falschen Reihenfolge aus.

a) Welche Ursachen können vorliegen, wenn dieser Fall nach einer Reparatur der Anlage eintritt?

b) Wodurch kann der Fehler bedingt sein, wenn die Störung während des normalen Betriebes auftritt?

6 Hydraulik

Leistungsumwandlung und Leistungsübertragung in der Hydraulik

6/1 Untersuchen Sie, warum sich in den genannten Systemen die Hydraulik bzw. Pneumatik als Technologie durchgesetzt hat.

a) Hydraulische Vorschubeinheit in einer Fräsmaschine.
b) Hydraulisch angetriebene Schaufel an einem Bagger.
c) Pneumatisches Transportsystem zum Verpacken von Zucker.
d) Hydraulisch betriebene Schließeinheit an einer Spritzgießmaschine.
e) Pneumatisch arbeitende Milchabfüllanlage.
f) Suchen Sie weitere Beispiele aus Ihrem Betrieb.

6/2 Zeichnen Sie das gegebene Schema ab und vervollständigen Sie dieses, indem Sie die folgenden Begriffe einordnen:
Vorschubeinheit, Druckbegrenzungsventil, Hydraulikzylinder, Elektromotor mit Zahnradpumpe, Hydraulikleitung, 4/2-Wegeventil.

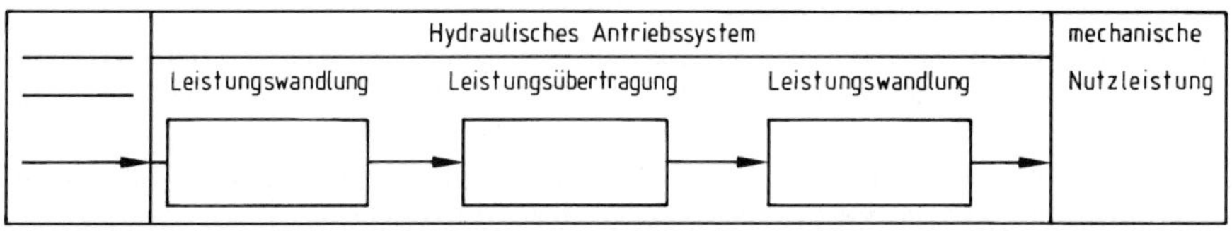

Physikalische Grundlagen

Volumenstrom, hydraulische Leistung

Der Volumenstrom ist das Volumen der Druckflüssigkeit, das je Zeiteinheit durch einen Leitungsquerschnitt fließt.
Die hydraulische Leistung berechnet sich aus dem Produkt von Druck und Volumenstrom. Dieser Zusammenhang lässt sich aus der allgemeinen Gleichung für die Leistung herleiten.

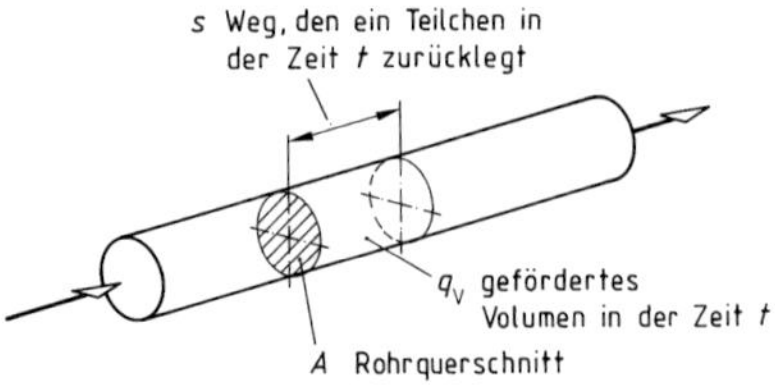

Formeln

$$q_v = \frac{V}{t}$$

mit $V = A \cdot s$

$$q_v = \frac{A \cdot s}{t}$$

Formelzeichen

- q_v Volumenstrom
- V durchströmendes Volumen
- A durchströmender Querschnitt
- s Weg
- t Zeit
- P Leistung
- F Kraft
- p Druck
- v Geschwindigkeit

mechanische Leistung

$P = \frac{F \cdot s}{t}$ mit $F = p \cdot A$ folgt:

hydraulische Leistung

$P = \frac{p \cdot A \cdot s}{t}$ bzw. $P = p \cdot q_v$ bzw. $P = F \cdot v$

6/3 Berechnen Sie die fehlenden Werte.

	Volumenstrom in l/min	in cm³/s	in m³/s	Druck in bar	in N/cm²	in N/m²	Leistung in kW
a)	?	?	$2 \cdot 10^{-3}$	?	?	$12 \cdot 10^5$	?
b)	36	?	?	?	?	$80 \cdot 10^5$	?
c)	4	?	?	200	?	?	?
d)	?	?	0,001	?	?	?	4
e)	?	?	?	135	?	?	0,85
f)	7,2	?	?	?	?	?	1,4

6/4 Der Durchmesser eines Hydraulikkolbens beträgt 63 mm. Der Kolben soll eine Last von 8 500 N über eine Strecke von 0,8 m in 3,5 Sekunden bewegen.
Berechnen Sie (ohne Reibungsverluste und Beschleunigungsanteile):

a) Kolbenfläche, **b)** Druck, **c)** Volumenstrom, **d)** Hydraulische Leistung.

6/5 Eine Hydraulikanlage wird durch einen Elektromotor angetrieben, der eine Anschlussleistung von 4 kW hat.

a) Welche hydraulische Leistung kann am Arbeitselement wirksam werden, wenn in der Anlage ein Verlust von 45 % auftritt?

b) Wie hoch ist der maximale Druck am Arbeitszylinder, wenn die Pumpe 15 l/min fördert und dabei der Leistungsverlust berücksichtigt wird (Angabe in Pa und in bar)?

6/6 Der Hydraulikkolben für einen Lastenaufzug hat einen wirksamen Durchmesser von 100 mm. Die Hydraulikanlage betreibt man mit einem maximalen Druck von 350 bar. Die Last soll mit einer Geschwindigkeit von 14 m/min gehoben werden.

a) Welche maximale Last kann mit dem Hydraulikkolben gehoben werden?

b) Wie groß muss die elektrische Leistung bei einem Wirkungsgrad von 0,6 sein?

6/7 Berechnen Sie mit Hilfe der Kontinuitätsgleichung die fehlenden Größen:

a) Durch ein Rohr mit einem Querschnitt von 20 cm^2 fließt Hydrauliköl mit der Geschwindigkeit von 1,5 m/s. Wie groß wird die Geschwindigkeit, wenn sich der Querschnitt auf 30 cm^2 vergrößert?

b) Hydrauliköl strömt in ein Ventil mit der Geschwindigkeit von 0,8 m/s hinein. Das Anschlussrohr hat einen Innendurchmesser von 15 mm. Welche Fließgeschwindigkeit tritt in einer Engstelle im Ventil auf, wenn diese einen Querschnitt von 30 mm^2 hat?

6/8 Begründen Sie, warum Hydraulikleitungen bei Richtungsänderungen mit möglichst großen Radien verlegt werden müssen.

6/9 In einem Ventil sind Kavitationsschäden aufgetreten.

a) Nennen Sie Ursachen, die zur Kavitation führen.

b) Schlagen Sie Maßnahmen vor, durch die man die Kavitation weitgehend vermeiden kann.

6/10 Welche Vorteile und welche Nachteile haben Hydrauliköle mit niedriger Viskosität?

6/11 In einer Zahnradpumpe treten während des Betriebes Verluste auf. Unterscheiden Sie die auftretenden Verluste in volumetrische und hydraulisch-mechanische Verluste.

6/12 Der Wirkungsgrad in einer Hydraulikpumpe ist druckabhängig. Die volumetrischen Verluste in einer Zahnradpumpe betragen bei 100 bar etwa 10 % und bei 200 bar etwa 25 %. Die mechanisch-hydraulischen Verluste betragen bei 100 bar etwa 9 % und bei 200 bar etwa 10 %.
Berechnen Sie den Gesamtwirkungsgrad der Pumpe bei 100 bar und bei 200 bar.

Messtechnische Grundlagen

6/13 In einer Hydraulikanlage, die längere Zeit in Betrieb war, treten Leistungsverluste auf. Bevor man die Pumpe austauscht, soll die Anlage messtechnisch überprüft werden, weil man nicht weiß, welches Bauteil defekt ist. Beschreiben Sie, wie man vorgehen kann.

6/14 Vergleichen Sie die messtechnischen Möglichkeiten der Untersuchung von hydraulischen Systemen mit den entsprechenden Untersuchungsmöglichkeiten in elektrischen Stromkreisen.
Benutzen Sie folgende Begriffe bei der Beschreibung:
Druck, elektrische Leistung, hydraulische Leistung, Spannung, Strom, Volumenstrom.

6/15 Berechnen Sie die fehlenden Werte für die gegebenen Druckmessgeräte:

	Genauigkeitsklasse	Messbereich in bar	Gerätefehler in bar	Anzeigewert in bar	wirklicher Druckbereich in bar
a)				350	?
b)	2	0 bis 400	?	200	?
c)				100	?
d)				350	?
e)	1,2	0 bis 400	?	200	?
f)				100	?

6/16 Ein Druckmessgerät hat den Messbereich von 0 bis 500 bar und die Genauigkeitsklasse 1,6.

a) Berechnen Sie den Gerätefehler in bar.
b) Wie groß ist der tatsächliche Druckbereich in bar bei folgenden Anzeigewerten: 80 bar, 160 bar, 240 bar, 320 bar und 400 bar?
c) Berechnen Sie die prozentuale Abweichung des Messwertes zu dem angezeigten Druck.
d) Tragen Sie die Ergebnisse in ein Diagramm ein (senkrechte Achse: prozentuale Abweichung zum angezeigten Druck, waagerechte Achse: Anzeigewert des Druckes in bar).

6/17 Überprüfen Sie in Ihrem Betrieb eine Hydraulikanlage nach folgenden Gesichtspunkten:

a) An welchen Stellen in der Anlage sind Druckmessgeräte fest eingebaut?
b) Welche Genauigkeitsklasse und welchen Messbereich weist das jeweilige Messgerät auf?
c) An welchen Stellen in der Anlage finden Sie Messanschlüsse zur Druckmessung?

6/18 In einem Zahnraddurchflussmesser wird je Zahnlücke ein Volumen von 1,2 cm^3 gefördert. Der angeschlossene Frequenzmesser zeigt 2 800 Impulse je Minute an. Dabei verursacht jeder Zahn einen Impuls.

a) Berechnen Sie den Volumenstrom in l/min.
b) Bestimmen Sie die Leistung der Pumpe, wenn der maximale Druck 300 bar beträgt und ein Wirkungsgrad von 0,75 angesetzt wird.

6/19 Im Schaltplan der im Lehrbuch dargestellten Schaltung für eine Einpressvorrichtung sind Messstellen für die Messung von Druck und Volumenstrom eingezeichnet. Benutzen Sie diesen Schaltplan, um die folgenden Aufgaben zu lösen.

1. Die Pumpe fördert einen Volumenstrom von 10 l/min. Dieser Wert wird an der Messstelle q_{v1} gemessen. Wie verändert sich der Wert an der Messstelle q_{v2} bei den verschiedenen Schaltstellungen des 4/3-Wegeventiles, wird er kleiner oder größer, ist er gleichbleibend?

a) Bei Schaltstellung 0 des 4/3-Wegeventiles?
b) Bei Schaltstellung a des 4/3-Wegeventiles und Ausfahren des Zylinders?
c) Bei Schaltstellung b des 4/3-Wegeventiles und Einfahren des Zylinders?

2. Beschreiben Sie, wie man vorgehen muss, um das fest installierte Druckmessgerät p_1 am Druckbegrenzungsventil zu überprüfen.

3. Welcher Druck muss am Druckminderventil sekundärseitig (p_6) eingestellt werden, wenn die Einpresskraft an der Kolbenstange 10 KN betragen soll und der Zylinder einen Kolbendurchmesser von 40 mm hat? (Widerstände im System bei der Rechnung vernachlässigen)

6/20 Für eine Pumpe liegt die Kennlinie vor (q_v-p-Diagramm).
Ermitteln Sie für einen Druck von 300 bar die theoretische Leistung, die Nutzleistung, die Verlustleistung und den Wirkungsgrad.

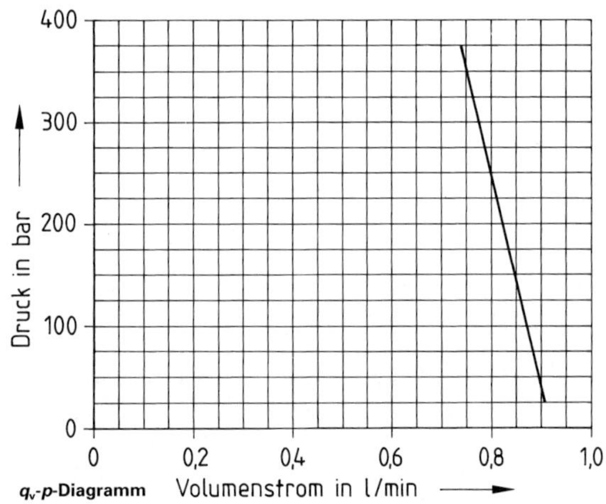

q_v-p-Diagramm

6/21 Die Pumpenkennlinie entsprechend des Diagrammes nach Aufgabe 6/20 ist vom Pumpenhersteller angegeben. In einer Kontrollmessung stellte man nebenstehende Messwerte fest.

a) Zeichnen Sie das Diagramm nach Aufgabe 6/20 vergrößert ab und tragen Sie zusätzlich die Kontrollmesswerte ein. Zeichnen Sie die neue Pumpenkennlinie.

b) Wie groß ist der Wirkungsgrad der Pumpe bei 300 bar?

c) Erklären Sie die Abweichung der beiden Kennlinien.

Nr. der Messung	Druck in bar	Volumenstrom in l/min
1	25	0,88
2	75	0,85
3	150	0,80
4	225	0,75
5	300	0,70
6	350	0,65
7	375	0,60

Aufbau und Wirkungsweise einer Hydraulikanlage

6/22 Welche Vorteile hat der Einsatz eines 4/3-Wegeventiles als Stellglied in einer Hydraulikanlage gegenüber einem 4/2-Wegeventil?

6/23 In einer Hydraulikanlage, die unter Druck steht, platzt ein Schlauch.

a) Wie ist die Druckverteilung in der Anlage kurz nach dem Störfall?

b) Welche Unfallgefahren können auftreten?

c) Welche Unfallgefahren würden beim Platzen eines Druckschlauches in einer Pneumatikanlage auftreten?

6/24 Für welche unterschiedlichen Aufgaben müssen in hydraulischen Anlagen Leitungen verlegt werden?

6/25 Vergleichen Sie den Aufbau von Hydraulikanlagen und Pneumatikanlagen. Benutzen Sie dazu folgende Begriffe: Druckbegrenzungsventil, Filter, geschlossenes System, offenes System, Wartungseinheit.

Teilsystem zur Leistungswandlung und Leistungsbereitstellung (Antriebsaggregat)

6/26 Warum treten bei Konstantpumpen – außer in Arbeitspausen – mehr Verluste als bei Verstellpumpen auf? (Beide Pumpen sollen ohne Umdrehungsfrequenzregelung arbeiten.)

6/27 Bei der Leistungsbereitstellung in hydraulischen Anlagen sollen Pumpen in „Arbeitspausen" mit möglichst geringer Leistungsaufnahme betrieben werden.
Beschreiben Sie, wie diese Forderung bei Konstantpumpen bzw. bei Verstellpumpen erfüllt wird.

6/28 Das Rohr auf der Saugseite einer Pumpe hat einen größeren Durchmesser als das Rohr auf der Druckseite. Begründen Sie diesen Unterschied.

6/29 Bei einer Zahnradpumpe wird bei ansteigendem Druck der Volumenstrom geringer. Erklären Sie diese Abhängigkeit.

6/30 Eine hydraulische Pumpe soll messtechnisch überprüft werden.

a) Planen Sie die messtechnische Durchführung, indem Sie den Schaltplan mit Messstellen entwickeln.

b) Führen Sie gegebenenfalls eine entsprechende Messung im Betrieb oder im Messlabor durch.

6/31 Wie wird in einer Flügelzellenpumpe der Volumenstrom erzeugt?

6/32 Wodurch erreicht man bei verstellbaren Flügelzellenpumpen die Veränderung des Volumenstromes?

6/33 **a)** Um welches Bauteil dreht sich die Trommel einer Axialkolbenpumpe?
b) Durch welches Bauteil wird die Trommel angetrieben?

6/34 **a)** Begründen Sie, warum das Druckbegrenzungsventil in der Nähe der Pumpe eingebaut werden muss.
b) Bei Druckbegrenzungsventilen spricht man vom „Offenhaltedruck". Erklären Sie diesen Begriff.

6/35 Begründen Sie mithilfe der Druckbegrenzungsventil-Kennlinie, warum das Druckbegrenzungsventil zwingend bei dem maximal auftretenden Volumenstrom in der Hydraulikanlage eingestellt werden muss.

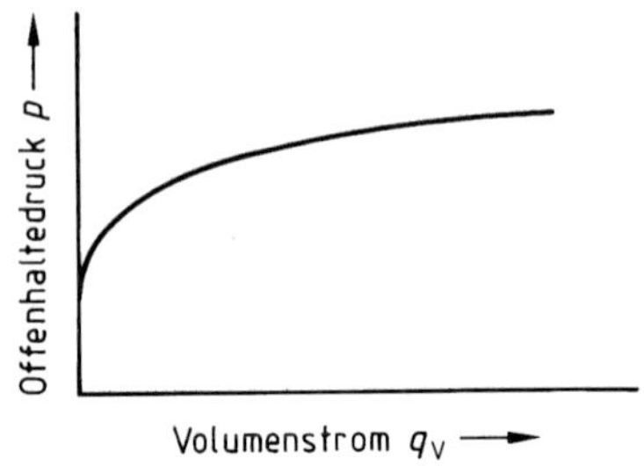

Druckbegrenzungsventil – Kennlinie

6/36 **a)** Beschreiben Sie die Aufgaben eines Druckflüssigkeitsbehälters.
b) Wie sind Druckflüssigkeitsbehälter konstruiert, damit sie diese Aufgaben erfüllen?

6/37 Hydraulikpumpen werden heute zunehmend seitlich an den Druckflüssigkeitsbehälter angebaut. Begründen Sie diese Entwicklung.

6/38 Die Qualitätssicherung in einem Unternehmen stellt fest, dass zu bestimmten Zeiten in einer Fertigungsstraße die Toleranzen häufig nicht eingehalten werden. Die Fertigungsstraße besteht im Wesentlichen aus hydraulisch betriebenen Präzisionswerkzeugmaschinen. Darüber hinaus ist die Fertigungshalle klimatisiert.
Untersuchen Sie dieses Problem und stellen Sie eine Rangfolge von möglichen Fehlerursachen auf.

6/39 Woran erkennt man in einer Hydraulikanlage, wann der Filter gewechselt werden muss?

6/40 Welche Aufgabe hat der „Bypass" in einem Rücklauffilter?

6/41 Worin besteht der wesentliche konstruktive Unterschied zwischen dem Speicher in einer Hydraulikanlage und dem Speicher in einer Pneumatikanlage?

6/42 Vergleichen Sie die Aufgaben, die ein Speicher in einer pneumatischen Anlage hat mit den Aufgaben, für die ein Speicher in einer hydraulischen Anlage vorgesehen ist.

6/43 Welches Fügeverfahren darf angewendet werden, um an einem hydraulischen Speicher ein Schild zu befestigen?

6/44 Der Hubtisch einer hydraulisch betätigten Hebebühne soll über einige Stunden in ausgefahrener Stellung unter Last in seiner Position bleiben.
Wie löst man dieses Problem?

Teilsystem zur Leistungsübertragung

6/45 Bei der Verlegung von Hydraulikrohren muss besondere Sorgfalt eingehalten werden. Fertigen Sie eine Checkliste an, mit der Sie nach der Montage die Anlage überprüfen.

6/46 Bewegliche Arbeitsglieder werden mit Hydraulikschläuchen verbunden. Dabei sind bestimmte Montageregeln einzuhalten.
Die Beispiele zeigen den falschen Einbau von Schläuchen. Schlagen Sie jeweils den richtigen Einbau vor.

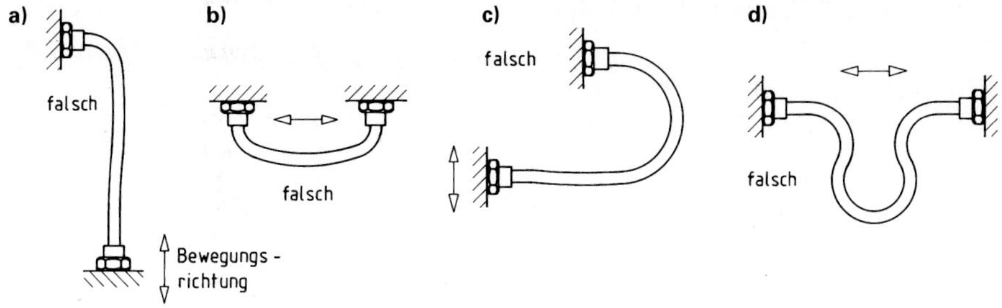

6/47 Beschreiben Sie die Vorteile von Anschlussplatten und Steuerblöcken.

6/48 Welche baulichen Besonderheiten haben Hydraulikventile im Vergleich zu Pneumatikventilen?

6/49 **a)** In der Zeichnung ist ein vorgesteuertes Wegeventil dargestellt. Beschreiben Sie, welche Bauteile nacheinander in dem Ventil bewegt werden, wenn am Anschluss B Drucköl vorliegen soll.
Gehen Sie bei Ihrer Beschreibung von der Null-Stellung aus.

b) Bei dem angesprochenen Ventil ist im Vorsteuerventil die Feder gebrochen.
Was könnte geschehen, wenn die Leitung P unter Druck steht?

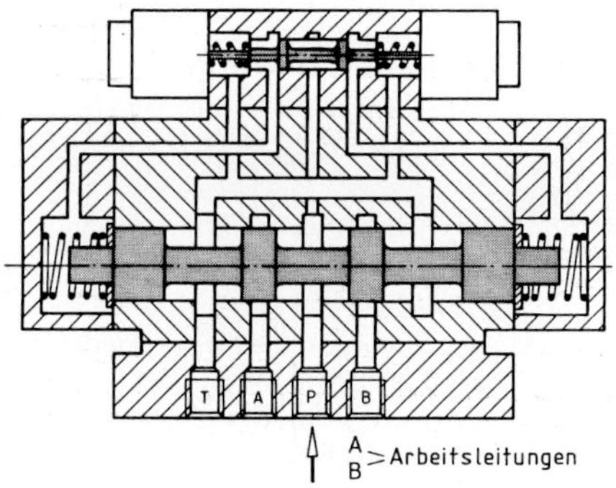

6/50 Das Druckmessgerät vor einem Wegeventil zeigt einen höheren Druck an als das Druckmessgerät nach dem Ventil.
Sind die Druckmessgeräte defekt, ist das Ventil nicht in Ordnung oder entspricht das Messergebnis der Funktionsweise des Ventiles?

6/51 Warum wird in jeder Hydraulikanlage zwischen Speicher und Pumpe ein Sperrventil eingebaut?

6/52 Verfolgen Sie den Rohrleitungsverlauf an einer ausgeführten Hydraulikanlage in Ihrem Ausbildungsbetrieb. Suchen Sie dabei ein Rückschlagventil und notieren Sie, wie die Durchflussrichtung gekennzeichnet ist.

6/53 Erklären Sie die Funktion und die Aufgabe eines entsperrbaren Rückschlagventiles.

6/54 In einem Druckminderventil ist die Feder gebrochen. Wie wirkt sich dieser Defekt auf die Funktionsweise des Ventiles aus?

6/55 Die Wirkungsweise eines hydraulischen Systems mit einem Drosselventil ist nur gegeben, wenn parallel ein Druckbegrenzungsventil geschaltet ist. Erklären Sie diesen Zusammenhang.

6/56 Mit einem Drosselventil soll die Geschwindigkeit eines Hubzylinders beeinflusst werden. Welche Bedingungen müssen gegeben sein, damit die Drossel wirksam wird?

6/57 Vergleichen Sie den Aufbau und die Wirkungsweise eines Drosselventiles in der Pneumatik und in der Hydraulik.

6/58 Hydraulische Ventile können nach ihren Aufgaben unterteilt werden. Übernehmen Sie das folgende Schema und ergänzen Sie die fehlenden Begriffe.

- Hydraulische Ventile
  - Wegeventile
  - ...?...
    - ...?...
    - entsperrbares Rückschlagventil
  - ...?...
    - ...?...
    - ...?...
    - Druckschaltventil
  - Stromventile
    - ...?...
    - ...?...

6/59 An einer Fräsmaschine erfolgt der Vorschub durch einen Hydraulikantrieb. Begründen Sie, warum in der Druckleitung zum Zylinder ein Stromregelventil eingesetzt wird.

6/60 Welche Kräfte halten sich bei einer „Druckwaage“ in einem Stromregelventil das Gleichgewicht?

Teilsystem zur Leistungswandlung (Motorgruppe)

6/61 Warum ist es vorteilhafter, die Kolbenstangen von Hydraulikzylindern zu honen, statt zu schleifen?

6/62 Ein Hydraulikzylinder mit den angegebenen Maßen soll eine Last von 30 kN in 20 Sekunden um 1,5 m heben.

a) Berechnen Sie die notwendige Leistung.
b) Bestimmen Sie den Volumenstrom.
c) Mit welchem Druck muss der Zylinder beaufschlagt werden, wenn der Wirkungsgrad des Zylinders 0,95 beträgt?

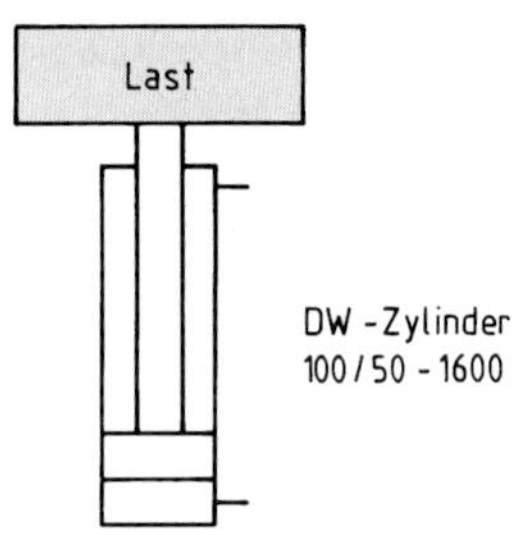

6/63 Hydropneumatische Vorschubeinheiten verwendet man in der Pneumatik, um gleichförmige Vorschubbewegungen bei unterschiedlichen Belastungen ausführen zu können.
Beschreiben Sie anhand der Skizze die Wirkungsweise der Vorschubeinheit.

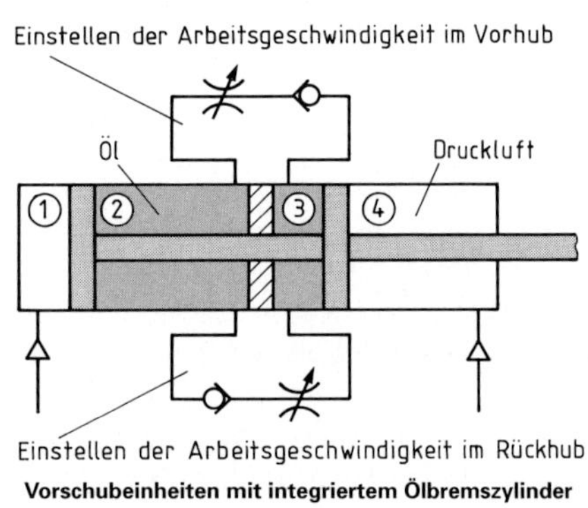

Vorschubeinheiten mit integriertem Ölbremszylinder

6/64 Hydraulikzylinder müssen sorgfältig entlüftet werden. Nennen Sie Gründe für diese Maßnahme.

6/65 Beschreiben Sie den Bewegungsablauf eines Kolbens in einem Axialkolbenmotor bei einer vollen Umdrehung des Motors. Benutzen Sie in Ihrer Beschreibung folgende Fachbegriffe:
- Axialkolben,
- Drucköl von der Pumpe,
- feststehende Steuerscheibe,
- Rücklaufzone,
- Schrägscheibe,
- Zylindergehäuse.

6/66 Nennen Sie die Einsatzbereiche von Hydraulikmotoren (Rotationsmotoren).

Grundsteuerungen in der Hydraulik

6/67 Zählen Sie die Geräte auf, die grundsätzlich zum Teilsystem der Leistungswandlung und Leistungsbereitstellung gehören.

6/68 Welchen Nachteil hat ein 4/2-Wegeventil bei der Ansteuerung von doppelt wirkenden Zylindern?

6/69 Ein Hydraulikmotor soll über ein 4/3-Wegeventil (elektrisch betätigt, Mittelstellung über Federn) in zwei Drehrichtungen gesteuert werden können.
Skizzieren Sie den Schaltplan von der Energieversorgung bis zum Antriebsglied.

6/70 Beschreiben Sie, unter welchen Bedingungen die Geschwindigkeitssteuerung für einen Hydraulikzylinder im Zulauf wirksam wird.

6/71 In einem Katalog über hydraulische Spannvorrichtungen für den Einbau von Werkzeugen in Spritzgießmaschinen ist der folgende Schaltplan abgebildet.
Hinweise: – Die Keilspannelemente sind doppeltwirkende Zylinder.
– Aus Sicherheitsgründen wird der Druck in jedem Spannkreis über zwei elektrische Druckschalter abgefragt.

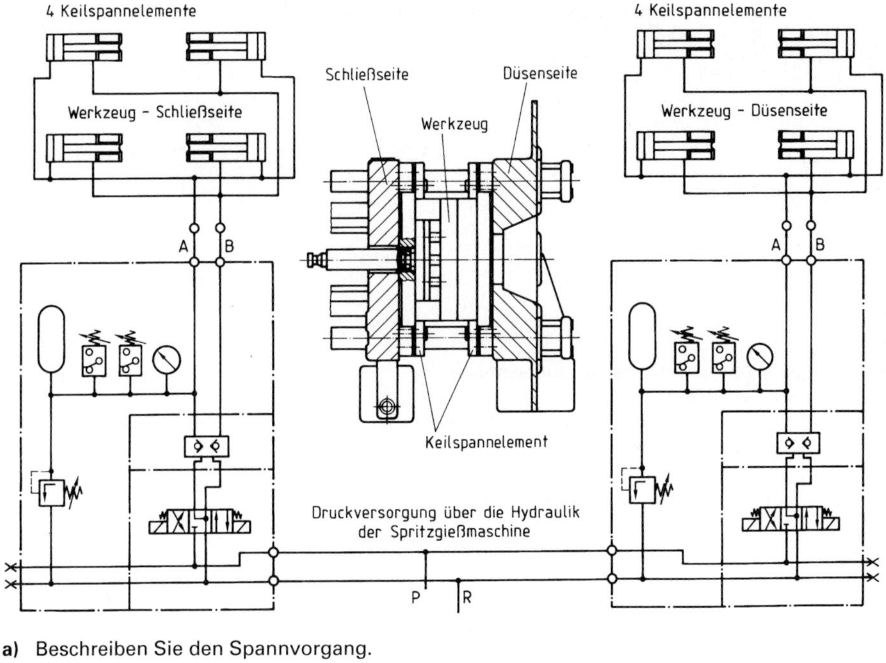

a) Beschreiben Sie den Spannvorgang.
b) Erklären Sie, wie der Spannvorgang aufrechterhalten wird.
c) Beschreiben Sie das Ausspannen des Werkzeuges.

6/72 Zeichnen Sie zu dem Schaltplan der „Eilgang-Vorschub-Steuerung" aus dem Lehrbuch das Weg-Zeit-Diagramm für den Zylinder. Der Eilgang-Vorlauf beträgt 30 mm und der Vorschub 10 mm. Der Eilgang ist nach einer Sekunde abgeschlossen, der Vorschub nach weiteren zehn Sekunden. Für den Rücklauf benötigt der Kolben zwei Sekunden.

6/73 Die „Eilgang-Vorschub-Steuerung" aus dem Lehrbuch soll erweitert werden. Das mechanische Spannelement wird durch ein hydraulisches Keilspannelement wie in Aufgabe 6/71 ersetzt. Erweitern Sie den Schaltplan.

7 Regelungstechnik

Unterscheidung Steuern – Regeln

7/1 Erklären Sie den Unterschied zwischen Steuern und Regeln.

7/2 Beschreiben Sie die Aufgabe folgender Bauteile unter dem Gesichtspunkt der Regelung:
- Druckregelventil in der autogenen Schweißanlage,
- Wartungseinheit in der Pneumatikanlage,
- Stromregelventil in der Hydraulikanlage.

a) Welche Regelgröße wird jeweils beeinflusst?
b) Welche Störgrößen können jeweils auftreten?

Funktionseinheiten und Größen im Regelkreis

7/3 **a)** Zeichnen Sie die „Systemdarstellung" der Regelung der Maschinentischposition ab, und tragen Sie die angeführten Begriffe aus der Regelungstechnik ein.
– Regelstrecke, – Regelgröße, – Führungsgröße, – Stellglied

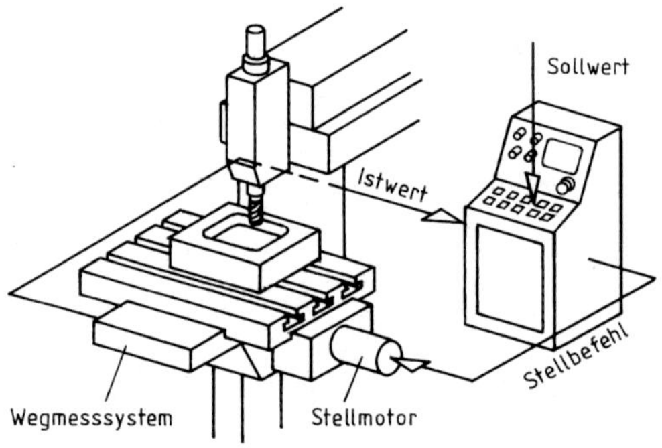

Schematische Darstellung

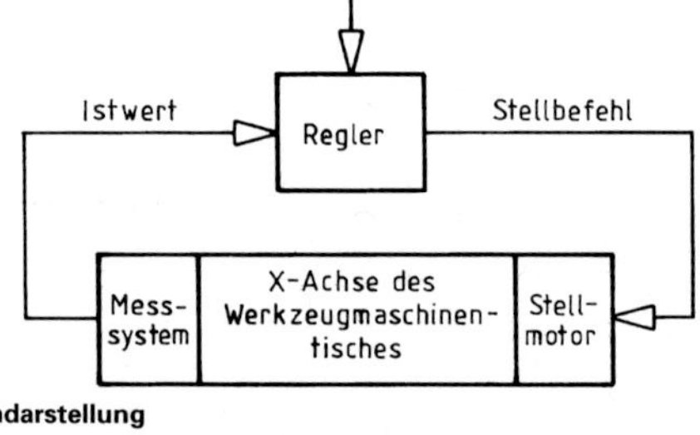

Systemdarstellung

b) Begründen Sie am obigen Beispiel die Notwendigkeit des dauernden Messens für den Regelvorgang.

Arten von Reglern

7/4 Erläutern Sie die Regelung eines Kühlschrankes.

7/5 In den nebenstehenden Diagrammen wird in dem einen Diagramm das zeitliche Verhalten der Regelgröße „Druck in einem Windkessel“ und in dem anderen Diagramm das zeitliche Verhalten der Stellgröße „elektrischer Strom“ dargestellt.

a) Skizzieren Sie die Diagramme ab, und beschriften Sie jeweils die senkrechten Achsen.
b) Erläutern Sie anhand der Diagramme das Regelverhalten.
c) Welche Störgrößen wirken auf den Regelkreis ein?

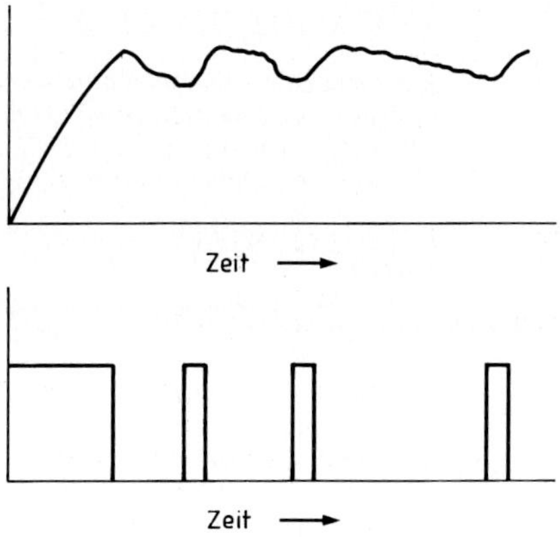

7/6 Untersuchen Sie, ob Druckregelventile in der Pneumatik als unstetiger oder als stetiger Regler anzusehen sind.

7/7 Erläutern Sie den Regelvorgang mit einem Stromregelventil in der Hydraulik.

7/8 Ein Druckregelventil arbeitet wie folgt:

- Über die Einstellschraube wird der Druck eingestellt, indem die Membranfeder vorgespannt wird.
- Die Membranfeder hebt den Stößel vom Dichtsitz. Dadurch kann die Druckluft von der Versorgungsseite zur Verbraucherseite fließen.
- Der Druck von der Verbraucherseite wirkt auf die Membranfläche.
- Druckschwankungen auf der Verbraucherseite werden wie folgt ausgeregelt:
  - Ist der Druck zu hoch, so wölbt sich die Membrane nach unten und der Stößel verringert den Einströmquerschnitt.
  - Ist der Druck zu niedrig, so wölbt sich die Membrane nach oben und der Stößel vergrößert den Einströmquerschnitt.

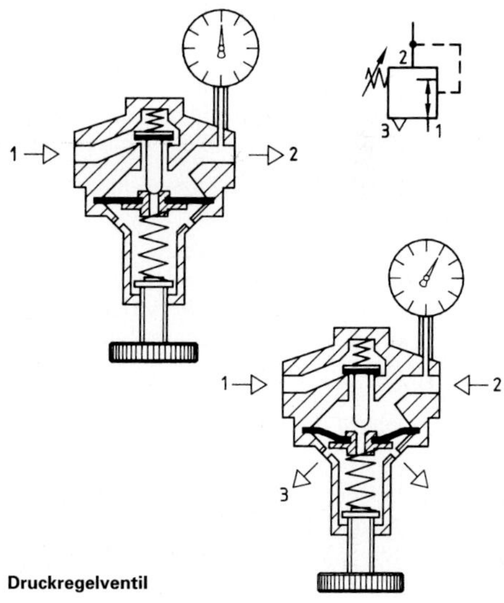

Druckregelventil

a) Bestimmen Sie für diesen Regler die Führungsgröße, die Regelgröße und die Stellgröße.
b) Wie wird die Führungsgröße in die Regelstrecke eingegeben?

Elektrotechnik

1 Wirkungen und Einsätze elektrischer Energie

1/1 Noch zu Beginn dieses Jahrhunderts wurden in kleinen Betrieben Werkzeugmaschinen durch zentrale Dampfmaschinen über Transmissionen und Riementriebe angetrieben.
Welche Auswirkungen hatte die Einführung elektrischer Energie zum Betrieb einzelner Elektromotoren hinsichtlich Wirtschaftlichkeit, Arbeitssicherheit und Umweltbelastung?

1/2 In welcher Weise wird an Ihrem Arbeitsplatz und in Ihrer Betriebsabteilung elektrische Energie eingesetzt?
Geben Sie an, welche Arten der Nutzung elektrischer Energie jeweils im Vordergrund stehen.

1/3 Neben elektrischer Energie werden im Haushalt und Betrieb auch andere Energieformen – z. B. zum Heizen – genutzt.
Geben Sie an, inwieweit die Nutzung dieser Energieformen vom Vorhandensein elektrischer Energie abhängig ist.

2 Physikalische Grundlagen

Elektrische Ladung

2/1 Aus welchen Grundbausteinen sind der Atomkern und die Atomhülle aufgebaut?

2/2 Aus welchem Grunde ist ein Atom nach außen elektrisch neutral?

2/3 Beim Zerspanen von Kunststoffen bleiben häufig die Späne an trockenen Kunststoffflächen und lackierten Maschinenteilen haften und sind nur schwer zu entfernen.
Wie ist das Haften der Teilchen zu erklären?

2/4 In einem Aufbewahrungsraum für Verdünnungs- und Fettlösungsmittel (z. B. Aceton) ist der Abfülltrichter aus verzinntem Stahlblech durch ein Kupferkabel mit der Wasserleitung verbunden.
Welchen Sinn hat diese Maßnahme?

2/5 Die Trennung von elektrischen Elementarladungen lässt sich mit Hilfe eines Wolltuches und eines Kunststoffstabes demonstrieren.

a) Welche physikalische Größe bewirkt die Ladungstrennung?
b) Welche elektrische Ladung hat nach dem physikalischen Vorgang der Kunststoffstab, wenn dort Elektronenüberschuss besteht?
c) Welche elektrische Ladung hat dann das Wolltuch?

Strom

2/6 Geben Sie mit Hife der Elementarladung an, wie man sich die Stromstärke 1 Ampere vorstellen kann.

2/7 In einem kleinen Kofferradio fließt bei mittlerer Lautstärke ein Strom von $I = 25\ mA$.
In welcher Zeit haben die Batterien die Ladung von einem Coulomb durch den Stromkreis bewegt?

2/8 Übernehmen Sie die Tabelle, und tragen Sie die fehlenden Größen und Aussagen ein.

	Gleichstrom	Wechselstrom
Schaubild für Stromstärke in Abhängigkeit von der Zeit	?	?
Beispiele für entsprechende Stromquellen	?	?

Spannung

2/9 Was versteht man unter einer Spannung von 1 Volt?

2/10 Schreiben Sie folgenden Merksatz mit den richtigen Ergänzungen auf:
Bei der Ladungstrennung entstehen Pole mit Elektronenüberschuss und Elektronenmangel. Der Pol mit Elektronenüberschuss wird *Pluspol/Minuspol* und der Pol mit Elektronenmangel wird *Pluspol/Minuspol* genannt.

2/11 Stellen Sie die im Lehrbuch angegebenen verschiedenen Spannungsquellen in einfachen Systemskizzen dar, wie z. B. den Piezokristall, der im Feuerzeug einen elektrischen Funken erzeugt.

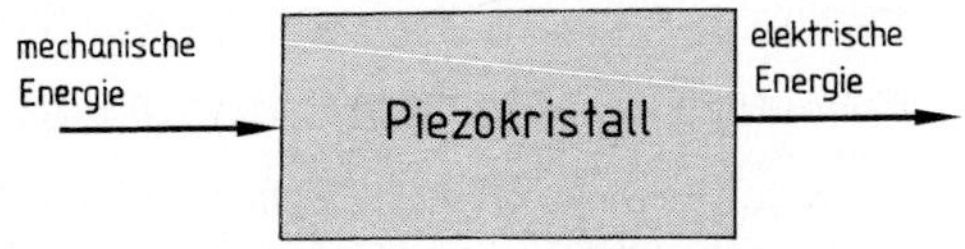

2/12 **a)** Welche Spannungen haben die abgebildeten Spannungsquellen?
b) Geben Sie die Lage von Plus- und Minuspol für jede Batterie an.

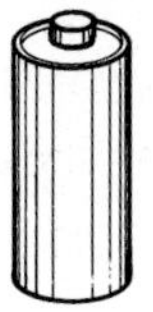

Kohle-Zink-Batterie rund

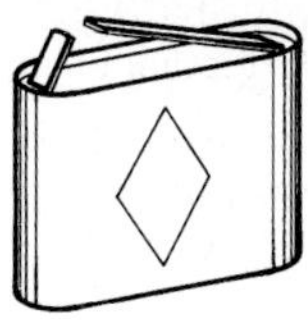

Kohle-Zink-Batterie flach

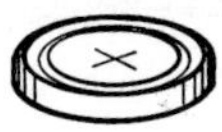

Knopfzelle

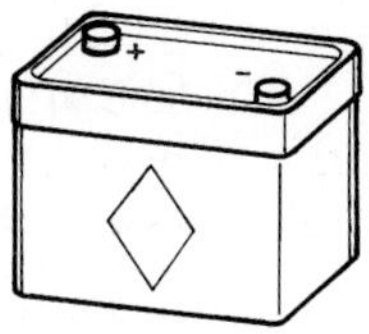

Bleiakkumulator Kfz

Stromkreis

2/13 Vielfach wird zum Erleichtern des Verständnisses für Strom, Spannung und Stromkreis der Vergleich mit einem Ölhydraulikkreislauf herangezogen. Es werden dabei Begriffe wie Durchflussvolumen, Hydraulikpumpe, Rohrleitung, Hydraulikmotor und Öldruck herangezogen.
Ordnen Sie den genannten Begriffen die entsprechenden Begriffe des elektrischen Stromkreises zu.

2/14 Ergänzen Sie folgenden Merksatz durch die zutreffende Aussage, und schreiben Sie ihn auf:
Die Elektronenflussrichtung stimmt nicht mit der festgelegten „technischen" Stromrichtung in Leitern überein. Nach der technischen Stromrichtung fließt der Strom von *Pluspol/Minuspol* zum *Pluspol/Minuspol.*

Messung von Strom und Spannung

2/15 Ergänzen Sie folgenden Merksatz mit der richtigen Aussage und schreiben Sie ihn auf:
Strommessgeräte werden *mit Verbraucher in den Stromkreis/parellel zum Verbraucher* geschaltet, weil sie den Durchfluss einer bestimmten Elektronenzahl anzeigen.

2/16 **a)** Skizzieren Sie den Schaltplan ab.
b) Tragen Sie in die Kreise die Abkürzungen für Voltmeter (V) und Amperemeter (A) ein.
c) Kennzeichnen Sie die Pole der Batterie mit Plus und Minus.
d) Zeichnen Sie mit Pfeilen die Elektronenstromrichtung und die technische Stromrichtung ein.

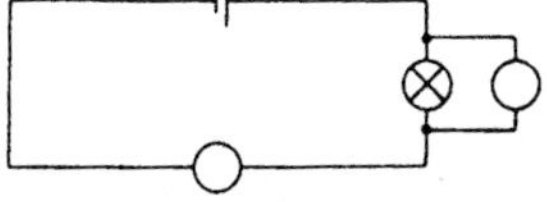

2/17 Zwei Schüler streiten sich darüber, ob das Strommessgerät vor oder hinter dem Verbraucher in der vorherigen Abbildung (Aufgabe 2/16) anzuschließen ist.
Entscheiden Sie und begründen Sie Ihre Entscheidung.

Leiter – Halbleiter – Nichtleiter

2/18 Metalle haben einen kristallinen Aufbau.
a) Aus welchen Grundbausteinen ist das Metallgitter aufgebaut?
b) Welche elektrische Ladung haben diese Grundbausteine?
c) Erklären Sie, wie der Zusammenhalt innerhalb eines Metallgitters erzielt wird, obwohl alle Grundbausteine des Metallgitters die gleiche elektrische Ladung haben.

2/19 Wie ist die gute elektrische Leitfähigkeit von Metallen zu erklären?

2/20 Die elektrische Leitfähigkeit der Metalle Aluminium, Kupfer, Silber und Eisen ist unterschiedlich. Ordnen Sie diese Metalle nach steigender elektrischer Leitfähigkeit.

2/21 Vergleichen Sie Halbleiterwerkstoffe und Metalle hinsichtlich ihrer elektrischen Leitfähigkeit bei tiefen und hohen Temperaturen.
Begründen Sie Ihre Antwort.

2/22 In der Elektronik verwendet man dotierte Halbleiter.
Was versteht man darunter?

2/23 Welche besondere Eigenschaft macht einen Werkstoff zum Isolator?

2/24 Wichtige Isolierstoffe sind: Weich-PVC, Kunstharz, Keramik und Glas.
Nennen Sie Fälle für die Verwendung dieser Isolatoren, und begründen Sie die jeweilige Wahl.

Elektrischer Widerstand

2/25 **a)** Von welchen Faktoren hängt die Größe des Widerstandes eines elektrischen Leiters ab?
b) In welcher Weise beeinflussen diese Faktoren den elektrischen Widerstand?

Widerstandsberechnung

Der Widerstand eines Leiters ist abhängig vom Werkstoff, der Länge, dem Querschnitt und der Temperatur. Die Einheit des elektrischen Widerstandes ist 1 Ohm (1 Ω).

Formel

$$R = \frac{\varrho \cdot l}{S}$$

Formelzeichen

R Widerstand
l Länge des Leiters
S Querschnitt des Leiters
ϱ spezifischer Widerstand des Leiters

Der spezifische Widerstand eines Werkstoffes ist sein Widerstand bezogen auf 1 m Länge und 1 mm² Querschnitt (bei 20 °C).

Spezifische Widerstände

Werkstoff	ϱ in $\frac{\Omega mm^2}{m}$ bei 20 °C
Silber	0,0149
Kupfer	0,0178
Aluminium	0,0241
Eisen	0,1400

2/26 Berechnen Sie die fehlenden Werte.

	a)	b)	c)	d)
R	? Ω	0,5 Ω	20 mΩ	2 078 mΩ
l	0,5 km	? m	40 m	200 dm
d	2 mm	1,5 mm	? mm	0,5 mm
Werkstoff	Cu	Al	Ag	?

2/27 Zu einem Schweißgerät legen Facharbeiter auf einer Baustelle zweiadriges Kabel von 3 Kabeltrommeln mit je 30 m Kupferleitung (1,5 mm² Querschnitt). Beim Schweißen stellen sie fest, dass bei zahlenmäßig richtiger Einstellung des Schweißgerätes Schwierigkeiten beim Schweißen auftreten. Ein zufällig anwesender Elektroniker sagt: „Ursache Eurer Schwierigkeiten ist die lange Zuleitung."
Berechnen Sie den Widerstand der Leitung.

2/28 Im Prototypen einer Steuerung ist ein Kabel um viele Ecken verlegt. Für die Kostenplanung will man die Länge dieses Kabels wissen. Der Einfachheit halber wird beschlossen, die Länge des Kabels aus seinem Widerstand zu ermitteln. Mit einem Widerstandsmessgerät misst man 2,82 Ω in einer Ader. Der Kupferdraht des zweiadrigen Kabels hat 0,5 mm Durchmesser.
Bestimmen Sie die Länge des Kabels.

2/29 In einem Werkstofflabor wird an einem Draht für Heizwicklungen von 2,5 m Länge und 0,2 mm Durchmesser ein Widerstand von 39,82 Ω gemessen.
Welchen spezifischen Widerstand hat der Werkstoff?

Widerstand und Temperatur

Bei Metallen steigt der Widerstand mit steigender Temperatur.

Formel

$$\Delta R = R_k \cdot \alpha \cdot \Delta\vartheta$$

$$R = R_k + \Delta R$$

$$\Delta\vartheta = \vartheta - 20\ °C$$

Formelzeichen

ΔR Widerstandsänderung
R Widerstand nach Temperaturänderung
R_k Widerstand bei 20 °C
α Temperaturbeiwert
$\Delta\vartheta$ Temperaturänderung gegenüber 20 °C
ϑ Temperatur des Leiters

Der Temperaturbeiwert α gibt an, um wie viel Ω sich ein Widerstand von 1 Ω bei einer Temperaturänderung um 1 K ändert. Bezugstemperatur ist 20 °C.

$$\alpha_{Cu} = 0{,}0039 \frac{\Omega}{\Omega \cdot K}; \qquad \alpha_{Al} = 0{,}0038 \frac{\Omega}{\Omega \cdot K}$$

2/30 Ein zweiadriges Kupferkabel mit je 0,5 mm Durchmesser verbindet ein elektromagnetisch betätigtes Pneumatikventil mit dem Signalglied. Das Ventil steuert den Hubzylinder zum Öffnen und Schließen der Tür eines Durchlaufglühofens. Das Kabel liegt auf 8 m Länge an der Ofenwand und erwärmt sich auf 60 °C.

a) Welchen Widerstand hat das Kabel bei 20 °C?

b) Auf welchen Wert steigt der Widerstand bei vollem Ofenbetrieb?

2/31 Bei der Errichtung einer Trockenkammer stört ein Kupferkabel (0,75 mm^2 Querschnitt). Ein Mechaniker regt an, das Kabel in einem isolierten Rohr durch die Kammer zu ziehen. Es läge dann zweiadrig auf 3 m Länge bei einer Temperatur um 80 °C. Der zuständige Elektroniker hält den Vorschlag für brauchbar, wenn der Widerstand nicht mehr als um 0,3 Ω erhöht wird, da dann Störungen in der Anlage auftreten können.
Prüfen Sie rechnerisch, ob die Lösung möglich ist.

2/32 In einem Kühlhaus sind 50 m Kupferleitung mit 1,5 mm^2 Querschnitt verlegt.
Um welchen Betrag sinkt der Widerstand dieser Leitung, wenn das Kühlhaus im Betrieb eine Temperatur von — 22 °C hat?

Ohmsches Gesetz

Ohmsches Gesetz

Zwischen Spannung, Strom und Widerstand besteht folgende Beziehung:

Formel

$$R = \frac{U}{I}$$

Formelzeichen

U Spannung in V
I Strom in A
R Widerstand in Ω

2/33 **a)** Zwischen welchen physikalischen Größen stellt das Ohmsche Gesetz einen Zusammenhang her?

b) In welcher Weise müsste man das Ohmsche Gesetz unter dem Gesichtspunkt Ursache ⟷ Wirkung schreiben?

2/34 Wie kann man sich die Widerstandsgröße von 1 Ohm mit Hilfe des Ohmschen Gesetzes mit einfachen Zahlenbeispielen anschaulich machen?

2/35 In einer Versuchsanlage wird eine Spannung von 6 Volt und eine Stromstärke von 0,2 Ampere gemessen.
Wie groß ist der Widerstand des Verbrauchers?

2/36 Eine Heizspirale hat einen Widerstand von $R = 120$ Ohm. Die anliegende Spannung beträgt $U = 230$ Volt. Welcher Strom fließt durch die Heizspirale?

2/37 Zu einem elektromagnetisch betätigten Wegeventil eines pneumatisch betätigten Schiebers führt vom Taster – dem Eingabeglied – aus ein 35 m langes zweiadriges Kupferkabel. Das Kabel hat Adern von je 0,75 mm Querschnitt. Durch das Kabel fließt ein Strom von 240 mA.

a) Welchen Widerstand hat das Kabel?
b) Welcher Spannungsabfall tritt an jeder Ader auf?
c) Welche Spannung liegt an dem Magnetventil an, wenn die Spannungsquelle 24 V liefert?

2/38 Beim Anschweißen von Flanschen an Kühlschlangen aus hoch legiertem Stahl wurde das Schweißkabel an einem Ende angeklemmt und dann an beiden Enden die Flansche geschweißt.

a) Welchen Widerstand hat die Kühlschlange, wenn das Rohr 8 m gestreckte Länge hat?
b) Welchen Spannungsabfall verursacht die Kühlschlange beim Schweißen in der dargestellten Position, wenn der Schweißstrom 80 A beträgt?

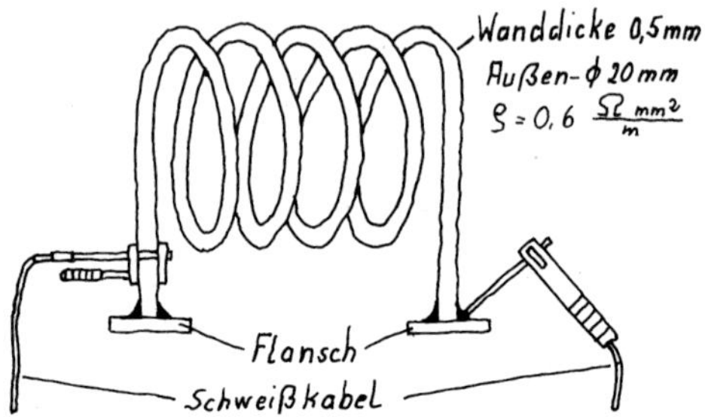

2/39 Ein Strom von 30 mA kann tödliche Folgen haben, wenn er über das Herz fließt. Der menschliche Körper hat einen Widerstand von etwa 1 800 Ω.
Unter welcher Grenze muss aus diesen Gründen die höchste zulässige Spannung in Anlagen liegen, bei denen eine Berührung durch den Menschen nicht ausgeschlossen ist, damit der tödlich wirkende Strom nicht fließen kann?

3 Grundschaltungen

Reihenschaltung

In einer Reihenschaltung gelten folgende Beziehungen:

Formeln

$$I_{ges} = I_1 = I_2 = I_3 = \dots$$
$$R_{ges} = R_1 + R_2 + R_3 + \dots$$
$$U_{ges} = U_1 + U_2 + U_3 + \dots$$

Formelzeichen

I_{ges}	Gesamtstrom
$I_1; I_2; I_3$	Teilströme
R_{ges}	Gesamtwiderstand
$R_1; R_2; R_3$	Einzelwiderstände
U_{ges}	Gesamtspannung
$U_1; U_2; U_3$	Teilspannungen

3/1 Drei Widerstände sind in Reihe geschaltet.

a) Skizzieren Sie diesen Stromkreis ab.
b) Tragen Sie die technische Stromrichtung mit einem Pfeil ein.
c) Berechnen Sie den Gesamtwiderstand R_{ges} der drei Einzelwiderstände.

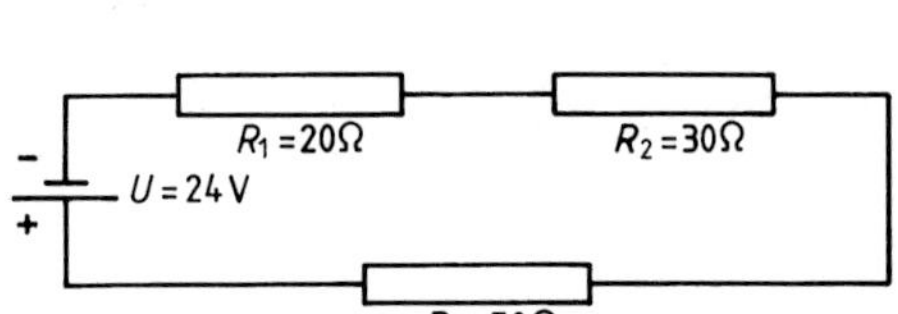

d) Mit welchem Messgerät können Sie die Stromstärke I messen, und wie müssten Sie dieses Gerät schalten?

e) Berechnen Sie den Spannungsabfall U_1, U_2 und U_3 an jedem Widerstand.

f) Wie könnten Sie den Spannungsabfall an jedem Widerstand messen?

3/2 Die Beleuchtung einer Dekoration hat 16 Glühlampen mit der Aufschrift 14 V.

a) Wie müssen die Lampen geschaltet sein, wenn die Beleuchtung an 230 V angeschlossen wird?

b) Wie groß ist der Strom, der in der Beleuchtung fließt, wenn jede Lampe einen Widerstand von 46 Ω hat?

c) Wie groß ist der Gesamtwiderstand der Beleuchtung?

3/3 Ein Kassettenrecorder mit einer Betriebsspannung von $U_1 = 7{,}5$ V nimmt einen Strom von $I = 0{,}4$ A auf. Er soll mit einer Spannung von $U = 12$ V betrieben werden. Der Strom soll 0,4 A nicht übersteigen.

a) Wie groß ist der Widerstand des Kassettenrecorders?

b) Wie kann man dieses Problem lösen? Berechnen Sie alle fehlenden Kenndaten.

Parallelschaltung

In einer Parallelschaltung gelten folgende Beziehungen:

Formeln

$$U_{ges} = U_1 = U_2 = U_3 = \ldots$$

$$I_{ges} = I_1 + I_2 + I_3 + \ldots$$

$$\frac{1}{R_{ges}} = \frac{1}{R_1} + \frac{1}{R_2} + \frac{1}{R_3} + \ldots$$

Formelzeichen

U_{ges}	Gesamtspannung
U_1; U_2; U_3	Teilspannungen
I_{ges}	Gesamtstrom
I_1; I_2; I_3	Teilströme
R_{ges}	Gesamtwiderstand
R_1; R_2; R_3	Einzelwiderstände

3/4 Ein elektrischer Heizofen enthält zwei Heizdrähte mit dem gleichen Widerstand von $R = 55$ Ω, die parallel geschaltet sind. Der Heizkörper wird an die Netzspannung von $U = 230$ V angeschlossen.

a) Wie groß ist für jeden Heizdraht die Spannung?

b) Wie groß ist die Stromstärke, die durch jeden Heizdraht fließt?

c) Wie groß ist die Gesamtstromstärke?

d) Welchen Widerstand R_3 müßte ein Heizdraht haben, der diese beiden Heizdrähte ersetzt?

e) Welche allgemeine Aussage können Sie aus dem Vergleich der drei Widerstände machen?

3/5 Durch zwei parallel geschaltete Widerstände von $R_1 = 12$ Ω und $R_2 = 8$ Ω fließt ein Gesamtstrom von $I = 6$ A.

a) Wie groß ist der Gesamtwiderstand R_{ges} der beiden Einzelwiderstände?

b) Wie groß muss die anliegende Spannung sein?

c) Wie groß sind die Teilströme I_1 und I_2?

3/6 Berechnen Sie für alle gezeichneten Schaltungen der drei Widerstände $R_1 = 11$ Ω, $R_2 = 22$ Ω und $R_3 = 33$ Ω den Gesamtwiderstand.

a)

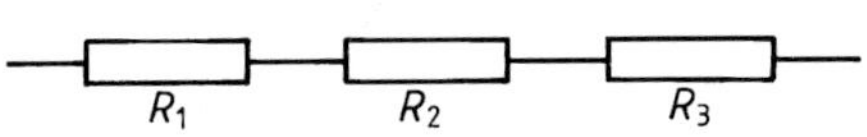

b)

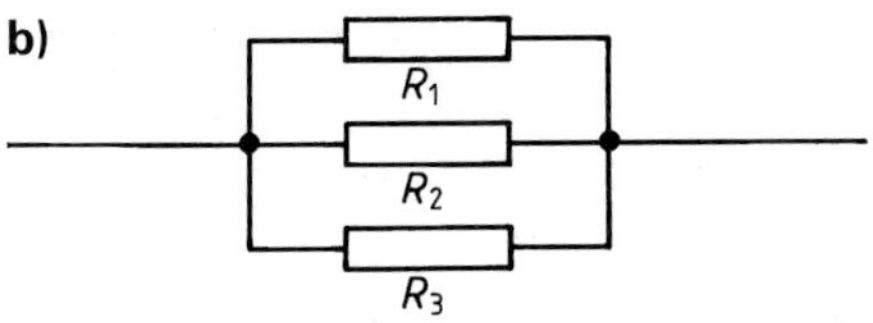

c)

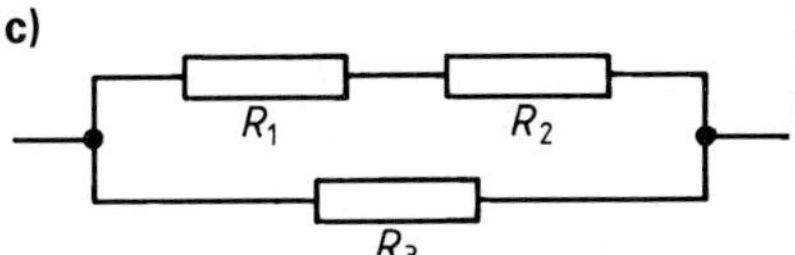

d)

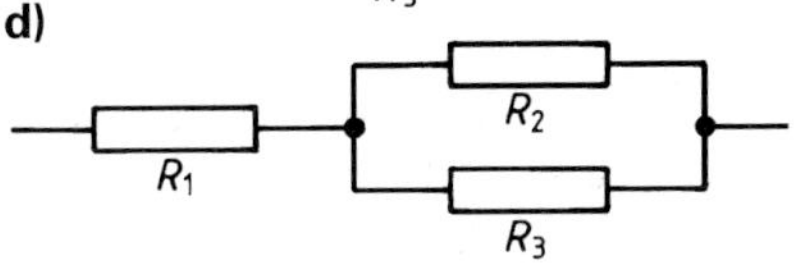

4 Schaltzeichen für elektrische Bauelemente und Schaltpläne

4/1 Im Stromlaufplan einer elektropneumatischen Steuerung sind die dargestellten Taster eingezeichnet.
Erklären Sie die Unterschiede.

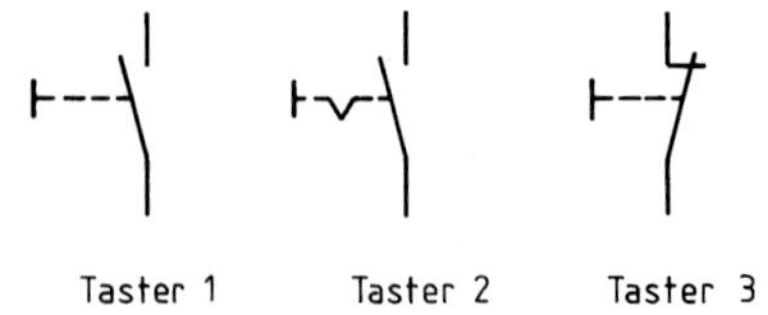

4/2 Skizzieren Sie die nebenstehende Schaltung ab, und benennen Sie ausführlich die gekennzeichneten Bauelemente.
Geben Sie bei den Tastern auch die Art der Betätigung an.

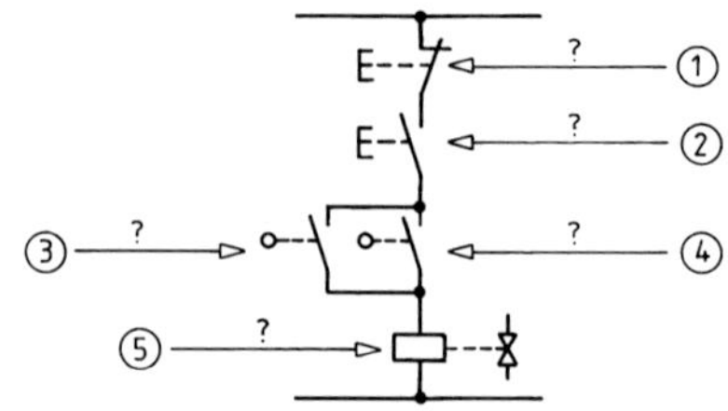

4/3 In einer Pneumatikanlage soll ein Magnetventil solange betätigt sein, wie der Tastschalter S1 **nicht** betätigt ist.
Zeichnen Sie den nebenstehenden Stromlaufplan ab, und ergänzen Sie ihn durch Eintragen der richtigen Symbole für die Bauelemente.

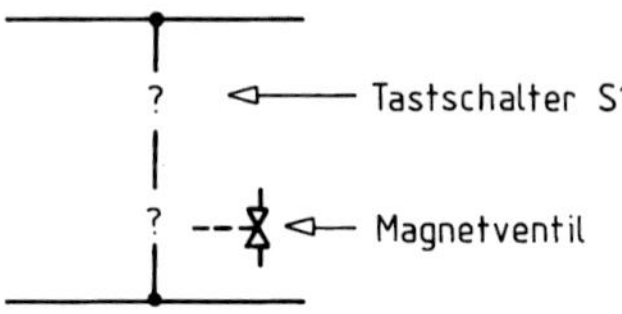

4/4 Welche Symbole und Bezeichnungen sind den dargestellten Tastschaltern zuzuordnen?

a)

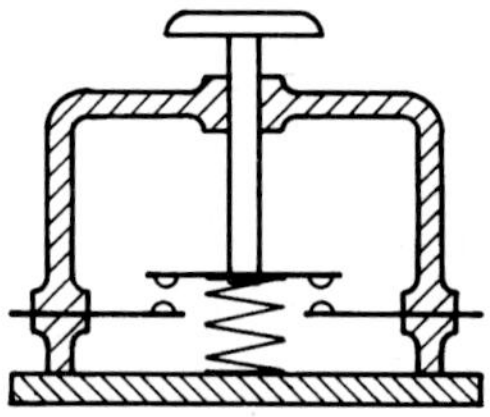

b)

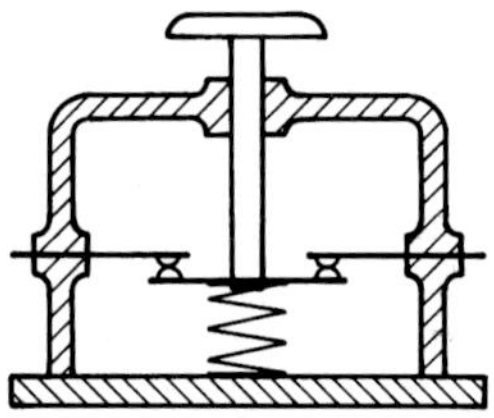

c)

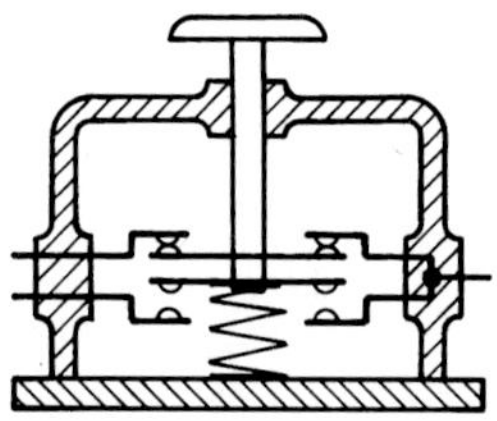

5 Technische Nutzung des elektrischen Stromes

Elektrische Leistung und elektrische Arbeit

Elektrische Leistung und elektrische Arbeit

Die elektrische Leistung ist das Produkt aus Stromstärke und Spannung. Die elektrische Arbeit ist das Produkt aus Leistung und Zeit.

	Formeln		**Formelzeichen**
elektrische Leistung:	$P = U \cdot I$	$P = I^2 \cdot R = \frac{U^2}{R}$	P Leistung in W U Spannung in V I Stromstärke in A R Widerstand in Ω
elektrische Arbeit:	$W = P \cdot t$	$W = U \cdot I \cdot t$	W Arbeit in Ws t Zeit in s

5/1 Die Heizplatte eines Kunststoffschweißgerätes nimmt bei 230 V einen Strom von 5,2 A auf.

a) Berechnen Sie die Leistungsaufnahme.
b) Welcher Energieverbrauch fällt bei 2,5stündigem Betrieb an?

5/2 Ein 230-V-Stromkreis in einer Werkstatt ist mit einer 10-A-Sicherung abgesichert.
Weisen Sie rechnerisch nach, ob neben 4 Glühlampen von je 100 W und einem Heizgerät, das 3,2 A Strom benötigt, noch ein weiteres Heizgerät von 1 kW angeschlossen werden kann.

5/3 Wie groß ist der Leistungsverlust einer 160 m langen Zuleitung zu einer Schachtpumpe, wenn ein Strom von 3 A fließt?
Das Kupferkabel ist zweiadrig und hat 1,5 mm^2 Querschnitt.

5/4 Auf einem Relais für eine elektropneumatische Schaltung steht: 80 Ω 20 W.
Welche Spannung ist eben noch zulässig, damit keine Überlastung eintritt?

5/5 Welcher Leistungsverlust tritt bei einem Strom von 100 A in einem insgesamt 6,5 m langen Schweißkabel aus Kupfer mit 45 mm^2 Querschnitt auf?

5/6 Eine Werkstatt wird mit 5 Heizstrahlern von je 2,5 kW Leistung beheizt. Die Heizstrahler sind an zwei verschiedene Stromkreise (230 V) angeschlossen.

a) Wie muss der mit 3 Strahlern am stärksten beanspruchte Stromkreis mindestens abgesichert sein?
b) Welche Kosten verursacht die Heizung an einem achtstündigen Arbeitstag bei Dauerbetrieb? Erfragen Sie den Arbeitspreis beim EVU.

5/7 An einer Fahrradbeleuchtung wackelt die Glühlampe in der Fassung.
Hat das Brennen bzw. das Nichtbrennen der Lampe Einfluss auf die Kraft, mit der bei gleich bleibender Geschwindigkeit die Pedale getreten werden müssen?
Begründen Sie Ihre Antwort.

Wärmewirkung des elektrischen Stromes

5/8 Warum muss man für die Zuleitung zu elektrischen Heizgeräten große Leiterquerschnitte verwenden?

5/9 Welche Stromstärke ist etwa zum Schweißen mit einer 2,5-mm-Elektrode notwendig?
Welche Temperatur ist im Lichtbogen zu erwarten? (Lesen Sie in „Fertigungstechnik" Kap. Schweißen im Lehrbuch nach.)

Chemische Wirkung des elektrischen Stromes

5/10 Beim Beschichten durch Galvanisieren werden die Werkstücke in entsprechende Salzlösungen gehängt. Nach Einschalten des elektrischen Stromes überziehen sich die Werkstücke mit dem gewünschten Schutzmetall.

a) An welchen Pol der Spannungsquelle werden die Werkstücke angeschlossen?
b) Durch welche Maßnahme verhindert man die Verarmung der Lösung an Schutzmetall?
c) Das Schutzmetall ist in den meisten Fällen edler als die zu beschichtenden Werkstücke. Erklären Sie, warum sich beim Galvanisieren das edlere Metall auflöst und nicht das unedlere.

5/11 Die nebenstehende Zeichnung zeigt eine Vorrichtung zum elektrochemischen Entgraten von Bohrungen an der Innenseite von Metallhülsen.

a) Beschreiben Sie die Funktion des Gerätes. (Die graue Schattierung der inneren Elektrode stellt eine Isolierung aus einem Kunststoffanstrich – Epoxidharz – dar.)
b) Welche zusätzlichen Baugruppen benötigt das Gerät zur Funktion?
c) Welche Anforderungen sind unter technischen Gesichtspunkten und Sicherheitsaspekten an die Salzlösung – den Elektrolyten – zu stellen?

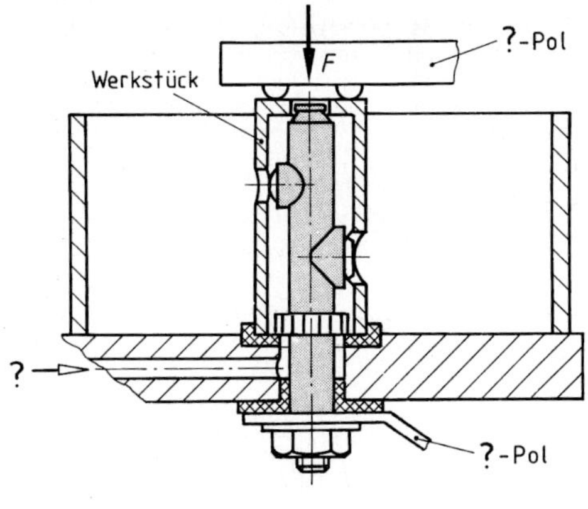

Magnetische Wirkung des elektrischen Stromes

5/12 Skizzieren Sie für einen Stabmagneten den äußeren Verlauf der magnetischen Feldlinien. Zeichnen Sie die festgelegte Richtung für den magnetischen Feldlinienverlauf mit Pfeilen ein.

5/13 Für den Einbau eines Hufeisenmagneten in ein Gerät ist die Lage des Nordpoles vorgeschrieben. Der einzubauende Magnet ist nicht gekennzeichnet.
Wie können Sie die Lage des Nordpols feststellen?

5/14 Eine Firma liefert für Messgeräte berührungsarme Lagerungen auf Magnetbasis.
Wie könnte eine solche Lagerung aufgebaut sein?

5/15 Legen Sie zwischen die Pole eines Hufeisenmagneten einen Eisenring, und überprüfen Sie mit Eisenfeilspänen den Verlauf des Magnetfeldes.
Beschreiben Sie Ihre Beobachtung.

5/16 In welche Himmelsrichtung zeigt die Nadel eines Kompasses, den man mit in einen Stahlbehälter genommen hat?
Begründen Sie Ihre Vermutung aus der Beobachtung entsprechend der Aufgabe 5/15.

5/17 Gelegentlich sind in elektrisch angesteuerten Pneumatikventilen Dauermagnete (Permanentmagnete) eingebaut.
Welche Aufgabe haben diese Magnete?

- **Elektromagnet**

5/18 Übernehmen Sie die vorgegebenen Abbildungen, und tragen Sie den Verlauf der magnetischen Feldlinien ein. Schreiben Sie die von Ihnen dabei verwendete Regel auf.

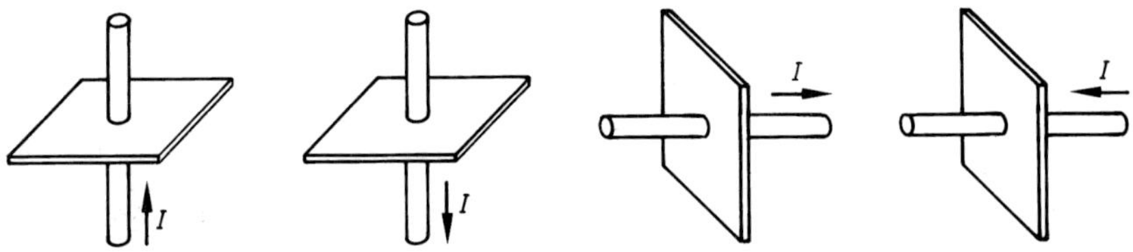

5/19 Stellen Sie fest, auf welcher Seite die skizzierte Spule Nord- und Südpol hat.

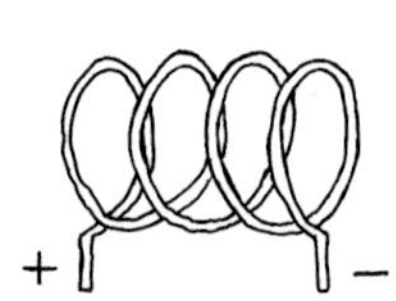

5/20 Neulich zeigte mir ein Mechaniker die Skizze einer zweifädigen (bifilar) gewickelten Spule aus einer elektrischen Großuhr. Er fragte mich nach Nord- und Südpol. Geben Sie mit einer Begründung die richtige Antwort.

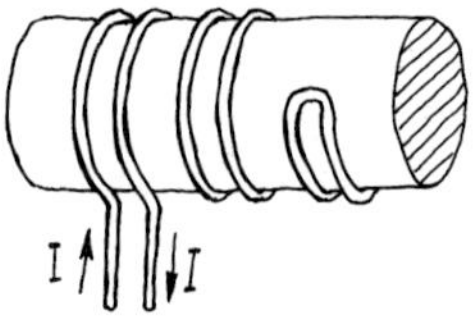

5/21
a) Beschreiben Sie die Wirkungsweise des skizzierten Relais.
b) Der Steuerstromkreis wird mit 24 V betrieben und kann über einen Schalter mit der Funktion Schließer geschlossen werden.
Das Relais soll einen Elektromotor (230 V) schalten. Der Motor soll solange laufen, wie der Tastschalter gedrückt wird.
Zeichnen Sie den Stromlaufplan.

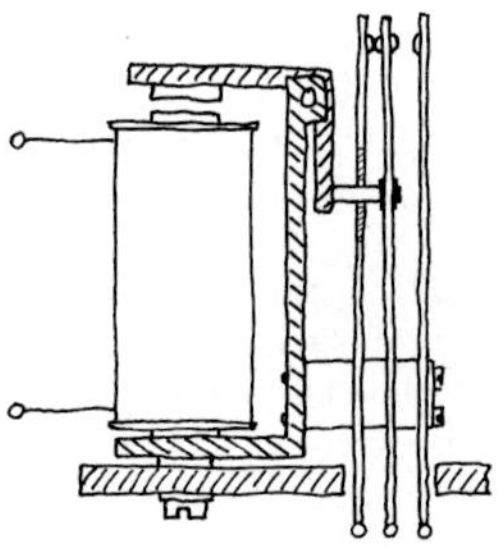

5/22 Das dargestellte Relais ist ein Stromstoßschalter.

Schaltstellung 1

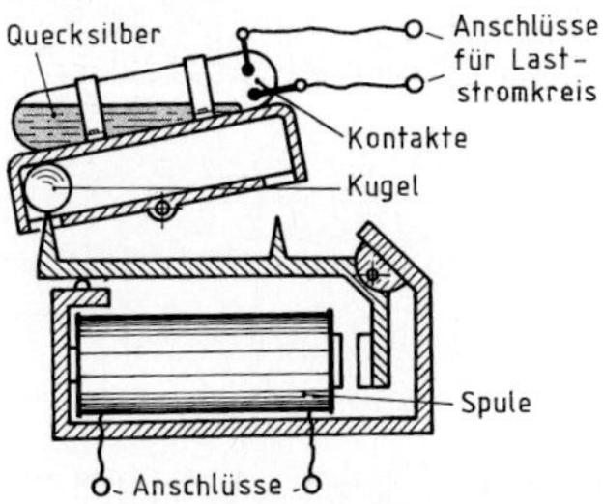

Schaltstellung 2

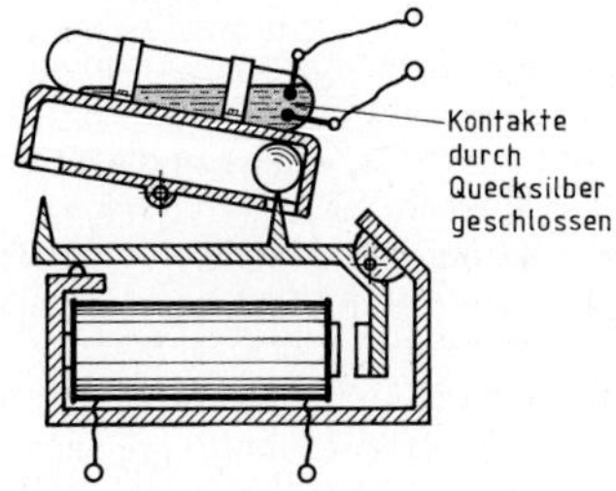

a) Erklären Sie schrittweise die Vorgänge im Schalter, wenn der Steuerstromkreis für einen kurzen Augenblick geschlossen wird.

b) Im Laststromkreis ist ein Pneumatikventil angeschlossen. Es öffnet, sobald es an Spannung liegt. Im Augenblick ist das Ventil geschlossen.
Welche Stellung nimmt es ein, wenn 2 mal kurz auf den Taster zum Schließen des Steuerstromkreises des Relais gedrückt wird und das Relais 2 mal schaltet?

- **Elektromotor**

5/23 **a)** Skizzieren Sie die Pole der Hufeisenmagnete mit den stromdurchflossenen Leitern ab. Tragen Sie die Feldlinien der sich überlagernden Felder und die zu erwartenden Bewegungsrichtungen ein.

b) Ziehen Sie aus Ihrer Skizze Schlüsse hinsichtlich der Schaltung zur Umkehrung der Drehrichtung bei Gleichstrommotoren.

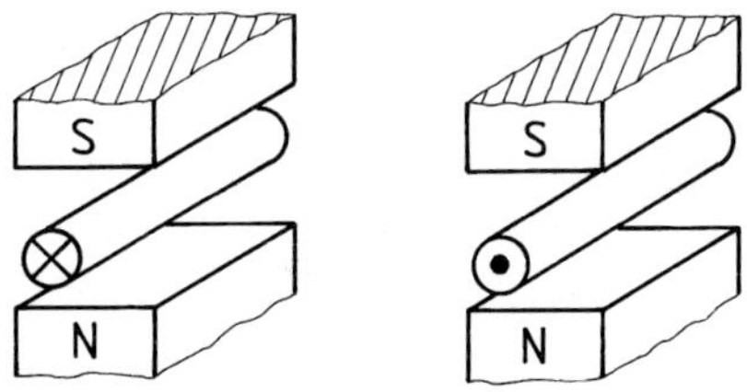

5/24 Beschreiben Sie den Aufbau eines Kommutators und seine Funktion in einem Gleichstrommotor.

5/25 Nennen Sie die wichtigsten Bauelemente eines einfachen Gleichstrommotors, und geben Sie deren Funktion an.

5/26 Erklären Sie, wie durch die Gestaltung der Ankerspule eine gleichförmige Drehbewegung erzielt werden kann.

5/27 Durch die Kühlschlitze des Motors einer Trennschleifmaschine sieht man, dass über den Kommutator ein langer Funke gezogen wird.
Was kann die Ursache sein, und wie kann man Abhilfe schaffen?

5/28 Skizzieren Sie die Tabelle ab, und vergleichen Sie durch entsprechende Eintragungen Reihen- und Nebenschlussmotor.

	Reihenschlussmotor	Nebenschlussmotor
Schaltung	?	?
Anzugsmoment (klein/größer)	?	?
Verhalten bei Leerlauf	?	?

- **Generator**

5/29 Ein Stabmagnet wird in eine Spule hineinbewegt.

a) Begründen Sie die Spannungserzeugung.

b) Wovon ist die Größe der Spannung abhängig?

c) Was zeigt sich, wenn statt des Magneten die Spule bewegt wird?

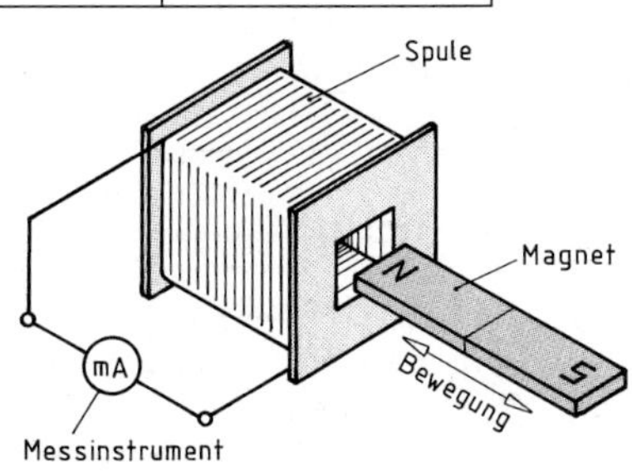

5/30 Wie kann mit einer Spule und mit einem Stabmagneten eine Wechselspannung erzeugt werden? Skizzieren Sie eine technische Möglichkeit.

5/31 Bei einer gleichförmigen Drehbewegung der Ankerspule im Magnetfeld der Feldspule kommt es zur Erzeugung unterschiedlich großer Spannungen.
Begründen Sie, wie es zu dieser Erscheinung kommt.

5/32
a) Skizzieren Sie den Spannungsverlauf bei einem Wechselstromgenerator in Abhängigkeit zur Zeit.
b) Formulieren Sie diesen Verlauf mathematisch.

5/33
a) Geben Sie für eine Wechselspannung von 10 V (effektiv), die von einem am Netz angeschlossenen Transformator geliefert wird, folgende Größe an:
– Periodendauer, – Frequenz, – Scheitelwert der Spannung.
b) Tragen Sie den Verlauf der Spannung für eine Periode in ein Spannung-Zeit-Diagramm ein.

5/34 Die Frequenz einer Wechselspannung für eine Induktionshärteanlage beträgt $f = 100$ kHz. Bestimmen Sie die Periodendauer.

5/35 An welchem Bauteil eines Generators kann man erkennen, ob es sich um einen Gleichstromgenerator oder um einen Wechselstromgenerator handelt?

5/36 Skizzieren Sie ein Spannung-Zeit-Schaubild für einen pulsierenden Gleichstrom, der von einem Generator mit 4poligem Anker erzeugt wird.

• Transformator

5/37 Skizzieren Sie den gegebenen Transformator ab und benennen Sie die einzelnen Teile.

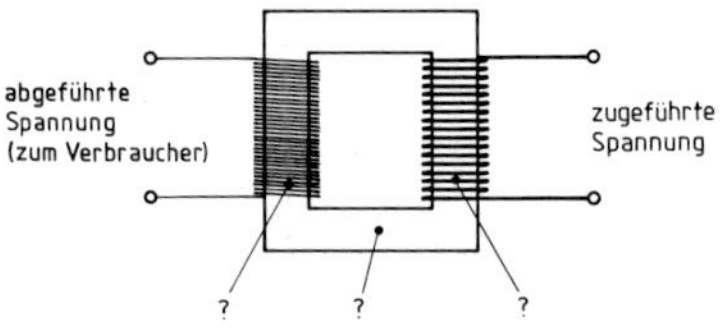

5/38 An einem Transformator wurde ein Zettel mit Hinweisen durch einen blanken Stahldraht, der um eine Spule gelegt und verdrillt wurde, befestigt. Beim Einbau des Transformators in eine Steuerung hatte man vergessen, diese Teile zu entfernen. Sie waren später Ursache für einen Brand in der Steuerung.
Wie ist dies zu erklären?

5/39 Kann ein Transformator auch pulsierenden Gleichstrom transformieren?
Begründen Sie Ihre Antwort.

Übersetzungsverhältnis des Transformators

Für einen Transformator gilt:

Formeln

$$\frac{U_1}{U_2} = \frac{N_1}{N_2} \qquad \frac{I_2}{I_1} = \frac{N_1}{N_2} \qquad \frac{U_1}{U_2} = \frac{I_2}{I_1}$$

Formelzeichen

U_1	Primärspannung	I_1	Primärstrom
U_2	Sekundärspannung	I_2	Sekundärstrom
N_1	Windungszahl (Primärspule)	N_2	Windungszahl (Sekundärspule)

5/40 Ein Generator liefert eine Spannung von 3 000 V, die von einem Transformator auf 230 V transformiert wird. Der Transformator hat eine Primärspule mit 600 Windungen.
Bestimmen Sie die Zahl der Windungen für die Sekundärspule.

5/41 Ein Schweißtransformator transformiert die Netzspannung von 230 V auf 25 V.
a) In welchem Verhältnis müssen die Windungszahlen von Primär- und Sekundärspule zueinander stehen?
b) Bestimmen Sie die Windungszahl der Primärspule, wenn die Sekundärspule 40 Windungen hat.

6 Maßnahmen zur Unfallverhütung

6/1 Ein Monteur arbeitet in der Werkstatt auf einer Aluminiumleiter mit Gummifüßen. Er berührt eine Rohrleitung, die aufgrund eines Fehlers Spannung gegen die Erde hat.
Welcher Gefahr ist der Monteur ausgesetzt?

6/2 Beschreiben Sie Körperschäden, die durch elektrischen Strom hervorgerufen werden können.

6/3 Zählen Sie mindestens drei Bedingungen auf, durch die der Übergangswiderstand von stromführenden Teilen auf den menschlichen Körper verringert wird.

6/4 Die Skizze zeigt einen Stromkreis, der infolge eines Isolationsfehlers über einen menschlichen Körper geschlossen wird. Die Spannung gegen Erde beträgt 230 V.

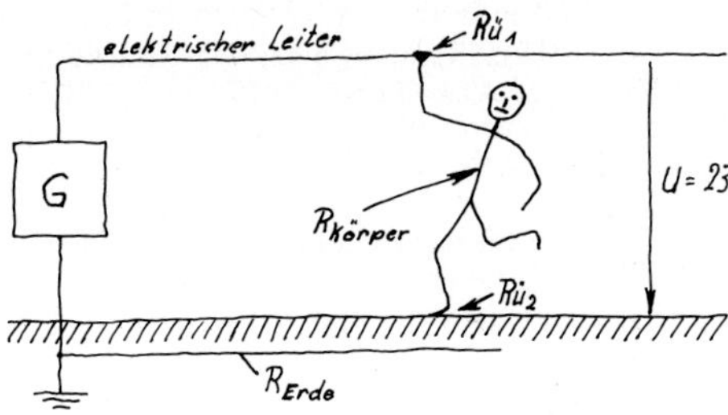

a) Bei welchem Gesamtwiderstand wäre der Mensch eben noch nicht mit der gefährlichen Stromstärke von 30 mA belastet?
b) Vergleichen Sie die Übergangswiderstände und den Gesamtwiderstand.
c) Welche Grundschaltung bilden in diesem Falle die Übergangswiderstände und der Körperwiderstand – Reihen- oder Parallelschaltung?

6/5 Beschreiben Sie die Aufgaben, den Aufbau und die Wirkungsweise von Schmelzsicherungen im Stromkreis.

6/6 Welche Gefahren ergeben sich, wenn in einer Wohnung mit einer 16-A-Sicherung nur elektrische Leiter mit 0,75 mm^2 Querschnitt verlegt sind?

6/7 Beschreiben Sie die Gefahren, die durch das unsachgemäße „Flicken" einer Schmelzsicherung mit einem dickeren Schmelzdraht entstehen.

6/8 Beurteilen Sie die folgenden Schmelzsicherungen im Hinblick auf Wirksamkeit und Sicherheit.
a) Eine 10-A-Sicherungspatrone wird in einen Sockel mit gelbem Passring geschraubt.
b) In einen Sockel mit rotem Passring wird eine 16-A-Sicherung geschraubt.

6/9 Beim Einschalten einer Kreissäge löst der Sicherungsautomat aus. Die Säge ist aber in Ordnung und läuft an anderen Stromkreisen.
Wo liegt die Ursache?

6/10 Trotz richtiger Absicherung löst sofort nach Anschalten eines Schweißtransformators der Schutzschalter aus. Ist ein Kurzschluss in Gerät und Zuleitung oder eine Überlastung die wahrscheinliche Ursache?

6/11 Bei Benutzung eines Schweißgerätes in einem Wohnhaus löst jeweils nach einigen Minuten Benutzungszeit der Sicherungsautomat aus.
Welcher Auslöser im Automat tritt in Funktion?

6/12 Ein Schutzschalter entsprechend dem im Buch abgebildeten Beispiel hat infolge Überlastung ausgelöst.
Ist der Schalter sofort wieder zu schließen oder muss erst die Abkühlung des Bimetalls abgewartet werden?

6/13 Das Metallgehäuse einer elektrischen Handsäge und das Kunststoffgehäuse einer Küchenmaschine sollen eine Schutzsicherung erhalten.
Durch welche Maßnahmen erreicht man dies in beiden Fällen?

6/14 Der Stecker einer Handschleifmaschine weist keinen Schutzkontakt auf.
Welche elektrischen Schutzmaßnahmen wurden bei dieser Maschine ergriffen?

6/15 Beschreiben Sie, was man unter Schutzkleinspannung versteht und weshalb diese eine netzunabhängige Schutzmaßnahme gegen gefährliche Körperströme ist.

6/16 Schildern Sie die Stationen, über die ein Fehlerstrom von einem defekten Elektrogerät mit Steckeranschluss in die Erde geleitet wird.

6/17 Begründen Sie, warum eine gesetzliche Verpflichtung besteht, in einem Wohnhaus das Rohrnetz der Heizung und die Badewanne zu erden?

6/18 **a)** Mit welchem Symbol wird die Erdung in Schaltplänen dargestellt?
b) Welche Kennfarbe hat der Schutzleiter?

6/19 Eine Anlage soll einen eigenen „Erder" erhalten.
Welche Anforderungen muss dieser „Erder" erfüllen? Welche Ausführung ist möglich?

6/20 Welchen entscheidenden Vorteil haben FI-Schutzschalter?

6/21 An einer Tauchpumpe sind die nebenstehenden Zeichen angebracht.
Was bedeuten sie?

7 Funktionseinheiten in elektrotechnischen Einrichtungen

7/1 Das Bild zeigt eine Anlage zum Schutzgasschweißen. Geben Sie an, welche Funktionen von den mit 1 bis 4 gekennzeichneten Einheiten übernommen werden.

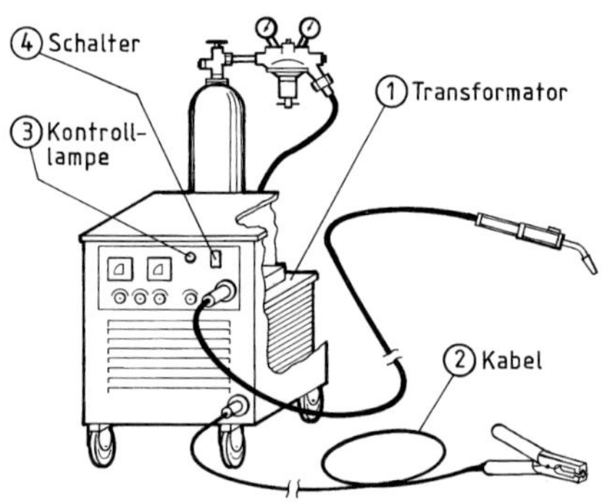

Funktionseinheiten zum Steuern elektrischer Energie

7/2 An einem Pneumatikzylinder, der einen kleinen Stempel trägt, ist ein Reedkontakt als Grenztaster eingebaut. Die Schaltung funktioniert nicht, obwohl Spannung am Grenztaster anliegt.
Wie würden Sie vorgehen, um die Funktionsfähigkeit des Grenztasters zu überprüfen?
Stellen Sie die Fehlersuche in einem Ablaufplan dar.

7/3 Warum ist es notwendig, dass Schalter sprunghaft schließen und sprunghaft öffnen?

7/4 In einer Werkstatt sind alle Maschinen einzeln abgesichert. Beim Einschalten der Schleifmaschine ruckt diese kurz an und bleibt sofort wieder stehen. Die Sicherung ist nicht ausgefallen. Der FI-Schalter hat abgeschaltet.
Was ist in diesem Fall zu tun? Begründen Sie Ihre Maßnahmen.

7/5 An Fertigungszellen einer Automobilfabrik sind Not-Aus-Schalter mit Schaltschlössern versehen. Nach der Betätigung eines Not-Aus-Schalters darf nur der zuständige Meister wieder einschalten. Welchen Sinn hat eine solche strenge Überwachung des Einschaltens?

7/6 In einem Betrieb sah ich einen Roboter, der Teile in eine Presse einlegte. Zur Sicherung gegen Überlastung wurde die Belastung mit Dehnungsmessstreifen gemessen. Bei der Behebung einer Betriebsstörung konnte ich zuschauen. Mir fiel dabei auf, dass zwei Dehnungsmessstreifen mit senkrecht versetzten Leitern aufgeklebt waren. Man sagte mir, einer von beiden nehme die Kraft auf, der andere erfasse einen wichtigen Umwelteinfluss, der auch eine Widerstandsänderung bewirke. Um diese unbeabsichtigte Verfälschung der Kraftmessung auszuschließen, muss diese Widerstandsänderung erfasst und in der Messeinrichtung berücksichtigt werden.

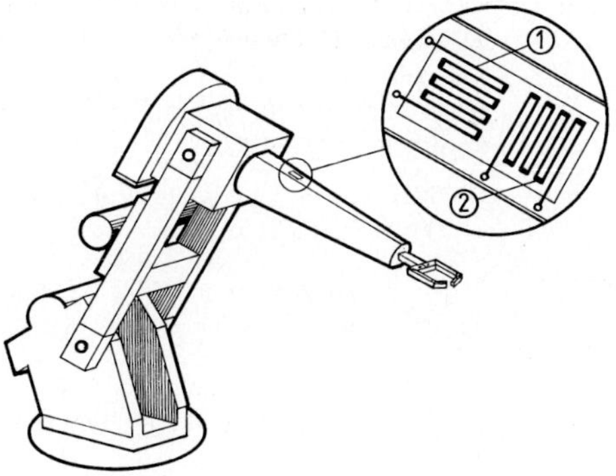

a) Welcher Dehnungsmessstreifen misst die Kraft? Begründen Sie Ihre Antwort.

b) Welche wichtige Umweltgröße beeinflusst die Messung mit Dehnungsmessstreifen?

7/7 Mit einer kurzen Spule kann man nur relativ kleine Wege durch Induktionsänderung messen, wenn man entsprechend der Abbildung arbeitet.
Machen Sie einen Vorschlag zur Gestaltung des Eisenkernes, wenn ein sehr großer Weg als Eingangsgröße mit Hilfe einer kurzen Spule in eine Induktivitätsänderung umgesetzt werden soll.

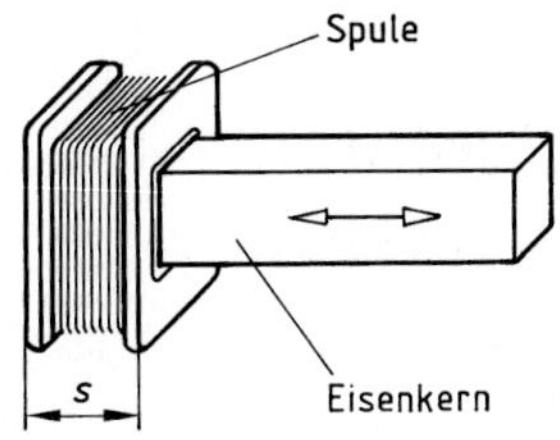

7/8 Welche Sensorsysteme kommen in den dargestellten Fällen als Näherungsschalter in Frage? Geben Sie jeweils eine kurze Begründung in Ihrer Antwort an.

1. In einer Gießerei soll ein Sensor ein Signal an die Steuerung geben, wenn eine Form auf dem Weg zum Gießplatz eine bestimmte Stelle auf dem Rollengang passiert.

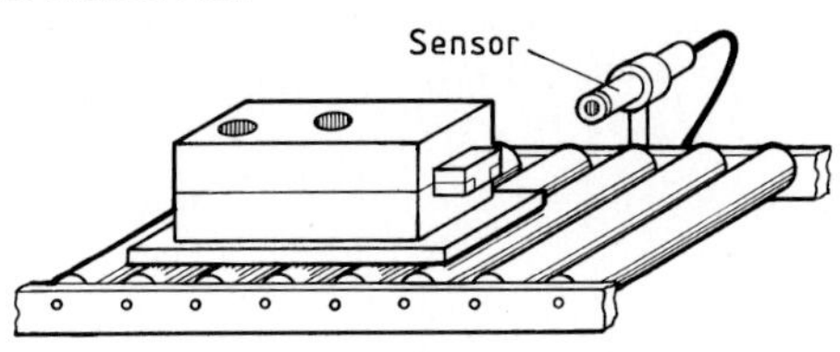

2. Ein Sensor soll die Lage der Einzelteile auf einem Förderband in einer Verpackungsmaschine prüfen.

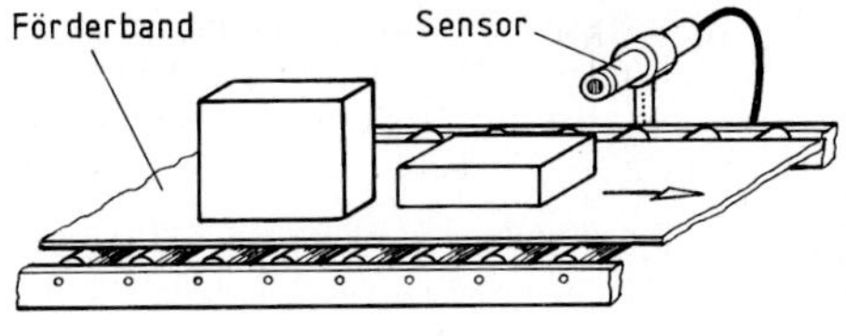

Funktionseinheiten zum Leiten

7/9 Beim Aufbau einer Anlage stürzt ein *I*-Träger um und klemmt das Zuleitungskabel einer Handbohrmaschine an einer Betonkante ein.
Wie soll man sich verhalten?

7/10 Welche Auswirkungen hat es, wenn das Kabel während der Schweißarbeit auf der Kabeltrommel aufgewickelt bleibt?

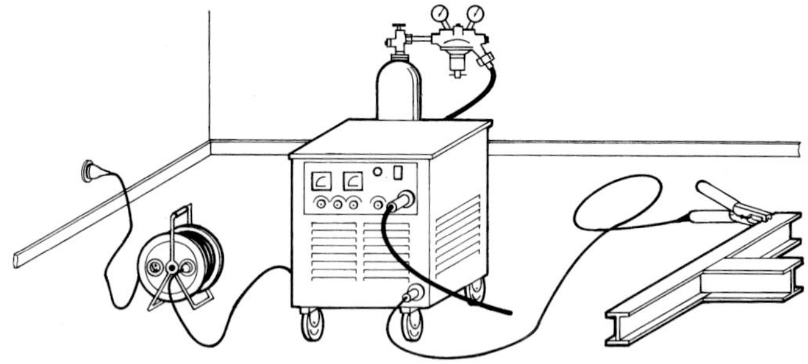

7/11 Welche Fehler entdecken Sie in dem abgebildeten Stecker? Nennen Sie die möglichen Folgen.

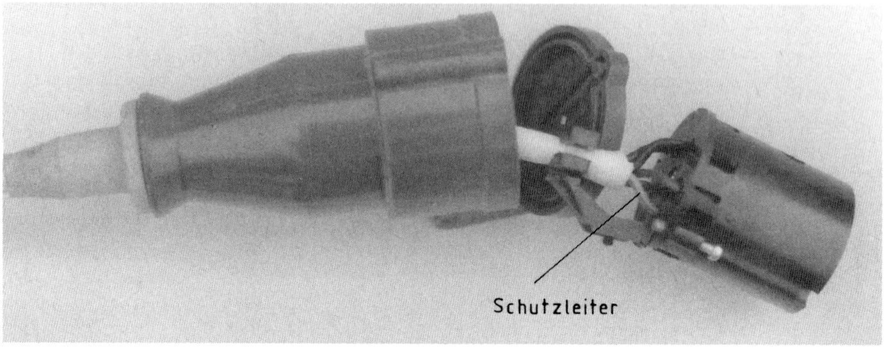

Elektrische Antriebssysteme

7/12 Welche Aussagen kann man dem abgebildeten Typenschild eines Elektromotors entnehmen?

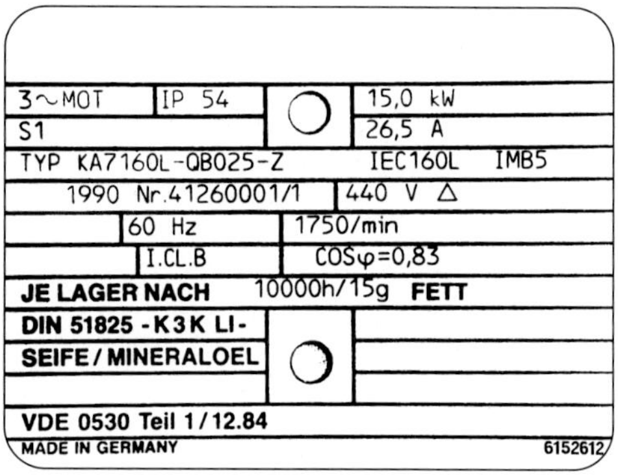

7/13 Die Abbildung zeigt die Drehmoment-Drehzahl-Kennlinien von zwei verschiedenen Asynchronmotoren.
Für den Antrieb einer Ständerbohrmaschine und den Antrieb eines Transportbandes, das unter Last anfahren muss, ist jeweils der richtige Motor zu wählen. Treffen Sie die Auswahl anhand der beiden Kennlinien und begründen Sie Ihre Wahl.

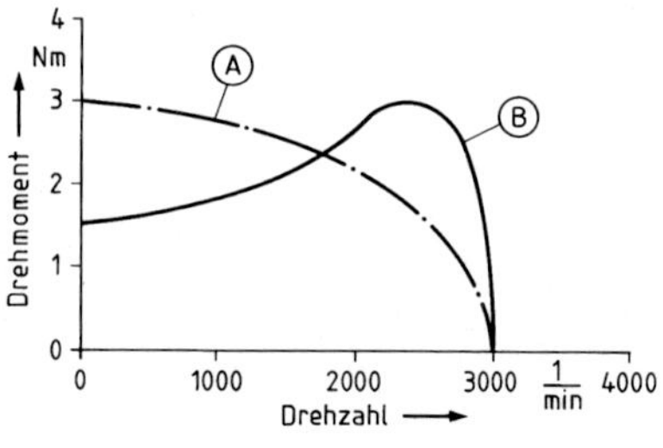

7/14 Schreiben Sie einen Fachbericht über den Aufbau und die Wirkungsweise eines Gleichstrommotors, bei dem das äußere Feld durch einen Dauermagneten erzeugt wird.

7/15 Zeichnen Sie die Verbindung der Spannungsquelle mit dem Motor und dem Schalter in der richtigen Weise.
Skizzieren Sie dazu die Bauteile ab und ergänzen Sie die fehlenden Verbindungsleitungen.

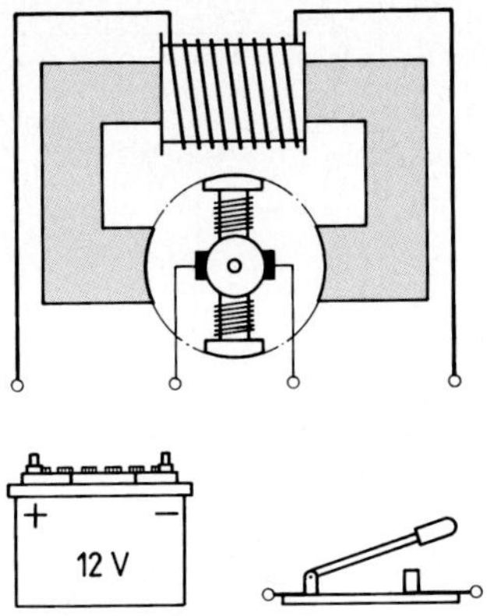

Nebenschlussmotor

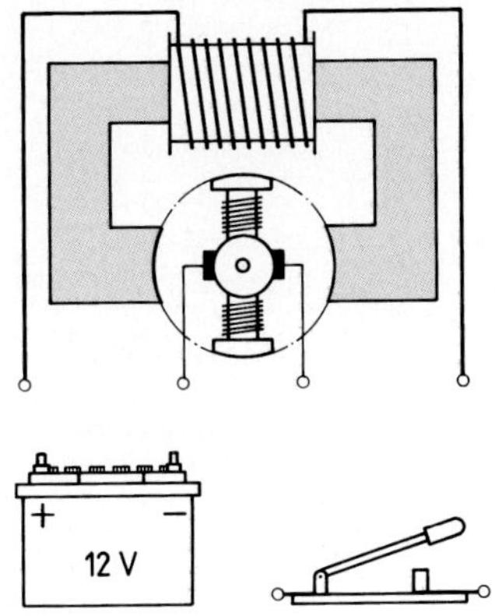

Reihenschlussmotor

7/16 In einem Schulversuch wird ein Magnet vor einer Spule mit $n = 60$ 1/min gedreht. Es wird dabei eine maximale Spannung von 6 V erzeugt. Wenn der Nordpol des Magneten an der Spule vorbeigedreht wird, zeigt das Instrument einen positiven Spannungswert.

a) Übernehmen Sie das Koordinatenkreuz für das Spannungs-Zeit-Diagramm mit den zugeordneten Abbildungen. Zeichnen Sie in die Abbildungen die Stellungen des Magneten für alle Maximal- und Nullwerte ein.

b) Tragen Sie in das Diagramm den Spannungsverlauf für eine Versuchsdauer von 2 Sekunden ein.

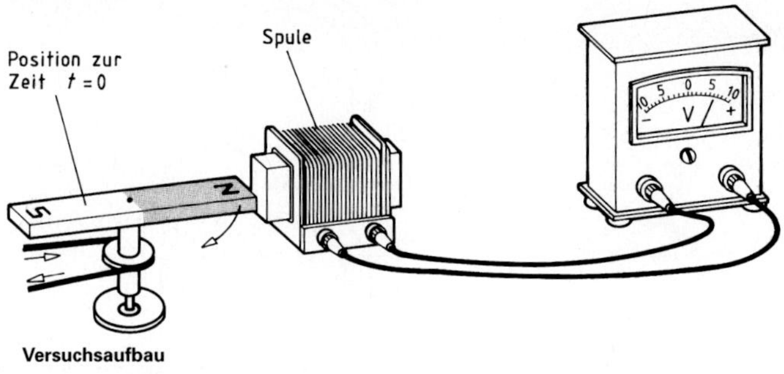

Versuchsaufbau

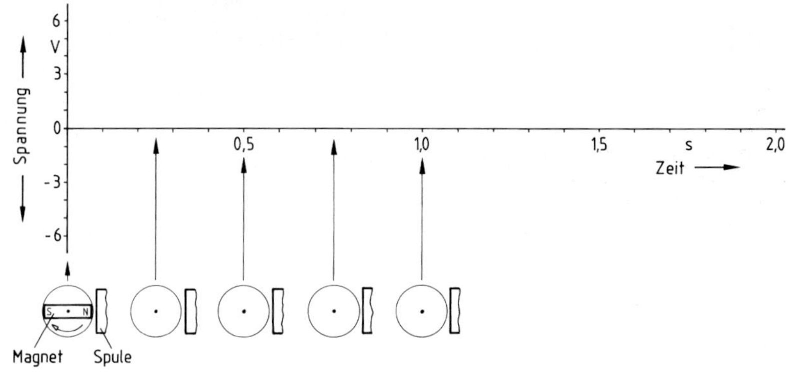

Diagramm

7/17 Die Kurven zeigen den Spannungsverlauf in einem Drehstromnetz.

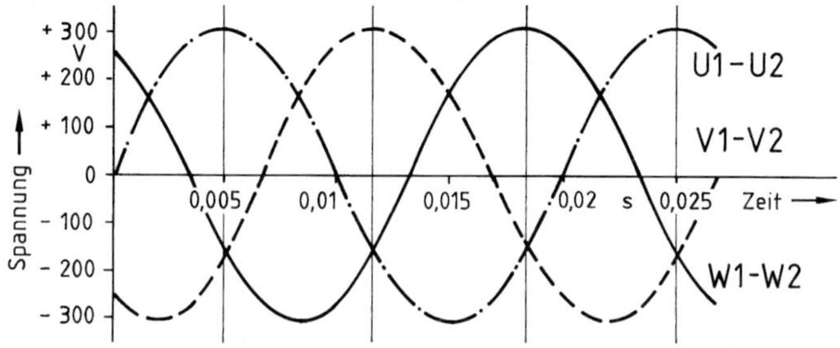

Übernehmen Sie die Tabelle und geben Sie die Spannungen an, die nach den jeweiligen Zeiten vorliegen.

	zur Zeit 0	nach 0,005 s	nach 0,01 s	nach 0,015 s
$U_1 - U_2$	?	?	?	?
$V_1 - V_2$	?	?	?	?
$W_1 - W_2$	?	?	?	?

7/18 Mit einem Spannungsmessgerät werden die Spannungen an einer Drehstromsteckdose gemessen.
Welche Spannungen werden bei den Messungen a) bis c) tatsächlich angezeigt?

a)

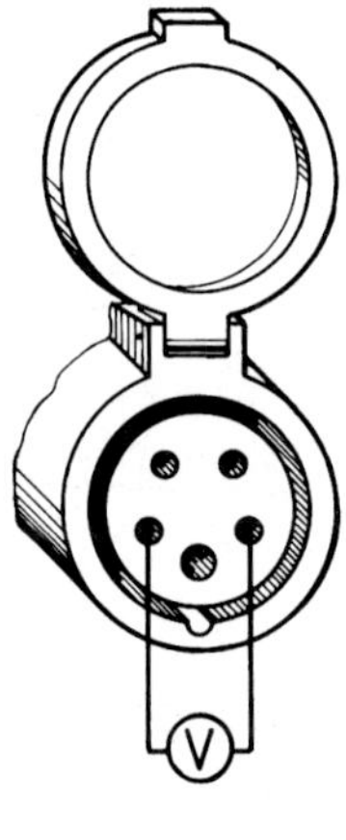

b)

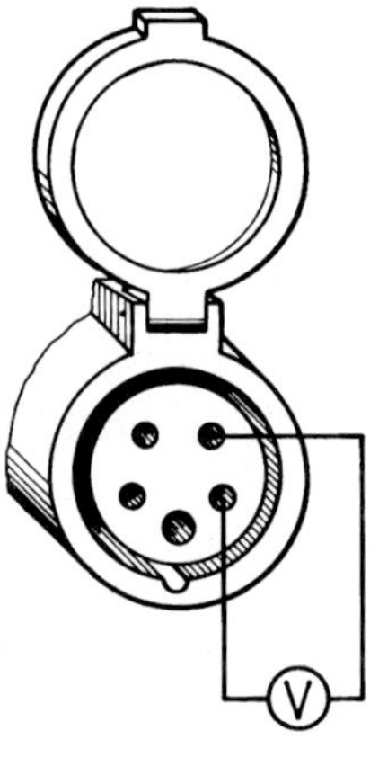

c)

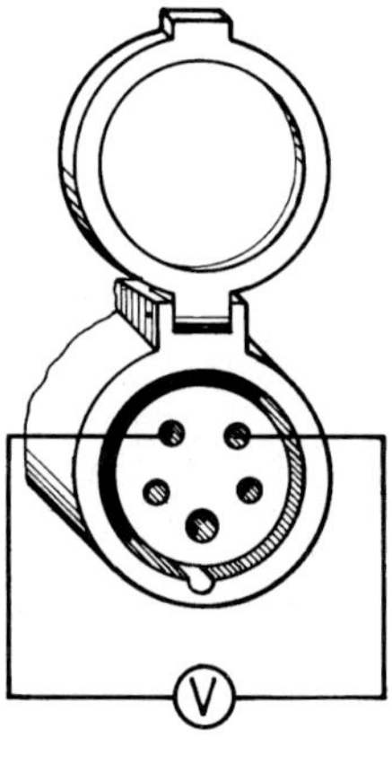

7/19 Elektromotoren unterscheiden sich u. a. durch ihr Verhalten beim Anlaufen und bei Überlastung sowie ihre Eignung zur Drehzahländerung.
Beschreiben Sie folgende Merkmale des Synchronmotors:

a) das Verhalten beim Anlaufen,
b) das Verhalten bei Überlastung,
c) die Eignung zur Drehzahländerung.

7/20 Der im Lehrbuch beschriebene Versuch wird statt mit Wechselstrom mit Gleichstrom betrieben. Was wird geschehen, wenn dabei die Spannung über einen Schiebewiderstand sehr langsam aufgebracht wird?

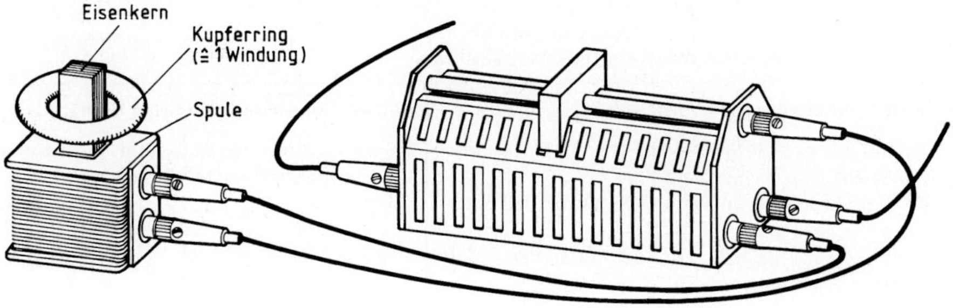

7/21 Eine Bohrmaschine und ein großer Schleifbock werden durch Asynchronmotoren angetrieben. Die Bohrmaschine kann direkt eingeschaltet werden. Der Schleifbock hingegen muss in zwei Stufen eingeschaltet werden.

a) Was kann man aufgrund des einfachen Anlassens über die Leistung des Bohrmaschinenantriebs sagen?

b) Was geschieht beim zweistufigen Einschalten des Schleifbockmotors hinsichtlich der Schaltung der Ständerwicklungen des Motors?

c) Was wird geschehen, wenn man beim Einschalten des Schleifbocks sofort auf die zweite Stufe durchschaltet?

7/22 **a)** Welche Drehrichtung sollte sich für einen Drehstrommotor ergeben, wenn er durch einen Stecker ans Netz angeschlossen wird?

b) Durch welche Schaltungsmaßnahme kann die Drehrichtung eines Drehstrommotors umgekehrt werden?

c) Darf ein Industriemechaniker im Betrieb eine Änderung der Verdrahtung zum Zweck der Drehrichtungsumkehr durchführen?

7/23 In einem Schulversuch wird eine mit einem Universalmotor ausgerüstete Bohrmaschine ohne Regelelektronik einmal mit Wechselstrom und einmal mit Gleichstrom betrieben. Die Maschine wird belastet. Sie soll bei gleichbleibender Stromstärke eine gleichbleibende Leistung erbringen. Man misst jeweils Spannung und Stromstärke.

a) Was wird man hinsichtlich der Größe der Gleichspannung feststellen, wenn annähernd die gleiche Leistung wie bei Wechselspannung erreicht werden soll?

b) Wie kann man die Drehrichtung des Motors bei Gleichstrombetrieb umkehren?

7/24 Drehstrommotoren können auch mit Wechselstrom betrieben werden, sofern nur kleine Leistungen gefordert werden.
Finden Sie aus den Schaltplanbildern im Lehrbuch eine Regel heraus, nach welcher der zum Betrieb notwendige Kondensator zu schalten ist.

7/25 Ein Schrittmotor macht 72 Winkelschritte bei einer vollen Umdrehung. Er ist mit einem Getriebe mit $i = 1:4$ verbunden.
Wie groß ist ein Winkelschritt am Ausgang des Getriebes in Grad?

Fächerübergreifende mathematische Übungen

1 Dreisatz mit geradem und umgekehrtem Verhältnis

Beispiel für ein gerades Verhältnis

Ein junger Facharbeiter verdient in 8 Stunden 114,08 DM.
Wie viel verdient er in einem Monat mit 158 Stunden?

1. Satz: 8 Arbeitsstunden ≙ 114,08 DM

2. Satz: 1 Arbeitsstunde ≙ $\frac{114{,}08\ \text{DM}}{8}$

Gerades Verhältnis:
weniger Stunden ≙ weniger DM

Lösungsverfahren: 8 Stunden ≙ 114,08 DM
158 Stunden ≙ x DM

3. Satz: $\frac{114{,}08\ \text{DM} \cdot 158}{8} = \underline{\underline{2\,253{,}08\ \text{DM}}}$

Beispiel für ein umgekehrtes Verhältnis

5 Facharbeiter benötigen für die Montage einer Werkzeugmaschine 148 Stunden.
Wie viele Stunden benötigen 4 Facharbeiter?

1. Satz: 5 Facharbeiter ≙ 148 Stunden

2. Satz: 1 Facharbeiter ≙ 148 Stunden · 5

Umgekehrtes Verhältnis:
weniger Facharbeiter ≙ mehr Stunden

Lösungsverfahren: 5 Arbeiter ≙ 148 h
4 Arbeiter ≙ x h

3. Satz: $\frac{114{,}08\ \text{h} \cdot 5}{4} = \underline{\underline{185\ \text{h}}}$

Prozentrechnen

Prozentrechnen ist eine *Sonderform* des Dreisatzrechnens. Wesentlich ist beim Prozentrechnen die Bestimmung der Gesamtmenge, die 100 % darstellt.
Die weitere Rechnung entspricht der Dreisatzrechnung.

Lösen Sie die folgenden Aufgaben mit dem Dreisatz

1/1 An einem Tag werden mit 3 Gesenkbiegemaschinen 1 560 Teile gebogen.
Wie viele Teile können an einem Tag mit 5 dieser Maschinen gebogen werden?

1/2 7 Arbeiter biegen täglich 294 Rohrschellen.
Wie viel Arbeiter sind einzusetzen, wenn mind. 378 Schellen pro Tag gebogen werden sollen?

1/3 Beim Stanzen von Blechteilen fallen bei 3 Maschinen in einer Woche 25,5 kg Blechverschnitt an.
Wie viel kg Verschnitt gibt es bei 5 Maschinen in 4 Wochen?

1/4 Auf 4 Maschinen werden in 8 Stunden 640 Werkstücke bearbeitet.
Wie viel Maschinen sind einzusetzen, wenn in 7 Stunden 840 Teile zu bearbeiten sind?

1/5 2 m² Stahlblech von 4 mm Dicke wiegen 62,8 kg.
Wie viel kg wiegen 7 m² von 5,5 mm Dicke?

Lösen Sie folgende Aufgaben zum Prozentrechnen.

1/6 Durch Getriebeschaltung wird die Schnittgeschwindigkeit eines Fräsers von $v_c = 40\ \frac{\text{m}}{\text{min}}$ um 8 % gesteigert.
Berechnen Sie die erhöhte Schnittgeschwindigkeit.

1/7 Bei der Herstellung einer Blechschutzhaube wurden $A = 4{,}5\ \text{m}^2$ Stahlblech verarbeitet. Dabei entstand $A_v = 0{,}65\ \text{m}^2$ Abfall.
Wie groß ist der Abfall in %.

1/8 Nach einer Preiserhöhung von 6,5 % kostet ein Werkzeug 427,50 DM.
Berechnen Sie die Preiserhöhung in DM.

1/9 Ein Draht wurde beim Ziehen von 500 m Länge auf 560 m Länge in einem Zug gezogen.
Berechnen Sie die Verlängerung beim Ziehvorgang in %.

1/10 Durch Rationalisierung wurde die Stückzahl N_1 einer Produktion um 8,5 % = 65 Stück pro Tag erhöht.
Wie groß war die Stückzahl vor und nach der Rationalisierung?

2 Gleichungen

Eine Gleichung hat zwei mathematische Ausdrücke, die durch Gleichheitszeichen verbunden sind. Beim Umformen muss die Gleichheit erhalten bleiben.
Zur Lösung von Aufgaben muss die gesuchte Größe

- allein auf einer Seite stehen,
- positives Vorzeichen haben.

Beispiel: *Gegeben:* $V = \frac{A \cdot h}{3}$ *Gesucht:* h

Lösungsschritte: $3 \cdot V = \frac{A \cdot h \cdot \boldsymbol{3}}{\boldsymbol{3}} \quad | \cdot 3$

$$\frac{3 \cdot V}{A} = \frac{\boldsymbol{A} \cdot h}{\boldsymbol{A}} \quad | : \boldsymbol{A}$$

$$h = \frac{3 \cdot V}{A}$$

Stellen Sie die Gleichungen nach der fett gekennzeichneten Größe um.

2/1 $U_B = \frac{\boldsymbol{d} \cdot \pi}{360°} \cdot \alpha$

2/2 $A = \frac{d^2 \cdot \pi \cdot \boldsymbol{\alpha}}{4 \cdot 360°}$

2/3 $V = \frac{\boldsymbol{d} \cdot \pi}{4} \cdot \frac{l}{3}$

2/4 $A_M = \frac{a + a_1}{2} \cdot \boldsymbol{h} \cdot n$

2/5 $V = \frac{1}{6} \cdot (A + \boldsymbol{A_1} + 4 \cdot A_M)$

2/6 $l = d_m \cdot \pi \cdot (\boldsymbol{n} + 2)$

2/7 $F = \frac{d^2 \cdot \pi}{4} \cdot \boldsymbol{l} \cdot \varrho$

2/8 $M_t = \frac{\boldsymbol{P} \cdot 71\,620}{n}$

2/9 $Y_o = \frac{2 \cdot r \cdot \boldsymbol{s}}{3 \cdot b}$

2/10 $t_h = \frac{\boldsymbol{l}}{s \cdot n} \cdot z$

2/11 $\frac{D}{2} \cdot t \cdot p_e = (t - d_1) \cdot \boldsymbol{s} \cdot \sigma_{zzul}$

2/12 $t_h = \frac{\boldsymbol{d}}{2 \cdot s \cdot n} \cdot z$

2/13 $F = \frac{(d^2 - d^2{}_1) \cdot \pi}{4} \cdot p \cdot \boldsymbol{n}$

2/14 $t_h = \frac{D - \boldsymbol{d}}{2 \cdot s \cdot n} \cdot z$

2/15 $F_1 = \frac{\boldsymbol{F_2} \cdot r \cdot r_1}{R \cdot R_1}$

2/16 $t = \frac{2 \cdot \boldsymbol{s}}{v_a + v_e}$

2/17 $F_2 = \frac{\boldsymbol{F_1} \cdot 2 \cdot R}{R - r}$

2/18 $P = \frac{F \cdot \boldsymbol{s}}{t \cdot \mu}$

2/19 $F_2 = \frac{F_2 \cdot 2 \cdot \boldsymbol{r} \cdot \pi \cdot n}{1000 \cdot 60}$

2/20 $P = \frac{\boldsymbol{F_r} \cdot v}{\eta \cdot 1000}$

2/21 $F_2 = \frac{\boldsymbol{F_1} \cdot 2 \cdot r \cdot \pi}{h}$

2/22 $a = \frac{d_1 + \boldsymbol{d_2}}{2}$

2/23 $P = \frac{b \cdot s_z \cdot z \cdot \boldsymbol{F_1} \cdot d \cdot \pi \cdot n}{2 \cdot 1000 \cdot 60 \cdot \eta \cdot 1000}$

2/24 $F = \frac{d + s}{2} \cdot \boldsymbol{F_1}$

2/25 $a = \boldsymbol{b} \cdot s + (s - c)^2 \cdot \tan\frac{\alpha}{2}$

2/26 $V = \frac{\boldsymbol{L}}{l} \cdot \frac{D - d}{2}$

2/27 $\tan\frac{\alpha}{2} = \frac{\boldsymbol{D} - d}{2 \cdot l}$

2/28 $s = \boldsymbol{v_a} \cdot t - \frac{a \cdot t^2}{2}$

3 Lehrsatz des Pythagoras

Für rechtwinklige Dreiecke gilt:
Das Hypotenusenquadrat ist gleich der Summe der Kathetenquadrate.

Formel

$c^2 = a^2 + b^2$

Bezeichnungen

c Hypotenuse
a Kathete
b Kathete

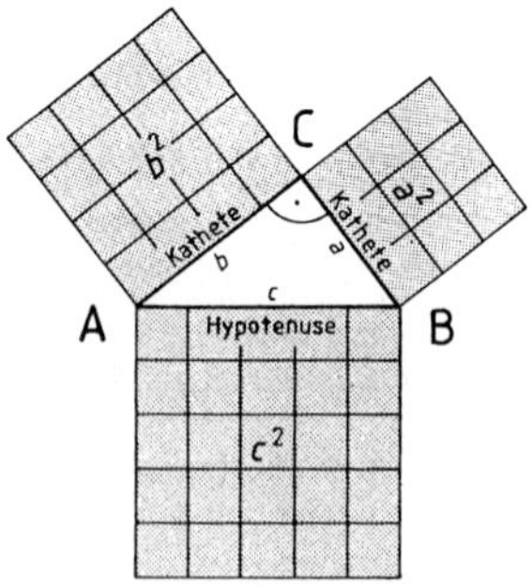

Lösen Sie folgende Aufgaben mit Hilfe des Lehrsatzes des Pythagoras.

3/1 Berechnen Sie die jeweils fehlende Seite.

a	*b*	*c*
200 mm	400 mm	? mm
13 cm	? cm	200 mm
? mm	2 m	40 dm

3/2 An eine Welle soll ein Vierkant mit 20 mm Schlüsselweite angearbeitet werden. Welchen Durchmesser muss die Welle an der zu bearbeitenden Stelle haben, wenn der Vierkant scharfkantig herausgearbeitet werden soll?

3/3 An eine Welle von 40 mm Durchmesser soll ein scharfkantiger Vierkant gefräst werden. Welche Seitenlänge hat er?

3/4 Die Rechtwinkligkeit eines Rahmens von 850 mm x 1 400 mm wird über die Diagonale geprüft.
Wie lang ist diese?

3/5 Wie lang ist die Raumdiagonale eines Würfels von 50 mm Kantenlänge?

3/6 An einen runden Zapfen soll ein Sechskant mit der Schlüsselweite von 17 mm gefräst werden.
Berechnen Sie den Durchmesser, den der Zapfen mindestens haben muss.

3/7 Ein Spiralbohrer von $d = 26$ mm Durchmesser hat bei einem bestimmten Anschliff eine Spitzenhöhe von $0{,}4 \cdot d$.
Wie lang ist seine Schneidkante *c*?

3/8 Ein Stanzstempel hat den Querschnitt eines gleichseitigen Dreiecks mit der Kantenlänge $a = 42$ mm.
Wie groß ist die Fläche *A* des Stempelquerschnittes?

3/9 Eine Blechwand mit den Maßen $a = 4{,}85$ m und $b = 2{,}6$ m wird auf einer Seite nach allen vier Ecken diagonal versteift.
Wie viel m Material (*l*) sind dazu nötig?

3/10 Ein rechtwinkelig-gleichschenkliger Dachbinder hat die Kathetenlänge $a = 4{,}52$ m.

a) Wie groß ist seine Diagonallänge *c*?

b) Wie groß ist die Höhe *l*?

4 Proportionen

Bildet man aus zwei gleichwertigen Verhältnissen eine Gleichung, so erhält man eine Proportion.
Schreibweise der Proportionen:

$$a : b = c : d \text{ oder } \frac{a}{b} = \frac{c}{d}$$

Beispiel: $1 : 3 = 2 : 6$ oder $\frac{1}{3} = \frac{2}{6}$

Bei Proportionen ist das Produkt der Innenglieder gleich dem Produkt der Außenglieder (Produktengleichung).

Proportion: $a : b = c : d$ Produktengleichung: $b \cdot c = a \cdot d$

Beispiel: Proportion: $1 : 3 = 2 : 6$ Produktengleichung: $3 : 2 = 1 : 6$

Lösen Sie die folgenden Aufgaben mit Hilfe der Proportionen.

4/1 Berechnen Sie die Werte für *x*.

a) $1 : 5 = 3 : x$ **c)** $3{,}5 : 14 = x : 4$ **e)** $\frac{1}{2} : \frac{1}{6} = x : 27$

b) $4 : x = 12 : 60$ **d)** $\frac{2}{3} : x = 4 : 24$ **f)** $0{,}25 : 2 = 75 : x$

4/2 Prüfen Sie die Ergebnisse der vorherigen Aufgaben 4/1 a) bis f) mit Hilfe der Produktengleichung.

4/3 Ein Zugstab muss einen Querschnitt von 150 mm haben. Die Längen der Kanten sollen sich dabei wie 2:3 verhalten.
Berechnen Sie die Kantenlängen *a* und *b*.

5 Maßstäbe

Der Maßstab (Zeichnungsmaßstab) gibt das Verhältnis einer gezeichneten Länge zu ihrer wirklichen Größe an.

Genormte Maßstäbe

Natürlicher Maßstab
1:1

Vergrößerungsmaßstäbe
50:1 20:1 10:1
5:1 2:1

Verkleinerungsmaßstäbe
1:2 1:5 1:10
1:20 1:50 1:100
1:200 1:500 1:1000

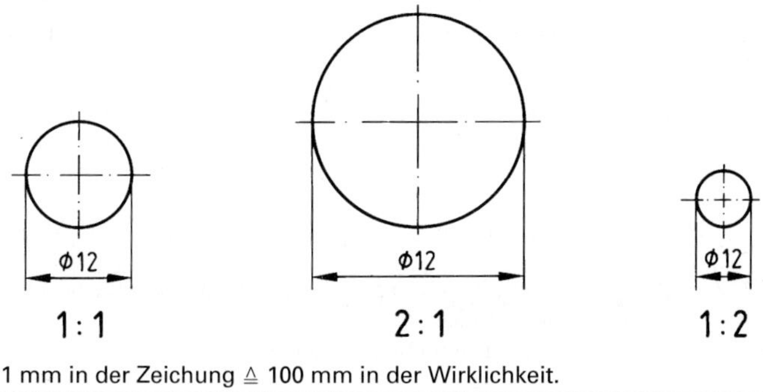

Merke: Maßstab 1:100 bedeutet 1 mm in der Zeichnung ≙ 100 mm in der Wirklichkeit.

5/1 Berechnen Sie die fehlenden Angaben.

Maßstab	Werkstück	Zeichnungsmaß
1:1	45 mm	?
5:1	?	52,5 mm
1:10	2,5 m	?
?	3,7 cm	185 mm

Maßstab	Werkstück	Zeichnungsmaß
?	0,25 mm	2,5 mm
2:1	?	320 mm
1:5	40 dm	?
1:20	4,25 m	?

Ü

5/2 Zeichnen Sie die Werkstücke maßstäblich genau:

a) Werkstück A im Maßstab 1:5

b) Werkstück B im Maßstab 2:1

A

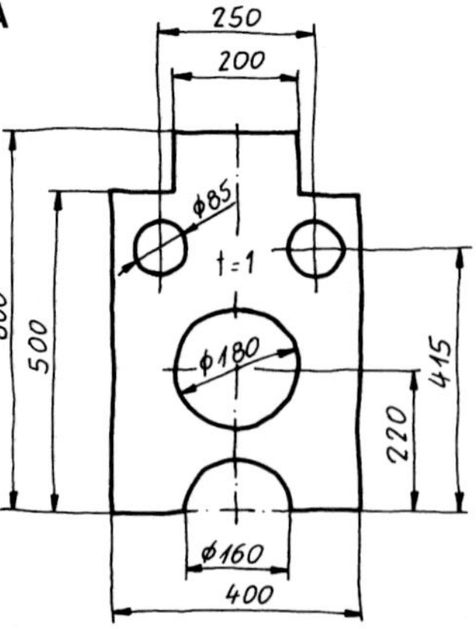

B

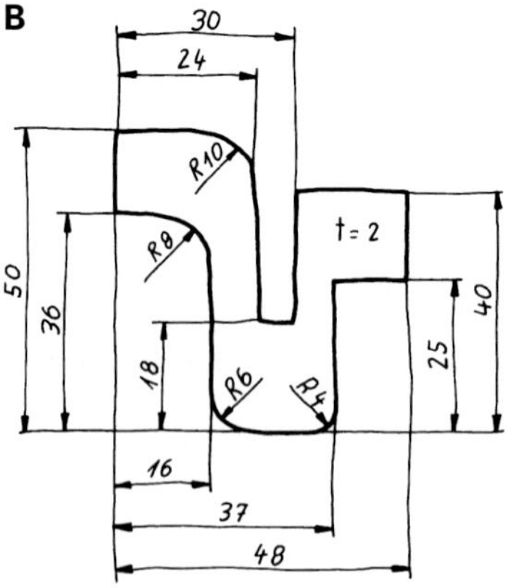

6 Strahlensätze

Werden zwei Strahlen, die von einem Punkt ausgehen, von Parallelen geschnitten, so bestehen zwischen gleich liegenden Abschnitten gleiche Verhältnisse.

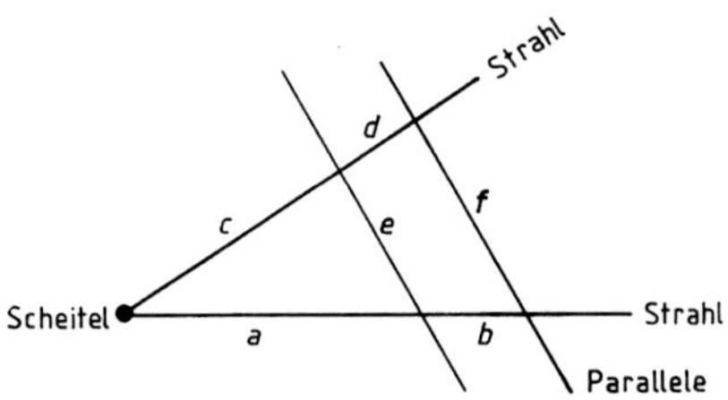

1. Strahlensatz

$a : b = c : d$

2. Strahlensatz

$a : (a + b) = e : f$

Aus den Strahlensätzen ergeben sich Verhältnisse an ähnlichen Dreiecken:
Dreiecke mit gleichen Winkeln sind einander ähnlich. In **ähnlichen Dreiecken** bilden gleich liegende Seiten gleiche Verhältnisse.

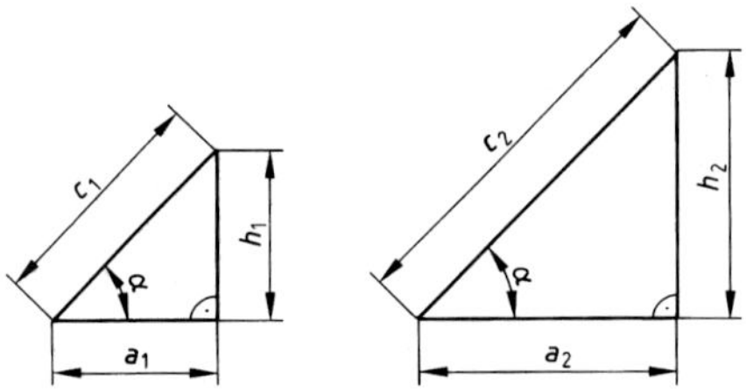

Formeln

$a_1 : h_1 = a_2 : h_2$

$c_1 : h_1 = c_2 : h_2$

$a_1 : c_1 = a_2 : c_2$

Lösen Sie folgende Aufgaben über Verhältnisse in ähnlichen Dreiecken, bzw. nach Strahlensätzen.

6/1 An einem Dreieckfenster sollen die Maße a_1 = 2,1 m, a_2 = 3,15 m, h_1 = 1,05 m und c_1 = 2,35 m betragen. Berechnen Sie die fehlenden Maße.

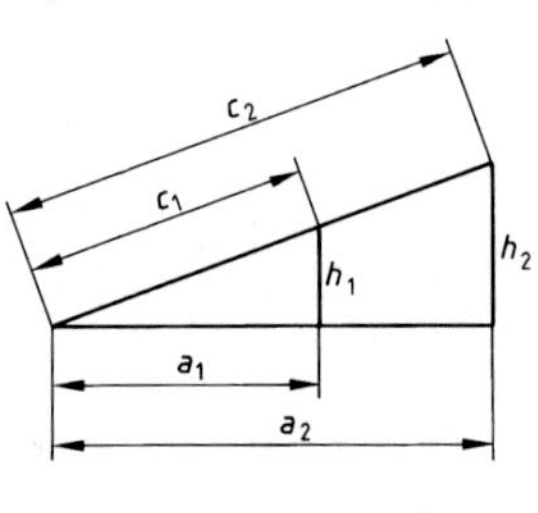

6/2 Berechnen Sie die fehlenden Maße.

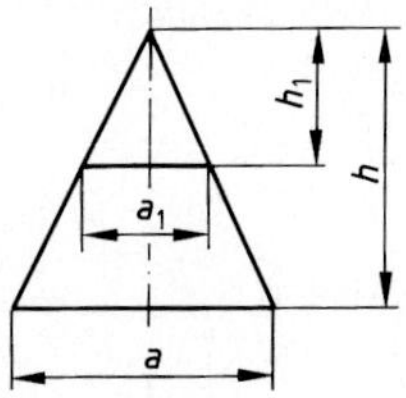

a	h	a_1	h_1
40 mm	120 mm	? mm	90 mm
5 m	? m	3 m	9 m
6 dm	75 cm	0,4 m	? m
? cm	10 m	50 dm	2 m

6/3 Bei einem rechteckigen Blech sollen sich die beiden Seiten a und b wie 2:5 verhalten. Das Blech soll eine Fläche von 1 000 mm haben.
Berechnen Sie die Seiten a und b.

6/4 Berechnen Sie jeweils das Maß x.

a)

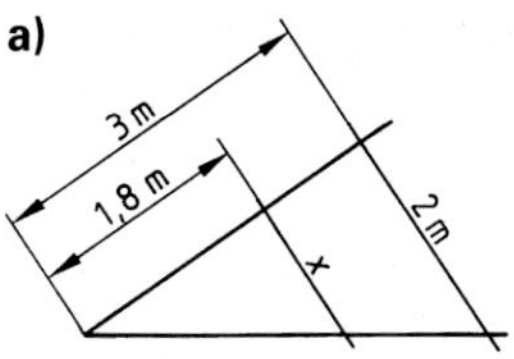

b)

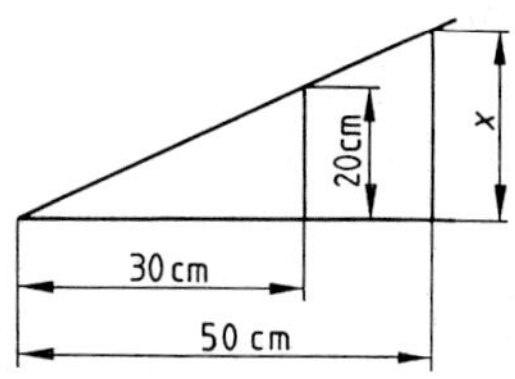

c)

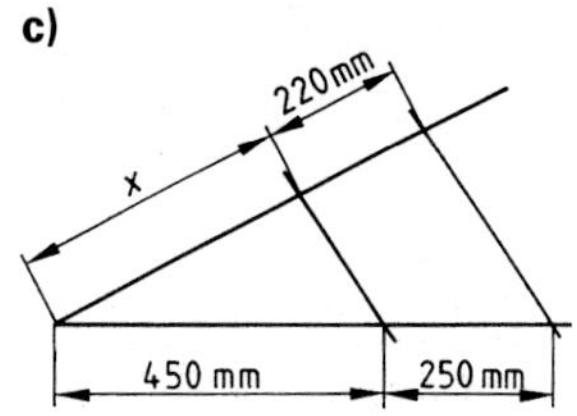

7 Winkelfunktionen

In ähnlichen Dreiecken stehen gleich liegende Seiten in gleichem Verhältnis. Für rechtwinkelige Dreiecke sind diese Verhältnisse in Tabellen als Winkelfunktionen aufgeführt und werden speziell bezeichnet.

$$\sin \alpha = \frac{\text{Gegenkathete}}{\text{Hypotenuse}} = \frac{\text{Gk}}{\text{Hyp}}$$

$$\cos \alpha = \frac{\text{Ankathete}}{\text{Hypotenuse}} = \frac{\text{Ak}}{\text{Hyp}}$$

$$\tan \alpha = \frac{\text{Gegenkathete}}{\text{Ankathete}} = \frac{\text{Gk}}{\text{Ak}}$$

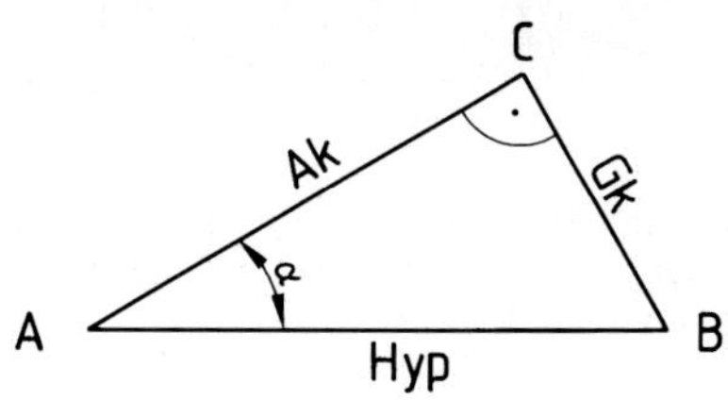

7/1 Berechnen Sie das fehlende Maß x.

a)

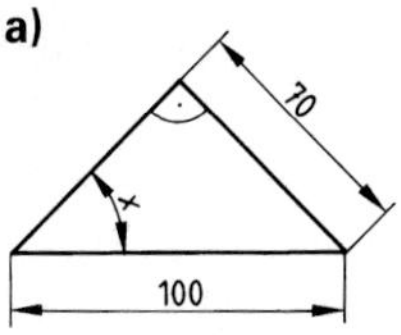

b)

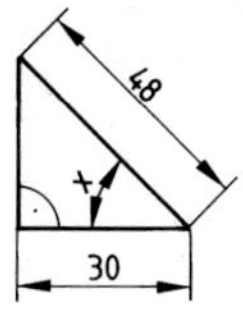

c)

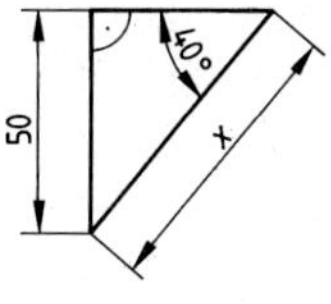

d)

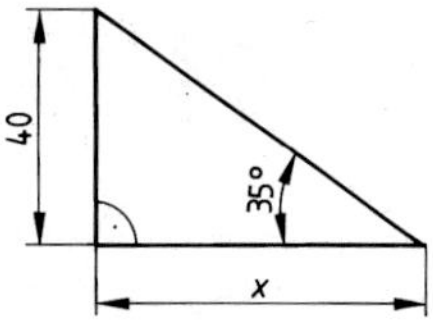

e)

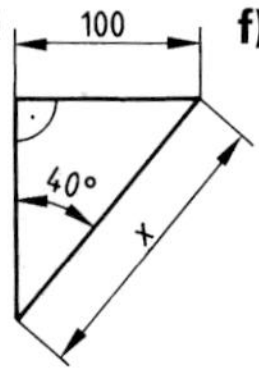

f)

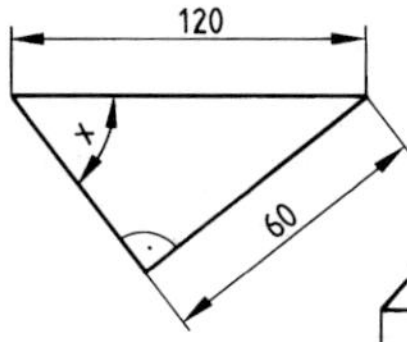

g)

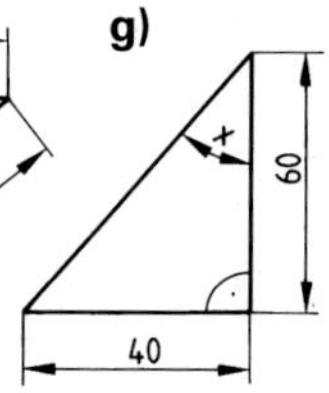

h)

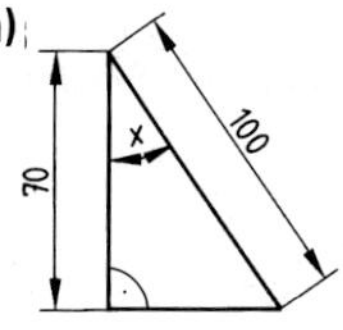

i)

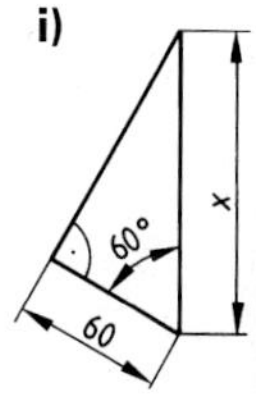

Ü

7/2 Eine Treppe mit $N = 11$ Stufen hat die Tritthöhe $h = 170$ mm.
Der Steigungswinkel α beträgt 35°.
Berechnen Sie die Werte *d, b, c* und *a*.

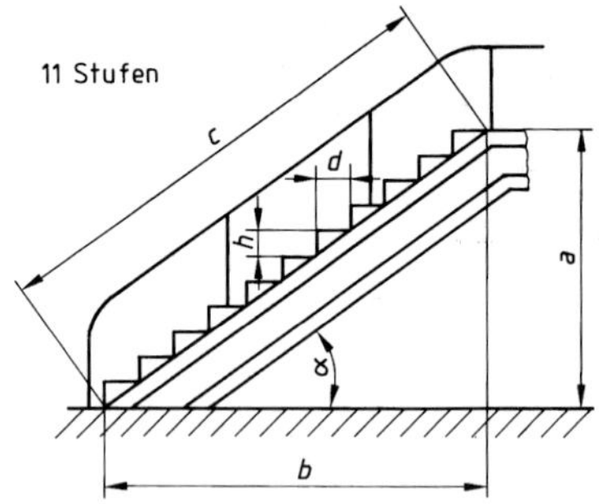

7/3 Eine Verladebühne mit der Ausladung $b = 6\,200$ mm wird von Stützen getragen, die unter dem Winkel $\alpha = 32°$ an der Ausladung anschließen.

a) Errechnen Sie die Stützenlänge *c*.

b) Errechnen Sie das Maß *a*.

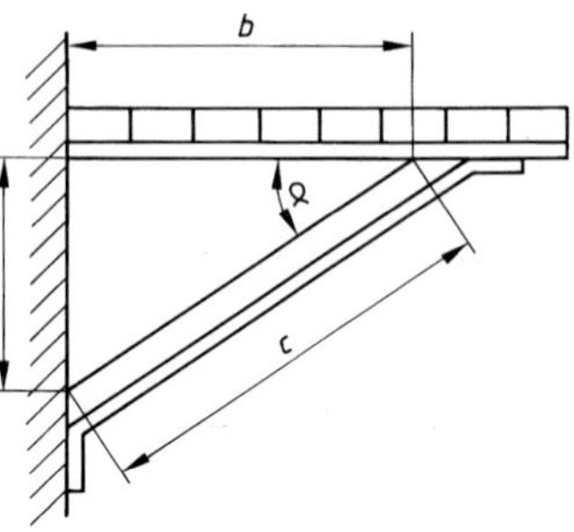